DESIGN
THE WHOLE STORY

设计通史

DESIGN：THE WHOLE STORY

[美] 伊丽莎白·威海德　编著

吴奕俊　陈丽丽　译

北京联合出版公司
Beijing United Publishing Co.,Ltd.

设计通史

[美]伊丽莎白·威海德 编著

吴奕俊 陈丽丽 译

图书在版编目（CIP）数据

设计通史 / （美）伊丽莎白·威海德编著；吴奕俊，陈丽丽译 . -- 北京：北京联合出版公司，2022.5
ISBN 978-7-5596-6063-3

Ⅰ . ①设… Ⅱ . ①伊… ②吴… ③陈… Ⅲ . ①工业设计－历史－世界 Ⅳ . ①TB47-091

中国版本图书馆 CIP 数据核字 (2022) 第 045445 号

DESIGN: The Whole Story

北京市版权局著作权合同登记号 图字：01-2022-1742 号

出 品 人	赵红仕
选题策划	联合天际·文艺生活工作室
责任编辑	徐 樟
特约编辑	邵嘉瑜 罗 曼
美术编辑	梁全新
封面设计	木 春

出 版	北京联合出版公司
	北京市西城区德外大街 83 号楼 9 层 100088
发 行	未读（天津）文化传媒有限公司
印 刷	北京华联印刷有限公司
经 销	新华书店
字 数	662 千字
开 本	787 毫米 × 1092 毫米 1/16 36 印张
版 次	2022 年 5 月第 1 版 2022 年 5 月第 1 次印刷
I S B N	978-7-5596-6063-3
定 价	268.00 元

关注未读好书

未读 CLUB
会员服务平台

目录

序言

威廉·莫里斯（William Morris）是设计师、匠人、喋喋不休的社会主义者。1880 年，他曾在伯明翰发表如下一番演说："如果你想要一套放之四海而皆准的黄金法则，那就是房间里不要摆放任何你觉得没用或不具美感的物品。"第二年在伦敦的一次演讲中，他又说："简朴的生活，哪怕是最朴素的生活，都不是不幸，而是精致生活的基础。"

这两句神圣格言，几乎贯穿了整个设计史。至少有部分人（如崇尚简洁的包豪斯、国家设计理事会和历史学家等）持以上观点，他们认为设计一直在莫里斯铺设的轨道上顺利行进。莫里斯自己的设计非常华丽，但在 20 世纪的功能主义者眼里，他的思想是正确的。本书包罗万象，核心章节中的大多数作品都是伦理和设计珠联璧合的产物。

几十年来，事实上，自从包豪斯及其门徒和其他高尚的伦理家传播"适用性"原则以来，设计史基本上就进入了一个稳步前进、无缝衔接的过程，美、真理和精致则是理性功能主义的逻辑副产品。19 世纪广受大众喜爱的那些无关紧要的装饰被除去，就像清理掉船只表面的藤壶一样，因为一切设计，从茶匙到火车，都变得越来越理性。

然而，在《设计通史》的后几个章节，我们可以看到大众对装饰、趣味、质感和颜色的渴求使得设计几乎回到原点，重归活泼的形式，这种风格曾一度惹恼包豪斯的教授、反传统的历史学家和古板拘谨的批评家，新艺术（Art Nouveau）和装饰艺术（Art Deco）风格就是例子。

后现代和数字时代的设计师是如何以全新角度理解一个似乎已经颇具逻辑的故事的呢？翻开这本书，答案会越来越清楚。在为公共部门服务，或被具有公民意识的个人、企业和公司控制时，功能主义设计达到了顶峰。近几十年来，随着新自由主义经济学和私有企业获得成功，个体消费者的喜好拥有了极大影响力，他们成了设计的主要服务对象，只要看看"私人"产品（如手机、微型计算机、汽车、壁纸和装饰物品）占据的地位有多重要就知道了，本书的后几个章节也体现了这一点。

这也合理。设计，像建筑一样，受到艺术、学术、道德甚至哲学思想的影响和引导，但对其影响最大的当数政治经济环境。例如，在俄国革命后建立起的共产主义社会中，消费者设计在很大程度上被认为是无关紧要的。而对于 21 世纪初的社会而言，无论是政府主导型社会（如中国），还是企业和专业游说团体主导型社会（如美国），消费者设计都引领着潮流，而且，因为消费者的欲望被认为是包罗万象、永无止境的，所以设计也采用了众多形式。可以说，纪律已经让位于颓废，而设计也从伦理束缚中解放出来。或许，这是事物的自然状态。毕竟，大自然的设计，从浮游生物到行星、从海马到恒星、从仙人掌到星座，都呈现出了无限的形式。由于设计以这种自然的方式变异和发展，所以严格的功能主义思维的确定性已经让位于一种新的相对主义。如今是否有人能斩钉截铁地说出什么是好的设计？"问雄蟾蜍什么是美，"伏尔泰在其1764年出版的《哲学辞典》中戏谑道，"它会回答，美就是母蟾蜍，它小小的头上有两只凸出的又大又圆的眼睛，有一张又大又平的嘴，并有黄色的肚皮和褐色的后背。"

然而，在政府较少干预、无秩序的相对主义时期，人们反而会怀念这样一个年代——目标明确的设计不仅与公共服务有关，也被社会大众高度重视，设计成果令人艳羡。想想全世界的邮局服务、国有铁路、邮票、钞票、渡轮、电塔、学校设施以及公共信息图形，几十年来有多少智慧都倾注在这些设计里。

不过，这不是本书的主题。《设计通史》这本书生动而全面地展示了现代的设计理念是如何产生的，以及工业革命后的两百多年来，设计（以家居产品为主）发生了怎样的改变。

[signature]

乔纳森·格兰西（Jonathan Glancey），记者、作家及播音员。英国皇家建筑师学会（RIBA）名誉研究员。曾就职于《卫报》《独立报》《建筑评论》，为BBC《世界》和《每日电讯》撰稿。著作包括《新英国建筑》《20世纪建筑》《伦敦：面包和马戏团》《失落的建筑》《建筑的故事》。

引言

设计很难定义。我们最熟悉的设计成果正如本书中的主要范例一样，是可以买卖的产品，最后，得到评论界认可这一光环加持的设计成果，会成为博物馆的藏品。不过，设计所产出的结果也有可能像互联网那样缥缈无形，却影响了现代生活和沟通的方方面面。虽然设计往往是为了解决问题，但它也可以预测出此前从未被明确表达过的某些需求：从这个意义上来说，设计极富想象力。设计自然包含审美的评判，却与艺术和工艺不尽相同。同样地，虽然设计主要与性能和功能有关，但不能将其局限于工程或技术的范畴。

如果说设计是一种意图，那么凡是人类的双手做出来的东西都是经过设计的。如此说来，几千年前在美索不达米亚平原上制造出来的锅与今天的概念汽车或苹果手机完全一样，都是设计的成果。但是，作为一种与制造不同的专业加工过程或实践，设计的历史要短得多，仅始于工业革命之初（详见第20页）。

人类一直在制造工具，但随着工业革命的到来，人类技术对世界的改变程度极速增长。纺织工业率先开始机械化，开启了西方经济从以农业为主导到以制造业为主导的转型。

18世纪末，在利润的驱动下，制造业进一步合理化，形成了独立的要素或加工过程；同理，产量的增加理论上意味着单位成本的降低以及消费市场的扩大。出于规划和标准化生产周期的需求，设计作为一个不同于制造或工艺的独立学科应运而生。这大幅转变了产品构思方式及商品交易方式。

然而，不久以后，新工业时代装饰浮华和风格混乱的产品带来了一场品位危机。此前，人们就"风格"的广义定义达成了广泛共识。18世纪的大部分时间里，不仅是建筑设计，连日常物品也体现了源于古希腊柱式和古罗马柱式的古典主义特征（Classicism，详见第24页）。基于这个参照标准，建筑、内饰及其中的一切都呈现出高度的统一性。

到了19世纪下半叶，广泛共识已经不复存在。有些人开始怀念前工业时代的工作方式，随着批评家和设计师力求为这个时代确定一种适当的视觉语言，这一时期出现了一系列的复兴运动，这种思考往往是道德上的。

"伪劣为王"，威廉·莫里斯（详见第52页）对英国工厂大批量制造出来的商品的质量如此评价道。世界博览会（1851年；详见第38页）展品的混乱风格直接引发了人们对于改革的呼吁。奥古斯塔斯·普金（Augustus Pugin，1812—1852年）认为哥特式是一种合乎道德的风格，这对南肯辛顿博物馆（维多利亚和阿尔伯特博物馆的前身）的创始人亨利·科尔（Henry Cole，1808—1882年）产生了很大的影响。科尔的任务是教育大众什么是好品位，什么是坏品位，他在"恐怖陈列室"里展出的都是世界博览会上风格最糟糕的展品，包括一只拿着伞的装饰性的白鼬。其他极具影响力的人还包括约翰·罗斯金（John Ruskin，1819—1900年），他对威廉·莫里斯和他的圈子影响甚大。

工艺美术运动（详见第74页）的实践者深受约翰·罗斯金和威廉·莫里斯作品的影响，他们提出了一种理想化的概念，主张乡村式的简洁和建造上的诚实，又回到了中世纪和早期手工业行会的风格。在维多利亚繁杂风格的鼎盛时期，对无装饰手工艺的强调引发了内饰革命，在知识精英群体中也是如此。

▼ 高抽屉柜（约1700—1720年），北美制造，由枫木、胡桃木皮、枫木树榴木皮和松木制成。它代表了威廉·莫里斯认为的在19世纪后期濒临失传的高水平工艺

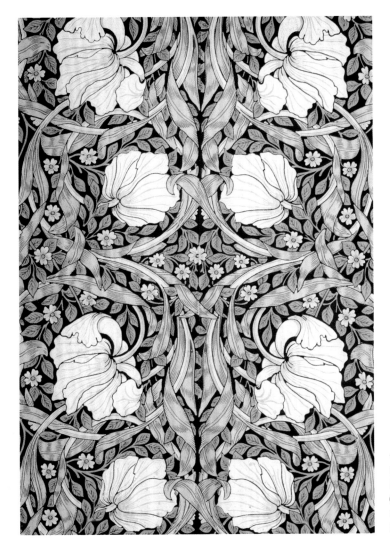

◄ 1876 年，威廉·莫里斯设计了"紫繁萎"壁纸，后来他使用这种壁纸来装饰他在伦敦哈默史密斯的凯姆斯科特庄园（Kelmscott House）的餐厅。设计中的植物图案、繁复的结构、旋转的纹样，都体现了他的典型风格

尽管工艺美术运动并非没有内在矛盾，但其仍对 20 世纪早期欧洲和北美的设计运动产生了巨大的影响。

　　与此同时，大众消费才真正开始扎根。家用和办公用工业制品和电子产品的首次出现是在美国。印刷技术的进步，如平板印刷术和新型铸字印刷技术的发明，助力新产品的广告宣传和市场营销，而设计在其中起到了重要的作用。爱迪生（Thomas Edison，1847—1931 年）发明的电灯泡刺激了家庭用电的需求，之后又进一步刺激了对其他电器的需求，如电力驱动的吸尘器、洗衣机等。尽管品牌化由来已久，但也是到了这一时期，它才真正成为培养消费者忠诚度的一种方式。

　　19 世纪初，设计界出现了分歧：一部分人认为设计中，个体有艺术表达的空间；另一部分人则认为功能才是设计的决定性因素。从风格上看，19 世纪后半叶主要有两种影响甚广的设计流派：日本风（详见第 82 页）和新艺术运动（详见第 92 页）。两者都具有高度装饰性，并且都普遍存在于平面设计和附加性装饰中。短暂的唯美主义运动（详见第 88 页）也具有类似的 19 世纪末的特点。

▶ 乔斯特·斯密特（Joost Schmidt，1893—1948年）是包豪斯学院的一位老师，为1923年于德国魏玛举办的包豪斯展设计了这款宣传海报

1913年，亨利·福特（Henry Ford，1863—1947年）设计了一条流水生产线，功能派大获全胜。大规模生产本身就是一种设计过程，需要标准化，这是工业化之初就得到公认的事实，不同的是这一次强调"类型物品"：骄傲地表明自己是机器制造出身的产品。

在现代主义大师如密斯·凡德罗（Mies van der Rohe，1886—1969年）、马歇·布劳耶（Marcel Breuer，1902—1981年）、勒·柯布西耶（Le Corbusier，1887—1965年）、夏洛特·贝里安（Charlotte Perriand，1903—1999年）手中，机械美学从现代机械如自行车、远洋轮船和钢管等新材料中汲取了灵感。机械美学舍弃了所有的装饰，强调基于功能的纯粹形式。当时那些现代主义的早期作品极少获得商业上的成功，但它们对后世的影响巨大。同样具有持续影响力的还有包豪斯设计学院（Bauhaus，详见第126页）以及传播俄国革命（详见第120页）理念的艺术家和设计师所带来的革命性实验。与摄影一道，这些与众不同的概念建立了信息交流与设计实践的全新方式。

然而在美国，越来越多人发现设计可以帮助实现利润的最大化。在切肉机和汽车等产品上常见的流线美就是早期的一种"设计风格"。这个时期出现了新的设计学科，比如平面设计、工业设计和室内设计，设计师的知名度也开始提高。设计界最早的明星雷蒙德·洛威（Raymond Loewy，1893—1986 年）和罗素·赖特（Russel Wright，1904—1976 年）都是这一阶段的代表人物。还有汽车设计师兼通用汽车设计总监哈雷·J.厄尔（Harley J. Earl，1893—1969 年），他推出了"年度车型更新"计划，劝说消费者以旧换新，仅仅因为车的外形发生了变化。他们对自己的动机毫不隐藏，洛威说过："没有什么比上升的销售曲线更美妙。"

但利润并没有主宰一切。对许多设计师来说，为社会利益服务是他们一直以来的目标。在战争爆发的前几年，设计在大众领域（详见第 200 页）赢得声望的主要途径是企业标志，例如 20 世纪 30 年代初，伦敦交通公司推出的整合标牌、车站设计以及路线图的雄心勃勃的计划；以及由皮特·兹瓦特（Piet Zwart，1885—1977 年）为荷兰电报和电话业务编写的《PTT 手册》（*The Book of PTT*）。大众市场的"人民的汽车"时代也已经到来，比如大众甲壳虫。

在第二次世界大战（详见第 212 页）中，设计进入了一种非常特别的公共服务领域——军火、战斗机和坦克也需要设计的参与。人们通常将美国内战看作第一次"现代"冲突，第二次世界大战与之相似，快速推动了包括材料技术在内的广泛学科的创新。雷达和喷气发动机等多种发明也在战后取得了重大成果。

▼ 流线型扶手椅（约 1934 年），由德国家具和工业设计师、建筑师、艺术总监兼教师克姆·韦伯（Kem Weber，1889—1963 年）制造，使用材料为镀铬钢、木材、皮革。这是他的标志性设计之一

战后各国经济凋敝，战败国尤甚，设计既能振兴生产，又能在新的世界秩序中建立鲜明的国家身份认同。从这一时期开始，对产品实行严格"质量管控"的日本，成为制造品出口大国。在意大利，设计被视为美好生活不可分割的一部分，美学和技术创新相结合，创造出在全世界广受欢迎的产品。德国的经济奇迹则建立在严格的理性主义的基础之上，主要由被称为第二个包豪斯的乌尔姆设计学院（详见第 266 页）推动。与之类似的是瑞士，其设计风格纯粹、不带道德偏向性，最具代表性的设计作品是 20 世纪最成功的字体——Helvetica（详见第 276 页）。

在家居市场方面，战后时期，北欧设计出人意料地在国际市场大获成功，丹麦、瑞典、芬兰生产的陶瓷、玻璃制品、家具、灯具、纺织品展现了现代感性与自然材质和有机形式的结合。同样，20 世纪中叶的现代美国设计师，如查尔斯·伊姆斯（Charles Eames，1907—1978 年）和他的妻子雷（Ray，1912—1988 年）、乔治·尼尔森（George Nelson，1908—1986 年）、野口勇（Isamu Noguchi，1904—1988 年）、埃罗·萨里宁（Eero Saarinen，1910—1961 年），得到了诺尔（Knoll）和赫曼米勒（Hermann Miller）等先

▶ 博朗电视机（1957 年）由博朗公司与德国乌尔姆设计学院联合设计，它的外观清晰地体现了理性主义原则。它的形式完全由功能决定，每一个组成部分都与其功能息息相关

进制造商的支持，他们都具有一种前瞻性的审美，乐观地相信科技的力量能够带来持久的物质进步。在此期间，塑料等新材料为市场提供了新的用后即弃的物品。与此同时，"项目性报废"成了维持产量的商业策略。

自 20 世纪以来，设计变得越来越主流，它不仅属于少数引领潮流的先锋人士，而且深深嵌入了当代的生活方式。设计开始更多地去响应并反映时尚和流行文化的变迁，实现了从波普艺术（详见第 364 页）、迷幻音乐（详见第 380 页）到朋克（详见第 410 页）和后现代主义（详见第 416 页）的变迁。

在 20 世纪 60 年代末的"反主流文化"运动时期，涌现出了一批挑战"好品位"概念的激进的"反设计"群体，比如阿基佐姆（Archizoom）。同时，70 年代初的石油危机导致石油化工产品价格上升，引发了人们对"一次性"社会的重新思考。

设计在商业街上占据了比以往都更稳固的地位。先锋零售商，如爱必居（Habitat）的创始人泰伦斯·康兰（Terence Conran, 1931—2020 年）和宜家（IKEA）的创始人英格瓦·坎普拉德（Ingvar Kamprad, 1926—2018 年），将好的设计带给了广大消费者。设计不仅蕴含在知名设计师的作品中，也存在于历史悠久的经典之作里，如明亮的瓷釉家居用品或平织印度地毯——所谓"没有设计师的设计"。

▲ 1958 年，美国设计师乔治·尼尔森设计了一套桌面综合收纳系统，1960 年由赫曼米勒家具公司用红木、塑料、金属和玻璃制成。到了 20 世纪中叶，使用的灵活性已经成为一项重要的设计标准

▶ "尘世"（1993 年）是一个以单条低碳钢制成的螺旋状创意书柜，由英国艺术家罗恩·阿拉德（Ron Arad，1951 年—　）设计。钢制隔板两端铰接，可以将书柜部分折叠以减小尺寸，便于运输

　　设计渐渐成为名人品牌的一种体现。20 世纪 80 年代到 90 年代可谓"设计师的十年"，设计师的形象扶摇直上，设计能够为深谙设计之道的有见识的消费者创造出令人向往、象征身份的物品。极简主义、极繁主义、高科技和复古——风格来回变换，设计也进入了时尚的循环。在经济脆弱、资源受到威胁，充满不确定性因素的今天，设计的范围以及角色仍在不断演变。公平贸易、包容性和可持续性等问题为设计实践增添了新的伦理层面的考量。今天的设计师不仅要考虑他们的产品将如何销售、使用，还要考虑产品的制造和最终处理将如何影响地球及其未来。

　　然而，数字时代的到来，对于设计在全球的传播及其触及受众的速度都产生了深刻的影响。这一重大的技术革命带给了我们应用程序、桌面出版、计算机辅助设计、3D 打印、快速成型技术等不计其数的创新，它不仅改变了设计实践，也催生了新的类型学。对于如今成年的这代人来说，互联网出现之前的生活几乎是不可想象的。设计一直很难定义，如今更是难上加难，因为人工智能已经重塑了我们生活、工作和娱乐的方式。

　　《设计通史》一书阐释了从工业革命伊始直到今天的世界范围内有关设计的关键发展、运动及实践者。本书以时间顺序从技术、文化、经济、美学及理论等各个方面介绍了设计。从 19 世纪高尚的道德家到现代主义的激进思想家，从雷蒙德·洛威等 20 世纪 30 年代崭露头角的名家到今天的菲利普·斯塔克（Philippe Starck，1949 年—　）等超级巨星，本书将深刻讲解与我们生活息息相关的这一主题。

本书会详细分析那些标志着重大进步或代表了特定时代、方法的标志性作品——如马歇·布劳耶的瓦西里椅（1925 年；详见第 136 页）、艾略特·诺伊斯（Eliot Noyes，1910—1977 年）为 IBM 设计的企业形象识别系统（20 世纪 50 年代；详见第 400 页）以及马修·卡特（Matthew Carter，1937 年— ）设计的供屏幕阅读的 Verdana 字体（详见第 478 页）。

纵观整个设计史，风格化表现与功能及形式的简化之间会不时产生重大冲突。但设计不仅仅是记录人们品位变化的工具，它还是一种想象的方式，它定义并预测出了我们的需求，具有商业和文化的双重表现力。它与技术紧密结合，以物质的形态提供了美学上的解决方案。从我们驾驶的汽车、购买的产品到围绕在我们周围的图形，这些都是设计，而我们所有人都是设计的消费者。《设计通史》为我们提供了解码这个物质世界的一切信息。

▼ 工业设计师塞缪尔·N. 伯尼尔（Samuel N. Bernier）通过计算机辅助设计和 3D 打印制造出了定制化的瓶盖，可以用于空罐头盒、罐子和瓶子，赋予其新的用途。图中被回收改造的物品有柑橘榨汁机、接雨槽、画笔清洁器、储蓄罐、灯、喂鸟器、意面容器、沙漏、马克杯、哑铃。这个设计属于 RE_ 项目，该项目探讨的是社区如何承担自己的制造工作

1 | 设计的萌芽

1700—1905年

工业革命

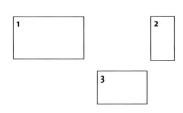

1. 伊桑巴德·金德姆·布鲁内尔用他设计的位于英国布里斯托的克利夫顿悬索桥（1864年）等结构改革工程技术

2. 理查德·特里维西克设计的载客蒸汽火车于1801年在英国康沃尔郡首次启用

3. 哈里森的改进动力织布机（1851年）在伦敦世博会上展出，协助奠定了现代纺织厂的基础

启蒙运动，或理性时代，引发了社会理想的普遍转变，随之而来的是由技术、科学和文化发展引起的更深刻的社会、政治和经济变革。现在，人们将这段历程统称为工业革命。科学进步和技术创新改良了农业和工业生产，促进了经济发展，改变了许多人的生活条件和工作条件。这些发展变化让以英国为首的一些国家实现了财富增长和经济繁荣，同时，由此导致的人口激增也进一步扩大了需求。

人们通常认为工业革命发生在1760年到1840年，尽管这期间并没有发生什么突然性的变革。农业、工业以及运输的进步几乎提高了消费者所需要的所有物品的产量，也推动了经济主体由农业转变为工业和贸易。工业化标志着从个人、手工生产转变为以动力装置驱动的设备、专用机械、工厂和大规模生产。一系列重要的发明和设计形成的累加效应为这种转变创造了条件。制造商理查德·阿克怀特（Richard Arkwright，1732—1792年）就是这时期的关键企业家之一，他开设了第一家水力纺织厂，将技术、机械和材料整合形成工厂体系。他还开发出马力、水力发电，使纺织业成为机械化产业。其他重要发明还包括艾德蒙·卡特赖特（Edmund Cartwright，1743—1823年）于18世纪80年代发明的动力织机（见图3），实现了织布的机械化。

工程领域也取得了巨大的成就。化石燃料的用量不断增加，采矿变得越来

重要事件

1709年	1712年	1733年	1740年	1751年	1759年
亚伯拉罕·达比（Abraham Darby，1678—1717年）使用焦炭冶炼铁矿石，取代木材和木炭作为燃料，铸铁的大规模生产由此开始。	托马斯·纽科门制造了第一台从矿井中抽水的蒸汽机，并获得了商业成功。	约翰·凯（John Kay，1704—约1779年）发明了飞梭，改变了纺织工业，变革了纺织品的生产。	英国钟表匠本杰明·亨茨曼（Benjamin Huntsman，1704—1776年）发明了坩埚炼钢法。	英国园林师"万能的"兰斯洛特·布朗（Lancelot 'Capability' Brown，1716—1783年）自称"地面改造者"。	英国议会通过了第一部《运河法案》，开始了运输和工业供给水路网络的建造。

越重要，但随着矿井挖得越来越深，很多都遇到了积水问题，且手压泵的效率不足以满足要求。托马斯·纽科门（Thomas Newcomen，1664—1729年）设计了一种以蒸汽替代水力将水排出矿井的发动机，1769年，詹姆斯·瓦特（James Watt，1736—1819年；详见第20页）对其进行了改良。19世纪初，工程师理查德·特里维西克（Richard Trevithick，1771—1833年；见图2）建造了第一辆蒸汽火车。钢铁成为必不可少的原材料，从工具、机器到船舶和基础设施，到处都少不了钢铁。伊桑巴德·金德姆·布鲁内尔（Isambard Kingdom Brunel，1806—1859年），19世纪最具创造力的工程师之一，设计了码头、铁路、轮船、隧道和桥梁。他对码头进行了重大改进，并成为大西部铁路的总工程师，引进了宽轨铁道，增加了列车的稳定性，使火车更安全、更快捷。1864年，布鲁内尔去世五年之后，他设计的克利夫顿悬索桥（见图1）开通，这座桥跨越了英格兰西南部布里斯托的一座峡谷，是人类的一大壮举，而这座桥得以建成全靠他的聪明才智和技术的进步。

在这些早期先驱者的成果之后，新的发明、发现和想法层出不穷，因此工业得以继续蓬勃发展到19世纪末。随着工业化席卷欧洲和美国，人们越来越关注工业设计的问题。**SH**

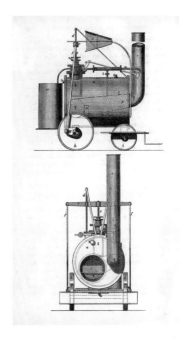

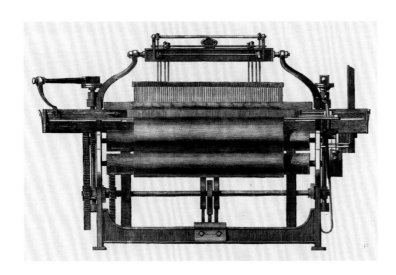

单动式蒸汽机 1763—1775 年

詹姆斯 · 瓦特 1736—1819 年

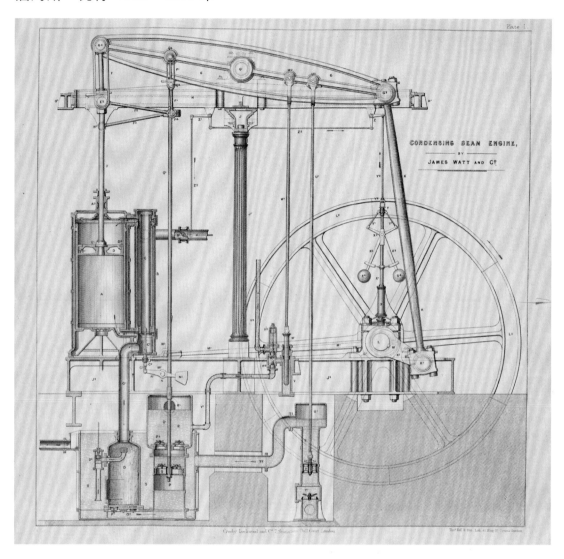

CONDENSING BEAN ENGINE,
BY
JAMES WATT AND Co.

迈克尔·雷诺兹所著的《固定式发动机驱动：实用手册》（1881 年）中的插图

✧ 图像局部示意

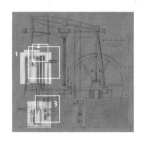

698 年，英国工程师托马斯·萨弗里（Thomas Savery，约 1650—1715 年）制造了第一台商用蒸汽发动机。萨弗里的这项发明用于抽出煤矿中的水，由一个简单的锅炉和一条管道组成，存在着许多问题。1712 年，他的搭档托马斯·纽科门以大气机改良了萨弗里的蒸汽泵，同样利用了蒸汽动力。纽科门的发动机也是用于从煤矿中抽水，但他的发明相当复杂，性价比不高。1763 年，苏格兰仪器制造商詹姆斯·瓦特在修理纽科门发动机的时候，决定改进它的设计。瓦特通过在汽缸外增加一个分离式冷凝器解决了纽科门发动机的问题。但是，要想制造出真正的发动机，瓦特还需要克服资金缺乏和技术不足以支撑零件制造等困难。他与制造商马修·博尔顿（Matthew Boulton，1728—1809 年）展开了合作。通过博尔顿，瓦特得到了世界上最好的钢铁工人并得以大规模生产瓦特发动机。这项发明的直接结果就是，工业革命从此轰轰烈烈地展开了。**SH**

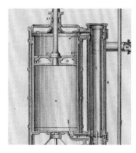

1. 汽缸

瓦特的蒸汽缸持续保持高温，不要求强制冷却。主缸周围的外壳有助于保持高温。蒸汽活塞向下运动时气缸运转。泵侧的重量使横梁倾斜，使得蒸汽活塞上升

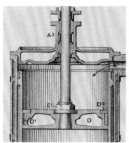

2. 活塞

发动机的工作原理是活塞一侧的真空会产生压力差，将活塞向下推动。蒸汽缸的顶部是密封的。大气压下的上下运动会导致活塞上方产生蒸汽

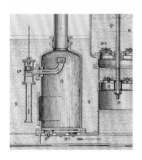

3. 冷凝器

分离式冷凝器是瓦特发动机的创新之处。有了阀门，蒸汽会流入分离式冷凝器。当冷凝器处于真空时，来自活塞下方的蒸汽冲入其中。接着，蒸汽会凝结，从而得以保持真空状态

🕐 设计师传略

1736—1773 年

詹姆斯·瓦特出生于苏格兰的格林诺克。他在格拉斯哥和伦敦学习了仪器制造技术。从 1756 年起，他在格拉斯哥大学担任仪器制造师。1763 年，格拉斯哥大学的一位教授把一台纽科门发动机交给瓦特修理。不到两年，瓦特就研究出了改进的方法。1769 年，他的蒸汽机获得了专利。

1774—1787 年

瓦特搬到伯明翰。1776 年到 1781 年，他在康沃尔郡的铜矿井和锡矿井里安装发动机。接着，他改造了发动机，使之能够驱动工厂里的机器。瓦特在他的机器中新增了一个旋转装置，并于 1782 年发明了双动式蒸汽机。1784 年，他发明了平行运动连杆机构。

1788—1819 年

瓦特发明了调节蒸汽发动机转速的离心调速器，并于 1790 年发明了压力表。他于 1800 年退休，余生致力于蒸汽机的研究。

效率和经济

分离式冷凝器是瓦特在蒸汽机方面最重要的发明。在纽科门大气发动机的每个冲程中，汽缸由蒸汽加热，随后被冷水冷却，使得蒸汽冷凝成水，产生真空，迫使大气推动活塞向下运动。瓦特使冷凝过程在单独的容器中进行，确保汽缸保持高温，大大提高了发动机的效率，推动了经济发展。从最开始的设计到成功制造出第一台蒸汽机一共用了 11 年时间，主要的问题是缺乏相应的技术手段，无法制造出足够大的活塞以保持适量的真空。最终，技术进步了，瓦特也得到了经费支持，他的蒸汽机终于得以问世。蒸汽机立即被用于运输、制造、采矿等不同领域。更快、更节能的瓦特发动机取得了巨大的成功，改变了世界。

轧花机 1793 年

伊莱·惠特尼 1765—1825 年

1793 年的原始轧花机版画

图像局部示意

伊莱·惠特尼的轧花机可谓是美国工业革命最伟大的发明之一。这种简单的机器提高了从棉纤维中去除棉籽的速度，使棉花的生产发生了革命性的变化。

公元 1 世纪就已经出现了简略版的轧花机，但惠特尼发明了第一台实用的机器。在惠特尼发明轧花机之前，从棉籽中剥离棉花纤维是一项需要投入大量人力却没什么利润的工作，完全依靠手工，工人每人每天平均可大约挑出 1 磅（约 450 克）棉短绒。轧花机能将棉纤维从棉籽中剥离出来。棉花会穿过一个嵌满钩子的木桶，钩子能钩住纤维并将其拉过网。网格非常密，种子难以通过，而钩子则能轻松拉出细棉纤维。

缩短了加工时间后，棉花成了 19 世纪中叶美国主要的出口商品。惠特尼的轧花机变革了棉花产业，节约了劳动力，实现了产业的大规模扩张，同时降低了棉花的价格。然而，尽管轧花机取得了成功，由于专利法一些不合理的技术性细则，惠特尼也没获得多少收入。他很难保护自己的权利，即便几年后法律条款得到了修订，他还没赚多少钱，专利就已经过期了。还有一个不利因素是，南方棉农要求奴隶来操作机器，而其他地区废除奴隶制的呼声越来越高。**SH**

👁 焦点

1. 手动曲柄

使用惠特尼的手摇轧花机，一名工人可以在一天内挑出50磅（约22.5千克）棉短绒，是手工工作效率的大约50倍。较大的轧花机可以由马拉动，后来则改用蒸汽机

2. 滚筒

轧花机是一个相对简单的机器。将原棉通过漏斗倒入旋转滚筒中，短线钩会将棉纤维拉过网，投进棉花堆，棉籽则分开放置，以便下一季种植

◀ 惠特尼的轧花机使棉花产业大大扩张，极大地推动了美国经济。得益于这项发明，1800年后原棉产量每十年就会翻一番。轧花机提振了纺织工业，但随之而来的是更多农场主使用奴隶劳作，这推动了美国内战（1861—1865年）的爆发。到19世纪中叶，全世界75%的棉花供应都来自美国

减少利润的剽窃

惠特尼通过制造和维修机器来供自己读完耶鲁大学。1792年毕业时，他计划一边教书一边学习法律。他在佐治亚州的萨凡纳遇到了种植园主凯瑟琳·格林（Catherine Greene，1755—1814年）。惠特尼接受了她的邀请，留在了佐治亚的桑林种植园。格林和她的种植园经理菲尼亚斯·米勒（Phineas Miller，1764—1803年）向惠特尼反映了棉农难以将棉籽与棉花纤维分离的问题，并给了他一个单独的车间，他就是在这个车间发明了轧花机。1794年，惠特尼获得了轧花机的专利，并与米勒成立了一家公司。他们计划在美国南部各州的种植园制造和安装轧花机，并按每座种植园的棉花产量收取一定比例的费用。然而，农民虽然很欢迎这种新的机器，却又不愿分享丰厚的利润，于是大多数人都剽窃了惠特尼的设计。

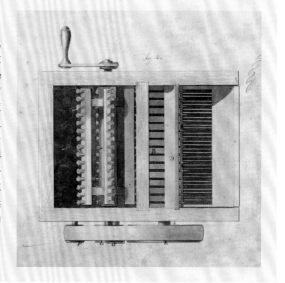

古典复兴

1. 金伯顿橱柜（1771—1776 年）由桃花心木和橡木制成，镶嵌部分由椴木和红木制成，由罗伯特·亚当为英格兰剑桥郡的金伯顿城堡所设计

2. 1765 年，托马斯·奇彭代尔受罗伯特·亚当之托，为伦敦一所宅邸中的大客厅制作了这张镀金的山毛榉木和胡桃木扶手椅

3. 这个韦奇伍德碧玉细炻器双耳花瓶约于 1790 年产自英格兰斯塔福德郡的伊特鲁里亚陶器工厂，能明显看到是受了古典风格的启发。中间的一圈人物形象是阿波罗和九个缪斯

18 世纪下半叶，工业革命开创了设计史上的一个重要时期。新技术的开发、大型工厂的引进和都市生活的变化，使大规模生产和消费成为可能，从而引发了一场消费者革命。在这场革命中，商品的分类更新、更多样化，服务的人群也不同于以往。重要发明激增，激发了人们的信心、成就感以及对设计的兴趣。机器制造的产品必须经过有目的的规划，产品太多，难以靠运气获得成功，也不能有太大差异。因此，设计师的角色改变了。概念构思成为机器制造的设计产品中的一个重要方面。

多年来，欧洲和北美地区富有的年轻人有着"大陆游学"的习俗，到了 18 世纪末，这一习俗对设计和品位产生了巨大的影响。"大陆游学"助力罗马成为西方世界的文化中心，增强了古典主义的吸引力。当时倡导古典复兴的中心人物是三位苏格兰建筑师亚当兄弟：约翰（1721—1792 年）、罗伯特（1728—1792 年）和詹姆斯（1732—1794 年）。大陆游学期间的 1755 年至

重要事件

1755 年	1757 年	1762 年	1764 年	1768 年	1769 年
德国学者约翰·温克尔曼（1717—1768 年）出版了《关于在绘画和雕刻中模仿希腊作品的一些意见》。	在罗马待了三年后，罗伯特·亚当返回英国，将自己的想法与古典题材相融合，形成了新古典主义风格。	在英国，乔赛亚·韦奇伍德被任命为王室餐具供应商。	英国织布工兼木匠詹姆斯·哈格里夫斯发明了珍妮纺纱机，使织工可以同时操作八个或八个以上的线轴。	皇家美术学院在伦敦成立，约书亚·雷诺兹（Joshua Reynolds，1723—1792 年）为第一任院长。	苏格兰发明家、机械工程师詹姆斯·瓦特就其配有分离式冷凝器的蒸汽机获得了专利。

1757 年，罗伯特都是在罗马度过的，在这之后，他基于自己学习的古典风格进行室外和室内设计，创立了所谓的"亚当风格"。从窗户到家具、从墙漆到壁炉，亚当兄弟对他们的总体室内设计充满信心。罗伯特将新古典主义装饰品与无可挑剔的工艺相结合，这既体现在家具（见图 2）中，也体现于金伯顿橱柜等一些大型作品（见图 1）中，他引领了英国的古典复兴，这股风潮随后又席卷欧洲和北美地区。

同样受到新古典主义启发的还有家具制造商兼设计师托马斯·奇彭代尔（Thomas Chippendale，1718—1779 年）。除此之外，他还受到中国风、哥特风和法国洛可可风格的影响，他将这些不同风格的元素融入和谐统一的设计中，充分利用了不断扩大的中产阶级对奢侈品的需求。1754 年，奇彭代尔成为首位出版设计书籍的家具制造商，他的著作《绅士与橱柜制作者指南》（*The Gentleman and Cabinet-Maker's Director*，详见第 26 页）一经问世，立即在国际上产生了广泛而深远的影响。奇彭代尔、托马斯·喜来登（Thomas Sheraton，1751—1806 年）和乔治·海博怀特（George Hepplewhite，1727—1786 年）常被认为是 18 世纪三位最重要的英国家具制造商。喜来登的家具带有乔治亚晚期风格所特有的女性化的精致，海博怀特的家具则轻便而优雅。

这种扩张、知识和贸易实验以及工业发展的气氛在英国尤其突出，这激励了设计师、工业家和发明家，如詹姆斯·哈格里夫斯、马修·博尔顿、乔赛亚·韦奇伍德（Josiah Wedgwood，1730—1795 年，详见第 32 页）和理查德·阿克怀特（1732—1792 年），去追求新的创意和方法。1769 年，韦奇伍德创建了伊特鲁里亚制陶工厂，他生产的陶瓷制品灵感来自古希腊和罗马陶器（见图 3）。韦奇伍德的目标客户是中产阶级和贵族，他成了大众市场的先驱，此外，他也是第一批在报纸上做广告并进行零售展示的制造商之一。他不断尝试自己的设计和制造方法，把生产过程分成了独立的几个活动，与手工生产形成了鲜明对比。他工厂里的每个工人都只从事特定的某种工作，从而增加了总产量。这开创了一种生产流程，20 世纪初的汽车流水线即由此而来。伊特鲁里亚工厂生产两类陶瓷制品："观赏类"和"实用类"。虽然都是陶瓷，但设计和用途有所不同。为了完成装饰设计工作，韦奇伍德聘用了当时最出色的一批艺术家，包括约翰·弗莱克斯曼（John Flaxman，1755—1826 年）、乔治·斯图布斯（George Stubbs，1724—1806 年）、德比的约瑟夫·赖特（Joseph Wright，1734—1797 年）。**SH**

《绅士与橱柜制作者指南》 1754 年

托马斯 · 奇彭代尔 1718—1779 年

《绅士与橱柜制作者指南》一书
中的盘子展示桌插图

1753 年，托马斯 · 奇彭代尔在伦敦当时最时尚的购物街——圣马丁斯巷（St Martin's Lane）开设了家具展销店。奇彭代尔提供了大量高品质家具，从迅速壮大、渴望提高社会地位的中产阶级那里获利不菲。

1754 年，他出版了一本开创性的产品目录：《绅士与橱柜制作者指南》，其中包括他设计的 160 个产品样式的雕刻版画。在此之前，虽然其他家具制造商也制作过产品目录，但没有一本如此全面、规模如此宏大。《绅士与橱柜制作者指南》自称是"哥特式、中式与现代风格最优雅、最实用的家具设计大集合"。

根据订阅需求，《绅士与橱柜制作者指南》分别于 1755 年和 1762 年两次再版，增加收录了他最新设计的新古典主义风格家具的插图。这本目录非常受欢迎，订阅者除了社会大众和其他家具制造商外，还包括名流富贾，如演员大卫 · 加里克（David Garrick，1717—1779 年）、叶卡捷琳娜二世（Catherine the Great，1729—1796 年）和路易十六（Louis XVI，1754—1793 年）。

客户常以这本目录为指导，订购一些结构简单、元素较少、材料较便宜的家具。他们也会结合其中的元素定制家具。通过以图文形式出版他的设计，奇彭代尔的影响力远远超出了其伦敦工作室的影响范围。**SH**

✜ 图像局部示意

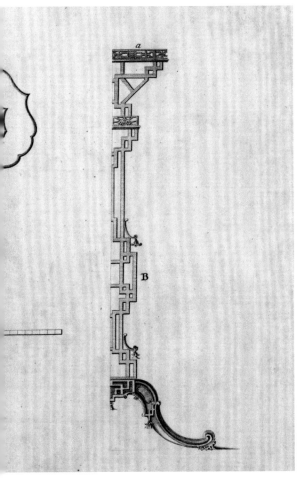

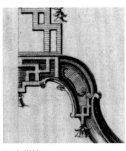

1. 产品样式雕刻版画

出版商、绘图员兼版画家马修·达利（Matthew Darly，约1720—1781年）是奇彭代尔的朋友，根据奇彭代尔的图纸，达利完成了《绅士与橱柜制作者指南》中大部分插图的雕刻。160张插图展示了奇彭代尔工作室可以生产的家具和装饰品种类繁多

2. 多样性

1754年和1755年版的《绅士与橱柜制作者指南》中展示了四种风格的家具：英伦风；法式洛可可风；强调中国风情（Chinoiserie）、网格和涂漆效果的中国风；含有尖拱、四瓣花和浮雕元素的哥特风。1762版中则包括了新古典主义的线条

🕐 设计师传略

1718—1761年

托马斯·奇彭代尔出生于英国约克郡。他曾为木匠学徒，后来移居伦敦，开设了展销店和工作室。1754年，他出版了《绅士与橱柜制作者指南》。次年出版了第二版。

1762—1779年

奇彭代尔为1762年的再版指南设计家具样式。他于1776年退休，他的儿子托马斯（Thomas，1749—1822年）接管了公司。

营销方法

通过征订，即寻求为其成品书预先付费的购买者，奇彭代尔自行出版了《绅士与橱柜制作者指南》。这是一个很好的营销方法。奇彭代尔的业务迅速扩大，很快，他雇用了大约50名熟练的工匠来满足市场需求。虽然所有的样板都由他签名，但事实上一些作品是为他工作的其他设计师设计的。里面的许多设计都附上了指导新手橱柜制造商的说明和精致程度不一的各种方案，以适应不同的技能水平或预算。这些设计模式在整个欧洲都具有影响力，在北美地区尤其受欢迎。在北美，书里的设计模式经过调整，以适应当地的材料和品位。

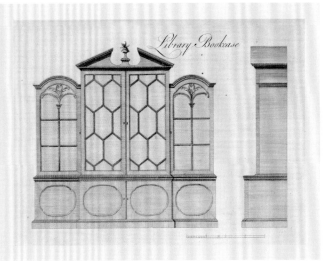

品位的概念

到18世纪中叶，人们开始痴迷"品位"这一概念。能够辨别粗俗与雅致，或者说拥有良好的品位，成为衡量一个人价值的标准，并且这个时期见证了某些行业的爆发式成长，对这些行业而言，好的品位至关重要，如奇彭代尔家具（详见第26页）、韦奇伍德陶器（详见第32页）、塞夫勒瓷器（见图1）。设计师试图给人们的生活带来优雅的线条和更轻盈的触感。对品位的关注与中产阶级的壮大息息相关，他们正在享受财富的积累，并且传统贵族和新贵阶层产生了品位方面的对比。虽然许多贵族不以为然，但大多数人意识到一个人即使没有贵族血统，也是可以有品位的。良好的品位成为礼仪、教养和精致的代名词。

贸易扩张和工业革命导致消费增长，这反过来促进设计师生产的商品数量增长，并激起了人们对品位的广泛讨论。华丽、夸张的巴洛克风格被两种不同的设计所取代。洛可可是受到法国宫廷启发的设计风格，充满异想天开和无忧无虑的气息；而新古典主义拒绝了洛可可的不对称和轻盈，寻求古希腊和古罗马的规范性和对称性。在"大陆游学"群体中，第三代伯林顿伯爵、第四代科

重要事件

1704 年	1709 年	1710 年	1711 年	1718 年	1749 年
英国物理学家艾萨克·牛顿（Isaac Newton，1643—1727 年）在《光学》中发表了他的发现和光与颜色理论。	经过多年研究，德国科学家发现了制造中式硬膏瓷的方法。	德国萨克森的迈森皇家瓷器厂开业。这是欧洲第一家大量生产瓷器而且配方保密的工厂。	第三代沙夫茨伯里伯爵（1671—1713 年）安东尼·阿什利·柯柏（Anthony Ashley Cooper）在他的文章《人、规矩、观点、时代的特征》中写道：坏品位等同于恶行。	英国商人托马斯·洛姆（Thomas Lombe，1685—1739 年）为一种由水车驱动的捻丝机申请专利。	英国家具制造商托马斯·奇彭代尔在伦敦开设了他的第一家工作室。

克伯爵兼业余建筑师理查德·波义耳（Richard Boyle，1694—1753年），受到意大利建筑师安德烈亚·帕拉第奥（Andrea Palladio，1508—1580年）的启发，后者的建筑深受古典建筑的影响，追求数学上的精准。伯林顿伯爵把从帕拉第奥的建筑中看到的许多想法带回英国，启发了一代建筑师。帕拉第奥深受罗马建筑师维特鲁威（Vitruvius，约公元前80至70—前15年）著作的影响，维特鲁威在《建筑十书》（*The Ten Books of Architecture*，约公元前15年）中写道，一栋建筑应该履行"坚固、实用、美观的义务"。"坚固"意味着它能够随着时间的推移抵抗自然力量的侵蚀，"实用"解决了建筑物如何发挥其功能的问题，"美观"意味着它应该看起来美丽。

这引发了对艺术、美丽和鉴赏的进一步讨论。在德国，哲学家亚历山大·戈特利·鲍姆加特（Alexander Gottlieb Baumgarten，1714—1762年）给出了"美学"一词在现代的应用，用它指代好的品位或美感。他将品位定义为利用直觉而非脑力思考来鉴赏的能力。鲍姆加特的想法受到启蒙运动的影响。启蒙运动始于欧洲，从17世纪中期一直持续到18世纪晚期，其间理性主义兴起，最初是古希腊哲学家探索了这一观念。而正是在启蒙运动期间，几个公共博物馆首先在欧洲开放，包括1759年的大英博物馆、1765年的乌菲齐美术馆和1793年的卢浮宫，这些都加强了大众对品位、鉴赏和文化的感悟。

1757年，英国政治家埃德蒙·伯克（Edmund Burke，1729—1797年）发表了有影响力的哲学论文《关于我们崇高与美观念之根源的哲学探讨》（*A Philosophical Enquiry into the Origin of Our Ideas on the Sublime and the Beautiful*），他得出结论，认为审美能力是通过经验和知识的积累来提高的。他认为应该基于感性而不是理性判断的角度来达成一致的品位，因为品位是天生的，不能用逻辑解释。

除了受到帕拉第奥主义的启发，新古典主义还受到赫库兰尼姆城和庞贝古城挖掘的影响。公元79年维苏威火山大爆发，两座古城被火山灰掩埋，保存比较完整，并分别于1738年和1748年被发现。人们对古典主义的新兴趣渗透到装饰艺术的所有领域，强调直线和几何图案，自此人们普遍认为古典世界是优雅的缩影。虽然各国对新古典主义风格的演绎千变万化，法国是帝国风，英国是摄政风，德国是比德迈风（见图2），北欧是古斯塔夫风，以及新成立的美国是联邦风，但新古典主义风格让各国产生了一种共识，即欣赏内敛、质感与和谐才能领悟什么是好的品位。**SH**

1. 这套塞夫勒瓷质咖啡壶和茶器制作于1861年，充满生机的外形让人想起近东和中国，体现了当代法国对异国情调的品位

2. 这件优雅的无扶手椅由维也纳家具制造商约瑟夫·乌尔里希·丹豪瑟（Josef Ulrich Danhauser，1780—1829年）于1820年制造。其简单的形式和简洁的线条是比德迈（Biedermeier）风格的特点

波多尼体 约 1785 年
贾姆巴蒂斯塔·波多尼 1740—1813 年

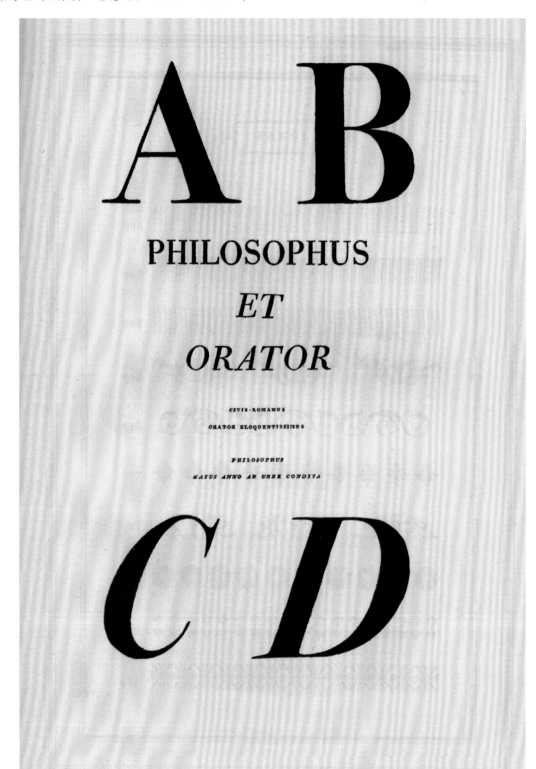

约 1439 年，德国印刷工人约翰内斯·古腾堡（Johannes Gutenberg，1398—1468年）发明了铅活字印刷术，自此，无数字体应运而生，但只有几种经受住时间的考验成为经典，延续了几个世纪而不过时。波多尼字体就是一个典范，由意大利印刷和排字工人贾姆巴蒂斯塔·波多尼在约 1785 年设计，灵感来自英国印刷工人约翰·巴斯克维尔（John Baskerville，1706—1775 年）、法国印刷工人皮埃尔－西门·福尼尔（Pierre-Simon Fournier，1712—1768 年）、菲尔曼·狄多（Firmin Didot，1764—1836 年）的字体设计。

当时，图书出版重点关注插图，字体排版的意义已经减弱。印刷工都在使用无特色的字体以及不合格的油墨印刷。印刷字体不清晰，而技术方面的局限意味着市面上劣质书籍司空见惯。波多尼决心要改变这一点，他从模仿福尼尔和狄多的字样开始。福尼尔于 1737 年率先提出了点数制，后来又有所完善，而狄多改良了他的点数制。波多尼成立了自己的铸造厂，并开始设计和法国字体风格不一的字体，而更类似于他仰慕已久的巴斯克维尔字体。带着设计一种经典字体的决心，波多尼设计出了一种后来以他的名字命名的字体。这种字体简单，突出直接、干净的新古典主义线条，粗细笔画对比鲜明，具备整体几何结构，让人想起古罗马铭文。**SH**

贾姆巴蒂斯塔·波多尼在他的《印刷手册》（1818 年）中设计的波多尼字体的罗马大写字母及其斜体

◉ 焦点

1. 细笔画

波多尼字体汲取当代设计对古典风格的偏好，具有清晰、简单的线条和结构，以及纤细的笔画。这是最早在粗细笔画中展现极其突出的明暗对比的现代字体之一

2. 垂直笔触

波多尼被称为"现代"字体。现代字体的特点是强调垂直以及垂直和水平笔画的强烈对比。现代字体的衬线和水平线非常细，几乎像发丝一样。波多尼的字体是最有影响力的现代字体

3. 非支架衬线

非支架衬线和平衡线条使波多尼的字体成为永恒的经典。从 18 世纪末他设计出波多尼字体开始，许多字体设计师受到启发，设计了多种该字体的新版本，这种现象在 20 世纪初尤其明显

▲ 波多尼改进了原始字体，赋予字体更多数学、几何和机械外观，重新定义了字母。他的《印刷手册》（1818 年）讨论了超过 300 种字体，并展示他如何将古希腊字母和古罗马字母的理念与他自己的概念融合，最终产生平衡优雅的字体

波特兰花瓶的首版复制品 约 1790 年

乔赛亚·韦奇伍德 1730—1795 年　小约翰·弗莱克斯曼 1755—1826 年

碧玉细炻器，黑底，白色浮雕
直径 25cm

波特兰花瓶由紫蓝色层状玻璃制成，带有白色浮雕，制作于公元 5 年至公元 25 年左右。1582 年在罗马附近的墓中被发现，1627 年，红衣主教弗朗切斯科·巴贝里尼（Francesco Barberini）将其买下，并一直保存在家中。1780 年花瓶被出售至英国，并在 1784 年被波特兰公爵的遗孀买下。两年后她的儿子——第三代波特兰公爵获得了它，并借给乔赛亚·韦奇伍德一年。乔赛亚痴迷于用精致的碧玉细炻器来复制这款花瓶，这是他在 1770 年代制造的一种平滑、无光泽、具有细颗粒的瓷器。乔赛亚、他的第二个儿子乔赛亚二世（Josiah II）以及新古典主义雕塑家兼设计师小约翰·弗莱克斯曼（John Flaxman Junior）在长达四年的时间里孜孜不倦地仿制古代花瓶。

1789 年 10 月，乔赛亚把第一件成功的花瓶复制品送给他的朋友伊拉斯慕斯·达尔文（Erasmus Darwin）。次年 5 月，他又给夏洛特王后送了一件复制品，然后在皇家学会主席约瑟夫·班克斯（Joseph Banks）的宅邸组织了一次私人展览。到 1790 年 5 月，乔赛亚收到了二十个花瓶订单。这些不错的反响鼓励他在国外举行花瓶展览。乔赛亚二世在欧洲巡展六个月，这为韦奇伍德公司增光添彩。

👁 焦点

1. 白色浮雕

尽管乔赛亚·韦奇伍德的制模师为原始花瓶上的浮雕人物制作了精确模具，但是复制半透明的白色浮雕很困难。他写信给一个朋友说："我目前的困难是要给人物浮雕薄且相隔较远的部分加上漂亮的阴影。"

2. 人物

小约翰·弗莱克斯曼是欧洲新古典主义的领军人物，被韦奇伍德聘为制模师。韦奇伍德标志性的、受古希腊和古罗马启发的设计主要都出自他手，再创波特兰花瓶能成功，在很大程度上要归功于他的高超技艺

实验

波特兰花瓶（见右图）复制品是乔赛亚·韦奇伍德最伟大的成就之一，但他花了将近四年才完成。经过多次实验，他使用了一件他称为"玄武陶"的黑色碧玉细炻器。在制作中，他遇到的第一个困难包括花瓶瓶身破裂和起泡，以及之后烧制过程中浮雕脱落。在原版花瓶上的几处地方，浮雕的层次被切得很薄，因此黑色玻璃的颜色能穿透白色。起初，韦奇伍德担心他的浮雕无法像原版一样薄而精致。在最早复制的花瓶中，他用灰色和棕色阴影为浮雕轻轻着色，实现了这样的效果。总而言之，花瓶很难制作，1790—1795 年（韦奇伍德在这一年去世），韦奇伍德只制作出 30 个花瓶。每个花瓶售价 30 几尼，还要加上盒子的费用 2 英镑 10 先令。他死后，韦奇伍德公司不再制造波特兰花瓶，直到 1839 年，考虑到维多利亚时代的谨慎，他们改造了复制的古罗马人物。

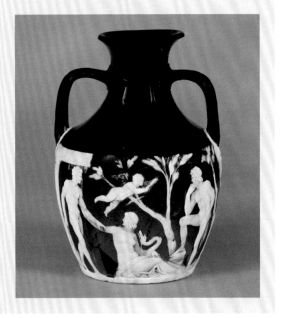

设计改革

在 1835 年和 1836 年的英国，议会艺术和制造业特别委员会（the Parliamentary Select Committee on Art and Manufactures）的一份报告表达了担忧，他们认为法国、德国和其他制造国家更加鼓励"设计艺术"和"正确的品位原则"。因此，英国制造的商品缺乏风格，有失去"出口竞争优势"的风险。在该世纪剩下的时间里，艺术家和制造商们越来越多地讨论什么是更好的设计。

1837 年，政府设计学院（后来的皇家艺术学院）在伦敦成立，目的是提高设计师的教育质量，但因为整个行业继续迎合公众对过分华丽的风格的偏爱，它面临着艰巨的任务。工业革命催生了蓬勃发展的中产阶级，他们都想将新房子装修得奢侈华丽，许多制造商利用这一点大量生产商品。大多数制造商认为设计只是生产的一部分，而不是需要专业思考和规划的单独考量因素。

亨利·科尔是最早的批评者之一。他认为如果由令人尊敬的美术家来设计日常物品，公众的品位就会提高。1845 年，艺术、制造与商业鼓励协会（the Society for the Encouragement of Arts, Manufactures and Commerce，后来

重要事件

1810 年	1826 年	1829 年	1830 年	1832 年	1836 年
德国印刷匠兼发明者弗莱德里希·柯尼希（Friedrich Koenig，1774—1833 年）获得蒸汽驱动印刷机的专利。	苏格兰土木工程师、建筑师兼石匠托马斯·特尔福德（Thomas Telford，1757—1834 年）在威尔士建造了两座吊桥。	英国土木和机械工程师乔治·斯蒂芬森（George Stephenson，1781—1848 年）建造了他的"火箭"号蒸汽机车，参与铁路试验。	柏林老博物馆（The Altes Museum）由德国建筑师卡尔·弗莱德里希·申克尔（Karl Friedrich Schinkel，1781—1841 年）设计，经过七年建设完工。	英国数学家和发明家查尔斯·巴贝奇（Charles Babbage，1791—1871 年）发明了第一个计算器，他取名为"差分机"。	奥古斯塔斯·普金发表了他的建筑宣言《对比》（Contrasts），支持复兴中世纪哥特式建筑。

的皇家文艺学会或 RSA ）设置了茶具设计奖。科尔使用化名菲利克斯·萨莫里提交了设计，由明顿（Minton）生产（见图 1），该作品赢得了银奖。接着他成立了萨莫里艺术制造公司，委任几个卓有成就的艺术家负责设计并投入工业生产。虽然公司很快倒闭了，但他的创业经历进一步鼓舞了类似的企业，有助于实现他改革设计的目标。1847 年至 1849 年，科尔还为皇家文艺学会举办年度展览，以提高社会对高质量设计的关注。1849 年，他创立了《设计与制造杂志》（The Journal of Design and Manufactures），由艺术家兼政府设计学院院长理查德·雷德格雷夫（Richard Redgrave, 1804—1888 年）担任主编。科尔指出，现存的一个大问题是，许多制造商将设计视为在制造结束时添加到产品中的附加物，而不是将其视为自构思阶段起产品的一部分。各种装饰经常用于掩饰劣质的材料或粗糙的做工。

英国设计的劣质水准在 1851 年伦敦的世界博览会（详见第 38 页）上原形毕露。为了提高公众的品位而发起该展览的科尔特别关注此次展览。1852 年，他成为新的实践艺术部门的总监，该组织旨在改革全国各地学校和学院的设计培训。科尔、雷德格雷夫、水晶宫的内饰设计师——建筑师欧文·琼斯（Owen Jones, 1809—1874 年）制定了政府设计学院设计研究的指导方针。琼斯曾出国旅行，他创造现代风格的尝试受到伊斯兰世界的启发（见图 2）。他们的目的是提高设计水准、避免多余的装饰，并教育公众远离目前主导市场的过分俗艳的设计。

尽管有许多俗气的设计，博览会仍然取得了成功，并产生了可观的利润。其中一部分利润用于购买一些展品，以在新的装饰艺术博物馆（后来的维多利亚和阿尔伯特博物馆）展出。博物馆的一个房间展示了设计不佳的物品，旨在羞辱制造这些丑陋物件的制造商，并给公众上一堂设计课。房间名为"依照错误原则设计的装饰"，但后来以"恐怖陈列室"这个名字广为人知。博物馆的采购委员会包括科尔、雷德格雷夫和建筑师、设计师兼评论家奥古斯塔斯·普金（详见第 36 页）。普金喜欢中世纪哥特式风格，认为它合乎伦理，他几乎一手确立了哥特式复兴主义作为 19 世纪英国主要设计风格的地位，在建筑上该风格的地位更凸显。

工艺美术运动（详见第 74 页）与普金的中世纪主义以及科尔和雷德格雷夫的设计理念一致，拒绝现代性和工业。工艺美术运动由纺织设计师、艺术家兼社会主义者威廉·莫里斯（1834—1896 年）发起，也遵循着备受尊敬的艺术评论家兼理论家约翰·罗斯金（1819—1900 年）的教义。**SH**

1. 亨利·科尔屡获殊荣的陶瓷茶具于 1846 年到 1871 年投入生产

2. 受到西班牙和埃及旅行的启发，欧文·琼斯试图用伊斯兰风格的瓷砖设计来影响大众品位（约 1840—1850 年）

1837 年	1840 年	1849 年	1853 年	1854 年	1856 年
英国校长罗兰·希尔（Rowland Hill, 1795—1879 年）提出了首个粘贴式预付邮资邮票的想法。	伦敦威斯敏斯特宫开始施工，该宫殿由英国建筑师普金以及查尔斯·巴里（Charles Barry, 1795—1860 年）设计。	圆顶礼帽由伦敦帽商 Lock and Co 设计，是为了满足一位客户保护其猎场看守人头部的需求而设计的。	受 1851 年伦敦世博会启发，第一届美国世界博览会在纽约市水晶宫开幕。	在《艰难时世》（Hard Times）中，查尔斯·狄更斯（Charles Dickens, 1812—1870 年）将亨利·科尔描绘为一个向学童解释良好品位原则的政府检查员。	欧文·琼斯出版《装饰法则》（The Grammar of Ornament），该书展示了多种多样的装饰传统中的图案和设计。

上议院壁纸 1848 年

奥古斯塔斯·普金 1812—1852 年

👁 焦点

1. 叶子

普金的壁纸上出现了扁平的图案，取代了流行的装饰过度的设计。颜色则是在中世纪颜料的基础上调制的。这种设计由简单重复的图案组成，突出表现壁面的平整度，而不是使它看起来弯曲

2. 铁闸门

这种壁纸设计结合了威斯敏斯特宫的象征——带王冠铁闸门以及王室徽记都铎玫瑰。字母 "V" 和 "R" 代表统治的君主维多利亚女王（Victoria Regina），这样的设计象征着王室和议会的权力

1836 年，奥古斯塔斯·普金在他的宣言《对比》中宣称：设计应该摆脱"现在的颓废品位"。他关注纯洁和清晰，在装饰和设计领域提出"诚实"和"适当"的想法。他坚持认为只有平面图案才能装饰平面、突出平面而不是给它们改头换面，深度、纹理和三维营造的错觉是不诚实且刻意的。这成为设计改革运动的一个基本原则。

普金旨在通过理想化中世纪体系来改革和改善社会，他认为良好的设计合乎道义，而糟糕的设计则虚伪、充满欺骗。他提倡的哥特复兴，对他来说既真诚又充满基督教色彩。虽然他的母亲在严格的苏格兰长老教会将他带大，但他后来改信罗马天主教，坚信高耸尖塔直指天堂的建筑和虔诚设计的壁纸、地毯和家具都遵循天主教教义，并将为社会带来积极的影响。1847 年，他访问意大利，随后将一些最伟大的意大利设计融入自己的设计中。在 1851 年的世界博览会上（详见第 38 页），他设计了一系列哥特式家具，许多物美价廉。在他们的中世纪布展中，他设计的风格简单的桌子和色彩缤纷的餐盘对当代人来说耳目一新，吸引了水晶宫的游客。**SH**

红纸上的主要颜色
58.5cm × 53.5cm

⏱ 设计师传略

1812—1826 年
奥古斯塔斯·普金出生在伦敦，是建筑师的儿子。他在伦敦的基督医院学校上学，他的父亲教他建筑绘图。

1827—1835 年
普金被英王乔治四世聘为温莎城堡的家具设计师。他开了一家古董家具店，在伦敦国王剧院担任场景设计师。后来他的家具生意破产，他因欠债而短暂入狱。1835 年，他改信天主教。

1836—1843 年
他出版了他的第一本建筑宣言《对比》，并设计教堂、主教堂、房子、修道院。他成为巴里在威斯敏斯特新宫的助理。

1844—1852 年
他的第三本书《教会装饰和服装词汇表》（*The Glossary of Ecclesiastical Ornament and Costume*）出版。他为世博会设计了上议院、中世纪法院的室内装饰以及威斯敏斯特宫的钟楼。由于疲劳过度，他进了贝德兰姆疯人院，不久后死亡。

威斯敏斯特宫

1834 年的大火之后，为了找到一位建筑师重建伦敦的威斯敏斯特宫，英国组织了一场比赛。在 97 名参赛者中，普金担任其中两位的绘图员：查尔斯·巴里和詹姆斯·吉莱斯皮·格雷厄姆（1776—1855 年）。巴里能赢得比赛，他功不可没，因此巴里邀请普金与他一起工作。威斯敏斯特宫的建造始于 1840 年，历时三十年。普金的贡献体现在独特的哥特式细节中，包括叶片和尖塔。几乎所有哥特式风格的内饰都是他设计的，包括一百多种壁纸、雕刻、彩色玻璃、地板砖、金属制品、家具和大本钟的钟楼。普金的想法对设计改革运动产生了强大的影响。他的信念——即使"最小的细节都应该有意义或目的"，以及他关于设计的历史真实性原则和减少装饰理念对设计师和公众产生了巨大的影响。

世界博览会

这是世界展会系列的第一次展览，由英国公务员亨利·科尔起头操办。科尔利用自己艺术、制造与商业鼓励协会的会员身份进行宣传，以提高工业设计的标准。阿尔伯特亲王（Prince Albert，1819—1861年），即维多利亚女王的丈夫兼协会会长，支持他的想法，并在1847年授予该协会皇家特许状。1849年，科尔在巴黎参观了法国展览会，并注意到国际参展商没有参展机会。回到英国时，他获得了皇家委员会的批准，可以在伦敦举办国际展览。

在阿尔伯特亲王的领导下，该协会策划了万国工业博览会。该展览于1851年5月1日至10月15日在伦敦的海德公园举办，吸引了超过600万名游客，展出了来自15 000名参展商的10万件展品。展览品种类繁多，有过度华丽的也有纯功能性产品，有家庭用品也有工业机器，有优质商品也有劣质商品。这是世界各国第一次和平地聚在一个地方，这是展示英国和世界制造商的集会，是19世纪设计发展的关键时刻。超过四十个国家代表参展，但作为东道国，英国展品（见图1）占据了一半的展览空间。展品各异，包括土木工程师罗伯特·史蒂文森（Robert Stevenson，1772—1850年）发明的水压机，

重要事件

1815年	1822年	1825年	1831年	1834年	1839年
英国化学家汉弗莱·戴维（1778—1829年）发明了矿工安全灯，它可以屏蔽明火，有助于防止矿井内发生爆炸。	法国埃及学家让-弗朗索瓦·商博良（Jean-François Champollion，1790—1832年）使用罗塞塔石碑解密古埃及的象形文字。	比德迈家具在欧洲流行，这是一种灵感来自法国帝王风格的德国风格，但采用轻木制作，避免金属装饰。	美国农民赛勒斯·麦考密克（Cyrus McCormick，1809—1884年）发明了机械收割机，解放了农场劳工，使他们可以进入工厂工作。	威斯敏斯特宫和议会两院的大部分区域在伦敦一场火灾中被毁。	摄影市场化，并由威廉·亨利·福克斯·塔尔博特（William Henry Fox Talbot，1800—1877年）进一步完善。

由四吨粉红玻璃制成的喷泉，精度可以锻造轮船主轴承或轻轻敲碎鸡蛋的蒸汽锤，还有地毯、杯子、椅子、印刷机和农业机械（见图2）。虽然展览的根本目的是促进世界和平，但是塞缪尔·柯尔特（Samuel Colt，1814—1862年；详见第48页）的可连发的武器在展览会上非常突出。每一种机器都有代表展品，包括艾萨克·梅利特·辛格（Isaac Merritt Singer，1811—1875年；详见第40页）的缝纫机。装饰、图案和历史风格的参考各种各样，展览会混乱、缺乏协调，遭致各方批评。

　　展览不仅是国际竞争的场所，也成为展示民族差异的舞台。欧洲和美国对设计的态度差异在展览中完全展现了出来。总的来说，尽管工业革命发生了，但大多数欧洲人仍然欣赏手工工艺传统的优点，即装饰胜过功能。然而，美国人却更喜欢大规模生产，他们认为那样能批量生产质量良好、设计简洁的产品。对于当时的批评家来说，过于华丽的家居产品与未经修饰、纯功能性产品之间的对比，或与那些揭示手眼本能联系的产品之间的对比，确立了对设计改革、教育和协调的迫切需要。**SH**

1. 维多利亚女王和阿尔伯特亲王委托制作的版画，描绘了世博会上的英国教堂正厅，收录于迪金森兄弟出版的《迪金森1851年世界博览会综合图片集》（*Dickinson's Comprehensive Pictures of the Great Exhibition of 1851*，1854年）中

2. Garrett and Sons 公司制造的各种农具，包括蒸汽动力发动机和两种条播机，这些农具在1851年世界博览会上展出

1848 年	1849 年	1854 年	1855 年	1856 年	1869 年
前拉斐尔派由一群英国艺术家创立，目的是推广处理现实主义的严肃主题的艺术。	法国园丁约瑟夫·莫尼耶（Joseph Monier，1823—1906年）发明了制作花盆和其他园艺容器的钢筋混凝土。	在纽约世博会上，伊莱沙·奥的斯（Elisha Otis，1811—1861年）切断悬挂他所站平台的钢缆绳，展示了他的安全电梯。	《伦敦新闻画报》（*Illustrated London News*）的圣诞版以彩色石印版画为特色，是第一份彩色报纸。	英国化学家威廉·亨利·帕金（William Henry Perkin，1838—1907年）偶然生成了第一种合成染料：苯胺紫，亦称"冒酞"。	苏伊士运河在数千名埃及观众面前开通。它连接地中海与红海。

缝纫机 1851 年

艾萨克·梅利特·辛格 1811—1875 年

👁 焦点

1. 踏板

辛格的针上下移动而不是左右移动，并且由脚踏板（未示出）提供动力，每分钟能缝 900 针，速度可谓前所未有。后来其他制造商的机器设计中都有借鉴他这个基本机器的特征

2. 针

辛格缝纫机是第一台可以在所缝纫物品上持续缝针并能沿曲线缝纫的机器。它有一个悬臂，将一根直针固定在水平杆上。该设计有助于减少断线

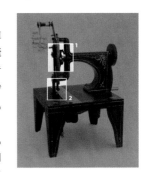

金属整体，铁制送料机构
40.5cm × 43cm × 30.5cm

缝纫机并不是美国发明家兼企业家艾萨克·梅利特·辛格发明的，只是在 1851 年，他获得了第一个实用又有效的缝纫机专利。半文盲的辛格在波士顿的一家机器维修店工作，有空的时候就做表演工作，其间时不时会打些零工。1850 年，他修了一台缝纫机，11 天后，他做了一台改良版缝纫机，并于次年在伦敦的世博会上展出后申请了专利。同年他成立了 I. M. Singer 公司，后改名为辛格制造公司。然而，辛格使用的导纱针和锁式缝纫法是由埃利亚斯·豪（Elias Howe，1819—1867 年）改进并获得专利的。1854 年，豪打赢了他的专利侵权诉讼，但辛格继续制造他的机器。

在那之前，缝纫机一直是工业，但从 1856 年起，辛格开始推销小型家用缝纫机。辛格使用最新的大规模生产技术，以低廉的价格大量生产机器。到 1855 年，他的公司已经成为世界上最大的缝纫机生产商。1863 年，辛格制造公司为缝纫机的改进申请了22 项专利。1867 年，公司在美国以外开设了第一家工厂，地点在苏格兰的格拉斯哥。

⊕ 设计师传略

1811—1848 年
艾萨克·梅利特·辛格出生在纽约皮茨顿，是家里第八个孩子，父母是德国移民。11 岁时他离家出走，加入了一个巡回舞台剧团。1839 年，辛格获得了一项岩石钻机的专利。他组建了梅利特剧团，但五年后去了俄亥俄州的一家锯木厂工作，在那里他设计了雕刻机。

1849—1850 年
辛格搬到波士顿，在一家机器厂工作，当时，Lerow & Blodgett 公司的缝纫机在那儿制造维修。后来他设计了一台更好的缝纫机。

1851—1855 年
辛格在伦敦世博会上展示他的缝纫机，并获得了专利。他与律师爱德华·克拉克（Edward Clark，1811—1882 年）合作，克拉克帮他处理针对他的缝纫机设计和营销的专利诉讼。

1856—1875 年
1856 年，几家缝纫机制造商组成了缝纫机联盟（Sewing Machine Combination）——美国历史上的第一个专利联营。同年，辛格的公司生产了数千台家用缝纫机。1862 年辛格航行到欧洲，他在那里定居，并在英国德文郡建了一座房子。

创新营销

虽然辛格渴望成为演员，但表演工作并不多，所以他找了一份机械师和家具工的工作。他务实且富有创造力，他的第一个发明是岩石钻机，这个专利权让他赚了2000 美元。接下来，他为一种用于印刷书籍的铸字机申请专利。辛格的缝纫机在菲尔普斯（Phelps）和印刷匠乔治·赛伯（George Zieber）的支持下投入生产。凭借着精明的商业头脑，辛格发起了几次营销活动，包括大众营销、雇用女性在能吸引潜在买家的场所展示缝纫机，并提供售后服务。他的业务合作伙伴克拉克开创了轻松分期付款赊购的租购系统，这确保了公司的成功。辛格制造公司在格拉斯哥、巴黎、里约热内卢开设工厂，享誉国际，到1890 年时，它占有全球 80% 的市场份额。

曲木和大规模生产

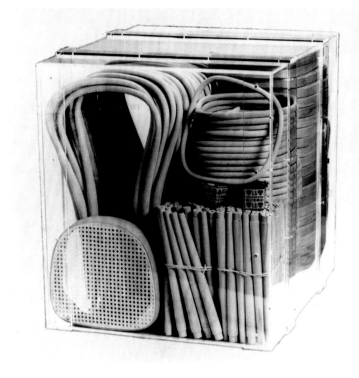

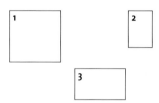

1. 拆卸后，36 张 14 号椅子可以装在 1 立方米的运输箱中运输到世界各地

2. 由两根弯曲的曲木长杆制成的演示椅帮助索耐特的展品在 1867 年巴黎世界博览会上赢得了金牌

3. 迈克尔·索耐特约 1850 年时设计的 4 号椅子流行于维也纳咖啡馆，比如图中所示的位于米歇尔广场的格林斯坦咖啡馆，该画作完成于 1896 年

到19 世纪中期，机器辅助制造和劳动力分工的概念已普及欧洲和美国的大型工厂。昂贵且耗时的手工制作被生产系统所取代，后者使用非熟练劳动力来制造标准化部件，然后借助专用机械装配。生产过程的合理化使得以较低廉的价格生产大量商品成为可能，也促进了辛格缝纫机（详见第 40 页）和柯尔特海军左轮手枪（详见第 48 页）等物品的成功。庞大的新工厂通常需要来自国外的原材料，而国内市场的饱和导致厂家需要拓展海外市场。运输方法的快速改进加速了制造业的增长，使得商品能更容易地送达全球客户，因此也需要更高效的包装、营销和分销方法。

　　大多数机器制作的家具是手工制作的仿品。然而，19 世纪 30 年代，德国橱柜制造商迈克尔·索耐特（Michael Thonet，1796—1871 年）开始尝试不同的理念。他接受大规模生产的概念，但想创造优雅、轻便、曲线优美的家具。他寻找弯曲木材的方法，想要复制他见过的由木桶制造商和造船商开发的技术。最初，他尝试将胶合板粘在一起，但最终发明了一种加工方式，通过使

重要事件

1836 年	1837 年	1849 年	1851 年	1852 年	1853 年
经过弯曲层压单板的实验后，迈克尔·索耐特成功做出他的第一把层木弯曲椅子。	索耐特收购位于德国博帕德的米切斯穆勒工厂，实现了独立，这家工厂生产他在加工过程中用到的胶水。	获取资金支持后，索耐特和他的五个儿子在维也纳郊区成立了自己的工作坊。	索耐特的维也纳曲木椅在伦敦世博会（详见第 38 页）上赢得了一枚铜牌。	索耐特在维也纳开设了一个销售办事处，并以他五个儿子的名义申请了曲木工艺专利。	索耐特以"索耐特兄弟公司"的名义将业务转给儿子。

用金属夹具和蒸汽，将榉木弯曲到超过其天然柔韧性的程度。使用这种方法生产的椅子在设计上具有创新性，适合工厂生产，因为椅子是分段制作的。起初，法国、英国和比利时拒绝他的专利申请，但后来他获得了版权，这保证了他对其发明的垄断，并使他的商品在全球取得成功。他和他的五个儿子在维也纳建立了索耐特兄弟公司，为维也纳宫廷和大众市场制造家具（见图3）。

索耐特的工艺不需要手工雕刻接缝和花哨的装饰，可以生产出耐用的桌椅，制造和销售的成本也低。凭借其敏锐的商业头脑，索耐特还率先推出"组装家具"；他制造的家具零件可以采取扁平包装并进行长途高效运输（见图1）。到达目的地后，用几个螺丝就很容易把家具组装完毕。索耐特兄弟公司的曲木家具具备元素少、扁平包装和易于组装的特质，很有创造性，适合大批量生产和出口，同时这些家具没有多余的装饰，在已经满是繁复华丽风格家具的市场中充满吸引力。索耐特父子与各国王室和全世界的零售网络签了合同。他们的曲木家具在国际展览会上展出并赢得了奖项（见图2），享誉全球，成为早期批量生产的典范。

1855 年	1856 年	1859 年	1859 年	1871 年	1889 年
索耐特兄弟在巴黎世博会上获得银牌，并收到了许多海外订单。	摩拉维亚的第一家索耐特兄弟家具厂成立。在接下来的几年里，又有五家东欧工厂开业。	索耐特兄弟首次发布多语言产品目录册，介绍其生产的每件家具，每件家具单独编号以方便订购。	索耐特14号椅采取创新弯曲技术（详见第44页），可以进行工业化生产。	索耐特去世，留给儿子丰厚的遗产。	第七个也是最后一个索耐特工厂在德国弗兰肯贝格镇开业。

14 号曲木椅 1859 年

迈克尔·索耐特 1796—1871 年

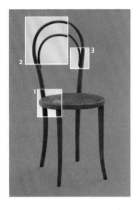
迈 克尔·索耐特的 14 号"消费者"椅（Konsumstuhl）更广为人知的名称是 14 号椅，或咖啡厅椅、小酒馆椅，它轻盈、内敛、曲线平滑，是有史以来购买率最高的家具之一。人们公认 14 号椅是第一把批量生产的椅子，也是工业量产史上最成功的产品之一，最初由索耐特的新工厂于 1859 年生产，该工厂位于捷克共和国摩拉维亚的山毛榉树林中。索耐特使用他的革命性工艺，用夹具、金属带和蒸汽使榉木弯曲，该过程不需要熟练的工人操作，椅子一经问世立即以其朴素、有机的设计和优惠的价格获得市场青睐，大量订单随之而来，欧洲的咖啡馆和小酒馆买得尤其多。

早期版本的 14 号椅是用胶水粘在一起的，但在 19 世纪 60 年代，每把椅子只有 6 个组件、10 个螺丝和 2 个螺丝垫圈。此外，索耐特的创新扁平包装系统使得椅子可以以低成本轻松地进行长途运输，这也促进了该椅子的成功。当时，其他家具设计师只能通过雕刻来制作这把椅子所具有的曲线，所以坚固却又时尚轻巧的这把椅子是独一无二的。在 1867 年的巴黎世博会上，14 号椅赢得了金牌，包括勒·柯布西耶在内的著名建筑师和设计师都对其赞赏不已，索耐特因此享誉国际。到 1930 年，世界各地生产和销售的 14 号椅超过 5000 万把。**SH**

山毛榉和藤茎
93cm × 43cm × 47.5cm

👁 焦点

1. 坐垫

14 号椅的座位部分常使用编织藤或棕榈制作，因为它们轻巧实用——洒出来的东西会从椅子缝隙间流出去。藤茎和棕榈使得木材更具美感，织物的弹性使椅子更舒适

2. 椅背

椅背是一整条曲线，由单片木材制成，木板一直向下形成两条后腿，使椅子更稳定，并减少椅子部件的数量。另一条小曲线加强了靠背。这种设计的干净线条与当时华丽的家具形成了鲜明对比

3. 螺丝

只有 10 个螺钉和 2 个螺丝垫圈即可固定该椅子。它的组件可以扁平包装送到世界各地，且到达目的地后很容易组装。运输量减少后，分销该产品的费用也下降了

曲木摇椅

索耐特的曲木制作技术适用于制造摇椅，因为摇椅是用榉木长而坚固的部分制成的。他制作了几款具有加固支架的椅子，同时支架也可作装饰性曲线。曲木制作技术为制造这种类型的椅子提供了便利，因为以前的摇椅必须有雕刻的摇杆。这种方法效率很高，且不需要熟练工人操作。1 号摇椅于 1860 年首创，具有精致的曲线和手织的藤椅坐垫和椅背，是索耐特的一个标志性设计。

军事创新

1. 携带转轮加特林机枪的英属印度军队，这是一种早期机枪

2. 身着制服的尤里西斯·辛普森·格兰特将军（Ulysses S. Grant，1822—1885年），自1864年开始，他在美国内战中指挥联邦军

3. 1874年约瑟夫·格列登的铁丝网专利图，展示了如何用这种网来制作铁丝栅栏

19世纪，美国不断增长的经济实力标志着世界新秩序开始了，从欧洲边界和结盟关系的变化中也可看出这点。虽然工业革命起源于英国，但在美国，它的发展才是最快的。原因之一是美国劳动力不足。美国这个新国家人口稀少，机器生产来的正是时候。而美国内战导致需求旺盛，极大地刺激了发展。1861年美国内战爆发，美国当时正处于一个过渡时期——从基于农业的经济模式转变为19世纪末成为主导的工业模式。冲突凸显了经济的分化，工业化集中在北部各州——而南方则依赖奴隶劳动生产的农作物的销售。

战争需要动员一切资源，军队需要衣物、装备、食物以及运输工具。在战争开始时，相比南方，北方有更多的工厂、人力（因为移民更多）和更广阔的铁路网，并且北方也更加机械化。南北方敌意的加剧提升了这些优势。在北方，不仅仅是武器，所有东西的产量都增加了，如当时的新式武器柯尔特海军左轮手枪（1851年；详见第48页）和可连发的步枪。工厂加工食品、生产农业机械，并装备快速扩张的铁路网络。这意味着北方可以动用更多的军队、更好的补给和装备，并可以通过火车或轮船运输，直接兵临城下。现代军队需要装备、资金来实现新的理念，他们需要大规模生产。这一切迅速推动了创新，1864年注册的专利有5000多项。当然，在和平时期也有创新：瑞士军队对于多功能小刀的需求催生了标志性的瑞士军刀（1890年；详见第50页）。

重要事件

1848年	1854年	1861年	1861年	1862年	1862年
英国军队在印度推出土褐色或卡其色制服。1857年印度兵变后，卡其色变得更普及。	盖尔·博登发明炼乳。他的罐头食品后来供应给美国内战士兵。	美国内战开始。在第一次布尔伦河战役之后，联邦指挥部规定了联邦制服标准。	为了给美国内战筹集现金，亚伯拉罕·林肯总统（1809—1865年）签署《收入法案》，首次征收联邦所得税。	《宅地法》授予建国13个州以外地区的定居者少量土地。	联邦士兵穿同样的制服，携带相同的装备。他们穿着早期量产型、区分左右脚的皮鞋。

除了小型武器设计和制造的发展外，美国内战首次部署了装甲战舰，这改变了海军战争。1862 年加特林枪（见图 1）获得专利，该枪能够连续发射，离第一个全自动武器又近了一步。发明家理查德·加特林（Richard Gatling，1818—1903 年）发明这种武器是为了减少对大型军队的需求，以此减少战斗中的死亡，因为在战场上，通过他的发明，一个人可以发挥一百人的作用。讽刺的是，他的枪在联邦军队中只得到了有限的使用，直到 1866 年才被美国军队正式采用。后来，它被殖民国广泛用于镇压地方起义。

战时创新可以带来更广泛的利益，其中一些可能是当时无法预见的。1854 年，盖尔·博登（Gail Borden，1801—1863 年）发明了炼乳，炼乳和他的罐头饼干及浓缩咖啡一起成为美国内战期间联邦士兵的主要补给品，后来成为普通家庭的日常食品。联邦政府接管了供应制服、武器、食品和装备的职责，因此首次引入了针对服装尤其是靴子和鞋子的标准尺码（见图 2），这种发展直接影响到新兴的大众市场服装业。可互换零件的发展让怀表的价格更加亲民，方便许多士兵携带，提高了军事行动的效率；政府还铺设了 15 000 英里（约 24 140 千米）的远程电报电缆来保持军队的基本通信线路。

这一进步在很大程度上是通过共和党议会的立法加速实现的，不再受到南方民主党反对派的阻挠。至关重要的是，1861 年的《收入法案》（The Revenue Act）首次引入所得税，纸币首次成为法定货币。1862 年的《太平洋铁路法案》（The Pacific Railway Act）启动了一条横跨东西大陆路线的建设，创造了就业机会，开辟了沿线的定居点和催生了商业活动。同年的《宅地法》（The Homestead Act）规定为定居者免费提供一小块土地。和平保障农场人口在平原上定居。农民需要保护他们的土地不被牛践踏，必须让牲畜远离铁轨。解决办法就是使用铁丝网（见图 3），农民约瑟夫·格列登（Joseph Glidden，1813—1906 年）于 1873 年申请专利，用咖啡磨具制造铁丝网。除了有利于达到北方的战争目标外，创新的种子还持续在金融、商业和制造业中播下。**EW**

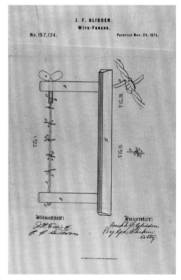

1862 年	1862 年	1862 年	1862—1865 年	1864 年	1865 年
理查德·加特林发明的能够连续射击的加特林枪获得专利。	汉普顿锚地之战见证了美国内战中装甲战舰之间爆发的第一场战斗。	《太平洋铁路法案》规定了一条横跨东西的铁路交通线，从此美国的铁路网络开始扩展。	为了给内战中的联邦筹资，美国政府发行超过 4.5 亿没有黄金支持的纸币（绿币）。	联盟士兵约翰·金洛克（John Kinloch，于 1896 年逝世）为他的警卫剃刀申请专利，此剃须刀主要给残疾或受伤的士兵以及在危险情况下剃须的士兵使用。	美国内战结束。北方胜利，美国统一，并结束了奴隶制。

军事创新　47

柯尔特海军左轮手枪 1851 年

塞缪尔·柯尔特 1814—1862 年

钢，黄铜，木
枪管长 19cm

1 8 岁的时候，塞缪尔·柯尔特自称"库特博士"（Dr Coult），并开始作为化学讲师在美国巡回演讲。三年后，他利用教学收入来资助他的发明。因为有了转轮机构，他的手枪可以发射多次，其间无须重新装填子弹。

船的舵轮可以通过离合装置旋转或锁定在固定位置，年轻的海员柯尔特对此十分着迷。他基于类似原理雕刻了一个木质枪模型。几年后的 1836 年，他将自己的想法发展成一个可行的设计。这是一把革命性的连发枪，用一个能旋转的筒式弹仓取代了常用的单发弹仓，当击锤被扳起时，这种枪可以快速连续发射。它也是第一把成功使用击发机构的手枪，取代了现有枪支的燧发机构。1835 年和 1836 年，柯尔特分别在英国和美国成功申请专利，他的左轮手枪由新泽西的专利武器制造公司生产。1842 年，他因订单不足停止生产，但在 1847 年，美国政府订了 1000 支左轮手枪用于墨西哥战争。1851 年在伦敦世界博览会上展出后，左轮手枪的订单越来越多。四年后，他在康涅狄格州的哈特福德开设了一家工厂，分包给了伊莱·惠特尼的儿子小伊莱（1820—1895 年），因为他的父亲伊莱开创了枪支的批量生产。通过位于哈特福德和伦敦的工厂，柯尔特开发了使用标准化、可互换部件的生产线系统，其中 80% 的部件是机器制造的。到了 1856 年，他的工厂每天生产 150 支枪。在美国内战期间，柯尔特把枪支卖给了南北双方。1861 年战争爆发后，他的枪支精准、可靠、做工和设计一流的声誉已经传遍全世界。

柯尔特的成功归功于他的枪支具备实用性，他原创的标准化零件法和他对有效营销潜力的理解也功不可没。他还使用促销、宣传、媒体广告作为强大的营销工具。**SH**

✦ 图像局部示意

1. 顶盖保险开关

柯尔特发明的火帽使点火比旧的燧发枪设计更快、更安全、更可靠。据说他声称："没有什么是不能由机械生产的。"他体现了美国人对大规模生产和简单设计的热爱，而欧洲人仍然喜欢华丽的装饰和手工艺

2. 旋转弹仓

柯尔特不是第一个发明旋转装置的人——该装置已经被美国发明家伊利莎·科利尔（Elisha Collier，1788—1856年）申请专利。但柯尔特用他的连续击发机构替代了燧发机构，而科利尔没有这样做。尽管柯尔特发明的枪的名字是柯尔特1851海军型转轮手枪或0.36英寸口径海军左轮手枪，但它的主要使用者是陆军和普通平民

3. 枪管

枪管长19厘米，这样更容易看到前方固定的准星，该左轮手枪以高精确度而闻名。柯尔特1851海军型转轮手枪有八角形枪管，而后来的枪管则是圆形的。这款手枪比柯尔特以前的设计轻巧得多，可以挂在皮带枪套上，由此开始流行起来

🕐 设计师传略

1814—1828年

塞缪尔·柯尔特出生在康涅狄格州，他们家有八个孩子。他的父亲是一个农民，后来转型成为商人。柯尔特14岁时就辍学了。

1829—1831年

柯尔特在父亲马萨诸塞州的纺织厂工作，同时发明一些物品，后来他被派往海上学习导航。受到舵轮的启发，他做了一个带旋转机构的木制模型枪。

1832—1841年

柯尔特回到美国继续与他的父亲一起工作，然后以"纽约、伦敦和加尔各答著名的库特博士"的身份巡回演讲。利用储蓄和贷款，他制作了一个左轮手枪原型。1835年和1836年，他分别在英国和美国成功申请专利。

1842—1850年

他改进了一种用于港口防御的水雷。他的远程点火海底电池需要一根防水电缆在水下传输电力。他改造了电报发明人塞缪尔·莫尔斯（Samuel Morse，1791—1872年）早期的一个设计来实现这个目的。1847年，柯尔特受委托生产1000支左轮手枪。

1851—1862年

柯尔特在伦敦博览会上展示了他的武器。到1855年，他的工厂成为世界上最大的私营武器工厂。他率先使用标准化的可互换零件和有组织的生产线。

一个成长中的行业

1849年，柯尔特在欧洲巡回销售，到1856年，他的哈特福德工厂成为世界上最大的私人军火厂。同年，他被康涅狄格州州长授予荣誉上校军衔。柯尔特随后设计了三种类型的左轮手枪：口袋手枪、皮带手枪和皮套手枪，以及两种步枪。19世纪80年代，柯尔特的"和平缔造者"左轮手枪在广袤的西部成为传奇，而柯尔特0.45英寸半自动手枪在第一次世界大战和第二次世界大战期间成为美国武装部队的标准手枪。

瑞士军刀 1890 年

卡尔·埃尔森纳 1860—1918 年

因为日常用途广泛，多功能口袋刀广受欢迎

19 世纪 80 年代的瑞士军队有一个问题：标准的现役步枪，即施密特·鲁宾步枪，需要一个螺丝刀才能组装。但士兵们通常并不会随身携带螺丝刀，所以他们订购了大量的口袋刀作为维护工具，也用来打开军队配给的罐头食品。

瑞士政府更希望在瑞士制造 1890 型士兵刀，但国内供应商没有足够的产能。因此，第一批 15 000 件刀具订单给了德国索林根的 Wester & Co 刀具公司。后来，当地刀具和手术设备制造商卡尔·埃尔森纳（Karl Elsener）组成了瑞士刀匠大师协会（the Association of Swiss Master Cutlers），并于 1891 年接管合同，情况才发生变化。埃尔森纳修改了刀，在刀柄的两侧添加了工具。1897 年，他推出了瑞士军官刀和运动刀。军事订购合同中并没有这种刀具，但它对必须自己购买设备的军官来说很有吸引力。刀在杂货店出售，意味着各行各业的瑞士人民都能接触并购买这种刀。新款刀一开始主要在瑞士拥有知名度，第二次世界大战结束时，驻扎在欧洲的美国士兵开始大量购买它作为纪念品，此时这种刀就被称为"瑞士军刀"。

随着时间的推移，添加在刀上的工具越来越多，从镊子、指甲锉、剪刀到牙签，一一具备。一些型号具有更多的功能，如制造于 2006 年的价值 1000 美元的温格巨型军刀（Wenger Giant），有 87 个工具和 141 种功能，包括雪茄剪、轮胎胎面测量仪和放大镜。**DG**

✪ 图像局部示意

1. 折叠刀

折叠刀片设计的历史可以追溯到铁器时代。伊比利亚半岛上发现了来自前罗马时代的折叠刀。当代瑞士军刀由不锈钢合金制成，经过优化，兼具韧性和耐腐蚀性

2. 握柄

第一版的口袋刀带有一个深色木柄，后来被乌木替代。最常见的现代设计是经典的红色醋酸丁酸纤维素握柄，不过这种型号往往嵌有针对潮湿环境的防滑橡胶

3. 工具

第一把口袋刀有刀片、铰刀、开罐器和螺丝刀。这些设计用于打开罐头食品和拆卸步枪。后来面向消费者的 1897 年军官刀和运动刀添加了一个小切割刀片和一个开瓶器

🕐 设计师传略

1860—1890 年

卡尔·埃尔森纳是瑞士楚格人。他当过刀匠学徒，然后在德国特林根旅居工作。1884 年埃尔森纳在瑞士小镇伊巴赫创立了他的工厂，制造刀具和手术器械，为当地增加就业岗位。

1891—1911 年

瑞士政府在 1891 年决定将 1890 型军刀的生产权交给埃尔森纳的公司，这对于公司的发展至关重要。公司于 1897 年生产了第一批军官刀。1909 年埃尔森纳的母亲维多利亚去世后，公司更名为维多利亚（Victoria）。

1912—1918 年

埃尔森纳在 1912 年到 1918 年间是瑞士议会的保守派议员，在世时一直是当地议员。1921 年，公司使用的刀片改用不锈钢，"inoxydable" 在法语中是不锈钢的意思，公司更名为维氏（Victorinox）。在埃尔森纳去世那一年，维氏的员工达到 100 名。

和平之刀

　　尽管（或者正是因为）瑞士是世界上武装人数最多的国家之一，但瑞士军刀从来没有在战争中使用过。1874 年修订的瑞士宪法规定，每个身体健全的男性公民都要在联邦军队服兵役。瑞士军队进行过三次总动员（以应对普法战争、第一次世界大战和第二次世界大战），但从来没有真正投入过战争。瑞士有悠久的中立传统，尽管瑞士确实参与国际维和任务。自 1995 年以来，瑞士军队逐步缩减至 22 万人，包括空军在内有 13 万名现役军人。瑞士还有一支海军部队，但由于该国是内陆国家，因此海军规模较小，这也可以理解。所有军人仍然配备由维氏制造的瑞士军刀。

▲ 埃尔森纳于 1896 年改变瑞士军刀的设计后，手柄的另一侧可以容纳更多的刀片和工具。创新的弹簧机构使他可以用同样的弹簧固定各部件

Morris & Co公司

威廉·莫里斯是设计师、作家、翻译、画家、印刷商、工匠、制造商兼社会活动家，他先因诗歌而成名，但后来因为他的设计、他在工艺美术运动（详见第74页）中担当领导人物以及他为改善设计与穷苦人民的生活不懈努力而更广为人知。他的愿景是通过将美术的价值应用于商业设计的生产上，把艺术与工业联系起来，这成为设计演变的一个重要方面。

莫里斯是一位慷慨、聪明、感性、充满活力的人，他掌握了许多工艺品技术，确保他的制造公司始终坚持高品质生产。他激烈地反对大规模工业生产，认为大量廉价、大规模生产的产品是传统工艺和当地产业恶性衰退的原因。莫里斯认为美学和社会问题是有内在联系的，维多利亚中期的许多社会问题可以通过回归工业前中世纪时期的工作方法来解决，那个时候农村受到尊重、工匠被重视，工人从头至尾完成整个商品的生产，从而将艺术与生产结合起来。

在牛津大学学习神学时，莫里斯和爱德华·伯恩－琼斯（Edward Burne-Jones，1833—1898年）成为朋友，伯恩－琼斯与莫里斯分享自己对中世纪艺术和建筑的兴趣。他们也受到前拉斐尔派的想法和著名艺术评论家约翰·罗斯金著作的影响。1861年，建筑师培训结束后，莫里斯创立了自己的室内装

重要事件

1851 年	1851 年	1856 年	1859 年	1861 年	1875 年
威廉·莫里斯陪同家人参加伦敦的世博会（详见第38页）。他对他看到的东西感到恐惧，拒绝参观展品。	约翰·罗斯金出版了《威尼斯的石头》（The Stones of Venice）的第一卷，这是一套关于威尼斯艺术和建筑的文集，共三卷。	在牛津大学埃克塞特学院上学时，莫里斯和爱德华·伯恩－琼斯创办《牛津和剑桥杂志》（Oxford and Cambridge Magazine）。	莫里斯委托菲利普·韦伯设计位于肯特郡（现伦敦东南部）的贝克里斯黑斯的红房子，作为他和家人的住所。	MMF 公司在伦敦成立，它复兴了被工业化扫除的传统艺术。	MMF 公司更名为 Morris & Co 公司。莫里斯、伯恩－琼斯和韦伯继续担任各自的角色。

饰和制造公司：MMF 公司，后来在 1875 年改名为 Morris & Co 公司。莫里斯和他的同事，包括画家伯恩－琼斯、福特·马多克斯·布朗（Ford Madox Brown，1821—1893 年）、建筑师菲利普·韦伯（Philip Webb，1831—1915 年），一同生产手工制作的金属制品、珠宝、壁纸、纺织品、家具、陶瓷和书籍。这家公司没有遵循新工厂的劳动分工方法，而是模仿中世纪的工坊传统，一群创作者自己控制自己的工作节奏，遵循莫里斯恢复"快乐劳动"的目标。该公司作为一个艺术家集体企业运营，避免大规模生产，力求制造设计精美、价格合适、反映工人的创造力和个性的手工制品。莫里斯的商品采用了大胆的形式和基于中世纪颜料的鲜艳颜色，没有多余或过多的装饰，有助于改变当时的主流时尚。1876 年，他在伦敦最时尚的购物区开了一家商店；到 19 世纪 80 年代，他已经成为国际知名的成功企业家。不少新组成的公会和协会都遵循他的想法。

他精力旺盛、思想活跃，不断探索新的挑战，从诗歌、小说写作到字体和家具设计（详见第 54 页），他还设计壁纸（详见第 56 页）、纺织品、翻译书籍，并亲自管理企业。莫里斯复兴了木版印刷和植物染色工艺，甚至在家中安装了织布机。他生产染印花棉和平绒装饰面料，比如他的图案韦（Wey，见图 2），由靛蓝色拔染，以产生一种特殊的蓝色。

莫里斯还采用了"材料真实性"的原则，着重于所用材料的内在价值和美感，而奥古斯塔斯·普金（详见第 36 页）主张哥特式复兴。在为他的设计寻求自然主义的模式时，莫里斯详尽地研究了许多文物，如伊丽莎白时代的石膏和伊斯兰瓷砖，并对它们进行了解读。像斯坦登（Standen）这样的项目需要莫里斯和他同事的参与，这是一处位于苏塞克斯郡的乡间别墅，由韦伯设计，室内装修由 Morris & Co 公司提供，包括纺织品、壁纸、家具和陶瓷（见图 1）。然而，这种只使用优质材料、手工制作的商品增加了成本，并且公司的大多数产品对普通人来说太昂贵，只有富人才买得起。这反而违背了莫里斯的社会主义理想。不过，他的哲学对后来的设计师和设计运动产生了巨大影响。**SH**

1. 英格兰东格林斯蒂德斯坦登庄园的客厅，由菲利普·韦伯设计，秉承了手工工艺的最高水平

2. Morris & Co 公司生产的纺织品在伦敦的两家商店进行商业促销，包括他的韦图案装饰织物（约 1883 年）

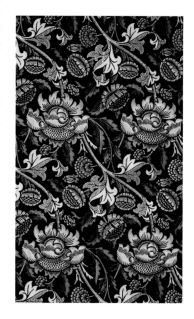

1877 年	1882 年	1888 年	1891 年	1892 年	1892 年
莫里斯、韦伯和其他人组成古建筑保护协会（the Society for the Protection of Ancient Buildings），修复旧建筑物，保护文化遗产。	艺术工作者联盟（The Art Worker's Guild）在伦敦成立，该协会是一个跨学科的平台，成员多元化，包括工匠、艺术家和建筑师等。	手工艺行会（The Guild and School of Handicraf）在伦敦成立。	莫里斯创办凯姆斯科特出版社，出版高质量的限量版书籍。	凯姆斯科特出版社出版了罗斯金《威尼斯的石头》的其中一章，这章概述哥特式风格的关键要素，名为《哥特式的本质》（The Nature of Gothic）。	韦伯开始为比尔家族设计斯坦登庄园，该庄园位于英格兰东格林斯蒂德。

苏塞克斯椅 约 1860 年

MMF 公司 1861—1875 年

带藤椅坐垫的黑檀
榉木椅
85cm × 52cm ×
44cm

👁 焦点

1. 木材

尽管莫里斯信奉材料真实性原则，但他用了黑檀榉木来制作苏塞克斯椅，这在当时是一种时尚。用染色木制家具做出类似乌木的效果在欧洲是一种流行趋势，这是由旅行者从东方带回的灵感，在东方，乌木通常能产生强烈的视觉效果

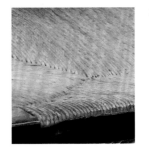

2. 坐垫

藤椅坐垫通常由女工手工编织、使用淡水冲洗，这增强了椅子自然、朴素的形象，保持椅子的轻便和简单。第一把苏塞克斯椅的坐垫是方形的，但后来也有圆形或矩形座椅

维多利亚时代流行的家具大都过于华丽夸张，威廉·莫里斯反其道而行，设计简单、实用、手工制作的家具。他的目标是使大众都能用上自己公司（MMF 公司，后来的 Morris & Co）生产的手工家具。这把椅子制作简单、价格低廉，体现了莫里斯改善日常用品设计的愿景。

人们公认这把椅子是菲利普·韦伯设计的，他受到在苏塞克斯发现的一张乔治王时代晚期乡村扶手椅的启发，该椅子有一个藤椅坐垫和翻转的框架。这把椅子展现了依靠传统工匠技能的本土设计。莫里斯在乡下的房子里（肯特郡的红房子）使用这些椅子，后来又用在伦敦的家里（凯姆斯科特庄园）。大约自 1869 年起，这把椅子开始以"苏塞克斯椅"的名称在市场上出售，立即走红并获得大量订单。其他家具制造商纷纷效仿，包括伦敦的名店 Heal's 和利伯缇（Liberty）。Morris & Co 公司开始生产一系列苏塞克斯家具，苏塞克斯椅的生产一直持续到 20 世纪 20 年代。**SH**

◀ 受英国 13 世纪建筑的启发，莫里斯想要把红房子建得具有"中世纪的精神"。这座房子朴素匀称，没有多余的装饰，一些功能区除外，如窗口上的拱门。与众不同的是，窗户的位置是为了适应房间的设计，而不是为了外观上看起来对称

红房子

1859 年，莫里斯委托韦伯为他和他的新任妻子简（1839—1914 年）设计一所房子。这栋房子需要位于离伦敦不远的农村地区，莫里斯在肯特郡的一个村庄发现了一块土地，距离城市 10 英里。这是韦伯第一个独立的建筑项目。承包商在一年内建好了这所房子，费用约为 4000 英镑。红房子呈"L"形，两层高，有一个红瓦高顶，房子一楼有大厅、餐厅、图书馆、晨间起居室，二楼有厨房、主客房、客厅、工作室、卧室。仆人的宿舍比大多数现代家庭的总面积都大，体现了莫里斯和韦伯的社会主义信仰。莫里斯设计了大部分的内饰，包括家具、瓷砖和彩色玻璃。许多家具都是韦伯和前拉斐尔派画家爱德华·伯恩－琼斯、但丁·加百利·罗塞蒂（Dante Gabriel Rossetti, 1828—1882 年）设计的。这栋房子体现了工艺美术运动的精神——由艺术家合作设计，使用优质材料建造，而设计灵感来自中世纪时期。

柳枝壁纸 1887 年
威廉 · 莫里斯 1834—1896 年

❂ 图像局部示意

图案用胶画颜料雕印在纸上
69cm × 53cm

威廉·莫里斯的许多壁纸是基于他对植物形态的近距离观察设计出来的。他的一些图案，如柳枝，灵感来自他在乡间散步时看到的花草树木。柳树是他最喜欢的装饰图案之一，他在好几个设计中都用到了它。1874 年，他设计了柳树图案，将柳树枝变成一种风格。柳枝图案是早期图案的自然主义版本。柳枝壁纸是他最新颖的壁纸设计之一，这是一款精美的平面设计，纤细的茎和柔软弯曲的叶子交织在一起。微妙的交织韵律使人想到当时很受欢迎的日本艺术，而柔和的颜色表现了英国乡村柳树的自然曲线和波浪。

对 21 世纪的人们来说，这种设计可能看起来杂乱拥挤；但对于与莫里斯同时代的人来说，与厚重华丽的维多利亚时代的设计对比，他的设计显得清新、大胆、轻盈、新颖。莫里斯的目标是制造所有人都能负担得起的商品，苏塞克斯椅（约 1860 年）帮他实现了这个目标，但他的壁纸由于需要进行复杂的雕版印花过程，总是比大多数壁纸更贵。**SH**

1. 自然形态

莫里斯喜欢平整的墙壁。他特别喜欢他的柳枝设计,因为它能简单而有效地突出光滑的表面,避免营造出层次多的幻觉,并且保持柔韧的外观和自然主义

2. 图案

莫里斯早期的很多壁纸设计都以简单的网格为基础,但是当他设计柳枝的时候,他使用了复杂的层层覆盖的网或树枝,这一灵感来自古代印度和意大利的纺织品。图案的重复不明显,而且其中的规律不可预测

3. 精细线条

莫里斯的壁纸采用雕版印花法,他把设计送到东伦敦的巴里特,图案手工雕刻在梨木块上。设计被凿入木块中,而细线和细节则是用金属条压在木头上制作的

▲ Morris & Co 公司仍然出售柳枝壁纸。柳枝图案也可以做成绿色、红色和蓝色色调的织物印花。该公司的纸张和织物都在英国工厂生产

格子壁纸

莫里斯的部分壁纸图案来自他花园里的植物。莫里斯搬到肯特郡的红房子后,找不到任何自己喜欢的壁纸,于是开始亲自设计。1862 年,他设计了格子壁纸,上面有菲利普·韦伯画的鸟,整个设计灵感取自自家花园的玫瑰花架,壁纸于 1864 年首次出售。当时大部分壁纸采用简单的机器印刷,而莫里斯的壁纸采用传统木版雕刻印花制法,因此价格昂贵。莫里斯的灵感来大自然,他的图案让人想起英国的树篱和乡村花园。1881 年,他做了一次题为"设计图案的一些提示"的演讲,他认为理想的图案应该有"明显的花园和田地"。同时,他也受到 16 世纪草药木刻插图的启发,这些插图来自一些描述草本植物在医药和烹饪中用途的书。

设计师亦是发明家

1. 1878 年约瑟夫·斯旺制造的开创性电灯泡（左）和 1879 年托马斯·爱迪生制造的电灯泡（右）是两人独立完成的发明

2. 1892 年，在发明电话的 16 年后，亚历山大·格雷厄姆·贝尔拨通了从纽约到芝加哥的第一通电话

3. 19 世纪 90 年代法国最早的电影制作人卢米埃尔兄弟设计的电影海报

19 世纪末期，制造商纷纷寻求实现自给自足、提高生产力的方法，工业化进程加速、科学发现和技术发展促成了日益创新的设计方案。这个时期是设计师变成发明者的黄金时代，他们利用自己的聪明才智，改变普通人的生活方式。自信和对改良的渴望促使美国走向工业化的前沿，发明了从纺织品到缝纫机的各种消费品（详见第 40 页）。1836 年《专利法》通过后，美国创建了首个专利局，保护发明免受侵权变得更容易，这刺激了更多的设计研发。1853 年，纽约举办的万国工业博览会展示了全球最新的工业成就，充分展示了美国的独创性，展品包括美国机械师兼发明家伊莱沙·奥的斯设计的安全电梯。三年后，他在纽约商店安装了第一部乘客安全电梯。

美国在内战结束之后迎来了"镀金时代"。国家经济迅速扩展至新领域，特别是工业和铁路领域，创造了一片充满发展机遇的土地。第一条横贯大陆的铁路连接了美国的东西海岸，把纽约到旧金山之间的旅程时间从几个月缩短至不到一个星期。在寻求更经济的方法制造更多产品的过程中，美国成为应用技术的世界领先者，大规模工业生产的发展比其他任何地方更具有持续性。1874 年，雷明顿父子公司成功地批量生产第一台商业打字机（详见第 60 页）。

重要事件

1865 年	1869 年	1869 年	1877 年	1878 年	1881 年
美国内战结束。改造社会的重建活动开始，一直持续到 1877 年。	美国第一条横跨大陆的铁路建成，促进了国家经济的繁荣发展。	美国发明家乔治·威斯汀豪斯（George Westinghouse，1846—1914 年）获得铁路气闸专利。到 1893 年，美国规定所有火车必须使用气闸。	托马斯·爱迪生发明了用于机械记录和再现声音的留声机。	爱迪生在纽约创立了爱迪生电灯公司，设计白炽灯泡和公共电气照明系统。	约瑟夫·斯旺在英国泰恩河畔纽卡斯尔的本外尔创建了斯旺电灯公司，将灯泡制造商业化。

聪明的想法迸发在生活的方方面面。1876 年，生于苏格兰的发明家亚历山大·格雷厄姆·贝尔（Alexander Graham Bell，1847—1922 年）获得了第一个美国的电话专利（见图 2）。人的声音可以通过电线传播这样的想法第一次被提出来的时候，人们认为荒谬至极。而两年后，第一个电话交换台在康涅狄格州的纽黑文建成，贝尔的谐波电报改变世界。

托马斯·爱迪生是美国最多产的发明家之一，他拥有 1093 项美国发明专利，例如留声机和麦克风，在欧洲拥有更多专利。他的发明的影响和对大规模生产技术的使用有助于新产业的诞生。1878 年，英国物理学家约瑟夫·斯旺（Joseph Swan，1828—1914 年）发明了电灯泡。1879 年，爱迪生独立改良了电灯泡（见图 1）。这一发明刺激了家用电力供应的需求，彻底改变了世界。

在欧洲，也有类似的发明浪潮。1860 年，出生于比利时的工程师艾蒂安·勒努瓦（Etienne Lenoir，1822—1900 年）获得首个实用内燃机专利。四年后，德裔奥地利发明家齐格弗里德·马尔库斯（Siegfried Marcus，1831—1898 年）使用汽油发动机来发动汽车。内燃机相对于蒸汽机的主要优点是重量功率比更大，这样的发动机甚至可以用于驱动机动车辆和飞机。1871 年的普法战争结束到 1914 年第一次世界大战爆发的这段时期被后人称为"美丽时代"（La Belle Epoque）。随着科技不断创新，一个乐观、和平、经济繁荣的时期出现了。

随着 1885 年的罗孚安全自行车（详见第 62 页）和 1892 年的保温瓶（详见第 64 页）等多样化产品相继推出，设计和发明蓬勃发展。受爱迪生电影放映机的影响，1895 年，法国的卢米埃尔兄弟——奥古斯特（Auguste，1862—1954 年）和路易斯（Louis，1864—1948 年）发明了电影摄像机——第一台可以拍摄连续画面的相机，并制作了他们的第一部电影（见图 3）。1901 年，意大利物理学家马可尼（Guglielmo Marconi，1874—1937 年）进行了首次横跨大西洋的无线电传输，穿越大西洋，将信号从英国康沃尔郡的波尔沪传送到纽芬兰的圣约翰。两年后，美国飞行员莱特兄弟（Wilbur，1867—1912 年和 Orville，1871—1948 年）设计并成功试飞了第一架由发动机驱动的飞机。通信和运输方面的种种进步扩大了市场，催生了新的产业。**SH**

全键盘 1874 年

克里斯托弗·莱瑟姆·肖尔斯 1819—1890 年

👁 焦点

1. 圆筒

打字机上的每个字母都安装在铅字条上。该机器还有一个带行距的圆筒、回车和擒纵机构。用户敲击键盘时，墨带和铅字条跳起，将墨水压在滚筒的纸张上

2. 键盘

最初的全键盘布局与现代版本略有不同。最初的版本不包含数字"1"和"0"，因为可以使用其他键来创建这两个数字。字母"M"位于第三行、字母"L"右侧而不是第四行，字母"C"和"X"的位置互换

1868 年，美国报纸编辑克里斯托弗·莱瑟姆·肖尔斯、律师兼发明家卡洛斯·格利登（Carlos Glidden，1834—1877 年）和印刷匠塞缪尔·威拉德·苏莱（Samuel W.Soulé，1830—1875 年）获得一项打字机专利。在美国武器和缝纫机制造商雷明顿父子公司的帮助下，它最终发展成为首个具备全键盘（QWERTY 键盘）的打字机，使用户的打字速度远远高于他们手写的速度。

肖尔斯的原始机器将按键按字母顺序排列成两行，但是这种安排意味着常用的字母组合，例如"ST"，会紧挨在一起。打字者快速连续地敲打键盘时，相邻键的金属臂（或者说铅字杠杆）容易卡住。格利登和苏莱对该项目失去兴趣，但肖尔斯和报纸副主编及投资者詹姆斯·登斯莫尔（James Densmore，1820—1889 年）一起，将不常用的字母组合在一起来解决键盘易卡的问题。1873 年，他们把机器的专利卖给了雷明顿。肖尔斯继续调整键盘，后来慢慢演变为现在的全键盘。雷明顿推出了肖尔斯和格利登型（Sholes & Glidden）打字机，后来在 1874 年将品牌命名为"雷明顿 1 号"（Remington No.1）。随着打字机的普及，人们开始对非常规排列的键盘感兴趣并记住这种顺序，学习用全部手指高效地打字。虽然其他打字机制造商试图改变字母顺序，使用不同的键盘进入市场，但大多数人更愿意使用全键盘。**SH**

1874 年，雷明顿公司制造并推出肖尔斯和格利登型打字机

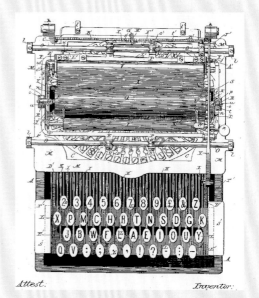

XPMCHR 键盘样式

尽管全键盘很受欢迎，但肖尔斯不相信这是最好的打字系统。他继续发明其他键盘布局以提高效率，例如他在去世前一年，即 1889 年申请专利的 XPMCHR 样式。然而，这个键盘的成功仅仅是昙花一现，因为在 1893 年，五家最大的打字机制造商组成打字机公司联盟，并采用全键盘配置作为标准键盘。

▲ "雷明顿 1 号"打字机只能打大写字母，但在 1878 年，世界上第一台能打印大小写字母的打字机问世了，这就是"雷明顿 2 号"。按下 shift 键，打字机的支架会向前移动，打出大写字母，该大写字母与对应的小写字母位于相同的铅字杠杆上。它推动了全键盘布局的流行。到 1888 年，雷明顿宣称已售出 40 000 台机器

罗孚安全自行车 1885 年

约翰 · 肯普 · 斯塔利 1855—1901 年

罗孚安全自行车让所有人都能安全地骑自行车，改变了交通的面貌

19世纪80年代初以前，唯一的商用自行车叫高轮自行车或普通自行车，被讥讽为"便士法新自行车"（penny-farthing），因为它前轮很大而后轮很小。这种自行车骑起来很快，但不稳定，只适合高大、运动能力强、有可支配收入的年轻男子使用。1877年，约翰·肯普·斯塔利（John Kemp Starley）与当地的自行车爱好者威廉·萨顿（William Sutton，出生于1843年）在英国考文垂开了一家公司。他们开始制造三轮车，比便士法新自行车更容易骑，也更安全。1885年2月，在伦敦举办的英国主要的年度自行车展——斯坦利自行车展上，斯塔利展示了他的罗孚安全自行车：由后轮驱动，轮子由链条相连，两个轮子大小相近，比便士法新自行车更稳定，也更容易掌握。斯塔利说他想让"骑车的人能与地面保持适当的距离……处理好座椅与踏板之间的位置关系……以及车把与座椅之间的位置关系，这样在踏板上可以发挥自己最大的力量，却不至于太累"。

这辆自行车比便士法新自行车更重、更贵，一开始还遭到便士法新派的鄙夷，但是1885年9月，在大北路的100英里（约161千米）骑行赛上，几辆罗孚安全自行车打破了世界纪录，立即改变了舆论的看法。由于重心较低且位于车轮之间，不像便士法新自行车，重心高于前轮架，罗孚自行车大大减少了骑行者越过车把跌落的风险，而且它的刹车也更有效，这些因素使罗孚自行车很具吸引力，尤其吸引女性。罗孚自行车最初配备了实心轮胎，但是约翰·邓禄普（John Boyd Dunlop，1840—1921年）发明了充气轮胎，并最终于1888年安装到了罗孚自行车上，使之骑起来更加顺畅和舒适。**SH**

✿ 图像局部示意

1. 车轮

起初，两个小实心车轮使得车辆颠簸难骑，但替换邓禄普发明的充气轮胎后，这个缺点立刻消除。罗孚安全自行车大受欢迎，出口到世界各地，自行车成为一种通用的交通工具

3. 座椅

罗孚安全自行车有一个可调节的座椅。这意味着所有人都能使用这种自行车，而不会影响速度或安全。因为不怎么运动的男人、妇女、儿童都能骑罗孚自行车，这使骑行成为一种常见的交通方式，而不是一种专业爱好。当代自行车仍然拥有这些元素

2. 把手

罗孚安全自行车的创新元素包括一个三角形框架、位于鞍座下方通过链条和齿轮为后轮提供动力的踏板、可用于转向的前轮把手

4. 链条驱动

链条齿轮将一个大的前链轮与一个小的后链轮相连接，成倍增加了踏板转速，可以使用更小的车轮，不再需要使用便士法新自行车那样的超大前轮

▲ 斯塔利的一位员工称这种安全自行车为"罗孚"（Rover）自行车，因为它能使人们自由行动（rove freely）。1896 年，斯塔利将他的公司改名为罗孚自行车公司。他去世后，公司开始制造摩托车，后来又开始生产汽车

便士法新自行车

斯塔利从他的叔叔詹姆斯那里学会了自行车设计。便士法新自行车是詹姆斯众多发明中的一项，是他在 1871 年设计的，因为当时人们渴望一辆由踏板驱动的自行车，并且能在尽可能短的时间内行驶最远的距离。在齿轮出现之前，加速的唯一方法是增加前轮的尺寸，但这对骑手来说更危险。

保温瓶 1892 年

詹姆斯 · 杜瓦 1842—1923 年

👁 焦点

1. 窄瓶颈

1872 年，杜瓦创造了一个真空夹套杯。二十年后，他根据类似的原理制作了实验保温瓶。他意识到热量通过瓶颈传递到瓶身内部，所以他做了一个狭窄的瓶颈，将热量损失降到最低

2. 瓶壁

杜瓦实验烧瓶的瓶壁之间包含部分真空地带以减少传导。因为绝对真空不含任何物质，所以不会传导热量。瓶口关紧后，实验保温瓶保持真空并停止对流（热量通过空气循环传递）

保温瓶，也称杜瓦瓶，无论周围温度如何，能保持瓶内物质（通常是液体）几个小时内温度不变（保持热或冷）。1892 年，英国化学家兼物理学家詹姆斯·杜瓦发明了保温瓶，很大原因是为了在极低的温度下存储液化气体以供他的科学实验使用。保温瓶由两个玻璃容器组成，一个套在另一个里面，在颈口连接，两个容器之间的空气被抽出，创造一个接近真空的环境。真空大大减少了热传递，提供了绝缘的条件，防止温度变化。杜瓦用玻璃材料制作烧瓶瓶壁，因为它是热的不良导体，然后用汞给瓶身镀银，进一步减少辐射造成的热传递。杜瓦的目标是制作一个可以保持液体寒冷的器皿来协助他的实验。所以他没有为他的镀银真空瓶申请专利。

然而，1904 年，德国玻璃技术人员莱因霍尔德·布格尔（Reinhold Burger，1866—1954 年）意识到杜瓦瓶可以用来给饮品保温，看出了它的商业潜力，所以他再创该烧瓶，并为自己的设计申请专利，他将商品命名为保温瓶（Thermos）并开始出售。杜瓦十分愤怒，并试图起诉布格尔，但是没有成功。早期的保温瓶材料是用人工吹制的玻璃制成的，因此价格非常昂贵，只有富人才能买得起。保温瓶对探险活动至关重要。1907 年，在欧内斯特·沙克尔顿（Ernest Shackleton，1874—1922 年）的南极探险中，保温瓶就发挥了重要作用。随着生产过程机械化，保温瓶的价格下降。**SH**

詹姆斯·杜瓦其中一个实验保温瓶的复制品，已经被切割开以展示内部

▲ 最初杜瓦制作了绝缘箱来保持液体寒冷，但是效果不够好。将气体冷却到可以液化程度的低温实验花费不菲，因此他必须让液体尽可能长时间地保持低温以进行研究，这促使他发明了杜瓦瓶

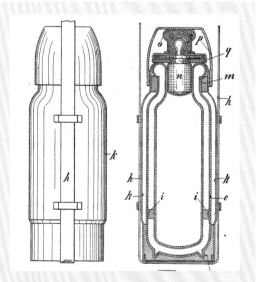

专利的力量

布格尔在两个烧瓶之间放置垫片来稳定杜瓦瓶中的空腔，并为该设计申请了专利。他与另一位德国玻璃工人合作，举行了一场给保温瓶更名的比赛。获奖的名称是"thermos"，源于希腊语中的"热"。他们在德国成立了 Thermos 公司，但将商标权卖给了三家独立的公司：美国 Thermos Bottle 公司、英国 Thermos 有限公司和加拿大 Thermos Bottle 有限公司。

吉列安全剃须刀 1901 年

金·坎普·吉列 1855—1932 年

1931 年的吉列安全剃刀。到 1904 年，吉列生产了超过 9 万把安全剃刀和 1200 万枚刀片

几个世纪以来，人们使用了许多工具来剃须——史前时代的人们使用蛤壳、鲨鱼的牙齿或燧石刀来剃须。但如果工具没用对，剃须时会很危险。直剃刀需要保持锋利，才能近距离接触皮肤剃须，变钝的剃刀更容易划伤皮肤。

最早的安全剃刀是法国理发师让－雅克·佩雷（Jean-Jacques Perret，1730—1784 年）于 1769 年设计的。该剃刀相当原始，后来多产的英国发明家威廉·塞缪尔·亨森（William S. Henson，1812—1888 年）在 1847 年获得了第一个现代安全剃刀专利，这把剃刀的刀刃与手柄呈直角，"形状类似于锄头"，上面带有防切割的梳齿防护罩。

⚙ 图像局部示意

来自布鲁克林的凯姆福兄弟——出生于德国的发明家弗雷德里克（Frederick，约1851—1915 年）和奥托（Otto，1855—1932 年）在 1880 年取得了进一步的成果，为星级经典安全剃须刀申请了专利，这种剃须刀将刀片固定好，这样就不会划伤皮肤。然而，他们的刀片仍然是一块锻造金属，需要经常打磨。然后，美国商人金·坎普·吉列看到了市场上的空白，于 1901 年为一种用钢板冲压而成的一次性双刃剃须刀申请了专利。他紧跟市场趋势，剃刀本身卖得很便宜，但替换的刀片却卖得很贵。美国在 1917年加入第一次世界大战时，供应给美国士兵的就是他的剃须刀。战争期间，军队使用了350 万把吉列剃须刀和 3200 万枚刀片，成为现代剃刀的典范。**DG**

1. 刀柄

通过将小型直刃剃刀嵌入手柄，刀片变得更容易控制，还能减少皮肤的割伤和划伤。齿形护罩保护皮肤免受刀片伤害，这是亨森的创新点

2. 刀片

保持剃须刀刀片锋利是件烦琐的事，许多人会交给理发师来磨刀片。在皮带上磨刮——使用一块皮革重新对齐金属的边缘，能使金属刀片在更长时间内保持锋利，但需要每月磨一次。吉列的刀片变钝后可以更换

3. 盖子

剃刀带有与内部手柄接合的螺纹杆的盖子。螺柱与可活动刀片中的孔对齐。旋转手柄可以将护罩、刀片和盖子夹在一起。当盖子将刀片压靠在护罩上时，扭转手柄，刀刃就会露出

▲ 吉列认识到一次性产品的价值，像剃须刀刀片这种很难打磨和维护的产品更有价值。他的剃刀以凯姆福的安全剃刀设计为基础，但采用冲压钢刀片。吉列于 1903 年开始生产他的剃须刀

🕐 设计师传略

1855—1900 年

吉列出生在威斯康星州的丰迪拉克，在伊利诺伊州的芝加哥长大。19 世纪 90 年代，他曾担任皇冠瓶盖公司的销售员，在看到软木塞瓶盖在瓶子打开后被丢弃时，他意识到了一次性物品的商业价值。

1901—1916 年

吉列创立了美国安全剃刀公司，后来改名吉列安全剃刀公司，出售他发明的安全剃刀。他使用巧妙的广告和营销方法来建立品牌。

1917—1932 年

美国参加第一次世界大战时，吉列给每个美国士兵提供了一把战地剃须刀。20 世纪 20 年代，公司发生内部争斗，他失去了对公司的控制。

精明的营销术

吉列获得成功不仅因为他的剃须刀技术，还因为他运用了高超的包装、广告和宣传技术。他在广告中宣传了安全剃刀的众多好处。1905 年，他甚至在广告中描绘了一个脸上涂满了剃须膏的婴儿（上图），这画面非常幽默。吉列宣传说，使用安全剃刀的男人可以在早上用三到五分钟把胡子刮好，而且成本很低。

品牌的诞生

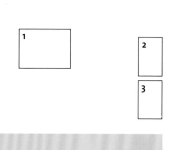

1. 1896 年，亨利・德・图卢兹－罗特列克在伦敦的皇宫剧院演出时，创作了这幅海报，来宣传"野蔷薇小姐舞团"（Troupe de Mlle Eglantine）

2. 托马斯・巴拉特在宣传 Pears 公司的肥皂时用到了皇家院士的作品，包括《泡沫》海报（1886 年），因为它增强了品牌形象

3. 拜格斯塔夫斯兄弟为卡萨马玉米面粉（Kassama，约 1894 年）制作的海报配色简单，印刷成本低于彩色印刷

工业革命带来的大规模制造导致人们对市场营销和品牌的需求增加。印刷技术的进步，包括更大、更快的蒸汽印刷机、平版印刷、热金属印刷工艺和其他颜色复制技术，提高了批量印刷的性价比，有助于新产品的推广和营销。之前使用平台印刷速度较慢，平版轮转印刷机的出现加快了设计流程。同时也出现了新的造纸方法，摄影技术也得到发展。

为了刺激客户需求并赚取利润，制造商在广告上投入大量资金。产品被赋予独特的身份，变得个性化，确保潜在客户人群能以实惠的价格得到高质量的产品。针对富裕和发展迅速的新兴中产阶级，广告主创造了新闻广告、传单、名片和海报。雨伞、横幅、传单、标语牌和啤酒杯垫上都印上了口号和商标。广告公司纷纷成立，成为传媒专家，确保产品和服务出现在相关人员的视野中，并能够吸引他们。

在 19 世纪 70 年代之前，许多货物都从桶和开口容器里直接称重出售，而肥皂和奶酪等商品则是从大块中切割出来售卖的，购物者不知道制造商的名字，但到了 19 世纪 80 年代，越来越多的制造商开始包装自己的商品并创造独特的品牌。专利药品制造商和烟草公司率先创建专有名称和装饰标签，紧随其后的是肥皂、洗涤剂和早餐麦片。早期包装用的是锡罐、玻璃瓶和纸板箱，而现在已经采用成衣销售模式的服装则有单独的标签。

当时人们使用锡罐已经有一段时间了，用来保存越来越多的产品，如茶、

重要事件

1786 年	1842 年	1843 年	1878 年	1880 年	1887 年
第一家广告公司威廉・泰勒（William Taylor）在伦敦开业。它充当印刷匠的广告销售代表。	房地产经纪人和商人沃尔尼・帕尔默（Volney B. Palmer，1799—1864 年）在费城成立了第一家美国广告公司。	美国发明人理查德・马奇・霍（Richard March Hoe，1812—1886 年）设计了第一台平版轮转印刷机，大大加快了印刷进程。	先锋英国摄影师埃德沃德・迈布里奇（Eadweard Muybridge，1830—1904 年）拍摄运动中的马。	第一张半色调摄影插图出现在美国报纸上。	《亚特兰大杂志》（The Atlanta Journal）刊登了首则报纸广告，突出了红色和白色的可口可乐标志（详见第 70 页）。

鼻烟、糖果和饼干。许多罐子的包装设计复杂，细节繁多，形状也越来越奇特，这样顾客即使用完了里面的产品，也不会立即扔掉包装盒。1879 年，印刷匠罗伯特·盖尔（Robert Gair, 1839—1927 年）发明了预制折叠纸箱，以前昂贵的纸板箱开始变得便宜。纸板箱上的图案引人注目、品牌突出，于是折叠纸板箱从发明伊始就被饼干和早餐麦片制造商广泛应用。品牌和广告凸显了产品独特的卖点，广告公司宣称这是类似商品的其他制造商所没有的或还没有宣布的特点。通过这种方式，消费者看到某些品牌，就会联想到可靠、新鲜或有价值等特征，以及诸如魅力或渴望等相对无形的属性。

随着建立品牌忠诚度的需求变得越来越明显，许多早期的营销方式为买家提供短期激励：从 1887 年起，英国卷烟制造商 W. D.& H. O. Wills 公司在产品里提供可收藏的插图卡片。英国肥皂制造商 A. and F. Pears 公司的主席托马斯·巴拉特（Thomas J. Barratt, 1842—1914 年）改编前拉斐尔派画家约翰·埃弗雷特·米莱斯（John Everett Millais, 1829—1896 年）的绘画来做宣传，开创了品牌营销的先河。他改编的这幅画名为《一个孩子的世界》（A Child's World，1886 年），画的是约翰自己的孙子。巴拉特在画中加了一块肥皂，把它变成著名的《泡沫》海报（见图 2），将 Pears 公司的肥皂宣传成一种讨喜的商品。

随着 19 世纪 80 年代彩色平版印刷术的发展，欧洲在制作艺术海报和广告方面取得了领先地位。以前只有文字的海报也有了彩色插图。法国画家朱尔斯·谢雷特（Jules Chéret, 1836—1932 年）开创了艺术海报，创作了 1000 多种设计，并启发了法国艺术家亨利·德·图卢兹－罗特列克（Henri de Toulouse-Lautrec, 1864—1901 年；见图 1）和捷克艺术家阿尔丰斯·慕夏（Alphonse Mucha, 1860—1939 年）。两位英国画家詹姆斯·普里德（James Pryde, 1866—1941 年）和威廉·尼科森（William Nicholson, 1872—1949 年）自称"拜格斯塔夫斯兄弟"（Beggarstaffs），制作了简约的插图海报（见图 3）。同样，德国设计师吕西安·伯恩哈德（Lucian Bernhard, 1883—1972 年）、汉斯·鲁迪·埃尔特（Hans Rudi Erdt, 1883—1918 年）和路德维希·霍尔文（Ludwig Hohlwein, 1874—1949 年）创造了低调的平面设计，这种设计颜色大胆、文字简单。19 世纪 90 年代，半色调得到改善，这种印刷形式可以将照片转换成小点印在普通纸上，这对出版、海报广告和包装产生了巨大的影响。人们对文字的兴趣增加，印刷成本下降，这种现象为书籍和报纸市场的扩大以及杂志的出现开拓了道路，也为广告商创造了新的机会。**SH**

可口可乐商标 1886 年
弗兰克 · 梅森 · 罗宾森 1845—1923 年

1882 年，亚特兰大的药剂师约翰·彭伯顿（John Pemberton，1831—1888 年）发明了一种含酒精的饮料。彭伯顿采用古柯植物、柯拉果和葡萄酒的提取物制作这种饮料，他将其称为彭伯顿法国葡萄酒可乐，并宣传它"有益身心健康，缓解身体疲劳"。四年后，亚特兰大禁止销售和消费酒精饮料，彭伯顿的合作伙伴兼记账员弗兰克·梅森·罗宾森（Frank Mason Robinson）鼓励他用糖浆来代替饮料中的葡萄酒，并将饮料与汽水混合。这种饮料在冷饮柜卖 5 美分一杯。

罗宾森为彭伯顿的新饮料取名可口可乐（Coca-Cola），因为他认为"两个 C 的广告效果很好"。他还为新饮料设计了一个美国人能立即认出且认可的商标。他与当地雕刻家弗兰克·里奇（Frank Ridge）紧密合作，尝试了斯宾塞体（Spencerian script）版本的商标文字，这是一种流畅的字体风格。连笔的字体商标立刻投入使用，并在 1897 年第一次在报纸广告上亮相。进一步宣传的计划随之而来，加上罗宾森为推销饮料设计的标语，强烈的品牌知名度就此建立起来。19 世纪 90 年代，可口可乐标志经历了一些重大变化。1890 年到 1891 年，商标遵循新艺术风格的时尚主义（详见第 92 页），添加了旋转和弯曲的字体。然而，罗宾森很快意识到这种改造是一个错误，于是又恢复到之前的经典设计。**SH**

✿ 图像局部示意

1904 年的可口可乐广告

◉ 焦点

1. 字脚

1893 年，斯宾塞体的可口可乐商标在美国专利局注册。商标被添加到第一个字母"C"的尾部，形成独特字脚。1941年，"注册商标"的字样从字脚移出，放在了整个标志的下面

2. 书写

该标志使用了斯宾塞体，这是大约从 1850 年到 1925 年在美国广泛使用的书写风格。在打字机广泛使用前，学校会教学生书写斯宾塞体，主要用于正式的信件和商务信函

品牌的起源

古代埃及人和中国人会在某些物品上做记号来确定该物品的拥有者或制造者，历史上一直延续着这种做法。人们认为在罗马帝国制造剑的铁匠是第一批商标使用者。在中世纪时期，欧洲贸易公会使用商标来表明特定产品的创造者，很快，几乎每种销售商品的制造商都会用单独的符号来标记他们的产品。1266 年，英国议会通过了第一个商标法，要求所有烘焙师采用独特的符号来标记他们出售的面包。1618 年，第一起商标侵权案件发生在英国，是两家布料制造商之间的纠纷。1857 年，法国制定了第一部全面的商标法。19 世纪，随着摄影、印刷方式、排版的进步，商业标志设计开始发展。到 19 世纪 80 年代，随着制造商竞相在竞争激烈的市场中建立品牌知名度和忠诚度，品牌标志成为商业的重要组成部分。

金宝浓缩汤标签 1898 年

直到 21 世纪，金宝汤的标签排版还是那个熟悉的设计，与它最初的设计相比，几乎没有什么变化

⚽ 图像局部示意

1869 年，果蔬商人约瑟·金宝（Joseph A. Campbell，1817—1900 年）与安德森罐头公司的亚伯拉罕·安德森（Abraham Anderson）合作，成立了金宝罐头公司，开始出售罐装番茄、蔬菜、汤、果冻、调味品和肉汤等。安德森离开后，金宝找到新的合伙人，将公司更名为约瑟金宝罐头公司（Joseph A. Campbell Preserve Company）。1897 年，合伙人之一亚瑟·多伦斯（Arthur Dorrance）雇用他的侄子约翰·多伦斯（John T. Dorrance，1873—1930 年），多伦斯发明了一种制作浓缩汤的工艺，比起之前的罐头汤水分大大减少，风味却并不受影响。这大大降低了运输成本，使得分销更加容易。只用了短短五年时间，金宝汤的年销量就超过 1500 万罐。

尽管人们认为金宝汤最初的标签是公司员工合作创作的，但第一家印刷此标签的 Sinnickson Chew and Sons 公司也为标签的设计提供了协助。最初的标签是 1897 年设计的，以橙色、蓝色为主色。1898 年，员工赫伯顿·威廉姆斯（Herberton L. Williams）观看了普林斯顿大学与康奈尔大学的橄榄球比赛之后，用红色和白色取代了标签的橙色和蓝色，随后他也成为公司财务官及总经理。人们公认标签上的连笔字体是创始人自己的签名，旨在创造一种能吸引家庭主妇的亲密感。1900 年，金宝在巴黎举办的世博会上获得了卓越金奖。从此，以奖牌为模型的插图成为标签的一个附加特征。设计这个插图的雕刻师被委托要尽可能逼真地复制实际奖牌。这是标签中唯一代表现实世界的元素。**SH**

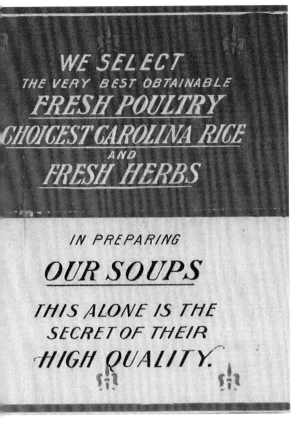

1. 红色与白色

受到橄榄球红白色队服的启发，威廉姆斯建议调整金宝的标签颜色，以达到同样的视觉冲击力。本着公司团队合作、共谋的态度，红白配色方案被采用

2. 手写字体

和板正的字体相比，草书字体给人更加随意的印象，该产品的顾客群主要是美国的家庭主妇，所以需要提高亲切感。标签上还附上了手写的食谱

3. 奖章

金宝标签正中央的奖章图案出现于 1898 年，先于公司在世博会上赢得了金奖两年。之后，它被法国金印的标志所取代，成为优质的象征

◀ 1777 年，来自英国特伦河畔伯顿的威廉·巴斯（William Bass，1717—1787 年）创立了巴斯啤酒。1876 年，该公司独特的红色三角形图案成为英国第一个注册商标。小三角渐渐变得有名，象征着能量、繁荣、活力、热情。到 1877 年，巴斯啤酒成为全世界最大的啤酒厂。1882 年，法国艺术家爱德华·马奈（Edouard Manet，1832—1883 年）在自己的美术作品《女神游乐厅的吧台》（A Bar at the Folies Bergèr）中显著地描绘了巴斯啤酒

工艺美术运动

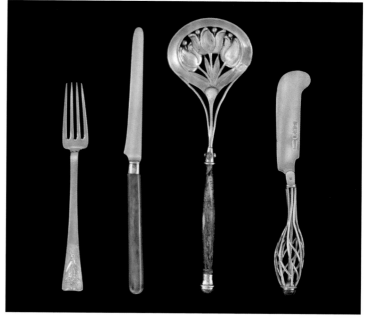

1. 这款表面经过柔和打磨的银制餐具由查尔斯·罗伯特·阿什比设计，由手工艺行会从1901年到1902年打造，是体现该行会成熟风格的典例

2. 社会主义艺术家和理论家沃尔特·克兰倡导艺术的统一性，他设计壁纸、陶器甚至彩色玻璃，如伦敦斯特里汉姆基督教堂的这个窗口"不要哭泣"（Weep Not，1891年）

3. 查尔斯·罗尔夫斯的橡木和铁制办公桌（约1899年）。他以激进的设计和作品而著称，这些作品突破了工艺美术的界限，模糊了家具与雕塑之间的界限

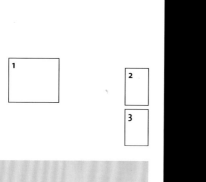

19世纪中叶，工艺美术运动在英国发展起来，抗议工厂生产的产品设计糟糕、质量低劣，以及抗议工业化造成的不平等现象。尽管工艺美术运动没有统一的、可识别的风格，它大约从1860年持续到1910年，受到奥古斯塔斯·普金、约翰·罗斯金、威廉·莫里斯（详见第52页）的巨大影响，演变成国际运动。工艺美术运动的艺术家、建筑师、设计师、工匠和作家们认为，工业化正在摧毁环境，压制传统技能和工艺，毁灭制成品的质量。他们相信工业化引发的艺术水平的下降与社会和道德的恶化有关。

工艺美术运动的倡导者反对工厂环境，力求恢复工人的自尊，鼓励整个设计过程中的合作。他们遵循莫里斯的哲学，重视人类的努力，旨在消除浮夸的技巧、过度的装饰和粗劣的做工。1882年，建筑师兼设计师阿瑟·赫吉特·马克莫多（Arthur Heygate Mackmurdo，1851—1942年）与牧师、设计师兼诗人塞尔温·伊马奇（Selwyn Image，1849—1930年）建立了艺术家世纪行会（the Century Guild of Artists），倡导美术和装饰艺术之间并无区别。1884年，两个非正式团体合并成立了艺术工作者行会（The Art Workers' Guild）：由包括艺术家兼插画家沃尔特·克兰（Walter Crane，1845—1915年；见图2）在内的设计师组成的"十五人"团体，以及由六位建筑师组成的

重要事件

1884 年	1884 年	1887 年	1888 年	1893 年	1893 年
约翰·罗斯金和威廉·莫里斯成立了艺术工作者行会，旨在提高装饰艺术和个体工匠的地位。	艺术家世纪行会开始出版季刊《霍比马》（Hobby Horse），以宣传其目标和理想。	工艺美术展览协会在伦敦成立，旨在推广装饰艺术展览与美术展览。	查尔斯·罗伯特·阿什比在伦敦设立了手工艺行会，鼓励工匠发挥创造潜力。	第一期《画室》（The Studio）插图艺术杂志在伦敦出版。它在国际上传播工艺美术运动的理念。	英国设计师欧内斯特·吉姆森（Ernest Gimson，1864—1919年；详见第80页）搬出伦敦，在一个传统的农村社区进行建筑和手工艺的实践。

圣乔治社（St George's Art Society）组成。艺术工作者行会不仅仅反映了工艺美术原则，还反映出艺术界不同职业人士之间想要建立社会联系的愿望。设计师查尔斯·罗伯特·阿什比（Charles Robert Ashbee，1863—1942年）于1888年创立手工艺行会（the Guild and School of Handicraft），旨在摧毁商业制度，恢复工人的尊严和劳动满意度。阿什比在行会期间设计的家用银器（见图1）对欧洲、美国以及英国的当代银器设计都有影响。

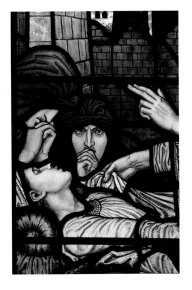

到19世纪末，工艺美术运动的理想激励着许多北美人。美国的工艺美术运动（或美国工匠风格）和英国工艺美术运动的改革理念相同，都注重原创性、形式简洁、使用当地天然材料和手工制作，但和英国工艺美术运动的社会主义倾向不同，美国工艺美术运动的目的是服务迅速扩大的中产阶级。英国的美术和工艺设计师通过巡回讲座和出版物将工艺美术运动的理想传播到美国各地。除莫里斯之外，查尔斯·弗朗西斯·阿内斯利·沃西（Charles Francis Annesley Voysey，1857—1941年）和阿什比也很有影响力。几个工艺美术协会成立了，其中包括波士顿、马萨诸塞州和芝加哥的工艺美术协会。

虽然工艺美术运动参与者的价值观是一致的，但是创造性的演绎十分多样化。银匠亚瑟·斯通（Arthur J. Stone，1847—1938年）出生于英国，在谢菲尔德和爱丁堡接受了培训。后来他移民到美国，成为波士顿工艺美术协会的成员。他成立了自己的工作室，培训学徒，生产手工银器和朴实的家用银器。纽约州布法罗的查尔斯·罗尔夫斯（Charles Rohlfs，1853—1936年）受摩尔式、中国式和北欧式设计的启发设计了单件家具（见图3）。家具设计师兼家具制造商手工艺匠联盟的创始人古斯塔夫·斯蒂克利（Gustav Stickley，1858—1942年）是工匠风格的主要支持者，他效仿莫里斯，尝试通过像莫里斯椅（1901年；详见第76页）这种结构诚实、线条简单和材料优质的家具来提高人们的品位。

尽管工艺美术运动的理想很崇高，但实质上还是有缺陷的。工艺美术运动反对现代生产方式，这意味着它违背了为群众生产价格合理、质量上乘的手工设计的社会主义理想。因为这种设计的生产成本非常高，只有富人才能负担得起。该运动最大的遗产就是设计与生活质量之间的关系得到认可，设计的地位得到提升。**SH**

1895年	1896年	1897年	1899年	1901年	1902年
美国设计师古斯塔夫·斯蒂克利第一次访问欧洲，受到威廉·莫里斯和工艺美术运动的启发。	伦敦中央艺术和设计学院成立。它引进工艺工坊来推广工艺美术理念。	波士顿成为美国第一个建立美术和工艺协会的城市。	英国设计师安布罗斯·希尔（Ambrose Heal，1872—1959年；详见第78页）在工艺美术展览协会举办的第六届工艺美术展览会上展示了他设计的家具。	斯蒂克利将第一期《匠人》杂志献给莫里斯。该杂志在接下来的十五年里推广工艺美术理念。	手工艺行会会员搬到科茨沃尔德。科茨沃尔德学校成为英国工艺美术运动的中心。

莫里斯椅 1901 年

古斯塔夫·斯蒂克利 1858—1942 年

橡木、皮革
99cm×80cm×
98.5cm

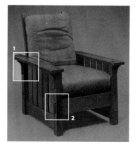

古斯塔夫·斯蒂克利以其线条简约和少装饰的木制家具而闻名，他对美国工匠风格影响最大，美国工匠风格是英国工艺美术运动的延伸。古斯塔夫在其叔叔的椅子公司工作，这段经历很成功，1883 年，他和他的两个兄弟在宾夕法尼亚州的萨斯奎哈纳开了一家家具制造公司。不到五年，古斯塔夫在纽约州雪城开了自己的公司。在 19 世纪90 年代访问欧洲时，他深受工艺美术运动之父威廉·莫里斯的启发，并认为他的公司应该生产工艺美术风格的家具。

🎛 图像局部示意

斯蒂克利的设计都是手工制作的，没什么装饰，既复古又现代。这张椅子以他在欧洲看到的设计为基础，由莫里斯的英国工艺美术设计公司生产，但设计师是菲利普·韦伯。斯蒂克利的橡木椅子制作简单、结构坚固、功能齐全，还配有宽阔的棕色皮垫，被各大家具商模仿。斯蒂克利从来没有把这把椅子称为莫里斯椅，他更喜欢称其为可调节靠背椅或躺椅。有时也有人称这把椅子为工匠椅或莫式布道椅。虽然斯蒂克利不喜欢这些称号，但莫里斯椅的名号深入人心。**SH**

1. 侧板

这把椅子坚固，结构简单，有垂直侧板、榫眼、榫卯接头，前面的扁平扶手由短托臂支撑，还有嵌入式弹簧坐垫、铰链和斜椅背。这些功能表现了美国工匠风格，而非英国的工艺美术风格

2. 深棕色

斯蒂克利椅子的深棕色非常浓郁，这种颜色通过用氢气熏木材得到。整个过程包括将木材暴露于强氢氧化铵水溶液产生的烟雾中，氢氧化铵与木材中的单宁反应，使其颜色变深

▲ 这是来自 1909 年斯蒂克利《匠人》杂志上的一幅图像，展示的是莫里斯椅。这本杂志影响了工匠式室内建筑和内饰设计的发展

🕐 设计师传略

1858—1882 年

古斯塔夫·斯蒂克利出生于威斯康星州。他最初接受的是石匠的培训，但大约在 1875 年，他和母亲及兄弟姐妹搬到了宾夕法尼亚州的布兰特，他在叔叔的椅子厂工作。

1883—1887 年

斯蒂克利与他的两个兄弟创立了斯蒂克利兄弟公司。1888 年，他与家具推销员埃尔金·西蒙兹成为合伙人。

1895—1900 年

1895 年和 1896 年，斯蒂克利访问欧洲，受到工艺美术运动的启发。1898 年，他收购了西蒙兹在公司的股份，并开始制造工匠风格的家具。

1901—1914 年

斯蒂克利推出《匠人》杂志。1903 年，他成立了工匠家居建筑俱乐部，以传播他的建筑理念。1907 年，他在新泽西州莫里斯普莱恩斯收购了房产，创办了一所寄宿学校——工匠园。

1915—1942 年

公众品位随着现代主义的到来而变化，斯蒂克利的家具不再流行。他申请破产，并关闭了公司。

利奥波德和约翰·乔治·斯蒂克利

1904 年，古斯塔夫·斯蒂克利的两个兄弟——利奥波德（1869—1957 年）和约翰·乔治（1871—1921 年），在纽约设立了独立的奥农加家具商店。两年后，兄弟俩将公司更名为手工艺公司（Handcraft）。相比古斯塔夫，他们的公司利润更多。他们利用古斯塔夫对版权不太在乎的态度，用机器生产古斯塔夫的手工设计家具，成本更低。他们还开发了另一条生产线，制作田园风格的家具，如田园高背长椅（1912—1913 年），体现的是美国建筑师兼设计师弗兰克·劳埃德·赖特（Frank Lloyd Wright，1867—1959 年）的田园美学。兄弟俩于 1918 年收购了古斯塔夫的工匠园，合并了两条家具生产线。该公司持续到了 21 世纪。

莱奇沃思橡木梳妆台 1904—1905 年

安布罗斯·希尔 1872—1959 年

橡木，栗木，松木，黄铜
136.5cm × 45.5cm × 169cm

✿ 图像局部示意

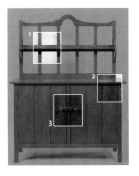

成立于 1810 年的 Heal and Son 原本是伦敦一家床和床上用品供应商，但到了 19 世纪 80 年代，开设了客厅家具部门。从 1896 年开始，该商店创始人的曾孙安布罗斯·希尔开始设计简单朴实的橡木家具，与商店之前标准的华丽的历史复刻品形成了鲜明对比。两年后，他出版了自己的设计产品名录，名为《简明橡木家具》(Plain Oak Furniture)。安布罗斯的家具设计遵循工艺美术运动的传统，给了商店一个新的方向。除此之外，他的家具简单、制作精良、价格极具竞争力，大众接受度很高。这个橡木梳妆台有栗木架子、松木靠背、黄铜杯钩和铰链，由安布罗斯设计、Heal and Son 公司制造。1905 年，英国莱奇沃思花园城举办了一个经济住宅展览，展示了一系列温馨的乡村住宅家具，该梳妆台就是其中一个，售价 6 英镑 15 先令。尽管安布罗斯受到约翰·罗斯金和威廉·莫里斯理念的影响，但他也适当使用机器，从而降低了成本。他的家具大获成功，Heal and Son 开了一个与商店相连的电动家具车间。**SH**

👁 焦点

1. 钩子

安布罗斯委托制作并出售的设计产品符合工艺美术运动理念，即设计要简约清晰、没有多余装饰。橡木梳妆台是他简约的住宅家具的典型。梳妆台除了黄铜杯钩和铰链之外，几乎没有其他的五金件

2. 接合处

希尔的原始工厂只有一把圆锯和一张刨床，这意味着一切产品都是手工制作的。木材被切割成相近的尺寸，并用机器刨平，再交由使用传统方法的橱柜制造者加工，其工艺集中体现在精细的接合处

3. 门

安布罗斯的家具朴素、结实、比例匀称，特意展示了一些结构元素，强调木材的自然品质和颜色。两扇坚固的橡木门打开后，可以看见两侧都有一个栗木储物架

🕐 设计师传略

1872—1892 年

Heal and Son 家具商店创始人的曾孙安布罗斯·希尔生于伦敦，是家里五个孩子中的老大。他在马尔伯勒学校学习，跟着华威的橱柜制造师詹姆斯·普拉克内特当了两年学徒，接着又在伦敦家具商格拉姆和比德尔那里工作了半年。

1893—1924 年

安布罗斯加入了家族企业，在床上用品部门工作。1896 年，他开始设计和制作家具。1913 年，他的父亲去世后，安布罗斯成为公司的董事长。1915 年，他与合伙人共同创立设计与工业协会。1917 年，他在商店里设立了曼莎画廊，后来展出了毕加索的作品。

1925—1932 年

安布罗斯参加了巴黎的现代工业和装饰艺术国际博览会，这场展览预示着装饰艺术运动的到来。他扩大了 Heal's 商店的产品范围，新增地毯、瓷器、玻璃和纺织品。艺术家为 Heal's 商店设计海报，艺术评论家为它撰写目录。

1933—1938 年

他因提高设计标准的服务被授予爵位。一年后，安布罗斯参加伦敦当代工业设计展览。1935 年，他参加英国工业艺术展；1937 年，参加巴黎国际展览会。

1939—1959 年

安布罗斯被选为皇家工业设计师学会的成员。1953 年，他辞去了 Heal's 公司董事长的职务。1954 年，皇家文艺学会为他在设计方面的成就授予他阿尔伯特金质奖章。

经济实惠的家具

1905 年，Heal and Son 公司在英国莱奇沃思花园城的经济住宅展览中装饰了两间住宅，举办这项展览是为了帮助解决日益严重的住房短缺问题。建筑商和建筑师为农民展示了经济住宅的样板房，这对安布罗斯及其业务而言是一个关键时刻。从那时起，"实惠家具"的概念就与他公司的形象紧密联系在一起，而安布罗斯则离实现莫里斯"好市民的家具"的梦想越来越近。虽然安布罗斯的早期家具是由橡木制成的，但在 20 世纪初，他开始使用其他种类的英国木材，包括胡桃木、榆木、樱桃木和栗木，并生产了一系列便宜的机器制造的家具。

橡木长椅 1906 年
欧内斯特·吉姆森 1864—1919 年

橡木、藤椅坐垫和毛织衬垫
高 88.5cm
宽 167.5cm
深 60cm
座高 42cm

欧内斯特·吉姆森是一位英国家具设计师和建筑师，他帮助建立了后来的科茨沃尔德工艺美术学院（Cotswolds School of Arts and Crafts）。吉姆森年轻时遇见了威廉·莫里斯，听他谈论艺术和社会主义后，深受启发。吉姆森接受了建筑师培训，并在伦敦橱柜制造企业肯顿公司（Kenton and Company）参加试用。1893 年，他和巴恩斯利兄弟，即西德尼（Sidney，1865—1926 年）和欧内斯特（Ernest，1863—1926 年），一起搬到了科茨沃尔德，一群工匠聚集在一起制作家具，他们就像莫里斯倡导的那样在工坊里相互学习，设计的家具遵循当地传统。他们使用当地可用的木材，如梣木、松木、橡木，并运用传统工艺制作家具和建筑物，吸引了更多志同道合的设计师，被誉为"科茨沃尔德学派"（Cotswold School）。他们的许多作品都以乡村家具样式为基础，如梯形靠背椅、橡木梳妆台和橡木衣柜，同时借鉴 18 世纪的工艺，如镶嵌。吉姆森像莫里斯一样，寻求与他工作相关的材料和实践过程的第一手经验，掌握了许多快要失传的工艺技术。例如，1890 年，他从有影响力的椅子制造者菲利普·克里斯特（Philip Clissett，1817—1913 年）那里学到了一种传统的木材车削工艺。

从 1900 年开始，吉姆森开设了更多工坊，他继续探索学习传统的工艺技术，创造出强调纹理和表面的工艺美术家具，且表面具有自然主义图案和取材于日常生活的图案。他完全不模仿过去的家具风格，而是创造自己的未经修饰的作品，这一点表现出他信奉约翰·罗斯金和莫里斯所倡导的诚实风格。这张长椅整体框架呈矩形，具有倒角的三段格子靠背、扶手和软垫座椅，是他风格朴实、材料真实原则的范例，这与工艺美术运动的目标紧密契合。**SH**

✿ 图像局部示意

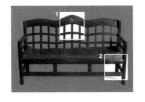

👁 焦点

1. 椅子靠背

吉姆森的作品灵感来自中世纪和都铎王朝时代的设计，具有有机品质，从这个弯曲的椅背中就可以看出，它为原本平淡的四四方方的设计增添了轻盈感。这款长椅展示了吉姆森对简洁和做工质量的关注

2. 木材

吉姆森赞颂实木的美丽，专注于精确的细节和比例，尽可能地使用当地采购的木材。他的风格精简，注重基础的美感。他在整个职业生涯中，始终关注结构的诚实和材料的真实

🕐 设计师传略

1864—1885 年

欧内斯特·吉姆森出生于英国莱斯特。上了莱斯特艺术学院后，他被当地工艺美术建筑师艾萨克·巴拉代尔收为学徒。

1886—1888 年

与威廉·莫里斯见面后，吉姆森深受启发，搬到了伦敦。建筑师约翰·丹多·塞丁（1838—1891 年）在莫里斯的建议下聘请了吉姆森，吉姆森通过塞丁认识了欧内斯特·巴恩斯利。

1889—1892 年

吉姆森加入莫里斯的古建筑保护协会，并于 1890 年与西德尼·巴恩斯利等人共同创立了肯顿公司。

1893—1910 年

吉姆森和巴恩斯利兄弟搬到了英国的科茨沃尔德。1900 年，他结婚并设立了另一个家具工作坊。他继续设计手工家具，努力打造一个乌托邦工艺村。

1911—1919 年

吉姆森设计了英国贝德勒斯学校的卢普顿礼堂，作为合院式建筑里的第一栋建筑。随着第一次世界大战爆发，到 1921 年，只有一座纪念图书馆建成。

▲ 伦敦的查尔斯·罗伯特·阿什比创立的手工艺行会是最有名的美术工艺协会之一。工作坊的租约在 1902 年到期后，成员们搬到了吉姆森的企业所在地科茨沃尔德

梯形靠背椅的复兴

　　像这把用梣木做的梯形靠背椅最早出现在中世纪，但于 1700 年至 1900 年在家具制造商中变得特别流行。克里斯特教吉姆森如何制作这些椅子，包括如何编织复杂的藤椅坐垫。吉姆森从 1892 年起做梯形靠背椅，但在 1904 年放弃了他的设计，之后他的设计是由他的助手爱德华·加德纳（Edward Gardiner，1880—1958 年）在位于英国格洛斯特郡丹威市的吉姆森工坊完成的。

日本的影响

1. 爱德华·威廉·戈德温于 1867 年设计的一个乌木色桃花心木餐柜

2. 19 世纪后期，萨摩地区的日本陶器样品

3. 费利克斯·布拉克蒙德于 1876 年设计的利摩日瓷盘——日落

　　日本封闭了 200 多年，直到 1854 年，英美列强向日本施压，要求其向世界各国开放市场，日本被迫开放。一旦开始贸易，日本的艺术、手工艺品、思想和文化便对西方产生了深远的影响。1867 年，日本在巴黎的世界博览会上设立展馆，广受赞誉。次年，日本的一场革命恢复了明治天皇的权力。为了赶上西方，新政府发起变革，随后日本参加了所有的国际展览。

　　由于欧美人开始痴迷日本文化，艺术家和设计师开始在作品中表现出明显的日本风格。他们从日本版画中的书法线条、简化的形状和装饰图案中汲取灵感。这些元素体现在印象派的绘画中，也体现在美学运动（详见第 88 页）和新艺术风格的设计（详见第 92 页）中。在法国，这个热潮被称为"日本主义"（Japonisme）和"日本风"（Japonaiserie）；在英国被称为盎格鲁日式风格。建筑师兼设计师爱德华·威廉·戈德温（Edward William Godwin，1833—1886 年）将日本艺术原则融入其作品，创造了一系列盎格鲁日式风格的家具，包括 1867 年设计的餐具柜（见图 1）。这个餐具柜有着简单的几何形状，使用了乌木和日本压花皮革纸，体现了当时日本对装饰艺术的影响。

重要事件

1854 年	1862 年	1862 年	1872 年	1875 年	1876—1877 年
美国海军成功强迫日本向西方贸易商开放港口。	中国门（La Porte Chinoise）是一家专门销售日本商品的商店，在巴黎的里沃利街开业。	伦敦国际展览会展出了大量的日本物品。	法国评论家菲利普·伯蒂（Philippe Burty，1830—1890 年）创造了"日本主义"这个术语，用于描述欧洲兴起的日本艺术热潮。	亚瑟·拉森比·利伯缇（Arthur Lasenby Liberty，1843—1917 年）开设自己的利伯缇百货公司，专门销售进口亚洲商品。	克里斯托弗·德莱塞在日本之旅中，收集了大量精选物品，供纽约的蒂芙尼公司和伦敦的 Londos 公司进口。

许多日本浮世绘印刷品、陶瓷、纺织品、青铜器、景泰蓝珐琅、家具、风扇、漆器和瓷器（如图2）都有着极简的线条、不对称的构图、细长的格局、有机图案和单色块，这些元素在西方流行起来，几乎出现在西方设计的每一个领域。浮世绘是一种描绘日常场景、歌舞伎演员、相扑摔跤手、风景和美丽女性的木版印刷和绘画风格。法国印刷匠兼工业设计师费利克斯·布拉克蒙德（Félix Bracquemond，1833—1914年）是使用日本浮世绘图像的先驱之一，他的家具、珠宝、书籍装订、挂毯、陶瓷和搪瓷设计使日本风得以延续。他常常被誉为发现了著名的浮世绘艺术家葛饰北斋（Katsushika Hokusai，1760—1849年）作品的伯乐，葛饰北斋的作品启发了许多艺术家和设计师。布拉克蒙德的巴黎晚餐餐具（1876年，见图3）是从《北斋漫画》系列（1814—1875年）中汲取的灵感。

英国设计师兼作家德莱塞（Dresser）也在向西方传播日本艺术方面发挥了突出的作用。1876年，德莱塞成为第一位受邀前往日本访问的欧洲设计师，在返回英国时，他写下了在日本的经历，并进行了相关的演讲。作为经销商，他还进口日本的艺术品和物品，并在银色茶壶（详见第84页）、陶器、家具等的设计中使用了日式风格。

萨穆尔·宾（Siegfried 'Samuel' Bing，1838—1905年）是在巴黎工作的德国艺术品经销商，也为日本主义的传播做出了贡献。1888年到1891年，他是月刊《日本艺术》（Le Japon Artistique）的编辑，这本杂志促使人们对东方艺术和设计产生了更多的热情。1895年，他开设了新艺术风格的新艺术生活馆，这是一个展示进口日本版画、当代美术和各种设计的画廊，这些展品的风格都受到日式理念的启发。他将画廊的每一个房间都布置成起居区，配有家具、纺织品和装饰品，他成为促进新艺术运动发展的关键人物。

许多美国设计师的作品中都能看到日本主义的影响，如格林兄弟——查尔斯·格林（1868—1957年）和亨利·格林（1870—1954年），他们将日本细木工技术融入家具设计中，他们给加利福尼亚州帕萨迪纳的大卫·甘博大宅做的餐具柜（详见第86页）就是一个例子。日本主义流行的影响是双向的。明治维新后，日本贸易蓬勃发展，很多日本人从日本搬到巴黎，事业大获成功，艺术品经销商林忠正（Tadamasa Hayashi，1853—1906年）和评论家饭岛半十郎（Iijima Hanjuro，1841—1901年）就是其中两位。**SH**

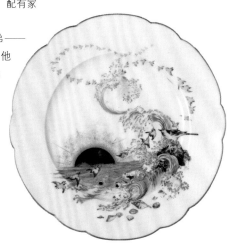

1878 年	1878 年	约 1880 年	1882 年	1882 年	1893 年
林忠正抵达巴黎，在世界博览会担任口译员。	德莱塞创立德莱塞荷马公司（Dresser and Holme），进口日本艺术品。	利伯缇促进了日本风格热潮的发展。他请英国设计师为他设计作品，特别是那些受日本艺术影响的设计师。	林忠正开了一家卖"日本风"产品的商店，吸引了大量来自艺术界和商界的客户。	德莱塞出版《日本：建筑、艺术和艺术制造业》（Japan: Its Architecture, Art and Art Manufactures），此书在美国、英国均产生了影响力。	查尔斯和亨利·格林在芝加哥的哥伦比亚世界博览会访问日本展馆后，都受到了启发。

银色茶壶 1879 年
克里斯托弗·德莱塞 1834—1904 年

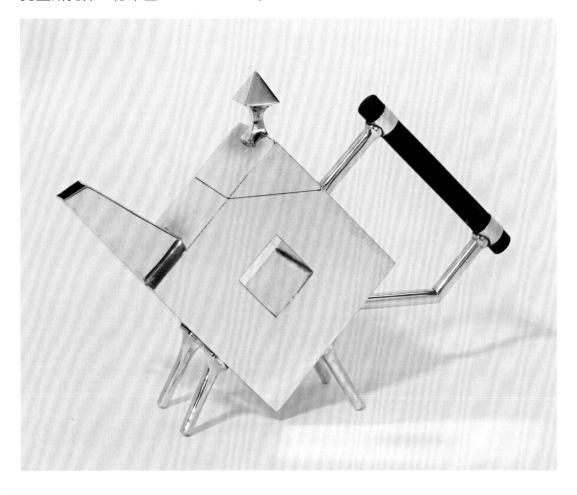

配有乌木手柄的电镀镍银茶壶
高 13cm
壶嘴到手柄宽度
23cm

克里斯托弗·德莱塞是 19 世纪最有才华的英国设计师之一。人们公认他是第一位工业设计师，他了解许多材料和生产过程的特性，因此他能够以同时代鲜有人能做到的方式设计。在他的职业生涯中，他曾为多家制造商工作，除了家具、纺织品、地毯和壁纸等方面的设计，他还设计了银器、铸铁、陶瓷、玻璃。这个银色茶壶体现了他的设计方法，融合了日本设计与他的想法。

德莱塞从 1879 年开始为谢菲尔德的詹姆斯·狄克逊父子有限公司（James Dixon and Sons）制作许多镀银茶具。大多数现代餐具都是圆的且装饰华丽。相比之下，这个银色茶壶显得纯粹、简单。醒目的菱形中心被一个较小的菱形孔刺穿。茶壶的直腿、手柄和壶嘴以 90 度或 45 度的角度连接壶身。盖子是严格的几何体的一部分，尖顶饰物角度特别，乌木手柄既是设计上的特色，又很实用，因为当茶壶充满沸水时，木材不会特别烫手。这一设计的灵感部分来自他对自然形式的热情，部分来自他对日本设计的钦佩，这种创新设计达到了德莱塞以最小手段实现最大效果的标准。虽然他考虑过降低生产成本，但茶壶没有批量生产，仍然是一个昂贵的物件，只有富人才能负担得起。**SH**

✿ 图像局部示意

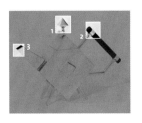

1. 壶盖饰物

尖顶饰物很大，呈金字塔形，其角度和曲线与当今大多数圆形的茶壶顶盖形成鲜明对比，非常实用，因为这种设计使盖子容易提起。从美学的角度来看，尖顶饰物的直线和对角线轮廓与盖子和茶壶壶身的角度轮廓相呼应

2. 手柄

乌木手柄与茶壶壶身平行，由两个镀银管和支架固定在适当的位置。它们很实用，因为其他设计也有用到，并且体现出德莱塞对工业要求的意识，还体现出他知道如何降低生产成本

3. 壶嘴

壶嘴直立，看起来很坚固，与茶壶另一侧精致的呈角度的手柄相平衡。壶嘴顶部的平面矩形倾倒孔没有明显的唇缘，这样的设计是为了水不会滴下。壶嘴底座与中心孔径的角度和宽度相匹配

▲ 德莱塞从日本回来后开始为伯明翰的 Hukin and Heath 公司设计银器和电镀物品，包括这种配有乌木手柄的银质和雕花玻璃酒瓶（1881 年）

汤碗和长柄勺

　　这个汤碗和长柄勺制作于 1880 年前后，展现了在 1876 年 12 月至 1877 年，德莱塞四个月的日本之行中所欣赏的物品对他的影响。他融合了日本、古埃及和亚洲风格，这两件物品符合他有关真实展现的想法：不试图隐藏任何接头或其他结构元件。德莱塞坚信形式重于装饰，轻轻弯曲的汤匙和汤碗展示出他对日本金属制品和东方设计简约形状的钦佩。他制作了纯银和电镀的碗勺，配有乌木或象牙手柄。汤碗的斜脚棱角分明，突出其干净的轮廓，并且加强了实用性——盛满热汤时，汤碗底部高于放置汤碗的平面。

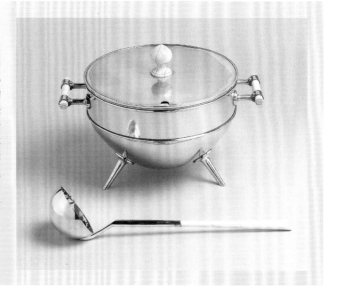

餐具柜 约 1908 年

查尔斯·格林 1868—1957 年　亨利·格林 1870—1954 年

👁 焦点

1. 乌木钉

除了起到装饰作用外，格林兄弟的乌木钉有时还用于加固接头或隐藏螺丝。这些异国情调木材上的浅钉以精确、稀疏的式样排列，如图所示，与橱柜本身的轻木材形成了直接的对比

2. 接合工艺

传统的日本接合工艺是将木块固定在一起的一种技术。在可能的情况下，格林兄弟用日本的方法精确地切割木头，然后慢慢地敲一小块木头插在两块木头之间，确保精确合适

🕐 设计师传略

1868—1892 年

查尔斯·格林和亨利·格林出生于俄亥俄州辛辛那提市，两人相差十五个月。1884 年，查尔斯就读加尔文·伍德沃德的手艺培训学校，亨利第二年也就读于该校。1888 年，他们都学习了建筑学。1891 年，他们开始在波士顿当学徒。

1893—1901 年

兄弟俩参观了芝加哥的哥伦比亚世界博览会（1893 年）。1894 年，他们在加利福尼亚州的帕萨迪纳开了他们的格林兄弟建筑公司（Greene and Greene）。

1902—1921 年

《匠人》等杂志刊登了专门介绍格林兄弟的文章。从 1903 年起，他们提供综合设计服务，包括定制家具和配件。1905 年，他们开始与彼得·霍尔和约翰·霍尔合作，霍尔兄弟为他们打造了许多家具。他们风格独特的平房成为工匠风格的原型。

1922—1957 年

格林兄弟公司解散。1952 年，兄弟俩受到了美国建筑师学会的认可，因为他们开创了看待建筑和家具的新方法。

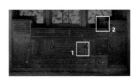
格林兄弟制作的这个彩色玻璃餐具柜位于加利福尼亚州帕萨迪纳的大卫·甘博（David B. Gamble）故居的饭厅

查尔斯·格林和亨利·格林兄弟俩的设计美学发展成为英国工艺美术和日本风格的融合。他们受到芝加哥哥伦比亚世界博览会日本展馆产品设计的启发，后来又受到艺术家威尔·布拉德利（Will H. Bradley，1868—1962年）和建筑师弗兰克·劳埃德·赖特刊登在《女士家庭杂志》（Ladies Home Journal）上的作品的启发，格林兄弟的灵感还来自《匠人》杂志宣传的"工艺美术"理念。与工匠大师彼得（Peter Hall，1867—1939年）和约翰·霍尔（John Hall，1864—1940年）会面后，格林兄弟和他们展开了非常成功的合作。霍尔兄弟专业技能高超，关注细节到近乎痴迷的程度，为格林兄弟打造了许多家具。他们使用乌木钉做简单的装饰、形成颜色对比、隐藏接合处，这成为他们家具的特点。在这个餐具柜中，钉子突出了圆角，而稍微细长的手柄则突出了餐具柜的水平面。门的弯曲边缘与整体结构的坚固达成平衡，将坚固的外观与柔和的光泽相结合。

虽然他们的灵感来源多样，但格林兄弟探索独特的想法。例如，他们确保榫眼和榫头接合处成为视觉设计的一部分，不需要传统装饰。他们始终使用优质的材料和复杂的制造方法，他们青睐在日本设计中看到的接合工艺。然而，美国家具制造商古斯塔夫·斯蒂克利的内敛风格也影响了他们，这个精工细作的餐具柜就是兄弟俩对这些风格进行独特融合的例子，强烈地影响了美国工匠风格的演变。

格林兄弟椅子

椅子是最难制作的家具之一。然而，格林兄弟设计和生产了许多不同品种的椅子，即使这些椅子都放在同一个房间。彼得和约翰的工坊一直受到格林兄弟设计的挑战；有时候椅子的双腿呈大型的梯形或平行四边形，靠背经常具有复杂的雕刻形状，与朴素的工艺美术风格的扶手不同，格林兄弟的椅子扶手总是富有曲线美。他们设计各种尺寸的椅背木板：常见的设计是椅背中间一条宽阔的长条纵立木板，而宽木条两侧分别是狭窄的木条。放置在加利福尼亚州帕萨迪纳的罗伯特·布莱克大宅的起居室扶手椅（1907年；见右图）就是一个典例。后腿经常使用乌木花键，与装饰性的乌木钉相称。这种乌木细节以及内敛的镶嵌和优雅穿孔的椅背木板，通常是椅子唯一的装饰形式。格林兄弟在设计所有椅子时，都巧妙地结合了多个设计元素，但仍然保持了简单、具有质感和内敛的风格。

唯美主义和颓废主义

1. 詹姆斯·麦克尼尔·惠斯勒的孔雀厅（1876—1877 年）曾经是伦敦一座大宅的餐厅

2. 这件装饰织物（1887 年）是通过伦敦的利伯缇商店出售的。孔雀的尾羽是唯美主义设计师中很流行的设计图案

3. 莱顿爵士为他在伦敦的家打造了一个阿拉伯大厅延伸区（约 1877—1881 年）

唯美主义出现在 19 世纪后期的英国，是一场针对工业革命的设计改革。唯美主义源于哥特式复兴、工艺美术运动（详见第 74 页）和前拉斐尔派，排斥维多利亚时代的道德观念，并且宣传"为艺术而艺术"（art for art's sake）的概念。法国诗人兼艺术评论家泰奥菲尔·戈蒂耶（Théophile Gautier，1811—1872 年）使这一概念变得流行，但唯美主义人士正式采纳这一概念要归功于英国作家兼评论家瓦尔特·佩特（Walter Pater，1839—1894 年）。佩特是唯美主义运动的主要支持者之一，1868 年，他在一篇有关威廉·莫里斯（详见第 52 页）诗歌的评论中使用了"为艺术而艺术"这个概念。唯美主义强调艺术和设计的感性和视觉品质，将物体本身的价值与社会、政治和道德因素分开。这场非正式运动成为艺术家、设计师和制造商之间关于工艺价值的广泛辩论。

1862 年于伦敦举行的世界博览会展出了 MMF 公司的早期作品以及一系列日本工艺品，唯美主义人士的灵感主要从中而来，对他们当中的大多数人来说，这是一种新颖的文化。1878 年巴黎世博会上的日本展品同样引起了艺术家和设计师的兴趣，四处汇聚起来的理念成为唯美主义的重要特征。在美术方面，唯美主义运动的理念体现在美国亲英艺术家詹姆斯·麦克尼尔·惠斯勒（James McNeill Whistler，1834—1903 年）、莱顿爵士（Lord Leighton，

重要事件

1862 年	1864 年	1868 年	1873 年	1875 年	1876—1877 年
世界博览会在伦敦举行。中国和日本展出了瓷器、漆器、象牙雕刻、棉花挂毯等。	弗雷德里克·莱顿爵士开始在伦敦打造他的莱顿庄园，这是唯美建筑开创性的范例。	牛津大学教授瓦尔特·佩特在《威斯敏斯特评论》（Westminster Review）中点评了威廉·莫里斯的诗歌，并颂扬了他对"为艺术而艺术"的热爱。	佩特的修订版评论出现在他的《文艺复兴史研究》（Studies in the History of the Renaissance）中，成为一篇关于唯美主义的重要文献。	利伯缇在伦敦开了一家商店。他的目标是通过销售东方产品改变家居用品的外观和时尚。	詹姆斯·麦克尼尔·惠斯勒设计了位于伦敦的孔雀厅。它的蓝绿色墙壁、铜箔和金箔以及东方主义透露着一种高傲的唯美。

1830—1896 年）和阿尔伯特·摩尔（Albert Moore，1841—1893 年）的绘画中。在应用艺术方面，唯美主义体现在建筑师兼设计师爱德华·威廉·戈德温（Edward William Godwin，1833—1886 年）、插画师奥布里·比亚兹莱（Aubrey Beardsley，1872—1898 年）和陶瓷学家威廉·德·摩根（William De Morgan，1839—1917 年）等的作品中。家具、壁纸、陶瓷和纺织品的许多领先制造商雇用了插画家沃尔特·克兰和设计师克里斯托弗·德莱塞（1834—1904 年）等专业人士，创造出唯美风格的物品。1875 年，亚瑟·拉森比·利伯缇在伦敦开设了利伯缇百货公司，为来自远东地区的物品、面料、艺术品和装饰家具开辟了一个新的销售渠道，从而促进了唯美风格的迅速发展（见图 2）。

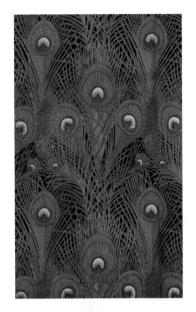

　　唯美主义运动从刚开始的时候就在伦敦西部的某个圈子中特别流行，他们甚至采用了日式礼服和天鹅绒夹克等唯美风格的礼服，与当时的潮流形成鲜明对比。1864 年，莱顿获得了一片土地，并与唯美主义人士摩根和克兰等人合作，建立了一座华丽的唯美主义住宅和工作室，用土耳其、波斯、西西里和叙利亚元素装饰，引入阿拉伯风格（见图 3）。整个房间的装饰元素相辅相成，是唯美主义的特征之一。惠斯勒于 1877 年为航运巨头弗雷德里克·莱兰（Frederick Leyland，1832—1892 年）在伦敦的家打造了《和谐的蓝色和金色：孔雀厅》（Harmony in Blue and Gold: the Peacock Room；见图 1）。孔雀厅看起来类似日本漆器的内部，墙上是丰富的绿松石，还有华丽的金孔雀做装饰。它的奢华风格体现了唯美主义，并促进了新艺术运动（详见第 92 页）和维也纳分离派的发展。美国作家兼评论家克拉伦斯·库克（Clarence Cook，1828—1900 年）于 1878 年出版书籍《美丽的房子：有关床、桌子、凳子和烛台的散文》（The House Beautiful: Essays on Beds and Tables, Stools and Candlesticks），这本书得到了唯美主义作家奥斯卡·王尔德（Oscar Wilde，1854—1900 年）的支持，人们对室内装饰的兴趣与日俱增。

　　然而唯美主义的思想让公众感到困惑。1879 年，法裔英籍漫画家兼作家乔治·杜·莫里耶（George du Maurier，1834—1896 年）在讽刺杂志《泼客》（Punch）中发表了系列漫画"傻子"，嘲笑唯美主义的理念。1887 年到 1889 年，王尔德担任《妇女世界》期刊的编辑，该杂志面向受过教育的中产阶级女性读者。他不受外界干扰，继续在该杂志宣传自己在《美丽的房子》中表达的想法，表明每个人都应该致力于创造自己的美丽环境。与他的朋友、同为唯美主义者的比亚兹莱一起，王尔德以他的颓废之风震惊了大众。比亚兹莱绘制的插图，如《黄面志》（详见第 90 页），以及 1894 年王尔德有争议的戏剧《莎乐美》（Salome）的英文版，都在赞美淫乱。尽管如此，总的来说，唯美主义强化了设计的重要性，也加强了在制作批量生产的商品时进行精细化的必要性。**SH**

1877 年	1878 年	1878 年	1881 年	1885 年	1895 年
格罗夫纳画廊在伦敦开幕。它展示了皇家美术学院不认可的唯美主义艺术家的作品。	第三届世博会在巴黎举行。日本展馆是其一大特色。	克拉伦斯·库克在他的居家装饰书籍《美丽的房子》中提出了室内设计的理想选择。	由威廉·施文克·吉尔伯特（W. S. Gilbert，1836—约 1911 年前后）和亚瑟·沙利文（Arthur Sullivan，1842—约 1900 年）主创的歌剧《耐心》（Patience）嘲笑了唯美主义派的一些人物，如奥斯卡·王尔德和惠斯勒。	惠斯勒在伦敦王子大厅（the Prince's Hall）举办了"10 点钟讲座"，解释他的唯美主义信条。	王尔德被判犯有严重猥亵罪，判处两年劳役。五年后王尔德去世，标志着唯美主义的结束。

《黄面志》 1894—1897 年

奥布里·比亚兹莱 1872—1898 年

《黄面志》的封面：季刊插图杂志，第 1 卷，1894 年 4 月

👁 焦点

1. 黄色

比亚兹莱选择的名字和颜色具有挑逗性。他模仿法国禁书，在耀眼的黄色布板上创作黑色插图，做成封面，并称之为"黄面志"。它的排版与当代期刊几乎方形的格式大相径庭

2. 人物

比亚兹莱推出了一种新的插图风格，采取扁平化透视的视角，同时用弯曲、不对称、迂回的线条创作风格化的形式。优雅的日本版画的影响显而易见。虽然他使用诸如嘉年华蒙面游客等耸人听闻的主题，但是这本杂志还是成功的

1894 年 4 月，英国出版了一份新的艺术季刊，与唯美主义和颓废主义相关。它想要成为一本前卫杂志，既有文学元素，也有艺术元素，赋予两种元素同等的重要性，而且不刊登连载小说和广告。这本杂志由英国插画师奥布里·比亚兹莱和他的朋友、客居伦敦的美国作家亨利·哈兰（Henry Harland，1861—1905 年）策划，由约翰·莱恩（John Lane，1854—1925 年）和查尔斯·埃尔金·马修斯（Charles Elkin Mathews，1851—1921 年）通过他们的公司鲍利海出版社（Bodley Head）出版。哈兰是文学编辑，比亚兹莱是美术编辑。这本杂志也是进步的，为崭露头角的作家和艺术家提供投稿机会，投稿的艺术家包括约翰·辛格·萨金特（John Singer Sargent，1856—1925 年）、菲利普·威尔逊·斯蒂尔（Philip Wilson Steer，1862—1942 年）、沃尔特·克兰和莱顿爵士。投稿作者也是类似的标志性人物，包括马克斯·比尔博姆（Max Beerbohm，1872—1956 年）、亨利·詹姆斯（Henry James，1843—1916 年）、赫伯特·乔治·威尔斯（H. G. Wells，1866—1946 年）和威廉·巴特勒·叶芝（William Butler Yeats，1865—1939 年）。然而，是比亚兹莱的艺术作品赋予了这本杂志独特的风格，使其以颓废著称。尽管莱恩提出抗议，但比亚兹莱总是在他的插图中增添一些色情细节，震惊了读者。其他评论家抨击他的性感插图，讽刺杂志《泼客》模仿了其中的几幅。《黄面志》创刊三年共出版了十三卷杂志。**SH**

◷ 设计师传略

1872—1891 年
奥布里·比亚兹莱出生在英国布莱顿。从 6 岁开始，他的学业就因肺结核的频繁发作而中断。1889 年，他开始在伦敦做保险员，但他的梦想是成为一名艺术家。与画家爱德华·伯恩-琼斯和皮埃尔·皮维·德·夏凡纳（1824—1898 年）见面后，他受到鼓舞，于 1892 年入读伦敦威斯敏斯特艺术学院。那一年，他前往巴黎，受到亨利·德·图卢兹-罗特列克的海报和时尚的日本版画的启发。

1893—1894 年
登特出版社（J. M. Dent）委托比亚兹莱画《亚瑟王之死》（约 1470 年）的插图。他还为西德尼·史密斯和理查德·布林斯利·谢里丹的《妙语》（Bon-Mots）画插图。《画室》艺术杂志推出了他的特稿，并附上了几幅他经典的黑白插画。比亚兹莱为奥斯卡·王尔德的戏剧《莎乐美》画了色情插画之后，名声与日俱增。他是《黄面志》的创始人之一。

1895—1896 年
王尔德因"有伤风化"罪被捕后，比亚兹莱因为和他有关系而被《黄面志》解雇。比亚兹莱继续画插画、漫画、写作，工作量很大。1896 年，他和别人共同创立了另一本文学、艺术和批评杂志《萨伏伊》，但只出版了八期。他还为亚历山大·蒲柏的《夺发记》（1712 年）制作了洛可可风格的插图。

1897—1898 年
比亚兹莱改信罗马天主教，随后请求他的出版商伦纳德·史密瑟斯（1861—1907 年）销毁他所有的色情插图。史密瑟斯没有理他，并继续出售他作品的复制品和赝品。比亚兹莱后来移居法国，一年后他因小时候感染的肺结核死亡。

道德拷问

比亚兹莱读了奥斯卡·王尔德的《莎乐美》剧本的法语原作之后，画了莎乐美拥抱施洗者约翰头的画像，画面中约翰的鲜血呈弧形喷涌而出。王尔德看到这幅画后请比亚兹莱画英文版的插画。后来，比亚兹莱因插图结合了怪诞与优美而被指控为不道德，遭受了谩骂。

新艺术运动

新艺术运动不仅仅代表了一种特殊的风格，更是一场国际化的运动。它表现在各种形式的艺术和设计中，新艺术运动的支持者致力于创造大众都能用上的原创设计，超越阶级限制，让大规模生产与手工艺和谐共存。其灵感来自天然形态，蜿蜒的有机形状占主导地位。新艺术运动从工艺美术运动（详见第74页）和唯美主义（详见第88页）演变而来，它们都反映了对历史主义、华丽风格和劣质批量生产物品的不满。它们反对自17世纪以来一直主导艺术教育的学术体系所建立的传统艺术等级制度，该体系认为绘画、雕塑等美术优于工艺装饰艺术。为了提高工艺和装饰艺术的地位，新艺术运动被应用于所有类型的艺术设计中，从业者努力制作各方面协调的艺术作品。新艺术运动几乎在欧洲和美国同时出现，从1890年持续到1914年。这是一种有意识的尝试，目的是创造独特而现代的表现形式，它唤起了时代精神，不模仿过去，而是拥抱现代技术，这场运动是真正的国际化运动。

人们认为第一批新艺术运动的设计是由19世纪80年代英国建筑师兼设计

重要事件

1883年	1888年	1894年	1894年	1895年	1900年
《雷恩的城市教堂》出版。阿瑟·埃盖特·麦克默多在扉页上设计了有规律地旋转的抽象植物图形。	位于伦敦的工艺美术展览协会的装饰艺术展览展出了包括新艺术风格的艺术和设计作品。	维克托·霍塔完成了第一个新艺术建筑设计，即布鲁塞尔的塔赛尔酒店。该酒店对细节和曲线铁艺的执着引起了人们的关注。	阿尔丰斯·慕夏为莎拉·伯恩哈特（Sarah Bernhardt，1844—1923年）主演的剧《吉斯蒙达》（Gismonda）设计海报，将他的独特风格引进了巴黎。	宾的新艺术之家在巴黎开张；这个商店兼画廊成为新艺术风格的设计师和艺术家聚会的地方。	赫克托·吉马德为巴黎地铁站设计的新艺术风格的地铁入口投入使用。主要材料是玻璃和铸铁，最后一个地铁入口于1912年完工。

师阿瑟·埃盖特·麦克默多（Arthur Heygate Mackmurdo，1851—1942 年）创造的。他设计的镂空椅背和《雷恩的城市教堂》（Wren's City Churches，1883 年）一书的扉页让人联想到日本的浮世绘。波动、不对称和抽象的植物一样的设计给人一种有活力的感觉。这些设计产生了许多新的诠释，成为新艺术运动的一些重要特征。在封闭两百多年后，日本于 1854 年与西方重新开展贸易活动，日本开始发展成为艺术灵感的来源。西方艺术家和设计师的灵感来自平面透视或空气透视、极简线条、不对称构图、细长格局、有机和装饰图案以及单色块（详见第 82 页）。

在法国，新艺术运动风格最初出现在阿尔丰斯·慕夏的绘画、海报和室内设计中，他于 1887 年从捷克斯洛伐克移居巴黎学习艺术。那时，贴满石版画海报的巨幅广告牌很普遍，相当于推广新艺术风格和新艺术宣传品的街头画廊。慕夏找到了一份工作，创作反映 19 世纪末巴黎生活的海报，用于舞台演出（见图 1）以及宣传自行车、啤酒、香槟、巧克力等消费品。他的商业作品中经常出现身着飘逸长袍的妇女，周围是装饰性的花卉图案。德国艺术品经销商萨穆尔·宾于 1895 年在巴黎开设了名为"新艺术之家"的商店，展出进口的日本版画、当代美术以及许多新艺术风格的设计。宾鼓励在装饰艺术中应用新艺术风格，艾米里·葛莱（Emile Gallé，1846—1904 年）的玻璃器皿、路易斯·马若雷勒（Louis Majorelle，1859—1926 年）的家具、勒内·拉利克（René Lalique，1860—1945 年）的玻璃器皿和珠宝等设计中都能明显看出新艺术风格的影响。拉利克在他的设计中大胆创新，创造梦幻般的珠宝（见图2），该系列受自然有机形态的影响，采用最新技术和新型材料，包括半透明搪瓷和半宝石，为珠宝增添色彩。

在比利时，新艺术风格首先出现在保罗·汉卡尔（Paul Hankar，1859—1901 年）、维克托·霍塔（Victor Horta，1861—1947 年）、亨利·凡·德·威尔德（Henry van de Velde，1863—1957 年）的建筑设计中。霍塔的塔赛尔酒店位于布鲁塞尔，被誉为新建筑艺术运动的首个范例。这个建筑影响了法国建筑师赫克托·吉马德（Hector Guimard，1867—1942 年；详见第 96页），吉马德自 1900 年起为巴黎地铁设计入口。

19 世纪 80 年代，英国伦敦的利伯缇公司出售来自东方的各种装饰品、面料和家具。该店还委托当时几位进步的英国设计师设计作品。最著名的是阿奇博尔德·诺克斯（Archibald Knox，1864—1933 年），他经常将凯尔特装饰融入他的作品中（见图 3）。他设计的银器、白镴制品和珠宝代表了英国的新艺术风格。由此，利伯缇与新艺术运动紧密联系在一起。

许多商店开始出售新艺术风格的商品，此外，印刷和发行也有了改进，大量期刊得以出版和流通，比如英国的《画室》、德国的 Pan 和维也纳分离派的

1. 阿尔丰斯·慕夏为《恋人》（Amants）设计的海报，这是 1895 年在巴黎文艺复兴剧院（Théâtrede la Renaissance）上演的一出喜剧

2. 勒内·拉利克使用搪瓷等新材料，为珠宝添加颜色，如这枚珍珠金戒指（约1900 年）

杂志《神圣之春》，等等。许多这样的杂志受到了国际读者的欢迎，传播了新艺术运动的概念。

这种风格在德国、奥地利和苏格兰迅速发展，包括约瑟夫·霍夫曼（Josef Hoffmann，1870—1956年）的建筑、家具和家居用品，维也纳分离派的古斯塔夫·克利姆特（Gustav Klimt，1862—1918年）的画作以及马金托什优雅的直线建筑、家具和室内装饰的设计（1868—1928年；详见第100页）。在西班牙，安东尼·高迪（Antoni Gaudí，1852—1926年）创造了高度个性化和富有表现力的建筑。巴塞罗那的巴特罗之家（1906年，见图5）等创新、起伏的建筑物反映了高迪的新艺术风格。在美国，路易斯·康福特·蒂芙尼（Louis Comfort Tiffany，1848—1933年；详见第98页）制作了五彩斑斓的彩虹色玻璃，成为该运动的美式演绎典范，出于对他设计的独特性的认可，这种设计被称为"蒂芙尼风格"。

在不同的国家，人们用不同的词来描述新艺术风格和其在当地的变体。例如，《青年：慕尼黑艺术与生活插图周刊》（Youth: the Illustrated Weekly magazine of the Art and Lifestyle of Munich）1896年首次出版后，德语国家开始兴起"青年风格"（Jugendstil）的叫法。在奥地利，新艺术风格被称为"分离派风格"（Sezessionstil），取自维也纳分离派，即一群反对奥地利艺术家协会保守主义、受到马金托什线性风格启发的画家、雕塑家和建筑师。在法

国，新艺术的叫法有"现代风格"（Style Moderne）、"儒勒·凡尔纳风格"（Style Jules Verne）、"地铁风格"（Style Métro）。它在加泰罗尼亚被称为"现代主义"（Modernisme），在西班牙其他地区被称为"Arte Joven"，在葡萄牙被称为"Arte Nova"，荷兰则是"Nieuwe Kunst"。利伯缇开设伦敦利伯缇百货商店之后，新艺术在意大利被称为"Arte Nuova"和"利伯缇风格"（Stile Liberty）。在苏格兰，它主要被称为"格拉斯哥风格"（Glasgow Style），以赞扬"格拉斯哥四人组"，即马金托什、赫伯特·麦克奈尔（Herbert MacNair，1868—1955年）以及他们的妻子玛格丽特·麦克唐纳（Margaret，1864—1933年）、弗朗西斯·麦克唐纳（Frances Mac-Donald，1873—1921年）姐妹。"新艺术风格"这个一直沿用的说法来自宾在巴黎开设的新艺术之家，

特别是他在 1900 年的巴黎世博会展出作品之后,"新艺术"成了该风格的代名词。

1900 年的巴黎世博会集中展示了新艺术风格。它使大众着迷,成为现代首个国际装饰风格。同时为了庆祝 20 世纪的到来,巴黎世博会展示了新的技术和思想。勒内·比奈(René Binet,1866—1911 年)在世博会的入口处设计了一个精美圆顶形的纪念拱门。配有数以千计的彩色和白色灯具的电力宫(Palace of Electricity),以及由古斯塔夫·塞鲁里尔 - 博维(Gustave Serrurier-Bovy,1858—1910 年)设计的位于埃菲尔铁塔脚下的蓝色旗帜餐厅(Pavillon Bleu)都是巴黎世博会的特色。另外还有宾设计的备受赞誉的新艺术风格展厅,展厅内突出展示了六大室内装饰,充分展示了大名鼎鼎的设计师创作的图画、工艺品和其他物件,包括尤金·加亚尔(Eugène Gaillard,1862—1933 年)、埃德·科隆纳(Edouard Colonna,1862—1948 年)、乔治·德·费尔(Georges de Feure,1868—1958 年)、亨利·德·图卢兹 - 罗特列克、慕夏、蒂芙尼和拉利克的作品。加亚尔雕刻的胡桃木椅(见图 4)有着曲折的图案和有机的雕塑形式,让人想起自然界中弯曲的树枝,这样的作品对游客来说似乎很新奇。中央装饰艺术联盟(Central Union of Decorative Arts)是一个致力于重振法国手工艺的官方机构,它的展馆进一步展示了新艺术风格的物品。在国际展馆中,各国对新艺术运动的解读和表达方式的差异变得明显。巴黎世博会之后又举办了三次世博会,许多新艺术运动的杰出艺术家相继展示了自己的作品。

1914 年,随着第一次世界大战的爆发,新艺术运动突然又残酷地结束了。新艺术风格被认为是一种奢华、昂贵的风格,之后现代主义的流线型外观取代了它的位置。**SH**

3. 这款香烟盒(1903—1904 年)是阿奇博尔德·诺克斯为利伯缇的威尔士(Cymric)银器与珠宝系列所设计的作品之一

4. 艺术品经销商宾于 1900 年在巴黎世博会上展示了这款胡桃木皮质餐椅,这是尤金·加亚尔的设计

5. 新艺术运动的有机形式带来了一种新的建筑方式,安东尼·高迪位于巴塞罗那的巴特罗之家具有波浪起伏的形状,凸显了这种新建筑风格

太子门站地铁口 1900 年

赫克托·吉马德 1867—1942 年

巴黎地铁太子门站的入口由彩绘铸铁、釉面熔岩和玻璃制成

赫克托·吉马德设计的巴黎地铁入口主要由铸铁、釉面熔岩和玻璃制成，用于加强巴黎当时在建的地铁系统，以满足不断扩大的城市的需求，地铁的设计也与1900 年世博会的主张相吻合。世博会旨在展示艺术、工业和科学方面的进步，特别是法国的成就，新的地铁将为游客提供服务并展示交通运输的发展。1899 年巴黎大都会铁路公司 (Compagnie du Chemin de fer Métropolitain de Paris) 举办了一场竞赛，让设计师提交车站入口的设计创意，但公司董事们对提交的方案并不满意。吉马德受邀提出方案，然后受委托设计地铁站入口。十二年来，他以两种不同的风格设计了 141 个地铁入口：一种没有屋顶只有简单栏杆，另一种是具有大型或小型檐篷的亭子，被称为"小阁子"（édicules），如太子门站。所有入口采用标准配件生产，建造成本较低，且易于组装。

太子门站于 1900 年 12 月 13 日开通，刚好是世博会闭幕的一个月之后，地铁的那一段还没有完工。两根形状如花茎的铁柱位于倒置的扇形玻璃遮阳篷的绿色铸铁框架侧面。然而，现代人的审美并不习惯这种有机风格的新艺术设计，争议开始出现。吉马德的设计成为新艺术运动的永恒代表，地铁风格成为描述新艺术风格的术语之一。**SH**

✪ 图像局部示意

1. 标志

入口标志由釉面熔岩制成，有明亮的色彩和光滑的质感。黄底绿字采用的是有机风格的字体。曲线流畅的字体是吉马德手绘的。车站标志上的字体原本各不相同，直到 1902 年，吉马德统一了字体风格

2. 支架

支撑地铁入口标志的铸铁支架看起来像花茎。曲线的灵感来自花朵。巴黎人给这种风格的入口起了个"蜻蜓"的绰号。入口处有一个向上弯曲的小雨棚，用来排掉雨水

3. 金属

铸铁元素被漆成绿色，类似于有年代感的铜绿。吉马德的豪华设计理念体现了新艺术风格的理想主义抱负——为所有人创造美好的设计，而不仅仅是为富人

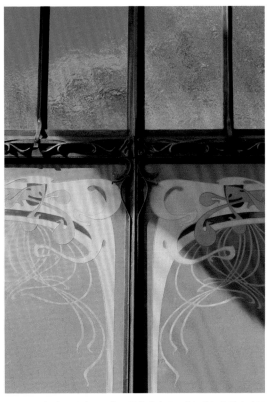

▲ 吉马德将自己的建筑视作一件纯艺术品。内部空间墙壁上釉面熔岩板的曲线和精致的装饰与外部结构的流动形式相辅相成

贝朗榭公寓

　　起初，对大多数巴黎人来说，吉马德设计的地铁口非常奇特古怪，"吉马德风格"开始被用来描述奇异的新风格。对去过巴黎世博会的参观者来说，这个具有巨大、独特、展开的支架的地铁入口，一定代表了现代主义的顶峰。然而吉马德早已因其设计的位于让拉封丹街的贝朗榭公寓（建于 1895—1898 年）而被称为巴黎新艺术运动第一人。项目刚启动时，吉马德还默默无闻。1895 年与比利时同事维克托·霍塔在布鲁塞尔会面之后，吉马德的风格有所发展，这座有 36 间公寓的大楼就是个例子。公寓的外部结构和室内装饰都是吉马德打造的，包括木制品、金属制品、彩色玻璃和玻璃窗、壁纸和家具。与他设计的地铁入口一样，吉马德使用廉价、易于获得的建筑材料，比如用于阳台栏杆的预制锻铁件。

蒂芙尼紫藤台灯 约 1902 年

路易斯·康福特·蒂芙尼 1848—1933 年

青铜和含铅玻璃
46.5cm × 67.5cm

这个灯由近 2000 块玻璃组成，是在路易斯·康福特·蒂芙尼位于纽约的工作坊制作的。他负责设计构思，台灯的制作则是由他玻璃制作团队的克拉·德里斯科尔（Clay Driscoll, 1861—1944 年）负责的。微小的玻璃片灯罩呈宝石色调的蓝色、紫色、绿色和黄色，形状类似盛开的紫藤。精致的玻璃灯罩与灯的实心青铜架形成对比。蒂芙尼和德里斯科尔的灵感来自对自然的热爱以及新艺术运动、唯美主义运动（详见第 88 页）和日本设计（详见第 82 页）的发展。蒂芙尼的玻璃制造公司于 1885 年成立，生产彩色玻璃窗，蒂芙尼于 1894 年为其法夫赖尔彩虹色玻璃申请专利，并在一年后将业务范围扩大到生产彩色玻璃灯罩。他的第一盏灯是煤油灯，后来他使用朋友托马斯·爱迪生发明的于 1880 年开始商用的电灯。灯具手工制作，用模板将小花瓣形状刻到玻璃上，再用钳子切割，然后与薄铜条熔合在一起，成为设计不可或缺的一部分。法夫赖尔玻璃是杂色的，选择玻璃片需要有一定审美水平，因为颜色和色调的变化增强了灯的丰富性和个性。蒂芙尼认为，女性对色彩的感觉更胜一筹，所以他主要雇用女技术员来制作灯具。这是他最受欢迎的灯之一，已成为新艺术运动的国际标志。**SH**

👁 焦点

1. 铜箔

蒂芙尼首先在纸上画彩色设计草图，然后为要切割的每块玻璃制作黄铜模板。工人剪出每个小的形状，并手工组装。它们由一面涂有蜂蜡的薄铜箔焊接到位

2. 玻璃

在这盏灯中，蒂芙尼用色彩丰富斑驳的法夫赖尔玻璃制成柔和的发光灯。灯泡刚制作出来时，光线很刺眼，但是从他的室内设计项目来看，蒂芙尼对于如何柔化、扩散和偏转光线有着很深的了解

3. 灯座

使用青铜灯架是为了让人注意到色彩缤纷的灯罩。支架造型曲折且具有雕塑感，与灯罩上的自然图案相呼应，同时这个造型暗示了紫藤植物的真实根茎。像灯罩一样，蒂芙尼的每个灯座都略有不同

▲ 牡丹台灯（约 1905 年）具有大量的充满动态的牡丹花蕾和红色、粉红色的花朵，黄色的中心与斑驳的琥珀绿背景形成鲜明对比。流畅弯曲的顶篷形状看起来细腻自然，灯打开时会发出温暖的光芒。弯曲的青铜和彩虹色底座装饰着红色的玻璃马赛克，此形状被称为"龟壳"

希尔住宅的梯状靠背椅 1903 年

查尔斯·雷尼·马金托什 1868—1928 年

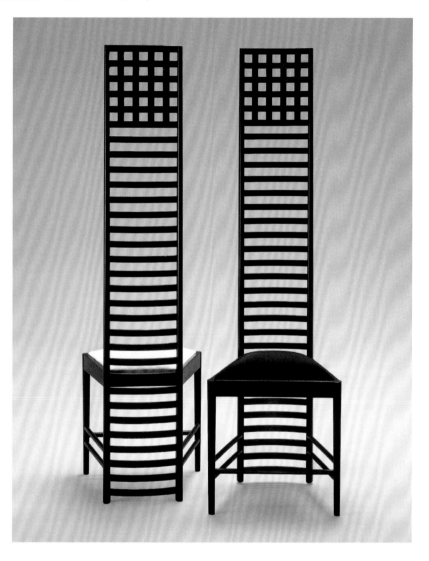

黑檀木，海草面料，马毛
高度 141cm

图像局部示意

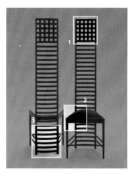

位于苏格兰海伦斯堡的希尔住宅（Hill House）是马金托什最著名的作品之一，是他于 1902 年至 1904 年为出版商沃特·布莱克（Walter Blackie，1816—1906年）及其家人设计建造的。除了房子本身，马金托什还设计了大部分内饰、家具和配件。尽管他是受过正规培训的职业建筑师，但他却以内饰设计和家具设计而闻名。他设计的家具因直线元素和极简装饰而引人注目，并且能帮助增加室内空间，而不仅仅是一个独立摆件。当时流行曲线审美，而他的风格是将柔和的曲线和鲜明的垂直线条结合起来，融合了传统的凯尔特工艺设计与日本美学的纯粹。马金托什为希尔住宅的主卧室做了两把椅子。他的设计带有鲜明的线性几何造型，与房间精致的白色、粉色和银色装饰形成对比。椅子的高背、顶部网格以及一排排的横条展示了他对空间的表达。细长的元素体现了他受到日本影响的风格，正如用黑漆装饰白蜡木一样。**SH**

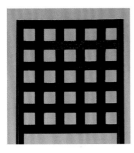

1. 靠背顶部造型

以简约的线条为特征，靠背顶部的网格与房间的白色墙壁相呼应，这张椅子独特的几何线条展现了马金托什的现代主义倾向，并与许多其他新艺术风格的演绎形成鲜明对比

2. 座位

扇形座小巧精致，但功能性不强。椅子很可能是用来放衣服，而不是给人坐的。小座椅让人感觉椅子纤细脆弱，但其实整个椅子结构坚固，木材长条直角相交，形成坚固的框架

3. 板条

从底部到顶部，水平靠背板条的间隔相同，并与垂直的侧面板条达成平衡。直线呼应了日本的线性美感和维也纳分离派的元素。虽然椅子看起来很直，靠背却稍有弯曲，这样坐着更舒适

▲ 马金托什为特定空间设计了大部分家具。在希尔住宅的卧室中，椅子的水平靠背板条和长长的垂直板条形成网格，与最初印在墙上的玫瑰花纹相得益彰

高背椅

　　1896 年，马金托什遇到女性创业企业家凯特·克兰斯顿（Kate Cranston，1849—1934 年），她在格拉斯哥开了四间茶室。在 1896 年至 1917 年间，马金托什设计了这四间茶室的内饰。1898 年至 1899 年，他在亚皆老街（Argyle Street）茶室工作时为其午餐室设计了这把椅子。他设计了许多高背椅，而这是第一把。这把椅子让他能操纵空间，人们聚在桌边时，其他人就看不到他们，高背似乎提供了较为私密的空间。椭圆形顶部中的新月形切口呼应了飞行中的鸟的主题，而两块宽阔、间隔大的靠背板条、狭窄渐缩的立柱、细长的腿与内部的垂直度相呼应。虽然椅子看起来很简单，但后腿很复杂，从圆形变成椭圆形再到正方形，而逐渐变细的前腿既坚固又精致。

维也纳工坊

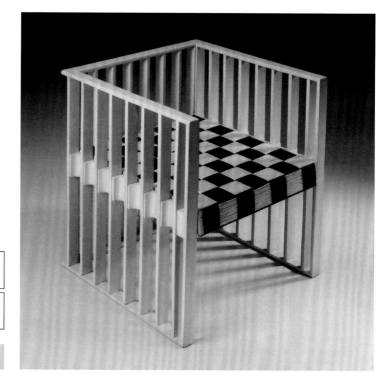

1. 科洛曼·莫泽的立方体扶手椅制作于 1903 年,在普克斯多夫疗养院使用,是维也纳工坊设计师采用的简单几何形状的典例

2. 约瑟夫·霍夫曼 1907 年的石版画描绘了维也纳工坊设计的蝙蝠酒馆的酒吧室,包括室内装饰、家具和餐具

3. 由奥托·普鲁茨切制作的这些高脚杯(约 1907 年)的图案与优雅细长的杯脚相协调,是维也纳工坊玻璃器皿设计的一个显著特征

维也纳工坊成立于 1903 年,是一个创新的多学科设计团体。作为维也纳分离派的分支,它试图通过为艺术家、设计师和手工艺人提供创意平台来重振装饰艺术。美术与应用艺术之间的交叉融合是关键。三十年来,维也纳工坊刺激了应用艺术每一个分支的发展。

最初的主要推动者是建筑师约瑟夫·霍夫曼(详见第 106 页)、画家兼平面艺术家科洛曼·莫泽(Koloman Moser,1868—1918 年)。随着时间的推移,维也纳工坊变得越来越多元化,反映了不同领域设计师的多元投入。直到 1931 年,霍夫曼仍然担任艺术总监,保证了工坊的持续发展。有天赋的达戈贝尔·培彻(Dagobert Peche,1887—1923 年)于 1915 年加入,他也做出了重大贡献。他的优雅图案为工坊的系列作品增添了新的元素。

建立维也纳工坊声望的两个主要建筑项目是维也纳附近的普克斯多夫疗养院(Purkersdorf Sanatorium,1904—1905 年)和位于布鲁塞尔的斯托克莱宫(Palais Stoclet,1905—1911 年),均由霍夫曼设计。蝙蝠酒馆(Cabaret

重要事件

1897 年	1901 年	1903 年	1907 年	1908 年	1910 年
奥地利艺术家古斯塔夫·克利姆特领导了一场反维也纳正统学院派艺术的运动,并创立维也纳分离派。	科洛曼·莫泽的学生尤塔·西卡(Jutta Sika,1877—1964 年;详见第 104 页)与他人合作成立了维也纳艺术之家(Viennese Art in the Home)。	维也纳工坊总部于 10 月在市内的 32-34 Neustiftgasse 大街开放。	维也纳工坊的展销厅在该市内的 15 Graben 大街开放。科洛曼·莫泽辞职,约瑟夫·霍夫曼担任负责人。	维也纳艺术展(Kunstschau Exhibition)设了一个展示维也纳工坊成员所设计海报的专区。	维也纳工坊设立了纺织和时装部,1922 年之前,该部门一直由爱德华·约瑟夫·维默-威斯格里尔领导。

Fledermaus，1907 年；见图 2）是维也纳的一家夜总会和餐厅，它提供了一个热闹的创意平台。维也纳工坊为它们的室内装修设计了引人注目的、协调的配置方案，被称为"总体艺术作品"（Gesamtkunstwerke），其中每个细节都是协调的。具有明显轮廓和棋盘图案的几何和棱角形式是他们设计方法的特点（见图 1）。黑白突出，与注入的明亮色形成对比。

作为一家由艺术家主导的企业，维也纳工坊比传统公司更具冒险性和创新性。维也纳工坊自己控制生产资料，意味着它可以在保持高标准的同时承担更多的风险。许多产品是在它自己的车间手工制作的，包括金属制品、书籍装订、皮革制品和漆器。外部制造商要经过维也纳工坊的仔细审查，维也纳工坊提供设计方案，并规定产品的生产方式。

玻璃由多家波希米亚玻璃厂制作，通过维也纳分销商巴卡鲁维茨和泽内（E. Bakalowits and Söhne）和罗贝麦尔（J.and L. Lobmeyr）的代理机构提供。奥托·普鲁茨切（Otto Prutscher，1880—1949 年）设计的高脚杯特别引人注目，有着精心切割的几何形状杯脚（见图 3）。陶瓷由维也纳陶瓷公司（Wiener Keramik）制造，该公司是由维也纳工坊的两名成员迈克尔·波沃尔尼（Michael Powolny，1871—1954 年）和贝尔托德·勒夫勒（Bertold Löffler，1874—1960 年）于 1906 年创立的，他们创造了造型吸引人的器皿和小雕像。

纺织品是维也纳工坊的另一个重要业务，最初由约翰·巴霍森茨和泽内（Johann Backhausen and Söhne）制造提花织物装饰面料。1910 年建立了内部纺织时装部门后，印花服装面料成为工坊一个重要的领域。这些充满活力的抽象花卉图案，由众多贡献者创作，从民俗艺术到野兽主义，风格迥异，与维也纳工坊宽松连衣裙的简洁形成鲜明对比。在设计师爱德华·约瑟夫·维默-威斯格里尔（Eduard Josef Wimmer-Wisgrill，1882—1961 年）的指导下，时装部门大获成功，并影响了保罗·波烈（Paul Poiret，1879—1944 年）等国际知名设计师。

虽然维也纳工坊产品的产量相对较少，但它们在国际上享有很高的知名度。在风格上，维也纳工坊可以被看作 19 世纪末新艺术运动（详见第 92 页）和两次世界大战之间的装饰艺术风格（详见第 156 页）之间的桥梁。造型现代、无所畏惧，维也纳工坊向世人展示了设计师在掌握艺术后能获得的成就。原始现代主义（Protomodernism）是对维也纳工坊恰当的描述：它启发了现代主义建筑师勒·柯布西耶等新兴建筑师，并为包豪斯铺路（详见第 126 页）。然而，维也纳工坊比包豪斯更多元化，更注重实践。其产品自由奔放，充满活力，以装饰艺术的视觉效能而闻名。**LJ**

1913 年	1914 年	1916—1917 年	1922 年	1924 年	1931 年
维也纳工坊注册其商标，其标志为两个字母"WW"。	德国科隆举办的制造联盟（Werkbund）展览的奥地利馆设有一个专门介绍维也纳工坊的展厅。	维也纳工坊在维也纳开设展销厅，其中一家专门经营纺织品，瑞士分公司在苏黎世成立。	奥地利出生的舞台设计师约瑟夫·乌尔班（Josef Urban，1872—1933 年）在纽约市第五大道开设了维也纳工坊的美国分店。	维也纳工坊的纽约分店彻底失败，1929 年企图重振，最后仍以失败告终。	由于 1929 年股市崩盘带来了财务困难，维也纳工坊停止运营，并在一年之后倒闭清算。

咖啡具 1901—1902 年

尤塔·西卡 1877—1964 年

👁 焦点

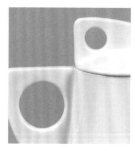

1. 把手

这个咖啡壶的设计如此引人注目正是因为它的手柄。传统咖啡壶的设计是弯曲手柄和圆形旋钮，而这个咖啡壶的手柄呈带孔的"鱼鳍"状。虽然引人注目，但是这些设计是不切实际的，因为它们制造起来容易出问题，且很难用

2. 壶嘴

这套咖啡具的形状很古怪，特别是带盖咖啡壶上的壶嘴，类似于海鹦的喙。这套咖啡具有活泼的品质和拟人化的色彩。放杯子的凹槽最初并不位于碟子的中心位置，但后来有所调整

3. 瓷体

该咖啡具用欧洲陶瓷行业传统上使用的高熔点玻璃陶瓷材料硬膏瓷制成，由维也纳公司 Josef Böck 生产。这些容器可能是一家波希米亚工厂代替 Josef Böck 制造的，然后由公司内部装饰

4. 图案

重叠的圆圈和圆点图案用模板印在釉面搪瓷上。其扁平化的抽象图案和非对称构图在当时算得上标新立异。它是西卡和应用艺术学院学生为咖啡具创造的几种替代造型之一

陶瓷和搪瓷
咖啡壶的高度
19.3cm

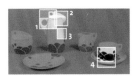

这个咖啡杯的手柄很特殊，看起来很现代，很难相信它是 20 世纪初的杯子。该形状是由奥地利年轻设计师尤塔·西卡还是学生时设计的。西卡当时正在维也纳的应用艺术学院学习，其中一位导师是平面艺术家科洛曼·莫泽。这件作品上的模板印花装饰是莫泽的学生作为练习内容而进行的创作。

莫泽是维也纳艺术界最有影响力的人物之一。1897 年，他是维也纳分离派的创始人之一，他于 1903 年与约瑟夫·霍夫曼建立了维也纳工坊，其前身之一正是成立于 1901 年的维也纳艺术之家，由西卡与应用艺术学院的 9 名同学共同创立。像维也纳工坊一样，维也纳艺术之家推广总体艺术作品的概念，即作品内部的不同组件在视觉上看起来应该是一体的。除了陶瓷，维也纳艺术之家的成员还设计带有奥地利民间艺术图案的纺织品。

这套咖啡具由陶瓷制成，最初是纯白色的。当初在维也纳奥地利应用艺术博物馆（Austrian Museum of Applied Arts）展出时，这种不寻常的形状显然产生了巨大的影响。1905 年，这套展品在最初由布尔诺（现属捷克共和国）摩洛维亚博物馆举行的"摆好的餐桌"（Der Gedeckte Tisch）展览中特别展出，次年在维也纳工坊展销厅展览。所以，虽然西卡没有为维也纳工坊做设计，但她也有同样的理想，也是同一个艺术圈子中不可或缺的一分子。**LJ**

⏱ 设计师传略

1877—1896 年
尤塔·西卡出生在奥地利的林茨市。1895 年，她入读维也纳平面教育与研究学院。

1897—1904 年
1897 年到 1902 年，西卡在应用艺术学院学习，其中一位导师是科洛曼·莫泽。1901 年，她与人合作创立了维也纳艺术之家。

1905—1912 年
西卡为 Flöge Sisters 高级定制沙龙设计配饰，为维也纳刺绣集团（Wiener Stickerei）设计刺绣，并担任平面设计师。

1913—1964 年
西卡回到应用艺术学院继续学习了两年，研究阿尔弗雷德·罗勒（1864—1935 年）的服装设计。从 20 世纪 20 年代开始，西卡将她的精力投入绘画中，专攻花卉和教学。

◀ 这个雕像是与维也纳工坊有关的装饰陶瓷的典型，约 1907 年由迈克尔·波沃尔尼设计。1906 年，他与贝尔托德·勒夫勒合作创立了维也纳陶瓷公司。小天使的来源充满古典气息，但他身上一大串的花卉象征着春天，这毫无疑问是现代的。一些版本是黑白色的，一些版本则涂上明亮的色彩，赋予作品非常不同的风格

水果碗 约1904年
约瑟夫 · 霍夫曼 1870—1956 年

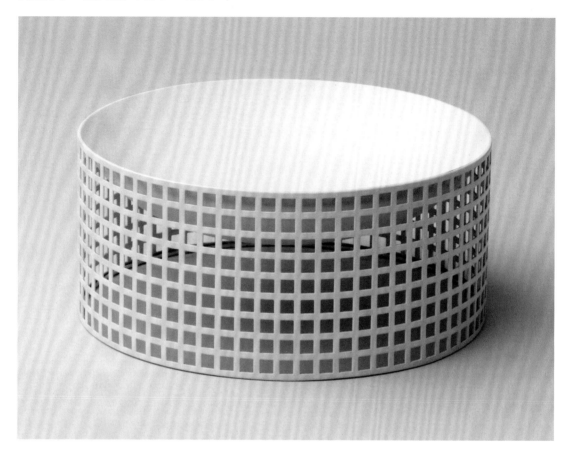

白漆金属
高 9.5cm
直径 21.5cm

约瑟夫 · 霍夫曼是一位有趣的设计师,因为他的作品相当内敛,装饰性却很强。格拉斯哥建筑师兼设计师查尔斯 · 雷尼 · 马金托什的作品于1900年在维也纳分离派中展示过,崇拜马金托什的霍夫曼倾向于发展网格图案和几何形式,用以替代新艺术运动流行的有机形式(详见第92页)。虽然反对历史主义,但霍夫曼经常利用古典图形,还原最纯粹的元素。他的三维设计优雅而匀称,他对动态平面图案的设计也有天赋。他的设计具备朴素和装饰性两种特质,在这个设计中展现得淋漓尽致。

这个水果碗是一系列呈各种几何形状的篮子容器的其中一个,是霍夫曼为维也纳工坊创造的最早的作品之一。水果碗由金属板制成,外壳上打孔,像笼子一样,它代表着霍夫曼最朴素和最简单的一面。这个设计具备简洁的线条、纯白的表面,符合工业美学,被视为现代主义先驱的原因不言而喻。它由各种金属制作,包括搪瓷铁、锌、镀镍黄铜,有些是用银制成的,给人更丰富、更豪华的感觉。

尽管霍夫曼首先将自己视为建筑师,但他更像是设计师。他设计的形状具有建筑的严谨性,对水果碗的设计具有类似于建筑物的精度。因为他的设计对象在他的室内设计中展现了互补的美学,两者可以无缝结合,这是促使他创作总体艺术作品的关键动机。

✦ 图像局部示意

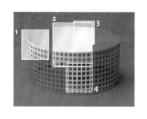

1. 几何形状

碗中的形状和图案是完美的几何形状。边缘为圆形，容器侧面呈直线，并且网格孔是正方形的。很少有器皿能像这个碗一样在形状和装饰上如此纯净。这个水果碗在当时看起来一定很粗陋

2. 悬挂着的碗

乍一看，容器呈圆柱形，但底座是敞开的，浅曲面的碗从顶部边缘悬挂下来。穿孔的侧面赋予它轻盈的质感，创造出有趣的阴影效果。碗仿佛雕刻物一般，空无一物时看起来很美

3. 白漆

设计师经常使用白色来营造纯洁和干净的感觉。霍夫曼的许多设计都利用了黑白的视觉对比。虽然这件作品是单色的，但是方形穿孔在光影之间令人产生无限的遐想

4. 穿孔金属

使用网格状穿孔金属板作为容器的结构非常大胆。因为金属很薄，所以边沿被折叠起来并用金属丝加固。在这个范围内的部分是用贱金属制成的，如铁、锌、镀镍黄铜，还有如银这样的贵金属

🕐 设计师传略

1870—1899 年

约瑟夫·霍夫曼出生于捷克共和国的摩拉维亚，在维也纳艺术学院（Akademie der bildenden Künste）学习建筑学，后来加入了建筑师兼城市规划师奥托·瓦格纳（Otto Wagner，1841—1918 年）的工作室。1897 年，霍夫曼成为维也纳分离派的创始成员。1898 年，霍夫曼开始独立创作，并于 1899 年成为维也纳应用艺术学院的教授。

1900—1911 年

他访问了英国，在那里遇见了查尔斯·雷尼·马金托什。1903 年，霍夫曼与别人共同创立了维也纳工坊，那里成为他设计的主要场所。他的两个主要建筑物项目，即维也纳附近的普克斯多夫疗养院和布鲁塞尔的斯托克莱宫，展示了他早期的家具和纺织品设计。

1912—1936 年

霍夫曼继续担任维也纳工坊的艺术总监，直到 1931 年工坊关闭。其间，霍夫曼用不同材料创作了许多设计，包括玻璃、银、金属制品、家具和纺织品。他还一直与应用艺术学院密切合作，任教到 1936 年。

1937—1956 年

霍夫曼继续从事建筑师的工作，之后专注于维也纳的住房项目。

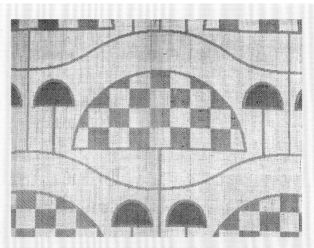

约瑟夫·霍夫曼纺织品

　　很少有设计师同时擅长三维装饰和平面装饰，但霍夫曼是一位极具原创力的图案设计师，也是一位技艺高超的建筑师和产品设计师。他最早的纺织品是用于窗帘和室内装潢的提花编织装饰面料。后来，从 1910 年起，他转向制作维也纳工坊时装系列的印花面料。网格在他的图案设计中占据突出地位，有时与三角形或人字形一起使用，但他的装饰元素也包含风格化的植物，如皮尔兹（Pilz，1902 年；上图）。霍夫曼在自我制定的严格规则下创作，创造了动态设计。他的纺织品最突出的特点之一是黑色和白色占主体地位。

2 | 机器时代

1905—1945年

生产线

1. 1913 年，工人在密歇根州底特律市试用新的福特流水线，这是第一条大规模生产整车的流水线

2. 第一次世界大战期间，妇女在英国军火厂操作机械。这些妇女在各个驻扎点工作，组装枪支零件

3. 1924 年，一辆别克汽车使用坡道从平板车上驶下。由于汽车需求在 20 世纪 20 年代有所增长，通用汽车在生产方面领先

对现代设计最重要的技术影响之一是工厂大规模生产的发展。工厂生产消除了手工制作所依赖的偶然因素、隐性知识、迭代和即兴创作。最重要的是，用机器制造由可互换零件组装的标准化产品成为可能，由于实现了规模经济，产品的售价更低。

随着产品由熟练技术工和半熟练技术工团队进行制造，作为整个分工系统的一部分运转，设计成为一项高度计划性的活动，产品在生产过程开始之前已经完全构思好，没有即兴创作或更改的余地。此外，工厂使用的机器会影响产品的最终外观，设计产品原型时必须考虑到现有生产机器的局限。

生产机械化在英国是一个相对缓慢的过程，但它引入美国的速度要快得多，因为美国缺乏劳动力，这意味着使用机器生产是必要的。美国自军火工业开始机械化，因为可互换零件对于快速修复战争中使用的武器至关重要，美国开发了高度精简、高效的大规模生产体系，用来设计和制造许多其他（大部分是金属）产品，包括锁、钟表、自行车。到 20 世纪初，所谓的 "美国制造体系" 已经接近完成。

然而，美国制造体系还缺乏一个要素才能发展为成熟的体系，即流水线。这一观点是亨利·福特提出的，他从肉类包装行业获得了灵感，该行业使用传动皮带加快拆卸肉类的过程。它改变了大规模生产的性质，以前物品是静止

重要事件

1908 年	1910 年	1913 年	1914 年	1915 年	1918 年
阿尔伯特·卡恩（Albert Kahn）为密歇根底特律的福特汽车公司设计了海兰帕克工厂，这是一座带有大窗户的钢筋混凝土建筑。	亨利·福特在密歇根州底特律开设了海兰帕克福特工厂。它是世界上最大的制造工厂。	福特将他的流水线引入工厂。虽然 "流水线" 这个概念不是他发明的，但他比之前的人更大规模地应用了这个概念。	第一次世界大战爆发。法国实业家安德烈·雪铁龙说服法国政府大规模生产弹药。	雪铁龙建造了一家弹药厂，每日生产炮弹55 000 发。	第一次世界大战结束。雪铁龙决定把原来的军火厂改造成一个大规模生产小型廉价汽车的工厂。

的，工人们在添加部件时要人工传递零部件，有了流水线，工人们只需要待在同一个地方，由机器自动输送零件。它显著提高了制造速度，从而提升了盈利能力。1913 年，福特在密歇根州的海兰帕克工厂推出了一个成熟的批量生产模式（见图 1）。它用一条流水线将分工、产品标准化、可互换零件与机械化组合在一起。

装配线的好处立竿见影。1913 年至 1914 年这一年中，组装一辆 T 型轿车（详见第 112 页）所需的时间从 12.5 小时降至 1.5 小时。入门级车型的价格同时下降，从 1909 年的 1200 美元降至 1914 年的 690 美元。不过，工人并不喜欢新的工厂环境，为了鼓励员工留下来，福特也推出了 5 美元日薪的新政策。这很精明，也有助于他的员工购买他的产品。

回想起来，简直没有比那时更合适的发展时机了。流水线推出后的第二年，第一次世界大战爆发，流水线进入了一个新的、更致命的阶段，制造战争中所用的车辆和武器（见图 2）。冲突双方的工厂都大批量生产救护车、卡车、飞机、各种军用运输车辆以及炮弹和武器，将大规模生产与大规模全球战争紧密结合起来。安德烈·雪铁龙（André-Gustave Citroën，1878—1935 年）是美国以外的第一家大规模汽车生产商。战争期间雪铁龙在巴黎生产弹药，运作着一条流水线。

战争结束后，纯量产模式发生了转变。到 1927 年，购买第二辆车的人比购买第一辆车的人还多，而他们想要更多的选择、更好的配置。到 20 世纪 20 年代末，福特的头号竞争对手通用汽车（见图 3）凭借其"不同的钱包、不同的目标、不同的车型"的战略抢占先机。为了给客户提供他们想要的产品门类，并建立品牌组合，使得基础款雪佛兰的买家渴望有朝一日能拥有一辆豪华的凯迪拉克，通用汽车采用更灵活的批量生产模式，称为"成批生产"。这种以市场为导向的方法为了增加销售而牺牲了一定程度的生产效率。它也将造型设计和设计师置于汽车行业的核心地位。**PS**

1919 年	1923 年	1927 年	1927 年	1928 年	1930 年
第一辆雪铁龙 A 型车于 5 月从流水线驶下。	阿尔弗雷德·斯隆（Alfred P. Sloan，1875—1966 年）成为通用汽车公司的负责人，并倡导一种以市场为导向的方法，使通用汽车获得丰厚的利润。	福特推出了他的 A 型汽车，以应对通用汽车的竞争。这款车比 T 型车更时尚。	斯隆在通用汽车公司设立了艺术与色彩部（后来的造型设计部），并邀请哈雷·厄尔（1893—1969 年）担任领导。	位于密歇根州迪尔伯恩的胭脂河工厂（River Rouge Complex）开始运营。它有自己的发电厂和一个综合钢铁厂。	斯隆推出了"车型年份"（model year）的概念，每年更改汽车外观来推销汽车，为汽车行业树立了新的方向。

福特 T 型轿车 1908 年

亨利 · 福特 1863—1947 年

T 型轿车中使用的钒钢合金具备拉伸强度，有助于汽车行驶时克服坑洼颠簸的路面

福特 T 型车也被称为 "Tin Lizzie"，是一款基础车型。该车于 1908 年首次生产，材料相对便宜，福特汽车公司生产效率高，正因如此，公司创始人亨利·福特才能以比竞争对手更低的价格出售汽车。T 型车有一个单独的底盘和一个在组装点用零件组装在一起的车身。它给人的印象不过是一款由零件组合在一起的产品——这是 T 型车的特征，以及与后来的车型的区别，而底盘和车身之间肉眼可见的间隙、被添加到车身的前灯、半分体式的脚踏板更是加强了这种感觉。然而，它的吸引力在于其价格和效率：所有的车都配备了 2.9 升发动机和双速变速箱。事实上，在当时，这是只使用马匹和手推车运输的农村人口购买的第一辆车，这意味着拥有它就是地位的象征。

福特努力改善和高效利用其生产手段，从而降低成本和销售价格。T 型车是该公司在流水线上批量生产的首批具有完全可互换部件的汽车之一。T 型车在 1927 年停产，但它是有史以来最畅销的汽车之一。十九年来销量达 1650 万辆，这得益于在整个生命周期内，它的外形设计不断完善，并且它用途多样，可以作为敞篷跑车、双门轿车、轿车、旅行车或皮卡车来使用。T 型车是第一款批量生产、价格实惠的汽车，让美国中产阶级家庭能买得起汽车。它也是第一辆全球汽车：到 1921 年，它几乎占全球汽车产量的 57%，并在好几个国家组装。**PS**

✿ 图像局部示意

👁 焦点

1. 车身面板

T型车并不打算向世界展现充满弧度、统一的造型。相反，它的车身面板、直立的平面挡风坡璃及其散热器盖的直线表明：这款车并没有把速度作为其卖点之一，这与之后具有符合空气动力学形状的汽车不同

2. 方向盘

T型车简单、开放的铸铁方向盘安装在一条柱子上，导致整个车型设计看起来不够统一。然而，当T型车变得流行时，方向盘放置在汽车左侧几乎成了标准化设置，其他厂商也纷纷效仿

3. 座位

T型车豪华和舒适的唯一体现是它的软垫皮革座椅。其设计并不奢华，是因为福特希望汽车能成为大众负担得起的交通工具，而不是只有富人才能买得起的新奇物品

4. 轮辐

T型车有一个暴露在外的轮辐，体现出它是基于农村推车改造而来的。T型车推出时，美国几乎没有铺好的路面，T型车的轮子和横向弹簧适合在泥泞路和碎石路上行驶

🕐 设计师传略

1863—1912 年

亨利·福特出生于密歇根州格林菲尔德的一个农场。他去底特律当一名机械师的学徒，后来成为爱迪生照明公司的工程师。1896 年，他制造了自己的第一辆汽车。他于 1903 年成立了福特汽车公司，五年后，福特公司生产了 T 型车。

1913—1947 年

福特公司在密歇根州海兰帕克的福特汽车工厂设立了流水线。他于 1927 年推出了 A 型车，并于 1928 年在密歇根州的迪尔伯恩开设了胭脂河工厂，当时 T 型车的销售量正在下降。

只要它是黑色的

亨利·福特有句名言，他说不管顾客需要什么颜色的 T 型车，"只要它是黑色的"，这话只说对了一半。直到 1914 年之后，黑色才成为海兰帕克生产的汽车的主要颜色，因为黑色涂料干得更快。1908 年到 1913 年间，T 型车主要是灰色的，但也有红色、绿色、蓝色可以选择。红色只用于旅行车，灰色只用于城市车。即使黑色成为主要使用的颜色，福特也会根据汽车不同部件的应用和干燥方法，使用各种不同的黑色涂料。1927 年 A 型车推出时，黑色不再成为主导色，车子有四种颜色可以选择。

▲ 这是大约 1914 年位于密歇根州底特律的福特海兰帕克工厂的生产线。这项创新将制造汽车所需的时间从 12.5 小时缩短到 1.5 小时

现代主义先驱

1. 1918 年，赫里特·里特费尔德设计了红蓝椅。初始版本没有着色，自 1923 年起开始用涂漆木材制作该款椅子

2. 1914 年，德意志制造联盟邀请先锋设计师彼得·贝伦斯制作了这张海报，为德国科隆的展览做宣传

虽然成熟的现代设计和建筑运动直到 20 世纪 20 年代才出现，但是有很多迹象表明，在那之前，设计师和建筑师们就已开始沿着这些方向思考。事实上，所谓的"原始现代主义"在 19 世纪末期就出现了，以应对那些年盛行的折中主义风格，以及开始出现在市场上的新型家用机器设计有关的概念。再加上国际进步建筑师和设计师团体对炫耀性消费日益不满，他们相信，工程的理性主义与资本主义市场的商业实用主义相比，能提供更好的发展基础。这个团体开始寻找一种新的设计风格，其中许多人拒绝装饰主义的理念。

现代主义思想的根源内藏于建筑师兼设计师奥古斯塔斯·普金和评论家约翰·罗斯金的著作所表达的改革主义思想，并重现在设计师威廉·莫里斯（详见第 52 页）和其他与英国工艺美术运动（详见第 74 页）有关的设计师的思想中。他们想法的核心是对工厂过度装饰、不真实的产品的不安。他们的

重要事件

1904 年	1907 年	1907 年	1907 年	1914 年	1917 年
赫尔曼·穆特修斯出版了《英国住宅》（The English House），这是一部对德国造成了巨大影响的英国工艺美术建筑研究著作。	德意志制造联盟在慕尼黑成立。该组织由设计师、建筑师和实业家组成。	德国电气设备制造商通用电气公司雇用彼得·贝伦斯担任顾问，从建筑物到产品，公司做了全新的品牌定位（详见第 118 页）。	马瑞阿诺·佛坦尼基于新型舞台间接照明系统设计了他的佛坦尼灯（详见第 116 页）。	德意志制造联盟在科隆举办了第一届展览，展示德国工业、设计和艺术上的成就。	荷兰风格派在荷兰组建，它的目标是通过创造一种新的抽象语言来统一艺术、设计和建筑。

影响很快蔓延到欧洲，影响了包括西班牙设计师马瑞阿诺·佛坦尼（Mariano Fortuny，1871—1949年）在内的设计师的作品。他的褶皱真丝迪佛斯晚装（1907年）紧贴身体轮廓，穿的时候不需要穿内衣，自然推动了服装改革运动的发展。

这些概念在德国更加深入人心，德国建筑师兼作家赫尔曼·穆特修斯（Hermann Muthesius，1861—1927年）帮助建立了德意志制造联盟（Deutscher Werkbund）。该联合会是一个由艺术家、建筑师、设计师和实业家组成的协会，他们的目标是将设计师与工业联系起来，从而提高德国商品的质量。该组织的主要人物包括建筑师兼设计师西奥多·费舍尔（Theodor Fischer，1862—1938年）、彼得·贝伦斯（Peter Behrens，1868—1940年）、理查德·里默施密德（Richard Riemerschmid，1868—1957年）、布鲁诺·保罗（Bruno Paul，1874—1968年）。该组织于1914年在科隆组织了一个有影响力的展览，贝伦斯为此设计了一张海报，描绘了一名手持火炬的男子（见图2），人们认为这暗示着该组织正在为德国产品设计指明道路。虽然第一次世界大战中断了这些理念的发展，但是在20世纪20年代，这些理念在德国和欧洲其他地方又重新出现。

第一次世界大战前后活跃在荷兰的现代主义建筑师、艺术家和设计师的作品以及与荷兰风格派（De Stijl）相关的作品产生了非常重大的影响。"荷兰风格派"既是一群艺术家和建筑师，也是团体成员提奥·凡·杜斯堡（Theo van Doesburg，1883—1931年）出版的杂志的名称。该团体的主要成员包括画家皮特·蒙德里安（Piet Mondrian，1872—1944年）、巴特·范德莱克（Bart van der Leck，1876—1958年），建筑师赫里特·里特费尔德（Gerrit Rietveld，1888—1964年）、罗伯特·范·霍夫（Robert van't Hoff，1887—1979年）。荷兰风格派设计师提出，功能应该驱动一切，并且应该使用艺术语言，即形式、表面和颜色，来传达这一点。结果出现了许多激进的设计，大多来自里特费尔德，包括他的几何红蓝椅（见图1）。里特费尔德的想法是使用一系列平面以及平面之间的交集制造出供人们就座的椅子。他让平面相互重叠，突出它们的交集部分，他用红色、蓝色、黄色、黑色和白色来区分不同的平面。提奥·凡·杜斯堡继续在魏玛的德国包豪斯（详见第126页）学校学习，他的荷兰理念连同俄罗斯构成主义派（详见第120页）的影响对现代主义建筑设计思维的形成至关重要。**PS**

DEUTSCHE WERKBUND-AUSSTELLUNG
KUNST IN HANDWERK,
INDUSTRIE UND HANDEL·ARCHITEKTUR
MAI CÖLN 1914 OCT.

1918 年	1920 年	1922 年	1924 年	1927 年	1934 年
赫里特·里特费尔德设计了他的红蓝椅。这把椅子是根据抽象形式原则设计的首批家具之一。	莉莉·莱赫（Lilly Reich，1885—1947年）成为德意志制造联盟的首位女主席。后来她与路德维希·密斯·凡德罗一同工作。	提奥·凡·杜斯堡加入包豪斯。荷兰风格派的"新造型主义"原则是包豪斯设计美学吸收的重要内容。	德意志制造联盟在柏林举办了一个展览，在现代主义设计理念的传播中起着重要作用。	德意志制造联盟在斯图加特举办了"魏森霍夫"建筑展。顶尖的现代主义建筑师为建筑展搭建建筑物。	德意志制造联盟由纳粹政权接管。

佛坦尼灯 1907 年

马瑞阿诺 · 佛坦尼 1871—1949 年

 图像局部示意

粉末涂层钢架，棉布灯罩
高 190.5~240cm
宽 94cm
直径 82.5cm

马瑞阿诺 · 佛坦尼是一位服装设计师、建筑师、发明家、舞台设计师兼灯光技术员。作为设计师，佛坦尼多才多艺，这使他成为他那个时代最有趣的创意发明家之一。1907 年，他基于申请过专利的圆顶天幕原理设计了落地灯，可以立即将舞台灯光从明亮的天空切换到昏暗的黄昏。初始版本的设计有一个黑色钢架，带有一个外黑内白的旋转漫射灯罩。光线漫射，而不是直接投向被照射物，灯具可以 360 度旋转和倾斜，能有效地照亮某个区域，侧重于聚光的质量而不是产生的光量。这是一个简单但功能强大的发明，永不过时，被认为是 20 世纪初的标志性设计。**PS**

1. 灯罩

佛坦尼决定将当时典型的灯罩颠倒过来，创造了相当大的旋转灯罩。初始版本的灯罩没有颜色，棉质灯罩的简单圆形加强了聚焦功能

2. 倾斜装置

佛坦尼给灯罩设计了一个倾斜装置，增加了灯光的灵活性。在电源线上增加了调光开关，以增强不同的照明效果。灯在大空间中发挥的作用最明显，产生的微妙光影效果最好

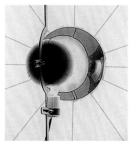

3. 支架

佛坦尼灯的简单黑色钢架借用了相机三脚架的结构。这样一来，它就像一个令人着迷的当代高科技产品。中心支架是可调节的，以便根据需要改变灯的高度和位置

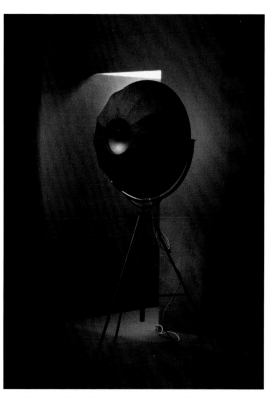

▲ 这款灯的设计受到舞台间接照明实验的影响，这种照明方式可以非常快速地改变场景氛围，增强戏剧效果。这种简单但又非常灵活的反光灯有着相同的工作原理

跨界设计师

　　佛坦尼是最早的跨界设计师之一。他接受了绘画培训，然后将其艺术技巧应用于一系列媒介，包括时尚、建筑、室内设计、舞台设计、照明。佛坦尼对于物品设计和空间设计之间的转换有着深刻理解，走在了他的时代之前。他在照明和舞台设计方面的工作影响了他在室内设计和建筑方面的工作，因为他对不同空间如何影响人们的互动方式感兴趣。连衣裙——无论是作为舞台服装还是日常服饰，都是其中的关键组成部分。佛坦尼的迪佛斯晚装（1907 年）是一种制作精美的百褶丝绸连衣裙，十分合身，可以作为非正式的下午茶礼服以及晚礼服。

AEG 电热水壶 1909 年

彼得·贝伦斯 1868—1940 年

黄铜和藤条
高 23.5cm
宽 20.5cm
深 15.5cm

✿ 图像局部示意

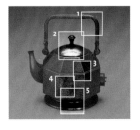

1907 年到 1914 年，彼得·贝伦斯担任德国通用电气公司（AEG）的顾问，设计其企业形象。他是公司主管埃米尔·拉特瑙（Emil Rathenau，1838—1915 年）委任的顾问。自 1887 年公司成立以来，埃米尔一直在德国通用电气公司实施开明的商业政策。贝伦斯项目就是现代公司寻求建立品牌的最早的例子之一。贝伦斯设计了包括风扇、水壶、灯和钟在内的电器产品，员工食堂的餐具以及一系列平面宣传资料。在做这些的时候，他在很大程度上放弃了以前的新艺术装饰风格，并发展出一种适合该项目的高度功能性的审美，与贝伦斯有关联的德意志制造联盟当时正在推广这种审美。这是一种新颖的设计方法，特意将工厂外观和内部转变为功能性的自我意识美学。

贝伦斯的电器产品设计兼具居家产品（水壶）的装饰性与工业环境商品（灯、风扇和钟表）的实用简约。贝伦斯为通用电气公司所做的工作使他成为一名先锋工业设计师，创造出一种许多人效仿的设计模式。

1. 把手

所有款式都有柳编式手柄，使这些现代物品拥有传统的外观。选择柳条是为了保护用户的双手，但它也赋予了水壶一种日式风格，与 19 世纪后期流行的日本物品看起来一致

2. 顶部饰物

圆盖顶部有一个涂漆木头做成的黑色饰物，强化了这种现代人工制品与较为古老的、人们更熟悉的物品之间的联系。在家居环境中，这种方法可以让人们在使用可能令人生畏的新技术产品时感到舒适

3. 珠饰

虽然电热水壶是为国内先进的家用产品制造商设计的，但它们是家用产品，从壶身顶部的珠饰和壶身与手柄两端连接处的细节中可以看出水壶的装饰性

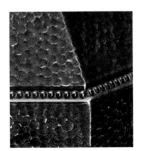

4. 外观

这是贝伦斯为德国通用电气公司设计的电热水壶系列中的一个款式，有多种型号可供选择。它们由镀镍和镀铜黄铜制成，有些表面经过锤击。虽然技术是先进的，但它们让人想起传统的水壶

5. 底座

因为电热水壶不是放在灶台上用的，所以它有一个与壶身配套、内含电子件的底座。水壶后部的电源插座将插头和电源相连接，设计师仔细调整了插座的位置，以避免产生视觉上的不平衡感

▲ 水壶设计为三种风格：八角形、椭圆形和圆形，采用不同的材质和外观，并可选择手柄形状，以适应客厅和厨房的不同风格。这种灵活性有助于优化消费者的选择

企业形象

　　贝伦斯设计 AEG 标志时，创造了一个类似于蜂巢的简单几何设计——一个大六边形内有三个较小的六边形，每个六边形都包含公司名称的一个字母，这很适合一个理性强大的工业制造商的形象。他介绍了企业形象的概念，甚至设计了 AEG 在柏林附近的涡轮机厂，前所未有地使用了混凝土、玻璃和钢铁，为 20 世纪建造的许多其他功能性现代工厂奠定了基调。

革命性的绘画

在 1917 年俄国革命的动荡和第一次世界大战的破坏之后，包括设计在内的广泛学科都受到了不小的影响。诸如构成主义之类的运动与其说是人们对这些大事件所做出的反应，不如说是人们为了在大事件之后建立新的世界秩序而做出的努力。

变革的种子早已在战争之前埋下。漩涡主义（Vorticism）被认为是立体主义（Cubism）与未来主义（Futurism）的替代品，第一次世界大战爆发的时候，漩涡主义恰好在英国艺术界和文学界引起短暂轰动。其领军人物包括画家兼作家温德姆·刘易斯（Wyndham Lewis，1882—1957 年），签署漩涡主义运动宣言的人，如法国艺术家和雕塑家亨利·戈迪埃－布尔泽斯卡（Henri Gaudier-Brzeska，1891—1915 年）以及创造了"漩涡主义"这一术语的美国诗人埃兹拉·庞德（Ezra Pound，1885—1972 年）。像立体主义和程度更深的未来主义一样，漩涡主义拒绝传统的艺术主题——肖像、裸体、风景、静物等，转而采用更抽象的表现方式，寻求捕捉新兴机器时代的驱动力。刘易斯负责编辑漩涡主义艺术杂志《轰炸》（Blast，见图 2），在 1914 年至 1915年间仅出了两期，该杂志采用无衬线字体和大胆的排版风格，这是该运动所造成的最大影响。

1. 亚历山大·罗德钦科 1924 年的海报已经成为苏联艺术中最令人难忘和被模仿最多的图像之一

2. 漩涡主义文学杂志《轰炸》第二期的封面是温德姆·刘易斯设计的木刻版画

3. 瓦尔瓦拉·斯捷潘诺娃为《山路》（Mountain Roads，1925 年）所创作的印刷封面

重要事件

1914 年	1915 年	1915 年	1916 年	1917 年	1917—1922 年
漩涡主义杂志《轰炸》第一期在 7 月发行。8 月，第一次世界大战爆发。	卡西米尔·马列维奇画了《黑方块》和《黑色圆圈》，表达至上主义的戒律。	第二次伊普尔战役是首次使用毒气的战争。《轰炸》的第二期也是最后一期出版。	罗马尼亚作家兼表演者特里斯唐·查拉（Tristan Tzara，1896—1963年）发起达达艺术运动。该运动开发了立体主义的拼贴技巧。	二月革命、十月革命促成了苏俄的诞生。新政府采用至上主义作为其艺术风格。	十月革命后，苏俄内战爆发。五年后，内战结束。

同样，在俄国革命发生之前，俄罗斯在艺术和绘画方面的新方向就出现了苗头。卡西米尔·马列维奇（Kazimir Malevich，1879—1935 年）的《黑方块》（Black Square，1915 年）——画在白色地面上的黑色方块——彻底颠覆了之前关于艺术应该是什么或艺术能够是什么的观念。马列维奇在至上主义（Suprematism）的形成过程中发挥了重要作用，至上主义是一种推崇纯粹抽象形式的运动，即认为几何图像相对具象图像要更加至高无上。圆形、正方形、有限范围的纯色是能轻松融入绘画作品的元素。在接受至上主义想法的人当中，最有影响力的是设计师兼排版师埃尔·里茨斯基（El Lissitzky，1890—约 1941 年），他生动的实验性的作品对包豪斯等后期的现代主义运动产生了持久的影响（详见第 126 页）。反过来，至上主义对革命后出现的决定性艺术运动——构成主义运动产生了持久的影响。

构成主义与至上主义的区别在于前者坚持艺术、建筑和设计应该作为社会变革的媒介发挥作用。这些学科不再沉迷于关注自我，或者代表一些出类拔萃的风尚引领者，而是为社会谋福利。在新的共产主义时代，构成主义运动对设计的每个领域都产生了深刻的影响，包括宣传海报、包装、书籍封面、纺织品和戏剧布景。在这个革命性的新风格中，最多产的艺术家是画家兼平面设计师亚历山大·罗德钦科（Alexander Rodchenko，1891—1956 年），后来他进入了蒙太奇照片合成和摄影领域。他与妻子瓦尔瓦拉·斯捷潘诺娃（Varvara Stepanova，1894—1958 年）和生产主义产生了联系，该主义通过日常绘画推动艺术渗透到人民群众的生活中。斯捷潘诺娃致力于利用艺术改变社会；她的作品包括纺织品设计、海报和书籍封面（见图 3）。

里茨斯基和罗德钦科等俄罗斯前卫艺术家和设计师对历代平面设计师的影响力不容小觑。虽然最初这些想法被传播到包豪斯等现代主义圈子，但随着时间的推移，它们的影响渗透各方面，成为当代视觉语言的一部分。一个典型的例子是 1924 年，罗德钦科为 Gosizdat 创作的海报（见图 1）。海报的主要形象是俄罗斯先锋派的缪斯女神——莉莉娅·布里克（Lilya Brik，1891—1978年）。1915 年，布里克公开成为诗人弗拉基米尔·马雅可夫斯基（Vladimir Mayakovsky，1893—1930 年）的情人，当时她和文学批评家兼出版商奥西普·布里克（Oslo Brik，1888—1945 年）还没离婚。即使在革命活动最高涨的时期，他们的三角关系也令人震惊。布里克美丽动人、个性强烈，罗德钦科的许多作品都受到她的启发，虽然只有 Gosizdat 海报成为标志性作品。布里克张开的嘴发出一个楔形，中间的文字是"书"。2005 年，弗朗兹·费迪南（Franz Ferdinand）在乐队的专辑《你可以做得更好》（You Could Have It So Much Better）封面上采用了相同的图形风格。**EW**

1918 年	1918 年	1919 年	1923 年	1924 年	1924 年
构成主义开始排斥至上主义，因为至上主义的支持者在艺术机构工作且倡导功利主义的艺术文化。	一战双方于 11 月签署停战协议，一战结束。西班牙流感横扫世界。	埃尔·里茨斯基创作了海报《红楔子攻打白色》（Beat the Whites with the Red Wedge，详见第 122 页）。	受里茨斯基的影响，德国平面设计师库尔特·施威特斯（Kurt Schwitters，1887—1948 年）出版了第一期《梅尔兹》（Merz，详见第 124 页）杂志。	亚历山大·罗德钦科为 Gosizdat 创作了他的标志性海报，展示了布里克的照片。	弗拉基米尔·列宁（1870—1924 年）去世。苏联先锋派衰落，现实主义兴起。

《红楔子攻打白色》 1919 年

埃尔·里茨斯基 1890—约 1941 年

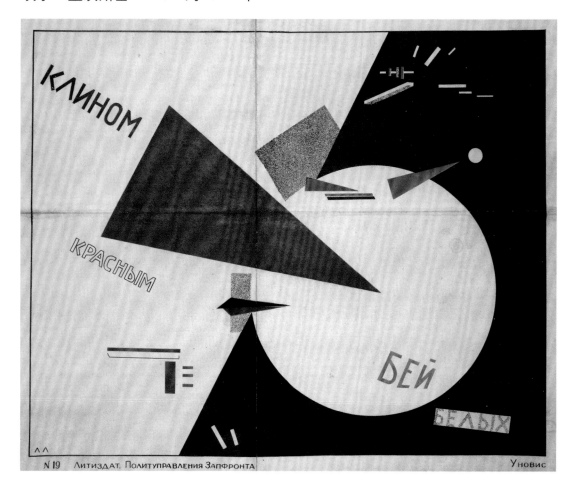

平版印刷
46cm × 55.5cm

这张苏维埃宣传海报创作于俄国革命之后的苏俄内战期间，是 20 世纪最具影响力的平面设计之一。它的作者里茨斯基是出生于 1890 年的俄罗斯犹太人，是先锋派的重要人物，也是平面设计和展览设计的大腕儿。这幅平版印刷画是里茨斯基的早期作品之一，这是他在维捷布斯克人民艺术学院（People's Art School in Vitebsk）担任平面和建筑学系负责人时为苏联红军制作的。里茨斯基在该校认识了至上主义的领袖人物，即艺术家卡西米尔·马列维奇。至上主义是一场使用大胆的几何视觉符号和冲突色彩来激发观众政治意识的运动。里茨斯基受到马列维奇的影响，但同时也发展了自己的形式。他也想将自己的想法传达给苏维埃之外的世界，与可能影响社会变革的工业过程所触及的人们交流。1921 年，里茨斯基移居柏林担任苏俄驻德文化大使时，《红楔子攻打白色》海报在西方变得有影响力。他影响了负责包豪斯学院排版课程的匈牙利画家兼摄影师拉兹洛·莫霍利－纳吉（László Moholy-Nagy，1895—1946 年）、德国印刷匠扬·奇肖尔德（Jan Tschichold，1902—1974 年）、荷兰风格派的艺术家和建筑师（详见第 114 页）以及很多欧洲其他人士。这张海报被认为是西方出版物中苏俄内战的核心形象，尽管几十年来它在俄罗斯几乎鲜为人知。它持续启发了国际上的平面图形和政治运动。**JW**

✦ 图像局部示意

1. 风格化绘画对象

绘画对象被提炼成理想化的几何形状，暗指军事地图上的类似形状。一个红色的楔形物穿透了白色的圆圈，象征着苏俄红军击败反共白军。有着深厚红色基础支持的锥体成了大败敌军的工具

2. 色彩

色彩是里茨斯基尝试新的视觉范式的关键工具。在这里，范式被简化为一个以红、黑、白为主的调色板，提炼它们的心理影响，并使它们互成对立形式。大胆的彩色平面使视觉焦点最大化，并加速了动态效果

3. 楔形

红色楔子穿透白色圆球参照了犹太"眼中有刺"（the mote in eye）的说法；一个有趣的对立给图像提供了额外的力量。人们认为标题的后半部分"攻打白色"是在模仿反犹太人的口号——"击败犹太人！"

4. 红色三角形

对形状的解读各有不同。红色楔子两边的小红色三角形可能代表红军士兵和盟友。圆圈可能是至上主义不变或保守的象征。红色破折号可能象征着变化

5. 文字

左边的文字"Klinom Krasnim"指的是"红色楔子"；右边的文字"Bey Belych"就是"攻打白色"。海报上的文字不多，使用了著名的配色方案，有助于海报的有效宣传，能同时吸引识字群体和文盲群体

▲ 从 1919 年到 1927 年，里茨斯基创作了一系列作品，有版画、油画、素描、拼贴画以及他归类为 Proun 的剪贴画，Proun 是"新事物认可项目"的俄文首字母缩写。这些作品重新评估了空间维度。它们超越了纯粹的图形表示，像技术设计一样，它们互相链接，简单的几何形式代表三维空间

🕐 设计师传略

1890—1911 年

拉扎尔·马尔科维奇·里茨斯基出生于俄罗斯斯摩棱斯克附近的一个小型犹太社区。里茨斯基后来改了名字，目的是向画家埃尔·格列柯（El Greco，1541—1614 年）致敬。他申请进入圣彼得堡的一所学院学习艺术，但因为是犹太人而被拒绝。后来他去了德国达姆施塔特学习建筑工程。

1912—1916 年

他周游了意大利，然后前往法国，与在巴黎的俄罗斯犹太人建立了联系。1914 年第一次世界大战爆发时，他回到俄罗斯，在建筑公司工作，并担任意第绪语儿童读物的插画师。

1917—1920 年

维捷布斯克人民艺术学院校长兼犹太艺术家马克·夏加尔邀请里茨斯基到学校任教。他与马列维奇一起参与了至上主义运动。

1921—1924 年

作为苏联驻德文化大使，里茨斯基促进了苏德关系和先锋运动的发展。1923 年，他为《梅尔兹》（详见第 124 页）写了文章《排版的形貌》，讲解了字体和内容的关系。

1925—1941 年

回到苏联后，里茨斯基从事展览设计，他为德国科隆的国际出版展设计了苏联展区。

《梅尔兹》杂志 1923—1932 年

库尔特·施威特斯 1887—1948 年

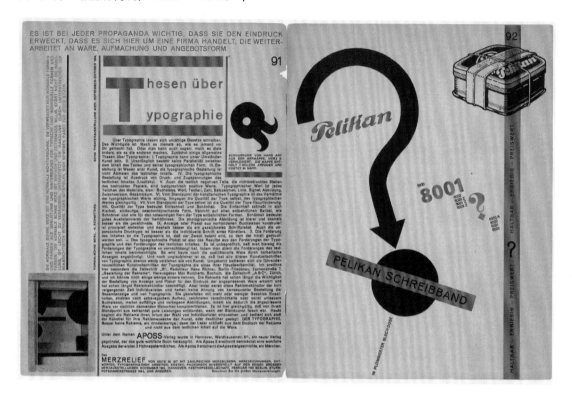

《梅尔兹》第 11 期（1924 年）
印刷品，线装
29cm × 22.5cm

1923 年至 1932 年间，库尔特·施威特斯在德国汉诺威创办了《梅尔兹》杂志。他曾接受过传统艺术和建筑绘画的训练，但很快就参与到反理性的表现主义运动和达达艺术运动中，他还发表诗歌。他设计的《梅尔兹》杂志共 25 期，包括 3 份合刊；第 10 期、第 22 期和第 23 期从未出版。施威特斯创办《梅尔兹》杂志来传播他的想法，该杂志在艺术、印刷和建筑领域的影响持续至今。

1918 年，柏林的先锋画廊突击画廊（Galerie Der Sturm）在夏季展览中展出了两幅施威特斯的画作。不久之后，施威特斯开始制作拼图作品，并渐渐将其发展成毕生的事业。他重新组合木材碎片、电线、杂志广告、旧电车票和碎屑，包括汉诺威的莫林商业印刷厂剩下的边角料。施威特斯将这个方法称为"梅尔兹"（merz）：标题来自他的第一张拼贴画作品，上面贴了一张写有"Kommerz und Privatbank"的字条。他观察到事物本质一旦脱离了原来的背景就会发生变化，并被用于不同的用途，他称这个过程是"材料的解毒"。

1919 年，《凡尔赛条约》签署，突击画廊为施威特斯的《梅尔兹》杂志举办了个人展，并发表了这位艺术家的声明："在战争中，一切都处于可怕的动荡之中……一切都崩溃了，必须从碎片中创造出新的东西，这就是《梅尔兹》杂志。这就像我内心的一场革命……"

✦ 图像局部示意

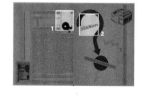

施威特斯遇见了俄罗斯构成主义者、版式设计师里茨斯基，在着手出版《梅尔兹》杂志时，里茨斯基对他产生了非常重要的影响。《梅尔兹》杂志每期都有一个中心主题，是主要以黑色、白色和红色印刷的文字作品，有些封面会用普鲁士蓝。施威特斯将排版与建筑比较，认为它们是抽象艺术的平行应用。《梅尔兹》杂志冲出德国，走到了美国等地。**JW**

1. 空白空间

施威特斯使用版画来表达与他的拼贴、组合和诗歌艺术项目息息相关的重要事情。他根据达达主义和未来主义理论进行排版实验。页面中的空白空间具有动态关系

2. 百利金

通过制作《梅尔兹》杂志，施威特斯成为排版专家，汉诺威市雇用他设计市政印刷品。他还接手了百利金油墨和百乐顺饼干的广告。有时这些设计、测试印刷页和校样页都出现在他的设计排版中

1887—1922 年

库尔特·施威特斯出生于德国汉诺威，1914 年前一直在汉诺威和德累斯顿学习艺术。表现主义和立体主义给他留下了深刻的印象，1918 年，他使用旧的印刷材料和碎屑创作了第一批名为"梅尔兹"的达达主义拼贴画和组合作品。1919 年，他出版了具有国际影响力的诗歌和散文集《文集选——献给安娜的花》，并在柏林的突击画廊举办了他的首次个人展。

1923—1939 年

施威特斯开始出版《梅尔兹》杂志，并在他汉诺威的家中建造了大型梅尔兹雕塑空间，或者叫梅兹堡（Merzbau）。他将家中的房间变成艺术品，他的组装预示了装置艺术的出现。纳粹后来开始诋毁他的作品。1937 年，他逃到奥斯陆，并开始建造第二个梅兹堡。

1940—1948 年

施威特斯逃到英国。在俘虏收容所待了几个月后，因为罗德岛设计学院施压而获释。1945 年，他在纽约现代艺术博物馆的资助下，在湖区的一个老谷仓里开始打造最后一个梅兹堡。最后，他在英国的肯德尔去世。

▲《梅尔兹》杂志是达达主义者之间以及达达主义与俄罗斯构成主义之间的交流平台。《梅尔兹》第 8~9 期（1924 年）是施威特斯和里茨斯基的合作成果，里茨斯基负责排版。这本杂志还突出了俄罗斯构成主义者在建筑和绘画方面的创新，其中包括里茨斯基 Proun 系列（城市）的照片和弗拉基米尔·塔特林（Vladimir Tatlin，1885—1953 年）的《第三国际纪念碑》（Monument to the Third International，1920 年）

多媒体实验

　　《梅尔兹》杂志传播了变革的种子，在超现实主义的结束和 20 世纪中期美国艺术运动的爆发之间搭起了桥梁。施威特斯还用《梅尔兹》杂志宣传他的抽象有声诗。1932 年，他出版了他最著名的有声诗《原始奏鸣曲》（Ursonate），作为《梅尔兹》杂志的 29 页特刊发布，同时也是该杂志的最后一期。

包豪斯

包豪斯是一所设计学院，由建筑师沃尔特·格罗皮乌斯（Walter Gropius，1883—1969年）于1919年在德国魏玛创立。它由魏玛市立工艺美术学校（the Grand Ducal School of Arts and Crafts）和魏玛美术学院（the Weimar Academy of Fine Arts）合并而成。格罗皮乌斯的愿景是建立一座跨越所有艺术和设计学科的建筑学校。

包豪斯的第一阶段受到德国表现主义艺术运动的影响，表现主义拒绝了传统的风格惯例和主题，支持大胆简化的形式和夸张的色彩。学校宣言的封面是艺术家莱昂内尔·费宁格（Lyonel Feininger，1871—1956年）创作的大教堂木刻作品（见图3），具有强烈的表现主义风格。除了费宁格之外，艺术家格哈德·马克斯（Gerhard Marcks，1889—1981年）和约翰·伊顿（Johannes Itten，1888—1967年）也是格罗皮乌斯最早招募的工作人员。艺术家奥斯卡·施莱默（Oskar Schlemmer，1888—1943年）、保罗·克利（Paul Klee，1879—1940年）和瓦西里·康定斯基（Wassily Kandinsky，1866—1944年）在不久之后加入。1922年，提奥·凡·杜斯堡从荷兰过来，带来了荷兰风格派（详见第114页）的经验，并将这些想法与平面设计师里茨斯基（详见第122页）带到德国的俄罗斯构成主义一起融入包豪斯的思想。

包豪斯是一场设计教育的实验，它鼓励学生将抽象形式应用于各种材

1. 沃尔特·格罗皮乌斯在德国德绍设计了包豪斯学院（1925—1926年），学院有巨大的门窗幕墙

2. 贝妮塔·科赫－奥特和恩斯特·格布哈特为德国魏玛的一场展览设计了何恩之屋的厨房

3. 包豪斯学院宣言的封面是莱昂内尔·费宁格创作的木刻作品《大教堂》（1919年），费宁格是版画工坊的负责人

重要事件

1919年	1922年	1923年	1923年	1924年	1925年
沃尔特·格罗皮乌斯在德国魏玛创立了包豪斯，它由当地两所学校合并而成。	提奥·凡·杜斯堡开设了一门荷兰风格派运动的课程，启发和影响了包豪斯学生。	负责预备课程的约翰·伊顿离开包豪斯，因为他的教学方法受到了质疑。	展览"艺术与技术：一个新统一"将包豪斯理念宣传给普通受众。	当地保守党呼吁关闭魏玛包豪斯并削减资金。	包豪斯从德国的魏玛搬到德绍。格罗皮乌斯开始为学校设计新建筑。

料——木材、陶瓷、金属和纺织品，来制造功能性产品，如椅子、茶壶、灯具、地毯等。预备课程也许是包豪斯所有教学创新中最激进的内容。它有几项更长期的影响，包括以基础课程的形式融入 20 世纪的艺术设计教育中，在这些课程中，学生可以跨学科学习。起初，包豪斯的预备课程采用了强烈的表现主义方法。那时包豪斯由伊顿领导，伊顿将他所属的拜火教（Mazdaznan）某教派的异教组织思想带入包豪斯。包豪斯鼓励学生穿某种风格的衣服，并吃特定的食物。这种极端的做法很快就被取消。1923 年，伊顿离开包豪斯。他被画家兼摄影师拉兹洛·莫霍利－纳吉所取代，拉兹洛专注于受构成主义影响的审美观念和形式理论。学生的预备课程采用非常开放的教学大纲，与广泛的、基本的艺术和设计原则相结合。克利和康定斯基专注于色彩和构图的教学。

最初几年，包豪斯遭遇了经济困难，当地政府也并不完全支持它。1923 年，包豪斯举办了一场以"艺术与技术：一个新统一"为主题的展览，向当地展示了学校取得的成就。包豪斯的学生和工作人员打造了何恩之屋（Haus am Horn）作为展览的一部分。它包含许多新颖的特征，包括使用颜色来表示不同的内部空间和内置家具。贝妮塔·科赫－奥特（Benita Koch-Otte，1892—1976 年）和恩斯特·格布哈特（Ernst Gebhardt）设计的厨房（见图 2）特别有趣。它有一个工作台和一张凳子，家庭主妇干活时可以坐在凳子上，还有一个与眼同高的带门的橱柜，以防止灰尘弄脏柜子里面的物品。厨房最特别的功能之一是它有一套标准化、贴有标签的陶瓷容器，由西奥多·博格勒（Theodor Bogler，1897—1968 年）设计，许多现代厨房仍然在使用该设计。

当时格罗皮乌斯宣布，他们会确保学生在包豪斯掌握的技能能够运用在工业世界中。然而，1925 年，由于政治压力，魏玛学校关闭。该机构搬迁到由格罗皮乌斯设计的一座位于德绍的专用建筑中（见图 1），里面有令人赞叹的车间和学生住宿区，每个房间都设有阳台。

包豪斯学生在完成预备课程之后，就前往一个材料工坊上班，在那里专家会给他们上工艺技能课，他们还会继续学习，并把这些知识融合到他们以材料为重点的工作中。虽然包豪斯工坊所创造的物品被认为是工厂制造产品的原型，但包豪斯与工业的联系并不多。其最特别的物品在 1933 年学校被纳粹关闭后才投入生产。

金属工坊是包豪斯生产力最高的工坊之一，并且生产了一些最著名的包豪斯产品。经久不衰的标志性作品包括威廉·华根菲尔德（Wilhelm Wagenfeld，1900—1990 年；详见第 130 页）的玻璃台灯和玛丽安·布兰德（Marianne Brandt，1893—1983 年；详见第 132 页）的金属泡茶器。设计师对这些物品发挥功能和利用材料的方式产生了深深的质疑，也正因如此，他们才得以彻底重塑现有物体。他们成功地为现代家庭及家居装饰创造了全新的审

1925 年	1928 年	1928 年	1930 年	1933 年	1937 年
马歇·布劳耶接管了包豪斯这间木工工坊或者说家具工坊的经营工作。作为包豪斯的毕业生，布劳耶在那里待了三年。	包豪斯校长格罗皮乌斯辞职。汉斯·迈耶（Hannes Meyer）成为新校长。赫伯特·拜耳（Herbert Bayer）、拉兹洛·莫霍利－纳吉和布劳耶也离开了。	艺术家约瑟夫·亚伯斯（Josef Albers，1888—1976 年）接管了预备课程，注入了新的想法和能量。	路德维希·密斯·凡德罗取代迈耶成为包豪斯新校长，两年后，学校迁往柏林。	纳粹关闭包豪斯。许多老师离开德国，去了欧洲其他国家和美国。	拉兹洛·莫霍利－纳吉在芝加哥建立了新的包豪斯学院，重新启用并发展了德国设计学校的教学方法。

美。重要的是，他们的最终目标不是注重于美学的。相反，他们开始重新思考形式问题，改变行为，实现现代生活的愿景。

陶瓷在包豪斯也有着重要地位。主要教师包括博格勒和奥托·林迪希（Otto Lindig，1895—1966年）。林迪希接受过雕塑培训，这一点明显地表现在了他那形式简单干净的咖啡壶和茶具（见图6）上，这些产品在市场上一直很受欢迎。家具是木制工坊的焦点，马歇·布劳耶就是其中一个明星学生。像他的几位同辈一样，他毕业后成为包豪斯的教师，并在整个20世纪产生了巨大的影响。布劳耶扩展了赫里特·里特费尔德推动的新艺术风格原则，将家具组件视为一系列需要以明显的方式组合在一起的几何元素。最重要的是，包豪斯开发了一种新的家庭格局，它专注于空间而不是量，这需要家居物品与它们所处的建筑无缝融合。

包豪斯对男性有很强的偏好，员工和学生大多数是女性的纺织工坊除外。安妮·阿尔伯斯（Anni Albers，1899—1994年）和冈塔·斯托尔茨（Gunta Stölzl，1897—1983年；详见第152页）在纺织领域是有影响力的人物。阿尔伯斯在包豪斯的实验，即制作不用直线和纯色的帘布（见图5），显示了荷兰风格派的影响。她对几何图案的使用也突出了材料特质，符合包豪斯原则。

包豪斯也影响了现代平面设计和印刷。莫霍利－纳吉1923年接受任命时，引入了后来被称为"新排版"的法则，这是一种由其他人（包括俄罗斯的里茨斯基）开发的平面设计方法。它侧重于清晰度，并优先使用无衬线字体和不对称形式。赫伯特·拜耳是包豪斯字体工坊的负责人，在那里研究设计他的通用字体。后来，在美国定居后，拜耳成为20世纪最具影响力的平面设计师之一。

虽然学生们在包豪斯很努力学习，但他们也会尽情玩耍，参与大量的课外活动。在施莱默的带领下，他们参与的戏剧表演将教学理念和美学理念结合在一起，表明包豪斯正在倡导一种新的生活方式。施莱默认为身体是一种艺术媒介，并开创了抽象舞蹈。他的"三人芭蕾"（Triadic Ballet，见图4）在1922年首演，探索了身体与周围环境的关系。

尽管格罗皮乌斯早就将建筑视为终极媒介，但直到1927年汉斯·迈耶将其引入后，包豪斯才开始教授建筑。迈耶是一个激进的功能主义者，他拒绝美学在设计中的作用，而倡导一种完全基于理性原则的方法。这体现了包豪斯渐渐远离伊顿等人的主观作品和美术家主要以美学为导向的作品。

1928 年格罗皮乌斯辞职后，迈耶接任学校校长一职，并选择了完全不同的发展方向。他只干了几年，就被建筑师路德维希·密斯·凡德罗所取代。1932 年，包豪斯受到纳粹党攻击，密斯将它搬到柏林。包豪斯在柏林运营了十个月后被纳粹关闭。

包豪斯虽然只存在了十四年，但它完全改变了艺术和设计教育，并巩固了后来延续了数十年的现代设计美学。将抽象艺术的原理与工艺技能结合在一起的理念产生了探索物质环境的全新方法。

1933 年以后，包豪斯的主要人物将学院的理念传播到世界各地，使包豪斯的传统得以延续。20 世纪 30 年代，格罗皮乌斯、布劳耶和莫霍利 – 纳吉等人在英国定居了一段时间，但和密斯一样，后来他们都去了美国。在美国，他们在设计教育和现代建筑方面的影响才发挥至最大。**PS**

4. 包豪斯原则也适用于表演。奥斯卡·施莱默为"三人芭蕾"（1922 年）设计的戏服探索身体和动作

5. 安妮·阿尔伯斯的棉花和丝绸壁挂（1927 年）避开了表现形式，而专注于利用材料本质的元素形式

6. 奥托·林迪希的陶器咖啡壶（约 1923年）有略微喇叭形的壶身、圆形的肩部和底座，暗示着他雕塑家的背景

WG24 灯 1923—1924 年

威廉·华根菲尔德 1900—1990 年　卡尔·雅各布·贾克 1902—1997 年

威廉·华根菲尔德设计的优雅小灯用于放在小桌上，是包豪斯经久不衰的标志性产品之一。华根菲尔德是包豪斯金属工坊的学生，他在莫霍利－纳吉的领导下工作。灯是在卡尔·贾克的帮助下创作的，因为华根菲尔德没有接受过正规的电力知识培训。

WG24 灯由少量组件构成——一个玻璃圆顶、一个灯柱、一个底座和电气组件，它们发挥着重要的功能作用。灯给人的冲击源自圆顶与细杆、玻璃和金属之间强烈的视觉对比。这件作品完全秉承包豪斯原则，将物品简化成元素，并用它们创建一个抽象的形式，灯只不过是各部分的总和，它看起来简洁、理性，具有吸引力。材料的选择和物体的比例同样也遵循包豪斯原则，使用了透明玻璃、不透明玻璃、金属，所以这盏灯具有和谐的美感。按照包豪斯的原则，提供照明的特性，即该物体的功能，是最重要的。灯投射的光线漫射而柔和。在包豪斯运营期间，此灯只生产了 50 盏，因为它是非常激进的设计。然而，自 20 世纪 80 年代以来，它已投入大量生产，是当代生活和工作空间中常见的物品。

镀铬金属和玻璃
直径 45.5cm × 20.5cm
底座直径为 14cm

◉ 焦点

1. 圆顶

圆顶是这盏灯中最引人注目的形状。它的简单曲线形似球体，但由于要将光线往下引导，所以它不是一个完整的球体。球体被切割的点给予物体平衡的外观并使照明效果最大化

2. 底座

这个设计完全由几何形式组成，是一个经典的包豪斯作品。设计师将其转化为没有多余组件的功能性人工制品。曲面与直线的组合是这个设计的核心

◀ 华根菲尔德在 1931 年为耶拿玻璃厂设计的小玻璃茶壶是 20 世纪的另一款经典设计。像包豪斯灯一样，它是由工业材料制作的，在这款茶壶中只用到了玻璃，除了能服务于主要的泡茶功能的元素之外，没有任何多余的元素。设计者将注意力集中在了物品的视觉和谐性及有效的倒茶功能上

泡茶器 1924 年
玛丽安·布兰德 1893—1983 年

1924 年，玛丽安·布兰德加入包豪斯金属工坊，是首批进入该工坊的女性之一，她的老师是构成主义艺术家拉兹洛·莫霍利－纳吉。同年，仍是学生的她设计了这款小型泡茶器，型号为 MT 49。这是一件非常成熟的作品，已经成为现代的标志，因简约、优雅而备受推崇。她的老师对形式的严格要求在物品中显而易见，这款泡茶器包含许多几何元素，灵感来自机器美学（详见第 134 页），各部分零件精心组合成一个令人满意的整体。布兰德将一个半球、一个圆和一个圆柱体结合在一起，创造出一种极具雕刻感的形式，反映了包豪斯的设计思想。她的目的是创造一种和谐的形式，而不忽略产品本身的功能——泡茶和倒茶。设计的几个要素增强了其功能，其中包括整洁的内置过滤器、防滴壶嘴、偏离中心位置的壶盖以及耐热乌木制作的手柄。推入式壶盖远离壶嘴，因此不会像金属铰链盖子那样滴水。所以这个珠宝般的物体既有着惊人的美感，又可以泡出一杯好茶。布兰德设计了几种版本的泡茶器，分别用黄铜合金、银、镍银和乌木制作，每一个版本都略有不同。这些制作材料使其成为独一无二的作品。同时，虽然布兰德的第一个泡茶器是手工制作的，而且被认为是该设计的原型，但它与机械美学的关系体现在其形式上。布兰德成功地将奢华与亲民、美学与实用融为一体。她继续将其想法应用于许多适用于批量生产的设计中。**PS**

✿ 图像局部示意

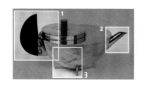

1. 手柄

制作泡茶器的专门材料是黄铜和乌木，表明它是一个值得被高度重视的装饰品。然而，其形式却表明：这是机器时代的设计，为大规模生产而设计，适用于各种环境

2. 壶嘴

尽管这件物品的雕塑外形最突出，但其目的没有被忽视。其所有功能部件都经过深思熟虑，从防滴壶嘴到不会烫手的乌木手柄可以看出这一点。虽然内置过滤器不可见，但实际上它非常有用

3. 底座

这些元素创造出一个和谐的整体。从侧面看，它很好地固定在四片形底座上，而壶嘴和手柄在物体的两侧相互呼应。盖子的位置和其置于一侧的手柄有利于平衡整个物品的不对称性

黄铜合金，乌木手柄，
镀银内置过滤器
高 8cm
宽 15cm
直径 10cm

▲ 布兰德在 1924 年设计了这种带置烟架的镀镍黄铜烟灰缸。与泡茶器一样，她使用了基本的几何形状。烟灰缸是球形的，置烟架是圆柱形的。盖子具有偏离中心位置的开口，并且缸体位于形成十字形基座的两根支架上

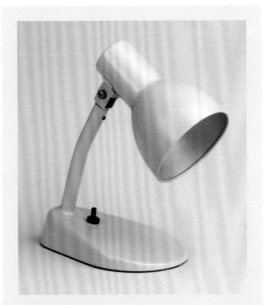

床头台灯

　　床头台灯是布兰德与另一名包豪斯学生辛·布莱邓迪科（Hin Bredendieck，1904—1995 年）在 1928 年合作设计的。它首先在包豪斯金属工坊手工制作，后来投入大规模生产并在 20 世纪成为广泛使用的物件。它由涂漆钢制成，能在用户需要的场合提供光源，并且完全满足"形式追随功能"的包豪斯理念。

机器美学

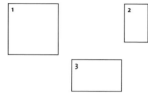

1. 韦尔斯·科茨（Wells Coates）的圆桌线条干净，是他所倡导的现代主义风格的典型代表

2. 这是位于今捷克布尔诺的图根哈特别墅中的 MR 10 椅（1929—1930 年），由路德维希·密斯·凡德罗设计

3. 这是奥利弗·珀西·伯纳德（Oliver Percy Bernard）为英国实用设备有限公司设计的 SP 4 椅（1931 年），软垫由合成塑料制成，框架由钢管制成

渗 透现代主义建筑的理性延伸到了室内装饰的构思方式。装饰和家居气氛遭到摈弃，重点成了空间和理性生活方式。建筑内部和外部的分隔被最小化，并鼓励开放式规划的理念，通过使用钢和混凝土结构可以实现。

现代家庭被隐喻为一部机器，或者说采取机械化生产的逻辑作为其出发点，为了响应现代家庭的要求，建筑师采取了各种各样的方式去设计家具，包括将家具视为建筑框架的延伸。也就是说用墙壁上伸出来的悬臂支撑桌子，无论是衣柜还是搁架系统，都依赖装配嵌壁家具。另一种方法是购买实用的现成家具。现代主义建筑师也设计自己的家具。钢管受到青睐，因为它是一种没有家居含义的坚固的工业材料，可以制成不阻挡空间流动的家具框架。

20 世纪 20 年代最著名的钢管制家具是荷兰人马特·斯坦（Mart Stam，1899—1986 年）、勒·柯布西耶、包豪斯毕业生马歇·布劳耶、包豪斯校长路德维希·密斯·凡德罗等人设计的。他们创造了金属椅子，包括柯布西耶的 LC 4 躺椅（1928 年；详见第 140 页）和布劳耶的瓦西里椅（1925 年；详

重要事件

1923 年	1925 年	1925 年	1925 年	1927 年	1927 年
勒·柯布西耶出版了现代主义建筑学的主要辩论文章《走向新建筑》（Towards a New Architecture）。	勒·柯布西耶在他的书《当今装饰艺术》（The Decorative Art of Today）中定义了三种不同的家具类型。	马特·斯坦开始用煤气管道实验。他发展了悬臂式椅道原则。	马歇·布劳耶接管包豪斯家具工坊，并开始用弯曲的钢管实验。	德意志制造联盟在德国斯图加特举办了"魏森霍夫"建筑展，大多数现代主义建筑师都为该展览建造了一座建筑。	路德维希·密斯·凡德罗在德国室内设计师莉莉·莱赫的帮助下设计了他的悬臂式钢管 MR 10 椅。

见第 136 页），所有这些产品都依赖相同的弯曲钢管的技术。基于斯坦开发的创意，密斯创造了最引人注目的 MR 10 悬臂椅（1927 年；见图 2）。密斯在钢管冷却后弯曲钢管，以保持其弹性。爱尔兰建筑师艾琳·格雷（Eileen Gray，1878—1976 年）为她在法国罗屈埃布兰卡马尔坦的房子设计了家具，于 1929 年完成，其中一件是 E-1027（1927 年；详见第 138 页）钢管边桌。

到 20 世纪 20 年代后期，有想法认为家庭装修应该以工业材料为特色，重视不会破坏开放式规划的开放形式，内部和外部的空间在视觉上连贯，这种想法普遍存在于欧洲大陆先锋派建筑师的理念中，甚至传播到了美国，尤其是天气非常适合户外生活的西海岸。英国则有些排斥房子模仿机器的想法。但是也有一些例外。建筑师韦尔斯·科茨采用欧洲的做法，为他设计的公寓楼设计了家具，例如，为伦敦伊索肯大楼（1934 年）制作了木钢圆桌（1933 年，见图 1）。英国实用设备有限公司开始生产便宜的弯管式钢椅，包括由建筑师奥利弗·珀西·伯纳德设计的 SP 4 椅（1931 年，见图 3），这些椅子主要用于公共场合而不是私人场合。**PS**

1927 年	1929 年	1929 年	1931 年	1932 年	1934 年
斯坦设计了他的悬臂式钢管椅。	密斯设计了西班牙巴塞罗那国际博览会的德国馆。	勒·柯布西耶在法国的普瓦西建成了萨伏伊现代主义别墅（Villa Savoye），该房子将他的"房子是居住的机器"理念付诸实践。	英国实用设备有限公司开始生产奥利弗·珀西·伯纳德设计的钢管椅。	"国际风格现代主义建筑展览"在纽约市现代艺术博物馆开幕。	纽约市现代艺术博物馆的"机器艺术"展览展示了机器与现代主义设计之间的紧密联系。

瓦西里椅 1925 年

马歇·布劳耶 1902—1981 年

镀铬钢管
帆布吊带
71.5cm × 77cm × 70.5cm

✿ 图像局部示意

20世纪20年代，马歇·布劳耶设计的瓦西里椅被称为B3椅，但后来以他的朋友、包豪斯导师兼俄罗斯画家瓦西里·康定斯基命名。这把椅子由弯钢管制成，是包豪斯最经久不衰的标志性作品之一。这是布劳耶在领导家具制造工坊期间制作的，并且是在实验中制造的。

实质上，瓦西里椅是对传统皮革扶手椅的改造。据说布劳耶使用弯曲钢管是受到自行车架曲线的启发。德国钢铁制造商曼内斯曼（Mannesmann）也开发了一种制造无缝钢管的工艺，生产弯曲钢管得以实现。使用钢铁，曼内斯曼得以在不影响舒适度的情况下开发出椅子的框架。依靠钢铁的固有强度，瓦西里椅将传统椅子简化至基本的线条和平面。这把椅子强调结构而不是体积，刚开始使用帆布，后来用皮革条来支撑椅身。布劳耶的激进愿景是制作一个舒适且美观的物品，具有显著的存在感，却不会影响它占用的建筑空间。它体现了机器审美的观念，并否定了维多利亚时代的家庭装饰概念。**PS**

1. 金属

包豪斯定义功能的方式与物体的用途关系不大，而更多地与物体的外观如何反映其材料及制造过程有关。椅子的美感来自制成它的弯曲金属和皮革或织物

2. 色彩

包豪斯的许多设计依赖中性色彩，特别是黑色、白色和灰色。这样的颜色突出了使用的工业材料、形式的重要性及形式与空间的关系。然而，钢管的镀铬表面给椅子增添了一些感觉

3. 椅背

虽然使用的材料很少，但材料坚固而有灵活性，保证椅子的舒适度，使身体能够处于一个放松的位置。靠椅和座椅的平缓斜坡加强了舒适度，扶手在需要时能提供支撑

4. 框架

瓦西里椅的特点是一览无余，观众能够一眼看穿这把椅子。椅子不会阻挡周围空间的任何特征，与遮挡周围建筑框架的传统的笨重软垫椅和沙发不同

▲ 布劳耶首先请求他的自行车制造商阿德勒（Adler）帮助他制造B3椅，但该公司对制造家具不感兴趣。然后，布劳耶去了曼内斯曼。他雇了一个水管工帮助他制造第一个原型产品，然后成立了标准家具公司（Standard-Möbel）来生产他的钢管家具

弯曲钢管

　　布劳耶用弯曲的钢管制造了许多物品，包括悬臂式侧椅（B32，1928年），这把椅子有弯曲钢管和藤编的坐垫和靠背。但他并不是唯一一个用钢管开发悬臂式产品的人。布劳耶在专利之争中失败，无法将其认定为自己的设计，所以他停止使用钢管设计。然而，到20世纪60年代初，B32设计再次以布劳耶的名义生产。

E-1027 可调式桌 1927 年
艾琳·格雷 1878—1976 年

镀铬钢管，
钢板和玻璃
最小高度 54cm
最大高度 93cm
直径 51cm

⚙ **图像局部示意**

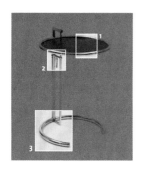

艾琳·格雷为其在法国罗屈埃布兰卡马尔坦的房子设计了这种不对称、可调节高度的钢管边桌，作为卧室家具。这幢房子被称为 E-1027，是她为自己和伴侣罗马尼亚建筑师让－巴多维奇（Jean-Badovici，1893—1956 年）设计的。房子的编码是为了纪念他们的关系：E 代表艾琳（Eileen），数字是字母表中的字母顺序：10 为 J，2 为 B（Jean-Badovici），7 为 G（Gray）。

和法国的勒·柯布西耶、德国的马歇·布劳耶一样，格雷选择了用钢管做桌子，尽管她使用它的意识形态原因较少。格雷设计这张桌子是受到布劳耶在包豪斯的钢管作品的启发，据说是为她的妹妹设计的，这样她就可以在床上吃早餐。它也可以放在室内的椅子旁边或露天阳台上，作为临时桌子。这张桌子视觉上很引人注目，它拒绝了其他钢管设计作品的对称性。格雷并不经常使用钢管，尽管她设计的一些桌椅使用了其他形式的钢作为结构元素。这张桌子的形式和功能之间有着密切关联，使其成为一件非常现代的物品。1970 年，她与英国家具设计师泽埃夫·阿兰姆（Zeev Aram，1931—2021年）一起开发了这款可量产的桌子，并决定先生产镀铬版本。这张桌子是在阿兰姆艺廊（Aram Designs）的许可下制作的。**PS**

1. 桌面

格雷在 20 世纪 20 年代尝试设计了不同版本的 E-1027 桌。桌子框架由带有黑色粉末涂层或镀铬表面的钢管制成。桌面由透明的水晶玻璃、灰色烟熏玻璃或黑色漆金属制成

2. 链

这张桌子用来做床头柜，无论是生病或卧床不起的人，还是想要在床上吃东西的人，都可以很方便地使用它。桌子上有机械装置，可以调节桌子高度，以适应不同高度的床和床单厚度

3. 底座

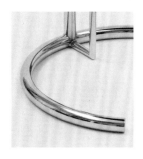

桌子最引人注目的特征是它的不对称性。这也很实用，因为这样桌子就可以沿着床边放置，方便使用者够到它。桌子底部的圆圈不完整，这意味着它可以围绕一条床腿放置

波拿巴椅子

　　1935 年，格雷再次使用钢管，这次用来制作配有黑色皮革或织物衬垫的边椅。尽管这把椅子沿用了布劳耶在包豪斯期间制作的著名钢管设计的传统，且勒·柯布西耶和路德维希·密斯·凡德罗的椅子也是用相同的材料做成的，但格雷这把椅子的软垫更厚，因此也更舒适。格雷还参考了布劳耶和密斯的作品，在坐垫和靠背之间留下空隙，形成一个悬臂结构。

◀ 格雷在法国南部的房子 E-1027 的主要生活区。她设计的大部分家具都是现代风格的。虽然她了解柯布西耶和其他人的现代主义作品，但她选择了风格稍微柔和一些的版本，体现质感，并发挥现代材料的感性。她还在地毯上加入了抽象图案（详见第 154 页）。她的椅子往往配有衬垫，强调舒适度——比如甲板躺椅（1925—1927 年），柔软的皮革卷筒悬挂在木制框架上

柯布西耶躺椅 1928 年

勒·柯布西耶 1887—1965 年

镀铬钢、布、皮革
67cm × 58.5cm × 158.5cm

柯布西耶躺椅由瑞士裔法国籍现代建筑师勒·柯布西耶设计，柯布西耶的堂弟皮埃尔·让纳雷（Pierre Jeanneret，1896—1967 年）和他的助手法国设计师夏洛特·贝里安（1903—1999 年）协助了设计过程，其中贝里安参与了柯布西耶大部分的家居设计。起初，该躺椅是为 1925 年建成的巴黎拉罗什别墅（Villa La Roche）设计的。柯布西耶的灵感主要来自巴黎医生让·巴斯科（Jean Pascaud，1903—1996 年）发明的用于治疗的现代长椅 "Surrepos"。柯布西耶热衷于非家用型号，这增强了他对 19 世纪资产阶级家庭生活的关注，坚定了为设计注入现代感的信念。柯布西耶躺椅为量产而设计，经历了数次改进后最终定型。在 1929 年的巴黎秋季艺术沙龙上，该躺椅的其中一个版本亮相于室内家居空间馆，一个配有模块化家具的公寓装置。

奥地利家具制造商迈克尔·索耐特获得了柯布西耶躺椅的生产权，自 1930 年起开始限量生产此家具。到 1934 年，有瑞士和当时的捷克斯洛伐克的公司获得了该躺椅的生产许可证。1959 年生产权被转让给瑞士画廊老板海蒂·韦伯，1965 年被转让给意大利家具制造商卡西纳（Cassina）。

柯布西耶躺椅使用的工业材料占主导地位，有助于达到柯布西耶和他的合作伙伴所期望的机器美学效果。此作品的视觉、材料和空间特征相结合，传达了现代主义的核心信息，它现在仍是 20 世纪 20 年代的标志性物品之一。**PS**

✿ 图像局部示意

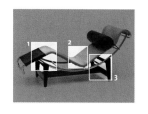

⊙ 焦点

1. 轮廓

躺椅的轮廓按照斜倚的人体轮廓设计。贝里安对体形进行了研究，当谈及该躺椅的创作时，她说她当时想到的是这样一幅画面——"士兵累了的时候仰卧在地上，双脚靠在树干上，背包放头下当枕头。"

2. 床垫

柯布西耶躺椅的灵感来源于18世纪的沙发床的优雅曲线，这是一种用来放松的工具。设计师也参考了当时的一些病患躺椅，如结核病疗养院的椅子。柯布西耶躺椅有一个直接固定在框架上的自支撑床垫

3. 框架

底座采用黑色涂漆钢，支架采用镀铬钢管。在首个型号中，设计师用橡胶、弹簧和螺钉将帆布连接到框架上，而脚凳和头枕则由皮革制成

⏱ 设计师传略

1887—1916 年

柯布西耶，原名查尔斯 - 爱德华·让纳雷（Charles-Edouard Jeanneret），出生于瑞士小镇拉绍德封。他在家乡的一所艺术学校学习雕刻表壳，但他对建筑产生了兴趣。1907 年至 1911 年，他广泛游历欧洲。1910 年至 1911 年，他在柏林附近的彼得·贝伦斯工作室工作，贝伦斯是德国一位著名建筑师兼设计师。1912 年，他在瑞士开设了自己的建筑事务所。

1917—1922 年

移居巴黎之后，他改用勒·柯布西耶这个名字，并开始绘画创作。他还担任建筑师，承担政府项目的混凝土结构设计工作。1920 年，他帮助创办了有影响力的《新精神》（L'Esprit Nouveau）杂志，宣扬功能主义。1922 年，他与堂弟皮埃尔创立了建筑合作公司。

1923—1934 年

1927 年，柯布西耶发表论文集《走向新建筑》。贝里安被柯布西耶的文章所折服，跑去他的工作室应聘。后来，他们在室内设计上合作，制作了钢管椅和柯布西耶躺椅。此外，他还设计了几栋住宅。

1935—1950 年

他的重心从现代主义别墅设计转移至城市总体规划。1935 年，他出版了《光辉城市》（La ville radieuse）。1947 年至 1952 年，他设计马赛公寓大楼（Unité d'Habitation），借助未加工的混凝土重塑其建筑风格。

1951—1965 年

柯布西耶和英国建筑师麦克斯韦·福莱（Maxwell Fry）、简·德鲁（Jane Drew）一起设计印度旁遮普新首府昌迪加尔区的政府大楼。

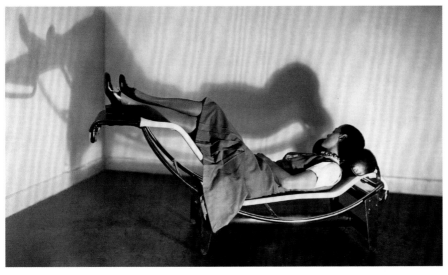

◀ 贝里安为柯布西耶躺椅的宣传照摆姿势。她穿着短裙，双腿交叉，佩戴用工业滚珠轴承做的项链。她演示了柯布西耶躺椅的倾斜程度可以调节，髋关节和膝盖弯曲时达到全躺的状态。椅身独立于底座，并固定在弓形支架上，因此可以将椅身从底座上抬起调整以满足使用者的需求

少即是多

"少即是多"的建筑设计理念与路德维希·密斯·凡德罗密切相关，尽管他实际上没有创造这个短语。1907 年至 1910 年，德国建筑师彼得·贝伦斯雇用年轻的密斯和他一起在 AEG 汽轮机厂工作，其间贝伦斯使用过"少即是多"的说法。后来，密斯回忆道："我第一次听说这个短语是在贝伦斯的办公室。当时，我在给一个工厂的外墙画图纸……我向他展示了一堆设计方案的图纸，然后他说，'少即是多'，但是他的意思与我所用的含义不一。"随着密斯不断简化其建筑、建筑组件以及家具设计，他卓有成效地将"少即是多"变成了自己的概念。在他的职业生涯中，他印证了自己的观点，即简约装修和适当布置远比纷繁花哨更吸引人。此外，密斯还受到普鲁士建筑师卡尔·弗里德里希·申克尔（Karl Friedrich Schinkel，1781—1841 年）、俄国构成主义和荷兰风格派的启发。申克尔注重简洁的线条，构成派的目标是用建筑造福社会，荷兰风格派的哲学主张简约，这与密斯的概念"少即是多"是一致的。和周围的人一样，密斯试图独创一门新的设计风格来体现现代感。他专注于极简部件和减少或去掉装饰，对玻璃、钢材、铬、砖、混凝土和皮革制成的家具赋予了独特的结构诠释。

重要事件

1910 年	1915 年	1925 年	1925 年	1930 年	1930 年
嘉柏丽尔·香奈儿（1883—1971 年）在巴黎开设了她第一家女帽店"香奈儿时尚屋"（Chanel Modes）。	美国工业设计师厄尔·迪恩（Earl R. Dean，1890—1972 年）设计了可口可乐经典玻璃瓶草图。	巴黎现代工业和装饰艺术博览会激发了一场新的设计风格热潮：装饰艺术（详见第 156 页）。	苏格兰发明家约翰·罗杰·贝尔德（John Logie Baird，1888—1946 年）传输了第一个电视画面。	密斯成为包豪斯设计学院最后一任校长，将学校从德绍迁往柏林。	密斯设计了巴塞罗那玻璃和钢制咖啡桌（详见第 148 页）等家具，放置于捷克斯洛伐克布尔诺城的图根哈特别墅。

在支付 1919 年《凡尔赛条约》中规定的巨额赔款后，德国经济遭受重创。1907 年，德意志制造联盟在慕尼黑成立，由艺术家、设计师和建筑师等组成，旨在提高建筑以及大规模生产商品的设计和工艺水平。1927 年，联盟主席密斯组织在德国斯图加特举办展览，重新强化了德意志制造联盟的战后实力。它主要解决了社会住房的问题，目的是最大限度地减少建设和维护方面的浪费。由此出现了由 21 座建筑组成的魏森霍夫项目，由著名建筑师沃尔特·格罗皮乌斯和勒·柯布西耶设计。它们拥有朴实的外墙、平屋顶、开放式室内设计、预制构件和明显的几何形式特征。同年，密斯和室内设计师莉莉·莱赫合作设计了一款钢管悬臂椅 MR 10，和马特·斯坦早期设计的 S 33 悬臂椅（见图 2）一样，这把椅子也消除了多余的细节。1928 年，密斯和莱赫被委任为巴塞罗那世界博览会德国馆的艺术总监。除了几个展区，密斯也负责设计官方接待大厅，即德国馆或巴塞罗那馆（见图 1）。他设计馆内家具所花的时间与设计建筑本身的时间一样多。密斯和莱赫设计了德国馆的巴塞罗那椅（1929 年），作为博览会开幕式上西班牙国王和王后的王座，其灵感来源于古罗马法官的象牙椅宝座。巴塞罗那椅光滑舒适，棱角分明，线条清晰。经典的"X"形椅腿由镀铬钢管构成，与松软的方形皮革制的坐垫和靠背形成对比。

密斯"少即是多"的设计理念包括设计简约、造型流线、精简实用等方面，这些特征也出现在其他建筑师和设计师的作品里，各种形式的设计中都有体现，包括包装（详见第 144 页）、平面设计和排版（详见第 146 页）。"少即是多"的概念强调纯粹，同时避免急躁和怀旧，成为极简主义的先驱（详见第 444 页），是整个 20 世纪反复出现的主题。它在各方面得到了呼应，例如，美国建筑师、理论家、作家、设计师兼发明家理查德·巴克敏斯特·富勒（Richard Buckminster Fuller，1895—1983 年）就响应了这一概念，作为早期的环保活动家，他敏锐地意识到地球上的资源有限。1927 年，他提出一项原则，即我们都必须找到"事半功倍"的方法，这样每个人都能享用地球上的资源。半个世纪之后，也就是 20 世纪 70 年代，著名工业设计师迪特·拉姆斯（Dieter Rams，1932 年— ）说他简朴的设计方法都遵循了"少而精"或者尽量少用设计的原则。**SH**

1. 巴塞罗那馆（1928—1929 年）由密斯设计，用于展示德国政府委托的工业品

2. 1925 年，斯坦用煤气管实验，后来制成了 S 33 悬臂椅（1927 年）

1931 年	1933 年	1933 年	1933 年	1935 年	1938 年
帝国大厦在纽约竣工，多年来它一直是世界最高建筑。	包豪斯设计学院被纳粹关闭，密斯移居美国。	美国发明家乔治·布雷斯代（George Blaisdell，1895—1978 年）设计了之宝打火机（Zippo lighter），其灵感来自一款奥地利打火机。	意大利设计师阿方索·比乐蒂（Alfonso Bialetti，1888—1970 年）发明了在炉灶上使用的摩卡咖啡壶。	美国建筑师弗兰克·劳埃德·赖特设计了位于宾夕法尼亚的流水别墅，该别墅具有大胆的悬挑结构。	大众汽车推出一款简单、经济的双门甲壳虫车型（详见第 210 页）。

香奈儿 5 号香水瓶 1921 年

嘉柏丽尔·可可·香奈儿 1883—1971 年

香奈儿的好友米西亚·塞尔特评价香奈儿 5 号瓶身设计"庄重、简约、似药瓶"

✿ 图像局部示意

5号香水是法国时尚品牌香奈儿的第一款香水，它的瓶身设计堪称现代主义的经典之作，至今仍风靡市场。香奈儿女士善于自我推销、搭建品牌，和她身上的许多谜团一样，香水瓶设计的灵感来源仍不为人所知。一些学者认为，曾于 1913 年在法国多维尔画过香奈儿女士和她的恋人亚瑟·卡柏（Arthur 'Boy' Capel，1881—1919 年）的法国插画家乔治·古尔萨（Georges Goursat，1863—1934 年），又名塞姆（Sem），设计了香奈儿 5 号的标志性香水瓶与包装。然而，更可能是香奈儿女士选取了香水瓶的设计元素，瓶身设计与爵士时代的大胆前卫风格相呼应。香奈儿与调香师欧内斯特·鲍（Ernest Beaux，1881—1961 年）一同制此香水，欧内斯特在实验室中混合 80 多种合成成分来调制一款嗅觉提取物。1921 年欧内斯特·鲍将多款香水样品寄给香奈儿女士挑选，香奈儿看中第 5 款，并于同年 5 月 5 日和她的其他产品一同发布。之后，香水瓶在诺曼底地区的 Verreries Brosse 工厂投入大规模机械生产。人们认为香奈儿 5 号香水瓶的设计受到卡柏旅行箱里夏尔凡香水（Charvet）矩形斜面瓶身的启发。香奈儿 5 号的白色纸盒包装镶有一道黑色条纹，让人联想到葬礼上的信纸，可能是为了纪念 1919 年逝去的卡柏。香奈儿 5 号的时尚魅力一直延续至 21 世纪。**JW**

1. 方形斜面玻璃

起初的版本瓶肩稍圆。1924年，香奈儿设计师让·海卢（Jean Helleu，1894—1985年）修改了瓶身设计，在瓶身添加了一个锋利的斜面以便出口到美国，这个灵感来自香奈儿女士公寓里一面18世纪的镜子

2. 瓶塞

瓶塞起初是一块扁平的方形玻璃塞，体积较小，并标有可可（Coco）的首字母。1924年，海卢把塞子改为八角形。他每隔15年就微调一次设计，以顺应当下的品位

3. 密封线

康颂纸标签使这瓶香水看起来像是精品文具，多年来标签尺寸一直在变大。香水瓶唯一的一处装饰是瓶颈上的黑色密封线。香奈儿5号这个极简的名字与1921年市面上其他香水博人眼球的名称形成鲜明对比

4. 标签

香奈儿5号推出之时，无衬线字体在欧洲并不流行。这种字体是定制的。纯白的标签和大写黑色字体突出了香水瓶的现代主义外观。1924年，香奈儿的标志和字体在美国专利局注册

▲ 1921年，法国漫画家塞姆创作了一幅插画以致敬香奈儿5号，被称为该款香水的第一幅广告海报，尽管这并不是付费的宣传海报。画中的香奈儿女士身着镶有珍珠的收腰连衣裙，中性而现代，崇拜地望着那瓶5号香水

香奈儿香水

1924年，香奈儿香水公司成立，欧内斯特·鲍被任命为生产总监兼首席调香师。他为香奈儿创造了许多香水，包括香奈儿22号（1922年）、栀子花（1926年）和俄罗斯皮革（1927年）。1970年，在香奈儿女士去世之前，以她的生日命名的香奈儿19号香水问世。她在世的时候，香奈儿香水瓶的设计和香奈儿5号一致，都用了纯白色标签，除了Coco香水用了金框黑色标签设计。

Futura 无衬线字体 1927 年

保罗·伦纳 1878—1956 年

这张柏林地图由德国旅游局发行，用于 1936 年第 11 届奥运会，主要采用 Futura 无衬线字体

Futura 是 20 世纪最成功的字体之一，是一种无衬线的几何字体。它由德国字体设计师保罗·伦纳创造。虽然伦纳不是包豪斯的成员，但是 Futura 字体干净的几何形状与包豪斯的设计原则不谋而合。他第一次手绘该字体是在 1924 年至 1926 年间。随后 Futura 字体得到商业授权并开放使用，1927 年被法兰克福鲍尔字体铸造厂（Bauer type foundry）宣传为"我们这个时代的字体"。

20 世纪 20 年代中期，德国在艺术、设计和工程领域取得卓越创新，魏玛共和国的杂志和报纸发行量居世界首位。关于怀旧的哥特式字体与罗马字体的重要性的辩论成为激烈的政治问题。先锋思想家和艺术家开始使用字体作为他们作品中的重要媒介，字体通过他们的作品呈现出新的面貌。新字体运动的领袖是简·奇切尔德（Jan Tschichold，1902—1974 年）。而伦纳是奇切尔德的朋友，对该辩论曾撰文并提出了自己的见解。他是德意志制造联盟（详见第 114 页）的成员，也是几所重要学校的校长。Futura 字体现在仍然流行，大众汽车和宜家在它们的广告中只使用这种字体。**JW**

图像局部示意

👁 焦点

1. 大写字母

Futura 字体完全从几何图形演变而来（如近乎完美的圆形、方形和三角形）。大写字母的宽度视字母而定，有很大差异。字母"O"和"G"几乎是完全圆形的，"E""F""L"只有半个矩形宽

2. 小写字母

后来，小写字母也运用和大写字母一样的几何化外形，不过没有用三角形和圆形。只有一些早期的字体是完全设计出来的，例如 a、g、m、n、r，但它们逐渐被排除在该字体外

3. 大号字体

Futura 字体有粗细近乎均匀的线条宽度，鲍尔字体铸造厂改善了大小字号，最重要的是让字体更清晰了。伦纳对绘图进行了几次视觉修正，以保留单线条字体的效果

4. 无衬线

Futura 字体的外观清晰、易辨、高效、自然，与包豪斯理念的立场相符。Futura 字体具有实用性和通用性，适用于新时期的大规模印刷。而包豪斯的梦想是将艺术和工艺重新结合，设计出高端的实用产品

🕐 设计师传略

1878—1906 年

保罗·伦纳出生于德国韦尼格罗德，曾在柏林、慕尼黑和卡尔斯鲁厄学习建筑和绘画，并在慕尼黑当过画家。

1907—1924 年

伦纳在慕尼黑当过出版商乔治·穆勒（Georg Müller，1877—1917 年）的制作助理兼设计师，穆勒是一位有远见的戏剧、童话和冒险小说出版商。1911 年，伦纳在慕尼黑和别人联合创办了一所私立插图学校。

1925—1931 年

伦纳担任法兰克福艺术学院商业艺术和排版系的系主任。1926 年，他回到慕尼黑，成为印刷行业图形职业学校的校长。1927 年，他担任慕尼黑图书印刷匠高级学校的校长，并邀请设计师简·奇切尔德任教。伦纳创造了几种字体，包括 Futura（1927 年）、Plak（1928 年）和 Futura Black（1929 年）。

1932—1956 年

1932 年，伦纳出版了一本小册子，该册子批评纳粹的文化政策。同年，随着纳粹势力的壮大，伦纳被捕并被认定从事颠覆政府的活动。直到鲁道夫·赫斯（Rudolf Hess，1894—1987 年）出面向希特勒求情，伦纳才被释放。伦纳是 1933 年米兰三年展（Milan Triennale）德国馆的设计总监，并赢得了大奖赛。不久之后，他被图书印刷匠高级学校解雇。为了避免纳粹接管学校，伦纳达成协议，让朋友乔治·特朗普（George Trump，1896—1985 年）接替他的职位。伦纳把他的余生献给了绘画事业。

太空中的 Futura 字体

美国电影导演斯坦利·库布里克（Stanley Kubrick，1928—1999 年）在其执导的《2001：太空漫游》（1968 年）片头和片尾演职人员表中使用 Futura 字体，伦纳希望 Futura 字体变成新型现代字体的目标实现了。Futura 字体甚至成了第一种登上月球的字体。1969 年，阿波罗 11 号升空，人类首次登上月球，宇航员在月球上留下的纪念牌匾正是使用了 Futura Medium 的大写字体。

巴塞罗那桌 1930 年

路德维希 · 密斯 · 凡德罗 1886—1969 年

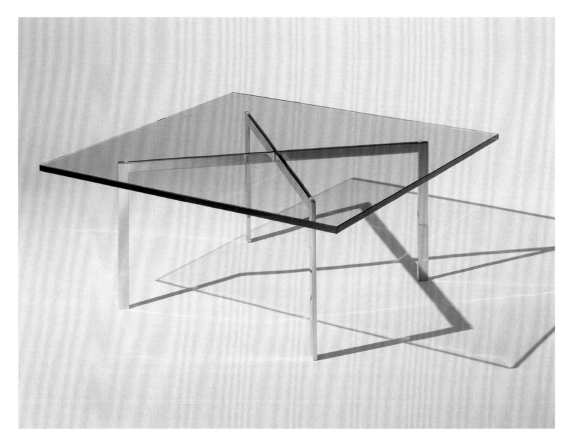

👁 焦点

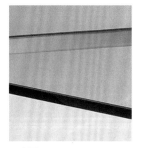

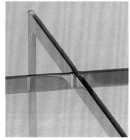

1. 钢架

抛光后的镀铬钢架和玻璃台面
均匀有光泽，在映照周围环境的
同时也与环境融为一体。这张桌
子隐匿了结构表面的材料属性，
符合当代现代主义的趋势

2. 桌面

这张桌子是密斯最简化的设计
之一，采取了简单的轮廓和现
代材料。桌面由抛光的厚透明
玻璃制成，边缘带有斜角。跟
玻璃一样，用于桌子支撑结构
的镀铬钢条显然是工业材料

3. X 形

桌子由玻璃台面和 X 形不锈钢
支架组成，它的吸引力正是来
自这两个元素的组合，明显可
见的 X 形支架和 4 根 L 形的镀
铬金属条使得没有表面装饰的
茶几妙趣横生

4. 玻璃

桌面的透明设计与图根哈特别
墅的开放式楼面搭配。桌子放
在大玻璃窗边，面板通过电动
装置一打开，自然风光与室内
空间随即融为一体

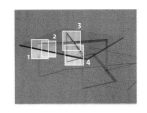
路德维希·密斯·凡德罗的皮革软垫沙发床和玻璃钢制咖啡桌作为巴塞罗那馆系列家具由美国诺尔家具公司（Knoll）销售，巴塞罗那馆是他为1929年巴塞罗那世界博览会德国国家展馆设计的，展示了密斯的自由流动空间或不受限制空间的理念。但是，密斯设计的一系列家具里，只有一张皮革软垫椅（后称"巴塞罗那椅"）和一张无背长椅在博览会现场亮相。

20世纪20年代后期，密斯在柏林工作室设计了许多家具，两件用于巴塞罗那馆，其余用于现属捷克共和国布尔诺的图根哈特别墅，是由图根哈特家族委托制作的。密斯的助理莉莉·莱赫在这些家具的设计中起到了重要作用。巴塞罗那椅与其他一些家具一同放置在了别墅中，后来被统称为"图根哈特"设计。咖啡桌放置在了别墅的开放式休息区，休息区内还有几张巴塞罗那椅、图根哈特椅以及一张无背长椅，因此这张咖啡桌也叫作"图根哈特咖啡桌"或"X形桌"。该方桌配有抛光不锈钢架或抛光铬金属架，结构简单到甚至可以说不起眼：内敛且透明，几乎是隐形的。**PS**

不锈钢及玻璃板
45.5cm × 101.5cm × 101.5cm

◀ 图根哈特别墅的二楼为主要居住区，摆放有原版的巴塞罗那桌。设计之时打算把这里作为一处创新空间，让主人在自由的空间享受现代化生活方式。家具的摆放表明了使用该空间以及在其中活动有各种不同的方式

开放式居住环境

位于今捷克布尔诺的图根哈特别墅是首批采用开放式楼面的现代主义建筑之一。这座三层住宅坐落在一座山坡上，顶层设计为单独的卧室。但中层是开放式空间，有一扇半圆形的乌木墙，客厅与书房以独立的玛瑙石板墙分隔，透过大片的玻璃幕墙可以看到花园。别墅设计上运用了大量钢架和玻璃等工业材料，还有昂贵的意大利白色大理石原石。此外，窗户和分隔墙还使用了天鹅绒、山东丝绸和其他织物装饰。

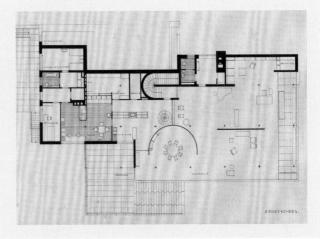

现代主义纺织品

20世纪20年代，现代主义的出现带来了一段令人激动的艺术与设计交叉融合的时期。现代主义派的设计师推崇抽象，并运用革命性的新型艺术风格进行实验，例如立体主义、未来主义和表现主义。画家、设计师和手工艺人都热衷于纺织工艺，这成为应用艺术中最具活力和进步性的领域之一。

英国的欧米伽工坊（Omega Workshops）是一个由画家罗杰·弗莱（Roger Fry, 1866—1934年）于1913年至1919年间领导的艺术家团体，他们为未来的活动奠定了基础。除了家具和陶瓷，位于布卢姆茨伯里区的这个团队还设计了颜色丰富、富有活力、具有绘画性图案的装饰面料，在法国进行雕版印花。毛边设计故意以未完成的姿态出现，打破了传统。画家凡妮莎·贝尔（Vanessa Bell, 1879—1961年）设计了格子呢图案（见图2），其重叠的正方形和三角形与野兽派的爆炸性形式相呼应。另一位现代主义先锋是索尼娅·德劳内（Sonia Delaunay, 1885—1979年），她是一位出生于乌克兰、住在巴黎的画家。德劳内的纺织设计源于她充满活力的绘画，集中展现了现代生活的活力（见图1）。1923年，她开始进行雕版印花的实验，用几何图案创造出大胆、鲜明的着色服装面料。德劳内的纺织品在她的同步主义精品店的定制设计服装中展现了特别的艺术效果，成为1925年巴黎现代工业和装饰艺术

重要事件

1910 年	1911 年	1913 年	1919 年	1923 年	1923 年
维也纳工坊（详见第102页）成立了一个纺织和时装部，制作了原始现代主义风格的雕版印花织物。	保罗·波烈在巴黎创立马丁工作室（Atelier Martine），雇用未经培训的年轻女性设计真实的原始纺织品。	伦敦的欧米伽工坊生产了一系列由艺术家设计的现代主义风格的印花织物。	包豪斯在德国魏玛诞生。冈塔·斯托尔茨和安妮·阿尔伯斯制作出开创性的手织纺织品。	索尼娅·德劳内研发出她的同步主义织物，这是一种融合了艺术和时尚的抽象图案印花纺织品。	留玻芙·波波瓦（Liubov Popova, 1889—1924年）和瓦尔瓦拉·斯捷潘诺娃为工人服装设计了抽象图案印花面料。

博览会的一大亮点。此外，爱尔兰家具和纺织工艺设计师艾琳·格雷也在巴黎活动。起初格雷制作装饰艺术（详见第 156 页）风格的地毯（详见第 154 页）和家具，以及以具象图案和立体派几何设计而著称的涂漆作品。当她投身现代运动后，格雷与自己的伴侣罗马尼亚建筑师让－巴多维奇合作，为法国南部罗屈埃布兰卡马尔坦的 E-1027 房子设计现代主义装饰（详见第 138 页）。

20 世纪 20 年代，英国对印花纺织品产生了浓厚的兴趣，这种工艺非常适合由艺术家主导的小规模工作坊。菲利斯·巴伦（Phyllis Barron, 1890—1964 年）和多萝西·拉切尔（Dorothy Larcher, 1884—1952 年）是该运动的领军人物，她们曾接受过绘画培训，但在沉迷于纺织工艺后，她们于 1923 年共同经营了一家印花工作室。她们运用植物染料的柔和色调实验，创造出简单并充满活力的设计，散发着民族纺织品的自然节奏。然而，1919 年包豪斯（详见第 126 页）学院建立后，现代主义纺织工艺在德国呈现出不同的发展趋势，重点聚焦在编织而不是印花上。冈塔·斯托尔茨（详见第 152 页）和安妮·阿尔伯斯是包豪斯最有影响力的两位编织设计师，她们充分探索了这一技术。

自 1930 年以来，英国纺织业就开始积极采用丝网印刷工艺，促进了现代主义的传播。因为它比滚筒印刷灵活得多，这促进了制造商小批量生产更大胆的设计。当时英国积极的创作氛围鼓励艺术家自由地进入纺织工艺行业，这也是现代主义纺织品在英国蓬勃发展的另一个原因。玛丽昂·多恩（Marion Dorn, 1896—1964 年）出生于美国，20 世纪 30 年代定居伦敦，是这十年中最受瞩目的自由设计师。她同时擅长印花和编织，与许多一流的纺织公司合作。多恩最开始接受的是绘画培训，她被誉为"地板建筑师"，为现代主义的远洋邮轮和豪华酒店制作了具有细微纹理和书法图案的定制地毯。其中最赞赏她的客户是爱丁堡纺织公司（Edinburgh Weavers）。在阿拉斯泰尔·莫顿（Alastair Morton, 1910—1963 年）的积极领导下，爱丁堡纺织公司委托有影响力的艺术家，如本·尼克尔森（Ben Nicholson, 1894—1982 年）和芭芭拉·赫普沃斯（Barbara Hepworth, 1903—1975 年），创造一系列开创性的构成主义织物，走在现代运动的最前沿。这些富有野心的设计做成了大型提花织物和手工丝网印装饰面料，将构成主义绘画和雕塑的审美转化为色彩微妙、图案纯粹抽象的纺织品。**LJ**

1. 由索尼娅·德劳内设计的同步主义丝绸 46 号（tissu simultané No. 46, 1924 年）具有醒目的几何印花，但保留了手绘的绘画风格

2. 格子呢图案是凡妮莎·贝尔 1913 年设计的一种印花亚麻装饰面料图案，有四种颜色供选择

1923 年	1923 年	1925 年	1931 年	1934 年	1937 年
慕尼黑的德国赫勒劳工坊成立了一家纺织分店，生产约瑟夫·希勒布拉德（Josef Hillebrand, 1892—1981 年）设计的几何花卉图案织物。	菲利斯·巴伦和多萝西·拉切尔成立了一家工作室，生产手工印花纺织物，最初在伦敦运营，后来搬到了格洛斯特郡。	巴黎现代工业和装饰艺术博览会展示了装饰艺术和现代主义纺织品。	英国艺术家艾伦·沃尔顿（Allan Walton, 1892—1948 年）创立了艾伦·沃尔顿纺织公司，生产艺术家设计的丝网印花装饰纺织品。	玛丽昂·多恩创立了自己的公司——玛丽昂·多恩有限公司，位于伦敦。她为知名的旅馆和远洋邮轮设计垫子和地毯。	爱丁堡纺织公司发起了构成主义纺织运动，主要代表为本·尼克尔森和芭芭拉·赫普沃斯设计的装饰纺织品。

壁挂 1926—1927 年

冈塔·斯托尔茨 1897—1983 年

👁 焦点

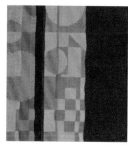

1. 红色条纹

这种纺织物由三种颜色的纱线编织而成：红色、黄色和蓝色。经线是红色的，但纬线穿插其中改变颜色，创造出横条纹。靠近中心的红色条纹是一块经纬线颜色相同的区域，产生一条单色条纹

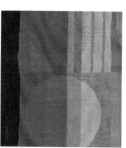

2. 圆形

斯托尔茨受到包豪斯导师约翰·伊顿理论的影响，用纯几何形状的有限的艺术形式创造了这个设计。除了圆形、正方形和长方形外，图案还包括生动地组合在一起的三角形、条纹和半圆

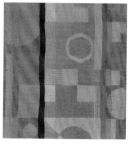

3. 花样条纹

斯托尔茨混合丝绸和棉纱，在一个小型的提花织布机上手织了这款彩色挂饰。如果没有这种织布机，就只能制成简单的重复图案，而斯托尔茨这种抽象的设计是复杂的，每条花纹都有很大的不同

4. 流苏

红色经线纵向穿过布料，在两端打结，形成流苏，突出了设计的垂直感，平衡图案水平的条带。这种流苏强化了物体不是画，而是一块纺纱布的感觉

提花编织的丝绸和棉纱
130cm×73.5cm

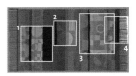

包豪斯创造的纺织品遵循的关键原则是：编织的图案应该是抽象的而非具象的，并且它们应该强化编织的结构。所以德国纺织工艺艺术家冈塔·斯托尔茨和安妮·阿尔伯斯等同事在包豪斯编织工坊创造的编织挂饰和地毯非常强调几何形状，她们有意识地突出了布料结构中垂直经线和水平纬线的相互作用。

包豪斯的目标之一就是促进美术和应用艺术的创造性交流。斯托尔茨受到瑞士表现主义画家约翰·伊顿的影响，伊顿直至 1921 年还在编织工坊教授学生艺术理论。瑞士裔艺术家保罗·克利于 1921 年加入包豪斯学院，一直教学至 1931 年，也对学习纺织的学生产生了重要影响。伊顿关于原色和基本形式的理论集中体现在这个有着圆形、棋盘和条纹几何图形的挂饰上。然而，斯托尔茨完成这件织物的时候，包豪斯已经开始改变方向。1925 年学校从魏玛搬到德绍，纺织重心从个性化的手工生产转向工业大规模生产设计。虽然颜色仍然是包豪斯后期室内装饰纺织品的一个关键特征，但质地和编织结构比图案更重要。斯托尔茨一直致力于手工编织，但有着经久不衰的热度和影响力的是她早期更具表现力的纺织品，例如这款墙壁挂饰。**LJ**

安妮·阿尔伯斯

来自包豪斯编织工坊的重要人物除了斯托尔茨还有于 1922 年被录取的安妮·阿尔伯斯。她与艺术家兼包豪斯成员约瑟夫·阿尔伯斯结婚后继续学习，于 1929 年毕业。除了她的丈夫，对她产生最大影响的是保罗·克利。安妮上过他为学生开设的编织课，她在课中了解到节奏和动态的重要性，以及颜色之间的相互作用。克利指出编织和音乐具有相似之处，安妮的编织挂饰和地毯形象地说明了这一概念。通常她在开始编织前会制作草图，如这款士麦那地毯设计（1925 年；右图）。尽管她在很大程度上局限在条纹组合的图案中，但她通过颜色和深度上的策略性改变实现变化和动态。通过掌握复杂的技术，例如三层织法，她可以创造出多层次的纺织品。凭借视觉上的独创性和建筑严谨性，安妮的设计以最纯粹的形式体现了现代运动的理念。

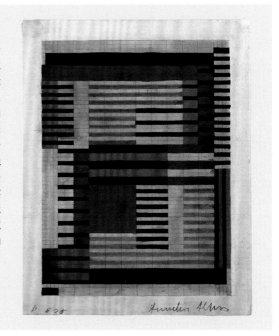

蓝色海洋地毯 1926—1929 年

艾琳·格雷 1878—1976 年

👁 **焦点**

1. 抽象

格雷曾接受过绘画培训,这款地毯设计展现了艺术家在颜色和图案上的品位。她利用抽象形式的经典现代主义风格,运用圆形、椭圆形和条纹,使平面色彩与动态线性图案形成对比

2. 蓝色

20 世纪 20 年代至 30 年代,格雷一直待在法国南部,她设计并装修了两栋房子。她的设计含有海洋的颜色。鲜明的蓝色令人想起地中海的强烈色调,与其他地方的黑色、白色和浅蓝色形成鲜明对比

3. 非对称

传统的地毯是对称的,但格雷放弃了传统,转而采用抽象图案。虽然构图是不对称的,但她通过明暗色调的对比和形状之间的相互作用创造了一种平衡感

4. 波浪形线条

几组花纹暗示了航海主题。起伏的线条令人想起拍打的波浪,而黑色的大圆圈让人想起船的舵轮。这种俏皮的图像为原本严肃的抽象设计注入了一丝活泼感

手织新羊毛织品
110cm × 215cm

艾琳·格雷去了摩洛哥后对地毯产生了兴趣，她和朋友伊芙琳·怀尔德（Evelyn Wyld，1882—1973 年）在摩洛哥学习了染色和编织羊毛的基础知识。怀尔德后来成为一名杰出的编织者并在她们于 1910 年成立的巴黎工作室监督格雷地毯的生产。格雷非常在意人们如何诠释她的设计，于是她为自己的艺术品写了详细的注解，通常是用水粉写的，有时候会采取剪纸、硬纸板或织物拼贴元素的形式。她们的合作终止后，怀尔德继续生产格雷的一些设计作品，不过不包括蓝色海洋地毯，这是她们分道扬镳之后才创作出的作品。这块地毯也被称为 Marine d'Abord，是为现代主义房子 E-1027（详见第 138 页）设计的地毯之一，这栋房子是格雷和伴侣让－巴多维奇于 20 世纪 20 年代后期在法国南部罗屈埃布兰卡马尔坦设计的住宅。当时，格雷已经是成名多年的室内装潢师，运用自己的涂漆家具和地毯设计出奢华的装饰艺术风格的室内装饰。E-1027 具有重要意义，因为这是她第一次涉足成熟的建筑领域。E-1027 代码充满了个人象征意义：E 代表艾琳，数字代表字母在字母表中的顺序：10 代表 J，2 代表 B（她的伴侣 Jean-Badovici），7 代表 G（Gray）。数字 10 巧妙地融进了地毯设计，这块地毯是特地为 E-1027 的露台制作的。

这块地毯展现了格雷在巅峰时期，有意识地从奢华的现代主义的装饰艺术风格转变为更加严谨、简约的现代主义设计风格。她的主色调与对法国南部着迷的艺术家亨利·马蒂斯（Henri Matisse，1869—1964 年）的主色调相呼应。蓝色海洋地毯具有引人注目的抽象构图和鲜明的色彩，像一幅画一样有力，是一幅可以挂在墙上的地板艺术品。**LJ**

⊕ 设计师传略

1878—1906 年
艾琳·格雷出生于爱尔兰，在伦敦大学斯莱德美术学院学习。1900 年，她参观了巴黎的世博会。

1907—1925 年
格雷在巴黎定居。她向日本工匠菅原清三（1937 年去世）学习漆器制作，并于 1910 年成立了一家生产地毯、家具和漆器的作坊。自 1913 年起，作品在装饰艺术家协会展出。1922 年，她开设了让·德赛特画廊，售卖她的地毯、家具和灯具。

1926—1939 年
与巴多维奇合作设计了 E-1027 后，格雷在卡斯特拉尔设计了自己的房子（1932—1934 年）。她开发了创新的现代家具，与内饰相得益彰。她的作品在 1937 年的巴黎世界博览会上展出。

1940—1976 年
第二次世界大战期间失去了所有财产后，格雷在巴黎隐居，她的作品基本被人遗忘了。直到去世后，她的成就才被人认可。

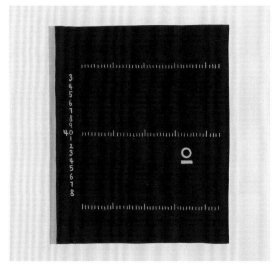

▲ 格雷在她的地毯设计中融入了数字 10，暗指她伴侣的名字首字母 J。其他数字和短的平行线条一同出现，令人想起标尺上的标记

装饰艺术

1. 这对由爱米勒－雅克·鲁赫尔曼设计的迪沙尔那靠椅（1926 年）体现了装饰艺术风格的魅力

2. 这张宣传荷美邮轮（约 1932 年）的海报呼应了立体主义的视觉语言

3. 纽约市的克莱斯勒大厦由设计师威廉·范·艾伦（William Van Alen）设计，于 1930 年完工，是当时世界上最高的建筑

有说法表示第一个使用"装饰艺术"这个术语的人是建筑师勒·柯布西耶，他在自己的杂志《新精神》上以《1925 年展会：装饰艺术》为标题写了一系列文章，他指的是在巴黎举行的国际装饰艺术与现代工业博览会。然而，直到 1966 年，"装饰艺术"这一术语才开始得到普遍使用，当时法国举办了一场名为"1925 艺术展 / 包豪斯 / 荷兰风格派 / 新精神"的展览，将 20 世纪 20 年代的法国装饰艺术与其他相似的同时代风格比较，例如包豪斯（详见第 126 页）和荷兰风格派（详见第 114 页）。两年后，英国设计历史学家贝维斯·希利尔（Bevis Hillier，1940 年— ）出版了《20 年代和 30 年代的装饰艺术》（Art Deco of the 20s and 30s）一书，将装饰艺术定义为"一种现代风格，在 20 世纪 20 年代发展，于 30 年代达到巅峰……一种古典的风格……趋近对称而非不对称，近乎直线而非曲线"。

装饰艺术在两次世界大战期间、咆哮的 20 年代以及随之而来的大萧条期间蓬勃发展，影响了所有形式的设计，包括美术、装饰艺术、时尚、摄影、产品设计、建筑。装饰艺术散发着光芒（见图 1），与低迷的经济状况和随着另一场战争不可避免而产生的焦虑感形成鲜明对比。现代主义运动同时歌颂功能主义和简约设计，而装饰艺术则聚焦于髦女郎时代的活力和兴奋、好莱坞的光彩、一战后爆发的哈莱姆文艺复兴时期（Harlem Renaissance）的乐观精神。

重要事件

1917 年	1919 年	1920 年	1923 年	1923 年	1924 年
《荷兰风格派》一开始是由包括提奥·凡·杜斯堡和皮特·蒙德里安在内的一群艺术家所创办的杂志。	结合了美术和设计创新的包豪斯学校在德国魏玛开设。它是沃尔特·格罗皮乌斯的创意。	哈莱姆文艺复兴开始，这是一场发生在纽约的文化、社会和艺术运动。	拉兹洛·莫霍利－纳吉接管了包豪斯的金属工坊，鼓励学生运用简单朴素的理念来设计产品。	工业设计师威廉·华根菲尔德设计了他的 MT8 镀铬钢管半球形台灯。	陶瓷艺术家克拉丽斯·克利夫（Clarice Cliff，1899—1972 年）开始创作受装饰艺术启发的异想天开系列陶瓷作品（Fantasque，详见第 160 页）。

第一次世界大战结束时，人们普遍认为世界不应再次发生战争，同时人们相信可以通过设计构建一个新的、更好的环境。尽管许多负面的政治和经济暗潮在涌动，但这也是一段乐观的时期：在许多国家，女性拥有了投票权；大规模生产降低了许多家电的价格，例如电话和电熨斗；富人购买汽车和乘邮轮度假；遍及世界的火车、轮船和摩天大楼体现了世界的进步意识。同时，装饰艺术作为一种兼容并包的风格出现，既吸收了传统又借鉴了机械化的现代世界。像新艺术运动（详见第 92 页）一样，装饰艺术同时接受手工和机器生产，这一概念迅速传播开来。

虽然到了 20 世纪 30 年代，装饰艺术已经成为一种国际现象，但它的起源地在巴黎。20 世纪初至 20 年代期间，巴黎的建筑师、设计师与专业制造商合作，为家具、玻璃器皿、金属制品、灯具、纺织品和墙纸创造出华丽的设计。1910 年至 1913 年，建筑师奥古斯特·佩雷（Auguste Perret，1874—1954 年）设计了巴黎香榭丽舍剧院。该剧院有垂直的线条、几何形式和浅浮雕，是早期装饰艺术的范例。然而，这一运动直到 1925 年的装饰艺术与现代工业博览会才进入大众视野，有 1600 万人参观。装饰艺术的内饰设计和更前卫的现代主义设计并列陈放，最具影响力的两个陈列作品当数由爱米勒-雅克·鲁赫尔曼设计、皮埃尔·帕托特（Pierre Patout，1879—1965 年）建造的收藏家馆的室内装饰，以及由勒·柯布西耶设计的新精神馆。

在 1929 年华尔街股灾之前，世界上有许多人有能力为家庭购置奢侈昂贵的物品，装饰艺术因其丰富的历史源头而流行，非洲部落艺术、前哥伦布时期中美洲艺术以及古埃及艺术都包括在其中。这种风格也受到当代艺术发展的影响，例如立体主义（见图 2）、未来主义、俄罗斯芭蕾舞团的丰富色彩和异国主题以及机器闪亮的流线型组件。装饰艺术理念的传播非常快且影响深远。它的影响出现在交通、公共和私人建筑、室内装饰、家居用品、排版、珠宝和时尚设计中。在美国，人们认为流畅的轮廓没有最新的风格那么奢华，并且许多批量生产的产品相对比较廉价，这与大萧条时期人们的态度形成了互补。这一风格在纽约新建的建筑上尤其突出（见图 3）。**SH**

1925 年	1926 年	1930 年	1931 年	1932—1934 年	1937 年
勒·柯布西耶在巴黎展出德布奥地利橱柜制造商迈克尔·索耐特设计的标志性维也纳咖啡馆 14 号曲木椅。	家具设计师保罗·弗兰克（Paul T. Frankl，1886—1958 年）在纽约市推出了装饰艺术风格的"摩天大楼"系列家具（详见第 158 页）。	洛克菲勒中心开始建造，该中心是由纽约城 19 栋装饰艺术大楼组成的建筑群，雷曼·胡德（Raymond Hood，1881—1934 年）是主要建筑师。	香烟广告宣称吸烟时尚并且有益健康。	荷兰设计师赫里特·里特费尔德设计了 Z 字形的椅子；通过将四块木片固定成 Z 形而制成的一款精简、棱角分明的椅子。	霍巴特制造公司推出了由埃格蒙特·阿伦斯（Egmont Arens，1889—1966 年）设计的凯膳怡 K 型食物搅拌机。

摩天大楼系列家具 1926 年

保罗 · 弗兰克 1886—1958 年

1. 架子

弗兰克的摩天大楼家具底部四四方方、上半部分较高,展现了他的建筑技能优势。他用稳定的水平面平衡了延长的垂直线条,同时用冲突色描绘表面和边沿

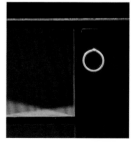

2. 把手

弗兰克的摩天大楼家具越来越流行,同时也变得更精致和更优美,正如这个 1928 年左右的书柜一样。他增加了装饰物,例如银箔细部装饰和抛光把手,这与家具本身的厚实形成了对照

保罗·弗兰克出生于奥地利，在柏林接受建筑训练后，于20世纪20年代移居美国。他被纽约市积极乐观的时代精神所吸引，于是就此安顿下来，不久后，他根据窗外可以看到的交错的曼哈顿天际线为自己打造了一个书柜。他的邻居很欣赏这个书柜，于是他按照城市摩天大楼的形状和样式为他们设计了类似的家具。他的理念传达了许多人在两次世界大战之间、大萧条之前所感受到的自由感。到了20世纪20年代，摩天大楼已经成为美国现代化、独立和权力的象征；世界上其他任何地方都没有能反映城市景观的家具。弗兰克将这套家具简称为"摩天大楼家具"，在东48街他新开设的室内装饰陈列室弗兰克画廊售卖。他的装饰艺术和现代主义风格的设计反映了人们普遍想要摒弃过去、对当下抱有信心、对未来充满希望的感受。弗兰克的堆叠式结构系列设计，包括书柜、桌子、橱柜、衣柜和其他物件，立即受到大众的欢迎，不过对大多数人来说有点昂贵。

弗兰克以俏皮时髦的方式让人们放弃怀旧的设计风格，使美国许多地方都接受了装饰艺术和现代主义，甚至得到主流的认可。然而他的成功并没有持续很久。虽然他的摩天大楼家具线条干净纯粹，非常新潮，但容易被模仿。到1927年，几个家具制造商都在模仿他的设计，甚至有些成功大批量生产，降低了这种家具的价格。**SH**

漆木
高 242cm
宽 109cm
深 33cm

⏱ 设计师传略

1886—1911 年
保罗·西奥多·弗兰克出生于维也纳。他在维也纳理工学院（Vienna Technische Hochschule）学习建筑后去了柏林理工学院（Berlin Institute of Technology）学习。

1912—1925 年
定居于纽约之前，弗兰克在美国和日本旅行。第一次世界大战期间，弗兰克回到欧洲。1920 年回到美国。

1926—1958 年
弗兰克的摩天大楼家具立即受到了人们的关注，出现在许多报纸和杂志上。弗兰克在加利福尼亚的比弗利山庄（Beverly Hills）开了一家店，好莱坞名人经常光顾。他在家具中使用了动物外形，并用藤条作为家具材料。弗兰克写了一些关于现代风格的书和文章，1934 年移居洛杉矶后，他还在大学任教。

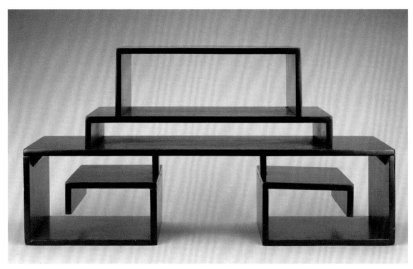

◀ 1927 年，在纽约梅西百货公司为宣传现代设计而举办的艺术贸易展览上，弗兰克在题为"装饰中的摩天大楼"的演讲中阐述了自己的理论，尤其提到他认为几何形式是好设计的关键。弗兰克强调垂直线条和尖锐的角是现代化的，而曲线可以用来创造亮点。他的现代审美在 1929 年的松木漆面咖啡桌等作品中体现得很明显。他在书中也提到了这些观点，包括《新维度：1928 年语言和图片中的当代装饰艺术》以及《形式和改革：1930 年现代室内装饰实用手册》

异想天开陶瓷 1928—1934 年

克拉丽斯·克利夫 1899—1972 年

👁 焦点

1. 茶杯

这套茶具的直布罗陀风情图案是手绘的。它以柔和的色调描绘了直布罗陀岩的海景，蔚蓝大海上有游艇和帆船。蓝色、淡紫色、粉色和黄色的镶边勾勒出图案的轮廓。这种设计体现了克利夫大胆和半抽象的设计特点

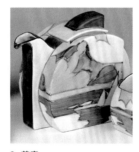

2. 茶壶

这种侧面平坦的茶壶和实心手柄茶杯的组合造型是克利夫的特色。茶具的曲线和棱角体现了装饰艺术风格，茶壶平坦的侧面很适合绘画和展示克利夫的各种图案

🕐 设计师传略

1899—1926 年

克拉丽斯·克利夫出生于英国斯塔福德郡的滕斯托尔。13 岁时，她成了一名珐琅工艺学徒。17 岁时，她加入了 A.J. 威尔金森公司在特伦特河畔斯托克伯斯勒姆的皇家斯塔福德郡陶器厂。1924 年到 1925 年间，她在伯斯勒姆艺术学院上学，她的才华引起了她老板亚瑟·科利·肖特的注意。

1927—1928 年

肖特派克利夫赴伦敦皇家艺术学院进行两次短期学习。回到威尔金森后，克利夫获得了纽波特陶器厂的一个工作室。她使用明亮的珐琅色来手绘装饰传统的白色器具，并称其为"奇异"系列。

1929—1972 年

1929 年至 1935 年间，克利夫又创作了大量不同形状的系列陶器，包括"锥形"和"的里雅斯特"系列陶器。1930 年，她被任命为纽波特陶器厂的艺术总监。1932 年，她设计的流行的 Appliqué 系列有 14 种图案，尽管经济不景气，但仍畅销。1940 年，肖特丧偶，克利夫与其结婚。在肖特去世后，她把工厂卖给了仲冬陶器厂（Midwinter Pottery）并退休。

威尔金森的纽波特陶器厂制造的异想天开系列彩绘直布罗陀图案茶具

自职业生涯早期开始，克拉丽斯·克利夫就以原创、充满活力的风格创造了大胆、独特的陶瓷作品。在英国斯塔福德郡的纽波特陶器厂（威尔金森陶器厂的一个分支）工作期间，她用鲜艳的珐琅色给纯白色素瓷（即已经被烧制过但还没有上釉的陶瓷，通常被称为"素瓷"或"坯"）上色。她的设计比大多数人的更加明亮，她也因使用红色、橙色、黄色、蓝色、绿色为主色调而闻名。1927 年，她将自己第一个陶器系列命名为"奇异"，将设计的图案绘制在陶器厂生产的造型传统的陶瓷上。不过，存货售完后，她便开始设计与她的装饰艺术风格图案相匹配的器具外形，如方形或六边形盘子、锥形咖啡壶和糖罐以及带有三角形手柄的杯子及配套茶壶等。她手工绘制图案，为了满足市场需求，自 1929 年开始，她组建了一支以年轻女性为主导的队伍。继"奇异"系列之后，她推出了更具异域风情的系列作品，如"黑色卢克索"（Black Luxor）、"异想天开"（Fantasque）、"拉威尔"（Ravel），每种风格一推出就大火。1928 年至 1934 年间，她开发了"异想天开"系列作品，由于"奇异"系列获得了巨额利润，出于纳税方面的考虑，"异想天开"系列以威尔金森而不是纽波特陶器厂的名义出售。"异想天开"系列最初有八种图案，包括雨伞和雨、肉汤和水果等。随着该系列的发展，后来还新增了抽象风格图案、小屋和树木的风景图案、装饰艺术风格图案。"异想天开"的第一个风景图案作品是树与屋，销量颇好。但 1930 年年底推出的更精致的秋景图成为最受欢迎的陶器图案。起初秋景图采用珊瑚红、绿、黑等色调，很快又使用了其他颜色组合，并持续畅销多年。在整个大萧条期间，"异想天开"系列和其他系列产品仍然持续以当时来说昂贵的价格在世界各地大量销售。**SH**

红番花图案

克利夫教画家用简单的步骤来手绘她的设计。她最受欢迎的一种图案是红番花（1928—1964 年），花是三笔或四笔画成的，然后倒过来，用较细的绿色线条绘制叶子。克利夫最初用充满活力的橙色、蓝色和紫色来绘制红番花，盖子上的黄色带代表太阳，底部的棕色象征地球。后来她又设计了其他颜色组合，包括紫色、蓝色、金色和绿色。起初，一位画家就能够完成此设计，但是随着订单大量增加，她培训了好几批女孩，这样就可以分工，两三个人画花瓣，一个人画叶子，一个人画带子。在 20 世纪30 年代的大部分时间里，大概每周五天半的时间，二十名年轻女性只绘制红番花图案。该图案被广泛绘制在餐具、茶具、咖啡器具以及礼品袋上。

省力设计

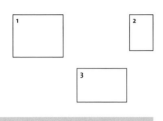

1. 20 世纪 30 年代，英国电价低廉，因而克里斯汀·巴曼 1934 年左右设计的镀铬电风扇取暖器等加热设备就有了市场

2. 在 20 世纪 40 年代的一则吸尘器广告中，一个女人一边微笑一边用吸尘器清理起居室房间的地毯。商家宣称这些省力设备能节省时间，从而给人们带来幸福感

3. 1927 年，德意志制造联盟在德国斯图加特举办了建筑展，雅各布斯·奥德为该展览设计的厨房旨在为家庭主妇提供一个方便准备食物的有条理的高效工作空间

到 20 世纪 20 年代，设计师开始研究如何减少家务的工作量，从而减轻家庭主妇的负担。他们主要侧重于改变厨房的设计和布局。理性家庭运动中最有影响力的人物之一是美国家庭经济学家克里斯汀·弗雷德里克（Christine Frederick，1883—1970 年），她将节俭的原则应用于家庭中。弗雷德里克制作了内部规划图。她将厨房设置在房屋的后面，创建了一个小型、高效的家庭实验室，家庭主妇坐在高脚凳上，可以拿到她所需要的一切物品。欧洲许多现代主义建筑师均阅读过弗雷德里克的书籍，奥地利建筑师玛格丽特·舒特–利霍茨基（Margarete Schütte-Lihotzky，1897—2000 年）便是其一，她开发了理性厨房规划最著名的方案之一——法兰克福厨房（1926年；详见第 164 页），这是为法兰克福的一个公共住房计划设计的方案。

1927 年，德意志制造联盟（详见第 114 页）在斯图加特举办了"魏森霍夫"建筑展，展示对当代生活方式的探索。前沿的现代主义建筑师，包括路德维希·密斯·凡德罗和勒·柯布西耶，为该住宅项目建造了许多房屋，从中可以看出德国版弗雷德里克的影响——她就是经济学家厄纳·迈耶（Erna Meyer，1890—1975 年），广受欢迎的《新家居：实惠家政指南》（*The New Household: A Guide to Economical Housekeeping*）一书的作者。迈耶担任

重要事件

1913 年	1922 年	1923 年	1924 年	1926 年	1926 年
克里斯汀·弗雷德里克的《新家政：家庭管理效率研究》（*The New Housekeeping: Efficiency Studies in Home Management*）一书出版，此书将运动研究应用于家务上。	弗雷德里克《新家政》的译本在德国出版，书名为《高效家政管理》。	包豪斯在魏玛举行了"艺术与技术：一个新统一"展览。带有理性厨房的何恩之屋是重点展品。	英国妇女电气协会（The Electrical Association for Women）成立，旨在促进家庭现代化，向妇女传授省力设备的使用方法。	厄纳·迈耶的《新家居》在德国出版。它很快成为现代建筑师的重要参考文本。	玛格丽特·舒特–利霍茨基为法兰克福的新公寓楼设计了法兰克福厨房。

顾问，与荷兰建筑师雅各布斯·奥德（J. J. P. Oud, 1890—1963 年）一同为该展览设计了一个厨房，其中有开放式书架、家庭主妇的凳子和工作台（见图 3）。

这种新设计的缺点并不能立刻显现出来，它会将家庭主妇与家庭隔离开，最终妇女会排斥这种设计。另一个缺点是，弗雷德里克仍然提倡使用简单的厨房用具，她并没有接受美国工厂生产的热销的创新电动省力设备。从审美角度来看，20 世纪 20 年代发展起来的减少家务工作量的思想加强了视觉极简主义，并且也影响了现代主义设计的发展，最终影响了整个房屋的家具和设备的外观。

20 世纪 30 年代经济萧条时期，家用电器制造商推出具有曲线、流线型外观的现代化设计来刺激市场需求，这种外观体现了产品的高效，导致老式功能性商品的款式过时。他们雇用工业设计师将他们的技能应用到电动省力装置上。例如，在英国，HMV 家用电器公司委托克里斯汀·巴曼（Christian Barman, 1898—1980 年）设计各种家用电器，包括对流式加热器（见图1）。在美国，胡佛公司委托亨利·德雷夫斯（Henry Dreyfuss, 1904—1972年）设计 150 型真空吸尘器（1936 年；见图 2），霍巴特制造公司聘请埃格蒙特·阿伦斯（1889—1966 年）设计凯膳怡 K 型食物搅拌机（1937 年；详见第 166 页）。**PS**

1927 年	1933 年	1934 年	1934 年	1936 年	1936 年
德意志制造联盟在德国斯图加特举办的展览会推广了省劳力的厨房。	克里斯汀·巴曼开始为英国的 HMV 家用电器公司设计电器。	通用电气公司的平顶冰箱出现在美国市场；它是最早采用现代风格设计并带有隐藏式压缩机的冰箱之一。	美国设计师雷蒙德·洛威为美国西尔斯公司（Sears Roebuck）设计了 Coldspot 冰箱，借鉴了汽车设计的特点。	亨利·德雷夫斯设计了胡佛（Hoover）150 型吸尘器，它的流线型外观体现了速度和效率。	巴曼为 HMV 家用电器公司设计了一款流线型恒温控制电熨斗。

法兰克福厨房 1926 年
玛格丽特·舒特 – 利霍茨基 1897—2000 年

根据户外厨房的启发，尤其是船上的厨房、餐饮车和午餐车，玛格丽特·舒特－利霍茨基构想了一个厨房布局，强调省力和高效储存的重要性。像之前的克里斯汀·弗雷德里克一样，她设计了一个小型的实验室式厨房，家庭主妇处于主导地位，在里面可以像科学家一样，坐在工作台旁边的凳子上工作。同弗雷德里克一样，她设计了一个工作点，所有工具都在使用者能轻松触及的范围内。此外，她增加了一个延伸的工作台面，厨房因此拥有了一个更统一的现代化外观，她还在玻璃墙橱柜下方安装了一个木板架。她还为她的橱柜和架子设置了门。这种一体化的厨房极大地吸引了当代建筑师。甚至连颜色都是为了提高效率挑选的。虽然起初选择蓝色是为了有效地驱赶苍蝇，但它同时也大大增加了厨房的视觉冲击力。油毡、玻璃和钢铁等材料的使用增强了房间成熟、现代的感觉。利霍茨基为法兰克福的公共住房计划建造了这个厨房，公共住房是德国建筑师恩斯特·梅（Ernst May）设计的。此后法兰克福厨房直接投入大规模生产，为20世纪20年代末30年代初的许多新房树立了先例。不过，自20世纪30年代末起家庭主妇们开始反对这种实验室式厨房。**PS**

木材，玻璃，金属，油毡
涂料和搪瓷
344cm×187cm

👁 焦点

1. 凳子

和弗雷德里克设计的厨房一样，在法兰克福厨房中，家庭主妇也可以坐下来工作。为此，厨房中放置了一张高脚凳，可以塞进工作台面下方的空间。凳子位于厨房准备食物的区域，大部分厨房活动都发生在这里

2. 关闭的门

厨房橱柜和架子上装有滑动门和铰链门，这样可以更好地防止灰尘污染内部的东西。虽然开关门较为费事，但是这也使房间拥有更加现代化的流线型外观

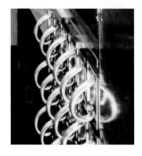

3. 布置

厨房布置得井井有条，家庭主妇可以方便地拿取各种物品。各项任务分离：食物的准备和烹饪与洗涤分开。小储物柜设有单独的罐子，用于储存单一物品，如面粉、糖和盐

🕐 设计师传略

1897—1937 年

玛格丽特·舒特－利霍茨基出生于维也纳，是第一位在维也纳应用艺术大学学习的女性。1926 年，建筑师恩斯特·梅邀请她加入他在法兰克福的公共住房计划。利霍茨基为该计划设计了法兰克福厨房。20 世纪 30 年代的大部分时间，她都在莫斯科度过，帮助实现斯大林的五年计划。

1938—2000 年

玛格丽特·舒特－利霍茨基离开苏联，最终于 1938 年在土耳其伊斯坦布尔定居，担任当地的建筑师兼教师。后来她回到维也纳，但由于叛国罪而被监禁至 1945 年。她在维也纳度过了余生的大部分时间。

▲ 法兰克福厨房可以安装成三种不同的尺寸，具体大小取决于住房面积。没有装饰物意味着它很容易清理

凯膳怡 K 型食物搅拌机 1937 年
埃格蒙特·阿伦斯 1889—1966 年

不锈钢和铝
35.4cm × 35.9cm × 22.2cm

霍巴特制造公司成立于俄亥俄州的特洛伊，拥有凯膳怡品牌，从 1914 年开始开发商用食品搅拌机。它于 1920 年发布了第一个商用版本，尽管这个型号在五金店销售，且后来由女性员工上门推销，但销售情况并不好。20 世纪 30 年代中期，该公司请埃格蒙特·阿伦斯设计一款食物搅拌机。阿伦斯于 1937 年推出的低成本 K 型食物搅拌机成为一款经典设计。它具备优雅的流线型外观，轻便小巧，附件完全可互换，吸引了消费者，成功为公司盈利。

阿伦斯在许多领域赢得了声誉，包括出版和产品设计。1932 年，他与别人共同撰写了一本有影响力的书——《消费者工程》（*Consumer Engineering*），介绍了计划性报废的想法。这本书提出，物品需要精心设计，不断重新设计并积极销售。出版后，许多制造商请他为他们设计产品。阿伦斯作为工业设计师的声誉很快建立起来，他设计了许多产品，不过很少与时尚的食品搅拌机一样经久不衰。现在凯膳怡的组件仍然与 1937 年的型号兼容，并且设计从那以后几乎没有变化。**PS**

✿ 图像局部示意

1. 外壳

在 20 世纪 30 年代的美国，汽车的流线型外观转移到了静态消费品上。阿伦斯设计的凯膳怡搅拌机具有流线型的机身外壳。这不仅看起来时尚，并且有助于让消费者相信电器产品可以安全使用

2. 头部

子弹形搅拌头向后倾斜，便于更换附件。搅拌机配有一整套可互换的附件，因此它可以用于各种任务，包括切蔬菜、切肉、给豌豆去壳和开罐

3. 白色

起初，凯膳怡搅拌机只有白色款。20 世纪 50 年代中期有了更多颜色：粉色、黄色、绿色、古铜色和镀铬色。从柔和到明亮色调的一系列颜色取代了二战期间厨房的黑色和银色

家庭现代化

省力设备进入家庭厨房标志着世界大战期间美国家庭的现代化。虽然经济衰退，但随着人们接受现代化的这些特征，国内消费也在增加。

◀ 凯膳怡搅拌机设计问世四年后，阿伦斯又为霍巴特做了另一项工业设计。这次是流线型切肉机，他为其设计了一种令人赞叹的符合空气动力学的外观。切肉机完全由钢制成，铆钉外露，外形精简实用。它由双石磨具、电木齿轮驱动的不锈钢刀片和专用电机几部分组成。同之前设计的搅拌机一样，该设计受到媒体的广泛关注。人们认为这款流线型切肉机是该时期美国最成功的设计之一，在 1944 年至 1985 年期间，生产量达近 10 万件

形式追随功能

20世纪初的审美从使用表面装饰转变为欣赏纯粹、未加工的外形，这是现代设计史上最重要的风格转型之一。然而，机械化生产并不直接导致生产出的产品具有机械风格。相反，工厂制造的产品先是启发了建筑师和艺术家，他们创作出回应机械时代文化要求的产品，进一步启发了几代具有前瞻性的设计师，这些设计师将灵感应用于工厂制造的产品中，使它们呈现出机械风格。纯粹的形式源于功能以及产品不应有表面装饰的概念并不意味着物品的功能应该决定其外观。相反，这个概念是基于内部结构应该影响外形而来的。"形式追随功能"是美国建筑师路易斯·沙利文（Louis Sullivan，1856—1924年）创造出来的一个短语。他认为，就像一朵花从植物的根和茎生长出来一样，建筑物的外观应由其内部结构决定。沙利文提倡在现代建筑中使用钢架结构，他建议建筑外观应该反映出这种简单的、隐藏在其中的几何结构。沙利文并不总是实践他所宣扬的理念，他设计的建筑中，有几栋的外观都有装饰，特别是入口。但他的想法对早期的现代主义建筑师和设计师都产生了影响。美国建筑师赖特就采纳了沙利文的理念，他对后期现代主义思想有着重大

重要事件

1900 年	1901—1902 年	1907 年	1908—1910 年	1908 年	1910 年
阿道夫·路斯出版《言入虚空》（Spoken into the Void），抨击了维也纳分离派的装饰性作品。	沙利文出版了《沙利文启蒙对话录》（Kindergarten Chats）系列书籍。在书中，他详细阐释了很多关于建筑形式的想法。	德意志制造联盟（详见第114页）采用"形式追随功能"的原则来设计产品。	弗兰克·劳埃德·赖特在芝加哥建造了罗比之家，同时设计了房屋内饰，包括照明、家具、地毯和纺织品。	路斯在他的文章《装饰与罪恶》（Ornament and Crime）中表示，通过拒绝装饰，人类已经变得更加文明。	路斯在维也纳发表了《装饰与罪恶》演讲。他的理念被证明是有影响力的，并有助于定义欧洲的现代主义。

影响。赖特在其早期项目中遵循了"形式追随功能"原则，如芝加哥的罗比之家（Robie House，1908—1910 年；见图 1）：客户希望能够看到邻居，却不希望自己被邻居看到。赖特巧妙地利用水平面实现了客户的需求。

在现代设计的功能主义哲学的发展进程中，这些聚焦于建筑的原则得到了其他原则的补充，这些原则借鉴了大规模生产商品过程中所产生的观点。欧洲早期现代主义者的著作表达了对美国大规模生产的简单产品的惊叹。时钟、钥匙、自行车、农用机械和标准化书柜被广泛尊崇为实用、自然、机器生产的产品。现代主义者都怀念、渴望那个纯真年代，其实这是因为他们对商业设计环境充满忧虑。

随着 20 世纪不断推进，建筑师和设计师寻求一种以沙利文和奥地利建筑师阿道夫·路斯（Adolf Loos，1870—1933 年）的想法为起点的客观设计方式。设计现代主义的支持者陷入了一个两难境地：是将机器的概念作为一个关键隐喻来发展现代美学，还是尝试为机器生产而设计，从而促进现代商品在大众市场中的广泛供应？这两种目标在钢管家具中得以共同实现，如包豪斯（详见第 126 页）老师马歇·布劳耶的作品。布劳耶的 B22 号钢架有着间隔均匀的隔板（1928 年；见图 2），实现了上述目标；抛光的金属框架围着光秃秃的染色夹芯板，因为没有任何装饰，所以里面摆放的所有物体都显得突出。

到 20 世纪 30 年代，"形式追随功能"的观念已经普及。简约和几何形状已经成为现代美学，这点从吉奥·庞蒂（Giò Ponti，1891—1979 年）的0024 吊灯（1931 年；详见第 170 页）等设计作品中可以看出来。吊灯外形的纯粹源于其同心圆的形状，灯的制作使用了朴素的现代工业材料，如钢材和玻璃，且吊灯被简化至最基本的要素，这些设计方式充分展现了战前意大利设计师所采用的理性主义。

安格泡万向灯（1932—1935 年；详见第 172 页）是另一盏标志性的灯，对"形式追随功能"概念的解读不同，其机械形式表明了物体的功能主义。安格泡万向灯是一盏可操作的工作灯，目的是使灯光能投向需要照亮的地方。安格泡万向灯是工程思维的产物，并将这一思维体现了出来。这款灯的工作方式并未被隐藏起来；因为其工作方式就是设计本身。因此这盏灯的形式完完全全来源于其功能。**PS**

1. 弗兰克·劳埃德·赖特使用钢架结构支撑罗比之家（1908—1910 年）的悬臂式屋顶，并使用模块化网格系统设计内饰

2. 马歇·布劳耶设计的镀铬管钢架（1928年）具有简洁的外观和线条，是"形式追随功能"理念的典型

0024 吊灯 1931 年

吉奥·庞蒂 1891—1979 年

👁 焦点

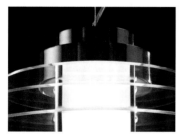

1. 玻璃和金属

0024 吊灯包括 11 个透明的钢化玻璃圆盘，水平堆放并固定在镀铬黄铜框架上。其中央的灯光扩散器由喷砂玻璃制成。庞蒂使用玻璃是因为它具有现代美感和独特的散光方式

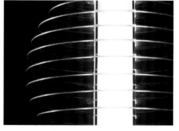

2. 几何形状

0024 吊灯整体形状是一个球体，由不同尺寸的玻璃圆盘平行排列组成，是一件抽象的几何作品。庞蒂让水平玻璃圆盘和垂直的圆柱形中心灯光扩散器形成对比，创造出一件引人注目的雕塑

3. 照明

0024 吊灯是件吸引人的悬挂艺术品，除此之外，它在照明方式上也有所创新，从其中心光源发出的光线被分散了。缎纹玻璃的使用具有非常特别的效果。灯也可以调暗，以实现低能耗

到 20 世纪 20 年代末，意大利推出了自己的现代主义建筑和设计。一批意大利建筑师发起了一场名为理性主义的运动，这一运动受到柯布西耶和格罗皮乌斯作品的影响，其间出现了一些现代主义的家具和产品设计。除此之外，在装饰艺术领域工作的几位意大利设计师同时也接受了现代风格。建筑师吉奥·庞蒂便是其中之一。

0024 吊灯体现了设计师将玻璃与金属结合的一种创新方式。这盏挂在天花板上的灯，也是一件会发光的雕塑作品。虽然它的形式本质上是抽象的，但是庞蒂对于材料和形状的选择造就了一件具有高度装饰性的现代设计作品，并且能有效发挥功能。庞蒂在 0024 吊灯中实现的美学理念受到法国装饰艺术运动的影响，该运动旨在确定一种现代装饰风格，以配合更简约的现代主义建筑形式。法国称这种风格为"现代风格"（moderne），是现代主义中更加豪华的一个商业分支，在传统的装饰艺术中广泛存在。1932 年，庞蒂创立了 FontanaArte 公司，这是领先的玻璃制造商 Luigi Fontana 的一个分支。庞蒂用传统材料为其设计现代装饰产品。**PS**

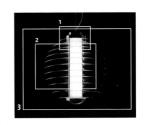

透明的钢化喷砂玻璃，灯光扩散器，镀铬黄铜框架
直径 50cm

🕐 设计师传略

1891—1932 年

吉奥·庞蒂出生于米兰，曾在米兰理工大学学习建筑，但在第一次世界大战期间由于参军而暂时中断了学习。1923 年，他开始从事建筑业。从 1927 年起，他与艾米里奥·兰西亚（Emilio Lancia，1890—1973 年）合作，以九百派（Novecento）风格进行设计。1928 年，庞蒂创立了《多莫斯》建筑与设计杂志。在整个 20 世纪 20 年代，他还从事工业设计，并被任命为瓷器品牌理查德·基诺里（Richard Ginori）的艺术总监。

1933—1979 年

庞蒂于 1933 年开始与工程师尤金尼奥·颂齐尼（Eugenio Soncini）和安东尼奥·佛纳罗利（Antonio Fornaroli）合作。他们一起参与了菲亚特办事处的创建以及意大利化学品公司蒙特卡蒂尼（Montecatini）总部的创建。1956 年，庞蒂设计的米兰皮瑞里大厦（Pirelli tower）开始施工。自那以后，庞蒂先后参与了意大利许多其他重要地标的设计，并继续从事装饰艺术工作，和皮埃罗·佛那赛缇（Piero Fornasetti）等人合作。

超轻椅

在设计 0024 吊灯二十多年之后，庞蒂制作了一张标志性的"超轻"椅，即由米兰家具公司卡西纳制造的超轻椅（1957 年；右图）。它的重量只有 1.7 千克。到了这个时候，设计风格已不再是装饰艺术风，而显得更"当代"了。庞蒂再次将传统与现代融为一体，模仿当地渔夫常用的由漆木和精细编制的藤条制成的基亚瓦里椅子（Chiavari，1807 年），设计了稳定的无扶手单椅。不过，他巧妙地改变了传统的设计，使他的设计具有更加现代化的外观。该椅子比 0024 吊灯更简约，展示了庞蒂如何继续帮助创造战后的意大利设计美学风格，这种风格原创性很强。这把椅子将艺术极简主义与优雅、实用和舒适结合起来。

安格泡万向灯 1932—1935 年
乔治·卡沃尔廷 1887—1947 年

钢，铸铁底座
高度（最高可达）60cm

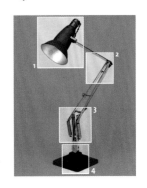

安格泡万向灯也体现了"形式追随功能"这一理念：它不包含对其功能没有帮助的部分，其外观由其功能组件决定。因此，它已经成为一款经典设计。这款灯是英国汽车设计师乔治·卡沃尔廷的创意，他也是悬挂系统方面的专家。

1932 年，卡沃尔廷在工作时发现了一种他认为可以在其他工程环境中使用的装置。从本质上来说，他创造了一个可以往多个方向移动但仍然保持刚度的弹簧。他继而设计接合处，通过增加一套弹簧（三或四个），接合处可以往多个方向移动，并不需额外支撑即可保持固定。卡沃尔廷意识到，自己开发的机制用在灯上最合适，因为有了它，光束就可以聚焦在多个点上。他决定要与专业制造商合作，把想法付诸实践。于是他与特里弹簧公司（Terry Spring Company，后来的赫伯特·特里父子公司）合作，并于 1935 年生产了 1227 安格泡灯。**PS**

👁 **焦点**

1. 灯罩

卡沃尔廷添加了灯罩以防止灯光刺眼。灯罩内有一个让它可以旋转的内部机构，这意味着光束可以投向用户想要的任何地方，造就了安格泡灯的高级功能

2. 臂

安格泡灯的三节金属柱和人类手臂非常相似。卡沃尔廷在设计万向灯时意识到了这一点，想让接合处以类似人体的方式工作

3. 机械装置

安格泡万向灯的机械装置包括一个金属柱，两个接合处由弹簧连接。铰接柱一旦移动到位，就完全稳定，这一功能通过卡沃尔廷开发的特殊弹簧得以实现

4. 底座

灯需要一个沉重的底座，以确保它不会翻倒。这一底座由两个金属方块组成，一个置于另一个之上。底座是原始设计中唯一具有造型的元素；它的金字塔外观给人以装饰艺术之感

仿制和重新设计

到 20 世纪末，安格泡灯已成为英国的经典设计。它被广泛仿制，全球各地都能买到劣质的仿制品。2003 年，赫伯特·特里父子公司委托英国产品设计师肯尼斯·格兰奇（Kenneth Grange）重新设计了原来的 1227 型号。自 20 世纪 50 年代以来，格兰奇的设计生涯一直很成功，设计出了朗声剃须刀、凯伍德食品搅拌机，他勇于迎接挑战，生产了三款新型号。第一款是 3 型安格泡灯，具有双层灯罩，可以安装 100 瓦灯泡；第二款是 75 型，非常类似原来的设计；而第三款是 1228 型（右图），它有一个彩色灯罩，是三种型号中最时尚的一款。

胶合板和层压木

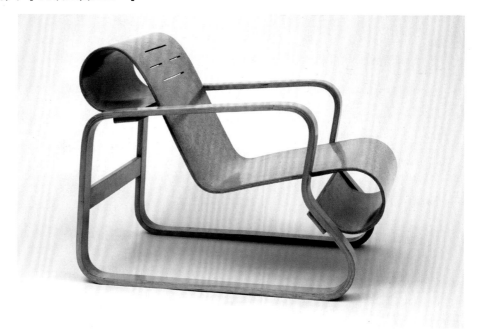

胶合板和层压木与 20 世纪 30 年代的现代主义家具密切相关，但它们在当时绝不是新型材料。出生于德国的橱柜制造商迈克尔·索耐特早在 1830 年就尝试了弯曲层压木材，在胶水中煮沸木材，并在模具中成型。他在木材技术方面的创新为后续的技术突破铺平了道路。胶合板的第一个美国专利于 1865 年注册。胶合板最初被称为胶合镶板，是由多层薄切的木材单板制成的，这些木材单板一层层粘在一起，每层的纹理相互交错。因为早期的胶合板质量很差，所以主要用作橱柜背面和抽屉底部的实木替代品。然而，与实木用具相比，胶合板具有许多优点，因为它更稳定，并且更不容易翘曲或开裂。事实上，它可以以大片的形式生产，这也是有益的，但其最大的优点在于它的强度。层压木与胶合板类似，但它由较厚的木材切片制成，每层木片的纹理方向相同。层压木比胶合板和实心曲木更坚固。

20 世纪 20 年代，现代主义建筑师将注意力转移到家具上，他们最初关注的是金属。然而，芬兰建筑师阿尔瓦·阿尔托（Alvar Aalto，1898—1976 年）发现钢管比较粗糙，自然而然地被木材吸引。当时的挑战在于如何克服木材的物理限制，层压木和胶合板提供了解决方案：它们具有弹性和可延展性，又非常坚固，可以被做成有趣的有机形状。阿尔托在他为帕伊米奥疗养院设计的开

重要事件

1927—1929 年	1931 年	1931—1932 年	1932—1933 年	1933 年	1934 年
阿尔瓦·阿尔托开始尝试与奥托·高亨（Otto Korhonen）合作，使用弯曲的层压木和模压胶合板进行实验。	杰拉尔德·萨默斯在伦敦创立简单家具制造公司，专门生产胶合板家具。	阿尔托设计了 41 号扶手椅和 31 号扶手椅，使用弯曲的层压木来制作框架、用模压胶合板来制作座椅。	阿尔托设计了由固体层压桦木制成的 60 号叠木椅（详见第 176 页），带有一个扁平圆形座椅和三条弯木腿。	阿尔托的家具在伦敦的福特纳姆梅森百货商店展出。	芬玛公司（Finmar）成立，将阿尔托的家具从芬兰进口到英国。

创性 41 号扶手椅（Armchair 41，见图 1）中结合了这两种材料，使用层压木制作环形框架，使用模压胶合板制作曲线座椅。他继续设计了一系列家具，包括 60 号叠木椅（1932—1933 年；详见第 176 页）。

1935 年，包豪斯建筑师马歇·布劳耶来到伦敦时，采用了与阿尔托相同的技术和材料。他设计的长椅（1935—1936 年）的两部分悬臂框架由弯曲的层压木制成，而波浪形躺椅则由模压胶合板制成。1937 年，他以书面形式强调了这种设计解决方案的创新性："这里的胶合板不仅仅用作面板或由单独的结构构件所承载的平面；它同时发挥两个功能——承受重量并形成自己的平面。"他为伊索肯家具公司设计了许多其他家具，包括从厚桦木胶合板上切割而成的三合一嵌套桌（见图 2）。然而，布劳耶并不是第一个用单张胶合板制作家具的设计师。两年前，杰拉尔德·萨默斯（Gerald Summers，1899—1967 年）在伦敦为简单家具制造公司设计了一款胶合板扶手椅。这款扶手椅具有流体曲线外形，向各个方向弯曲，使扶手和腿部形成一体。它是从一块 13 层的胶合板切割而来的。虽然这是萨默斯最出名的设计，但他并未就此停止。他创造了一系列开创性的胶合板家具，包括 1934 年推出的一辆具有 S 形框架的时尚手推车和 1936 年设计的创新 Z 形桌子，这是一张桌面和搁板呈环形螺旋状的胶合板桌子。**LJ**

1. 阿尔瓦·阿尔托设计的 41 号扶手椅采用弯曲胶合板、弯曲层压桦木和实心桦木制造而成

2. 马歇·布劳耶设计的嵌套桌（1936 年）中的每张桌子都切割自同一块木板，然后模压成型

1934 年	1935 年	1935 年	1936 年	1936 年	1939 年
夏娃椅（Eva chair）是瑞典公司卡尔·马松的布鲁诺·马松（Bruno Mathsson，1907—1988 年）设计的，带有弯曲的层压桦木框架和黄麻织带坐垫。	阿尔瓦·阿尔托、艾诺·阿尔托（Aino Aalto）、艺术评论家尼斯 – 古斯塔夫·赫尔和赞助商梅尔·古利克森（Maire Gullichsen，1907—1970 年）创立了 Artek，推广阿尔托的家具。	杰克·普里查德（Jack Pritchard，1899—1992 年）于伦敦创立伊索肯家具有限公司，是现代建筑开发公司伊索肯的分支。	马歇·布劳耶设计的长椅由伊索肯家具公司生产。其造型源于布劳耶早期的铝制家具。	布劳耶为伊索肯家具公司设计了一系列用层压木和胶合板制成的桌椅，之后于 1937 年移民美国。	伊索肯家具公司推出由埃贡·瑞斯（Egon Riss，1901—1964 年）设计的企鹅驴书柜（详见第 178 页），但该公司第二年就因材料不足停止生产。

60 号叠木椅 1932—1933 年

阿尔瓦·阿尔托 1898—1976 年

桦木和桦木贴面
高 44cm
直径 35cm

过去的两个世纪里，许多最著名的家具都是由建筑师设计的，阿尔瓦·阿尔托的叠木椅就是一个很好的例子。阿尔托开创了一种新风格，芬兰的帕伊米奥疗养院及其明亮、通风和干净的内饰就是代表。充满关怀感的家具对这个项目来说至关重要，这也激励了建筑师们参与家具设计工作。阿尔托认识到木材有成为工程材料的潜力，并与奥托·高亨合作创立了一个工坊。两人共同开发了用层压木制作结构的技术，借助夹具使木材弯曲成有机形状。

60 号叠木椅具有圆形座椅和三条 L 形椅腿，是一件非常简单的家具。这款椅子的腿部结构在顶部层压并弯曲成型，阿尔托为这种腿部结构感到自豪，还为其申请了专利。虽然 20 世纪 30 年代后期出现了一种四条腿的版本，但原来的三条腿的椅子因为材料较少、劳动力成本更低，所以更轻且更实惠。60 号叠木椅一直持续生产至今，阿尔托的家具公司 Artek 从 1935 年开始销售该椅子。**LJ**

✡ 图像局部示意

1. 三腿结构

椅子的三腿结构很实用，因为有利于堆放。当多个椅子堆叠在一起时，腿部偏移的方式会让叠在一起的椅子呈上升式的螺旋结构，这增加了设计的整体美感

2. 桦木

桦木在芬兰被广泛用于制作家具，因为这种材料很容易获取。桦木色泽较淡，纹理细腻，具有视觉吸引力，非常适合用于贴面。从结构上来讲，它是理想的层压木，对于这款椅子至关重要

3. 圆形椅座

除了坐着舒服，圆形椅座从建筑的角度来看也令人满意，与弯曲的腿部相得益彰。椅座用桦木来贴面，或添加衬垫、软垫。无论哪种方式，都保留了相同的深度和比例

4. 弯木腿

椅子腿由弯木制成，并用螺丝固定在椅座的下侧。椅腿的下半部分是实木，上部是层压板。将木片黏合在一起大大加强了木材的强度，也使其足够灵活，可以弯曲而不会断裂

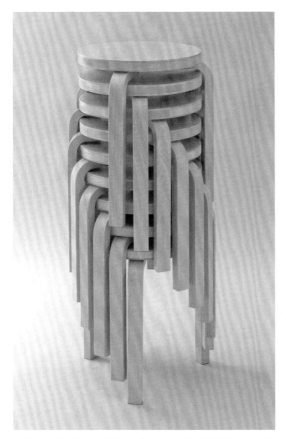

▲ 与大多数现代主义建筑师一样，阿尔托喜欢纯粹的几何形状，但他的家具设计中使用了更多有机形状。这些形状堆叠在一起时，便形成一种明显与自然现象（包括植物形状）相关的形式

有机设计

　　虽然有机设计通常与20世纪40年代和50年代有关，但它始于20世纪30年代，而阿尔托是有机设计起源和演变的关键人物。像其他芬兰设计师一样，如塔皮奥·威卡拉（Tapio Wirkkala，1915—1985年），他创造了根源于自然界的设计，但他也对抽象感兴趣，钦佩康斯坦丁·布朗库西（Constantin Brancusi，1876—1957年）和汉斯·阿尔普（Hans Arp，1886—1966年）等艺术家。通过这种方式，阿尔托开创了一种更加人性化的美学，线条简洁而又流畅。正是这种有机和抽象的融合使他的家具和玻璃器皿设计永恒而纯粹，如萨伏伊伊花瓶（1937年；上图）。

企鹅驴书柜 1939 年

埃贡·瑞斯 1901—1964 年

桦木胶合板
层压木
43cm × 60cm × 42cm

生产了这种奇特的书架和杂志架混合体的公司是杰克·普里查德创立的伊索肯家具公司，他是一位对现代建筑和设计有着浓厚兴趣的、行事大胆的理想主义者。自20 世纪 20 年代以来，贴面胶合板已越来越多地被用来替代衣柜和橱柜中的实木，但普里查德意识到胶合板在家具行业有着更广泛的潜在用途。因为它比实木更轻、更坚固、更易成型，它本身可以作为一种材料来创造与以前完全不同的新家具形式。

与维多利亚时代和爱德华时代的房屋相比，建于 20 世纪 30 年代的房屋往往比例更适中，同时越来越多的伦敦中产人士选择住在酒店式公寓中。空间非常宝贵，促使了两用家具的流行。1937 年，普里查德委托维也纳移民建筑师埃贡·瑞斯进行了多项设计，命名奇特的企鹅驴书柜是瑞斯为伊索肯设计的四件非常实用的物品之一。其他三件包括一个名为"鸥"的书柜和两个用于储存和携带瓶子与玻璃杯的装置：储瓶器和小型储瓶器。企鹅驴书柜比以前的书柜更加有趣，在技术上也更为巧妙、智能且视觉上充满动感，并且用途广泛：书架之间的凹槽可用作报纸和杂志的架子。整个设计也非常有机，与当代雕塑家芭芭拉·赫普沃斯（1903—1975 年）和亨利·摩尔（Henry Moore，1898—1986 年）等人设计的形式相得益彰。**LJ**

✪ 图像局部示意

1. 驴

名字"驴"源于主书柜的驮篮形状，这样的设计和构造是为了最大化承载量。马蹄形的嵌板和圆形钉状支脚增强了这种设计的活泼感

2. 模压胶合板

书柜由薄型胶合板和较厚的层压木组合而成。胶合板向后折叠，在中间形成一个窄颈口袋用来放置杂志。扁平嵌板、书架隔板和支腿均从一张层压木切割而来

3. 企鹅

名字中的"企鹅"并非来自书柜的形状，而是因为该书柜是专门为容纳企鹅出版社具有橙色书脊的平装书而设计的。书架的设计适合书籍的尺寸

小型储瓶器

　　由瑞斯设计、伊索肯家具公司生产的小型储瓶器（1939 年；上图）是一款迷人的家居配饰，可以放置两个酒瓶和六个酒杯，中心的凹槽用来放卷起来的杂志。它小到可以放在桌子上，也可以挂在墙上。它拥有流畅的线条和符合空气动力学的形式，向人们展示了模压胶合板的雕塑潜力。

◀ 20 世纪 70 年代，普里查德坐在马歇·布劳耶设计的伊索肯长椅（1935—1936 年）上休息，旁边是欧内斯特·瑞思设计的伊索肯企鹅驴 Mark 2 书柜（1963 年）。普里查德请瑞思修改原来的设计，加上一个平顶，使其可以作为茶几使用

摄影

1. 格尔达·塔罗使用中画幅旧标准型号的禄来相机，尺寸为6cm×6cm（左）

2. 1936年第一期《生活》杂志的封面，作者：玛格丽特·伯克-怀特

虽然1839年银版摄影法的引入是实用摄影的开始，但摄影一直是工作室专业人士和业余爱好者的专利。19世纪80年代，美国企业家乔治·伊士曼（George Eastman）发布了第一台伊士曼柯达相机，并于第二年改进以使用胶卷，直到此时摄影才开始普及。摄影的普及化是由良好的商业意识激发的，起因很简单：伊士曼想卖胶卷。伊士曼深知，要开发胶卷的潜在市场，得说服非专业人士相信每个人都可以拍出好照片。为此，他不仅生产了一款经济实惠、业余爱好者能够轻松操作的相机，同时也将简单的摄影与显然更加复杂的照片处理过程分开。

伊士曼的广告口号"你只需按下快门，剩下的交给我们！"以最朗朗上口的话语阐述了这个信息。用户要做的就只是按下快门拍照。然后，他们将拍满容量的相机送到工厂处理。送回来的不仅有相机，还有冲洗好的照片、底片和一卷新胶卷。1930年，伊士曼推出了Beau Brownie 2号相机（详见第184页），设计风格像配饰，专为女性设计。1935年，第一款现代彩色胶卷——柯达彩色胶卷推出，摄影界打开了新世界。

重要事件

1900年	1908年	1917年	1925年	1930年	1933年
伊士曼柯达公司推出了使用胶卷的布朗尼相机，标志着大众摄影时代的到来。	柯达使用醋酸纤维素酯胶卷片基替高度易燃的硝酸片基，生产了第一个具备商业实用性的安全胶卷。	三大日本光学制造商合并组建日本光学工业株式会社，最终成为现在的尼康公司。	世界上第一款高品质的徕卡35mm相机投入商用。	柯达推出了Beau Brownie相机，一款专为吸引女性而设计的盒式相机。	匈牙利摄影师布拉赛（Brassaï，1899—1984年）出版了巴黎夜生活影集《夜巴黎》（Paris by Night）。

随着摄影成为家庭生活的一部分，人们用相机记录下每一个生日、节日和重要时刻，摄影通过杂志出版媒介普及到了广大受众之中。美国的《生活》（Life）期刊起初是 1883 年推出的一份娱乐兴趣类周刊。1936 年，《时代周刊》的出版商亨利·卢斯（Henry Luce, 1898—1967 年）购买了《生活》杂志的版权，并将其转变为新闻摄影的媒介。这份重新确定主题的杂志第一期（见图 2）刊登了玛格丽特·伯克－怀特（Margaret Bourke-White, 1904—1971 年）拍摄的照片。《生活》杂志帮助 20 世纪许多重要的摄影师发展了他们的职业生涯。伯克－怀特是该杂志最早的四名专职摄影师之一，她后来成为第一位与美军合作的女性纪实摄影师。类似《生活》的英国杂志《图画邮报》（Picture Post）于 1938 年问世。同年，法国摄影新闻杂志《竞赛画报》（Match）创刊，1940 年停刊，并于 1949 年以《巴黎竞赛画报》（Paris Match）的名字重新出刊。

如果说柯达生产的易于使用的照相机帮助打造了一个业余摄影师市场和价值数百万美元的产业，那么徕卡（1925 年；详见第 182 页）这样的 35mm 相机则改变了新闻报道。因为方便携带至战场中，徕卡相机迅速成为报道了西班牙内战（1936—1939 年）的罗伯特·卡帕（Robert Capa, 1913—1954 年）等摄影记者最喜欢的相机。格尔达·塔罗（Gerda Taro, 1910—1937 年）是卡帕的女友兼搭档，她使用中画幅禄来相机（见图 1）摄影，被认为是第一位前线女摄影记者。卡帕和塔罗一起开创了战争摄影流派。卡帕的《共和国战士之死》（1937 年）成为西班牙内战最典型的画面之一。

在另一场战争的前夕，米诺克斯相机（详见第 186 页）发布。这款微型相机由拉脱维亚设计师瓦尔特·察普（Walter Zapp, 1905—2003 年）设计，于 1938 年首次生产，迅速引起了轴心国和盟军方面参与秘密行动的人士注意。在冷战期间，它被用作间谍相机。然而，它真正获得商业成功是在 20 世纪 60 年代，成为令人向往的象征地位的物品。

摄影对设计（特别是图形）的影响是巨大的。用亨利·卡蒂埃－布列松（Henri Cartier-Bresson, 1908—2004 年）的名言来说，它能够捕捉"决定性瞬间"，迎合了早期现代生活的快节奏。前卫的艺术家和设计师很容易就接纳了照片和照片拼接。作为视觉传达的一种形式，照片往往被认为是客观的事实讲述者，尽管实际上，自摄影技术问世之初，照片就已经能被修改。广告商发现摄影技术很有用，产品和包装拍摄成为重要的销售工具。大众摄影的出现和电影院的电影及后来的电视节目一起，在视觉文化的转型方面发挥了关键的作用。**EW**

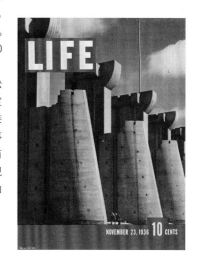

徕卡 35mm 相机 1925 年

奥斯卡·巴纳克 1879—1936 年

👁 焦点

1. 电影胶卷

徕卡是第一款使用标准电影胶卷而不是玻璃板的 35mm 静物照相机。徕卡相机水平进胶卷，不像电影摄像机垂直进胶卷。为了提高静物拍摄质量，巴纳克将画幅尺寸加倍至 24mm×36mm（纵横比为2：3）

2. Elmar 镜头

徕卡 I 有一个双速快门、一个自动帧计数器和 Berek 的 f3.5 Elmar 镜头，在不使用时会自动折叠起来，使相机更加紧凑。徕卡相机功能完善，手感舒适，可在只有日光的户外环境下使用

🕐 设计师传略

1879—1913 年

奥斯卡·巴纳克是一名德国光学工程师，被誉为 35mm 摄影之父。1911 年，他被任命为德国韦茨拉尔恩斯特·徕兹公司的显微镜研发部门主管。他热衷于景观摄影，但哮喘使他无法携带重型大体积设备。因此，他创造了第一个可以握在手掌中的大众相机，并推出了 24mm×36mm 的胶片格式，后来被称为 35mm。

1914—1920 年

巴纳克创造 Ur-Leica 相机之后，自己也经常使用它。从 1914 年到他去世，他拍摄了一系列记录各种事件的照片，比如 1920 年韦茨拉尔的历史性大洪水。

1921—1936 年

巴纳克设计的相机在 20 世纪 20 年代投入生产。人们对这位设计师的晚年生活知之甚少，但在 1979 年，徕卡设立了奥斯卡·巴纳克奖，以纪念他的一百周年诞辰。至今这仍然是一件年度盛事，评委来自世界各地，奖金 5000 英镑。德国的林诺有一家记录他的生活和工作的小博物馆。

徕卡 I（1927 年）
铝、玻璃、黄铜、合成革

第一款 35mm 徕卡相机是奥斯卡·巴纳克于 1913 年私下设计的，其轻巧的体积和小尺寸画幅在新兴的摄影界中掀起一场革命。尽管原型机于 1913 年制作，但第一次世界大战延迟了其生产，直到 1923 年，巴纳克才说服恩斯特·徕兹光学公司的老板制造 31 台原型相机进行测试。市场反响好坏参半，但在 1924 年，该公司订购了徕卡相机（Lei-Ca），并于 1925 年在莱比锡春季博览会上向公众推出徕卡 A 型（徕卡 I）相机。这是摄影史上的巨大成功和里程碑事件。该相机有着卓越的品质，几乎一推出就享有了标志性的地位，自此被世界领先的摄影师以及传奇的电影制作人员使用，从阿尔弗雷德·希区柯克、斯坦利·库布里克到布拉德·皮特。

徕卡 I 可以使用可轻松携带的小卷胶卷，而不是笨重的玻璃板。徕卡 I 具有布焦平面快门和内置光学取景器，快门速度范围为 1/20~1/500 秒。相机一次拍摄一帧，巴纳克可以在暗房中放大图像之前，先曝光一小块 35mm 胶片以制作负片。胶片由与胶卷带上的孔连接的链轮手动缠绕。除了代表 Zeit（时间）状态的 Z 挡以外，该相机还有一个配件插座，闪光灯组件或其他附件可以安装在上面。这些专业功能得到了精密镜头的加持，可以拍下足够清晰、能够放大的图像。这个非常有价值的功能是巴纳克在恩斯特·徕兹公司显微镜部门的同事马克斯·贝雷克（Max Berek）开发的。**JW**

▲ 徕卡 250 也被称为徕卡记者版相机，成为亨利·卡蒂埃－布列松等摄影记者的宝贵工具。它可以容纳 9 米的胶卷，在无须换胶片的情况下进行 250 次拍摄

自由列车

恩斯特·徕兹对员工一向很好，很早就推出了养老金、病假和健康保险员工福利。该公司依赖技术娴熟的员工，其中许多是犹太人。1933 年希特勒上台时，小恩斯特·徕兹悄悄建立了犹太教拉比弗兰克·达巴·史密斯（Frank Dabba Smith）所说的"徕卡自由列车"路线。在边界关闭之前，公司帮助犹太雇员和朋友离开德国，将他们送到英国、中国香港和美国的销售办事处。徕兹的女儿艾尔西·克恩－徕兹（Elsie Kühn-Leitz）在帮助犹太妇女越境前往瑞士时被捕，被盖世太保监禁。

柯达 Beau Brownie 2 号相机 1930 年

沃尔特·多文·蒂格 1883—1960 年

金属、珐琅、玻璃
人造革、纸板
13cm × 9cm × 13cm

图像局部示意

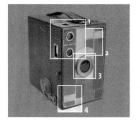

Beau Brownie 盒式相机是伊士曼柯达在新泽西州罗彻斯特生产的广受欢迎的 Brownie 系列产品之一。它是专门为女性设计的，正面图案是装饰艺术风格（详见第 156 页），两侧为人造皮革。该相机从 1930 年到 1933 年以两种尺寸生产，分别适用 120 胶片和 116 胶片，有一个瞬间快门以及三挡曝光的旋转快门，可以进行八次曝光。在一些圈子中，这款相机被称为使摄影普及的相机，它使所有性别和阶级的人们都对该款相机产生了欲望。由于使用双合透镜，图片可以在更短距离投影到胶片上，比其他型号更紧凑，增强了它的吸引力。为了吸引那个时期的年轻女性，Beau 的设计也没有以前的相机那么严肃，重点不是光学和技术性，而是要设计为易于使用的、人们喜欢的物品。正面的双色造型是由沃尔特·多文·蒂格设计的，纸板包装也装饰有爵士时代的几何形状和颜色。蒂格开创了工业设计学科，包装是他的专长之一。**JW**

👁 焦点

1. 取景器

Beau 相机有两个取景器。它能拍摄矩形照片，这种格式有两种选择：纵向拍摄（长边垂直）或横向拍摄（长边水平）。为了补充每个位置的不足，蒂格为每种格式都设计了一个取景器

2. 配色

前板饰有高度抛光的镍，并镶嵌有两种色调的珐琅。玫瑰和绿色的配色在 1931 年以后不再生产，这两种型号在美国之外都未销售过。因此，它们目前是最稀有的，而它们的包装更是罕见

3. 双合透镜

相机配有伊士曼的双合定焦透镜。这种类型的光学透镜由配对在一起的两个简单透镜组成，它们胶合在一起或靠得很近，但保持一定间隔，这样可以校正光像差。双合透镜也能安装在较短的相机中

4. 装饰艺术风格

中心圆周围布满垂直的线条、矩形和椭圆形，它们组成的几何图形与索尼娅·德劳内等人在装饰艺术时期的抽象画作遥相呼应。蒂格于 1930 年 1 月 6 日设计这种图形组合，并于同年 7 月 26 日获得专利

▲ Beau Brownie 2 号相机有五种配色组合：黑色和酒红色、两种蓝色、两种玫瑰色、棕色和棕褐色、两种绿色，并配有人造皮革套

同温层飞机内部

  蒂格设计了同温层飞机波音 377（右图）的内部，该飞机于 1947 年 7 月首飞，于 1963 年退役。他设计的 187 立方米的豪华航空内部空间预示着二战后的民航飞机设计迎来了新开端，并成为后来的波音 707 和波音 747 飞机内部的蓝图。1988 年，蒂格还设计了里根总统"空军一号"的内部，其中包括两间设备齐全的厨房、100 部电话、7 间浴室、16 台电视机和 31 间卧铺套房。

米诺克斯超小型相机 1936 年

瓦尔特 · 察普 1905—2003 年

不锈钢
1.5cm × 8cm × 2.5cm

微型化似乎成了 20 世纪末设计师们关注的焦点，尤其是在电子工业领域，所以这款袖珍相机问世初期，就震惊了世人。当时大众摄影正在快速普及，所以这款米诺克斯相机的出现可以视为一种合乎逻辑的发展。连伊士曼柯达这样的制造商也早就开始销售方便普通人使用的便携式相机。瓦尔特 · 察普设计了一款可以藏进口袋的小型照相机。

1938 年，无线电和电气公司 VEF 在拉脱维亚生产首批米诺克斯相机。起初，它的吸引力并没有立即显现出来，投放市场就遇冷。然而随后的两年，米诺克斯相机在全世界售出近 2 万台，许多用于军事用途，原因是其除了体积小之外还有微距对焦能力，是拍摄文件的绝佳利器，非常适合间谍使用。第二次世界大战后，相机经过重新设计，最终在西德的韦茨拉尔恢复生产。随后该相机获得了商业成功，最受欢迎的型号是米诺克斯 B 型相机，于 1958 年问世、1972 年停产。在冷战环境下，该相机显然适用于秘密行动和间谍活动，这使其在当时大放异彩，成了难以抵抗的奢侈品：察普的初衷是推出一款大众产品，但相机的制造成本意味着它绝不会廉价到大众能买得起。

富有创造力、充满好奇心、技术娴熟的察普很幸运地结识了一些好同伴，尤其是作为赞助人的德国商人理查德 · 尤尔金（Richard Jürgens），他和察普在战后一起创立了米诺克斯公司。设计了相机名字和标志的摄影师尼古拉 · 尼兰德（Nikolai Nylander，1902—1981 年）在早期给予了察普鼓励。**EW**

✿ 图像局部示意

👁 焦点

1. 外壳

最初，米诺克斯的铜制底盘外有个不锈钢外壳。后来生产的款型具有铝包覆的塑料机身，变得更轻且更便宜。厂家也推出了一些镀金版、铂金版或氧化铝版的奢侈款相机

2. 近焦镜头

米诺克斯一直没有35mm款相机受欢迎，但是它的15mm f/3.5镜头可以在只有20厘米的距离聚焦。许多型号配有测量链，全长60厘米，非常适合拍摄A4大小的文件

🕐 设计师传略

1905—1929 年

瓦尔特·察普出生于拉脱维亚的首都里加。他在爱沙尼亚当过一名艺术摄影师的学徒。1925 年，他申请了裁纸机设计的专利。

1930—1935 年

察普制作了微型照相机的原型，尼古拉·尼兰德将其命名为"米诺克斯"。德国的爱克发（Agfa）公司拒绝了这款相机后，察普在理查德·尤尔金的建议下联系了 VEF 公司。

1936—1944 年

察普和 VEF 公司签订合同，于 1938 年在里加投入生产。在欧洲和美国做广告宣传后，米诺克斯获得了一定的成功。1941 年，察普为柏林的通用电气公司工作。1943 年，米诺克斯相机停产。

1945—1950 年

察普和尤尔金在西德的韦茨拉尔成立了一家公司。1948 年，重新设计的米诺克斯 II 开始生产。1950 年，察普和其中的一名赞助商发生争执，离开公司。

1951—2003 年

米诺克斯相机在高端市场的销量很好。从 20 世纪 70 年代开始，公司推出了该款式的电子照相机并开发出其他的胶片格式。1989 年，察普与公司续签。

◀ 相机外壳可以伸缩开合。这一操作推进了胶片的发展，使相机变得紧凑。在关闭的状态下，镜头和取景器被遮盖住，以防被刮伤

间谍与间谍

米诺克斯小巧的外形、近距离对焦的功能非常适合暗地里拍摄文件，受到间谍的青睐。众所周知，二战中美国、英国和德国的情报机构都利用相机从事间谍活动。而在冷战时期，相机也起到了同样的作用。20 世纪 60 年代初，英国和美国的情报机构为苏联间谍奥列格·潘科夫斯基（Oleg Penkovsky，1919—1963 年）提供了米诺克斯相机（右图）。

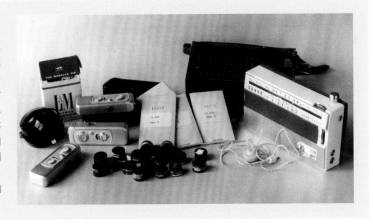

早期塑料

1. 大约 1926 年，伯明翰的布鲁克斯和亚当斯公司制作了六边形的班达拉斯塔陶瓷碗

2. 美国国家标准局的一名工作人员测量尼龙袜长度，确定了新标准

3. 意大利的化学公司蒙特爱迪生（Montedison）制作了酪蛋白塑料灯（1925—1930 年）

塑料的发展是科技进步的结果。工业化世界的中产阶级群体在塑料发明前一直未能享受到奢侈品，塑料的出现满足了他们对商品和新奇事物的需求。第一批天然和半合成人造材料出现了，包括赛璐珞、酪蛋白、古塔胶、硬橡胶和虫胶等。它们被开发出来，用于替代一系列昂贵的材料，例如象牙、黑玉、琥珀、玳瑁和牛角。由于人们对这些昂贵的天然材料制成的珠宝和发饰等物品的需求增加，这些材料的供给逐渐不够，需要找到替代材料。

早期塑料的发展使得迎合中产阶级需求的商品生产量扩大，涌现出大量热衷于投资新行业的制造商。塑料不再只用于装饰品，也开始用于制造家居用品。例如，酪蛋白塑料是由乳制品副产品制成的，并用甲醛硬化。这些塑料可以染成鲜艳的颜色，并且耐洗耐熨，所以制造商很喜欢使用像酪素塑料这类酪蛋白塑料来生产纽扣和珠宝，也用于制造灯具等家居用品（见图 3）。

第一种全合成材料是电木，由出生于比利时的美国化学家列奥·贝克兰（Leo Baekeland，1863—1944 年）于 1907 年发明。20 世纪初，电木在塑料领域一直居于主导地位，作为一种替代材料，它使整个社会都能接触到奢侈品。流行杂志将其宣传为一种具有魔力的物质，有深棕色和黑色可供选择。

重要事件

1910 年	1913 年	1924 年	1930 年	1931 年	1933 年
德国生产用黏胶（尼龙的前身）制成的袜子。	美国西屋电气公司为福米卡家具塑料贴面申请了专利。起初用于电气部件，到 20 世纪 30 年代用于装饰层压板产品。	化学研究专家埃蒙德·罗西特（Edmund Rossiter，1867—1937 年）发现了用于班达拉斯塔陶器中的硫脲甲醛聚合物。	美国的 3M 公司发明了一种透明胶带。	德国的 IG 法本公司（现在的巴斯夫）开始商业化生产聚苯乙烯。	英国科学家发现了聚乙烯，二战后得到广泛使用。

塑料制品具有可弯曲的特性，很容易从模具中取出来，促进了人们对流线型风格的狂热，而这种风格也成了形状和实用功能没什么关系的物品的代名词。设计师使用塑料来塑造电话和收音机等物体的流线型机身，是他们将新材料转化成了产品。埃寇 AD-65 收音机（1934 年；详见第 190 页）是两次世界大战之间英国最具现代化外观的收音机型号之一；它闪亮的电木外壳掩饰了复杂的内部工作机制，展示了模具制品的曲线外形。它也将美式风格带入了英国人的生活。

然而，随着新塑料进入市场，电木的主导地位受到了挑战。这些新材料——醋酸纤维素、树脂玻璃（有机玻璃）、聚乙烯和尼龙——提供了一系列迷人的色彩和其他新功能，改进了之前的材料。其中，班达拉斯塔陶器（Bandalasta Ware）是英国布鲁克斯和亚当斯公司一系列轻量级家居用品、野餐用具和餐具（见图 1）的商品名称，使用合成树脂制作，采用装饰艺术风格（详见第 156 页）。和电木一样，班达拉斯塔也可以通过模具制成各种形状，但物品有一系列半透明和大理石色的柔和色调。

一些新塑料很硬，但也有一些很柔软。1935 年，美国化学家华莱士·休姆·卡罗瑟斯（Wallace Hume Carothers，1896—1937 年）为美国化学公司杜邦发明了尼龙-66（聚酰胺-66）。这种新塑料替代了原本制作牙刷毛的一簇簇天然动物鬃毛，改变了牙刷的形式。1938 年，第一支尼龙刷毛牙刷"韦斯特博士的神奇牙刷"开始销售。它由尼龙丝制成，奠定了现代牙刷的基础。尼龙可以用来编织，为纺织领域带来了新的可能，包括尼龙长袜（见图 2），透明的材料使腿部看起来顺滑有光泽，作为丝袜更便宜的替代品推向市场。1939 年，尼龙长袜在纽约世界博览会上亮相，彻底改变了市场。尼龙也开始应用于缝纫线和降落伞织物。由石化产品合成的尼龙为人类最终发现新型人造纤维打开了大门。

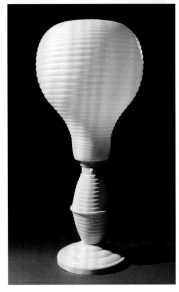

到了 1945 年，塑料已经大规模地改变了西方工业世界的日常环境。塑料被广泛地应用于各种产品上，包括圆珠笔（详见第 192 页）、织物、汽车零件和家庭内饰。

1934 年	1934 年	1936 年	1938 年	1940 年	1943 年
英国帝国化学工业集团（ICI）推出了板、杆、管和其他形状的有机玻璃亚克力。	"玛丽皇后号"豪华远洋班轮的内饰采用了福米卡家具塑料贴面。	航天器座舱盖由透明的有机玻璃塑料制成。它们既可以提供防护，又保证了清晰的视野。	第一支尼龙刷毛的牙刷制造出来了。事实证明它比天然鬃毛制成的刷毛效果更好。	聚氯乙烯首次在英国制造，广泛应用于雨衣的生产。	杜邦公司发现了一种合成材料，以"特氟龙"（Teflon）作为其商标名。

埃寇 AD-65 收音机 1934 年

韦尔斯 · 科茨 1895—1958 年

电木、不锈钢、布
40.5cm × 39.5cm × 21cm

❂ 图像局部示意

两次世界大战期间，收音机的外形随着塑料的问世而发生改变。在这之前，收音机一直装在木柜中，设计成类似传统家具的造型。它们骄傲地在卧室里占有一席之地，美观程度与抽屉柜和鸡尾酒柜类似。成型的塑料外壳被用来收纳收音机的零部件后，收音机就不像是家具了，反倒像设备，看起来和厨房电器没什么两样。

1932 年，加拿大建筑师和设计师韦尔斯·科茨在英国设计了埃寇 AD-65 收音机，几年后开始投入生产。它的电木外壳与钢和织物相结合，之前没有此类风格的设计品。它的形式来源于塑料成型的过程。它的制造商 E.K.Cole 位于英国海滨的绍森德。公司的创始人邀请了许多现代主义建筑师创新收音机的设计。这意味着家居用品的设计迈出了新的一步。**PS**

👁 焦点

1. 曲线外壳

使用电木意味着 AD-65 收音机可以呈现出与过去没有联系的现代主义外形。制造中使用的成型技术使得物品外壳呈现出曲线轮廓，造就了其独特的外形

2. 半圆形转盘

一旦决定使用圆形，其他的部件必须设计得与之相配。选择半圆形作为调谐度盘的形状很合适，既实用又很吸引人。收音机是圆形的，需要两个小塑料脚才能稳定在表面上

3. 圆形外观

收音机的圆形外观和其他现代主义的设计相一致，例如那些来源于德国包豪斯的设计，它们的形状本质上是几何图形。科茨了解现代欧洲设计，并希望他的设计具有类似的先进的外观

4. 控制旋钮

位于收音机下端的三个圆形控制旋钮和谐地组合在一起。它们与机身外壳的形状相呼应，使得收音机的外观赏心悦目。这款收音机有黑色、胡桃色、象牙色和绿色

🕐 设计师传略

1895—1927 年

韦尔斯·科茨出生在日本东京，是加拿大传教士的长子。他年轻时接触的日本美学影响了他后来的工作。科茨在一战中服役，起初是一名炮手，后来担任英国皇家空军（the Royal Air Force）的飞行员。他曾就读于加拿大的不列颠哥伦比亚大学。1922 年，他前往伦敦，在东伦敦学院（the East London College）学习工程，两年后获得博士学位。他曾经担任记者，后来在一家设计公司工作。

1928—1933 年

科茨在英国创立了自己的公司。他的早期设计项目包括各种门店设计和位于哈特福郡韦林花园市的克雷斯塔丝织厂（1928 年）以及伦敦 BBC 广播公司（1930 年）工作室的室内设计。1932 年，他开始和 E.K.Cole 有限公司合作。1933 年，他和别人联合创立了现代建筑研究协会，属于国际现代建筑协会的英国分支，进一步推动现代建筑业的实践。

1934—1939 年

他设计了英国的多栋公寓楼，包括位于伦敦汉普斯特德区草坪路的伊索肯大楼（1934 年），苏塞克斯布莱顿的大使馆苑公寓（1935 年）和伦敦肯辛顿的 10 Palace Gate（1939 年）。

1940—1958 年

二战期间，科茨在皇家空军服役，负责开发战斗机。后来，他继续从事建筑行业，逐渐投身于游艇设计。1954 年，科茨离开伦敦。他在哈佛大学研究生设计学院任教两年，后移居加拿大的温哥华。

伊索肯家具

1929 年，科茨创立了伊索肯家具公司，设计和建造现代主义房屋和公寓楼，并为它们打造家具和配件。他最知名的设计是位于伦敦汉普斯特德的伊索肯大楼（1934 年），这是极简主义生活的一次实验。伊索肯大楼逐渐成为知识分子和艺术家们的家园，入住的人有包豪斯艺术大家沃尔特·格罗皮乌斯、马歇·布劳耶、拉兹洛·莫霍利 - 纳吉。1939 年，第二次世界大战爆发，该公司的胶合板供应不足，因而停止生产家具，直到 1963 年，英国家具设计师杰克·普理查德帮助其恢复生产。

圆珠笔 1938 年

拉迪斯洛·比罗 1899—1985 年

迈尔斯-马丁钢笔公司大约在 1945 年制造的早期比罗圆珠笔

19 世纪后期，人们开始寻找能用比钢笔更清洁的方式使用墨水书写的笔，其中有多项设计方案获得了专利。最有前景的就是圆珠笔，它的墨水通过笔尖的小球流出。最大的突破发生在 1938 年，当时匈牙利画家兼新闻编辑拉迪斯洛·比罗和他的弟弟格奥尔格一起为一个球槽机械装置申请了英国专利。拉迪斯洛非常想找到一种不会弄脏纸且可以快速干燥的墨水书写工具，因此他发明了一种内含滚珠轴承以及速干墨水的工具。格奥尔格是一名化学家，帮助他一起开发墨水，墨水通过细管供应到小球。

三年后，兄弟俩离开欧洲在阿根廷定居，创立了一家公司，于 1943 年申请了一项美国专利。他们遇到了英国会计师亨利，亨利发现，与钢笔不同，圆珠笔的墨水可以在高空使用而不会泄漏。在马丁公司的支持下，拉迪斯洛将圆珠笔的使用权授予了英国皇家空军，空军机组成员在二战期间用圆珠笔书写航行日志。英国迈尔斯航空公司生产了名为"比罗"的钢笔。1945 年圣诞，迈尔斯-马丁钢笔公司（Miles-Martin Pen Company）接管了该产品，比罗钢笔售价每支 55 先令。

战后，许多美国公司获得了比罗的授权，开始生产带有滚珠的笔，包括永锋公司（Eversharp Company）和依百克-法伯尔公司（Eberhard-Faber）。1945 年，雷诺兹圆珠笔公司（Reynolds Ball Point Pen）生产了一支圆珠笔。1954 年，派克钢笔公司生产了"乔特"（Jotter）圆珠笔。这些公司的尝试并没有获得成功，圆珠笔在消费者中失宠。1945 年成立的法国比克公司（BIC）最终在国际市场上处于领先地位，从 1950 年开始大量生产廉价的比克圆珠笔。此前塑料已经用于制造钢笔，由于当时塑料普遍且廉价，显然是制作圆珠笔笔身的好材料。实际上，塑料通过圆珠笔进入了人们的日常生活。20 世纪下半叶，比克圆珠笔成为一种廉价、随处可见的物品，非常简单好用，人们已经习惯它的存在。在许多方面，类似这样的物品可以被视为现代本土工艺品。**PS**

✵ 图像局部示意

◀ 比罗圆珠笔投放市场时，广告大肆宣传它的优点，将其塑造成一种昂贵的奢侈品

👁 焦点

1. 笔尖

圆珠笔采用了一种简单的机制，将一个微小的滚珠装在笔尖，墨水从滚珠上流出，这样墨水可以顺畅均匀地流动，避免像使用钢笔书写时的混乱

2. 笔帽夹

早期的圆珠笔借鉴了钢笔的传统外形。它具有许多人们已经熟悉的元素，包括围绕笔杆的金属带和可以扣在客户（主要是男性客户）夹克外套上方口袋的金属笔帽夹

比克水晶笔

    1950 年，随着比克水晶笔问世，圆珠笔和钢笔的外形不再相似。比克水晶笔具有透明的聚丙烯笔杆，可以看到墨水量，笔身呈六边形，握感舒适，也不会在桌上滚动，而且流线型聚丙烯笔帽和墨水同色。该笔的设计尽量不和传统产生联系。其外形和符合人体工程学的设计反映了这款书写工具的现代化。由于笔是大批量生产的，要想投资有所回报，就必须有大量消费者来购买，同时这款笔在几次大范围的广告活动中也得到了成功的推广宣传。

设计顾问

1. 诺曼·贝尔·盖迪斯（Norman Bel Geddes）于 1939 年为纽约世界博览会设计了一座未来模型城市展厅。该展厅由通用汽车赞助，引入了高速公路的概念

2. 1936 年，沃尔特·多文·蒂格设计了柯达班腾（Bantam Special）相机，这款相机的黑色珐琅和镀铬翻盖外形是装饰艺术流线型款式的范例

两次世界大战之间的几年里，美国工业设计顾问的角色逐渐成熟，这主要是由于制造业受到经济萧条的影响，也是因为消费者需求不断扩大。在早期从业者（例如德国的彼得·贝伦斯）的工作基础上，设计顾问需要将高超的视觉和概念技能与跨专业工作的能力结合起来。几位前沿的设计师，包括诺曼·贝尔·盖迪斯、沃尔特·多文·蒂格、雷蒙德·洛威和亨利·德雷夫斯，都是从舞台设计、广告和零售行业开始他们的事业，这些领域都很快接受了现代风格。贝尔·盖迪斯最初是一名舞台设计师，在舞台效果方面的训练促使他从事橱窗展示和产品的创作；蒂格曾为 Calkins & Holden 广告公司的广告设计装饰性边框；洛威起初为百货公司设计橱窗，例如纽约萨克斯第五大道精品百货店和梅西百货；德雷夫斯开始是贝尔·盖迪斯的舞台设计学徒，后为梅西百货公司工作。

设计顾问的出现代表了设计师文化开始形成。当知名设计师的名字附在物品、图像或环境上时，它们就获得了附加值。《时代周刊》和《生活》杂志报道了设计顾问日常生活的细节，仿佛他们就是好莱坞的明星。对他们个人而言，名人身份很重要；但对雇用他们的制造商来说更重要，因为产品立即被赋予了声望。实际上，设计师们的名字被用来当成一种对产品的认可。

重要事件

1924 年	1926 年	1927 年	1928 年	1929 年	1932 年
诺曼·贝尔·盖迪斯和亨利·德雷夫斯为《奇迹》（The Miracle）设计了布景，该剧在纽约的百老汇上映。	美国的工业设计师唐纳德·德斯基（Donald Deskey，1894—1989 年）创立了一家设计顾问公司，主营家具、纺织品和照明灯具的设计。	贝尔·盖迪斯成立了一个工业设计工作室，这是首批与各种制造商合作的顾问公司之一。	沃尔特·多文·蒂格开始和柯达公司合作，为柯达创造了许多新设计。	德雷夫斯创立了设计顾问办公室。纽约的梅西百货公司是其首批客户之一。	贝尔·盖迪斯出版了《地平线》（Horizons），这是设计顾问撰写的阐述他们设计理念的系列书籍中的第一本。

贝尔·盖迪斯是最有远见的设计顾问之一。在早期的职业生涯中，他对运输工具的形式进行了实验性创造，即采用夸张的符合空气动力学的造型。1927 年，他运用舞台设计的经验为纽约广告公司智威汤逊总部设计了剧院舞台内饰。他也在 1939 年的纽约世界博览会上起到了重要作用，该博览会颂扬了"明日世界"，并由设计顾问提供的未来主义和流线型的愿景所主导。盖迪斯为通用汽车设计的未来模型城市展厅（见图 1）描绘了未来 20 年的世界。

蒂格做了大量具有影响力的流线型设计，包括德士古加油站（1934 年）和柯达班腾相机（1936 年；见图 2），它们都体现了现代性和进步。蒂格是 1939 年纽约世界博览会设计委员会的成员，设计了许多展品，包括为杜邦公司打造的"化学奇迹世界"，它有一座 45 米高的测试管形状的塔，晚上点亮的时候会释放出模拟的冒泡化学物。

洛威为基士得耶复印机设计了流线型外观（1929 年；详见第 196 页），开启了工业设计师生涯。他为美国西尔斯邮购公司设计的 Coldspot 冰箱（1934 年）借鉴了汽车设计的细节，包括嵌入式门把手。他最伟大的成就是为宾夕法尼亚铁路公司设计了流线型 GG-1 电力火车（1936 年）。

德雷夫斯受多家制造公司委托成为设计顾问，包括胡佛吸尘器公司、Westclox 钟表公司，他证明了自己能将流线型的美学语言和人们对产品的"人性化因素"的关注结合起来。他将人体工程学与流线型美学相结合的高超技巧在贝尔 302 型电话机（1937 年；详见第 198 页）等产品中体现得淋漓尽致。

除了创造出许多令人惊叹的流线型设计外，这些设计顾问在商业领域也颇具创新精神。贝尔·盖迪斯通过详细的消费者问卷获得营销知识。1931 年，借助市场调研的结果，他为美国飞歌收音机公司（Philco）设计了 Highboy、Lowboy 和 Lazyboy 收音机柜，以吸引不同的细分市场。

20 世纪 20 年代末，许多致力于生产消费者产品的其他行业也因雇用设计顾问而获益。很快，其他国家模仿了在美国出现的设计顾问模式，他们探索如何将设计嵌入新兴产业中，激起消费者的兴趣。**PS**

1933 年	1934 年	1934 年	1936 年	1939 年	1940 年
"一个世纪的进步"博览会在芝加哥举行。装饰艺术风格吸睛，但铁、铝等新材料的使用也很有特色。	克莱斯勒的 Airflow 汽车是首批进入汽车市场的流线型汽车之一。事实证明它走在了时代的前沿。	"机器艺术"展览在纽约市现代艺术博物馆开幕，展示了工业是如何影响艺术观念的。	雷蒙德·洛威和宾夕法尼亚铁路公司开展合作，造就了许多他最引人注目的设计。	纽约世界博览会在纽约皇后区举行，代表了流线型风格的巅峰时刻，当时这种风格已经渗透到各行各业。	蒂格出版了《今日设计》(Design This Day)，概述了他的工作，并阐述了设计中流线型运动的基础概念。

基士得耶复印机 1929 年
雷蒙德·洛威 1893—1986 年

金属、橡胶、木头
装置 34cm × 38cm × 61cm

🕐 设计师传略

1893—1919 年
洛威出生于巴黎，第一次世界大战期间在法国军队服役，1919 年移民纽约。

1920—1928 年
他曾担任 *Vogue* 和《时尚芭莎》等杂志的时尚插画师，他也是纽约梅西百货和萨克斯第五大道精品百货店的橱窗设计师。

1929—1943 年
1929 年，洛威受西格蒙德·基士得耶（Sigmund Gestetner）委托重新设计复印机。这项工作帮助他接到了更多工业设计的委托，1930 年洛威作为设计顾问创立了自己的工作室。20 世纪 30 年代，他数次重新设计霍普莫比尔（Hupmobile）轿车。

1944—1963 年
1944 年，洛威创立了工业设计公司洛威公司。该公司非常成功，洛威于 1949 年登上《时代周刊》的封面。他的著名设计包括 20 世纪 50 年代的可口可乐瓶、1963 年为斯蒂庞克（Studebaker）汽车品牌设计的阿凡提（Avanti）汽车。

1964—1986 年
20 世纪 60 年代至 70 年代初期，洛威为美国国家航空航天局工作，致力于开发航天器的宜居系统和内部设计。

1929 年，西格蒙德·基士得耶联系雷蒙德·洛威，让他提升办公室里过时复印机的视觉吸引力。当时的复印机有一个负责所有工作的复杂机械金属顶部（看起来有点像缝纫机），以及一个类似老式文件柜的底座。洛威的现代化设计保留了复印机和木质橱柜之间的功能区别，但重要的是，他消除了这两者之间的物理距离，因此得以将复印机转化成一件一体化物品，因而受到消费者和使用者的欢迎。这是一件经典的再设计作品。

洛威增加的最重要的东西是大型电木外壳，它包裹了所有的操作部分，确保机器安全无尘。其曲线优美的外形符合当时新的流线型美学，将复印机从普通的机器变成了一种闪闪发光的进步的象征。实际上，洛威的设计被视作对 20 世纪 20 年代在美国兴起的现代办公环境的积极补充。它是朝着高效和高产发展的重要一步：这是 20 世纪初开启的时间与动作研究的成果。基士得耶复印机的成功提升了洛威的声誉，他后来成为 20 世纪中叶最知名的设计顾问之一，致力于设计从轿车、火车到陶器的各种产品。**PS**

⚙ 图像局部示意

👁 焦点

1. 混合材料

在重新设计复印机的过程中，洛威保留了木材和金属的原始材料组合，并添加了电木。虽然生产过程是复杂的，但他运用的新视觉语言成功地使各种材料和谐地组合在一起

2. 流线型

洛威为机器的上半部分设计了一个流线型的机身外壳，采用模制电木制成。然而，外壳的尺寸带来了技术挑战，因为塑料模具仍然不够成熟。他将橱柜的顶部边缘变圆，与机壳的曲线相呼应

3. 新柜脚

洛威做出的最重要的改变就是用更短、更结实、更现代的柜脚来替代弯腿，提高了复印机的整体稳定性，将过时的橱柜转变为一种时尚的办公设备

Coldspot 冰箱

1934 年，洛威重新设计了西尔斯百货的 Coldspot 冰箱。他从汽车制造中汲取了很多设计灵感。他设计的冰箱是最早拥有完全流线型机身的冰箱之一。通过引入新的钢铁制造技术和弯曲技术，该冰箱的圆弧外形得以实现。

贝尔 302 型电话机 1937 年

亨利·德雷夫斯 1904—1972 年

302 型电话机是贝尔公司设计的第一台将振铃器和线路置于同一机壳内的电话机

贝尔 302，也被称为 302 型手持电话机，由美国工业设计师亨利·德雷夫斯于 1937 年设计。它的灵感来自功能性原则，德雷夫斯称之为"人性化因素"。302 型电话机由美国西电公司（Western Electric）承接制造，机体两侧弯曲从方形底座向上突起，以支撑略微有弧度的听筒。

在成立自己的工作室之前，德雷夫斯曾是一名学徒，师从舞台设计师诺曼·贝尔·盖迪斯。他这种情况并不是个例。大萧条时期，艺术家、布景师、插画家被迫寻找新工作，成为新一代工业设计师。那时，优良设计能大幅提高公司效益这一革命性概念开始传播。于是德雷夫斯、雷蒙德·洛威以及其他一些设计师开始着手重塑人们和产品之间的关系。为使产品更加方便使用，他们往往会把所有机械零件都安装进表面光滑、呈流线型的外壳内。

🌀 图像局部示意

1930 年，贝尔实验室赞助了一场用新式手持电话来取代旧式烛台式电话机的竞赛，并邀请德雷夫斯参赛。他拒绝了，称自己更愿意与工程师们直接合作。竞赛结束后，贝尔公司把德雷夫斯找了回去。他们长达数十年的合作由此开始。302 型电话机将听筒和话筒结合成一体，做成一个能置放在水平支架上的手柄。这部电话用黑色酚醛树脂制成，一直到 1954 年才停产。由于这款电话常在 20 世纪 50 年代的电视喜剧节目《我爱露西》中出现，因此收藏爱好者常用"露西电话"来代称 302 型电话机。**JW**

👁 焦点

1. 听筒

德雷夫斯基于人机关系从整体上构思了 302 型电话机。他柔化设计线条，使边角圆润、外缘平滑。举例来说，三角形的手柄就充分考虑了手掌握住听筒时的形状，听筒放下时又恰好能架在电话台上

2. 外壳

302 型电话机最初外壳是黑色的。油漆金属外壳的套件有多种颜色可供选择。金属色调如深金色、青铜色、旧黄铜色以及氧化银色可以通过预订得到。随后又出现了多种颜色的塑料外壳，例如象牙色、红色、灰绿色、深蓝色和玫瑰色

3. 拨号盘

302 型电话机的外壳铸造在矩形钢制底座上，起初由铸造锌合金制成，二战时期金属稀缺，就改以塑料制造了。拨号盘由覆盖白色珐琅的钢材制成。金属指轮则以透明塑料代替

▲ 1965 年，德雷夫斯的工作室亨利·德雷夫斯公司为贝尔公司设计了创新的 Trimline 有线电话。拨号盘从电话底座移到了手柄的下面

🕐 设计师传略

1904—1937 年

亨利·德雷夫斯出生于纽约布鲁克林区，1929 年他成立了自己的工作室，在这之前，他是一名舞台设计师的学徒。1933 年他为通用电气公司设计的电冰箱从根本上改善了外观和功能，他为西尔斯百货公司设计的 Toperator 型洗衣机亦是如此。1934 年他登上《财富》杂志。不久后，他为胡佛公司设计出了 150 型立式真空吸尘器，年薪达到 25 000 美元。

1938—1954 年

德雷夫斯为纽约至芝加哥一线设计了蒸汽火车。在 1939 年的纽约世界博览会上，他展出了约翰·迪尔 A 型拖拉机、大本钟闹钟以及未来之城 2039。1941 年，他参与设计了美国国防部参谋长联席会议的战略指挥室。

1955—1972 年

他撰写了《为人设计》（Designing for People，1955 年）以及《人的度量》（The Measure of Man，1960 年）两本书。1965 年，他成为美国工业设计协会（Industrial Design Society of America）第一任主席。

一致性和长期性

302 型电话机立即获得成功，直到 20 世纪 60 年代其特征还或多或少有所保留——基于设计的标准来看，这个保留期已经相当长了。而"一致性"也成了德雷夫斯的代名词，他甚至只穿棕色西装，简化了自己的衣橱。在纽约时，他也只住在广场酒店，以便客户能找到他。据称 22 年间，他只有 5 天没工作。

公共服务设计

国旗、徽章、军装和硬币自古以来就是一个王国或国家烙下自己印记的方式。随着国家和地方政府在 20 世纪为公民提供各种商品、服务和信息，公共关系艺术与政府正式联系在一起，同时，人们追求普遍和永恒的设计标准。受 19 世纪道德和理智双重反对自由放任资本主义风气的影响，20 世纪初，公共和私营领域的界限开始变得模糊，同时也出现了伦敦客运局这样的中间机构，而公共服务部门则彰显了开明商业的高效率与现代感。公共部门有机会发挥设计在品牌化中的作用，并不主要是为了促进销售（许多情况下公共部门是垄断供应商），而是为人们营造一种亲切感和安全感。

受一战冲击，魏玛共和国（1919—1933 年）在许多领域发展了现代化设计。20 世纪 20 年代后期，法兰克福一份定期发行的市政杂志向现代主义房屋的新租户们展示了适合他们房子的家具。1926 年，政府还以小户型为参照展出了便利的法兰克福厨房设计（详见第 164 页）。

1922 年，爱尔兰自由邦成立以后，它彰显自己地位的一种方式就是发行自己的货币。英国雕塑家珀西·梅特卡夫 1928 年设计的爱尔兰硬币（见图 1）取得了巨大成功，直到爱尔兰于 2002 年采用欧元作为其货币时，这种硬币才停止流通。

在英国，伦敦地铁作为高于资本主义的公共服务部门，寻求统一自己的形象。在这个过程中，伦敦地铁在公共设施设计方面取得了领先地位。商务经理

重大事件

1907 年	1909 年	1915 年	1923 年	1926 年	1930 年
德国电气设备制造商 AEG 聘请建筑师彼得·贝伦斯重新设计公司标志（详见第 118 页）和品牌。	丹麦建筑师克努德·瓦尔德马尔·恩格尔哈特（Knud V. Engelhardt，1882—1931 年）在哥本哈根电话号码簿的设计中采用了原始现代主义风格的布局。	工业家、零售商和记者代表们在伦敦成立了设计和工业协会（Design and Industries Association），以推动城市设计和相关行业的发展。	恩格尔哈特在设计丹麦东部城市根措夫特的路标时，采用的方法是在黑色底板上使用白色无衬线字体；并将字母"j"上的点描摹成了一颗红色的心形。	奥地利建筑师玛格丽特·舒特-利霍茨基为城市工人的住房设计了法兰克福厨房（详见第 164 页）。	巴黎的索镇铁路线引入了绿色和白色的火车车厢，并配有装饰艺术风格的照明设施。

弗兰克·皮克（Frank Pick，1878—1941 年）委托设计师来设计一款"完美体现时代感"的字体。1916 年，字体设计先驱者爱德华·约翰斯顿（Edward Johnston，1872—1944 年）设计出了单线无衬线字体——约翰斯顿体。这款字体被多次借鉴，并且沿用至 21 世纪。约翰斯顿还以一个普通的菱形为原型，设计出了用来圈住地铁站名的圆盘标志。查尔斯·荷登（Charles Holden，1875—1960 年）设计了车站建筑，灵感源于工艺美术运动（详见第 74 页），但其使用的是平屋顶和混凝土，传递出一种不带自满和逃避的安心感。随着地铁网络不断扩张，乘坐地铁时要找到正确的线路很难。于是皮克委托工程绘图员哈利·贝克（Harry Beck，1902—1974 年）绘制一张地图，希望能解决这个问题。贝克 1933 年大胆的设计成果（详见第 202 页）目前仍在使用。

两次大战之间的公共服务设计并不全是现代主义风格的。1910 年至 1940 年间，古典风格复兴，与新艺术风格对抗（详见第 92 页），人们认为新艺术派太过自我，与经典背道而驰，从斯大林时期的苏联到美国政界都在使用这种风格，体现在建筑和字体以及壁画和宏伟的雕塑中。纳粹党提倡怀旧的故乡风格、德国尖角字体或哥特式字体，但也提倡现代高速公路和后来被命名为大众甲壳虫车（1938 年；详见第 210 页）的"欢乐带来力量之车"（Kraft durch Freude Wagen）。流线型的装饰艺术风格（详见第 156 页）是在法西斯主义领导下意大利设计的特色，在这种理念的指导下，菲亚特公司为意大利国家铁路制造了流线型柴油机电传动车（1932 年；见图 2），服务于贝尼托·墨索里尼（1883—1945 年）的政权。

荷兰的 PTT（邮政电报和电话局）是国家支持电话亭和印刷品——从邮票到公共信息材料（详见第 204 页）——采用现代主义设计的鲜明例证。然而在 1930 年之前，最广泛应用现代主义设计的国家是瑞士，瑞士平面设计师兼摄影师赫伯特·玛特为瑞士国家旅游局和瑞士度假村设计的蒙太奇海报（见图 3）广受赞誉。

一系列国家和国际展览延续了 19 世纪的传统，在建筑、艺术和工业产品的展示中体现民族身份。路德维希·密斯·凡德罗设计了 1929 年巴塞罗那世界博览会的德国馆，该场馆没有使用常见的国家象征物，这种缺失实际上意味深长。英国帝国营销委员会（Britain's Empire Marketing Board）高管兼英国邮政局未来公共关系官员斯蒂芬·泰伦特（Stephen Tallents，1884—1958 年）受其启发，从文化和语言这种无形资产而非工业产品的角度来看待未来。**AP**

1931 年	1932 年	1932 年	1932 年	1935 年	1939—1940 年
荷兰建筑师伦德特·范·德·佛洛格特（Leendert van der Vlugt，1894—1936 年）设计出了一个带有平顶、多扇玻璃窗和小写字母的邮政电话亭。	斯蒂芬·泰伦特发表了《英国投影》（The Projection of England）一文，这是一篇宣传一个后工业国家并通过设计将其推广给世界的文章。	排版师斯坦基·莫里森（Stanky Morison，1889—1967 年）使用基于经典原则的 Times New Roman 字体重新设计了《泰晤士报》。	丹麦建筑师斯坦·埃勒·拉斯穆森（Steen Eiler Rasmussen，1898—1990 年）在哥本哈根举办了英国应用艺术展。	英国建筑师吉尔斯·吉尔伯特·斯科特（Giles Gilbert Scott，1880—1960 年）设计了带有一个圆顶和小扇玻璃窗的英国 K6 银禧红色电话亭。	美国社会认同消费主义，纽约世界博览会设立了 60 个展馆来展示国家商业。

伦敦地铁地图 1933 年

哈利 · 贝克 1902—1974 年

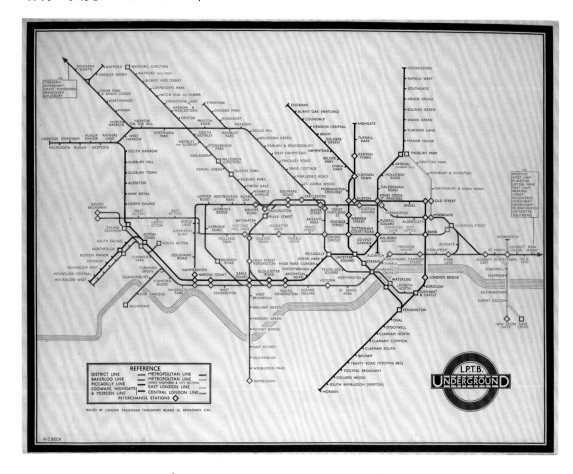

彩色平版印刷
16.8cm × 22.8cm

⊕ 图像局部示意

1931 年以前，爱德华 · 约翰斯顿的无衬线字体和查尔斯 · 荷登的车站建筑已经开始为伦敦的地铁系统所用，营造出一种统一感，树立了伦敦地铁的企业形象。然而，显示地铁线路范围和交叉点的海报以及袖珍卡片地图仍未得到改革。随着地铁线路渐渐扩张至城郊区域，如果比例一致的话，绘图者很难在中心区域高密度的线路和新建城郊偏远的少量路线之间找到一个平衡。

哈利 · 贝克则实现了概念上的飞跃，他放弃了实际的地理比例，力求刻画一个符合拓扑空间而非准确的地图。伦敦运输局起初认为这种地图太复杂，普通乘客很难看懂。贝克是伦敦地铁信号办公室的一名工程测绘员，他在闲暇时间开始绘制地铁线路示意图。1931 年，当贝克第一次提交自己的设计时，伦敦运输局拒绝了他的方案。1933 年，他们决定试用该方案，这个版本的地铁地图立刻受到了广泛欢迎，证明了当局的担心是多余的。

贝克的设计在进行重大创新的同时，综合了早期地图的特征。旅客可以根据彩色编码的地图来规划他们的路线，而不受地面建筑物等冗余信息的干扰，路线的形状被简化，换乘站也使用了易辨识的符号。随着时间的推移，这些设计原则被世界上几乎所有的运输系统所采用，即使到了 21 世纪，贝克的交通图仍然是伦敦地铁地图的设计基础。**AP**

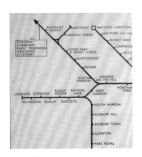

1. 短线

贝克的草图初稿采用圆环来代表非换乘站。后来他用短线来代替圆环，这些横线的方向由图上方向决定，小记号本身取决于图上的可用空间，它可以将乘客的视线引向相关的站名

2. 方块

在 1933 年版的地图中，贝克用空心的菱形标明换乘站。一些标记在穿过车站的各条线路上重复出现，另一些则负担双重功能。自 1949 年起，贝克开始使用白色线状连接图案，这一方法至今仍在使用，清晰地表明了换乘站的本质

3. 方框

大都会和城区线路一直延伸至乡村，所至之处都建起了新房子。贝克将所涉及路线的实际距离压缩，在 1933 年的设计版本中，他将城区东部支线的站名框在方框里

4. 泰晤士河

贝克省略了地面上除泰晤士河之外的所有细节，但是这一细节在一些版本的地图中没有保留。这里遵循贝克设计思路中45 度角和直线的几何原则。下方方框的内容解释了线条颜色和其他信息

🕐 设计师传略

1902—1932 年

哈利·贝克出生于伦敦。1925 年，他成为伦敦地铁集团的一名工程测绘员。1931 年他提交了一份设计，绘制了不断扩展的地铁系统图。设计遭到拒绝后，他又做了一些改进。

1933—1974 年

贝克地图的口袋版本试发行。随着伦敦地铁线路的不断扩张，贝克一直在修改自己这张伦敦地铁系统交通图，直至 1960 年。自 1947 年起，他开始在伦敦印刷学院教授测绘和色彩设计。

业余和效率

一方面，英国人思想保守，对外国的专业设计和艺术观念持怀疑态度；另一方面，非专业的技术和发明仍有市场。正是在这种情况下，而不是在包豪斯风格（详见第 126 页）或荷兰风格派风格（详见第 114 页）流行的年代，贝克的设计才得到理解。世纪之交，在英国，效率文化很受推崇，人们常有意将其解释为适用性。达尔文的进化论为一种学说提供了支持，即通过去除多余的或过时的特征，一切都有可能达到理想的形式。比起被替代的蒸汽火车，驱动伦敦地铁的电动车等新技术更能显示出这种进化模式。

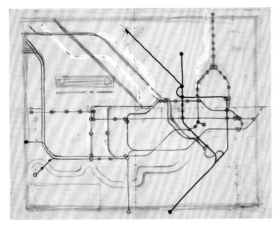

▲ 这就是 1931 年贝克为伦敦地铁设计的第一版交通图手稿。受电路图的启发，贝克在他的设计中只用了垂直、水平和对角线这些元素

《PTT 手册》 1938 年
皮特·兹瓦特 1885—1977 年

1912 年，荷兰 PTT（邮政电报和电话局）的法律助理让－弗朗索瓦·范·罗延（Jean-François van Royen, 1878—1942 年）抱怨政府现有的设计没有美感。1920 年，范·罗延担任秘书长，有权力可以以当时欧洲独一无二的方式设计邮政电报和电话局的对外形象。范·罗延起初是一名印刷匠，拥有一大批当代优秀的设计师朋友。他没有限定统一的风格，而是鼓励多元化的设计们，比如新艺术运动（详见第 92 页）创始人之一的让·图洛普（Jan Toorop, 1858—1928 年）和现代主义设计师保罗·谢韦特玛（Paul Schuitema, 1897—1973 年）以他们自己的方式独立完成设计。此外，为了改进设计，他还委托建筑师伦德特·范·德·佛洛格特设计了一个电话亭。

在这种富有活力的文化氛围中，范·罗延邀请皮特·兹瓦特设计了首次使用摄影图像作为图案的邮票，还设计了传单及海报。兹瓦特为该机构所做出的最大贡献就是设计出了著名的《PTT 手册》。这本册子专为孩子们设计，鼓励他们更多地使用该机构所提供的各类服务。内页尽是剪纸娃娃的合成图片和以图表显示的统计数据，它将现有的复印技术发挥到了极致，使沉闷的主题变成令人难忘的奇妙作品，这种风格与传统的贸易类文本完全不同。这也是一个鲜明的例子，向人们展示了公共信息材料的设计是如何转变 PTT 形象且使之更具现代感的。**AP**

凹版印刷
25cm × 17.5cm

👁 焦点

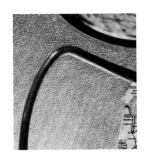

1. 蓝色

全彩印刷造价太高，因此设计师们通常使用的是专色，他们为每种颜色制作单独的黑色图纸，创建以有限数量的指定颜色进行打印的页面。兹瓦特使用的是荷兰风格派所青睐的三原色版本

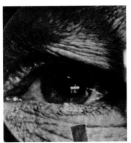

2. 眼睛

虽然页面上的文字和图像分布看起来是随机的，但它采用了一种遵循传统的从上到下、从左到右进行阅读的结构，使得视线沿对角线顺序移动，符合信件分拣室里工作人员的习惯

3. 粉色字母

在兹瓦特的书中总能找到一些现代化的想法，比如提倡只使用无衬线字体或者完全采用小写字母，他在书中使用不同的字体大小和颜色来表明重点和多样性，方法新颖，类似于海报

电影业的影响

兹瓦特这一代平面设计师是最早接触电影的一批人，1928 年，兹瓦特为海牙国际电影节设计了一款海报。设计师向 20 世纪 20 年代初的前卫影院取经，开发了以人们不熟悉的方式展示熟悉事物的技术。这些技术包括将特写镜头集中在较大物体或场景的一部分，著名的一组镜头是谢尔盖·爱森斯坦（Sergei Eisenstein, 1898—1948 年）的作品《战舰波将金号》（Battleship Potemkin, 1925 年）中对敖德萨阶梯的特写，与远景形成鲜明对比。在《PTT 手册》中，场景可能是从单一角度拍摄而成，并且使用设备来构图部分动作，比如用单片眼镜框住人眼。无声电影使故事纯粹通过图像展开，我们可以想象《PTT 手册》里的内容成为一部电影的画面，它们掠过荷兰的每一寸土地，教会孩子们在信封上以正确方式写下地址的重要性。

汽车的崛起

1. 雪铁龙 2CV 系列车型的车身呈极简的流线型,其零件和配置都是最基础的

2. 奥斯汀 7 型被称为"微型汽车"(Chummy),是英国版的亨利·福特 T 型车

3. 菲亚特 500 C 米老鼠是一款小型两座汽车,车身呈简约的流线型

20 世纪初,美国大规模生产福特 T 型车,自此汽车走入了寻常百姓之家,成为人们日常生活的一部分。越来越多人投资汽车行业,随之越来越多人要求汽车外形美观。金融危机爆发,面对通用汽车公司的竞争,福特汽车公司不得不在 1926 年关闭胭脂河工厂一年,这一举措是汽车设计师这一新兴角色的重要转折点。为了应对不断变化的消费者需求,通用汽车拒绝标准化生产,采用了更加灵活的制造体系。1927 年,该公司发布了一款时尚车型,这是其首次尝试将美学元素引入批量生产的汽车中。

在两次世界大战期间,美国的汽车始终保持大型和现代化风格,但在欧洲,由于行驶距离较短,小型、低成本的大众汽车或"国民汽车"占据市场主导地位。汽车外观服务于实用性,工程师的地位比设计师高。在英国,赫伯特·奥斯汀(Herbert Austin,1866—1941 年)和威廉·莫里斯生产的汽车引领着潮流。奥斯汀最受欢迎的车型是 1922 年推出的奥斯汀 7 型车(见图 2)。它有四个座位,但是两个后座只适合儿童使用。莫里斯的第一款小型汽车是在六年后推出的,同样重视价格多于款式。

德国的国民汽车是大众甲壳虫系列车(1938 年;详见第 210 页),这一设计至今仍被奉为经典。法国雪铁龙公司将福特制造技术引入欧洲,并且在两次世界大战之间开发出了创新实用的车型,具有一定影响力。1936 年皮埃

重要事件

1913 年	1919 年	1922 年	1928 年	1931 年	1932 年
莫里斯牛津 Bullnose 车型在英国生产,是该国首批低成本、大批量生产的汽车之一。	雪铁龙公司在法国成立。它很快引入了福特制造技术,并将销售目标瞄准大众市场。	奥斯汀 7 型车在英国推出;这是该国最早的国民汽车。	莫里斯 Minor 汽车在英国推出。同名汽车在 20 世纪 40 年代由阿莱克·伊西戈尼斯(Alec Issigonis,1906—1988 年)设计,在二战后风靡一时。	费迪南德·保时捷(Ferdinand Porsche,1875—1951 年)在德国斯图加特创立了自己的汽车公司,并开始为普通民众开发一款小型汽车。	弗拉米尼奥·贝托尼受雇于雪铁龙公司,三年后开始设计雪铁龙 2CV 车型。

尔－朱尔斯·布朗厄（Pierre-Jules Boulanger，1885—1950年）被派到雪铁龙公司巴黎工厂工作，他与意大利雕塑家弗拉米尼奥·贝托尼（Flaminio Bertoni，1903—1964年）一起，开始设计研发雪铁龙2CV车型（见图1），1948年，该车型投入生产。这辆车是专门根据法国农民的需求设计的。它几乎能够适应任何路面，并且成本低廉。虽然意大利在第二次世界大战之后才生产出完全成熟的国民汽车，即1956年推出的菲亚特600型车，但设计师但丁·杰尔科萨（Dante Giacosa）在两次大战期间已经设计出了该车型的早期版本（见图3）。

国民汽车的到来以前所未有的规模促进了大众旅行和旅游业。反过来，这也导致了唯一目的是支持汽车产业发展的相关附属产业的出现。对橡胶轮胎的大量需求促进了米其林和邓禄普等轮胎制造商的发展，同时，对广泛分布的燃料分配系统的需求促使全球各地建造了数不清的加油站（详见第208页）。最重要的是，大众旅行的发展需要铺设新道路、建设路标系统。汽车的大规模普及也改变了人们的休闲方式。乡村一日游、路边野餐和观光旅游并不是什么新鲜事，但这是第一次普通人也可以享受到这样的生活方式。休闲和生活方式的普及对设计师和制造商提出了各种新的挑战。**PS**

1933年	1936年	1936年	1939年	1948年	1953年
希特勒掌权。他的目标之一是为德国开发一辆国民汽车，保时捷参与了这个项目。	雪铁龙公司巴黎厂区的总经理雇用皮埃尔－朱尔斯·布朗厄。布朗厄在战前启动了雪铁龙2CV车型的发展计划。	意大利汽车品牌菲亚特推出了Topolino系列车型。这款车型由但丁·杰尔科萨设计，是该国第一款低价国民汽车。	1939年生产的雪铁龙2CV车型是战后大规模生产的汽车的范本。	雪铁龙2CV系列的最终版本在巴黎沙龙汽车展会上展出。很快，它成为城市汽车。	福特大众（Ford Popular）作为一款价格低廉的家庭用车在英国推出，并迅速达到预期成果。

"你可以信赖壳牌" 海报 1933 年

爱德华·麦纳特·考佛 1890—1954 年

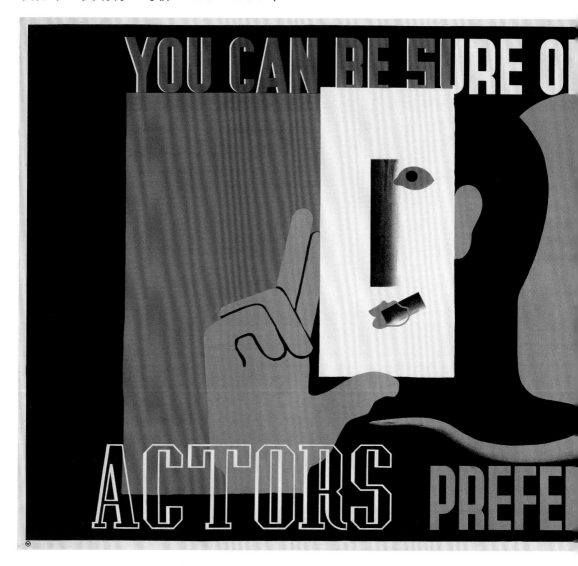

平版印刷
77cm × 113cm

图像局部示意

对于乘坐国民汽车的新驾驶者来说，众多的燃料供应商之间看起来并无较大差异。与此同时，将驾驶当成一种乐趣，而不是从某地到另一地必要的交通手段，在当时是相对较新的概念。因此，对于支持大众出行的配套产业来说，第一个挑战就是如何通过宣传旅游的概念来刺激和增加人们对其产品的需求：越多人开车上路意味着他们能售出越多的燃料。第二个挑战则是当他们的产品不再具有新鲜感时，如何实现品牌差异化和确保消费者对品牌的忠诚度。壳牌的推广方式就是推出充满创意的广告，强调其燃料的可靠性和驾车去乡村的乐趣。

自 1932 年以来，在杰克·贝丁顿（Jack Beddington）的领导下，英国壳牌广告部进行了不少宣传活动，由爱德华·麦纳特·考佛设计的"你可以信赖壳牌：演员钟爱壳牌"海报就是其一。他的宣传方式极具创新性，因为他邀请了一大批艺术家来设计广告海报，其中包括保罗·纳什（Paul Nash, 1889—1946 年）、约翰·派珀（John Piper, 1903—1992 年）、凡妮莎·贝尔和格雷厄姆·萨瑟兰（Graham Sutherland, 1903—1980 年）。**PS**

1. 颜色

考佛采用了一个基础配色方案，反映了荷兰风格派艺术家和设计师以及德国包豪斯的工匠和设计师所强调的现代主义思想。考佛是最早将这种配色用于广告界的人之一

2. 抽象化

考佛最大的贡献是将未来主义和立体主义等先锋运动引入广告业。这张海报的成功在很大程度上归功于立体主义抽象拼贴技巧，特别是毕加索的技巧。几何以及强烈的形式非常有效地传达出商业信息

3. 字体排版

在字体的排版上，考佛使用的方法非常复杂。在这张海报中，他结合了三种字体；其中两种是无衬线字体，这与平面设计中的现代运动息息相关。虽然他学的是美术，但他精通现代主义的设计和排版

🕐 **设计师传略**

1890—1912 年

考佛在为一个当地剧院画舞台背景时，第一次展现出了他的艺术技能。后来他继续在旧金山的加州设计学院学习美术，他得到一个导师赞助，得以去巴黎深造。

1913—1914 年

第一次世界大战爆发前，考佛在巴黎学习了几年艺术。他在巴黎学习到了先锋派的第一手知识，受益匪浅，对以后的职业生涯很有帮助。

1915—1939 年

考佛搬到伦敦以后，立即开始将他在巴黎学到的知识应用于广告业。1915 年，弗兰克·皮克委托他为伦敦地铁设计了许多海报。20 世纪 30 年代，壳牌是考佛最大的客户，但考佛也曾为福特纳姆、梅森以及伦德·汉弗莱斯这些企业工作过。

1940—1954 年

1940 年，考佛回到美国继续工作。他的最后一个项目是在 20 世纪 50 年代为美国航空公司设计的一系列海报。

爱德华·考佛和玛丽昂·多恩

1923 年，考佛在巴黎旅行时遇到了美国室内及纺织品设计师玛丽昂·多恩，随后他迅速离开了自己的妻子和女儿，与多恩一起在伦敦生活。他们共同承接了许多项目，如办公室的室内设计和为东方航运公司的现代远洋班轮旗舰"猎户星号"设计的一系列内饰、品牌标志、行李标签和小册子，这艘船在英国和澳大利亚之间来回航行。考佛负责设计宣传册的封面，其设计特点是结合了几何形式和现代主义的排版。他们还设计了一系列地毯，在伦敦埃尔瑟姆宫门厅的入口可以看到多恩设计的抽象主义作品的复制品（右图）。

大众甲壳虫 1938 年

费迪南德·保时捷 1875—1951 年

这是 1953 年的大众出口 1 型甲壳虫汽车。阿道夫·希特勒认为国民汽车的外形应该简化到看起来像"甲壳虫"一样。1981 年，甲壳虫系列成为第一款销售量达到 2000 万台的汽车

🏁 图像局部示意

20 世纪 30 年代初，汽车工程师费迪南德·保时捷领导了一个项目，开发出了后来的大众"甲壳虫"系列车，此项目在德国进行，得到了阿道夫·希特勒的支持。与其他西方国家相比，德国的汽车拥有率较低。因此希特勒希望开发出一款低价的国民汽车，一款类似福特 T 型的汽车，让大多数民众都可以买得起。他颁布命令，规定国民汽车应该能够以 60 英里 / 小时的速度行驶，能够搭载一个五口之家并且价格不超过三十周的平均工资。保时捷在汽车设计方面拥有丰富的经验，并与许多类似的公司合作过。在希特勒的鼓励和捷克汽车 Tatra 布局的启发下，保时捷开发出了"60 型"汽车。

这款汽车经过了严苛的测试，并且数次改进。1937 年，希特勒决定其生产应由国家资助，于是政府成立了大众汽车公司。次年设计完成，终于推出了"欢乐带来力量之车"，同时举办了促销活动。1939 年，二战爆发，钢铁供应重新用于军用车辆的生产，国民汽车的设计和生产则被搁置。如果不是英国在战后立即决定在沃尔夫斯堡重新开放大众工厂，以刺激德国重建和恢复其制造基地，这款汽车将成为被击败的法西斯政权的象征。1949 年，甲壳虫系列进入美国市场，这为其最终的商业成功和作为设计象征的地位铺平了道路。到 20 世纪 60 年代末，经济型两门轿车已经成为一个经典设计，尤其吸引年轻人，他们经常在车身上彩绘图像，使其变得个性化。到 2003 年停产时，该车型已生产了约 2050 万辆。**PS**

1. 弧形轮廓

甲壳虫系列车具有夸张的外形。该车型具备圆形的前发动机罩、倾斜的挡风玻璃和逐渐变窄的车尾，整个车的外壳呈现出符合空气动力学的经典泪珠状。为了加强其视觉统一性，前灯是一体化的，保险杠和尾灯的形状则贴合车身轮廓

2. 后窗玻璃

甲壳虫系列的早期原型没有后窗。后来的设计中加入了一个小后窗，这种分体式设计被称为"椒盐卷饼窗"模型。1953年，由两部分组成的窗户被一个椭圆形的一体式玻璃窗取代，窗口面积比原来大了23%

3. 通风孔

甲壳虫系列最具特色的是位于车辆后部的风冷发动机。另一个是水平百叶窗通风口，位于后窗下面，起到通风作用。这两个特点不仅使这款车型外观看起来更实用，还增强了其各项功能

▲ 甲壳虫车型具有强烈的个性，这在迪士尼的"金龟车赫比"系列电影中也有所体现，在《万能金龟车》（1968年）中，一辆拟人的1963年甲壳虫汽车帮助赛车手成为冠军

🕐 设计师传略

1875—1930 年

费迪南德·保时捷出生在波希米亚北部的玛弗斯多夫（现属捷克），他曾在维也纳的汽车公司担任工程师。1906 年，他进入奥地利－戴希勒公司，担任首席设计师。1923 年，他加入了位于德国斯图加特的戴姆勒发动机公司，任技术总监。

1931—1938 年

保时捷创办了自己的公司。三年后，他与儿子费里一起加入希特勒的国民汽车开发项目，设计出了后来被称为甲壳虫的系列汽车。这时他已成为纳粹党和党卫队的一员。

1939—1951 年

二战期间，保时捷参与了为德国设计虎式坦克和 V－1 火箭的工作。1945 年二战结束后，他被盟军以战争罪行羁押数月。1950 年，他协助儿子设计出了保时捷跑车。

想想还是小的好

甲壳虫系列在美国的巨大成功很大程度上得益于恒美广告公司的优秀广告策划，该公司没有采用当时典型的明亮色调和直接的硬销售，而是选取黑白色调，用含蓄的文案来强调这款汽车不同寻常的魅力和可靠。这个 1959 年的"想想还是小的好"广告活动引诱读者将此款车型的明显缺点——相对缓慢、体积小和不寻常的形状——转化为优点。

战火中的世界

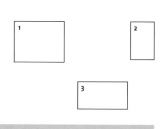

1. 威利斯 MB8 吉普车于 1941 年投入使用。这种 4×4（四轮驱动）卡车适合穿越崎岖地形。它的挡风玻璃从发动机罩的顶部开始向前倾斜

2. 位于佩内明德的德国火箭测试中心开发了 V-2 型火箭，并于 1942 年首次测试成功

3. 二战期间，苏联红军乘坐 T-34 坦克进行战斗。由于这种坦克易于大规模生产，因此在与德国的战争中赢得了胜利

若需求是发明之母，那么当风险高且需求紧急时，医学、材料技术、工程和设计方面的许多重大进展都在冲突中产生就不足为奇了。第二次世界大战也不例外——超级马林喷火战斗机（1936 年；详见第 214 页）这一激进设计的问世是为了响应 1934 年英国空军部队对高性能战斗机规格的要求。在某些情况下，这种进步代表着真正的突破，是战争需求激发出的创新成果。而另一些发明则基于已有的成果扩大其范围和应用。雷达、合成橡胶和喷气式发动机之类的发明都是盟军或轴心国政府投资研发出来的成果。

二战是一场全球性的冲突，其机械化应用达到了前所未有的程度。在陆地上，最重要的战争机器是坦克。虽然这些具有装甲的庞然大物首次亮相战场是 1916 年，但坦克师充分证明它们的作用是在二战期间。就纯粹的威胁和战斗效率而言，由米哈伊尔·柯什金（Mikhail Koshkin，1898—1940 年）设计的苏联 T-34 坦克（见图 3）可以说是最成功的。虽然 T-34 在战争之前设计，但它首次亮相是在 1940 年。即使在泥泞和雪地中，这款坦克仍能保持机动性和快速。其主要优点之一是，它的设计简单，并且制造和修理的成本都较低。到 1945 年，这款坦克共生产了大约 57 000 辆，比其他任何战时坦克都多。

劳动力和材料供应不足时，那些能够高效利用稀缺资源的产品就展现出了优势，易于维修的产品也是如此。英国司登冲锋枪（1941 年；详见第 216

重要事件

1936 年	1939 年	1940 年	1940 年	1940 年	1941 年
超级马林喷火战斗机原型机第一次试飞。它的制造原型是雷金纳德·约瑟夫·米切尔（Reginald J. Mitchell，1895—1937 年）设计的 300 型战斗机。	德国入侵波兰，引发第二次世界大战。	德国以闪电战击败了丹麦、荷兰和比利时。6 月，英国远征军从敦刻尔克撤离，法国沦陷。德国空军对英国其他城市的袭击也随之而来。	喷火式战机在不列颠之战中发挥了至关重要的作用。伦敦闪电战从 9 月开始。	苏联 T-34 型坦克问世，直到 1958 年才停产。	司登冲锋枪于 1 月投入生产。阿道夫·希特勒下令入侵苏联。美国 12 月宣布参战。

页）的产量数以百万计，因为它消耗的精力和材料最少。当人员伤亡较高时，一支通过简单训练就可以掌握的枪总是更加有用。同样，操作的简单性通常胜过技术复杂性。吉普车（见图1）是二战中最有名的车辆。由于美国战争部需要一款廉价而坚固的车辆来执行基本任务，因此它在1941年应运而生。吉普车的制造商众多，在战场上，经过改装，它可以变成救护车或参谋人员用车等车辆。

材料的应用方式非常广，拓宽了它们的可能性。有机玻璃被用于制造轻便、防碎的防弹驾驶舱、挡风玻璃和飞机玻璃。在高效使用稀缺木材资源方面，胶合板发挥了重要作用，它们有时被用来制造飞机机身。新的模铸技术不断问世，其中最著名的是查尔斯和雷·伊姆斯夫妇的设计，1942年，美国海军委托他们使用胶合板为受伤人员设计出轻质运输腿夹板，他们最终制造出了能够大规模生产的模块化定型夹板，并且方便运输。伊姆斯夫妇的实验成果体现在他们战后设计的模制胶合板家具中（详见第284页）。

技术创新是确保武器装备发挥其优势的一个重要手段。战争期间出现了许多持续改造世界的现代技术，例如计算机技术、导航系统和火箭技术。德国航天工程师沃纳·冯·布劳恩（Wernher von Braun，1912—1977年）曾帮助德国设计出V-2型火箭（见图2），后来他在美国国家航空航天局工作，加入美国太空计划，开发出了最终成功将人类送上月球的土星V型火箭。**EW**

1942 年	1943 年	1944 年	1944 年	1945 年	1945 年
美国海军委托查尔斯和雷·伊姆斯夫妇为受伤的飞行员用模压胶合板制作定型夹板。	德军在斯大林格勒宣布投降，这是他们的第一次重大失败。盟军在北非取得了胜利。意大利宣布投降。	德国的第一架喷气式战斗机——梅塞施米特Me262式战斗机——于4月问世。	6月6日从诺曼底登陆，盟军进攻法国德占区。8月，巴黎解放。	苏联军队解放了奥斯威辛。苏联军到达柏林之后，希特勒自杀，德国宣布投降。	美军向广岛和长崎投放原子弹。当地时间8月15日下午，日本宣布投降。

超级马林喷火战斗机 1936 年

雷金纳德 · 约瑟夫 · 米切尔 1895—1937 年

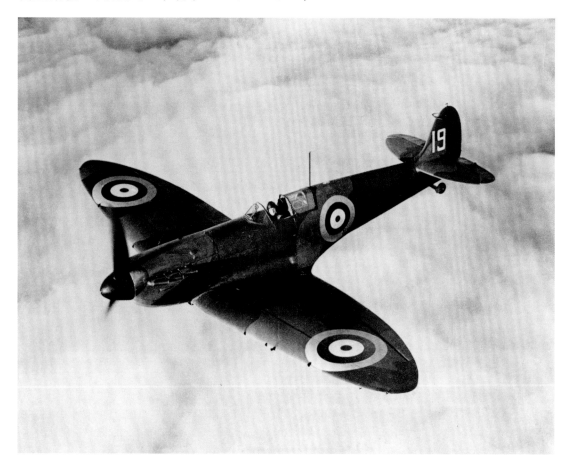

1939 年 2 月 16 日，一架配备有无线电台的喷火式战斗机投入飞行。这架飞机隶属英格兰德克斯福德 19 中队，是第一批供应给英国皇家空军的喷火式战斗机

✪ 图像局部示意

很少有战时设计能比喷火式战斗机更受人喜爱——它不仅受到驾驶它的飞行员的尊重，那些感谢喷火式战斗机在赢得不列颠之战中起到了重要作用的人也很尊重它。这种飞机与二战其他战斗机有着相似特征，但其首席设计师雷金纳德 · 约瑟夫 · 米切尔所设计的小型且不易被发现的特点才是确保其作为天空防御者大获成功的关键。

所有飞机设计都以最纯粹的方式体现了"形式追随功能"。20 世纪 30 年代，喷火式战斗机还在研发中，航空设计师和工程师们之间的信息共享程度惊人地高，他们的工作指令差异很小。这解释了为什么喷火式战斗机、霍克飓风和德国梅塞施米特 Bf 109 或 Me 109 之间有一些明显的相似之处，它们的前部都有大型整流罩来容纳巨大的发动机，有一个可伸缩的起落架以减少飞行中的阻力，还有一个尾轮。喷火式战斗机能成为如此杰出的战斗机，在很大程度上是因为其机翼设计。喷火式战斗机的机翼为椭圆形，这样可以尽量减少翼尖涡流。英国皇家空军的指令明确要求机翼上安装有机枪，这意味着机翼不能像米切尔所想的那么薄（因此也不会那么快）。然而，他将机翼设计得特别坚固，这意味着它能够承载随着战争的进行而出现的更强大的发动机和更重的武器。同样重要的是，在近距离空战中，若需要翻转腾挪或者俯冲，即使飞行员没有丰富的经验，这种飞机依旧可以在其能力的极限条件下飞行。不同版本的喷火式战斗机一共制造了大约 20 334 架。**EW**

1. 机翼

喷火式战斗机的机翼具有独特的轮廓，它足够薄，可以实现高速飞行，但它也异常坚固。米切尔在机翼根部引入了一条曲线，以确保在失速坠地期间，副翼能维持尽可能长的响应时间，以加快飞行姿态的恢复

2. 座舱

米切尔在 1934 年获得飞行员执照，他始终将安全牢记在心中，他最坚持使用的就是防弹驾驶舱。他设计的驾驶舱相对宽敞，这意味着控制杆有足够的移动空间，前后移动的空间尤其充足

3. 外壳

米切尔使用铝制单壳，最大限度地提高了喷火式战斗机的性能，在这种形式下，载荷由结构表层而不是内部框架来负担，机身内部结构不受阻碍。全金属的结构也降低了火灾风险

◷ 设计师传略

1895—1916 年

雷金纳德·约瑟夫·米切尔出生在英国斯塔福德郡，16 岁时，他在一个专业从事机车制造的工厂当学徒。后来他在该公司担任绘图员，同时还在夜校学习。

1917—1920 年

米切尔赴南安普敦为制造水上飞机的超级马林航空工程公司工作。1919 年，他晋升为总设计师，又在 1920 年晋升为总工程师。

1921—1931 年

作为总工程师，并从 1927 年起任技术总监，米切尔负责了 24 种飞机的设计，包括一些飞艇和水上竞速飞机。1928 年，维克斯接管了超级马林公司，他们要求米切尔继续留任。1931 年，米切尔设计的超级马林 S.6B 竞速飞机赢得了施耐德奖杯，并打破了世界空速纪录。

1932—1937 年

米切尔为空军部的一次任务设计了 224 型战斗机，但并没有成功。然而，他的 300 型战斗机引起了英国皇家空军的兴趣，也成为他的喷火式战斗机的基础。1936 年，喷火式战斗机的原型机第一次飞行。次年，米切尔死于癌症。

不列颠之战

在不列颠之战中，喷火式战斗机最常用于对抗德国的 Me 109 型战斗机（上图）。设计上的差异不可避免地对飞行产生影响。与喷火式战斗机不同，Me 109 的机枪安装在机身上，所以它的机翼可以设计得更薄。相应地，德国飞机因此拥有了速度上的轻微优势和更小的转弯半径，这些在近距离空战中都至关重要。然而 Me 109 所配备的机枪需要专业射手来操控，而喷火式战斗机的飞行员射击时，他的火力可以有效地覆盖更大的区域，因此有更多机会击中目标。Me 109 的驾驶舱也很狭窄，控制杆只有大约 5 英寸的前后运动范围。喷火式战斗机的飞行员很快学会了引诱 Me 109 跟随他们垂直俯冲，因为他们知道，最终敌人的控制杆无法移动到足够把飞机拉起来的位置。

9 毫米口径司登 MK-1 式冲锋枪 1941 年

雷金纳德·谢波德 1892—1950 年　哈罗德·特平 1977 年逝世

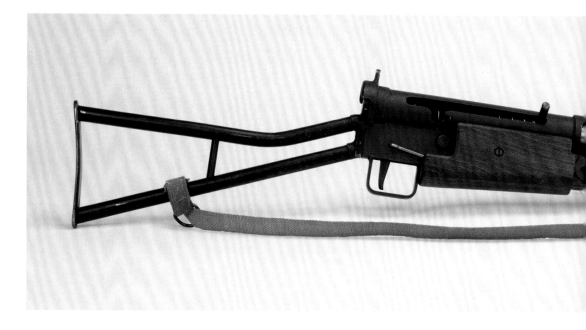

MK-1 式司登冲锋枪是在苏格兰克莱德班克的一家工厂生产的,这家工厂之前是辛格缝纫机工厂。第一批枪于 1941 年 10 月交付

1940 年 6 月,纳粹的闪电战横扫欧洲,随后英国远征军从敦刻尔克的海滩撤离。人员伤亡虽然严重,但情况比预期要好一些,撤退的军队把大量武器扔在了海滩上,不仅有坦克和大炮,还有步枪和手枪。德军很可能入侵英国本土,重整军备迫在眉睫。

司登冲锋枪在这场危机下应运而生。受伦敦北部恩菲尔德洛克的皇家小型武器厂的委托,谢波德和特平研发了冲锋枪,命名为司登(Sten),取自设计者雷金纳德·谢波德少校姓氏的首字母 S 和哈罗德·特平姓氏的首字母 T 以及工厂名称恩菲尔德前两个字母 EN。人们认为这支枪是英国本土制造的用来替代美国汤普森冲锋枪的,由此解决后者进口数量无法满足需求的问题。

设计司登冲锋枪的目的是满足近距离作战的需要。它坚固、成本较低、紧凑且很好隐藏。它很轻,未装弹时只有 2.7 千克。它能够在没有润滑的情况下正常射击,在沙漠环境中优势十分突出,因为一般武器在沙漠中需要润滑油才能正常使用,而润滑油会吸附沙尘。劣势是它容易卡壳,在距离大于 100 米时很难精准射击。然而,它很快被证明是不可或缺的,不仅可以为陆军和坦克部队提供短程火力,还可以为被占领国的游击队员和抵抗战士提供武装。虽然该枪支适配很多种能从敌方的军火库中夺得的轴心国子弹,盟军还是用降落伞在敌后投下大批已装上了子弹的冲锋枪。

司登冲锋枪非常省工省料,成本较低。一般的小型车间即可完成大部分的加工,然后运至恩菲尔德进行组装。最基础的版本在几小时内即可完成生产。这支枪外观粗糙、偶尔失灵,这些缺点并没有被地面部队忽视。它有个绰号叫"水管工的噩梦";还有一种常见的说法称其是"伍尔沃思的玛莎百货制造"的。

司登冲锋枪的主要优点是,在原材料和劳动力都短缺的时候,它只需最少的原材料和加工即可完成生产。20 世纪 40 年代,超过 400 万支各种版本的司登冲锋枪生产出来,其中几乎有一半是 MK-2 式。**EW**

✪ 图像局部示意

抵抗和起义

　　司登冲锋枪设计实用、成本低廉、操作简单，成为抵抗组织和义军的高效武器。卸下枪托和枪管，然后向下旋转枪匣，就可以将司登冲锋枪放入狭小的空间里。第二次世界大战期间，大量司登冲锋枪被降落伞投掷在轴心国占领区内，以援助当地的战士战斗，如法国抵抗组织（下图）。这种枪的火力特别适合城区的近距离街头交火。司登冲锋枪的简单构造使它易于修复、仿制和生产。德国占领挪威期间，突击队和反抗军使用的司登冲锋枪多数都是在本土的秘密作坊里制造的；在丹麦和波兰也是如此。德国人缴获司登冲锋枪后也继续利用，在战争后期，他们自制出了非常相似的版本。二战结束后，司登冲锋枪在世界各地的冲突和战争中继续发挥着关键作用，在不同的国家也出现了不同的版本。1948 年的阿以战争期间，交战双方都使用了司登冲锋枪；阿拉伯士兵装备的是英国制造的枪，而犹太准军事组织自 1945 年以来就开始在各地进行秘密仿制。英国部队最后一次在外国土地上使用司登冲锋枪是在朝鲜战争（1950—1953 年）期间。

👁 焦点

1. 枪托

司登冲锋枪是一种基础武器，看起来也是如此。它的工作元件被封装在一个简单的压制钢管中，一端是枪筒，另一端是基本的肩部支撑架构。它也可以很容易地组装和拆卸以便运输

2. 扳机

司登冲锋枪的开放式枪栓反冲式操作设计以德国的 MP 38 冲锋枪为基础。这种设计使操作更为简单；扣下扳机，枪栓向前弹出，从弹匣中弹出子弹，上膛然后发射

3. 弹匣

每个可拆卸弹匣有 32 发的子弹容量。司登冲锋枪所用的是 9mm × 19mm 的帕拉贝鲁姆手枪弹，能够以每分钟 500 发的速度发射，而一般的栓动式步枪仅为 15 发

战争大后方

第二次世界大战对英国的设计师和制造商产生了重大影响。政府的限制政策，例如对木材供应的管制，在战争爆发后的几天内立即生效，家具行业及相关产业受到材料、燃料和劳动力短缺的严重影响，这一影响不仅存在于战争期间，而且一直持续到 20 世纪 50 年代初。此外，许多小公司，如家具行业的先驱伊索肯家具公司，在战争期间完全关闭，战后才努力重建。像莫顿纺织公司那样持续营业的公司，则利用他们的设备和技术来生产重要的战时必需品，如遮光面料和伪装网。家具工业公司（现在的 Ercol 公司）是卢西恩·爱克兰尼（Lucian Ercolani，1888—1976 年）在海威科姆经营的一家大型工厂，它与军方签订了配件合同，生产木制雪鞋和帐篷钉等物品。战时，Ercol 公司获得了生产 10 万套温莎厨房椅子的大订单，这与该公司的战后重建息息相关，因为这激发了该公司生产后来大获成功的温莎系列家具的想法。

除了必需品的大宗订单外，家具制造仅限于为"轰炸移民"（被轰炸搞得无家可归的人）制造一些基本的家用物品。最初这些物品被称为标准应急家具，1942 年政府成立了一个设计小组后，采用了"实用家具"（详见第 220 页）这个名称。该小组由家具制造商戈登·拉塞尔（Gordon Russell，1892—1980 年）领导，旨在开发出一套简单、朴实、经济、标准化的设计品。只有

1. 《现在为你的不列颠而战》（1942 年）是阿布拉姆·盖姆斯所创作的一幅画，画里描绘了英国剑桥郡一所被轰炸破坏的学校和现代化的替代建筑。这幅画作的创作目的是提高士气

2. 阿诺德·罗弗设计的伦敦墙图案（1941年）不仅用于围巾，也用于头巾。其口号包括"你的勇气、你的快乐、你的决心"和"等待胜利"

重要事件

1939 年	1940 年	1941 年	1941 年	1941 年	1942 年
德国入侵波兰后，英国和法国于 9 月 3 日对德宣战。	皇家艺术学院搬迁到英格兰湖区的安布尔塞德，1945 年以前一直在该地以有限的规模办学。	平面设计师阿布拉姆·盖姆斯受命任英国陆军部官方海报设计师。	英国所有 40 岁以下的男子都应征入伍，因此制造领域出现了严重的劳动力和技能短缺。	日本对美国珍珠港海军基地发起攻击，促使美国加入第二次世界大战。	英国实用家具顾问委员会由贸易委员会组织成立。第一批实用家具于 1943 年推出。

获批准的制造商才可以生产制造这些家具，因为"实用家具"免征消费税，所以价格比较合理。

战争中断了许多设计师的职业生涯，这些设计师或被要求服役，或由于没有机会展示和销售作品而停止工作。美国一对设计师夫妇——纺织品设计师玛丽昂·多恩和平面设计师爱德华·考佛在20世纪30年代主导了英国设计界，但是当他们于1940年回到美国之后，却从未取得同样程度的成功。由于家具行业和相关产业缺乏机遇，新兴设计师如罗宾·戴（Robin Day，1915—2010年）和卢西安娜·戴（Lucienne Day，1917—2010年）被迫中断他们的职业生涯。直到1951年不列颠节举办，他们的职业才重新回到正轨。虽然战争期间异常情况普遍存在，但也出现了积极的尝试。战时研究直接推动了重大技术进步，用于制造模压胶合板的合成树脂黏合剂就是一个例子，因为坚固的轻型材料对于蚊式轰炸机这样的军用飞机非常重要。这样的技术突破让战后的家具行业受益颇丰，而且被美国的设计师查尔斯·伊姆斯和雷·伊姆斯等人加以利用。

战时创造力蓬勃发展的另一个设计领域是图形设计，因为海报是传播信息的重要工具。阿布拉姆·盖姆斯（Abram Games，1914—1996年）在20世纪30年代后期已经是一名颇有成就的商业艺术家，在战时为政府设计广告活动。他的第一个设计是《加入ATS》（1941年），旨在鼓励妇女加入本土后勤服务组织，该设计存在争议，因为它设计了一个迷人的女性形象，被称作金发女郎的诱惑。然而，盖姆斯所设计的其他战时海报更为激进。在《你的言论可能会害死你的同胞》（1942年）中，一个人的嘴里发出声波，最终变成刺穿了三个士兵的刺刀；《自己种菜自己吃》（1942年）激励人们自己种植蔬菜来为胜利而奋斗；而《现在为你的不列颠而战》（见图1）则将现代建筑的理想化的图像叠加在被炸弹损毁的建筑物瓦砾上，旨在通过这种形象激发公众精神。在美国，海报也是一种重要宣传工具。最具代表性的图像之一是霍华德·米勒（J. Howard Miller，1918—2004年）所创作的《我们能做到！》（1942年），图中的铆钉女工萝西亮出肱二头肌，激励美国民众投入公共建设并支援战争。

在英国和美国，围巾也被用于轻松的宣传中。英国贾可玛公司的首席设计师阿诺德·罗弗（Arnold Lever，1905—1977年）经常在他的设计中加入诙谐的爱国主义元素。伦敦墙（见图2）的砖墙上刻有手写口号，包括"没有保密的谈话会让人丧命"和"只要有工具，我们就能完成工作"。**LJ**

1944 年	1945 年	1946 年	1946 年	1947 年	1948 年
设计委员会的前身英国工业设计委员会（COID）于12月成立。	新成立的音乐和艺术鼓励协会组织开办国家美术馆的"家居设计"展览。	3月，贸易委员会展览上展出了名为奇尔特恩（Chiltern）和科茨沃尔德（Cotswold）的实用家具新系列。	英国工业设计委员会在维多利亚和阿尔伯特博物馆举办了"英国可以制造"展览，展示了战时的英国设计创新。	实用家具委员会设计小组前主席戈登·拉塞尔被任命为英国工业设计委员会主席。	实用计划规定放宽，允许"设计自由"，但直到1952年，实用家具和用品才停止生产。

实用家具：科茨沃尔德餐柜 1942 年

埃德温·克林奇　赫伯特·卡特勒

👁 焦点

1. 光滑的平面

餐柜简单朴素，表面没有任何装饰，因此充分体现了现代主义运动的理念。橱柜的侧面、抽屉表面和柜门都是平坦的，这使得餐柜整体更易清洁

2. 经济型设计

科茨沃尔德餐柜的尺寸适中，其制造方式反映了实用家具计划的基本理念。它的设计目的是用最少的木材来创造最大的存储空间

3. 坚固的结构

实用家具既不脆弱也不是仅供临时使用。其产品非常坚固耐用，能够承受日常磨损。接头都是焊接或钉死的，而不是简单地钉住、用螺丝拧紧或用胶水粘住，所以它们很坚固

4. 耐用性材料

为确保实用家具坚固耐用，硬木是首选。桃花心木和橡木是常用木材，但浅色橡木的颜色和纹理更具吸引力。餐柜面板由贴面硬木板制成

到了 1941 年，家具木材极度稀缺，政府不得不推出家具配额制度，家具的制造集中在几个核心工厂。实用家具顾问委员会控制着所有投产家具的设计，在 1942 年批准通过了首批家具原型。该项目刚开始时，科茨沃尔德的家具设计师兼制造商戈登·拉塞尔就产生了影响力。受到工艺美术运动中设计简洁性的启发，拉塞尔竭力确保实用家具在严苛的限制条件下达到最高标准。首先能否节约材料是一个关键标准，其次是实用性和坚固程度。制作简单则是另一个重要因素，因为当时家具行业的工人无论是技能还是工作时间都非常有限。大多数初期的实用家具是由家具制造小镇海威科姆的两个经验丰富的设计师——埃德温·克林奇和赫伯特·卡特勒设计的。克林奇是高德埃尔兄弟公司（Goodearl Brothers）的内部设计师，而卡特勒是海威科姆技术学院的讲师。他们的设计，包括基础款奇尔特恩系列和昂贵的科茨沃尔德系列，战后很长一段时间仍在继续生产。**LJ**

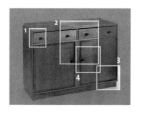

矩形橡木餐柜
86cm × 122cm × 49.5cm

▲ 1942 年，伦敦的一个贸易展览会展出了实用家具的第一批原型。整个系列包括一个带有配套餐桌和椅子的餐具柜以及一系列的床

🕐 设计师传略

1892—1939 年

戈登·拉塞尔 6 岁的时候搬到英格兰伍斯特郡的百老汇。1908 年他进入家族企业工作，开始为历史悠久的利根阿姆斯（Lygon Arms）酒店修复和设计家具。一战服役后，拉塞尔在家居设计上投入了更多的时间，1923 年他出版了一本小册子，名为《诚信与手工艺》（Honesty and the Crafts）。1930 年，他暂停设计，专注于经营快速扩张的业务。

1940—1980 年

1940 年，他离开公司，两年后加入实用家具顾问委员会，并于 1943 年被任命为实用家具设计小组的主席。拉塞尔深度参与了 1946 年的"英国可以制造"展览以及 1951 年的不列颠节，于 1947 年至 1960 年间受任为工业设计委员会的主席，并于 1955 年封爵。他的自传《设计师行业》（Designer's Trade）于 1968 年出版。

实用纺织品

　　家居领域设计中受实用家具计划影响的另一个主要领域是装饰面料。实用家具设计小组最初成立时，纺织品设计师伊妮德·马克斯（Enid Marx，1902—1998 年）也是成员之一。1945 年，她与卡莱尔市的制造商莫顿纺织公司合作，为实用家具计划开发了一系列棉织装饰面料，如环形图案（右图）。与实用家具一样，材料的节约至关重要，因此每种设计中的颜色数量是有限的。重复的图案也特意缩小，一方面因为这样更容易编织，另一方面是因为裁剪布料时，这种方式可以减少浪费。伊妮德动态的实用设计大多数是几何化的，但也包含一些风格化的有机图案。

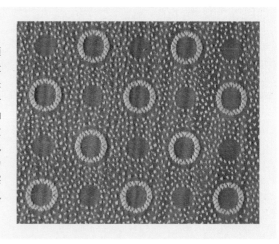

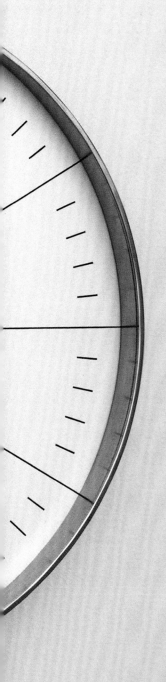

3 | 个性与统一
1945—1960年

丹麦现代主义设计

在所有北欧国家中，丹麦对 20 世纪中叶的国际设计界所产生的影响最大。当时，瑞典和芬兰已经发展了有本国特色的现代主义运动，但是都没有达到丹麦的影响力，它们的设计从业者也没有像丹麦那样使用了如此多样化的媒介。在欧洲和美国产生了巨大影响的丹麦现代设计理念起源于 20 世纪 30 年代。在此期间，在家具、纺织品、金属制品、陶瓷和玻璃等工艺行业中，新一代具有创新精神的丹麦设计师脱颖而出，并开创了具有个人特色的现代主义风格。针对当时在德国兴起的用工业材料制造高度理性化产品的做法，他们提供了一种替代方案，使用传统材料——木材、金属、黏土和玻璃来制造产品，并与小规模生产商合作。丹麦的设计运动面向家居领域，并且直接从大自然中汲取灵感，这比德国的现代主义运动更人性化、更有机。其目的是让每个人都有机会在家中用上高品质的现代设计产品，极具民主性。

家具设计是第一批按照这些进步路线重新思考的学科之一。该领域的一个关键人物是哥本哈根丹麦皇家建筑艺术学院院长凯尔·柯林特（Kaare Klint，1888—1954 年）。根据柯林特的建议，形式渐渐回归基础。作为第一个在作品中引入人体测量原理的家具设计师，他广泛研究了人体的运动和静止状态，

重要事件

1945 年	1945 年	1947 年	1949 年	1951 年	1951 年
伯厄·莫根森设计了 1789 型沙发。这种沙发适合在较小的空间里使用。	芬·居尔创立了自己的设计工作室。他因与尼尔斯·沃戈尔（Niels Vodder）合作制造抽象雕塑式家具而闻名。	汉斯·韦格纳设计出了孔雀椅。这款椅子基于传统的温莎椅而成，而外观和比例的修改则使其更具现代性。	韦格纳设计的圆椅也许是丹麦现代化设计最伟大的标志。这是他不懈追求完美的成果。	凯·玻约森设计了铰接式木头猴子玩具。它个性十足，现在仍在生产。	玻约森荣获大奖的餐具在米兰三年展上再次获奖。

以确保家具符合设计目的。回顾借鉴军用家具之类的传统功能性家具后，柯林特发展出更多被定义为"设备"而不是"家具"的设计（见图1）。这些设计与规模愈加缩小的丹麦家庭相适应，并代表了许多人的现代生活方式。

在金属制品领域工作的丹麦工匠们也接受了现代化设计思维。乔治杰生是一家成立于20世纪初的领先的银器公司，在业内树立了很高的标准。凯·玻约森（Kay Bojesen，1886—1958年）是20世纪30年代丹麦杰出的银器设计师之一，他曾在乔治杰生公司当过学徒。他获得国际大奖的餐具系列（1938年）由抛光钢制成，简约优雅，而且由于其功能性和符合人体工程学的设计，使用起来舒适感高，代表着丹麦现代主义的最高水平。玻约森在推动丹麦设计进步方面也发挥了重要作用。1931年，他创办了一家艺术家合作社，名叫Den Permanente展览馆，展出的都是这一时期丹麦最优秀的作品。几十年来，它一直是决定优秀设计的权威，活跃到1981年。

丹麦有很强的制陶传统，其有史以来最著名的制造商是成立于18世纪末的皇家哥本哈根公司。虽然该公司在两次世界大战期间的设计主要是传统陶器，但阿瑟尔·萨托（Axel Salto，1889—1961年）用天然的柔和色设计出了极具现代风格的陶器（见图2），推广了一种全新的形象。另一个陶瓷制造商第二丹麦瓷器厂（Bing & Grøndahl）除了传统陶器之外，也采用现代主义风格。另一个很早就对新的设计思想作出回应的设计领域是玻璃器皿。玛丽·古德梅·莱特（Marie Gudme Leth，1895—1997年）等对纺织品做了一些改进，她革新了丝网印刷术，并于1941年成立了自己的工作室。

灯具制造商路易斯·鲍尔森（Louis Poulsen）迅速建立了创新和卓越的国际声誉。该公司与建筑师保尔·亨宁森（Poul Henningsen，1894—1967年）展开了合作，设计出来的产品无论是在外观上还是空间照明质量上都与众不同。亨宁森所设计的著名的PH灯于1925年生产，至今仍是设计经典。在20世纪中叶，他还设计出了包括松果灯（1958年；详见第232页）在内的许多创新性灯具。

20世纪30年代，丹麦现代主义的基础已经奠定好，战后，现代主义运动不断扩展，影响力遍布全球。新一代的丹麦设计师脱颖而出，渴望将现代主义确定为家居设计的标准风格。像他们的前辈一样，这群设计师永恒的目标是通过设计改善普通人的生活。人们非常注重这些产品是否便宜，为此，工艺与工业合作降低产品价格。家具再次成为主角。在工艺方面，汉斯·韦格纳（Hans Wegner，1914—2007年）设计出了许多标志性的简单设计，例如中国椅（1944年）、孔雀椅（1947年）、圆椅（1949年；详见第228页）。如今，韦格纳的设计采用传统的精细木工技术来制作，代表着丹麦现代主义的巅峰。提起韦格纳，就不得不提家具设计师伯厄·莫根森（Børge Mogensen，

1. 凯尔·柯林特设计的游猎椅因功能简单而闻名。无须任何工具也可以成功拼装好这款椅子

2. 1956年，阿瑟尔·萨托设计了这个沉重的陶花瓶。它由皇家哥本哈根制陶厂制造，有机表面覆盖大量深红色釉料

1952 年	约 1954 年	1958 年	1958 年	1959 年	1960 年
阿诺·雅各布森（Arne Jacobsen）设计了蚂蚁椅，这是一种带金属腿的模压胶合板椅子，由弗里茨·汉森（Fritz Hansen）制造生产。	艾里克·赫洛（Erik Herlow）为哥本哈根餐具公司设计了一套带有方尖碑图案的餐具。	在1925年的PH灯成功后，保尔·亨宁森又创造出了另一个经典设计——松果灯。	保罗·克耶霍尔姆（Poul Kjaerholm）的作品PK22椅子获得了伦宁奖。在接下来的米兰三年展中，这款设计也斩获大奖。	南娜·迪策尔（Nanna Ditzel）设计的吊椅代表着丹麦现代运动开始转型。	维尔纳·潘顿（Verner Panton）设计了S椅，这是第一把注塑成型的全塑料悬臂椅。

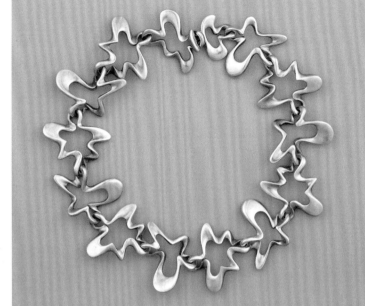

3. 这条银项链（1947 年）是汉宁·古柏（Henning Koppel）设计的，由乔治杰生公司制造。十四个铸造"环扣"十分抽象，形状如同变形虫

4. PK 24 躺椅（1965 年）是保罗·克耶霍尔姆的标志性设计之一。弯曲的平面似乎悬浮在房间里，由一个小型的角钢框架支撑

1914—1972 年）。他接受过橱柜制造和建筑的培训，在柯林特公司工作一段时间后，于 1959 年成立了自己的工作室。莫根森的许多设计作品都反映了柯林特对传统家具原型的兴趣。他于 1945 年设计了 1789 型沙发，其背部的辐条和底部的皮革系带分别向经典的温莎椅子和诺尔沙发致敬。他设计技巧中更明显的雕塑元素来自家具设计师芬·居尔（Finn Juhl，1912—1989 年）。

美国也发展起了丹麦现代主义风格。最初的推动者是考夫曼的儿子和继承人小埃德加·考夫曼（Edgar Kaufmann, Jr.），弗兰克·劳埃德·赖特在宾夕法尼亚州西南部为考夫曼家族设计打造了他的杰作流水别墅（1936—1939 年）。考夫曼参与纽约现代艺术博物馆的运营，并被视为一名出色的美学家。因此，他为流水别墅购置丹麦现代主义风格家具，向纽约的弄潮儿传递了明确的信息。不久后，丹麦现代主义风格家具不仅在杂志里频频出现，还由美国知名的零售商引进，并在美国得到许可生产。居尔的设计特别受欢迎。丹麦现代主义风格家具的价格相对合理，尺寸适合，又使用常见的材料制作，越来越受美国民众的喜爱。各类国际展览会使其受欢迎的程度大大加深。

南娜·迪策尔（Nanna Ditzel，1923—2005 年）是丹麦为数不多的作品享誉全球的女性设计师之一。她所设计的吊椅（1959 年）呈蛋形柳筐状，可以挂在天花板垂下的链条上，经常出现在时尚和室内装饰杂志中，代表着一种自由的新生活方式。迪策尔兴趣广泛，她的设计作品包括内饰、展览、珠宝和纺织品。丹麦现代主义纺织品是另一个成功案例，特别是丽思·阿曼（Lis Ahlmann，1894—1979 年）的设计成果和纺织品制造商克瓦德拉特（Kvadrat）制造的产品。除了为乔治杰生公司做的设计，汉宁·古柏和艾里克·赫洛设计的有机形式的银器在国际上也很受欢迎。

丹麦现代主义运动持续发展。20 世纪 50 年代，设计师们开始将金属和塑料元素融入他们的作品中，渐渐偏离工艺美学。保罗·克耶霍尔姆是一名受过专业培训的工匠，他设计出了一些令人印象深刻的极简物件，其中就包括 PK 系列（见图 4）。受美国设计师查尔斯·伊姆斯和雷·伊姆斯的启发，建筑师阿诺·雅各布森在他的蚂蚁椅（1952 年）和后来的 3107 号椅（1955 年；详见第 230 页）中使用了模压胶合板和钢棒，蚂蚁椅是他为丹麦一家制药公司的餐厅所设计的。后来，雅各布森又陆续设计出了许多标志性的家具，其中包括天鹅蛋椅（1958 年），其座椅外壳采用模压玻璃纤维制成。

20 世纪 60 年代，维尔纳·潘顿的高度个性化的作品与当时人们眼中的丹麦现代主义风格大幅偏离。潘顿接受过建筑培训，在雅各布森公司工作过一段时间，并提出了许多以有机形状塑料形式为特色的室内设计方案。在家具领域，他最知名的设计是 S 椅（1960 年）——第一把注塑成型的全塑料椅，因为生产工序复杂，被许多制造商拒之门外。潘顿的作品标志着丹麦设计界发生了巨大转变，业内不再依赖工艺技能和天然材料，也不再那么重视国内市场和日常家居生活。取而代之的是一种更加工业化的精神伴随着强烈的国际主义。

到 20 世纪 60 年代末，丹麦的现代化设计辉煌不再。曾经的成功也促成了它最终的失败。廉价的仿制品和山寨商品利用现代化风格的受欢迎程度，玷污了这种设计。那些推崇时尚的欧洲现代风格的人将他们的目光转向意大利设计。但这并不是最终结局。作为 20 世纪中叶经久不衰的一种时尚，丹麦现代主义风格在 21 世纪初再次因其最初吸引人的所有品质而备受推崇，它在我们日常都会接触到的设计产品中保留了人文主义元素，这一点尤其受欢迎。**PS**

圆椅 1949 年

汉斯·韦格纳 1914—2007 年

白蜡实木，皮革
76cm × 52cm ×
63cm

因靠背的形状较圆，汉斯·韦格纳将这个作品命名为"圆椅"。这个设计是与制造商卡尔·汉森父子公司（Carl Hansen & Son）合作的初步成果。它是丹麦现代主义设计的缩影，比例精准，非常优雅。将天然材料、有机形态、简约设计、人性化与现代感以及舒适集于一身，这样的产品只能出自 20 世纪 40 年代的丹麦。然而，简约才是其最重要的特征。韦格纳仔细考虑了舒适坐姿的最低要求，制作了一把精简到只剩下最基本元素的椅子。即使没有人坐在上面，这把宛若雕塑的椅子也能让人想象到坐上去会是怎样的。圆椅是韦格纳第一个没有以现有模型为灵感的设计。早期的中国椅灵感源自中国皇帝的宝座，而孔雀椅的灵感来自传统的温莎设计，与这两把椅子不同，圆椅是其组成部分最终精炼的形式。至今，这把椅子仍是韦格纳最重要的设计，备受尊崇。事实上，圆椅成为韦格纳多年来创造的诸多设计的基准，其中就包括叉骨椅和其他几款主题相同但版本不同的椅子。**PS**

🏵 图像局部示意

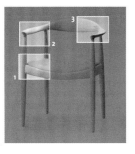

1. 天然材料

椅子使用的都是天然材料。实木（橡木、白蜡木、樱桃木或胡桃木）是主要元素，椅座部分由编织藤条或皮革制成。如果是编织藤条制成的，靠背上还会使用其他材料以提升舒适度

2. 精致工艺

因其设计简约，椅子的制作工艺必须精良，因为即使是最轻微的缺陷也很引人注目。设计师也很乐于让用户看到他是如何构造椅子的：韦格纳从不将椅子各个面接触的连接处隐藏起来

3. 曲线

这把椅子的设计没有采用直线。中点最宽以提供支撑，椅背呈半圆形，弯曲的扶手连接在四个锥形的椅腿上。坐垫也是弯曲的，座椅和靠背之间的空间对于整体构成至关重要

◀ 1960 年，约翰·肯尼迪和理查德·尼克松的总统大选辩论在 CBS 电视台直播，当时他们就坐在"圆椅"上。肯尼迪总统长期患有严重背痛，他相信这把椅子能让他舒服一点，因此特别要求在现场用它。媒体的曝光使得这把椅子一夜之间家喻户晓，在后来的新闻报道中频频露脸

叉骨椅

　　汉斯·韦格纳设计的叉骨椅（右图）因其张开的 Y 字形背撑而得名，是在圆椅基础上衍生的另一版本。在该设计中，弯曲的顶部横杆变成了悬空的扶手，且没有直接和椅子的前腿相连接，只有后腿与顶部横杆相连。因此扶手和椅座之间就有了一个很大的空间。人工编织的椅座是由纸绳而不是藤条或皮革制成的。这两把椅子都是在 1949 年设计的，自 1950 年起，卡尔·汉森父子公司开始生产叉骨椅。

3107 型椅子 1955 年

阿诺·雅各布森 1902—1971 年

压制成型的胡桃木
胶合板，镀铬钢
高 80cm

✿ 图像局部示意

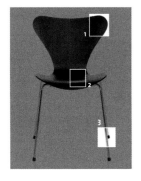

阿诺·雅各布森 20 世纪 50 年代的家具设计由弗里茨·汉森公司制造，将欧洲现代主义风格和北欧有机形态融合。他通过这种方法设计出了一系列经久不衰且备受青睐的家具。继 1952 年设计出用模压胶合板制造的蚂蚁椅后，他又设计出了更优雅的 3107 型椅子，作为 7 型椅系列的其中一员。这把椅子具有简单、比例适中的轮廓，很快就大获成功。其成功的主要原因之一是它可以适应不同的环境和使用需求。与丹麦早期的家具设计师不同，雅各布森并不专注于家居设计，他所设计的椅子放在办公室或接待区一点也不违和，也可以放在餐桌周围。受现代主义者勒·柯布西耶和路德维希·密斯·凡德罗的影响，雅各布森的设计模糊了公共空间和私人空间的区别。鉴于 20 世纪 50 年代许多丹麦家庭的规模都不大，堆叠功能对于偶尔使用的椅子和餐椅来说是一种极大的优势。虽然 3107 型椅子不能堆叠得非常高，但这个特性也在一定程度上增强了其实用性。**PS**

1. 轮廓

与有弧形背板的蚂蚁椅不同，3107 型椅有两个造型独特的"耳朵"或"肩膀"。椅子背部的曲线通过纤薄的"腰部"和弧形的椅座来维持平衡。迷人的仿人体形状有助于契合用户的身体形状

2. 模压胶合板

能使用模压胶合板要感谢美国设计师查尔斯·伊姆斯和雷·伊姆斯的成果，他们在战争年代一直在试验这种材料。在此之前，人们只能沿着一条轴线来弯曲层压胶合板

3. 钢管椅腿

3107 型椅子的优雅外观在一定程度上得益于其弧形的轮廓和镀铬的细长八字管状椅腿的搭配。椅腿末端的球形护脚是为了避免椅子损坏地板

弗里茨·汉森

　　家具制造商弗里茨·汉森公司在整个 20 世纪发挥了关键作用，该公司和丹麦现代主义运动中的顶尖设计师合作，比如在 1936 年设计出教堂椅（上图）的凯尔·柯林特。该公司在战争期间蓬勃发展，并且囤积了战后使用的木材。1944 年，汉森公司生产汉斯·韦格纳设计的中国椅，一年后又生产伯厄·莫根森设计的 Spokeback 沙发。1934 年，该公司开始与雅各布森合作，但是直到 20 世纪 50 年代，当这位建筑师经典设计问世时，该公司才名声大噪。与雅各布森的合作使得弗里茨·汉森公司享誉全球。

◀ 为了适应不同环境的需要，7 系列椅经历了多次修改，包括一个带有软垫的型号和一个装有五个轮子的办公椅（都在左图），以及一个装有扶手的型号（左图最右的椅子）。雅各布森还制作了一张酒吧凳和一张连接了写字桌的椅子

松果灯 1958 年

保尔·亨宁森 1894—1967 年

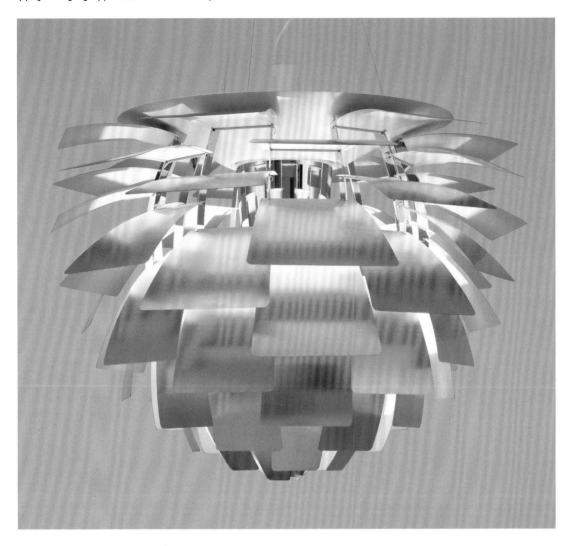

拉丝铜，油漆，
铬，玻璃
高 72cm
直径 84.5cm

⚽ 图像局部示意

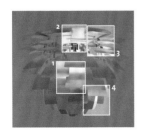

保尔·亨宁森的童年是在煤气灯下度过的。长大成人后，他仍然怀念那种柔和的照明效果，因此想要重塑同样的氛围，减少因遮蔽不足而产生的刺眼光线。1925年，他设计出了有多片灯罩的灯具，这是后来被称为 PH 系列的第一款灯具。亨宁森广泛研究分析灯罩如何影响光线的分布和发散，这盏灯就是他的初期成果。他的第一盏灯由路易斯·波尔森公司承接制造，在 1925 年的巴黎博览会上获奖，亨宁森余生的职业生涯一直与该公司保持合作关系。亨宁森最为人知的设计是 PH5 灯和松果灯。

为波尔森公司设计第一款产品的 30 年后，亨宁森设计了松果灯，该灯一经问世便被奉为经典，不仅仅因为它的外形夸张。它重叠的叶片状反射片或灯罩形似叶子，底部涂成白色，以提供柔和的反射光。这款灯的设计原则与他早期作品的原则相同，但是视觉上更加壮观，特别是挂在商业空间或大型开放式的现代家庭内部时。**PS**

1. 扩散罩

亨宁森的松果灯最美妙的地方就是柔和均匀的光线。通过使用层叠的柔性反射片，小心地隐藏光源，以获取柔和均匀的照明效果。这意味着该灯从任何角度都不会散发出刺眼的眩光

2. 多层灯罩

亨宁森所设计的所有灯具都由多种元素组成，隐藏电气组件，创造出一种发散的照明效果，渲染出温暖的照明氛围。这种效果还将灯具转变成雕塑般的发光艺术品

3. 材料

松果灯所呈现出的视觉效果，在很大程度上得益于它叶子的金属表面——有的是铜制，有的是拉丝不锈钢制。内部的铬制扩散罩也是金属制品，将灯泡完美隐藏。这款灯具还有白色涂漆款

4. 灵感源于自然

这款灯的设计灵感来自松果。然而，这种设计并不是只起到表面装饰的作用，它具有强大的功能性。与偏重理性和几何化的德国设计产品相比，这种人性化的现代主义设计才是典型的丹麦风格

设计师传略

1894—1924 年

保尔·亨宁森曾在哥本哈根的丹麦技术大学学习，随后接受建筑培训。1920 年，他在哥本哈根设立了自己的建筑事务所，同时，他还是一名记者兼评论家。

1925—1967 年

亨宁森于 1925 年设计了 PH 系列的第一盏灯具。他为路易斯·波尔森公司工作多年，设计出了 500 多款灯具。

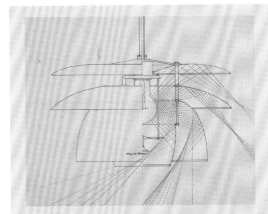

▲ 哥本哈根的朗格利尼酒店委托亨宁森设计餐厅照明灯具，松果灯就这么问世了。其灵感来自 PH Septima 灯具（1927 年）

路易斯·波尔森公司

　　如果亨宁森与路易斯·波尔森公司没有长期合作，PH 系列就永远不会问世。他的创造力和公司的营销、制造技能是该系列成功的最重要原因。亨宁森设计的 PH5 吊灯（1958 年；见上图）是一款经典设计，一般悬挂在离桌子很近的高度上。波尔森公司最初是一家葡萄酒进口贸易公司。但是这项业务只持续了几年时间，1914 年，公司开始销售机械和工具。起初，它只负责营销亨宁森设计的灯具，但在 1941 年，公司收购了一个制造工厂，开始正式制造灯具。路易斯·波尔森公司至今仍是业界领先的灯具制造商。

北欧玻璃器皿和陶瓷

1. 光谱叶纹盖碗（1947年）边缘平滑，碗底较低，而圆顶盖的尖端略微倾斜到一边

2. 1981年以前，欧瑞诗公司（Orrefors）一直在生产各种颜色和形状的郁金香杯（1954年）

3. 精致而富有雕塑感的苹果花瓶（1955年）是为赫尔辛堡H55展览设计的，至今仍是艺术玻璃设计进入黄金时代的象征

战后初期，北欧国家在应用艺术方面表现出色，特别是玻璃器皿和陶瓷制品方面。19世纪后期，瑞典、丹麦和芬兰发展了重要工业，从20世纪20年代开始，这个地区的设计风格逐渐转向现代主义，或用该地区的说法——功能主义。第二次世界大战后，北欧地区的创造力激增，一大批有天赋的设计师将他们的精力投入到陶瓷和玻璃设计。在开明的制造商的支持下，他们不断在美学和技术层面上将这些材料用到极致，创造出精美的艺术品和精致的餐具。

伊塔拉公司和努塔耶尔维公司是芬兰两大玻璃制品公司。自20世纪30年代以来，伊塔拉公司一直推广现代玻璃，并且生产建筑师阿尔瓦和艾诺·阿尔托获奖的设计作品。在1946年的设计大赛中，塔皮奥·威卡拉（详见第238页）成功引起了该公司的注意。四年后，蒂莫·萨尔帕内瓦（1926—2006年）也加入了伊塔拉公司。他们的合作成果使芬兰玻璃制品在业界名声大噪。这两位设计师的设计特征都是抽象的有机形式。威卡拉1946年设计的坎塔瑞丽花瓶具有流畅喇叭形和精细切割线条，灵感来自鸡油菌，而萨尔帕

重要事件

1942年	1945年	1946年	1948年	1949—1950年	1950年
芬兰陶艺家鲁特·布莱克（Rut Bryk，1916—1999年）加入阿拉比亚的艺术部，该部门成立于1932年，旨在使工作室的陶艺设计师们能够在工业环境中自由发挥创造力。	卡伊·弗兰克最初为阿拉比亚公司设计餐具，后来受任为实用器皿设计主管。	芬兰艺术家贡内尔·尼曼（Gunnel Nyman，1909—1948年）开始为伊塔拉和努塔耶尔维两家公司工作，他以前曾在利马基玻璃制品厂工作。	瑞典陶瓷和玻璃制品在米兰三年展中获得好评；古斯塔堡的斯蒂格·林德贝里获得了一枚金牌。	蒂莫·萨尔帕内瓦开始为伊塔拉公司工作，南尼·斯蒂尔（Nanny Still，1926—2009年）加入利马基公司，弗兰被任命为努塔耶尔维公司的艺术总监。	在瑞典，玛丽安·韦斯特曼加盟罗斯特兰公司，威克·林德斯特兰德开始为科斯塔公司效力。

内瓦的兰花花瓶（1953 年）的名字和设计灵感都来源于兰花。威卡拉和萨尔帕内瓦设计的精美绝伦的艺术玻璃制品广受赞誉，而卡伊·弗兰克（1911—1989 年）在努塔耶尔维公司工作时，则专注于实用玻璃器皿的设计。他为阿拉比亚公司设计的陶瓷餐具也同样简约（详见第 236 页）：朴素的器皿只保留最基础的元素，上单色釉彩。与瑞典的古斯塔堡陶瓷工厂合作的斯蒂格·林德贝里（1916—1982 年）更注重俏皮和装饰性。他设计的洋葱形光谱叶纹盖碗（见图 1）将手工绘制的彩虹色小叶子画在白色锡釉碗面上。由玛丽安·韦斯特曼（1928 年— ）设计、罗斯特兰公司生产的野餐系列餐具（1956 年）也同样生动活泼。装饰花纹采用了切片蔬菜和鱼这样的食材图案。

瑞典的玻璃工业以斯莫兰省为中心，规模大、范围广。在芬兰，欧瑞诗和科斯塔这两家老牌公司脱颖而出。两次大战期间，欧瑞诗就是现代玻璃制品的先驱，该公司与西蒙·盖特（1883—1945 年）和爱德华·霍德（1883—1980 年）两位杰出的设计师合作。威克·林德斯特兰德（1904—1983 年）起初也在欧瑞诗工作，但自 1950 年起，他开始为科斯塔公司工作。他在科斯塔工作期间设计出了各种精美容器，有一些是抽象风格的，但也总是以醒目的具象图案做装饰。战后，欧瑞诗公司聘请了大量设计师，其中包括尼尔斯·兰德伯格（1907—1991 年），他所设计的反引力的郁金香杯（见图 2）的特点是杯体较高、杯颈和杯柄细长，吹制样式精美。英格堡·伦丁（1921—1992 年）是瑞典玻璃工业首批女设计师之一，她利用玻璃独特的材质，制造出精妙、吸引人的艺术品。尽管其中一些由透明水晶构成，切割或雕刻着抽象图案和准超现实主义图像，但其他作品则大胆使用各种色彩，最典型的就是苹果花瓶（见图 3），这是一个巨大的自由吹制的球形花瓶。兰德伯格和伦丁探索了玻璃的精致和透明度，而埃文·奥斯特伦（1906—1994 年）和斯文·帕尔姆奎斯特（1906—1984 年）则利用了其延展性。帕尔姆奎斯特设计的充满活力的拉文纳系列（1948 年）是彩色玻璃和马赛克的混合体，而奥斯特伦设计的厚壁 Ariel 器皿则用气囊创造出了迷人的水波纹样。

在霍尔梅加德（Holmegaard）玻璃厂，丹麦玻璃工艺设计师皮尔·卢登（Per Lütken，1916—1998 年）创造出了许多设计作品。他的自由吹制和有机形式的玻璃制品形状简单、颜色简约，非常适合大规模生产。卢登设计的鹰钩花瓶（1951 年）瓶身圆润、边缘不对称，充分凸显了他驾驭熔融玻璃可塑性的高超技巧。利用玻璃自身的可塑性也是阿塞尔·萨尔托为皇家哥本哈根设计的陶瓷制品的一个显著特征。萨尔托设计出的粗釉器花瓶和碗呈葫芦状，形状流畅，釉面如融化的蜜糖般绚丽，更像是工作室陶器而不是工业陶瓷。上面的这些物件表明，在战后，北欧地区的陶瓷和玻璃工艺呈现出多面性：通常是内敛和朴素的，但有时也充满活力和另类。**LJ**

1951 年	1954 年	1955 年	1956 年	1957 年	1960 年
弗莱德瑞克·伦宁（Frederik Lunning）成立了伦宁奖，专门用来表彰杰出的北欧设计师，首位获奖者是塔皮奥·威卡拉。	挪威的玻璃、陶瓷制品和瑞典、丹麦、芬兰的产品一道在米兰三年展上展出。	H55 展览（详见第 240 页）在赫尔辛堡举行，这是北欧设计的一次国际展示。	萨尔帕内瓦赢得伦宁奖。芬兰设计师奥伊瓦·托伊卡（Oiva Toikka，1931—2019 年）开始为阿拉比亚公司设计陶瓷制品。	瑞典激进派玻璃设计师埃里克·豪格伦德（Erik Höglund，1932—1998 年）获得伦宁奖，他于 1953 年开始为博达（Boda）玻璃制品厂效力。	威卡拉在米兰三年展中斩获金奖及大奖。

琦尔塔餐具 1948 年

卡伊 · 弗兰克 1911—1989 年

陶器、琉璃
高 6cm

卡伊·弗兰克的主要设计兴趣是日常使用的陶瓷和玻璃器皿。他所设计的器皿精简至本质元素，没有多余的点缀或是装饰。尽管弗兰克的设计精神似乎源于现代主义，但他的主要灵感来源是为满足基本生活需求而设计的朴实物件。在强烈的社会使命感的推动下，他的目标是利用工业技术制造出实用和价格合理的物品。这让他更执着于简约，因为一件物品越复杂和华丽，生产成本就越高。虽然弗兰克的陶瓷和玻璃设计相当成功，但他不愿自己像其他北欧设计师那样被狂热崇拜，因此经常故意匿名设计。第二次世界大战的强制性紧缩政策对弗兰克的心态产生了深远的影响，在他的整个职业生涯中，他的设计始终保持着极其经济节约的风格。

阿拉比亚公司的琦尔塔系列餐具于 1948 年设计，1952 年正式推出，代表了设计师在 1945 年加入该公司以来一直酝酿的思想的顶峰。起初这套餐具包含十件餐具，它的革命性不仅体现在其极其简约的外形上，更是因为它打破了餐具需要正式的传统。琦尔塔餐具不是为特定应用设计的大型精致餐具，它更加灵活、非正式。许多单品都是可堆叠的。基于混搭的概念，消费者可以按照自己的方法和要求堆叠餐具，且餐具看起来还是同一个系列的。所有餐具的形状都是互补的，单色釉面也是如此。**LJ**

✿ 图像局部示意

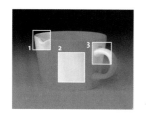

1. 简化的形式

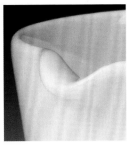

琦尔塔系列餐具的每件餐具都非常简约。轮廓有棱有角但边缘不硬,器皿的侧边到底部逐渐变细,而不是弯曲的形状。这种形状使器皿更易于制造,从而降低生产成本

2. 单色釉

琦尔塔系列的白色陶器主体为单色釉提供了完美的衬托。最初这个系列餐具有五种颜色——黑色、白色、黄色、绿色和棕色(后来被钴蓝替代),不管是单一颜色、两种对比色还是混搭,琦尔塔系列都驾驭得了

3. 釉砂陶身

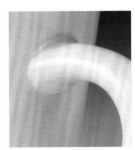

琦尔塔系列餐具由坚硬、高温焙烧过的釉砂制作而成,因此比别的餐具更结实,可以放在烤箱里加热。大多数陶瓷分两个阶段进行焙烧——素烧坯和上釉,但是琦尔塔系列是在单次烧制中生产的,加快了制造过程并降低了成本

实用玻璃器皿

　　弗兰克设计的玻璃器皿与陶瓷餐具非常相似。卡迪欧沙漏形玻璃瓶和锥形玻璃杯(1958年;上图)的设计都质朴简单,强调有棱角的造型和丰富的暗色系单色釉(紫色、蓝色、红色、绿色和灰色)。因为它们是由模具吹制的,所以这些部件的外壁都较薄。弗兰克后来又设计了一些外壁较厚的压制玻璃餐具,生产成本更加低廉。

◀ 琦尔塔系列起初只有几件核心单品:杯子和杯碟、糖碗、奶油壶、平盘、深盘、蔬菜盘、长方形盘子和带盖的大水罐。这些年来增加了更多的产品,其中包括蛋杯、调味瓶、面粉筛、砂锅和冷菜盘,它们的形状都是互补的

塔皮奥餐具 1954 年
塔皮奥 · 威卡拉 1915—1985 年

模吹玻璃
高 13cm
直径 6.5cm

图像局部示意

塔皮奥 · 威卡拉最初接受过雕塑培训，因此他将艺术家对形式、质感和色彩方面的眼光带到了应用艺术上。他的审美植根于自然界，特别是芬兰乡村的湖泊和森林。因此，玻璃是一种合适的基本材料。它坚硬如石，透明如冰，极具表现力，可以吹塑、模制或铸造出各种形状及表面纹理。塔皮奥是威卡拉设计的首批餐具系列之一。这些容器是手工制作的，通过旋转模具吹塑成型。用吹管的末端从熔炉收集一团熔融的玻璃，将玻璃吹入一个碗状模具中，塑造出碗的轮廓，并且旋转吹管以确保表面光滑洁净。比起传统的酒杯，它更像一个圣杯或者高脚杯，喇叭形的杯碗从树干状的杯颈上无缝延伸出来，沉重的杯脚使其保持平衡。颈中的气泡似乎正从玻璃中升起，整体设计虽然简约但是巧妙。虽然这款设计具有光滑的表面，但是威卡拉后期设计的餐具中带有凹坑表面的纹理元素却越来越多，有的像烧焦的木头，有的像融化的冰。**LJ**

👁 焦点

1. 有机线条

杯体的曲线轮廓从握感和视觉上来说都十分柔和。杯子被塑造成一个有机整体，在美学和物理学上都具有令人满意的统一性。其形式的流动性是典型的北欧风格，以朴素的形式勾勒出人体轮廓

2. 杯颈、杯脚和杯碗

坚实的玻璃底座支撑着整个杯体。一般情况下，酒杯由三种不同的元素组成：杯碗、杯颈和杯脚，每种元素分开制作，然后连接在一起。而在这款杯子中，三个元素是作为和谐的整体同时制造的

3. 气泡

杯子唯一的装饰是悬浮在杯颈中的气泡。通过将湿木棍压入熔融玻璃中，蒸汽释放出来，看上去气泡似乎通过杯颈处的玻璃缓缓上升。对于这个实用的玻璃杯来说，这是一个适当的、简单的装饰特点

▲ 威卡拉的一个突破性设计作品是坎塔瑞丽花瓶（1946 年），这是一个宽口花瓶，边缘起伏柔和，优美的线条让人想起了蘑菇菌褶的造型。其他的早期作品，如树桩（1948 年）和地衣（1950 年），也具有明显的有机元素和类似的触觉

艺术玻璃

　　北欧玻璃工厂的显著特征之一是他们制造限量版的艺术玻璃和餐具。设计师通常同时负责设计这两个系列，但他们的艺术玻璃更具实验性，创作范围也更广。威卡拉的"冰"雕塑（1960 年；右图）就是受自然启发所设计出的典型艺术玻璃作品。它以拉普兰的一个湖命名，是一件纯粹的抽象雕塑作品，而不是功能性作品。具有强烈触感的条纹侧面与有柔和气泡的边缘形成鲜明对比。像手指一样的泉眼是将拉杆推入熔融玻璃而产生的，形似冰柱或冰轴。

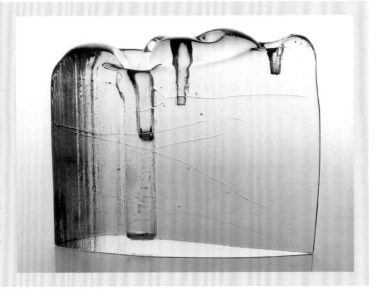

赫尔辛堡H55展会

1. 这是斯蒂格·林德贝里设计的特玛厨具系列中的精选物件

2. 卡尔-阿克塞尔·阿克金（Carl-Axel Acking）设计的航海甲板展厅为H55展会吸引了约120万名参观者

3. 斯文·帕尔姆奎斯特（Sven Palmqvist）设计的这款 Fuga 碗（1954 年）采用源自手工机械的技术制成，将玻璃旋转压制成型

1955 年，瑞典哈尔辛堡市（今名为赫尔辛堡）主办了一场名为 H55 的展会，范围涵盖建筑、工业设计和家居装饰。这场展会由瑞典工艺与设计学会主办，为自 20 世纪 20 年代以来蓬勃发展的瑞典应用艺术提供了一次国际展示的机会，特别是陶瓷、玻璃、金属制品和纺织品领域。在这一时期，芬兰和丹麦的应用艺术也实现繁荣发展——丹麦人在家具制造方面表现优异，而芬兰人在玻璃器皿设计方面成就卓著，因此这个时期是赞扬庆祝该地区艺术设计成就的好时机。这三个设计超级大国和艺术新兴国家挪威的美学思想相互补充，被统称为北欧现代主义。

H55 展会十分乐观，体现了理想主义的战后时代精神，反映了设计师和消费者想要积极探索现代设计这个新世界的愿望。除了突出展示近年的突破性设计，比如尼尔斯·斯特里宁（Nils Strinning，1917—2006 年）带来的 String 置物架系统（1949 年；详见第 242 页），H55 展会还为许多新产品提供了展示的机会，其中包括斯蒂格·林德贝里为古斯塔堡设计的时尚棕色釉面特玛厨具（见图 1）、著名银匠西古德·佩尔松（Sigurd Persson，1914—2003 年）为 KF（瑞典合作联盟）设计的 Servus 不锈钢餐具。北欧设计在 H55 展会上独占鳌头，不但有两个大型展馆，还出现在公寓展馆的各种房间布置中。负责这些内饰的三位建筑师阿尔瓦·阿尔托、芬·居尔和伯厄·莫根

重要事件

1939—1945 年	1948 年	1949 年	1951 年	1951 年	1954 年
瑞典在第二次世界大战期间采取中立立场，因此其应用艺术行业所受的战争干扰比欧洲其他地方要少。	瑞典设计师在米兰三年展中表现卓越：斯蒂格·林德贝里和伯恩特·弗里伯格（Berndt Friberg，1899—1981 年）的陶瓷制品都斩获金奖。	在苏黎世举行的"从城市规划到餐具"瑞典设计展会是 H55 展会后来探索的众多主题的前身。	瑞典、丹麦和芬兰的设计作品都在米兰三年展览上展出，确立了北欧现代设计的集体理念。	在伦敦南岸举行的不列颠节促成了四年后在赫尔辛堡举办的 H55 展览，也为该展览树立了典范。	挪威展品首次与瑞典、丹麦和芬兰的展品在米兰三年展上展出。

森同时也都是家具设计师，这个事实说明了在这一时期的北欧地区，建筑与设计这两个领域之间呈动态交叉融合的关系。

瑞典人擅长手工制作精美的奢侈品，也致力于以工业规模生产价格合理、设计精致、功能齐全的产品，并用"更多美好的日常物品"这一口号来推广这些产品。欧瑞诗著名的玻璃艺术家斯文·帕尔姆奎斯特就很好地展示了这种双重性。除了色彩丰富而且工艺复杂的拉文纳玻璃器皿（1948年），他还开发了一系列名为 Fuga 的简单实用的碗（见图3），采用创新的离心铸造技术生产。纺织品设计师阿斯特丽德·桑普（Astrid Sampe，1909—2002年）是北欧百货公司纺织部门的首席设计师兼艺术总监，她也采用了同样富有想象力的设计方法。除了设计色彩鲜艳的几何图案家具织物之外，她还委托艺术家设计了一批大胆的实验性丝网印刷面料，命名为"Signed 织物"（1954年）。

瑞典产生的民主原则在 H55 展会的其他方面也有所体现。瑞典人坚信，无论是室内还是室外，人们的居住环境对生活质量影响巨大。设计师斯文·埃里克·斯卡沃纽斯（Sven Erik Skawonius，1908—1981年）在《北欧家居设计》（Scandinavian Domestic Design，1961年）中说："家中、室外和办公场所中的物品不仅在履行重要职能，在审美品质方面也具有重要意义。"H55 展将智能、公益建筑和城市规划的益处有形地展示了出来。卡尔-阿克塞尔·阿克金设计的航海甲板展厅（见图2）位于俯瞰厄勒海峡的码头上，形状类似一艘船的驾驶台，船置于柱子上，上面挂着飘扬的三角旗。整个展馆整合了明亮通风的建筑与迷人的开放空间，营造出宜人温馨的氛围。安德斯·贝克曼（Anders Beckman，1907—1967年）为 H55 展会设计的清晰的图形标识对一致的展馆设计起到补充作用。

20世纪50年代中期，北美举办了"北欧设计"巡回展等展览，它们的目标对象是国际观众，而 H55 展会的整体氛围和展览日程与它们截然不同。它与商业关系不大，更着重于表现国家和地区身份。正如1951年的不列颠节标志着"当代"风格的诞生，H55 展会也代表着瑞典创意行业的发展成熟，提升了北欧设计在国内外的知名度。在第二次世界大战期间采取中立立场后，瑞典人试图与欧洲邻国重新接洽并发展国际关系。由北欧各国轮流主办的一年一度的北欧设计巡回展让 H55 展会引发的、公众和媒体对设计的兴趣持续了很多年。**LJ**

1954年	1954年	1954年	1955年	1956年	1957年
"北欧设计"在北美开始了为期四年的巡展，传播和推广了北欧现代设计理念。	瑞典设计师伊瓦·伯格斯特伦（Evar Bergström）推出了Tebrax，这是一款可调节的铝制搁架系统。	阿斯特丽德·桑普为"Signed 织物"项目设计了盘格鲁图案、细沙图案和热月图案。	《纽约时报》将福克·阿斯特龙（Folke Arström，1907—1997年）所设计的 Focus de Luxe 餐具评为当代最佳100件设计品之一。	爱立信是一家位于斯德哥尔摩的技术公司，它面向家居市场推出了一体式的爱立信电话（详见第244页）。	布鲁诺·马松在柏林的国际建筑展览会上展出他设计的家具，这些家具陈列在桑普设计的公寓内。

String 置物架系统 1949 年

尼尔斯·斯特里宁 1917—2006 年

橡木，塑料涂层线，
不锈钢
灵活的尺寸

北欧现代派在许多方面吸引了战后消费者群体。有机形式、天然材料的使用和对舒适性的关注是其风格的特点，代表着大众版本的现代主义，与当代战后生活方式相适应。家具设计比例适中，节省室内空间，对于要在比父辈们更小的居住环境里安家的现代人来说，这一点至关重要。

1955 年的赫尔辛堡展会上展出了众多新品，由瑞典设计师尼尔斯·斯特里宁与妻子卡伊萨（Kajsa）共同设计的开创性的 String 模块化置物架系统就是其一。在这之前，斯特里宁参加并赢得了由瑞典出版商巨头邦尼（Bonnier）主办的一场设计大赛，他需要设计一款平价易组装的书架，String 置物架就在此时问世了。斯特里宁与制造商阿恩·吕德马尔（Arne Lydmar）合作开发出了一种用塑料涂覆电线的方法，这种技术在置物架系统中得到了很好的应用。重要的是，String 置物架解决了当时和现在家具摆设的一个常见问题，即如何合理又妥当地安置日常物件。壁挂架由小型的梯形框架支撑，视觉上不引人注目，功能却极其强大。它可以通过多种不同的方式延伸和配置，并且不再需要传统的书柜和橱柜那样笨重的独立式储物家具。虽然它的主要功能是放置书籍，但是 String 置物架同样可以用于放置其他物件。整体重点是搁置的物品，而不是置物架本身。从生产者的角度来看，置物架零部件工具套的包装和运输都很容易且成本不高。**EW**

✪ 图像局部示意

1. 部件工具套

置物架由可以平板包装且便于运输的模块化元件组成。组装程序非常简单，即使安装完成，整套置物架也可以重新调节。为适应不同的摆放位置和储物需求，置物架可以以多种不同的方式进行配置

2. 梯状支架

这款轻便、通风而且不喧宾夺主的设计的关键特点就是经济的梯状支架，它由结实的塑料涂层线制成。由塑料涂层线制成的篮子、托盘和其他物品已成为家用储物工具的常见元素

🕐 设计师传略

1917—1946 年

建筑师兼设计师尼尔斯·斯特里宁出生于瑞典的克拉姆福斯。20 世纪 40 年代，他在斯德哥尔摩皇家理工学院学习建筑。1946 年，当他还是一名学生的时候，他就设计了一个叫作 Elfa 的简单的塑料涂层线架，用于晾干碗。

1947—1951 年

20 世纪 40 年代末，斯特里宁进一步发展了他用塑料涂覆线材的技术。此时，Elfa 碗架已经非常受欢迎，它的成功启发了斯特里宁将线材技术融入多功能置物架系统中。

1952—2006 年

1952 年，斯特里宁和他的妻子创立了 String Design AB 公司。该公司至今仍在生产 String 这款标志性的储物家具系统，如今该系统包括许多不同的组件，如带有滑动门的橱柜等。String 置物架于 1954 年在米兰三年展中获得金奖，于同年在美国的"北欧设计展"上展出，并于 1955 年在 H55 展会展出。斯特里宁继续设计了其他塑料制品，其成果在瑞典和国际上都获奖无数。

▲ 尼尔斯·斯特里宁早期为他的置物架系统拍摄的宣传照。String 置物架被视为标志性的瑞典设计，其具备可调节性，意味着它能够为整个家庭的储物需求提供不同的解决方案，无论是客厅、浴室还是工作间

模块化置物架

　　最早的模块化置物架系统可以追溯到 20 世纪 30 年代，并且反映了勒·柯布西耶等早期现代主义设计师"家具即设备"的审美思想。20 世纪 50 年代和 60 年代，设计师们开发出了更加精致耐看的模块化置物家具，其中包括乔治·尼尔森为赫曼米勒公司制作的复合置物架（1957 年）和为英国史泰博办公用品公司（Staples）设计的自支撑式 Ladderax 置物架（1964年）。然而，现在最有名的是迪特·拉姆斯为英国家具品牌 Vitsoe 设计的 606 通用置物架系统（上图）。

爱立信电话 1956 年
爱立信公司 1876 年成立

ABS 塑料，橡胶，
尼龙外壳
22cm × 10cm × 11cm

塑料一问世，设计师们就开始着手寻找能够凸显这种多功能系列材料的可塑性潜力的方法。与之息息相关的是设计师想要创造出无缝一体化产品的雄心。最初的实验主要集中在椅子的永恒设计挑战上，但在 20 世纪 40 年代期间，许多设计师开始研究制造一体式电话的可能性。爱立信公司最早实现了这一目标。

爱立信一体式电话由瑞典爱立信公司设计，于 1954 年投入生产，并于 1956 年在瑞典市场上推出。其前身有两个：一是由雨果·布隆伯格（Hugo Blomberg，1897—1994年）和拉尔夫·吕塞尔（Ralph Lysell，1907—1987 年）设计的一个垂直放置且机体较高的电话，1941 年，爱立信获得了该电话的专利；另一个是由汉斯·克雷佩林（Hans Kraepelin）开发并由古斯塔·泰姆斯（Gösta Thames，1916—2006 年）设计的平放式一体电话（1944 年），该电话分成两个部分进行模塑。爱立信电话的设计是开创性的，它是第一部将拨号盘、听筒和扬声器集合于一体的商用电话。由于它的形状与眼镜蛇相似，这款电话也被称为"眼镜蛇电话"，它的形状符合人体工程学，方便用户以舒适的姿势握着它。旋转拨号盘位于电话底座的话筒下面，处于人的视线之外。

在爱立信电话仍在生产的几十年里，其销量超过 250 万部。虽然该电话于 1972 年停产，但是随后又多次以升级版和周年纪念版重新发行，爱立信电话现在是纽约现代艺术博物馆里的展品。**EW**

❂ 图像局部示意

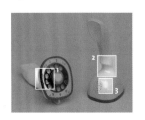

👁 焦点

1. 一体化设计
最早的爱立信电话有一个塑料制成的外壳，它分成两半制造，然后胶合在一起。1958 年，这款设计开始以无缝一体化注塑模压成型，从而强调了最初概念中的统一性

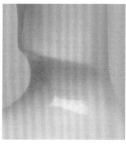

2. 有机形式
爱立信的设计师利用塑料的可塑性潜力，确保一体式电话呈略微弯曲的有机形式，造型经过精心设计，方便用户使用。虽然该产品的外形类似蛇，但是由于底座较宽，整个机体是稳定的

3. 颜色
爱立信最初在欧洲和美国市场上推出时，共有 18 种不同颜色的外壳，但是没有黑色。亮红色和白色版本的人气最高。模压塑料的光泽度使机体色彩更加鲜艳

▲ 在早期，电话是一种严肃的通信工具，但到了 20 世纪 50 年代，人们熟悉这种工具之后，电话渐渐带来了乐趣。在这张图中，彼得·塞勒斯（Peter Sellers）在喜剧电影《黛绿年华》（The World of Henry Orient，1964 年）中使用了爱立信电话

🕐 公司简介

1876—1913 年
瑞典通信技术公司爱立信于 1876 年由拉什·马格纳斯·爱立信创立，最初只是一个电报和电话维修工作室。后来它迅速加入电话制造业，到 1900 年已有 1000 名员工。

1914—1939 年
第一次世界大战、俄国革命和经济大萧条对销售业和经济发展打击巨大。20 世纪 30 年代，因收购活动的失败以及公司股份交易腐败，爱立信公司濒临破产。后来是瓦伦堡家族拯救了爱立信公司。

1940—1996 年
在第二次世界大战期间，爱立信的业务侧重于瑞典国内市场，但在 1950 年，爱立信的电话交换台首次拨打了一通国际电话时，爱立信登上了头条新闻。20 世纪 60 年代爱立信推出了免提电话，到了 20 世纪 70 年代末，该公司开始进入数字化时代。

1997 年至今
1997 年，爱立信占据了全球移动市场 40% 的份额，到 2000 年，它是世界领先的 3G 移动系统供应商。2009 年，爱立信与威瑞森公司（Verizon）合作，进行了首次 4G 数据通话。

电话时尚

　　战后，越来越多中产家庭拥有不止一部电话；厨房和卧室都是常见的安装分机的地点。因此，许多电话的推出和销售都以其别致的造型为基础。亨利·德雷夫斯公司设计了公主电话（1959 年；见上图），这是一款有多种颜色可选择、针对女性的紧凑型电话，以及 Trimline 电话（1965 年），这款电话纤薄且造型优美，发光的拨号盘设在听筒底部。英国设计师马丁·罗兰兹（Martyn Rowlands，1923—2004 年）设计的轻型电话机（Trimphone，1964 年）同样纤薄，但最具革命性的设计可能是由马克·扎努索（Marco Zanuso，1916—2001 年）和理查德·萨帕（Richard Sapper，1932—2015 年）所设计的 Grillo 电话机（1965 年），这款电话机外形非常紧凑，形似一只蛤壳。

重建运动

2O 世纪 40 年代中期，意大利一跃成为现代设计领域充满活力的新生力量。这一发展是战后各种因素综合作用的结果。其中一个因素是战后一大批受过现代主义培训的建筑师发现自己没了工作，这一情况主要出现在米兰。为了谋生，一大批建筑师开始转向家具和产品设计，例如卡斯蒂格利奥尼兄弟，即阿切勒·卡斯蒂格利奥尼（Achille Castiglioni, 1918—2002 年）和皮埃尔·加科莫（Pier Giacomo, 1913—1968 年），维科·马吉斯特雷迪（Vico Magistretti, 1920—2006 年）、马克·扎努索和埃托雷·索特萨斯（Ettore Sottsass, 1917—2007 年）。他们的目标是利用布里安扎地区和其他地区的新兴行业所提供的机会，新公司试图通过采用不同的审美观念来摆脱法西斯的历史，而建筑设计师们早就为此做好了准备。

这种革新精神支撑着整个重建时期。意大利的各个城市在战争中被大轰炸严重破坏，导致人们迫切需要一批新的住房。战后立即建成的大部分房屋都位于城市周边的公寓区。随这些房屋而来的装修需求刺激了生产。卡西纳、阿特米德（Artemide）、雅特鲁斯（Arteluce）、弗洛思（Flos）这类公司勇敢迎接挑战，投资引进新机器。这就给了建筑设计师们设计全新家具系列的机会。例如，设计师吉奥·庞蒂与卡西纳公司合作制作了超轻椅，而马克·扎努索选择与 Arflex 公司合作，这家公司使用塑料泡沫来制作椅子软垫。扎努索设计的女士扶手椅（见图 1）外观呈曲线，灵感正是来源于这种新材料提供的可能性。另外，类似卡特尔（Kartell）这样的设计公司也采用新塑料创造出引人注目的设计，让水桶这样日常的物品也具有艺术品的造型。奥利维蒂（Olivetti）这样以打字机（详见第 250 页）闻名的技术公司巨头也加入了寻找动态新形式的行列。

此时意大利制造业中另一个现代气息浓厚的领域是汽车工业，基础主要建立在传统的长途客车制造业上。菲亚特加入了福特式的大规模生产，在 20 世纪 50 年代推出了 600 车型和 500 车型，而一系列更高档的生产商——阿尔法·罗密欧（详见第 252 页）、蓝旗亚、法拉利、玛莎拉蒂和宾尼法利纳（见图 2）等针对国际精英阶层制造了更加时尚的汽车。

比起民主性，现代意大利设计显然更有雄心，20 世纪 40 年代后期至 50 年代后期，意大利国内和国际市场的产品质量大幅度提高。这是由经济扩张和"美好生活"概念的出现推动的。于 1947 年、1951 年和 1954 年举办的米兰三年展这样的活动成为一个激动人心的国际辩论论坛，展览主题包括"实用形式"（1951 年）和"艺术品生产"（1954 年）。20 世纪 50 年代后期是后来被称为意大利"经济奇迹"的高峰时期。出口额居高不下，意大利成为时尚现代设计之都。然而，到了 20 世纪 60 年代初期，工业领域动荡不断，这个乐观的经济扩张时代的经济增长速度开始放缓。**PS**

1. 女士扶手椅（1951 年）由四个独立的部件构成。该作品于 1951 年在米兰三年展中获得金奖
2. 受到赛车空气动力学造型的启发，宾尼法利纳·西斯塔尼亚（Pininfarina Cisitalia）设计了具有单壳体车身的 202GT（1946 年）汽车

1954 年	1954 年	1956 年	1956 年	1957 年	1958 年
文艺复兴百货公司（La Rinascente）在米兰创立了金圆规工业设计奖。	《工业阶梯》（Stile Industria）杂志发行。这本杂志收录了极具艺术性的工业设计方法。	意大利工业设计师协会在米兰成立；它的成立标志着社会对艺术设计职业的重视。	菲亚特公司推出了 600 型汽车。这是一款国民汽车，也是第一款小型货车。	米兰三年展标志着设计在意大利的"经济奇迹"中发挥着重要作用。	奥利维蒂公司聘用了埃托雷·索特萨斯，负责开发设计该公司的新型计算机埃里亚 9003（Elea 9003）。

维斯帕踏板车 1946 年

科拉蒂诺·阿斯卡尼欧 1891—1981 年

维斯帕 GS 150（1955 年）
彩绘钢和金属框架，
橡胶、皮革和塑料
108cm × 72cm × 171cm

科拉蒂诺·阿斯卡尼欧为实业家恩里科·比亚乔设计了维斯帕踏板车，因其车体形状和触角一样的后视镜，这款车又名"黄蜂"。与阿斯卡尼欧一样，比亚乔也拥有航空工程知识背景，因此维斯帕踏板车借鉴了该行业的许多特征。比亚乔让阿斯卡尼欧为大众设计一款简约而实惠的交通工具，但不是摩托车。它需要易于骑乘，并且能够搭载一位乘客。维斯帕在 1946 年的米兰博览会上推出，迅速成为重建运动中最具代表性的物品之一。对于许多渴望放弃自行车转而使用任何一种机动交通工具的意大利人来说，这款踏板车象征着自由新时代和无忧无虑的现代生活方式。这款踏板车的所有机械零件都被外壳覆盖，使得它深受人们喜爱，支持分期付款这一点也很吸引人。确实，维斯帕的设计具有强烈的视觉冲击和象征意义，迅速吸引了一群车迷，并且在许多好莱坞电影中频频露脸。其中最引人注目的是 1952 年的《罗马假日》，格里高利·派克（Gregory Peck）和奥黛丽·赫本（Audrey Hepburn）同骑一辆维斯帕，赫本采用了侧鞍骑乘的方式。

该专利申请提交后，维斯帕的产量迅速扩大，1948 年产量增加至近 20 000 辆。比亚乔在意大利和国外大力宣传维斯帕，并推出了维斯帕俱乐部的概念，使其更受欢迎。自 1950 年起，维斯帕开始在德国、英国和法国等地生产，20 世纪 60 年代开始在欧洲以外的地区生产。**PS**

✿ 图像局部示意

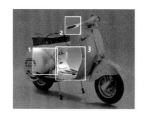

1. 车身壳体

该车体符合空气动力学的外观借鉴了航天技术。这款车有着统一的喷漆压制钢化外壳以及美式流线型风格。它是最早使用单壳结构的交通工具之一，这意味着车身是底盘的组成部分

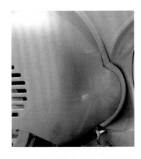

2. 新工艺

除了视觉上的创新，维斯帕在工艺方面也同样激进。与以前的摩托车不同，这款车的车身建立在固定框架上，变速杆位于车把上。另一个创新点是发动机被安装在了后轮上，这一技术需要进行大量的测试

3. 女驾驶员

放置腿部的区域是直通的，针对穿裙子的女性而设计，没有传动框架，女性的裙子就不会被机油弄脏。虽然这款踏板车男女通用，但女性通常坐在后排乘客位上

▲ 维斯帕在英国掀起了一股热潮，备受崇拜。20 世纪 60 年代初，它成为摩登派（主要成员为年轻男性的亚文化群体）最喜欢的交通工具。他们用多个后视镜、前灯和毛茸茸的枝条来装饰他们的踏板车

兰美达踏板车

维斯帕的主要竞争对手是 1947 年推出的兰美达踏板车（Lambretta；右图）。这款摩托车由依诺森蒂公司制造，其名称来自工厂所在地朗布拉特（Lambrate）。这款设计的灵感来自第二次世界大战的军用车辆，尽管兰美达与维斯帕外形有些相似，但它缺乏创新的技术和机身外壳设计。然而，它同样适合意大利小城市狭窄的街道，其后座搭载一名女乘客的时候也很好开。兰美达的产量虽然不容小觑，但它并没有像维斯帕那样引发狂热。

奥利维蒂 Lettera 22 型打字机 1950 年

马切罗 · 尼佐利 1877—1969 年

搪瓷金属外壳、
色带、橡胶
8cm × 30cm × 32.5cm

✿ 图像局部示意

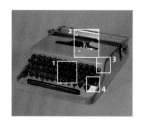

马切罗 · 尼佐利设计的奥利维蒂 Lettera 22 型便携式打字机可以让用户在离开办公室时也能工作，这一设计开创了办公的新局面。莱斯康 80（Lexicon 80）是该公司早期开发出的一款打字机，较为笨重。而小巧的 Lettera 设计紧凑、外形优雅。按照今天的标准，它可能还是有些沉重了，无法随身携带，但在 1950 年，它已经是一款很轻的打字机。需要在移动中工作的记者特别喜欢这款打字机。此外，它的设计广受好评。1954 年，该设计获得金圆规奖。1959 年，伊利诺伊理工学院将 Lettera 22 型打字机评选为过去一百年来最优秀的产品设计。

最初，尼佐利是奥利维蒂公司的平面设计师，这是除了绘画外他的另一个专业领域。20 世纪 30 年代，他一直在这个领域工作，并且参与展会设计。公司总裁艾德里亚诺 · 奥利维蒂（Adriano Olivetti）很快发现了尼佐利的潜力，让他为公司打字机设计新的型号。20 世纪 30 年代，奥利维蒂访问了美国，在那里参观了灵巧的流线型机器的生产过程。他意识到，要与美国产品竞争，战后的意大利需要进一步发展，使工业产品的外形更具吸引力，看起来像雕塑一般。尼佐利将他在构图和视觉和谐方面的眼光融入了这个新的专业领域。**PS**

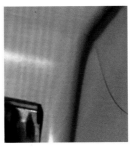

1. 感知性

这款设计非常关注用户界面。反应灵敏利落，使用感很好。尼佐利意识到如果他要创造一件精心设计的产品，就必须把视觉、触觉和听觉都结合在一起。这款设计获得的奖项是对他严谨态度的致敬

2. 雕塑般的形式

在形式和空间的相互作用中，这款设计的雕塑质感十分亮眼。举例来说，键盘上方肾脏形状的空间在构图上与物体本身的形式一样重要。尼佐利注意到了当代雕塑家的工作方法并有意效仿他们的技巧

3. 外壳

Lettera 22 的设计风格是内敛的流线型。钢体外壳将内部结构隐藏起来，达到视觉上的整齐划一。它的缺点在于没有用镀铬条来隐藏接缝线，以及采用了略微弯曲的线条来中和直线

4. 颜色

尼佐利对颜色的选择突出了 Lettera 22 的低调和功能性，无论如何都不会太引人注目。浅蓝色最常见，但也可以选择浅绿色和灰色的版本。同时尼佐利忍不住添加了一个红色的键作为醒目的视觉亮点

▲ 吉欧凡尼·宾德里（Giovanni Pintori, 1912—1999 年）于 1955 年为奥利维蒂 Lettera 22 打字机设计了这张广告海报。这位平面设计师以其为公司所做的极简主义设计而闻名

莱斯康 80 打字机

　　莱斯康 80 打字机（上图）设计于 Lettera 22 之前，是一款非常不同的打字机。设计目的是放在办公室使用，人们认为这款打字机是一件坚固的机器，对其性能抱有信心。沉重的金属外壳呈曲线轮廓，具有雕塑般的外形，最突出的特征之一是将外壳的两个模压部件连接在一起的弧形接缝线。为配合整体设计，尼佐利将这条线露在外面。这种雕塑方式使意大利流线型设计与美国的区分开来。在 1959 年的迪亚斯普罗 82 型打字机（Diaspron 82）取代它之前，这款打字机已经生产了近 800 000 台。

阿尔法·罗密欧 Giulietta Sprint 车型 1954 年

吉塞培·博通 1914—1997 年

Giulietta Sprint 在博通集团的客车制造厂制造，该工厂位于格鲁利亚斯科，意大利都灵附近

战后，意大利在家具和产品设计方面的成功延伸到了汽车设计领域，自 20 世纪初以来，意大利在这个领域就一直处于领先地位。它的特别优势在于其长途汽车制造传统以及在该领域发展和保持的技能。布加迪和阿尔法·罗密欧这样的公司早已享有国际声誉，尤其在赛车生产方面，但在二战后的几年里，阿尔法·罗密欧决定进军量产家用轿车的市场。该公司将高质量的工艺和整洁的风格转移到新的领域，原有的精髓完美地保留了下来。

在这个新领域，Giulietta 系列是一个成功案例。从 1954 年至 1965 年，该系列车型一直在生产。该公司陆续开发了一些新型号，包括 2+2 Sprint 双门跑车（1954 年）、四门 Berlina 轿车（1955 年）和敞篷的双座 Spider 跑车（1955 年）。Giulietta 是第一款驶下生产线的车型，它造型极其优雅，车身呈流线型。虽然它诞生于战后意大利汽车造型界最伟大的人物之一吉塞培·博通的工作室，但实际上这款车型真正的设计师是博通的合作伙伴佛朗哥·斯凯荣内（Franco Scaglione，1916—1993 年），人们形容他是战后意大利流线型设计的无名英雄。他拥有航空工程背景，于 1959 年开始独立设计，曾与保时捷等公司合作。Giulietta 系列在停产之前已经生产了约 40 000 辆。它的成功是阿尔法·罗密欧公司的一个重大转折点，它也是博通集团最成功的设计之一。**PS**

✿ 图像局部示意

1. 发动机散热窗

Giulietta Sprint 车型的散热窗形状与其他阿尔法·罗密欧车型类似，都呈盾形。它的两侧还有另外两个镀铬散热窗，使汽车的正面更加引人注目。从这个角度来看，Sprint 车型与美式汽车的造型非常相似

2. 镀铬设计

虽然这款车型的流线型设计没有美式汽车那么明显，但是在挡风玻璃、散热器以及车门底部使用的镀铬钢条，都给这款汽车制造出了视觉亮点，更好地强调了汽车的雕塑感外形

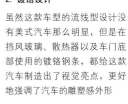

3. 轮廓

Giulietta Sprint 的轮廓呈经典的流线型和精致的泪珠形状。发动机罩轻轻地倾斜到挡风玻璃的斜面，同样的曲线从车顶的斜坡向下延伸到后保险杠。这款车没有挡泥板，因此车体轮廓不受影响

⏱ 设计师传略

1914—1951 年

吉塞培·博通于 1934 年加入父亲的家族企业。战后，他接手博通集团，并将其发展为成功的汽车制造和设计企业。他进行大规模生产，对新技术投入巨资。

1952—1997 年

1952 年，阿尔法·罗密欧委托吉塞培·博通设计和制造 Sprint 车型。博通邀请了几位具有创新思想的汽车设计师与他合作，包括乔盖托·乔治亚罗（Giorgetto Giugiaro，1938 年— ）。博通为意大利所有主要汽车公司监督过汽车的设计和制造，包括兰博基尼、蓝旗亚和菲亚特。直到 82 岁去世之前，他对自己的事业始终保持着高度的热情。

▲ 紧跟在 Sprint 之后，1955 年推出的 Spider 敞篷跑车大获成功。Spider 系列的敞篷车身是由意大利领先的独立汽车设计公司之一宾尼法利纳设计的，敞篷车身在阿尔法·罗密欧的红色车型中最具特色，令人印象深刻

美丽新世界

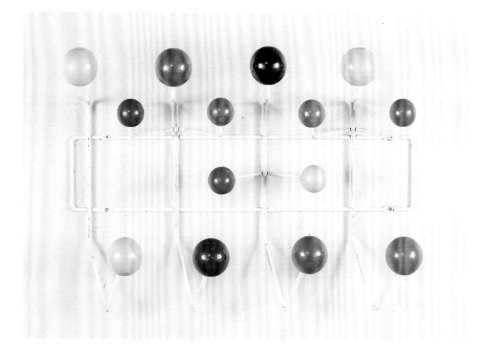

第二次世界大战后，设计界和科学界都洋溢着乐观的气氛：这两个领域都决心开创一个更美好的新世界。战后早期是科学研究的重要时期，X射线晶体学、分子生物学、核物理学、空间探索和天文学等领域都取得了重大进展。许多重要的技术和医学突破是在 20 世纪 40 年代末和 50 年代后期取得的。大众对科普也产生了浓厚的兴趣。

经历了十年的混乱，制造商重新开展业务，以应对日益增长的消费需求。因此，设计业开始蓬勃发展。现代主义设计在 20 世纪 50 年代大受欢迎。对未来的信心促使设计师为日用品的形式和装饰探索新的灵感来源，从而有目的地唤起了现代性，例如家具和电器上的球形脚和旋钮，与原子结构的球棍模型相呼应，乔治·尼尔森公司设计的球形钟（1947 年；详见第 256 页）以及查尔斯和雷·伊姆斯共同设计的"随意挂"衣帽架（1953 年；见图 1）都包含这种元素。现代艺术是一片沃土，杰克逊·波洛克（Jackson Pollock，1912—1956 年）的行动绘画和斯蒂格·林德贝里设计的陶瓷和玻璃有机容器产品，如与亨利·摩尔（1898—1986 年）的雕塑相呼应的柳叶刀形碟（1951年；详见第 258 页），推动了抽象表现主义纺织品的流行。20 世纪 50 年代自

重要事件

1945 年	1947 年	1950 年	1951 年	1952 年	1953 年
英国晶体学家多萝西·霍奇金通过 X 射线晶体学发现了青霉素的原子结构。	英国医学研究委员会在英国剑桥成立了生物系统分子结构研究小组。	赫曼米勒公司承接制造了美国设计师查尔斯和雷·伊姆斯设计的塑料椅子。	在伦敦举办的不列颠节中，"探索穹顶"馆突出展示了科学创新成果。	美国在马绍尔群岛的埃内韦塔克环礁进行了第一次氢弹试验。	苏联在塞米巴拉金斯克试验场引爆了第一颗氢弹。

由形式的变形虫形状成为时尚，从咖啡桌到餐桌上的一切莫不受其影响，这些与分子生物学的发展有关。

受科学启发的最有趣的项目之一是节日花纹组项目（Festival Pattern Group）。工业设计委员会将其作为 1951 年不列颠节的一个项目来承办，目的是通过鼓励制造商使用晶体结构图作为纺织品、壁纸、塑料、玻璃、陶瓷和金属制品图案的基础，来激发新型装饰方式。海伦·梅格（Helen Megaw，1907—2002 年）是剑桥大学一位德高望重的科学家，她发现了晶体结构（显示原子之间关系的 X 射线晶体图，或称原子结构）的装饰潜力，由此提出了这个想法，梅格解释说："晶体结构就像壁纸一样，由无限重复的花纹组成。"

被工业设计委员会任命为节日花纹组项目的科学顾问后，梅格选择了一组 X 射线晶体图来代表云母、绿柱石和柱硅钙石等矿物，以及血红蛋白和胰岛素等生物材料的结构。尽管参加该项目的晶体学家当时选择匿名，但是许多人员还是被世人所知，其中包括著名的诺贝尔奖获得者，比如多萝西·霍奇金（Dorothy Hodgkin，1910—1994 年）和约翰·肯德鲁（John Kendrew，1917—1997 年）。该项目所设计的图案有两种不同的类型：球棍结构和记录物质分布的电子密度图，在前者中，原子被描绘为圆形，并且它们之间的键被绘制为线；而后者类似于地图上的曲线轮廓线。前者属于几何轮廓，后者则是流动和不对称的。这两种类型的图案都很有趣，激发了一些非同寻常、令人难忘的设计。

工业设计委员会向精选的一批公司分发了这些图纸，其中包括韦奇伍德、沃纳父子公司、ICI 公司和查尔斯兄弟公司，这些公司将图案用作机织花边、提花机织物、丝网印花面料、乙烯皮革、瓷砖和窗玻璃等各种产品图案的基础。由此产生的设计，如基于柱硅钙石图案所制造的织物（见图 2），与科学图纸以及手工艺品一起，在伦敦举办的不列颠节的"探索穹顶"场馆和赛船会餐厅以及伦敦科学博物馆的"科学展览"展会展出。赛船会餐厅里的地毯、窗帘和塑料层压板都布满了这些奇特而精彩的图案。节日花纹组的设计将艺术和科学紧密融合，是战后设计界"美丽新世界"的最终体现。**LJ**

1. "随意挂"衣帽架是查尔斯和雷·伊姆斯的设计作品，1953 年，由赫曼米勒公司承接制造生产，这一设计灵感源于电子显微镜下的分子结构

2. 这种丝网印花人造丝织物的设计灵感源自柱硅钙石的结构，1951 年，该设计作为节日花纹组的一个作品由英国塞拉尼斯公司制造

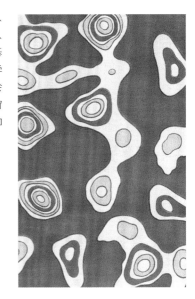

1953 年	1953 年	1954 年	1957 年	1957 年	1958 年
伦敦当代艺术学院举办了"生命与艺术平行"展览，展示了科学与艺术这两个领域的交叉融合。	弗朗西斯·克里克（Francis Crick，1916—2004 年）和詹姆斯·沃森（James Watson，1928 年— ）这一英美科学家组合发现了 DNA 的双螺旋结构。	世界上第一座用于发电的核电站在莫斯科郊外的奥布宁斯克设立。	英国科学家约翰·肯德鲁（John Kendrew）发现了肌红蛋白的原子结构，这是使用 X 射线晶体学发现的第一个蛋白质结构。	苏联发射世界上第一颗人造卫星"斯普特尼克 1 号"（Sputnik I），标志着太空时代和太空竞赛的开始。	在布鲁塞尔世博会上打造的原子球塔（Atomium）是一座高 102 米的原子结构球棍模型。

球形钟 1947 年

乔治·尼尔森公司 1947—1986 年

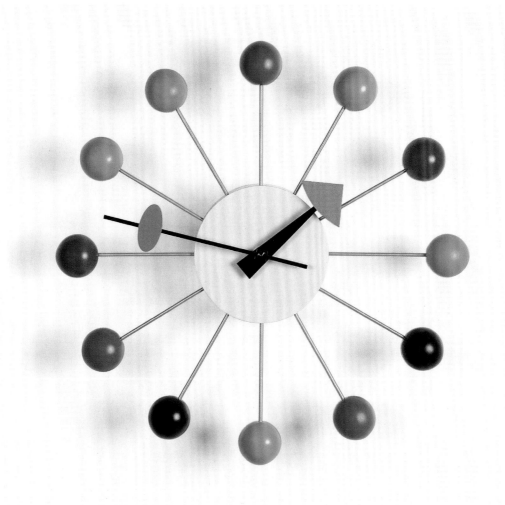

漆木，钢
直径 33cm

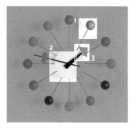

⚽ 图像局部示意

建 筑师乔治·尼尔森对美国的战后设计产生了非常积极的影响。自 1947 年担任赫曼米勒公司的设计总监以来，尼尔森聘请了一些优秀的艺术家和设计师为公司工作，如查尔斯和雷·伊姆斯夫妇、野口勇和亚历山大·吉拉德（Alexander Girard，1907—1993 年）。他自己的公司——乔治·尼尔森公司，也为一群有才华的设计师提供了一个可以专注设计的场所，这些设计师创造出了这一时期最富想象力的设计，包括椰子椅（1955 年）和棉花糖沙发（1956 年）。1947 年至 1953 年间，尼尔森的同事艾文·哈珀（Irving Harper，1916—2015 年）率先为霍华德·米勒钟表公司设计了一系列台钟和挂钟。

球形钟不仅精简掉了标准钟面和外壳，还省去了传统的数字。这款设计诙谐而俏皮，将当代科学和艺术的语言紧密结合起来，使时钟这个实用性物件具有了视觉冲击性。该系列还有一些别的型号，例如星号时钟（Asterisk clock，1950 年），这款钟带有镀锌钢切割而成的星号刻印符号，蜘蛛网时钟（1954 年）也属于这个系列，上面有用装饰绳串联在一起的星形结构。常年受欢迎的球形钟至今仍在生产中。**LJ**

👁 焦点

1. 球棍结构

这款设计中的球棍形状源于原子结构的科学模型。这种模型由代表原子的彩色球以及表示连接它们的键的钢棒组成，这种结构在这一时期的科学实验室中很常见

2. 钟面

与传统的时钟设计不同，球形钟采用开放式结构，而不是装在一个框架中，而且钟面上没有数字。整点刻度由十二个彩绘桦木制成的球体表示，它们附着在从隐藏了时钟机制的圆盘中辐射出的细钢棒上

3. 指针

尽管大多数现代主义设计都相对严肃，但球形钟的设计非常俏皮和幽默。刻意引人注目又发人深省，体现出了战后早期的乐观情绪，为内饰设计注入了色彩和趣味

🕐 设计师传略

1908—1934 年

乔治·尼尔森出生于康涅狄格州的哈特福德。他曾在耶鲁大学学习建筑和美术。1932 年至 1934 年，他在罗马的美国学院学习。

1935—1986 年

尼尔森成为《建筑论坛》（Architecture Forum）的副主编。1936 年至 1941 年，他经营了一家建筑事务所。自 1945 年起，他开始为赫曼米勒公司设计家具，并从 1947 年开始担任设计总监。1947 年至 1983 年，他运营着自己的乔治·尼尔森公司。他的公司还承接办公室、餐馆和商店的设计。

▲ 在设计的挂钟大获成功以后，乔治·尼尔森公司受邀开发一系列照明灯具。有多种不同形状和尺寸的泡泡灯（1952 年）是在金属线笼上喷涂一层薄薄的白色塑料制成的，采用了美国军方开发的制造工艺

考尔德的雕塑作品

　　乔治·尼尔森公司设计的球形钟建立在当代艺术的可视化语言上，人们开始将其与美国雕塑家亚历山大·考尔德（Alexander Calder，1898—1976 年）的作品（右图）进行比较，考尔德设计的作品有悬挂在电线和横杆上、飘浮在空间中的彩色几何装饰物和有机元素。考尔德从 1931 年起开始制作丰富多彩的动态直立雕塑，采用抽象的形状和大胆的色彩来营造视觉和空间节奏。球形钟的辐射结构中包含的星座图案是考尔德雕塑作品中经常出现的图形。20 世纪 30 年代，考尔德在他的作品中大量采用了让人们想起行星及其运动轨迹的元素。星座图案也出现在他的一种纺织品设计中。

柳叶刀形碟 1951 年

斯蒂格·林德贝里 1916—1982 年

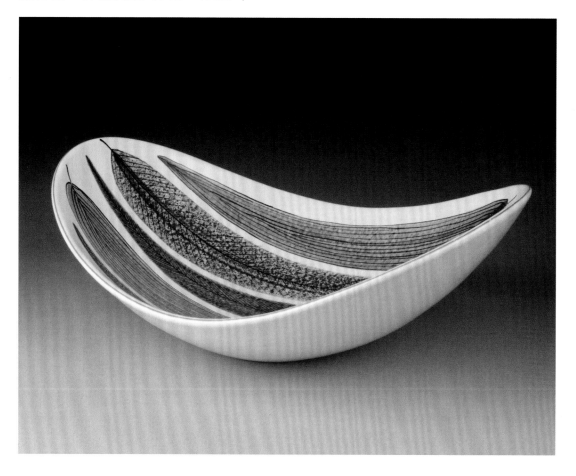

锡釉陶器
长 27cm

装饰设计师斯蒂格·林德贝里在瑞典的战后设计中引入了"模式化制作"这一新概念。二战初期，他为古斯塔堡设计了五颜六色的手绘彩陶器，并且在 1942 年首次展出，在这些作品中，他将流畅的曲线形式与风格化的有机图案巧妙地结合在一起。这一时期，欧洲其他地区的制造商受到了严重的干扰，而瑞典的制造公司却得以继续运作。战后，瑞典迅速成为国际设计大国，林德贝里是明星设计师之一，在 1948 年至 1957 年间的米兰三年展中获奖无数。他的彩陶作品具有诱人的雕塑般的形状和色彩鲜艳的图案，视觉上极具吸引力，令观者感到愉悦，体现了战后北欧现代设计的积极精神。

20 世纪 40 年代，田园主义风格在瑞典纺织品设计中很流行，这种风格是对其他地区广受战争破坏的有意识的回应。战时，瑞典印花面料上面多为野花图案，其中最典型的是由流亡的丹麦建筑师阿诺·雅各布森设计的充满活力的花卉图案和约瑟夫·弗兰克（Josef Frank，1885—1967 年）为瑞之锡（Svenskt Tenn）设计的茂盛的植物印花图案。林德贝里设计的彩陶上面有手绘的叶子和花枝，这也是高涨的田园趋势的一种体现。他的陶瓷作品形状也十分有机。林德贝里对生物形态和准生物图像的痴迷一直持续到 20 世纪 50 年代，不仅影响了他为古斯塔堡设计的餐具和装饰性彩陶，对他为北欧百货设计的印花纺织品也产生了重要影响。**LJ**

✿ 图像局部示意

焦点

1. 树叶图案

盘子上修长而狭窄的叶片与椭圆形的盘子相呼应。叶子被漆成两种深浅不一的绿色，形状简约且时尚，叶茎用黑线加粗。这种图案所蕴含的生物特性与其形状一样都十分有机

2. 边缘

这个盘子拥有卵形的轮廓和勺状边缘，具有流动性、雕塑感和有机性。在20世纪20年代和30年代，棱角分明的几何造型设计和机械图案非常普遍，但林德贝里在20世纪40年代和50年代开创了一种植根于自然界的柔和塑料形式设计

3. 白色底部

这款盘子底部的白色来自一种含有锡的釉料。镀锡陶器在欧洲已经生产了几个世纪，人们将其称为"代夫特陶器"或"彩陶"。到20世纪初，这种材料一度过时，但林德贝里的设计赋予了它新生命

Fruktlåda 织物

    林德贝里早期的战后设计具有强烈的生物特征，这一特征体现在他设计的丝网印刷织物 Fruktlåda（上图）中——其名称意为"水果盒"。这个俏皮的图案描绘的是一系列苹果的横截面，每一块水果都是单独装饰的，一些能看到果核和斑点，另一些则能看到蠕虫。水果的形状及其内部图案类似林德贝里为古斯塔堡设计的陶器的形式和图案。林德贝里发展出来的设计风格对邻国丹麦和芬兰的设计师影响极大。

◀ 林德贝里的彩陶装饰完全是手工绘制的，因此每件作品都有各自的特色。在柔软的未烧锡釉上绘制这些图案需要相当强的技能。颜料和釉料在烧制过程中融合，使装饰有一种柔和感。白色底部与鲜艳的颜色形成对比，增强了色彩的视觉冲击力

不列颠节

1. "探索穹顶"馆和云霄塔是不列颠节的两个标志性建筑，它们并排坐落在展区

2. 这款壁纸是罗伯特·塞梵（Robert Servant）设计的。他是节日花纹组的成员之一

3. 狮子和独角兽馆的侧墙装饰有眼睛形状的舷窗

1951 年举办的不列颠节的起源可追溯到 1943 年，当时皇家文艺学会提出举办 1851 年万国工业博览会的一百周年庆典，该博览会当初在伦敦海德公园举办。1945 年，新工党政府再次提出了这一提议，究其根本，不列颠节表达了工党，特别是其副首相赫伯特·莫里森（Herbert Morrison）的精神和理想。1951 年，虽然工业物资依旧短缺，许多城市仍未从战争中恢复，但该国已准备好迎接进步和复苏。

1946 年举办的"英国可以制造"展览只在博物馆内部展示新产品，与之不同，不列颠节是一场动员了整个国家的雄心勃勃的大型活动。举例来说，"坎佩尼亚号"航空母舰在海岸巡航展出当地的展品，伦敦东部的白杨公园举办了住房展览，巴特西建了一家节日花园。这场艺术节的关注点是建筑、设计以及更广义的艺术。"探索穹顶"馆和云霄塔（见图 1）是艺术节上两座代表性的建筑物——它们让人联想起 1939 年纽约世界博览会上的"角尖塔和圆球"（Perisphere and Trylon）。它们本质上都是未来主义风格的建筑，表达了先进技术和科学将主宰美丽新世界的思想。这些地标矗立在靠近滑铁卢车站的泰晤士河南岸，是一大视觉亮点，周围坐落着收藏有一系列展品的建筑物。负责监督此次活动的是杰拉德·巴里（Gerald Barry, 1898—1968

重要事件

1943 年	1945 年	1946 年	1948 年	1948 年	1949 年
皇家文艺学会提议举办一个国际展览，以庆祝 1851 年在伦敦海德公园举办的万国工业博览会一百周年。	第二次世界大战结束，工党当选。这一压倒性的胜利体现了公众渴望社会变革的强烈情绪。	皇家文艺学会关于举办国际展览的建议被搁置。取而代之的是不列颠节的规划，这是一个集艺术、设计、建筑、科技为一体的大型展会。	英国艺术委员会、英国电影学院和工业设计委员会都参与了该次艺术节的策划工作。	制造商需提交其最佳设计的详细信息，才可参加此次展会。	工党首相克莱门特·艾德礼（Clement Attlee）为皇家节日音乐厅的建设奠基，这是不列颠节结束后唯一保留下来的建筑。

年），而休·卡森（Hugh Casson，1910—1999 年）是整个展馆的负责人。詹姆斯·加德纳（James Gardner，1907—1995 年）负责巴特西花园，拉尔夫·托布斯（Ralph Tubbs，1912—1996 年）负责"探索穹顶"馆。1946 年和 1951 年的这两场展览的主要相似之处在于，工业设计委员都负责了所有展品的审查工作，在展会中发挥了关键作用。

虽然艺术节的举办方式具有前瞻性，突出设计和建筑在创造新世界中的作用，但它也拥抱传统，承认英国在很大程度上是由它的过去定义的。这一主题在狮子和独角兽馆（见图 3）的设计中得到了极大体现，这个展馆是伦敦皇家艺术学院的学生在拉塞尔和罗伯特·古登（Robert Goodden，1909—2002 年）的领导下设计的。这些展品巧妙承袭了历史，不仅参考了纹章和其他历史图像，还将怀旧的民族主义愿景投射到未来。艺术节上展示的其他主要主题包括英国的国土、海洋与船只、交通运输等，其目的是概述国家的成就和抱负。设计思想发挥着举足轻重的作用，在布罗雷克·卡茨（Bronek Katz，1912—1960 年）设计的房子和花园展馆中更是如此，这个展馆描绘了在不久的将来人们在家中的生活方式。房间布置柔和而明亮，罗宾·戴和卢西安娜·戴夫妇设计的新家具和纺织品（详见第 264 页）也陈设其中。现代家具的陈设并不局限于内部空间，工业设计委员会也为外部选择了一些引人注目的作品来装饰。厄内斯特·瑞斯（Ernest Race，1913—1964 年）设计的金属羚羊椅和跳羚椅（详见第 262 页）外形修长，放置在杰克·霍维（Jack Howe，1911—2003 年）设计的垃圾桶旁边，点缀着泰晤士河南岸的风景。

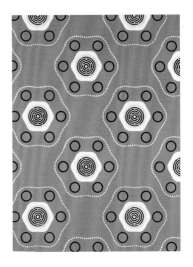

节日花纹组的作品（见图 2）是 1951 年不列颠节最具影响力的设计项目之一。该小组制作的当代图案将科学发展成果与意象融合在一起（例如分子结构），设计初衷是希望图案能应用到从纺织品到厨房层压板的各种产品中。这些引人注目的抽象设计体现了不列颠节审美的进步性。

1951 年夏，不列颠节结束。随后，新当选的保守党政府决定拆毁除皇家节日音乐厅之外的该节日的所有建筑物，皇家节日音乐厅保留至今。然而，该活动的影响在 20 世纪 50 年代的剩余时间里一直挥之不去，这十年里新建的城镇尤其受到该活动的影响。这些建筑以及它们内部的新房子的内饰设计和装修，最重要的是城市规划的激进方法，在很大程度上归功于泰晤士河南岸的这些作品。**PS**

1950 年	1951 年	1951 年	1951 年	1951 年	1952 年
艺术节总监杰拉德·巴里访问罗马，考察城市喷泉和泛光灯的设置方式。	晶体学家海伦·梅格负责节日花纹组的协调工作，这一小组由 28 个制造商组成。	5 月 3 日，乔治六世宣布不列颠节正式开幕。那天晚些时候，全国上下举办了约 2000 场篝火晚会。	庆典持续了整个夏季，大批游客慕名而来。另有一小部分的展览在"坎帕尼亚号"航空母舰上举办，该舰沿着海岸进行了巡展。	工党政府未能利用不列颠节的成功，在 10 月的大选中败给了保守党。	保守党首相温斯顿·丘吉尔下令拆毁不列颠节的标志性建筑物云霄塔。

羚羊椅 1951 年

厄内斯特 · 瑞斯 1913—1964 年

弯曲的钢材，模压胶合板
80cm × 50cm × 53cm

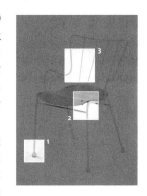

厄内斯特·瑞斯为不列颠节设计的羚羊椅经受住了时间的考验，至今仍被视作 20 世纪中叶现代英国设计的标志性作品。美国设计师查尔斯和雷·伊姆斯首次将战时开发出来的模压胶合板用于制作椅座和椅身，得益于他们的工作成果，羚羊椅得以由弯曲的钢材和模压胶合板制成。羚羊椅的设计体现了高度的原创性，以其轻盈和优雅而著称。这款椅子由瑞斯自己的公司生产，另一款跳羚椅也由该公司承接生产，是瑞斯为泰晤士河南岸的皇家节日音乐厅周围区域设计的外部座椅。由于需求量巨大，制造这两款椅子的利润可观。

这两款椅子都是按照不列颠节精神设计的，将科学与设计紧密结合。用钢条来塑造羚羊椅外形的技术很先进，椅子外形俏皮，具有雕塑般的整体外观，与那时积极乐观的氛围相呼应。不列颠节过后，瑞斯将这两款椅子投入批量生产，并且继续开发出了一系列不同的版本，其中包括双人椅。不列颠节椅子最初是一款黄色的胶合板座椅，后来采用了越来越多不同的颜色。在整个 20 世纪 50 年代，这款设计始终流行，在户外用餐区、新城镇和游泳池等不同的环境中都随处可见。它将不列颠节的精神推向全新的舞台，并有助于维持该活动的前瞻性。**PS**

👁 焦点

1. 球形椅脚

俏皮的球形椅脚主要是为了使修长的椅腿更具视觉焦点，同时它们也可以防止椅腿磨损地板。椅脚形状体现了不列颠节的"原子"主题，为同时期许多其他设计提供了灵感

2. 钢条

这款椅子的主要结构（腿、靠背和扶手）采用坚韧、细长的钢条，这就使这种极简的雕塑式设计可以承受户外天气条件。钢条外涂有白色的珐琅

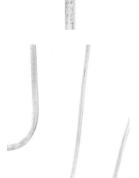

3. 空间

形似羚羊的轮廓和张开的椅腿符合现代主义审美观念，即家具不应在视觉上影响人们对建筑空间的欣赏。在这种思想的指导下，家具的设计要突出周围建筑物的建筑特征

跳羚椅

跳羚椅（1951 年；上图）的设计没有羚羊椅那么引人注目，但它仍然是一把帅气的现代椅子。虽然设计意图是放在户外使用，但由于其舒适性高，如有需要在室内也同样适用。多个由 PVC 材料覆盖的水平定位弹簧保证了这款椅子的舒适性。椅子的颜色也多种多样，有红色、黄色、蓝色和灰色。椅子的腿部固定在钢制座椅框架的外侧，方便叠放。

花萼装饰织物 1951 年

卢西安娜 · 戴 1917—2010 年

鲜花没有采用具象图案，而是用简约的杯碟形状来暗示，其中的一些颜色鲜艳，另一些则装饰有纹理效果，风筝线一样的线条将这些图案串联在一起，让人联想到花的茎

✿ 图像局部示意

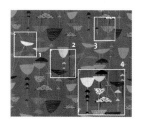

第二次世界大战后，设计领域的创造力大爆发。诸如卢西安娜·戴这样的设计师创意迸发，她在 20 世纪 30 年代后期受过专业训练，但在战争年代，她的职业生涯被迫搁置。战后，她被压抑的艺术能量得到释放，花萼图案便问世了。在这款革命性的印花装饰面料中，戴打破了花卉图案设计的传统，引入了迷人的抽象图案。她十分崇拜美国雕塑家亚历山大·考尔德，因此花萼中的图案与考尔德运动雕塑上悬挂的金属物件形状相似。花萼图案的活力和俏皮与现代艺术美学相呼应，也反映了战后早期的乐观情绪。

1951 年，在为不列颠节的"房子和花园展馆"进行布置时，戴的丈夫罗宾设计出了花萼图案，戴大胆的装饰纺织品与丈夫的模压胶合板家具相得益彰。最初，Heal's 批发出口公司（也就是后来的 Heal 纺织品公司）不愿意承接生产这一设计，因为他们认为这款设计对英国人来说太过激进，但卢西安娜说服该公司冒了这个险。出乎意料的是，无论是在社会评论还是商业效果上，花萼设计都大获成功，多年来一直需求不断，并斩获了一系列大奖。戴具有开创性的图案设计方法在英国市场产生了令人振奋的效应，预示着当代设计的到来。**LJ**

1. 斑驳的纹理

戴借鉴了激进的现代艺术风格，以一种原创的方式将这种美学应用于纺织品。她是最早进行这种转变的战后设计师之一，她采用了类似拼贴的方式，将纯色平面与破碎、斑驳的海绵状纹理并排摆放

2. 线条

作为一个园艺爱好者，戴的纺织品设计灵感经常来源于植物，但以风格化或抽象的形式存在。花萼这款设计的名字意指一朵花的萼片。杯形的结构和细长的线条衍生自植物的茎和花朵

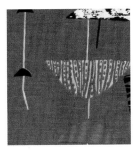

3. 平面配色

花萼图案采用了手工丝网印刷技术。这种灵活工艺的优点之一是它能制作大尺寸图案，比滚筒印刷能制作出的图案大得多，丝网印刷非常适合翻印平面配色和精致的纹理效果

4. 黑色和白色

在颜色的使用方面，花萼图案具有创新性。花萼图案的配色方案多种多样，其中最著名的版本有一个橄榄棕背景，由明亮的黑白元素以及醒目的色彩组成，这种配色在当时很新颖

🕐 设计师传略

1917—1940 年

德茜蕾·卢西安娜·康拉迪（Désirée Lucienne Conradi）出生于英国萨里的科尔斯顿镇。她曾在克罗伊登艺术学院学习，之后在皇家艺术学院攻读印花纺织品专业。

1941—2010 年

她与家具设计师罗宾·戴结婚。战后，她开始担任自由纺织设计师。20 世纪 50 年代和 60 年代期间，卢西安娜的设计非常成功，她与 Heal 纺织品公司保持着密切的关系。1962 年至 1987年，她和罗宾共同担任约翰·刘易斯合伙公司的设计顾问。

骨骼型图案设计

1953 年，皇家艺术学院的詹姆斯·德·霍尔登·斯通对戴所推广的纺织品设计作了如下评价："艺术家仍然反对使用传统的花卉图案，转而采用霜冻的树木、干燥的叶子、树枝、草、蕨类植物和爬行动物等。"他预言在将来，"设计重点将放在总体效果上，而不是单一的花朵上：茎、刺、叶子和卷须将得到大量关注，基本会按照直线排列，最后才考虑颜色"。戴的骨骼型图案设计启发了这些新的发展，以爱丁堡纺织公司生产的一种印花布料秋日（1952 年；见上图）为典型。

▲ 在保罗·克利和胡安·米罗（Joan Miró，1893—1983 年）抽象画的奇特意象、规律和色彩中，戴找到了设计灵感。她的设计与米罗的《逃生梯》（*The Escape Ladder*，1940 年；上图）等作品在美学上有相似之处

德国的理性主义与复苏

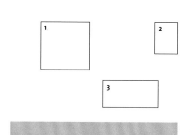

1. 马克斯·比尔（Max Bill）设计的 32 型镀铬挂钟（1957 年）反映了设计师对清晰度和精确度的关注

2. 这则 20 世纪 60 年代德国汉莎航空公司的杂志广告体现了德国的战后设计精神

3. 汉斯·罗瑞切特（Hans Roericht）为卢臣泰公司（Rosenthal）设计了 TC 100（1959 年）釉瓷叠层餐具。这款餐具起初是他为学位论文研究而设计的部分物品

经历了第二次世界大战的失败，德国开始寻求重新获得其在现代设计领域的领先地位的方法。在后纳粹的社会氛围下，人们开始重新评估包豪斯学院的作品（详见第 126 页），该学校于 1933 年被希特勒关闭。因此，德国的战后设计精神植根于理性主义和几何极简主义。现有的企业，包括陶瓷制造商卢臣泰等装饰艺术公司，纷纷改变自己以应对复苏所带来的挑战；还有一些企业，如博朗（Braun），则重新在技术领域占据了一席之地。

这种新的理性主义精神表现在很多方面，包括 1953 年建成的一所教育机构：乌尔姆设计学院，其办学理念是复兴和发展包豪斯学院的课程。瑞士设计师马克斯·比尔（1908—1994 年）是该校的第一任校长，他确保学校无论是在思想上还是形式上都采用高度理性的设计方法。教学重点放在了系统上，而不是风格上：他们认为设计是一个理性的过程，设计的最终产品反映了解决问题的方法（见图 1）。课程的核心是图形和产品设计，但缺少装饰艺术和建筑方面的课程。阿根廷设计师托马斯·马尔多纳多（Tomás Maldonado，1922—2018 年）于 20 世纪 50 年代末接手学校时提出了符号学的思想，在

重要事件

1948 年	1949 年	1950 年	1951 年	1953 年	1954 年
保时捷推出 356 型轿车（详见第 268 页）。这是该公司第一款投入批量生产的汽车。	威廉·华根菲尔德出任斯图加特餐具制造商 WMF 的金属和玻璃艺术总监。	博朗公司生产了其首台干式剃须刀。电动剃须刀是该公司的主打产品。	埃文和阿图尔·博朗接管博朗公司，并且雇用了设计师迪特·拉姆斯，最初任命其为室内设计师，后来是产品设计师。	乌尔姆设计学院由英格·埃切-斯绍尔（Inge Aicher-Scholl）、奥托·埃切（Otl Aicher）和马克斯·比尔创立。比尔以战前的包豪斯为原型建了这所学校。	德国设计作品在米兰三年展上亮相。它的理性方法和几何形式在该展上产生了巨大影响。

1968 年学校关闭之前，这一研究方向一直主导着乌尔姆设计学院的设计方法。实质上，马尔多纳多的策略是将语言理论作为设计实践理论的模型：换句话说，他强调的是设计对象的意义而不是形式。

乌尔姆设计学院的办学宗旨之一是对周边社区产生积极影响，乌尔姆的工作人员和学生总是尽可能与制造商合作。汉斯·罗瑞切特（1932 年— ）是乌尔姆设计学院的一名学生，他设计了一套非常简约的白色陶器（见图 3），由卢臣泰公司承接生产。该学院还为汉莎航空公司设计了图形标志（见图 2），与博朗公司的合作也大获成功。汉斯·古格洛特（Hans Gugelot，1920—1965 年）是乌尔姆设计学院的一名老师，他与博朗公司的设计师迪特·拉姆斯合作，于 1956 年设计出了一套大胆的高保真音响系统（详见第 270 页）。他还创造了许多其他标志性设计，其中包括柯达的转盘幻灯片放映机（1963年；详见第 272 页）。拉姆斯高度理性的形式是德国战后产品设计的缩影。他的设计方法是延伸设计对象的功能，创造出非常简约的几何形状，没有表面装饰。他最有影响力的设计包括音响设备、多配件的食品加工机、电动剃须刀以及 20 世纪 70 年代出现的袖珍计算器。

德国设计的新精神在海外展览（例如 1954 年的米兰三年展）中备受推崇，德国国内也形成了支持该精神的系统，其中包括新组建的德意志制造联盟和德国《形式》（Form）杂志，该杂志将这种设计理念广泛传播。当时的家电生产商 AEG 和博世也采用严格的几何形状，尊重代表德国设计的高质量技术。**PS**

1955 年	1955 年	1957 年	1958 年	1968 年	1968 年
博朗公司的产品在杜塞尔多夫展会展出。博朗兄弟的新设计方法广受好评。	汉斯·古格洛特加入乌尔姆设计学院。20世纪 50 年代，他成为该校最具影响力的教师之一。	博朗公司推出了由迪特·拉姆斯设计的 Multimix 食品加工机。其严格的功能审美为其他设计树立了典范。	德意志制造联盟负责布鲁塞尔世博会西德馆的设计和布置。	乌尔姆设计学院关闭。与包豪斯学校一样，资助它的当地政府不再信任它。	博朗奖问世，这是一个受到广泛尊重的著名设计类奖项。拉姆斯是委员会的成员。

保时捷 356 跑车 1948 年

欧文·柯曼达 1904—1966 年　费迪南德·保时捷 1909—1998 年

保时捷 356 跑车（1962 年）外形美观、容易驾驶，且性能非常好

保时捷 356 至今仍是该公司最具代表性的汽车之一，帮助公司打造了保持至今的时尚声誉。它也代表了在二战后的几年中德国设计的严谨性和高质量。虽然 356 跑车是保时捷首款批量生产的汽车，但它是当时市面上最优雅和时尚的汽车之一，结合了轻巧、紧凑和高速的特点。这是一款双门豪华跑车，由该公司创始人的儿子费迪南德·"费利"·保时捷开创。费迪南德希望设计出一款动力强劲的小型轿车，使驾驶者充分享受驾驶的乐趣。虽然 356 跑车引人注目的符合空气动力学的车身是由保时捷的工作人员欧文·柯曼达打造的全新设计，但其大部分机械部件（除了底盘）源自老费迪南德·保时捷于 20 世纪 30 年代设计的早期大众甲壳虫。与大众甲壳虫一样，356 跑车是一款后置发动机的后轮驱动车，其设计风格和工程设计都是服务于高性能的。早期的 356 系列跑车拥有分体式前挡风玻璃，但到了 20 世纪 50 年代初被 V 形版本的挡风玻璃所取代。在后来的车型中还有另外一些微妙的变化：例如，20 世纪 50 年代，车轮上增加了一个实心镀铬金属轮毂。

✪ 图像局部示意

在投入生产的前两年，356 车型的产量只有 50 辆。之后，产量大大增加（总计 76 000 辆），而且该车一直到 1965 年才停产。这款车型有敞篷款和硬顶款两个版本。**PS**

◉ 焦点

1. 空气动力学

356 跑车的车体符合空气动力学。车顶前部的锋利曲线让位给了从车顶一直延伸到后保险杠的柔和曲线。风洞测试表明，"泪珠"形状的抗风能力最强，因此适合高速车

2. 材料

最早的 356 系列跑车是用铝材手工制作的。没有喷漆，这增强了汽车的功能外观。356 系列开始量产时，钢材代替了铝材，车身难免会重一些，车身也开始喷上包括奶油色在内的一系列颜色

3. 车身外壳

356 跑车没有挡泥板，所以汽车的外观简单而实用，符合"形式追随功能"的理念。356 系列跑车的车身光滑，没有任何阻碍速度的元素存在，但是增加了镀铬装饰以提供视觉亮点

保时捷 911 跑车

到了 20 世纪 50 年代后期，保时捷公司很清楚，他们需要一款新车型来取代 356 系列。费迪南德·"费利"·保时捷在他的儿子费迪南德·"布兹"·保时捷（1935—2012 年）的帮助下，监制了一辆更强大、更大型的汽车，这款设计还是由车体设计师柯曼达负责的。保时捷 911 车型（右图）于 1964 年推出后，立即成为标志性设计。与 356 跑车一样，它既是一款赛车，也是一款公路车，这赋予了它独特性。与 356 系列一样，911 系列的设计师和工程师互相协作，使该车成为 20 世纪末最令人难忘的汽车之一。

博朗 SK4 唱机 1956 年

汉斯·古格洛特 1920—1965 年　迪特·拉姆斯 1932 年—

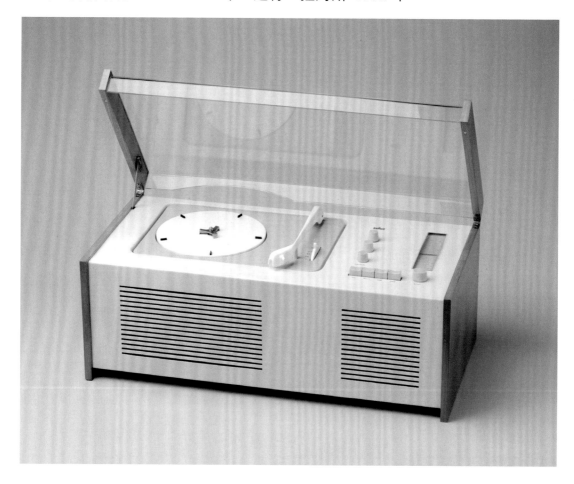

👁 焦点

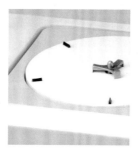

1. 理性形式

SK4 唱机的设计完全符合逻辑。每个存在的元素都服务于一个功能。这种逻辑意识体现在该产品的极简几何结构中，这一结构主要由平行直线、矩形和圆形组成

2. 极简配色

该唱机使用的颜色只有白色、灰色和黑色。用于容纳该唱机功能部件的棕色木材是个例外。这是唯一的天然材料。使用中性色调强调了博朗公司对功能的重视

3. 操作键

唱机的圆形无线电旋钮和曲臂是为了便于操作而设计的。透明的树脂玻璃盖增强了触手可得的感觉，这一特色使唱机获得了"白雪公主的棺材"这一外号

4. 非家用

木质的外壳和盖子框架是唯一体现"家用"的设计。虽然 SK4 唱机很可能被放置在家里的客厅，但它不是作为家居用品而设计的，而是一款功能性的音乐播放器

博朗公司的 SK4 收音机兼唱机是迪特·拉姆斯与乌尔姆设计学院的汉斯·古格洛特的合作成果。这是该公司在音频设备领域的第一项激进设计，并为随后的许多其他设计树立了标杆。拉姆斯和古格洛特决定将收音机和录音机合二为一，设计出一款新的多功能产品，可以将其理解成一个"系统"而不是单一功能的人工制品。此外，音响设备第一次没有以家具的形式或客厅摆设的形式出现。相反，SK4 唱机绝对是一款功能性设备。这种新设计的影响巨大，开启了博朗公司音响设计的未来轨迹，其中就包括开创性的便携式世界频带无线电，即 T1000（1962 年）。

　　SK4 唱机是战后第一款批量生产的德国产品。它的设计反映了其功能性：每一个功能的存在都有原因，没有多余的元素。此外，设计者确保该唱机所有组件的放置方式使产品不仅易于使用，而且看上去还容易操作。SK4 唱机的所有技术组件都隐藏在一个盒子内，这种设计旨在使用户不需要看到唱机的工作组件就可以轻易地使用它，他们只需要触摸控制按钮和操作录音杆即可。**PS**

✷ 图像局部示意

弯曲的钢材、榆木、有机玻璃
58cm × 24cm × 29cm

⏱ 设计师传略

1932—1987 年

迪特·拉姆斯出生于德国威斯巴登，于 1955 年加入博朗公司，最初担任建筑师兼室内设计师。但是到 1961 年，他已经成为公司产品设计和开发部门的负责人。他创造了许多经典产品，包括音响设备、造型产品和榨汁机。自 1959 年起，他开始为家具制造商 Vitsoe 工作。

1988 年—

1988 年，拉姆斯受邀加入博朗公司董事会，七年后，他成为公司的企业形象执行董事。1997 年，他从公司退休，但是继续以各种不同的方式参与设计。2002 年，由于他长期以来对设计界所做的贡献，他被授予德意志联邦共和国荣誉勋章。

博朗集团

　　1921 年，工程师马克斯·博朗创立了博朗公司，该公司由制造无线电部件起家。20 世纪 20 年代末，它已在这一领域享有领先地位，并于 1932 年成为首批将收音机和留声机合二为一的制造商之一。自 1950 年起，该公司进入干式剃须刀和家用电器领域，其中最著名的产品是多功能食品加工机。第二年，博朗去世，公司由他的儿子阿图尔和埃文接管。兄弟俩开启了公司历史上一个重要的时期，这一时期的设计引人注目，迪特·拉姆斯的工作成果尤其突出。他们也委托了威廉·华根菲尔德设计收音机，其中包括有录音功能的博朗组合式便携收音机（1957 年；右图）。1961 年，拉姆斯成为博朗公司设计部门的负责人，接手了弗里茨·艾奇勒（Fritz Eichler）的工作，在接下来的几十年里，该公司的产品越来越受到尊重，特别是其创新的设计。后来吉列公司收购了博朗公司，2005 年，宝洁集团又收购了吉列。

柯达旋转木马幻灯机（Carousel-S） 1963 年

汉斯·古格洛特 1920—1965 年

涂漆铝和塑料
15cm × 28.5cm × 27cm

随着越来越多人开始乘飞机旅行，战后的一代热衷于在屏幕上向朋友放大展示他们的旅行纪念照，因此，幻灯机在 20 世纪 50 年代开始流行。早期型号的幻灯机，每张摄影幻灯片必须手动插入。后来很快推出了一些新型号，带有一个可以放置一叠幻灯片的矩形托盘，但是这些机器出了名的容易卡纸。为了解决这个问题，加利福尼亚州格伦代尔的那不勒斯发明家路易斯·米苏拉卡（Louis Misuraca）设计出了一种带有自动送片功能的圆形托盘的幻灯机。柯达公司买断了该设计。米苏拉卡的幻灯机是通过点击一个按钮来操作的，机器不会卡纸。柯达公司改进了这个设计，并于 1962 年春在美国推出了一款略显笨重的新幻灯机。然而，位于斯图加特的柯达德国分公司认为这款机器可以继续改进，于是他们聘请汉斯·古格洛特为德国市场设计一个新版本。1963 年，旋转木马幻灯机上市，这款机器性能优秀，销往世界各地。2004 年之前，这款机器一直没有停止生产，也几乎没有再做任何改进。

自 1955 年起，古格洛特为博朗公司设计出了许多畅销产品，因此当柯达公司联系古格洛特时，他已经在业界很有名气了。除此之外，他还是德国乌尔姆设计学院一名影响力很大的教师。古格洛特帮助确定了学校的设计理念，包括重点关注设计的功能性和实用性。他很少提及美学，甚至强调不在意美学，但是他的设计总是有着干净的线条、中性色调和优雅的饰面。**JW**

✪ 图像局部示意

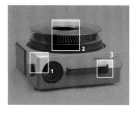

◉ 焦点

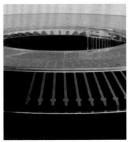

1. 形式追随功能

机器边缘做成柔和的曲线，细节处理保持最低限度。据称，直到生产前的最后一刻，古格洛特还在不断修改幻灯机原型的外观；他将重点放在内部机构的顺利运作上。幻灯片使用焦距为 60 到 180mm 的镜头投影

2. 运作

托盘由幻灯机内的电机带动旋转。当托盘前进时，复式结构将当前放映的幻灯片推回托盘中，托盘继续旋转，将下一张幻灯片置于光源和透镜之间

3. 实用、精致、复古

幻灯机由涂漆铝和塑料制成，以灰黑色调为主，反美学的设计使机器平衡感强、成熟且素净。而"旋转木马"这个名字让人联想起童年在旋转木马上或马戏团中感受到的乐趣

▲ 1962 年，大多数拥有幻灯机的家庭需要将幻灯片放在一个托盘中才能放映，大约在这个时候，第一台用于支持自动放映的定时器问世了

◷ 设计师传略

1920—1954 年

汉斯·古格洛特出生于印度尼西亚，1934 年，他与家人一起搬到瑞士。1940 年至 1942 年，他在洛桑学习，后又在苏黎世联邦理工建筑系学习至 1946 年。后来，他为马克斯·比尔的建筑事务所工作了八年时间，并设计出了嵌墙式家具 M 125 储物系统。从 1954 年起，古格洛特在德国的乌尔姆设计学院任教，在那里逐渐发展了自己的设计理念。他认为优秀的设计不应该只是促进销售的手段；设计更应该是一种文化必需品。1954 年，古格洛特开始与博朗公司合作。

1955—1965 年

古格洛特为博朗公司所设计的作品以几何形式为蓝本，颜色朴素。他的许多产品，如 Sixtant 1 剃须刀（1961 年），在全世界畅销。这款剃须刀的黑色和银色造型也成为博朗企业形象的一部分。古格洛特为百福缝纫机公司设计了一些产品，并在汉堡与赫伯特·林丁格（1933 年— ）等人共同开发了地铁系统。作为建筑师，他专攻预制装配式住宅。

博朗 Sixtant SM 31

20 世纪 20 年代，美国发明了电动剃须刀，1950 年，博朗公司增加了一种金属丝网，保护皮肤免于直接接触刀片。1962 年，古格洛特与盖德·穆勒（Gerd A.Müller）合作，设计出了标志性的博朗 Sixtant SM 31 剃须刀（上图）。铝箔盖通过电镀制成六边形，它的名字就是这样得来的。这款剃须刀使浴室多了黑色元素，成为男士梳洗的首选精密仪器，销售量达 800 万台。

瑞士的中立政策及益处

在二战中保持中立的瑞士是少数几个在 1945 年基本未受冲突影响的欧洲国家之一。它没有遭受大规模轰炸，基础设施也没有遭到外国入侵和占领的破坏，尽管同盟国和轴心国对其实施了贸易封锁，但该国主要集中于精密仪器、手表、化学品和药品的生产基地从未被置于战争状态中。

战后，瑞士的中立和审慎传统转化为一种主要以图形表达的设计风格，渴望得到普遍应用。瑞士的网格样式及其变体被称为国际主义风格，瑞士的排版和布局方法在 20 世纪 40 年代和 50 年代传播到了欧洲之外，并开始主导全球公共和企业传播设计。瑞士的设计风格强调简约、清晰和可理解，汲取借鉴了荷兰风格派（详见第 114 页）、构成主义（详见第 120 页）和包豪斯学派（详见第 126 页）的早期现代主义作品；这样的历史传统使得瑞士接受了抽象主义，而纳粹党将抽象主义视为"堕落艺术"的一个特征。

瑞士设计师坚持"形式追随功能"（详见第 168 页）这一现代主义原则，

重要事件

1947 年	1951 年	1953 年	1954 年	1955 年	1956 年
阿明·霍夫曼在巴塞尔艺术工艺学校开始了他的教学生涯。	约瑟夫·米勒-布罗克曼开始为苏黎世市政厅设计海报，宣传音乐会和戏剧。	乌尔姆设计学院在德国成立，该学院由英格·埃切-斯绍尔、奥托·埃切和马克斯·比尔合作创建。	阿德里安·弗鲁蒂格设计了无衬线字体中的 Univers 系列。	米勒-布罗克曼设计了贝多芬海报，这张海报被广为借鉴模仿。	马克斯·比尔为德国制造商荣汉斯设计了简洁而优雅的挂钟。它是最小的钟表之一。

他们将自己的关注点融入设计中，使设计对社会有用。这场运动起源于两个学校——苏黎世工艺美术学院和巴塞尔设计学院，苏黎世的约瑟夫·米勒－布罗克曼（Josef Müller-Brockmann，1914—1996 年）和巴塞尔的阿明·霍夫曼（Armin Hofmann，1920—2020 年）是这场运动的主要倡导者。这种设计风格的特点是使用非常规的无衬线字体、数学构造的网格结构线和不对称的布局，这样的布局赋予了空白部分同等的突出地位。蒙太奇比插图更受欢迎，因为人们认为蒙太奇更客观。关键要素是构成上的统一、沟通上的清晰和基于潜在科学方法的问题解决办法（见图 2）。

米勒－布罗克曼是《新平面设计》（ Neue Grafik ）杂志的创始人之一，这本杂志于 1958 年至 1965 年间出版，颇具影响力，它认为设计师的主要角色是传播者。布罗克曼推崇几何网格设计："网格系统组织性强，可以用最低成本达到最有序的成果。"他最有名气的作品是自 1951 年为苏黎世市政厅设计的多张海报；他 1955 年为贝多芬音乐会设计的海报中，黑白同心曲线是一大特色，被广为模仿。霍夫曼也因其海报设计（见图 1）而备受尊崇，这些设计通常以黑白两色呈现，带有强烈、清晰的无衬线字体。他说："我设计黑白海报的一个主要目标是抵制现在广告牌和广告中的琐碎色彩。"

这一时期，瑞士设计的象征是无衬线字体 Univers 和 Helvetica（详见第276 页），这两款字体均诞生于 1957 年（Helvetica 最初的名称是 Neue Haas Grotesk）。Univers 体是阿德里安·弗鲁蒂格（Adrian Frutiger，1928—2015年）于 1954 年设计的，这款字体的特点是整个字体系列风格一致，以及它不是纯粹的几何图形，这与 Futura（详见第 146 页）等早期的现代主义体不同。Helvetica 体由马克斯·米丁格（Max Miedinger，1910—1980 年）和爱德华·霍夫曼（Eduard Hoffmann，1892—1980 年）共同设计，是有史以来最特别的字体之一，它的应用非常广泛，不过平淡无奇的设计风格也使它在某些领域遭受诟病。

瑞士设计追求清晰、明快、可理解，不可避免地朝着极简主义的方向发展。瑞士设计师马克斯·比尔以其制作的钟表优雅内敛而闻名，例如他为德国制造商荣汉斯（Junghans）设计的挂钟（1957 年）。比尔曾于包豪斯战前的鼎盛时期在该校学习，于 1953 年在德国与英格·埃切－斯绍尔和奥托·埃切等人共同创立了乌尔姆设计学院。该学校在办学的十五年间影响力巨大，促进了德国战后复苏（详见第 266 页），也是瑞士设计的摇篮。**EW**

1. 左图：这张由阿明·霍夫曼设计的"古代和现代的剧院建设"宣传海报（1955年），因其简约的不对称构图而引人注目
右图：霍夫曼为瑞士巴塞尔的"美国艺术教育"展览设计了这幅大胆的黑白海报（1961 年）

2. 1953 年，约瑟夫·米勒－布罗克曼设计了题为"保护孩子！"的海报。它是一种平版印刷海报

1957 年	1958 年	1965 年	1965 年	1967 年	1968 年
无衬线字体 Neue Haas Grotesk（随后更名为 Helvetica）和 Univers 问世。	米勒－布罗克曼与他人共同创立了具有影响力的图形周刊《新平面设计》，促进了瑞士设计风格在美国的宣传。	霍夫曼出版了他的《平面设计手册：原则与实践》（ Graphic Design Manual: Principles and Practice ）。设计界学生将其奉为经典。	《新平面设计》杂志的最后一期是由米勒－布罗克曼、理查德·保罗·洛斯（Richard Paul Lohse）、汉斯·诺伊堡（Hans Neuburg）和卡洛·维瓦雷利（Carlo Vivarelli）共同制作的。	米勒－布罗克曼被任命为 IBM 公司的欧洲设计顾问。	经历了一系列内部分歧后，乌尔姆设计学院宣布关闭。

Helvetica 字体 1957 年

马克斯·米丁格 1910—1980 年　爱德华·霍夫曼 1892—1980 年

Helvetica 是瑞士字体设计师马克斯·米丁格与巴塞尔哈斯铸字厂的总裁爱德华·霍夫曼合作开发出的现代主义无衬线字体。他们最初着手设计一种可以适应广泛用途、清晰、与政治立场无关的字体。这款现代主义字体的前身是 1898 年的早期无衬线字体 Akzidenz-Grotesk，最初得名 Neue Haas Grotesk。1961 年，莱诺公司（Linotype）获得了该字体的许可，将其更名为 Helvetica 以暗示其源自瑞士。然而，在手工印刷字体中，它还是以 Neue Haas Grotesk 的名称出售数年。它在洛桑举办的平面设计 57 展会上作为瑞士技术的象征展出，并成为有史以来最成功的字体之一。它被用于从维也纳到芝加哥的许多城市的路标上，也被用于伦敦的国家剧院标志和纽约市地铁上。

　　Helvetica 与 20 世纪 50 年代至 60 年代时期瑞士的图形风格以及中立与和平政策息息相关。它不对任何给定的内容赋予额外的含义。它既不吸引潮流，也不随潮流改变。自推出以后，公司发布了该字体各种各样的变体，现在该字体系列已经有大约三十个版本的变体。2004 年，克里斯丁·施瓦茨（Christian Schwartz，1977 年—　）受委托将该字体数字化。该项目被称为修复工程，于 2010 年完成，并且"尽可能保持了原始形状和间距"。施瓦茨重绘了字体，来匹配米丁格的设计原型，并唤起了多年来该字体所失去的一些亲切特征。**JW**

图像局部示意

Helvetica 字体模型由法兰克福的斯坦博字体公司承接制造

焦点

1. 可读性

Helvetica 字体最显著的特征是采用了较高的 x 高度和水平化笔画端点，而不是有棱有角的笔画端点，这使得该字体即使在小比例尺寸和远处也很容易看出来。这些特征使字体密集、呈现动态纹理

2. 实用性

Helvetica 字体朴素实用，与过去和平告别，展望未来。随着国际贸易范围扩大，与任何特定地区无关的字体在商业通信中变得大受欢迎，这进一步解释了 Helvetica 字体受欢迎的原因

3. 精确性

Helvetica 字体极其精确，可靠程度令人放心。但近年来该字体和保守文化联系在一起，并且因其太过商业化、备受美国大企业喜爱而遭受一些圈子的批评

▲ 许多公司都在公司标志上使用 Helvetica 字体，美国航空公司就是其一。该字体清晰耐用，并且不对任何给定的内容赋予额外的含义。它既不吸引潮流，也不随潮流改变

雕塑形式

2O世纪中期设计的一个关键特征是出现了"雕塑形式"这一新词。这种形状的灵感来源可以直接追溯到当代艺术。瑞士籍意大利雕塑家阿尔贝托·贾科梅蒂（Alberto Giacometti，1901—1966 年）所设计的大型青铜雕像推动了细长钢杆腿和细长器皿外形的流行。出生于罗马尼亚的康斯坦丁·布朗库西是 20 世纪中期最有影响力的艺术家之一。他朴素的极简主义雕塑作品对战后的许多北欧设计师产生了巨大影响，如丹麦银匠汉宁·古柏和芬兰玻璃艺术家蒂莫·萨尔帕内瓦。古柏为乔治杰生设计的优雅独木舟状鳗鱼餐盘（1956 年），以及萨尔帕内瓦为伊塔拉设计的柳叶刀形盘（1952 年），都展现了与布朗库西作品相似的简约风格。美国雕塑家野口勇设计出了战后时代最具标志性的一些家具和照明设计，包括 Akari 灯（1951 年；详见第 280 页），而他曾于 1927 年担任布朗库西在巴黎时的助理，这并非巧合。

法籍德裔艺术家汉斯·阿尔普的抽象有机雕塑也对阿尔瓦·阿尔托及其以后的 20 世纪中叶的许多设计师产生了巨大影响，在玻璃设计师设计的流体自由吹制容器形式中达到了巅峰，丹麦公司福尔摩格兰德玻璃厂的设计师皮尔·卢登就是其一。英国雕塑家芭芭拉·赫普沃斯的镂空形式和亨利·摩尔的生物形态也巧妙地体现了当代设计师的审美。出生于匈牙利的美国设计师伊娃・蔡塞尔（Eva Zeisel，1906—2011 年）为红翼陶器厂的城乡餐具系列设计了抽象形式的盐罐和胡椒罐，这些作品与摩尔家族息息相关。

在应用艺术领域，自 20 世纪 40 年代中期起，越来越多设计师想要创造富有表现力的雕塑形式。在阿尔托的组织下，纽约市现代艺术博物馆于 1940 年举办了一场名为"家居中的有机设计"的比赛。这一活动非常重要，因为这场比赛中走出了有机设计的两大先驱查尔斯・伊姆斯和埃罗・萨里宁。他们获奖的有机座椅概念后来在一系列开创性的家具设计中得以体现。

在北欧，阿尔托于 20 世纪 30 年代播下的种子在接下来的几十年里孕育了成果。丹麦人认识到家具的雕塑潜力，不仅开发了模压胶合板，而且磨炼出了将实木塑造成吸引人的柔软边框的技巧。汉斯・韦格纳在他为弗里茨・汉森设计的贝壳椅中结合了双重技术，这款椅子有着杯状胶合板座椅和雕刻木框架。阿诺・雅各布森的蚂蚁椅（1952 年）也在动态曲线轮廓和弯曲的胶合板座椅这两个方面体现了雕塑形式。

瑞典 20 世纪中叶的陶瓷和玻璃设计师同时也都是雕塑设计大师，如威廉・凯格（Wilhelm Kåge，1889—1960 年）、埃德文・奥尔斯特伦（Edvin Ohrström，1906—1994 年）、尼尔斯・兰德伯格和斯蒂格・林德贝里等。凯格为古斯塔堡设计的柔和形式餐具为林德贝里夸张的有机彩陶碗和绘有生物图案的花瓶铺平了道路。奥尔斯特伦为欧瑞诗设计的 Ariel 系列器皿也在 20 世纪 30 年代起到了先驱的作用，该作品在形式和装饰方面都具有雕塑感，流体气泡图案被封印在厚实的玻璃内。兰德伯格的彩色器皿，无论是厚壳还是薄吹的形式，都是有机的，就和他的郁金香玻璃杯（1957 年）一样。与此同时，在芬兰，塔皮奥・威卡拉和萨尔帕内瓦将艺术玻璃这一领域推向了新高度。他们打破了美术和装饰艺术之间的壁垒。

意大利的雕塑设计风格也在蓬勃发展中，尽管该风格更加奢华。浮夸的建筑师卡洛・莫利诺（Carlo Mollino，1905—1973 年）设计了一些非凡的有机形式家具。他的阿拉伯式餐桌（1949 年；见图 1）具有动感的弯曲胶合板结构，在当时被称为"新自由派"，因为该餐桌让人联想起 19 世纪末新艺术风格（详见第 92 页）的曲线风格。弗拉维奥・波里（Flavio Poli，1900—1984 年）为塞古索・维特里・达特（Seguso Vetri d'Arte）设计的彩色雕刻器皿也充分利用了玻璃的内在可塑性，但比起同时代的北欧人，他的作品所受约束性更小。**LJ**

1. 卡洛・莫利诺设计的弧形阿拉伯餐桌（1949 年）的灵感来源于汉斯・阿尔普等超现实主义艺术家的作品

2. 伊娃・蔡塞尔为城乡餐具系列设计的釉面盐罐和胡椒罐的形状像相互依偎的母子

1951 年	1952 年	1955 年	1956 年	1956 年	1958 年
伦敦举办的不列颠节展出了雕塑般的"探索穹顶"馆、优雅的"云霄塔"和罗宾・戴设计的胶合板椅子。	阿诺・雅各布森设计的蚂蚁椅由弗里茨・汉森公司在丹麦制造，这款椅子的设计形似昆虫，在钢腿上置有弧形的胶合板椅座。	意大利雕塑家兼设计师弗拉米尼奥・贝托尼设计的雪铁龙 DS 19 轿车（详见第 282 页）问世。	萨里宁设计了富有雕塑感的纽约环球航空公司航站楼，该航站楼于 1962 年竣工。	巴西建筑师奥斯卡・尼迈耶（Oscar Niemeyer，1907—2012 年）着手为巴西利亚设计一组具有明显有机风格的市政建筑。	雅各布森为哥本哈根皇家酒店设计了天鹅椅和蛋形椅两种雕塑形式的软垫椅子，这两款椅子均由弗里茨・汉森公司承接制造。

Akari 灯具 1951 年

野口勇 1904—1988 年

👁 焦点

1. 腿部支架

纸张覆盖的竹帘与申请了专利的金属丝支架和形成三脚架结构的细薄金属腿相辅相成，使灯具可以独立站立。细长的支架使灯具形似昆虫，突出了设计的轻盈灵巧

2. 竹骨

支撑纸帘的纤细骨架由竹子制成。竹子是一种有机、有韧性的材料，它较轻且富有弹性，是理想的灯罩材料。除了可以遮蔽由灯泡发出的强烈眩光外，纸张也能有效地漫射光线

野口勇是最早接受有机抽象形式的美国雕塑家之一，后来他将这种美学理念应用于家具设计和照明中。他生于美国，但童年大部分时间在日本生活，且一生与日本保持着牢固的文化联系。

20世纪40年代中期，野口勇与美国两家主要家具制造商——赫曼米勒和诺尔公司合作。在此之前，他开始设计Lunars系列灯具，他称这一系列灯具为融合了人工照明的小型雕塑。1951年在日本旅行后，野口勇设计出了Akari灯具，灵感来源于传统的日本纸灯笼"chochin"。Akari有"灯火"的含义，也有"光线"的意思。灯罩由灯笼制作历史悠久的岐阜县的尾关公司生产，将和纸（桑树深层树皮制成的高级纸）覆盖在细细的竹骨架上制作而成。该骨架由长长的细竹条在模制的木块上拉伸制成，然后将纸张粘贴到该骨架的两侧。经过干燥处理后，拆除内部木质结构。这款灯具可以折叠，纸张覆盖的竹结构可以压缩、进行平整包装，且不会被损坏。

在野口勇设计的Akari灯原型中，细长的钢制三脚架上有一个椭圆形灯罩。后来他陆续设计出了其他形状的灯罩，一些是有机的，另一些是几何形式的，其中包括锥体和立方体，以及一些复合几何形式。野口勇的Akari灯具形式多样，但美学理念是统一的。它们不仅仅是功能性的灯具，也是家居中的有机照明雕塑。**LJ**

Akari落地灯由带竹骨的和纸制成，用金属框架支撑

设计师传略

1904—1921年
野口勇出生于洛杉矶。他的母亲是美国人，父亲是日本人。自1907年起，他在日本居住，于1918年返回美国完成学业。

1922—1937年
野口勇移居纽约，在达·芬奇艺术学院上课，然后在1924年建立了自己的工作室。1927年，他在巴黎担任罗马尼亚雕塑家布朗库西的助理，为期六个月。布朗库西的简约有机风格给野口勇留下了深刻的印象，促使他接受了抽象主义思想。完成远东旅行后，他于1931年回到纽约，为舞者玛莎·葛兰姆（1894—1991年）设计舞台布景。

1938—1951年
野口勇获得委任为纽约洛克菲勒中心设计浮雕建筑。1939年，纽约市现代艺术博物馆馆长安森·古德耶（Anson Goodyear，1877—1964年）委托野口勇为他设计一张桌子。1951年访问日本以后，野口勇设计出了Akari灯具。

1952—1988年
野口勇继续设计有机雕塑，主要使用木材、石材、金属和黏土这些材料，1961年他移居纽约长岛。他还设计了户外雕塑花园。

野口勇的家具系列

除了照明系列，野口勇还将他的艺术才华运用到了家具上。他为赫曼米勒公司设计的船舵桌（1949年；上图）有一个木舵形桌腿和两个由弯曲钢棒制成的支架。野口勇与诺尔公司合作，设计出了摇摆凳（1953年），圆木底座和顶部通过十字交叉的钢棒连接。后来这款椅子演化成了旋风系列餐桌。野口勇的最后一款家具设计，是受铝材制造厂美铝委托所设计的菱形桌（1957年）。这款桌子呈六角形，由折叠的铝片制成。

雪铁龙 DS 19 1955 年

弗拉米尼奥·贝托尼 1903—1964 年　安德烈·勒菲布尔 1894—1964 年

👁 焦点

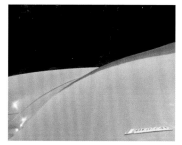

1. 引擎罩

从雕塑的角度来看，雪铁龙 DS 19 的流线型构造十分迷人。突出的引擎罩具有现代主义雕塑的光滑。车身、车顶、车窗三者是一个有机整体，相得益彰，曲线优美的车身外观无论从哪个角度看都很美

2. 挡风玻璃

雪铁龙 DS 19 由航空工程师勒菲布尔参与设计，车体具有真正的空气动力学特性。该车具有子弹形的引擎罩和倾斜的环绕挡风玻璃，不但外观漂亮，而且这种形状可以最大限度地减少风阻，从车顶到车尾箱倾斜度逐渐降低

3. 悬挂系统

得益于其液压气动悬架结构，雪铁龙 DS 19 可以适应不同的驾驶条件和路面情况。车身可以通过压缩气体升高或降低到不同的高度。当发动机启动时，汽车可以像气垫船一样升起，行驶时，它似乎在地面上方滑行

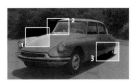

图像局部示意

雪铁龙 DS 19 在巴黎车展上亮相时，人们觉得它仿佛来自科幻小说

这款优雅的流线型有机汽车就像放置在车轮上的雕塑。雪铁龙 DS 19 拥有优美的比例和巧妙的曲线，这款汽车的造型是意大利设计师弗拉米尼奥·贝托尼设计的，他最初接受过雕塑培训。雪铁龙 DS 19 没有采取夸张的尾翼或铬制条装饰，非常时尚，体现了欧洲汽车设计的精致优雅。

贝托尼天赋异禀，早在 1923 年他还在瓦雷泽的意大利公司 Carrozzeria Macchi 担任绘图员时，他的才能就被法国汽车工业的技术员发现了。近十年后的 1932 年，他终于决定移居巴黎，与雪铁龙公司合作。轮胎制造商米其林收购雪铁龙公司后，具有前瞻性眼光的皮埃尔－朱尔斯·布朗厄开始执掌公司。在他的鼓动下，自 1935 年起，贝托尼开始设计一款新的小型车——2CV。这个项目得到了航空工程师兼前大奖赛赛车手安德烈·勒菲布尔（André Lefèbvre）的协助。尽管 2CV 在 1939 年就已完成，但因二战爆发，这款车在 1948 年才问世。

比起低成本的 2CV，雪铁龙 DS 19 更加精致，也更加迷人。该车于 1955 年推出，被命名为"女神"（法语是 Déesse，DS 的双关语）。DS 19 的发动机罩具有雕塑般的引擎盖和倾斜的车顶，符合空气动力学，同时具备未来感，反映了法国消费者日益强烈的愿望。车顶由玻璃纤维制成，减轻了汽车的重量并降低了重心。它散发着奢华的气息，拥有许多卓越的技术特征，其中就包括最先进的液压气动自调平悬架系统。DS 19 一问世便被誉为革命性的产品，迅速成为一款标志性的设计，持续制造生产了 20 年。这款车型由拥有雕塑家眼光的艺术设计师精心塑造而成，至今仍被认为是最漂亮的汽车之一。**LJ**

对雕塑事业的热爱

贝托尼出生在瓦雷泽的马斯纳戈。在技术学院，他学习了绘画、雕刻和雕塑。1918 年，他在 Carrozzeria Macchi 公司里当木匠学徒，1922 年，他成为一名绘图员。虽然他的职业是汽车设计师，但在他整个职业生涯中，他还以雕塑家的身份工作。作为一名艺术家，他拥有不同的视角，与汽车行业的其他设计师区别开来。他所设计的第一辆雪铁龙车是前驱车（Traction Avant，1934 年；右图），这款轿车外形帅气，特点是由前轮驱动。他为雪铁龙公司设计的最后一款车型是 1961 年的雪铁龙 Ami 6。

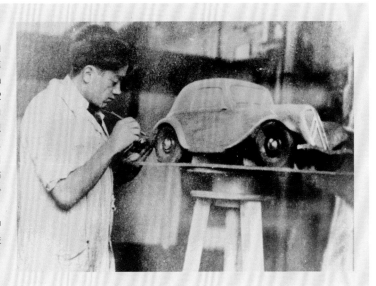

美国世纪中期现代主义

第二次世界大战给设计界造成了巨大震动。在战时，德国和法国是现代主义的两大先驱，但此时，它们已经不再是主流的创意聚集地。20 世纪 40 年代末期，在瑞典、丹麦、芬兰、意大利和美国的领导下，国际设计超级大国的新联盟出现，每个国家都具有新视角和新观念。美国人自 19 世纪后期发明了摩天大厦之后，就持续对现代建筑做出重要贡献。然而，除了弗兰克·劳埃德·赖特的作品之外，直到 20 世纪 20 年代，美国的家具和陈设设计始终像是一种衍生物。20 世纪 30 年代，尽管大萧条阻碍了商业进步，由于机器时代造型和流线型设计的普遍应用，美国开始逐步确立自己在设计界的地位。

20 世纪中期，美国设计界的一个关键人物是产品设计师罗素·赖特，他最早开创了美式现代风格。"美式现代风格"一词最初来自 1939 年赖特为斯托本维尔陶瓷公司（Steubenville Pottery Company）设计的一系列陶瓷餐具（见图 1），这一概念表达了美国独特的个性和文化特征。这些设计的特点是非正式的轻松风格、鲜艳的色彩和可塑的形状，具有统一性和雕塑感。这种设计概念的出现领先于时代，在整个 50 年代，美式现代风格与"休闲瓷器"（1946 年）都非常受欢迎。"休闲瓷器"是赖特为易洛魁瓷器公司（Iroquois

重要事件

1940 年	1945 年	1946 年	1948 年	1948 年	1950 年
查尔斯·伊姆斯和埃罗·萨里宁在家居用品有机设计竞赛中斩获两项一等奖，分别是家用座椅单元和储物单元。	伊姆斯夫妇和萨里宁为《艺术与建筑》（Arts and Architecture）杂志发起的"案例研究住宅"实验计划设计了 8 号和 9 号住宅。	伊姆斯夫妇设计的胶合板椅由伊万斯制造公司的模压胶合板部门承接制造。	萨里宁设计的子宫椅由诺尔公司承接制造；这是第一款批量生产的由玻璃纤维强化的聚酯树脂制成的椅子。	在纽约市现代艺术博物馆（MoMA）举办的"低成本家具设计大赛"中，伊姆斯夫妇设计的云朵椅（La Chaise，详见第 288 页）问世。	伊姆斯夫妇设计的 ESU 储物系统（详见第 290 页）和塑料椅、扶手椅由赫曼米勒公司承接制造。

China Company）设计的烤箱餐具系列，体现了与美式现代风格类似的美学和功能理念。作为对战后初期上市的新型整体厨房、富美家餐桌和镀铬冰箱的补充，美式现代风格概括了美国梦的物质愿望。

美国在第二次世界大战中参战较晚，加之与主要冲突地区相距较远，因此，在 20 世纪 40 年代，美国设计师和制造商相比欧洲同行所受的干扰要小得多。在创造性层面上，美国建筑和设计界从 20 世纪 30 年代涌入美国定居的欧洲移民那里获益匪浅，其中就包括现代主义运动的主要人物，如建筑师马歇·布劳耶、路德维希·密斯·凡德罗和纺织艺术家安妮·阿尔伯斯。被美国梦所吸引，北美长期以来都是移民寻求新起点的理想之地。例如，受到美国创新机会的激励，芬兰建筑师伊利尔·萨里宁（Eliel Saarinen，1873—1950 年）于 1923 年移民美国。后来，他成为密歇根克兰布鲁克艺术学院（又称匡溪艺术学院）的院长，这是一所效仿包豪斯的进步艺术学校（详见第 126 页），也是美国世纪中期现代主义的发源地。在这里，他的儿子埃罗·萨里宁遇见了查尔斯·伊姆斯和雷·伊姆斯，他们都是战后非常重要的设计师。

家具和建筑之间的交融，对埃罗·萨里宁和查尔斯·伊姆斯的工作至关重要，也是世纪中期现代主义的发展核心。与萨里宁一样，伊姆斯最初是一名建筑师，即使他的工作重心已经转移到家具上了，他依然视建筑为自己的职业，他说："我认为自己是一名建筑师，我总是忍不住把周围的各种问题看作结构问题，我所说的结构就是建筑物。"战后早期，美国艺术界迎来了大发展，许多不同形式的抽象主义在绘画和雕塑中都开花结果，包括抽象表现主义（Abstract Expressionism）。在 20 世纪 40 年代和 50 年代蓬勃发展的美术和应用艺术之间的积极互动不仅影响了物体的形状，还影响了它们的颜色、质地和材料。

伊姆斯夫妇雄心勃勃，将世纪中期现代主义设计中的冒险精神与艺术、建筑和设计之间创意的自由流动充分融合。1940 年，在纽约市现代艺术博物馆组织的家居用品有机设计竞赛（见图 2）中，查尔斯和萨里宁合作，斩获两项设计大奖，这是查尔斯首次崭露头角。婚后，查尔斯和雷·伊姆斯紧密合作，于 1941 年在加利福尼亚建立了一个联合设计工作室。战争和随后的紧缩时期迫使设计师变得更加机智，部分是为了克服材料短缺的问题，同时也是为了利用最新的战时技术。除了体现战后早期的理想主义、民主精神——创造广泛可用且价格合理的通用设计，伊姆斯夫妇的家具有意识地追求经济实惠。他们的作品不仅在形态上精益求精，避免了不必要的资源浪费，其设计人员还利用新技术，确保家具的生产过程简单高效。

伊姆斯夫妇最初专注于模压胶合板的创造性应用，利用其雕塑感和设计潜力，取得的首个重大突破是胶合板椅（见图 3）。这款椅子由五层胶合板制成，

1. 罗素·赖特设计的"休闲瓷器"系列餐具（1946 年）是美式现代风格设计的典范。该系列由易洛魁瓷器公司承接制造

2. 1941 年 9 月 24 日至 11 月 9 日，纽约市现代艺术博物馆举办了"家居用品有机设计竞赛"展览

1950 年	1950 年	1951 年	1952 年	1956 年	1958 年
罗素·赖特和他的妻子玛丽（1904—1952 年）一起，出版了他们的畅销书《轻松生活指南》（Guide to Easier Living）。	纽约市现代艺术博物馆开始举办一系列名为"好设计"的展览。第二年，"美国实用设计"巡回展览前往欧洲举办。	伊姆斯夫妇的钢丝椅由赫曼米勒公司出品，直至1967年仍在生产。	经历了两年的改进，哈里·贝尔托亚设计的钻石椅由诺尔公司出品。	埃罗·萨里宁设计的基座椅由诺尔公司承接制造，并很快被称为"郁金香椅"。	伊姆斯夫妇设计出了铸铝系列家具。这个系列后来成为备受欢迎的办公家具。

外饰以白蜡木或桦木、核桃木，椅子原本由伊万斯制造公司（Evans Products Company）的模压胶合板部门制造，随后由赫曼米勒公司承接制造，这家公司后来还生产了伊姆斯夫妇设计的储物系统家具（1950 年；详见第 290 页）。这把椅子之所以如此不寻常，是因为其流畅的轮廓及其结构的轻盈和弹性。它的设计宗旨是契合人体的轮廓，让人觉得坐在椅子上的人像飘浮在空中。

在熟练运用模压胶合板以后，伊姆斯夫妇对塑料越来越感兴趣。虽然从 20 世纪初开始，电木（合成塑胶）已被广泛应用于设计中，但塑料技术的发展还处于起步阶段。与胶合板一样，塑料所面临的关键问题是如何制造出足够支撑人体重量的坚固座椅，同时又能保证它的轻薄性。尽管萨里宁在 1948 年率先设计出了第一款一体式塑料椅——为诺尔公司（Knoll）设计的子宫椅——伊姆斯夫妇以其开创性的塑料椅（1950 年）紧随其后。这款椅子有扶手椅和无扶手单人椅两种版本，椅身由用玻璃纤维强化的聚酯树脂（被称为 GRP）制成。子宫椅需要配备软垫以保证舒适性，而塑料椅制作更加精良，可以直接使用。伊姆斯夫妇孜孜不倦地创新，还尝试使用了金属。他们的钢丝椅（1951 年）是由钢丝和钢条焊接而成的，而他们的铸铝座椅组（1958 年）则由一系列带有铸铝框架的座椅构成。

除了伊姆斯夫妇外，赫曼米勒公司还与其他一些设计师合作。该公司的设计总监乔治·尼尔森直接或间接地对公司的产出做出了重大贡献。除了办公家具和巧妙的储物墙系统，他和乔治·尼尔森设计公司（George Nelson Associates）的同事还设计出了一系列俏皮的家庭座椅，棉花糖沙发（见图 4）就是其中之一。棉花糖沙发摒弃了传统形式，由安装在钢框架上的四排圆盘形坐垫组成。在尼尔森的引荐下，雕塑家野口勇加入公司，并且设计出了世纪中期现代主义家具中最具代表性的作品之一：一个有机形态的玻璃桌面，支撑在类似巨大骨头的雕刻木架上（见图 5）。

赫曼米勒的主要竞争对手——诺尔公司，也同样致力于创新性的现代家

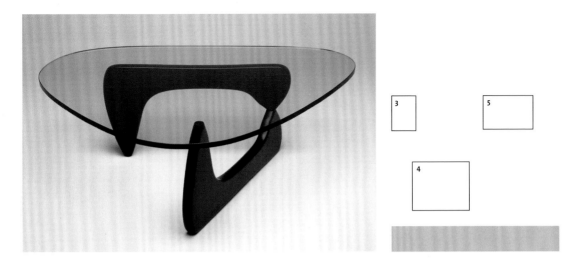

具设计。诺尔公司由汉斯·诺尔（Hans Knoll，1914—1955 年）和佛罗伦斯·诺尔夫妇（Florence Knoll，1917—2019 年）于 1943 年创立，丈夫去世后，该公司由佛罗伦斯独自经营。除了生产比例均衡、低调朴素的软垫座椅之外，诺尔公司还与其他几位设计师建立了富有成效的合作关系，特别是与萨里宁和哈里·贝尔托亚（Harry Bertoia，1915—1978 年）的合作。贝尔托亚的主业是雕塑家和图形艺术家，家具设计只是他职业生涯的一个分支，但是他的钻石椅（1952 年；详见第 292 页）仍然对世纪中期现代主义设计贡献巨大，这是一把用钢丝焊接而成的富有表现力的雕塑感休闲椅。萨里宁对家具设计的兴趣可以追溯到 20 世纪 30 年代，当时他为他父亲的房子设计了家具，但正是他在 1940 年与查尔斯·伊姆斯的合作引发了他对有机设计的兴趣。他设计的"子宫椅"有一个巨大的玻璃纤维外壳，无论是在雕塑上还是技术上都概念非凡。作为有机设计的体现，它旨在"通过提供一个巨大的杯状外壳，让你可以蜷缩和抬起双腿，获得心理上的舒适"。萨里宁为诺尔公司设计出的第二个伟大作品是郁金香椅（1956 年；详见第 294 页），令人难忘的不仅是它的杯状座椅，还有其曲线型椅杆和基座。萨里宁和伊姆斯夫妇的设计并行且步调一致，彻底改变了世纪中期现代主义的家具语言。他们的设计成果在当时影响巨大，时至今日仍能引起共鸣。**LJ**

3. 查尔斯和雷·伊姆斯夫妇设计的胶合板椅（1946 年）有两种不同的尺寸，分别是 DCW（餐椅）和 LCW（休闲椅）

4. 虽然棉花糖沙发（1956 年）是乔治·尼尔森设计公司的经典产品，但实际上，它是由欧文·哈珀（1916—2015 年）为公司设计的

5. 野口勇设计的玻璃桌（1946 年），由赫曼米勒公司承接制造

云朵椅 1948 年

查尔斯·伊姆斯 1907—1978 年　雷·伊姆斯 1912—1988 年

玻璃纤维，铁棒，木材
82.5cm×150cm×85cm

伊姆斯夫妇设计了云朵椅，用它来参加纽约市现代艺术博物馆举办的比赛。这次比赛以"低成本家具设计"为主题，旨在鼓励刺激生产，满足战后住房需求。云朵椅很受推崇，并于 1950 年出现在购物目录和展览中。

战时，玻璃纤维与树脂结合的低压成型技术的发展使有机轮廓的座椅有了问世的可能。伊姆斯夫妇通过战时在胶合板领域的工作，已经熟悉了制模工艺。

值得注意的是，这把椅子没有软垫，这使得它具有不寻常的原始外观。它也具有高度的雕塑性，对于一把椅子而言，它新颖的外观十分具有冲击力，所以它出现在了众多当代杂志和期刊中。云朵椅是一把高度实验性的椅子，并未打算投入大规模生产。但自 2006 年以来，它已经由维特拉（Vitra）公司用湿漆聚氨酯工艺开始生产了。**PS**

⚽ 图像局部示意

👁 焦点

1. 玻璃纤维

这一流动的有机形态是由两个非常薄的玻璃纤维外壳粘在一起制成的。它们被一个坚硬的橡胶盘分开，壳之间的空隙用苯乙烯填充

2. 洞

座椅上的洞是为了视觉效果而加入的。雷熟悉当代艺术家，例如英国雕塑家亨利·摩尔，他曾创作过穿孔作品

3. 椅子腿

五条相交的金属棒部分对角地排列，以创造出与座椅的有机形式相对应的视觉效果。它们跟十字形的木质基座十分契合，能平稳地落在地上

DAR 扶手椅

除了实验性的云朵椅之外，伊姆斯夫妇在同一时间还设计了许多塑料椅子。DAR 扶手椅（右图）是为现代艺术博物馆的"低成本家具设计"比赛而设计的。它被制作成不同的版本，有不同的颜色和不同的底座，包括金属杆或木制"翻花绳"椅子腿，甚至还有摇摇椅版本的。DAR 扶手椅有一个模压的塑料椅座，在形式上是有机的，但没有雕塑感的云朵椅那么夸张。DAR 扶手椅的曲线有助于人以更传统、更挺拔的方式坐着。

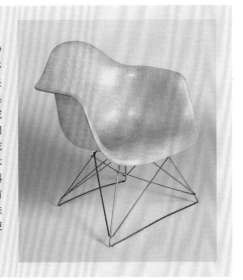

🕐 设计师传略

1907—1939 年

查尔斯·伊姆斯 1907 年出生于密苏里州的圣路易斯。贝尔尼斯·雷·凯撒 1912 年出生在加利福尼亚州的萨克拉门托。查尔斯于 1925 年开始学习建筑学课程，但两年后退学。1938 年，他前往密歇根州的克兰布鲁克艺术学院学习建筑学。雷师从德国出生的艺术家汉斯·霍夫曼，学习抽象表现主义绘画。

1940—1941 年

查尔斯与芬兰设计师埃罗·萨里宁一起赢得了现代艺术博物馆的"家居用品有机设计竞赛"。查尔斯和雷在克兰布鲁克艺术学院相遇、结婚，并于 1941 年开始一起工作。

1942—1949 年

伊姆斯夫妇搬到了洛杉矶。美国海军向他们订购了 5000 条胶合板腿部夹板，这些夹板是以查尔斯的腿为模型制作的。他们致力于创作模压胶合板家具，并设计了位于加州太平洋帕利塞德的伊姆斯住宅（Eames House，1949 年）。

1950—1988 年

伊姆斯夫妇设计了运用玻璃纤维、塑料和铝的各种家具，还制作了多媒体演示、展览和影片宣传二人的设计理念。1978 年查尔斯去世后，雷继续从事着他们未完成的项目。她于 1988 年死于癌症，正好是查尔斯去世十年后的同一天。

伊姆斯储物系统-400 系列 1950 年
查尔斯·伊姆斯 1907—1978 年 雷·伊姆斯 1912—1988 年

钢，胶合板和梅森奈特板
148.5cm × 119cm × 40.5cm

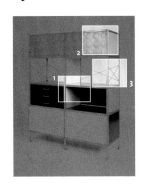

伊姆斯储物系统又被称为 ESU，由两位设计师早期的 Case Goods 系列产品发展而来，这些产品是一系列标准尺寸的可互换木制存储柜，由低矮的长凳支撑。设计低成本储物系统的动力，来自对战后初期经济紧缩的忧虑。通过创建模块化柜子，伊姆斯夫妇试图在最小的空间内实现最大的存储量。ESU 系列引人注目的地方在于其极度简约的概念，以及使用廉价的现成工业零件，特别是斜角钢架和交叉的支撑杆。这些特征与 1949 年建成的伊姆斯住宅的建造技术有着惊人的相似之处，伊姆斯住宅位于加州圣莫尼卡附近的太平洋帕利塞德：二者都采用了钢架网格结构，并以多色面板包覆。它们连色彩都是类似的：ESU 单元的推拉门使用黑色塑料层压板或白色玻璃布，梅森奈特板被涂上了八种颜色，包括黄色、红色和蓝色等，让人想起皮特·蒙德里安的抽象画。虽然有些过于功利了，但可更换的面板、架子和抽屉的不同颜色和纹理在视觉上具有刺激性，反映了这对富有想象力的设计组合的创造力和趣味。**LJ**

👁 焦点

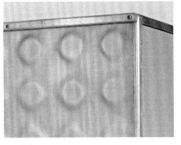

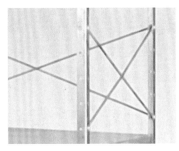

1. 胶合板和梅森奈特板

用于架子和面板的材料是标准的工业产品。胶合板有足够的强度来提供结构稳定性，并承受住相当的重量。面板由梅森奈特板制成，这是一种带有烤釉表面的硬质板材

2. 质地

除了结构之外，这些储物柜最显著的特征是质地不平的表面所具有的视觉及触觉的多样性。穿孔金属背板、薄薄的真空压制桦木贴面胶合板和带有浮雕的圆形图案，增添了雕塑感

3. 钢制框架

框架由镀铬的冷轧钢制成，相比家用橱柜，具有在办公室和工厂更常见的明显的工业美感。呈对角线焊接的钢棒是立柱间的支撑物，使结构更加稳定

◀ 这种储物柜由赫曼米勒公司制造，种类多样，有单层橱柜（100 系列），双层橱柜（200 系列；见图中最左）以及高大的四层储物系统（400 系列）。该系列还包括伊姆斯桌面单元（又称 EDU；见图中右边）

钻石椅 1952 年

哈里 · 贝尔托亚 1915—1978 年

焊接钢杆，乙烯基，塑料
76cm×72cm×85cm

⚙ 图像局部示意

哈里 · 贝尔托亚是一位金属制品艺术家，在 20 世纪 50 年代早期曾短暂地涉足家具设计。虽然他主要在雕塑领域活动，但钻石椅却是美国世纪中期现代主义设计中精美与实用艺术交融的典型代表。1950 年，贝尔托亚受佛罗伦斯 · 诺尔之邀与诺尔公司合作，之后花了两年的时间完善钻石椅的设计。造成这种拖延的原因之一是这把椅子很难制造。尽管它具有工业美感，但座位的复杂曲线意味着这把椅子必须由手工制作，而不能用机器来制造。尽管如此，它还是取得了巨大的商业成功。

贝尔托亚对焊接钢杆的迷恋延伸到了他的建筑雕塑中。他最著名的作品是 1954 年为纽约的汉华实业信托银行（Manufacturers Hanover Trust）设计的幕墙，由熔合了黄铜、铜和镍的焊接钢制成。他还为埃罗 · 萨里宁设计的麻省理工学院的教堂创作了一个闪闪发光的喷泉式雕塑（1955 年）。这些作品之间的联系是结构的轻盈和灵动：钢构件之间的间隙与金属制品本身一样重要。**LJ**

1. 金属网

弯曲的椅子由涂有乙烯基的焊接钢丝制成，营造出统一的外观。从视觉效果上看，金属网的暴露非常有效，因为椅子的轮廓流畅且具有雕塑感，类似一张悬垂的网

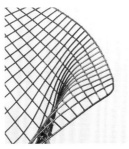

2. 钻石般的形状

金属网的方块在复杂的数学计算帮助下，扭曲成了钻石形。该图案与座椅的外缘线条相呼应，后者也大致呈钻石形。前端经过圆角处理以确保舒适性

3. 钢杆椅腿

设计者使用更粗的钢杆来制造支撑座椅的底座。它分两部分构成，在一个夹具上成型，并被焊接在一起。这把椅子没有传统的椅腿和椅脚，而是由两个类似雪橇滑板的架子支撑

4. 带软垫的椅座

从雕塑角度出发，贝尔托亚本来倾向于让椅座上毫无覆盖，以突出金属结构的复杂性和轻盈感。但这样坐上去会不舒服，所以加了软垫套让内部更柔软

🕐 设计师传略

1915—1943 年

哈里·贝尔托亚出生于威尼斯附近的圣洛伦索村，1930 年移民美国，在底特律就读于卡斯技术高中，1936—1937 年就读于底特律工艺美术协会艺术学院。随后，他获得了奖学金，在密歇根州的克兰布鲁克艺术学院学习绘画，并成为那里蓬勃发展的人才圈子的一员。他在学院一直任教至 1943 年，负责监督金属制品工作室。

1944—1952 年

贝尔托亚从 20 世纪 40 年代开始生产抽象的单刷版画。他的金属制品和珠宝也反映了当代艺术对他的影响。他搬到加利福尼亚州，与查尔斯和雷·伊姆斯展开了合作，侧重于模压胶合板的实验性设计。虽然三人合作的时间不长，但战后初期，三人的作品有着明显的交叉。在汉斯和佛罗伦斯·诺尔邀请他为诺尔公司设计家具之后，他于 1950 年搬到了宾夕法尼亚州东部，并在那里成立了一个金属制品工作室。他为诺尔设计的钻石椅和鸟椅于 1952 年推出。跟影响了它的伊姆斯夫妇钢丝椅相比，钻石椅更具雕塑感。

1953—1978 年

从 20 世纪 50 年代开始，金属雕塑和建筑委托是贝尔托亚的主要活动，他与这个时代最多产的一些建筑师合作，包括埃罗·萨里宁、亨利·德雷夫斯和贝聿铭（I. M. Pei, 1917—2019 年）等。贝尔托亚在他的职业生涯中获得了无数奖项，其中包括纽约建筑联盟金奖（1955—1956 年）。

▲ 查尔斯和雷·伊姆斯的钢丝椅于 1951 年上市，比贝尔托亚的钻石椅早了一年。虽然这两种设计有明显的相似之处，但也有明显的区别。比如，钢丝椅的形状要简单得多，椅背中间有一个规则的方形网格

郁金香椅 1956 年

埃罗·萨里宁 1910—1961 年

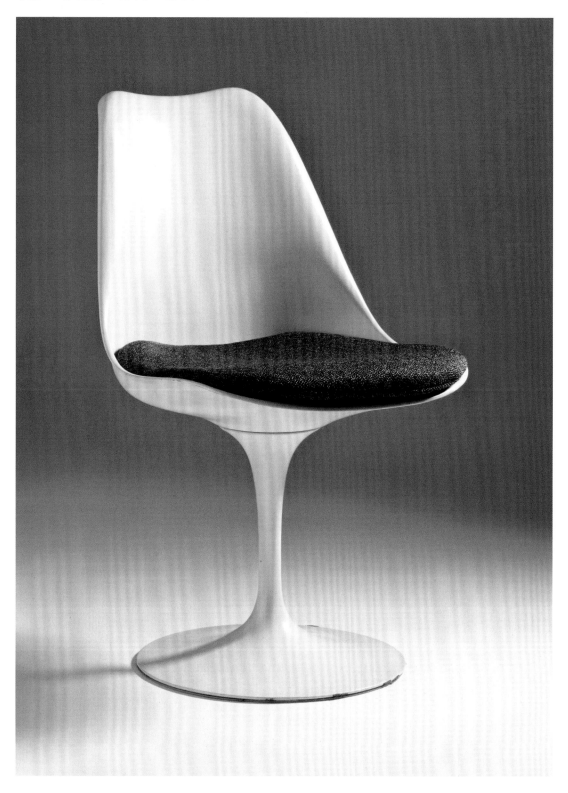

作为美国20世纪中期现代主义家具和建筑的重要人物，埃罗·萨里宁拥有成功所需的一切条件：文化背景、家庭关系和教育优势。他十分欣赏自己的芬兰同胞阿尔瓦·阿尔托的作品，和阿尔瓦一样，他也希望创造流动的有机家具，以补充当代的雕塑形式。然而，他并没有对模压胶合板和层压木产生兴趣，而是特别信赖塑料尤其是玻璃纤维，因为他认为这种材料更适合他希望创造的一体式雕塑椅壳。1948年，诺尔公司推出了他标志性的"子宫椅"，这是一款大型躺椅，座椅宽敞，由新近研发出的玻璃纤维强化聚酯树脂（GRP）制成。

萨里宁的郁金香椅的外壳使用了相同的材料，这是一张支撑在底座上的小型扶手椅。到了1956年，这项技术得到了改进，塑料表面更加光滑。理想情况下，萨里宁希望只用一种材料来制作整把椅子，但是GRP不够坚固，不适合细长的椅杆和宽阔的圆椅脚。雕塑般的底座与白色塑料相结合，使该设计具有太空时代的外观。作为传统家具形式的一个大胆的替代方案，直到今天，它看上去仍然十分现代。**LJ**

涂漆玻璃纤维强化聚酯树脂，涂漆铸铝，泡沫橡胶，纺织品
81cm×54cm×51cm

◉ 焦点

1. 底座

这一设计最激进的特点就是底座，因为在此之前，所有的椅子都是由四条腿支撑的。萨里宁宣称："我要清除所有难看的'腿'。"底座似乎是塑料制的，但由于结构原因，它其实是由铝制成的，上面有一层白色的塑料涂层

2. 玻璃纤维外壳

杯状椅座由玻璃纤维强化聚酯树脂模制而成，具有流畅的雕塑感和一体式扶手，与伊姆斯夫妇的塑料椅（1950年）相似，但闪亮的白色饰面和软垫衬里营造了不同的美感

环球航空公司候机楼

郁金香椅的感性曲线和有机形式与当代雕塑密切相关，尤其和让·阿尔普、亨利·摩尔和芭芭拉·赫普沃斯的作品有关。萨里宁显然被这种美学所吸引了，因为这也构成了他的建筑的基础，特别是带有流动感的混凝土建筑，例如为环球航空公司在纽约肯尼迪国际机场所设计的航站楼（1962年；右图）。建筑师说，"形状是特意选择的，以强调线条向上飞扬的质感。我们想要一种上升的感觉"。

战后的塑料工业

1. 大卫·哈尔曼·鲍威尔（David Harman Powell）的双色密胺杯碟设计将把手和杯子融为一体

2. 20 世纪 50 年代的英国富美家装饰性层压板广告。第二次世界大战后，富美家进入了欧洲市场

3. 吉诺·科隆比尼（Gino Colombini）制作了屡获殊荣的日常家居用品，例如这款使用聚乙烯的地毯拍打器

战后塑料业的故事是一个实验、扩张和民主化的故事。在塑料生产中，天然气被石油所替代，使得可用的塑料种类得到增加。新的成型技术，如注塑成型，拓宽了这一类合成材料的应用。到 1960 年，人们的视觉和物质世界彻底改变。在家中如此，在工业、商业和零售领域也是如此。 在此过程中，塑料不再被视为替代材料，并因其自身特性而受到重视。

许多新技术的可能性来源于战时的发展。战争结束后，塑料已经准备好进入大众市场了。这一点在美国最为明显，那里的化学公司，如杜邦公司，处于新材料技术的前沿。杜邦公司对聚乙烯的开发尤其引人注目，这种材料是各种产品的组成部分：从水桶、瓶子到呼啦圈。

塑料是美国战后消费热潮的要素。色彩是其廉价而令人愉快的外观中重要的组成部分。日常用品首次呈现出明亮的现代色调，并有着普通家庭能够承受的价格。制造商们寻求设计师的帮助，创造出能吸引那些生活在新郊区住房开发项目中的中产阶级的产品，从而产生了玻璃纤维制的云朵椅那样的产品（1948 年；详见第 288 页）。这种新材料对厨房进行了彻底改造，在营销时突出卫生和易于清洁的特点。塑料洗涤盆、簸箕、刷子和柠檬榨汁器等产品开始广泛供应。特百惠（1946 年；详见第 298 页）塑料储存容器改造了厨房，并通过"特百惠派对"提供了一种新的营销模式。厨房台面和桌子覆盖着富美家

重要事件

1947 年	1948 年	1948 年	1948 年	1949 年	1953 年
特百惠容器有了颜色，用户能通过颜色将它们分类。	美国的哥伦比亚唱片公司（Columbia Records）推出了每分钟转数为 33 又 1/3、可长时间播放的密纹黑胶唱片（LP）。它改变了人们听音乐的方式。	纽约市现代艺术博物馆以"低成本家具设计"为主题举办了一场国际性比赛。	查尔斯·伊姆斯和雷·伊姆斯设计出了他们的塑料椅，这是塑料在家具设计中的首次重要应用。	意大利卡特尔公司成立。它很快就会和高质量的塑料产品联系在一起。	雪佛兰克尔维特（Chevrolet Corvette）推出，这是第一款采用玻璃纤维增强塑料底盘制造的量产汽车。

（一个密胺品牌），这是一种塑料层压板，人们能在其表面印上五彩缤纷的图案（见图2）。在塑料进入大众市场时，儿童玩具也发生了变化。

美国并不是战后唯一拥抱塑料的国家。意大利也发挥了积极的作用。其中的关键人物是朱利奥·纳塔（Giulio Natta，1903—1979年），他是最早发现聚丙烯的人之一，也是1963年的诺贝尔化学奖得主。当美国着手使塑料产品民主化，使其尽可能便宜时，意大利采取了一种更高级的方法，并专注于使用新材料来表达现代美学的方式。这一点在卡特尔（Kartell）的产品中体现得淋漓尽致，该公司在托盘、碗和餐椅等产品中均使用了高品质塑料。卡特尔由朱利奥·卡斯特里（Giulio Castelli，1920—2006年）于1949年创建。卡特尔公司高度创新而令人向往的产品包括吉诺·科隆比尼（1915年—）的地毯拍打器（1957年；见图3）以及马克·扎努索的儿童椅。扎努索还与Arflex公司合作，创造出外观引人注目的现代座椅，由一种新型的、基于塑料的泡沫橡胶制成。《工业设计》（Stile Industria）杂志庆贺了这些塑料的新用途，具体方式是拍摄了一些照片，在照片中这些产品好似艺术品一般。

英国对塑料的热情不高，他们把这种材料视为美国侵略性流行文化的象征。尽管如此，一些引人注目的英国塑料产品的确在20世纪40年代和50年代涌现了出来，比如盖比·施莱伯（Gaby Schreiber，1916—1991年）和朗科莱特公司（Runcolite）合作的产品、罗纳德·E.布鲁克斯（Ronald E. Brookes）为布鲁克斯和亚当斯公司（Brookes and Adams）设计的餐具。大卫·哈尔曼·鲍威尔（1931年—）则为兰顿公司（Ranton and Co.）创作了雕塑性极强的杯碟组（1957—1958年；见图1）。不过，英国老百姓普遍将塑料制品和糟糕的品位联系在一起，并没有像意大利人那样接受其美学可能性。设计委员会对新材料持模棱两可的态度，更倾向于赞美用传统材料——特别是木材和钢制成的当代设计。

到20世纪50年代末，塑料制品在工业化世界里已经无处不在了，所以一开始如此吸引人眼球的塑料，便逐渐隐去身形，成为日常景观的一部分。从设计的角度来看，这条一般性规律只有少数例外，那就是一些欧美家具设计师设计的作品——他们制造出第一把全塑料椅子的愿望，就快成为现实了。**PS**

1954 年	1954 年	1957 年	1958 年	1958 年	1959 年
意大利化学家朱利奥·纳塔成为第一个用聚丙烯制造出聚合物的人。	塑料专家比尔·普格（Bill Pugh，1920—1994年）设计了吉夫柠檬汁包装（详见第300页），这是一种用于盛放柠檬汁的挤压式塑料容器。	美国孟山都公司的"未来之家"在加利福尼亚州阿纳海姆的迪士尼乐园"明日世界"揭幕，该建筑以塑料结构部件制成。	乐高为其互锁的塑料砖块系统提交了专利申请（详见第302页）。	英国—荷兰公司联合利华（Unilever）推出了装在塑料瓶中的Sqezy洗涤液。这是第一个可挤压使用的洗涤剂容器。	美国玩具公司美泰推出了芭比娃娃。它主要由聚氯乙烯制成，娃娃的泳衣由莱卡布料制成。

特百惠 1946 年

伊尔·特百 1907—1983 年

水罐
16.5cm×17cm×12cm
奶壶
11cm×11cm×8cm

在美国杜邦公司工作时，伊尔·特百（Earl Tupper）发现了一种透明、无色的塑料，这是炼油过程中产生的一种废料。1938 年，他用这种名为 Poly-T 的材料制造了一个钟形容器。1946 年，这种早期塑料的一个设计版本以"特百惠"[特百惠的英文 Tupperware，是"特百"（Tupper）+ 器皿（ware）的合成词] 为名，被推向市场。这是一种轻便、耐用、密封和防水的食品储存容器，用于在冰箱中保持食品和剩菜的新鲜。嵌套三件装中的带盖密封碗为公司指明了新方向。

特百惠的塑料储存容器与竞争对手之间有两点区别。首先是声音，特百惠容器的盖子被取下时会发出声响，这种声响被称为"特百惠嗝"。这是密封性在声音上的体现，来自特百发明的一套专利密封装置——仿照油漆罐上的金属盖——可产生局部真空。其次，公司通过特百惠派对启动了一种直销手段。"特百惠派对"是一个非正式聚会的计划系统，参与这些聚会的妇女会从举办聚会、在家中向邻居和朋友展示商品的妇女那里购买各种产品。参加这些派对成了战后美国郊区生活的一部分。

特百惠产品的成功之处在于它的有效性和及时性。它满足了保持食物新鲜的要求，又不影响食物的味道，并且很容易被放入冰箱中。特百惠是在战后女性主义诞生之前的文化中生产和销售的，当时每周购买食品杂货成为常态，女性被期望成为家庭主妇。购买这类产品帮助妇女满足了这种期望，而举办派对则通过给她们提供收入帮助她们获得解放。**PS**

❂ 图像局部示意

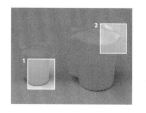

1. 塑料

战后的首批特百惠产品是由聚乙烯制成的，当时消费者更习惯玻璃、金属和陶器，因此，"特百惠派对"有助于解释如何使用产品。多年来，该公司也使用了其他塑料材料，包括聚丙烯

2. 颜色

1947 年，特百惠将颜色引入容器中，这有助于用户通过颜色来给容器归类。这一举措符合时代潮流，摆脱了战时的沉闷风格。他引入的五种明亮的粉彩色与其他厨房用品的颜色相匹配

🕐 设计师传略

1907—1941 年

伊尔·特百出生于新罕布什尔州的柏林市。1937 年，他来到杜邦的塑料制造部门工作。一年后，他成立了自己的第一个公司，即伊尔·S. 特百公司，生产由透明塑料制成的"迎客器物"。

1942—1947 年

他在马萨诸塞州的法南斯维尔开了自己的第一家工厂。于 1946 年向市场推出了特百惠钟形杯和碗。一年之后，一篇关于特百惠的文章刊登在《美丽之家》（House Beautiful）上，将特百惠的"奇迹碗"描述为"价格 39 美分的艺术品"。

1948—1957 年

布朗妮·怀斯（Brownie Wise）在 1949 年举办了她的第一次"特百惠派对"，并加入了特百惠。同年，特百获得了特百密封装置的专利权。1956 年，纽约现代艺术博物馆在一场当代设计展中展出了特百惠容器。

1958—1983 年

由于意见存在分歧，特百解雇了怀斯，并以 1600 万美元的价格出售了公司。他与妻子离了婚，在中美洲买了一个小岛，搬到了哥斯达黎加。

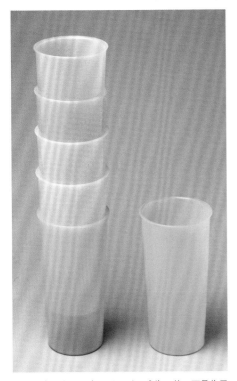

▲ 特百惠的产品从来不以吸引眼球为目的，而是为了堆放在当时新流行的冰箱里。特百惠简单的外观几乎没有变过，也不会过时

特百惠派对

特百惠产品在特百惠派对中进行营销和销售，这是一个结合了社交和销售的活动。布朗妮·怀斯（1913—1992 年）在 1951 年成为公司副总裁，负责开发社交网络，使派对成为可能。特百很快看到了其中的潜力，并停止通过零售店销售自己的产品。怀斯还引入了对销售人员的奖励机制。在女销售员家里举办的派对让顾客感到安心，也能让她们想到在自家使用这些容器的样子。女性通过举办这样的派对赚钱，这挑战了 20 世纪 50 年代美国的一项常态化理念——女性是无薪家庭主妇，并赋予女性独立感。

吉夫柠檬汁包装 1954 年

比尔·普格 1920—1994 年

吹塑聚乙烯
高 8cm
直径 5cm

吉夫柠檬汁的塑料容器是种俏皮的产品包装，一目了然地告诉消费者，他们买的这个东西到底是什么。随着加工食品和自助超市在 20 世纪 50 年代日益普及，制造商引导消费者购买并让他们对选择感到满意变得越来越重要。当时，大多数加工食品依靠印有图案的纸板包装来显示其内容，而这种产品则更进一步：它设计出了标志性的仿天然水果的产品包装。然而关于产品的原始设计，仍存在一些争议。大多数说法称，英国设计师比尔·普格在莱斯特一家名为卡斯莱洛的塑料公司工作时，以爱德华·哈克（Edward Hack）的设计原型为基础创造了它，但也有一些人认为是英国皇家空军前飞行员斯坦利·瓦格纳（Stanley Wagner）设计了这款产品。这个设计方案由英国公司里克特与科尔曼公司（Reckitt& Colman）买下，在设计方案出炉两年后推出了吉夫柠檬汁。

塑料吉夫柠檬看起来很像一个真正的柠檬，这一事实让它被放到了"媚俗"这个美学范畴里，其特点是使用讽刺和幽默的信息。与此同时，这一举措在商业上是精明的，因为消费者会立即明白他们购买的是柠檬汁，不需要任何额外信息。现代主义"形式追随功能"（详见第 168 页）的观念被颠覆，并被"形式服从沟通"所取代。**PS**

✿ 图像局部示意

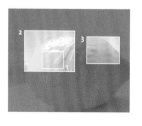

焦点

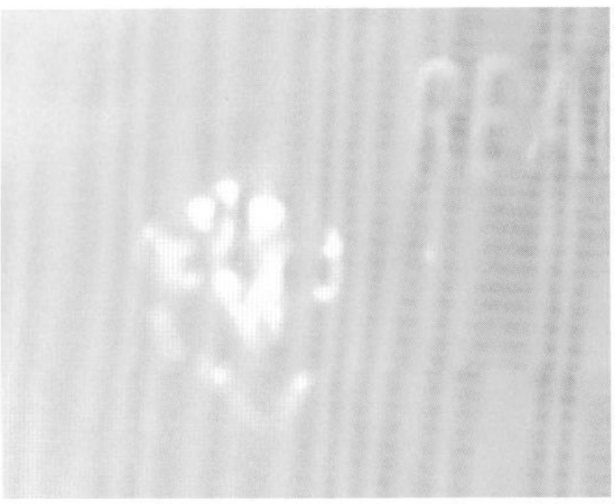

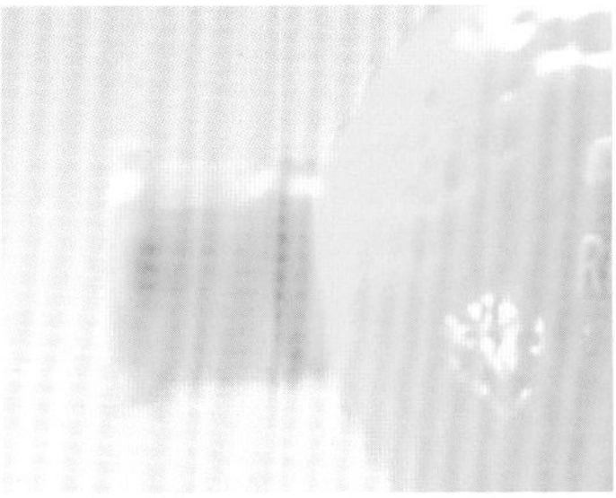

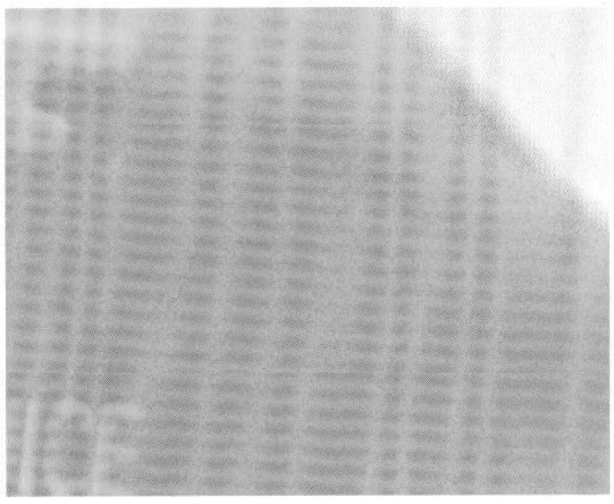

1. 纹理

塑料制的吉夫柠檬汁瓶子最引人注目和逼真的特点是表面的纹理处理方式，使其看上去和摸上去都像有凹痕的柠檬皮。这让人们的关注点从材料的“塑料性”上移开，并让产品有了一种半开玩笑的真实性。该容器是用模具制成的，模具上覆盖了一层真正的柠檬皮，以重现柠檬的质地

2. 螺旋盖

能让人一眼看出吉夫柠檬汁瓶子是一款人造产品的特征是它的螺旋盖。盖子下面是喷嘴，挤压容器时，它就会喷出柠檬汁。从这个意义上来说，“柠檬”与其他一些液体容器很相似。当该产品于 1956 年推出时，它的广告语是“吉夫中有真正的柠檬汁”

3. 塑料

第二次世界大战后，可用塑料的数量大大增加，这种材料很快在消费品行业中得到了广泛应用，设计师将其转变为一系列在市场上随手可得的奇妙新产品。吉夫柠檬汁包装使用了吹塑聚乙烯

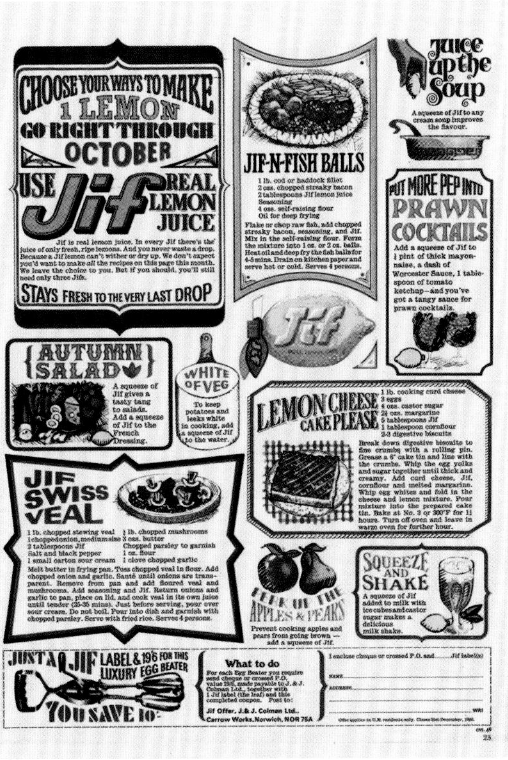

▲ 这是 1966 年的一份杂志广告，该广告宣称吉夫柠檬汁可以保持新鲜，保质期比真柠檬长很多，甚至能长达一个月。在许多国家和地区，该产品已与星期二忏悔日的煎饼密不可分

公司简介

1814—1938 年

耶利米·科尔曼是一位生产面粉和芥末的磨坊主，他于 1814 年在英国的诺维奇创立了“诺维奇的科尔曼”公司。1823 年，他的侄子加入，公司更名为 J&J 科尔曼。伊萨克·里克特也以磨粉业务起家，1840 年他在赫尔买下了一家淀粉厂，并将业务扩展到家用产品。当他的孩子足够大，能参与到家庭生意中的时候，他就成立了里克特父子公司。1913 年，上述两家公司开始合作，于 1938 年成立了里克特与科尔曼公司。

1939—1974 年

该公司继续从事成功的国际贸易，提供芥末和许多其他家庭产品。1956 年，该公司开始生产塑料瓶装的吉夫柠檬汁。1964 年，里克特与科尔曼公司收购了埃尔维克公司（Airwick），从而进一步扩大了其产品范围。该公司继续收购了一些专门生产家庭清洁产品的公司，后来出售了科尔曼公司的食品业务。

1975 年至今

1975 年，里克特与科尔曼公司和美国的博尔登公司（Borden Inc.）之间展开了一场诉讼，自 20 世纪 30 年代以来，后者一直在制造一种名为“真柠檬”（Realemon）的产品，并在英国进行销售。后者的塑料柠檬包装是平底的，但除此之外，它与吉夫柠檬汁包装非常相似。里克特与科尔曼公司起诉博尔登公司，表示后者“山寨”了他们的吉夫柠檬汁。由于“吉夫”的包装不是注册商标，所以情况变得更加复杂。该案于 1990 年在上诉法院结束，里克特与科尔曼公司胜诉。1999 年，该公司与荷兰美洁时公司合并，成为利洁时集团。

乐高 1958 年

奥尔·柯克·克里斯蒂安森 1891—1958 年　哥特弗雷德·柯克·克里斯蒂安森 1920—1995 年

1997 年的乐高积木。积木是注塑成型的，单个模具每小时能生产 2880 个乐高积木

🔆 图像局部示意

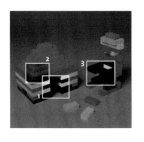

乐高创始人奥尔·柯克·克里斯蒂安森（Ole Kirk Kristiansen）用丹麦语里的"尽情地玩"（leg godt）一词为公司命名，后来他发现"乐高"在拉丁语中也有"加入我"的意思。乐高于 1949 年开始在丹麦的比隆德制造可组装的积木，但直到 1958 年才申请专利。

奥尔于 1947 年开始用新的塑料材料来制造小玩具。受英国设计师希拉里·费舍尔·佩吉（Hilary Fisher Page，1904—1957 年）于 1939 年创作的 Kiddicraft 自锁积木的启发，乐高发布了第一批砖块。一开始销量很少。从 1954 年开始，奥尔的第三个儿子哥特弗雷德（Godtfred）成为公司的初级常务董事，他对玩具系统越来越感兴趣。1955 年，乐高城市规划主题玩具套装推出，给人提供了更大的想象空间，公司财富随之上升。1958 年，砖块得到了改进，底部的空心管增加了支撑并改进了锁扣。公司为这个新设计和几个类似的设计申请了专利。尽管起步缓慢，但乐高已经成长为世界上最大的玩具公司，每秒售出大约七套乐高积木。最后一项乐高专利已于 1989 年到期，从那时起就有模仿者出现，但这一家族经营的公司仍然是该领域的领导者。**JW**

1. 颜色

乐高明亮的色彩和闪亮的表面被认为对儿童很有吸引力。人们觉得乐高玩具不只具有娱乐性。乐高在教育方面的好处包括提供图形辨认练习、发育精细动作和培养立体思维。这些积木一开始是为 6 岁以上的儿童设计的，1969 年，乐高公司为 5 岁以下的儿童设计了较大的得宝（Duplo）积木

2. 凸起圆点

乐高的凸起管（stud-and-tube）连接系统和模块化设计——可扩展、可重复使用的部件——意味着通过精巧地使用简单且重复的零件，可以设计出越来越复杂的东西。模块化建筑的美妙之处在于这点：用户可以替换或添加任何组件，而不会影响系统的其他部分。很多建筑师在说起人生早期影响时都提到了乐高

3. 塑料

塑料的使用意味着乐高积木轻便、便宜且结实耐用。这种积木可以大规模生产，并分销到全球各地，也可以在水中清洗，这样的清洁方法十分简单。乐高的醋酸纤维素材料在 1963 年被一种油基塑料丙烯腈 - 丁二烯 - 苯乙烯（ABS）取代。乐高正致力于寻找 ABS 的可持续替代品

🕐 设计师传略

1891—1931 年

奥尔·柯克·克里斯蒂安森出生于丹麦日德兰半岛的一个村庄。他在哥哥克里斯蒂安（Kristian）的指导下成为一名木匠，1916 年，他买下了比隆德（Billund）木工和木匠店，他在这里成功经营了数年。在此期间奥尔结婚，并有四个儿子。

1932—1946 年

大萧条卷席卷丹麦，奥尔成了鳏夫，有四个小孩，失业。他开始从事木匠生意，生产熨衣板和凳子等家居用品。结果，他用木材雕刻出来的玩具成了最成功的产品，他于 1934 年创立了"乐高"玩具品牌。1935 年，他推出了带轮子的拉杆乐高鸭，该产品开始流行，并一直生产到 1958 年。

1947—1954 年

1947 年在丹麦购买了第一台注塑机之后，奥尔于 1949 年推出了四种颜色的塑料自动组装积木。这是乐高积木的先驱，使用凸起管连接系统。1953 年，这种积木被重新命名为"乐高砖块"，乐高于 1954 年在丹麦被注册为商标。

1955—1995 年

奥尔的儿子哥特弗雷德为乐高玩具体系（Lego System of Play）引入了 28 个场景和 9 种汽车，扩大了乐高的范围，提高了它的知名度。1958 年，积木重新设计，使用了一种不同的凸起管连接系统，支撑效果更加稳定，新系统也获得了专利。同年，奥尔去世，哥特弗雷德接管了公司。1961 年，他负责领导乐高公司进入美国市场。

▲ 乐高积木在营销初期，以"男孩和女孩都能玩的玩具"为卖点。1971 年，乐高推出了"家庭主妇"产品线，这是专门瞄准女孩的数套产品中的第一套。乐高"好朋友"系列于 2012 年推出，内含迷你人偶，是乐高历史上最成功的产品之一

设计休闲时间

1. 丹塞特唱机鲜艳的人造革覆盖物是专门针对年轻人而设计的

2. CBS 的眼睛标志有助于暗示人们，这一美国广播和电视网络覆盖四方

3. 亚历克斯·施泰因魏斯的密纹唱片封面设计，使用俏皮的版式和醒目的图像，这张 1952 年唱片的封面就是如此

20 世纪 50 年代，电视开始取代无线电广播，成为一种人们能在家中私密享受的大众娱乐形式。到 1954 年，美国 55% 的家庭拥有了电视机；第二年广播的收听率减了一半。但是，在这个新媒体上争夺播放时间的并不只是肥皂粉品牌。电视公司也试图建立自己的身份。CBS 的眼睛标志（见图2）是电视新闻报道的完美视觉总结，这一标志可追溯到 1951 年。CBS 的创意总监比尔·戈登（Bill Golden，1911—1959 年）在平面设计师库尔特·魏斯（Kurt Weihs，1918—2004 年）的协助下创造出了这一标志。它的灵感来源于宾夕法尼亚州荷兰郡的阿米什（Amish）谷仓两侧涂绘的六角形符号。

如果说电视对于习惯了广播和印刷媒体的广告商来说是一个未知的领域，那么对一个新的消费者群体而言也是如此。休闲文化的最大转变发生在年轻人身上。尽管以叛逆闻名，但他们的地位意识并不亚于父母。

过去，青少年被看作年龄较大的儿童或等待成年的人。他们作为一个人

重要事件

1939 年	1948 年	1951 年	1951 年	1952 年	1954 年
亚历克斯·施泰因魏斯说服哥伦比亚唱片公司尝试使用带图片的唱片封面。	哥伦比亚唱片公司在纽约华尔道夫酒店举行的新闻发布会上发布了新的长时间唱片（long-playing record），又称密纹唱片（LP）。	英国设计的丹塞特便携式唱机首次生产。	CBS 的眼睛标志亮相。它被宣传为"优秀电视节目的标志"。	在美国，密纹唱片几乎占唱片总销售的 17%，销售额占比超过 26%。	美国一半以上的家庭拥有电视机。广播收听率急剧下降。

口群体出现，并被赋予了新的名字：青少年。原因在于他们具有消费能力。20 世纪 50 年代，一个典型的美国青少年每周能从他们的父母那里得到 10 到 15 美元的零花钱，还能通过打零工赚些外快。到 1959 年，美国青少年的可支配收入达到了 100 亿美元；在英国，一项研究认为英国青少年的年收入为 15 亿英镑。跟前几代青少年不同的是，他们不需要为家庭贡献自己的收入，新的经济繁荣意味着青少年可以把钱花在自己身上。他们也确实这么干了，将钱花在唱片、唱机、杂志、化妆品、电影、衣服和许多其他产品上，这些产品既定义了他们的身份，又基本以休闲为基础。

音乐是表达青少年身份的主要方式之一。摇滚乐在 20 世纪 50 年代轰轰烈烈地登场，为随后十年流行音乐的爆发铺平了道路。在英国，1957 青少年的唱片和唱机消费额占到了销售总额的 44%。相比于密纹唱片，单曲或 7 寸黑胶唱片在销售额方面占了大头。丹塞特唱机（见图 1）于 1951 年首次生产，是许多英国家庭（或青少年的卧室）中眼熟的一部分，它有带铰链、闩锁的盖子、提手、前置扬声器和控制旋钮。20 世纪 50 年代和 60 年代，这种唱机卖出了 100 万台。它之所以受欢迎，其中的一个关键因素是便于携带。对于青少年来说，只要远离父母，在哪儿听歌都无所谓。其中一个重要的设计元素是它的自动换片功能，它允许单曲唱片堆叠起来并一张接一张地播放。

哥伦比亚唱片公司在 1948 年推出了密纹唱片，改变了成年人听音乐的方式，每张唱片的每一面都能播放 20 分钟的音乐。这是第一次，人们无须频繁起身更换唱片，就能享受到更长时间的音乐。在密纹唱片推出之前不久，出现了一种新的图像艺术形式，而密纹唱片将会把它发扬光大，它就是唱片封面。1939 年，亚历克斯·施泰因魏斯（Alex Steinweiss，1917—2011 年）担任哥伦比亚唱片的艺术总监，他建议用带插图的唱片封套取代当时标准的牛皮纸唱片封套。他的想法被采纳了，在几个月内，哥伦比亚唱片的销售额增长了800%。施泰因魏斯在之后三十多年里，创作了古典、爵士和流行音乐的各种唱片封面（见图 3），字体排版和原创插图都极具特色。他说：“我希望人们边看艺术品边听音乐。”

美国平面设计师索尔·巴斯（Saul Bass，1920—1996 年）在他的职业生涯中设计了许多标志性的电影海报，海报的目标是相似的：将一部电影的精髓提炼成一个引人注目的图像。20 世纪 50 年代，巴斯为阿尔弗雷德·希区柯克（Alfred Hitchcock，1899—1980 年）的作品设计了一些海报，比如《迷魂记》（Vertigo，1958 年；详见第 306 页）之类，这些海报实现了这一目的，并在此过程中将导演变成了某种形式的品牌。**EW**

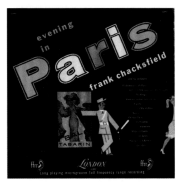

《迷魂记》电影海报 1958 年
索尔·巴斯 1920—1996 年

海报中心的几何图案以螺旋曲线为
基础，营造出一种迷失、神秘而恐
怖的感觉

索尔·巴斯是一位获得过奥斯卡奖的电影制片人以及平面设计师,他创作了许多令人难忘的电影海报和片头,大部分是在 20 世纪 50—60 年代。"象征和总结"是巴斯的座右铭。他为浪漫惊悚片《迷魂记》(1958 年)设计的海报基于一种简化的双色工艺,在明亮的橙红色背景上进行手工刻字。对文字和图像的处理被视为非常重要的象征:强烈、简单、令人难忘,且具有隐喻。自 20 世纪 40 年代后期以来,巴斯一直在好莱坞制作电影广告。他很快被分配到了海报和电影片头部门,当他在 1958 年设计了《迷魂记》的海报之后,他便成了大师。在巴斯之前,电影海报是静态的,往往选自最戏剧性的场景,不加修饰。没人想过把整部电影提炼成一个简洁的形象,在此之后,也很少有人能做到。巴斯发现海报和片头都是电影不可或缺的一部分,有助于营造强烈的情绪和期待。巴斯的风格简洁而富有压迫力,辨识度高,极具影响力。**JW**

👁 焦点

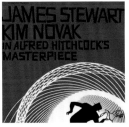

1. 演职人员名单

巴斯创造出了一种期待。电影明星的名字排在最前面,然后大胆宣称这是导演阿尔弗雷德·希区柯克的杰作,之后出现中心图像,最后是小字出现之前的电影标题

2. 红色

主视觉元素是背景中的红色——这是 20 世纪 20 年代、30 年代苏联和德国设计师常用的戏剧性色彩,无疑与前卫的建构主义哲学和现代主义世界观相一致

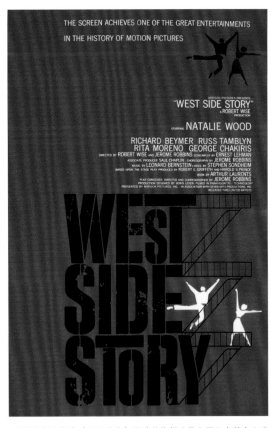

3. 人物

在中心位置,人物在运动中被一道炫目的光线照射形成剪影,此时他们正坠入旋转的暴风之眼中。旋涡以白色网眼勾勒出轮廓,好似一张大网,将两人困在中心

4. 字体

每个字母都是粗体大写,带有条纹,仿佛草草刻在木头上。巴斯参考了 20 世纪 20 年代的德国表现主义电影海报,使用了带有眩晕透视和斜角的手绘字体

▲ 1961 年巴斯为《西区故事》设计的海报(见上图)尤其令人难忘。两个小小的人物剪影在大红色背景以白色和黑色重复出现,给人以现代主义舞蹈编排和浪漫故事情节的巧妙印象。粗体手绘字标题成为中心图像。巴斯巧妙地将字母中的水平线延伸到纽约市消防通道的轮廓中,完美地传达了城市环境。巴斯拍摄了电影的序幕,为电影开头的舞蹈画了分镜图,并创作了影片片尾,所以他对影片的视觉影响相当大

战后家居设计

1. 纽约莱维敦成排的平房的航拍图，这些房子来自战后的住房建造计划。郊区住房是美国梦的一部分

2. 1948 年，富及第（Frigidaire）制造了第一台带有独立冷冻室的冰箱。随着冰箱成为现代厨房不可或缺的一部分，创新成为吸引消费者的必要条件

3. 战后的乐观情绪可以从 1954 年休·卡森为仲冬公司设计的蓦纳咖啡壶中看出来，壶上描绘了一个街边咖啡店，设计灵感来源于旅行热潮

1945 年至 1960 年间，设计重点转移到了住宅及其相关物品上。英国和欧洲大陆需要重建，尤其是那些在战时因轰炸而毁坏的住房。随着士兵从战场返回国内，人们开始鼓励二战期间受雇于重要行业的妇女辞去有偿工作，为退伍军人腾出就业机会。和平的到来使人们回归到家庭生活中。

在风格方面，战争年代使现在跟过去产生了裂痕。新的房主有着向前看的态度，家庭用品风格现代。"当代"一词被用来形容这种风格，跟战前相比，这种风格不那么粗糙，也更为妥协一些。天然木材、墙纸和织物重新流行起来。抽象艺术为许多面料和墙纸设计师提供了丰富的灵感来源，科学的进步也为他们带来了更多具有代表性的主题。

在美国，郊区住房开始兴起。纽约长岛上的莱维敦（1951 年；见图 1）是战后发展起来的，以草坪、汽车和厨房里的大型电器为特色。在英国，战后产生的新城镇具有同样的进步色彩，而意大利、德国和斯堪的纳维亚各国，则在城市周边建造了公寓楼，承诺对未来有类似的愿景。

在大部分情况下，这些新房子比战前的要狭小些。不过开放式布局提升了空间感、透光感和通风性。房间不再被建成分开的单元。相反，从厨房通常能看到餐厅和客厅，堆满书和植物的开放式书架是它们之间唯一的分隔物。家庭主妇不再深居家中，而成了一个穿着印花围裙的快活的女主人。家庭主妇需要

重要事件

1945 年	1946 年	1947 年	1950 年	1951 年	1951 年
乔治·尼尔森的著作《明日之家》(Tomorrow's House) 在美国出版，普及了开放式家庭布局的概念。	野口勇设计出了一款休闲沙发（Freeform Sofa）——一件像鹅卵石的具有有机形状的家具，用于当代家居生活。	战后的首个理想家居展览会在伦敦奥林匹亚举办，此前该展览在战争期间停办了。	西雅图诺斯盖特购物中心开业。这是美国战后首批城郊购物中心之一。	美国电视情景喜剧《我爱露西》(I Love Lucy) 首播。它描绘了家庭生活的一种理想模式。	由威廉·莱维特（William Levitt, 1907—1994 年）设计的纽约市郊社区莱维敦（Levittown）完工。这一社区是为了容纳退伍士兵及其家人而设计的。

的烹饪、清洁和家务方面的信息都可以在书籍和广告中找到，这些广告在光鲜的杂志和电视节目中随处可见。

随着制造商在战后的消费热潮期间增加产量，家具和家用产品很快涌入市场。在美国，前往只有开车才能抵达的城郊购物中心消费，取代了过去在城市主街购物的消费模式。在高端市场中，赫曼米勒公司和诺尔公司在美国引领潮流，这两个公司跟设计师查尔斯·伊姆斯、乔治·尼尔森、埃罗·萨里宁、野口勇都有过合作。主攻低端市场的大急流城（Grand Rapids）公司则模仿这些设计师创造的新颖家具。在厨房用品方面，通用电气、西屋电气和其他公司制造了球形冰箱（见图 2）和一系列颜色鲜艳的炉灶。在英国，希利和雷斯公司（Hille and Race）与罗宾·戴和厄内斯特·瑞斯合作，创造出了 G-Plan 等公司热衷于效仿的全新家具产品。卢西安娜·戴为希斯公司（Heal's）设计了一些引人注目的现代图案面料。在英美两国，陶瓷和玻璃公司——如英国的仲冬公司（Midwinter）和怀特弗利公司（Whitefriars）——都接受了为新式家庭做设计的挑战。前者使用了杰西·泰特（Jessie Tait，1928—2010 年）创作的抽象图案和休·卡森创作的戛纳和法国里维埃拉的场景来唤起人们对海外度假的向往，以此让他们的陶瓷餐具、茶具吸引新的消费者（见图 3）。

什么是时尚又可用的东西，产品展览在启蒙消费者方面起到了重要作用。战后在伦敦奥林匹亚举办的理想家居展览会大受欢迎，它为参观者提供了一系列展示物，从一整套样板房到厨房小工具。1956 年的参观者可以看到"未来之家"，这是由艾莉森·史密森（Alison Smithson，1928—1993 年）和彼得·史密森（Peter Smithson，1923—2003 年）夫妇设计的富有远见的住宅，利用了很多二战后涌现的新材料。

然而，到了 20 世纪 50 年代末——战后消费热潮的顶峰期，一种新的批判意识觉醒了。首先表现在人们对"项目性报废"和更复杂的广告、更强劲的广告增长势头都表现出了担忧。美国评论家万斯·帕卡德（Vance Packard，1914—1996 年）在他的著作《隐藏的说客》（*The Hidden Persuaders*，1957 年）和《废物制造者》（*The Waste Makers*，1960 年）中对这两种策略都进行了抨击。**PS**

1951 年	1954 年	1955 年	1957 年	1960 年	1960 年
美国工业设计师罗素·赖特推出了他的高光餐具和配套的不锈钢餐具（详见第 310 页）。	休·卡森为仲冬公司设计的里维埃拉瓷器（Riviera）在英国发售。瓷器上描绘的海边风景吸引着人们首次出国度假。	苏格兰的坎伯诺尔德新城被指定为容纳格拉斯哥过剩人口的地方。接下来又设立了其他一些这样的区域。	《隐藏的说客》出版。它警告人们，广告在潜意识层面对毫无戒心的消费者会产生影响。	英国公司罗素·霍布斯（Russell Hobbs）推出 K2 全自动电热水壶（详见第 312 页）。它成为英国最畅销的水壶。	《废物制造者》出版。它强调了汽车公司对其产品进行"项目性报废"所带来的影响。

高光餐具 1951 年
罗素·赖特 1904—1976 年

👁 焦点

1. 表面

高光餐具是赖特在不锈钢材料方面的少数尝试之一。战前，他曾广泛地使用铝材料做设计。抛光的金属表面微妙的光泽使它拥有了一种现代感。这套餐具包括二十件餐具在内，适用于四口之家

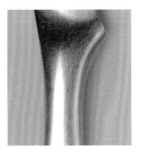

2. 把手

赖特给这套餐具取了个"夹子"的昵称，因为刀把靠近刀刃的上端很狭窄。组成"高光"餐具系列的刀、叉和勺子的有机形状在很大程度上源于当代雕塑、家具和陶瓷

罗素·赖特以其 1939—1959 年间在美国生产、名为"美国现代"（American Modern）的系列陶瓷餐具而闻名于世。它是由俄亥俄州的斯托本维尔陶瓷公司制造的，代表了二战后想要拥有现代生活方式的一代人的愿望，他们需要廉价实用的家居用品来实现这一梦想。赖特相信家庭生活具有中心地位，并将他的职业生涯集中在家居用品设计上。

除了多彩的陶瓷之外，赖特还设计了一系列铝制餐具以及木制家具、纺织品和其他餐具。他的设计简单而现代，让许多美国人在家中就可以拥抱现代主义。

赖特 1951 年设计的不锈钢高光餐具十分现代并实用。他设计这套刀叉勺，本来是为了和他同年设计的高光餐具配套的。从风格上来看，它在很大程度上得益于当时斯堪的纳维亚半岛的有机设计。这是战后美国设计的第一套现代餐具，受到广泛模仿。这种餐具由纽约的约翰·赫尔·卡特勒公司（John Hull Cutlers Corporation）制造，价格合理，吸引了那些家里已有赖特的陶瓷餐具和家具的人。**PS**

不锈钢
沙拉叉 17cm
晚餐叉 18cm
晚餐刀 22.5cm
黄油刀 16cm
汤匙 17.5cm
茶匙 16cm

◷ 设计师传略

1904—1938 年
罗素·赖特出生在俄亥俄州的莱巴嫩市。他在辛辛那提艺术学院学习了艺术和雕塑。然后，他开始与诺曼·贝尔·盖迪斯（1893—1958 年）一起从事剧院设计。1930 年，他和妻子玛丽一起成立了一个设计公司。1934 年，他开始设计家具。

1939—1976 年
赖特在 1939 年的纽约世博会上设计了"食物焦点"展览，并在同一年推出了他的"美国现代"餐具。1950 年，他和妻子出版了家政主题的图书《轻松生活指南》。

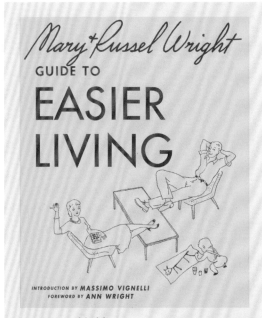

Mary+Russel Wright
GUIDE TO
EASIER
LIVING

INTRODUCTION BY **MASSIMO VIGNELLI**
FOREWORD BY **ANN WRIGHT**

玛丽·赖特

1927 年，罗素·赖特与玛丽·斯莫尔·爱因斯坦（Mary Small Einstein, 1904—1952 年）结婚。她是一位设计师和商人，曾师从亚历山大·阿尔基边克（Alexander Archipenko, 1887—1964 年）学习雕塑。夫妻共同经营生意。罗素做设计，玛丽负责市场营销。有可能是她想出了为现代家庭做设计的主意。赖特夫妇一起编写的《轻松生活指南》（1950 年）着重于减少家务劳动，增加闲暇时间。

▲ 赖特创造了这种像酒杯一样的玻璃器皿，这是他"美式现代"正餐餐具的一部分，努力为餐桌布置创造视觉统一和谐的设计

罗素·霍布斯 K2 壶 1960 年

威廉·罗素 1920—2006 年

最初的罗素·霍布斯 K2 水壶是用旋压铜和抛光铬制成的

❂ 图像局部示意

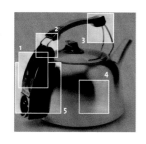

英国小家电公司罗素·霍布斯由威廉·罗素（William Russell）和彼得·霍布斯（Peter Hobbs，1916—2008 年）于 1952 年创立。同年，罗素·霍布斯设计出了世界上第一台自动咖啡机，即 CP1。紧接着公司又推出了世界上第一台自动水壶 K1，1959 年，罗素更进一步，设计出了 K1 的下一代产品 K2。后者成为该公司的获奖设计，持续生产了 30 年。它于 1960 年推出，并在工业设计委员会的"好设计"产品名单中占有一席之地。

自动水壶意味着当水沸腾时，它会自动关闭，这种水壶取代了它必须在炉子上加热、待水沸腾后会发出哨子声的前身。虽然 K1 就已经实现了这一要求，但它既不现代又不时髦，所以当线条圆润、镀了铬的 K2 降临后，一切都不同了。

K2 不便宜，但可靠耐用，它被证明是一个经典设计，是英国厨房在 20 世纪 60 至 70 年代的主要用具之一。它最终在 1982 年被 K3 所取代。**PS**

👁 焦点

1. 红色开关

K2 水壶一个特别的设计细节是后面加入了一个由红色塑料制成的小开关。这与金属的银色和塑料的亚黑色形成了强烈的色彩对比，并让 K2 符合设计现代主义的美学语言

2. 金属箍

K2 水壶有着优雅的流线型外形。水壶把手向后倾斜，通过金属箍与开关外壳相接，形成平滑、连续的曲线。壶身圆滑的曲线使它更为优雅

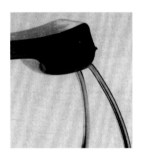

3. 把手

除了功能强大，具有吸引力之外，K2 的设计也使得它十分好用。在水壶被提起来时，把手能使壶身保持平衡，也能让人们轻松地提起装满了水的水壶，而且把手的形态十分契合使用者的手

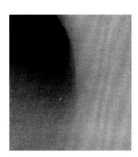

4. 壶身

第一批 K2 水壶的壶体是镀铬铜制成的。这让它拥有了闪亮的抛光外观。开关外壳、水壶把手和盖子上的小把手都使用了塑料。后来，镀铬铜被拉丝不锈钢取代，这让水壶的外观焕然一新

5. 开关外壳

由于后面有一个双金属条，水壶在水烧开后会自动关闭。蒸汽穿过金属片盖子上的一个孔，敲打开关，从而让水壶关闭。对于一个热衷于喝茶的国家来说，烧水过程自动化是一个进步

🕑 设计师传略

1920—1946 年

威廉·莫里斯·罗素出生于伦敦的伊斯灵顿。他获得了海威科姆科技学院的奖学金。他曾在斯劳的电气工程公司 Rheostatic 做学徒，在那里他获得了工程文凭。二战期间曾在英国军队服役。

1947—1962 年

罗素退役后来到家用电器制造商莫菲·理查兹公司（Morphy Richards）工作，参与设计了该公司的弹出式烤面包机、电熨斗和吹风机。在那里工作时，他遇见了工程师彼得·霍布斯。两人联手于 1952 年创立了罗素·霍布斯公司。这对搭档在英国的克罗伊登建立了工厂，生产 CP1 咖啡机。K1 水壶（1955 年）的问世为罗素·霍布斯公司赢得了优雅和创新的声誉，1959 年推出 K2 水壶后，这种评价得到了进一步强化。

1963—2006 年

1963 年，罗素·霍布斯公司被出售给英国工程公司钢管投资（Tube Investments）。罗素成为其子公司克雷达（Creda）的技术总监，之后经营钢管投资公司旗下的右转（Turnright）公司，该公司制造控制和调节设备。他于 2006 年去世。

CP1 电动咖啡机

　　1952 年由罗素·霍布斯制造的 CP1（上图）是该公司生产的第一种电器，也是第一台自动电动咖啡机。CP1 有一个绿色的警示灯，当咖啡准备就绪时，它就会自动切断。它配有内置的咖啡浓度调节器，以及配套的糖罐和奶油壶。1967 年，罗素·霍布斯与韦奇伍德合作，制造陶瓷机身的咖啡壶。

个人豪华汽车

1. 1955 年的一家美国汽车电影院。随着汽车保有量在战后激增，汽车电影院数量也随之增加

2. 1959 年的四座福特雷鸟被认为是一款风格独特的紧凑型豪华车

3. 1956 年明尼阿波利斯的索斯代尔购物中心的停车场。拥有 5 200 个停车位

自汽车行业起步开始，虽说汽车的外观和档次是很重要的问题，但重点仍然是发动机的动力和汽车的性能。然而，相对而言，汽车、汽油和轮胎生产商很快发现，推广旅游的概念对刺激他们的产品需求很有帮助。正是在战后时期，人们才得到了"外观造型是汽车销售的驱动力"这一合理结论，正如福特雷鸟（Ford Thunderbird）等车所进行的营销（见图 2）展示的那样，这种营销活动创造了一个新的细分市场：个人豪华汽车。

1927 年，通用汽车公司总裁阿尔弗雷德·P. 斯隆任命哈雷·J. 厄尔负责新成立的艺术和色彩部门（1937 年正式更名为造型部门），从那时起，外观造型便开始成为汽车工业的一个重要部分。厄尔对被称为"动态报废"的营销策略和跟它类似的"年度车型更新"负有部分责任，汽车制造商据此引诱客户每年购买新车型。这在当时是一个崭新的营销概念。与"项目性报废"不同，在"项目性报废"中，某一产品受到预编程，或者内置了某些故障，从而缩短生命周期，而上面这种营销方法依赖的就只是炫目的汽车尾翼和对散热器格栅的调整，这种方法导致凯迪拉克在 1959 年推出 Coupe de Ville，它拥有夸张的尾翼和宝石般的格栅（详见第 316 页）。如果出现了一台以出现故障或者停止运行为目的的汽车，那么品牌的声誉就会受到损害。另外，看起来过时的汽车

重要事件

1947 年	1948 年	1950 年	1951 年	1953 年	1954 年
威廉·莱维特开始建设纽约州的莱维敦，这是一个由大规模建造的住房组成的郊区。	哈雷·J. 厄尔将尾翼安装在了凯迪拉克上，这是 20 世纪 50 年代汽车的标志性造型首次出现。	西雅图诺斯盖特购物中心开业，它通常被认为是第一个城区外的购物中心。	第一家以免下车为重点的快餐连锁店玩偶匣（Jack in the Box）在加利福尼亚州圣地亚哥开业，充分利用了蓬勃发展的汽车文化。	厄尔设计的雪佛兰克尔维特汽车上市。这是美国汽车制造商生产的第一款跑车。	福特公司在底特律车展上推出了首款雷鸟双座敞篷车，并将其定位为高档车型。

可能更容易被丢弃。20 世纪 50 年代，以前一年的旧车型，换购今年最新下线的新车型，成为美国中产阶级地位和富裕程度的标志。但值得注意的是，大多数欧洲汽车制造商仍然抵制这种策略，雪铁龙和标致等品牌的车型年复一年，在外观上的变化都不大。

对汽车造型的强调，将最新款的别克、雪佛兰或凯迪拉克提升为美国梦的最终象征，这与文化的广泛转变相吻合。20 世纪 50 年代，美国成为一个更加以汽车为导向的社会，美国人因此觉得自己显然将更加自由，并为此欢庆。1956 年，德怀特·D. 艾森豪威尔总统（Dwight D. Eisenhower，1890—1969 年）签署了《联邦援助公路法案》，建造了长达 41 000 英里的高速公路，大规模扩展了从东海岸到西海岸的公路网。相伴而生的是服务齐备的加油站等基础设施，加油站中的服务人员随时准备为汽车油箱装满汽油，清洗挡风玻璃，并为轮胎打气，路边的汽车旅馆则为过夜的旅行者提供服务，现在距离已经不成问题。

同一时期，美国各地出现了搬到郊区生活的热潮，新住宅如雨后春笋般在各地涌现。郊区既吸引了城市居民，也吸引了农村人口。住在这里的城市居民白天一般都会远赴市区工作，这样一来，他们就要依赖汽车通勤。第一个大规模郊区是纽约的莱维敦，由威廉·莱维特于 1947 年到 1951 年间建造，他将流水线技术运用于房屋建造。战后提供低息贷款的联邦住房管理局（Federal Housing Administration）刺激了这种发展，并为人们提供了价格合理的住房和花园，覆盖人数远超过往。类似的城市去中心化举措也导致了郊区购物中心的出现，它整合了零售店和停车场。人们一般认为 1950 年开业的西雅图诺斯盖特购物中心（Northgate Mall）是首家这样的商店；位于明尼阿波利斯的索斯代尔购物中心（Southdale Center）于 1956 年开业，是第一个封闭的购物中心（见图 3）。新汽车文化的其他象征是同一时期成千上万开设的免下车快餐店和汽车电影院（见图 1）。

如果说汽车是战后流动性的象征，那么它也会促使一种不安定而非扎根某处的生活态度产生，尤其是在年轻人中。杰克·凯鲁亚克（Jack Kerouac，1922—1969 年）在他的 "垮掉的一代" 代表作品《在路上》（On The Road，1957 年）中总结了这种精神状态："当你驾车远离人群，他们在平原上远去，直到你发现他们变成斑点，四散开来时，这种感觉是什么？——环绕我们的这个世界过于巨大，我们与之告别，我们向前迈进，走向蓝天之下的又一场疯狂的冒险。" **EW**

1956 年	1956 年	1957 年	1957 年	1957 年	1959 年
明尼阿波利斯的索斯代尔购物中心开业，这是美国第一个封闭的商场。	德怀特·D. 艾森豪威尔总统签署了《联邦援助公路法案》，开始了美国公路网的大规模扩张。	《大众科学》杂志指出美国电影院数量惊人：6000 家电影院每周为 3500 万观众提供服务。	全天候汽车电影院在纽约州的科帕格开张。它占地超过 28 英亩（约 11 公顷），可停放 2 500 辆汽车。	杰克·凯鲁亚克出版《在路上》，该书是 "垮掉的一代" 的代表作。	厄尔的凯迪拉克 Coupe de Ville 车型推出，它拥有史上最夸张的尾翼。

凯迪拉克 Coupe de Ville 1959 年

哈雷·J. 厄尔 1893—1969 年

1959 年凯迪拉克 Coupe de Ville 的弧形窗户和大量使用的玻璃让人联想到战斗机

卓越的美国豪华汽车品牌凯迪拉克也是世界上历史最悠久的汽车品牌之一。该公司成立于 1902 年，于 1909 年被通用汽车收购，当时它已经以生产精良可靠的汽车而闻名，并且拥有顶级功能和强大的发动机。在大萧条时期，该品牌遭受了打击，但它在二战时期收复了失地，部分原因是美国推翻了一项政策，即不鼓励将汽车销售给非裔美国人。

战后的凯迪拉克 Coupe de Ville 由一系列车型组成，这些车型结合了高规格配置——动力制动器、动力转向、电动车窗等——与当时独特的锐利造型。时尚的造型归功于史上最重要的汽车设计师之一，通用汽车的艺术与色彩部门负责人哈雷·J. 厄尔的广泛影响。厄尔为当时的美国汽车引入了许多特点，比如夸张的尾翼、镀铬层和双色漆涂层。

当汽车行业处于起步阶段时，汽车制造商和消费者对于汽车的外观都不怎么重视。亨利·福特那句著名的"只要它是黑色的"反映出福特公司不愿参与到汽车款式大战之中。福特在他的自传中写道："有一种倾向，就是不断地玩弄风格，并通过改变来破坏一件好事。"通用汽车公司 20 世纪 20 年代的总裁阿尔弗雷德·P. 斯隆在 1927 年将厄尔招入艺术与色彩部门时，并没有这样的顾虑。厄尔专注于汽车的外观，以自由的方式设计汽车车身，在商业上取得了显著成功。**EW**

✪ 图像局部示意

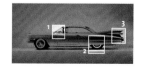

👁 焦点

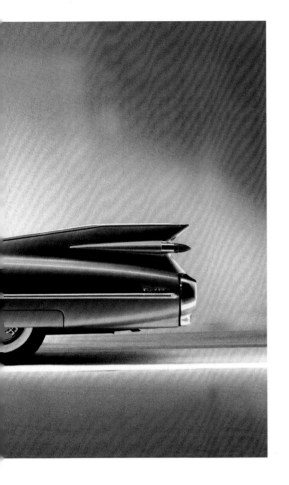

1. 挡风玻璃

带有弧形玻璃的环绕式挡风玻璃提供了全景视野，是厄尔的一项创新，镀铬层也是如此。汽车前部的装饰性格栅图案通过镀铬得到了强化，与汽车后部精心设计的特征相得益彰

2. 后轮

Coupe de Ville 车身长而低，宽阔的线条让人联想到高速喷气式飞机和火箭。覆盖后轮的挡泥板裙有助于突出长而低矮的车身。厄尔拉长并降低了美国汽车的车身

3. 尾翼和车灯

这款车最鲜明的特点是夸张的尾翼和两盏子弹形车尾灯。汽车尾翼首次出现在 1948 年的凯迪拉克上，受到了二战时美国的洛克希德 P-38 "闪电" 战斗机的启发。1959 年 Coupe de Ville 的尾翼是所有汽车中最大、最复杂的

别克 Y-Job

优雅的别克 Y-Job（右图）是史上第一款概念车。它由厄尔的汽车造型部门于 1938 年设计和制造，这是一款两座的双门跑车，车长接近 6 米，只有 1.5 米高。它的流线型外形、环绕式保险杠、瞄准镜式引擎盖装饰、电动车窗和隐蔽式大灯，都是为了吸引眼球和测试公众品位。厄尔自己也开了一辆。

日本和质量控制

Compact Luxury at its Best!

1. 日产蓝鸟（1959 年）作为面向新一代的新产品推向市场

2. 1962 年，索尼日本工厂的一名工人在检查晶体管元件的功能

3. 索尼 8-301W（1959 年）是世界上第一台全晶体管电视机

将重要的历史趋势归因于单一理论的干预通常是不明智的。但二战后，来自罗马尼亚的美籍犹太工程师约瑟夫·M. 朱兰（Joseph M. Juran）和美国统计学家 W. 爱德华兹·德明（W. Edwards Deming）所宣传的质量控制理论却彻底颠覆了日本制造业，导致它在 20 世纪 60 年代末和 70 年代主导了技术市场。

第二次世界大战之前，日本已经有了制造业。事实上与邻国相比，它是一个经济强国，为满足国内消费而生产了大量商品。但是，由于日本渴望成为军事强国，独立公司生产的大部分产品都是在国家强制要求下生产的。随着敌对行动停止，这个国家的制造商不得不将目标从满足战争需求转到满足出口市场上来，但原来生产的许多产品已经被占领军禁止。比如说，在 20 世纪 40 年代末之前，他们不被允许生产汽车。当他们搞清楚了要制造哪些商品，以及在哪里销售之后，日本商品的低质量就迅速暴露了出来。"日本制造"是便宜货的代名词，而不是优质商品的象征。

尽管如此，日本的协作式经济体系意味着制造商、供应商、分销商和银行之间会进行合作，确保经济持续发展，并且会得到有实力的工会的支持及日本国际贸易和工业部的协调。此外，美国占领军极力希望日本重新成为一个民

重要事件

1945 年	1947 年	1951 年	1954 年	1955 年	1958 年
在遭到原子弹轰炸之后，日本向美国投降，接下来，美国重新塑造了日本的形象。	W. 爱德华兹·德明访问日本，介绍了"统计控制"的概念。	约瑟夫·M. 朱兰的《质量控制手册》得到广泛认同，成为改善日本产品质量的指南。	美国的德州仪器（TI）生产出世界上第一台商用晶体管收音机——丽晶 TR-1（Regency TR-1），不过索尼同时也在开发一款晶体管收音机。	索尼 TR-55 是日本第一台晶体管收音机。索尼接下来又在 1958 年推出了 TR-610（详见第 320 页）。	本田推出"超级幼兽"（详见第 322 页）：这是一台面向大众市场的小型摩托车。

主国家，以遏制军国主义和共产主义。因此，他们为该国的重建投入了大量资金。1947 年，德明被派往日本，协助进行该国的第一次战后人口普查。他在那里会见了日本科学家和工程师联盟（JUSE）的领导人，他们希望了解工业流程的统计控制，德明是这方面的专家。另外，朱兰曾是西部电气（Western Electric）/ AT & T 公司的质量控制专家，在这个岗位上工作了二十多年，之后他成了一名工业工程教授，兼职担任质量控制顾问。1951 年，他出版了《质量控制手册》（Quality Control Handbook），很快引起了 JUSE 的注意。该组织邀请他访问日本，带他参观各大制造企业和大学。

朱兰和德明的质量控制理论与"薄利多销"模式相反。他们认为，尽管由于标准化和改进的控制系统，优质商品的初始成本较高，但从长远来看，它们更具竞争力，更容易销售出去，且利润率更高。但该理论不仅关乎货物的质量，朱兰还主张通过培训，向员工灌输企业计划和组织方面的一般文化，来提升员工的素质。这些理论得到了广泛应用。

质量控制改变了日本制造业。它正好赶上了一个创新时期，当时索尼等公司正在试验晶体管等新技术在商业方面的应用（见图 2 和图 3）。索尼的第一台晶体管收音机 TR-55（1955 年），使产品的小型化十分令人满意。这种品质越来越多地被人看作一种日式设计。同样，尼康 F（1959 年；详见第 324 页）将精湛的工程和设计与技术创新结合在了一起——这一切都因为贯彻朱兰的思想而得以实现。在 20 世纪 40 年代后期，取消限制汽车生产的禁令之后，丰田和日产这些多年来一直致力于研发的公司已经准备好采用新方法了。1958 年，日产开始出口车辆到美国，在那里，舒适而时尚的日产蓝鸟（见图 1）风靡市场。日产汽车很快就在美国各地开设了特许经销店。

日本的复苏与美国形成了鲜明的对比。由于世界各地对美国产品产生了巨大的需求，美国慢慢忘记了战时吸取的质量控制方面的教训。直到 20 世纪 80 年代，日本制造业出人意料地占据了主导地位，美国才意识到自己失去了什么。**DG**

索尼 TR-610 晶体管收音机 1958 年
索尼

合金和塑料
13cm×7cm×
2cm

👁 焦点

1. 扬声器的格栅

该设计强调了冲压金属格栅面板，突出了收音机的光滑机身。格栅周围的一个圆环，利用隐藏在设备内部、位于格栅后面的法兰盘将其固定在主体上。这让这台设备看上去一颗螺丝钉都没有，保持了光滑的外表

2. 旋钮

调频和调整音量的旋钮都在右侧，使得用户能单手操作收音机。这些旋钮很小，很隐蔽，跟过去以 TR-63 为代表的收音机不同。TR-63 有一个很大的旋钮，位于收音机前方，显得古怪而丑陋

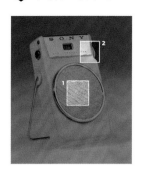

许多二战后获得成功的日本公司是战前就存在的幸存者。然而，索尼是于 1946 年由井深大（Masaru Ibuka，1908—1997 年）和盛田昭夫（Akio Morita，1921—1999 年）共同创立的，一开始叫东京通信工业株式会社。它只在东京设有一个小办公室，修理无线电，通过添加创新设备，将短波无线电变成全波无线电。1952 年前往美国的一次销售之旅，让井深大接触到了新发明的晶体管。今天，晶体管是所有现代电子器件中的关键有效元件。作为一种半导体，它既可以是开关，也可以是放大器，但是它比之前的电子管具有更大的优势，因为它更轻、更可靠也更稳定。虽然井深大持怀疑态度，但他决定为公司申请半导体的制造权，并致力于晶体管的实际应用。

TR-55（1955 年）是日本第一台晶体管收音机：重约 560 克，外观上具有当代美式风格。该公司在两年后推出了 TR-63，它是世界上第一台口袋大小的收音机，用奶油色塑料制成，带有冲压铝制的扬声器格栅。最后出现的就是以其设计而闻名的 TR-610，它带有纹理的圆形扬声器几乎脱离了收音机的外壳。这个漂亮的设备拥有可折叠的金属支架，设计目的是方便人们能把它装进衬衫口袋里，这种收音机卖出了 50 万台。**DG**

⏱ 设计师传略

1908—1945 年
生于日本日光市的井深大在早稻田大学攻读理工科。他的绰号是"天才发明家"。毕业后，他发明了一种调制光传输系统，该系统在巴黎展览会上获了奖。然后，他加入了专门录制和处理电影胶片的光化学实验室，之后进入了日本测量仪器公司。

1946—1970 年
井深大与人联合创立了东京通信工业株式会社（Tokyo Telecommunications Engineering Corp），该公司后来更名为索尼（Sony），以便打开西方市场。1949 年，该公司研发出了磁带，然后又研发出了日本首台磁带录音机。其后推出的产品包括首台晶体管收音机（1955 年）、晶体管电视（1960 年）、计算器、唱片机和其他许多产品。1967 年，索尼制造出了第一台特丽珑（Trinitron）彩色电视机。

1971—1997 年
1971 年，井深大出版了一本名为《幼儿园太迟》的书，认为最重要的学习是在 3 岁之前开始的。1976 年从索尼退休后，他继续为公司担任顾问。他还积极与日本童子军合作。

◀ 在 TR-6（1956 年）等型号中使用晶体管，就意味着与之前的电子管收音机相比，索尼收音机的体积可以大幅度缩小。索尼更进一步，制造了许多设备的晶体管版本，为日本人将一切事物小型化的声誉做出了贡献

本田超级幼兽 1958 年

本田

超级幼兽并不以典型的硬汉骑手为销售目标。其流畅的设计让人想起现代厨房用品

🏵 图像局部示意

与索尼一样，本田公司也是战后获得成功的一个例子。战前，机械师本田宗一郎（Soichiro Honda，1906—1991 年）在车库里工作，调试汽车和赛车，但他一直都想成为一位制造商。在经历了一系列灾难——在做自己的第一笔生意时，生产出了劣质商品，于是失去了重要的合同；一家工厂遭到美军轰炸；另一家工厂被地震摧毁——之后，他逐渐意识到了自己的目标。

到 1956 年，本田成了一家稳定而成功的企业。宗一郎仍然对赛车感兴趣，但他的商业伙伴藤泽武夫（Takeo Fujisawa）想制造一种面向大众市场的小型高性能摩托车。应用在这种摩托车上的技术必须很简单，这样一来，它就可以在没有备用零件和优秀技师的地方行驶，而且它必须安静、可靠、易于驾驶。而且，驾驶员要一只手托着一盘面条，用另一只手驾驶摩托车。藤泽说过："我不知道日本有多少家荞麦面店，但我敢打赌，每家店都希望有这么一台摩托车来送外卖。"超级幼兽，或称本田 50，于 1958 年上市。它采用压制的钢框架，有一个吸引眼球的塑料整流罩、步进式设计、无离合器三速变速箱和 50cc 四冲程发动机，发动机后来被升级到了 70cc 和 90cc。尽管藤泽一直热衷于大规模生产摩托车，从而得到规模经济的好处，但由于日本经济衰退，这款摩托车一开始卖得并不好。但它目前仍在生产，是历史上产量最大的机动车。**DG**

1. 踏板车还是摩托车?

超级幼兽的设计方案是个大杂烩。塑料整流罩和供人跨过的凹陷处让它看起来像台踏板车。但是发动机就像一辆真正的摩托车一样位于车的中间,使得车辆保持适当的平衡。它还配备了 43cm 的摩托车车轮,而不是 25cm 的踏板车车轮

2. 发动机

超级幼兽的四冲程发动机跟早期的 50cc 车型相比有了巨大的提升,其马力可高达后者的 9 倍。它还可以消耗便宜的低辛烷值燃料,并且很容易启动,因此不需要昂贵且沉重的电启动器

3. 外壳

超级幼兽外壳上的多个要素看上去确实很美观,但它们不仅仅具有美学价值。链条上的遮盖物能防止润滑剂飞溅到骑手的衣服上,而护腿罩可以阻挡风和道路上飞起的碎石

🕐 **设计师传略**

1906—1927 年

本田宗一郎出生于富士山附近的一个铁匠和织布工家庭,并没有受过正式的教育,他 15 岁时离开家,前往东京的一家车房工作。

1928—1945 年

22 岁的时候,他回到家乡建立了一家汽车修理公司,并开始制造赛车。1937 年,在一场赛车事故中受伤后,他改变了发展方向,并成立了东海精机公司(Tōkai Seiki),为丰田

生产活塞环。上了工程学校后,他创造出了一种批量生产活塞环的方法。

1946—1991 年

1946 年,宗一郎创立了本田公司。公司一开始的业务是把多余的二冲程无线电发电机改造成摩托车发动机,但业务增长迅速,该公司生产的第一款摩托车是二冲程的 D-type(1949 年)。到了 1964 年,本田已经成为世界上最大的摩托车制造商。

扩展范围

1962 年,日本议会计划通过一项法案,只让现有的汽车和卡车生产商生产汽车和卡车。本田不想永远被拒于汽车生产的大门外,所以很快设计出了一款运动型轿车,即从未投产的 S360,以及一款小型双门皮卡车 T360(右图)。后者可以被当作平板卡车、折叠平板卡车或面包车使用。此外,在下雪时还可以用履带替换后轮。虽然上述计划法案后来并未被通过,但它迫使本田进入了新的市场。

尼康 F 相机 1959 年

尼康

不锈钢，钛，玻璃，
铬，塑料
14.5cm × 10cm × 9cm

尼康成立于 1917 年，是日本较早成立的制造公司之一。它的原名是日本光学工业株式会社，专门生产双筒望远镜、显微镜和相机的光学镜头。第二次世界大战期间，它为日本政府工作，经营着三十多家工厂，但到了战后，公司只剩下一家工厂，并且将它的相机品牌命名为"尼康"（Nikon）。包括尼康 1 型（1948 年）在内的大部分尼康早期相机的创造者是更田正彦（Masahiko Fuketa，1913—2001 年）。在 20 世纪 70 年代被任命为公司副总裁之前，他参与了尼康 F 型之前所有相机的设计工作。

尼康 F 于 1959 年发售，在一年之内，几乎每一位美国摄影师和摄影记者都放弃了他们的德国徕卡相机（详见第 182 页），而选择了尼康相机。这是尼康的第一台单反相机，因此不需要做太多宣传。有这么一条简单的广告语："今天，几乎别无选择。"推出一年后，《时代周刊》和《生活》杂志共用的办公室里到处是尼康 F。他们的照相机修理工马蒂·福舍尔（Marty Forscher）评论道："这是一颗能拍照的冰球。"他的意思是它坚不可摧，时至今日，这些相机的主人也仍然这么说。砸了、摔了或者放上五十年……它一样能拍出照片来。尼康 F 大受欢迎，因此成为第一台被带到月球上的相机。而一个特别制作的版本——尼康 NASA F 数码相机——在航天飞机上一直使用到 1991 年。**DG**

⚙ 图像局部示意

👁 焦点

1. 镜头

尼康 F 适配的镜头范围很广，焦距从 21 到 1000mm 不等，其中一些来自尼康现有的测距仪型号。尼康还引入了"反射式镜头"，从而使长焦镜头比标准摄远镜头复杂很多

2. 适应性和准确性

除了镜头之外，取景器、棱镜和聚焦屏都是可更换的。它还标配了 100% 取景器，这意味着你通过取景器看到的图像正是胶卷上的图像——不会被裁剪，也没有隐藏的额外材料

🕐 公司简介

1917—1938 年

三家日本领先的光学制造商合并成立了一家专门生产显微镜和双筒望远镜的新公司，它就是尼康。自 1918 年起，它以位于大井的工厂为基地。尼康于 1932 年推出了镜头。

1939—1945 年

尼康的工厂在二战期间对日本政府来说是无价之宝，它们制造投弹瞄准器、潜望镜和各种镜头。公司规模在战后明显缩小。

1946—1987 年

该公司继续专注于照相机、光学仪器以及测量仪器，并在世界各地建立了一些新的分支机构。第一款尼康相机于 1946 年设计完成，两年后发布了 1 型相机（Model 1）。

1988 年至今

1988 年更名为尼康株式会社，这个名字来源于它的相机品牌。今天，它仍然以大井工厂为基地，在成立一百年之后，做着跟一百年前完全一样的事情。

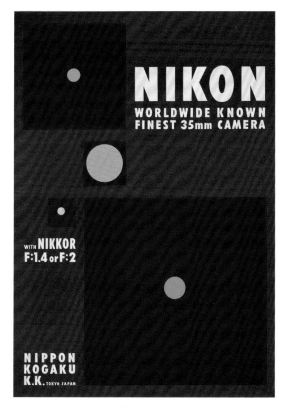

▲ 尼康相机的这个丝网印海报广告是龟仓雄策（Kuskura Yusaku，1915—1997 年）在 1955 年设计的。他在 20 世纪 50 年代努力提升日本设计的地位，而尼康是允许他施展抽象风格的客户之一

尼康测距仪相机

诸如尼康 S（1951 年；上图）这样的测距仪相机的工作方式与单反相机略有不同。它们通常会显示拍摄对象的两张图像，其中一张在转动一个旋钮时会移动。当两张图像融合时，测距仪可以读取距离并将其送入相机，从而拍摄出超清晰对焦的照片。尼康 SP 测距仪相机（1957 年）是摄影记者青睐的专业相机款式，它是当时最先进的测距仪相机，超越了徕卡制造的任何相机。它操作时像黄油一样顺滑，极度安静，比现代的数码单反相机（DSLR）更为出色。

4 | 设计与生活质量

1960—1980年

品牌忠诚度

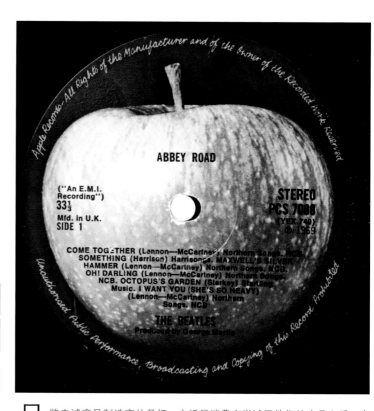

1. 由设计公司沃尔夫·奥林斯设计的苹果唱片（Apple Records）标志出现在了披头士的《艾比路》（*Abbey Road*）专辑（1969 年）的 A 面。B 面则是被切成两半的苹果图案

2. 雷蒙德·洛威设计的壳牌石油标志（1971 年）至今仍在使用。它如此具有标志性，以至于人们在使用它的时候往往不会附上"壳牌"二字

3. 耐克的这则杂志广告于 1976 年在《跑者世界》（*Runner's World*）上首次出现。它是由约翰·布朗和合作伙伴（John Brown and Partners）广告公司设计的

品牌忠诚度是制造商的圣杯。在诱导消费者尝试了他们的产品之后，企业希望消费者一次又一次地选中他们的产品，并将忠诚度延伸至公司的所有产品中。从大规模制造的起步阶段开始，包装设计就变得至关重要。包装要包含最重要的产品名称，一个易于辨认的纹样，偶尔也包含关于质量或防伪认证的标记。在英国，这类认证标记中最古老的例子之一是皇家认证（Royal Warrant）。皇家认证意味着高质量：如果产品对于皇室来说够好，那么对任何其他人来说肯定也足够好了。但是产品的质量并不总是确定不变的。如果市场上只有一种肥皂粉，消费者一旦要洗衣服，就会购买这种肥皂粉。如果出现了另一种优秀的肥皂粉，那么消费者可以在合理的范围内为它付更多的钱。而事实上，市场上有许多肥皂粉，它们的功效差不多，价格近似，所以品牌成了让某一产品鹤立鸡群的重要手段——有时甚至是唯一的手段。

20 世纪 60 年代初期，品牌出现了爆炸式增长。在日益拥挤的市场中，航空公司、软饮、麦片、香烟和其他许多公司为了吸引注意力斗得不可开交。电

重要事件

1960 年	1961 年	1961 年	1962 年	1962 年	1964 年
超过 4570 万个美国家庭和约 1630 万个英国家庭拥有了电视机。	罗梅克·马博（Romek Marber，1925 年— ）为企鹅犯罪系列丛书设计了封面（详见第332 页），创建了一个允许作者个人身份存在的综合性品牌。	由荣久庵宪司（1929—2015 年）设计的龟甲万酱油瓶（详见第330页）表达了它的日本身份。	保罗·兰德（Paul Rand，1914—1996 年）为美国广播公司（ABC）设计了用小写字母组成的标志。	麦当劳的金拱门标志（详见第 338 页）首次亮相。	肯·加兰德（Ken Garland，1929 年— ）和其他 21 位创意专业人士签署了《要事第一》宣言，呼吁设计服务于公共理想。

视的发展为大西洋两岸开辟了一个新的营销领域。设计师被招募前来设计标志和包装,从事广告和企业形象活动,并广泛地支持、协助各种形式的商业和零售活动。许多设计机构早已在美国站稳脚跟,它们也逐渐来到了英国。沃尔夫·奥林斯公司(Wolff Olins)于 1965 年由迈克尔·沃尔夫(Michael Wolff,1933 年—)和沃利·奥林斯(Wally Olins,1930—2014 年)创立,1968 年为苹果唱片公司设计了标志性的图样(见图 1),也就是唱片标签上色泽鲜艳的青苹果。但是,成功的标志并不总是来自昂贵的设计咨询公司。1971 年,俄勒冈大学的田径运动员菲尔·奈特(Phil Knight)和他的教练比尔·鲍尔曼(Bill Bowerman)试图推出一系列跑鞋,并寻找一个品牌标志。他们找到了大学生卡罗林·戴维森(Carolyn Davidson,1943 年—),她的设计后来成了世界上最著名的符号之一。这个品牌就是耐克(见图 3),而戴维森的耐克钩子标志——如今已经家喻户晓,甚至不需要给它附上品牌名称或者特殊色彩——只花了这家新公司 35 美元。

产品越成功,厂家就越不愿意修改它们的标志。设计随着不断变化的平面时尚而更新时,通常会保留一些原始 DNA。"壳牌"这个名字可以追溯到 19 世纪,该公司的扇形贝壳标志则出现于 1904 年。该标志在早期是写实的单色,之后引入了独特的红黄配色。今天的标志,除了轻微的颜色调整,可以追溯到雷蒙德·洛威在 1971 年做的重新设计(见图 2)。这是一个鲜明、简约的版本,独特、容易复现而又忠实于起源。

并非所有的创意人士都乐于开发商业品牌。1964 年发表的《要事第一》(First Things First)宣言反映了人们日益增长的不安情绪,该宣言批评了在推广"猫粮、胃粉、洗涤剂、生发剂和条纹牙膏"等产品时对设计人才的浪费。宣言呼吁设计回归公共服务的理想,应用于教育、宣传并改进最广义层面上的社会:"希望我们的社会将厌倦搞噱头的商人、地位推销员和隐蔽的说服者,并且事先对我们的技能的要求才能被用到有价值的目标上去。"这一宣言引起了媒体的高度关注,并预示着 20 世纪 60 年代末和 70 年代反文化运动对主流消费价值观的排斥。2000 年重新发表的《要事第一》宣言表明,这种道德问题并没有消失。它发表于加拿大杂志《广告克星》(Adbusters)上,由乔纳森·巴恩布鲁克(Jonathan Barnbrook,1966 年—)、米尔顿·格拉泽(Milton Glaser,1929—2020 年)、祖扎纳·里克(Zuzana Licko,1961 年—)和埃里克·斯佩克曼(Erik Spiekermann,1947 年—)等知名设计师签署。**EW**

1965 年	1968 年	1969 年	1971 年	1971 年	1977 年
英国顶尖设计公司沃尔夫·奥林斯由迈克尔·沃尔夫和沃利·奥林斯创立。	沃尔夫·奥林斯为披头士的唱片公司——苹果唱片设计了标志性图样,该唱片公司于同年建立。	奥利维蒂情人节打字机(详见第 334 页)由埃托雷·索特萨斯设计。他大量参与了该产品的营销活动。	雷蒙德·洛威对壳牌标志做了一次更新,更鲜明、简约而现代,同时保留原来的基本特征。	卡罗林·戴维森设计了耐克"钩子"。耐克现在是全球最知名的品牌之一。	米尔顿·格拉泽为纽约市设计了现在已具有标志性的"我爱纽约"(I ♥ NY)标志。心形图案是红色的,字体则是美国打字机字体。

龟甲万酱油瓶 1961 年

荣久庵宪司 1929—2015 年

图像局部示意

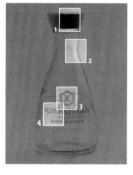

玻璃和聚苯乙烯塑料
13.5cm × 6.5cm

1957 年，日本领先的食品和饮料制造商龟甲万公司在旧金山开设了销售和营销办事处，并瞄准了庞大的出口市场。酱油是日本料理中不可或缺的成分，却被装在笨重的大瓶子里。简而言之，龟甲万想要开发一种容易存放和运输的小瓶子，同时放在家里的餐桌上也不扎眼。日本设计师荣久庵宪司用了三年时间，设计了 100 个原型，最终创造出了优雅的斜肩设计方案。瓶子优雅的曲线让人想起戴着（红）帽子的传统日本挑水工，瓶子最宽的部分在"膝盖"略往下一些的地方，就像一个穿长袍的人。顶部有条凸起的曲线，就像挑水工的帽子，或者是两边挑着水桶的竹竿。红色顶盖的两侧突出的两个倾倒口呈对角线向内切割，从而延伸了顶部的曲线。在 1961 年荣久庵宪司的标志性瓶子问世之前，产品包装这门独特的设计学科在日本是不为人知的，但此后情况出现了巨大变化。到 2015 年荣久庵宪司去世时，这款酱油已售出了 3 亿多瓶。**JW**

👁 焦点

1. 红色顶盖

这种酱油瓶不会漏。它不会在桌子上留下一圈渗漏的酱油,瓶子外部不会有漏出的酱油,也不会堵塞。在红色顶盖里面,一条通道缓慢地引导酱油通过狭窄的斜槽,向上移动,然后通过倾倒口流出

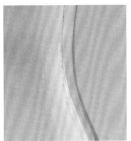

2. 曲线

荣久庵宪司说:"终极的设计与自然界没有什么不同。"他的龟甲万酱油瓶拥有美丽的曲线轮廓,让人想到了有机的自然形态。按照他的三个宗旨——舒适性、便利性和功能性——来看,他的小酱油瓶获得了无与伦比的成功

3. 标志

在日本的民间传说中,乌龟能活一万年,是长寿的象征。"龟甲"就是日语中"龟壳"的意思,"万"就是"一万"的意思,它们组合在一起成为该公司的名称。六角形的标志类似龟甲,里面是"万"的繁体字

4. 金色字体

朴素的字体体现了当代风格和对未来的信心。但对金色的使用则要追溯到过去。在日本的传统中,金色与皇室有关,而且自1917年以来,龟甲万也在为皇室制造酱油。金色代表了天堂的颜色

🕐 设计师传略

1929—1954年

荣久庵宪司出生于东京一个来自广岛的僧侣家庭,一岁时父亲为参加一项佛教工作,举家移民夏威夷,七年后回到广岛。荣久庵宪司深受佛教和美国早期工业设计的影响。1945年原子弹袭击广岛时,他正在一所海军大学学习,他的一个姐姐死于原子弹爆炸。在那之后不久,他回到了家中。他的父亲在第二年因放射病死亡,荣久庵宪司开始在京都受训准备成为和尚。然而他发现周围百废待兴,这促使他改变了自己的发展方向。

1955—1969年

荣久庵宪司从东京艺术大学美术系毕业,并于1957年创办了一家设计工作室,这个工作室最终成为GK工业设计集团。

1970—2015年

荣久庵宪司成为日本工业设计师协会会长,并于1975年当选国际工业设计协会主席。他的设计作品包括成田机场快车(1991年)和雅马哈VMAX摩托车(2008年)。1998年,他成为世界设计组织(Design for the World)的负责人,这是一个用设计解决贫穷问题的组织。荣久庵宪司凭借为日本航空公司设计的贝壳形座椅赢得了2003年的日本优秀设计奖,该座椅为乘客提供了更好的隐私保护和更平坦的睡眠位置。

E3 子弹头列车

子弹头列车象征着美丽新世界的迅捷速度和未来主义精神,似乎将日本带离了混乱的过去。荣久庵宪司为东日本铁路公司设计的E3子弹头列车直到1997年才设计完成,但它们是日本所有子弹列车中最漂亮的。荣久庵宪司将流线型审美的边界进一步推向未来。他的E3列车和车厢从来没有走偏向过度怀旧或者矫揉造作的地步,而是既具有强烈的未来主义色彩,又拥有传统的日本特色。日本在20世纪30年代开始讨论对高速列车的需求,1964年,为东京奥运会所准备的第一列"新干线"启动的时候,高速列车已经成为一种象征,向世界证明日本有多么发达。特别之处在于,荣久庵宪司设计的列车穿过了日本最宜人的一些乡村。

Penguin Crime 3/6

Hangman's holiday

Dorothy L. Sayers

出版于 1962 年 7 月
的《刽子手的节日》
(*Hangman's Holiday*)
由罗梅克·马博设
计封面，设计依据是
他富有影响力的网格
原则

1961 年出现的"企鹅犯罪系列丛书"具有独特的封面,这是艺术总监热尔马诺·法切蒂(Germano Facetti, 1926—2006 年)一次公开简报的产物,旨在更新设计方法,但这项工作最终在更广泛的层面上改变了出版商为书籍选用的封面。在这次干预之前,企鹅 25 年来一直满足于同样的美学风格。虽然在 1947 年进行了更新,但熟悉的三条色带和 Gill Sans 字体仍需得到现代化。罗梅克·马博的解决方案是使用引人注目的图像,同时采取一种以稳定的网格系统为基础的封面设计方法,这种方法在之后产生了深远的影响。在马博阐明他的系列概念的笔记中,他写道:"绘画、拼贴或照片这样的图像思维,如果可能的话,将表明这本书的艺术氛围。"他的目的是通过一个"共同点"——强烈的横向运动——来继承过去。新设计的犯罪小说的新封面强调并重现了它,具体方法是使用水平线,偶尔使用白色的水平板。马博保留了熟悉的绿色编码[1],略微提升了它的亮度,并使用 Standard 字体。结果出现了 70 多个书籍封面,它们都有着这种平衡而简洁的设计,有固定的样式,拥有引发人们共鸣的图像,这些图像往往是黑暗而神秘的。将一系列图像纳入统一的识别系统的公式还被应用于企鹅的橙色小说和蓝色鹈鹕丛书之中。**MS**

1　企鹅图书的颜色编码代表图书类型,绿色代表犯罪小说。——编者注

◉ 焦点

1. 眼睛

马博在他设计的犯罪小说封面上使用了一系列技术,从扭曲的线条画,到大量的实验摄影。马博经常自己当模特。他常选择黑暗的视觉形象,暗示着犯罪。这里滴落的墨水有一种不祥的令人毛骨悚然的感觉

2. 白色的身影

马博为多萝西·L. 塞耶斯(Dorothy L. Sayers)设计的书籍封面展示了在犯罪类型小说这个大门类中,如何为单个作者创造出胸有成竹的子系列。在塞耶斯作品的封面上,有一个白色的身影——一个被害者的粉笔轮廓——出现在各种环境下

3. 几何网格

马博设计的网格将出版社商标、书名和作者姓名放在了封面顶部带有三条横线的地方。它以"马博网格"而为人所知,能容纳"长度和标题位置的变化",同时能让图形元素占据剩下来的空间

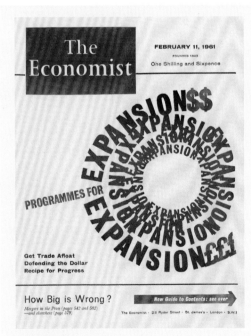

红与黑

　　马博为《经济学人》(*The Economist*)和《新社会》(*New Society*)杂志做设计。他给《经济学人》设计的封面让法切蒂印象深刻,特别是他将社会和政治问题提炼成黑色和红色图形这一点。法切蒂因此邀请他参加一项借企鹅成立 25 周年之际复兴企鹅犯罪小说的设计比赛。

奥利维蒂情人节打字机 1969 年

埃托雷·索特萨斯 1917—2007 年

ABS 塑料等
12cm × 34.5cm × 35cm

埃托雷·索特萨斯是一位建筑师、产品设计师、艺术家、作家和理论家，也是著名的玻璃制造商和陶瓷艺术家。在整个职业生涯中，他一直试图模糊艺术与工业设计之间的差异，用他自己的话来说就是"设计应该是感性且令人兴奋的"。

1958 年，索特萨斯接受阿德里亚诺·奥利维蒂（1901—1960 年）的邀请，与其儿子罗伯托（1928—1985 年）一起担任奥利维蒂新建立的电子部门的创意顾问。在随后的几年里，他们与工程师马里奥·朱（Mario Tchou，1924—1961 年）一起，负责在一系列产品之中，将索特萨斯的美学天赋与技术创新结合起来。尽管情人节打字机不是市场上的第一台便携式打字机，但这是第一次将标准办公设备改造为理想的消费产品。索特萨斯把这个设计称为"反机器之机器"和"打字机中的圆珠笔"，索特萨斯本人深受波普艺术和"垮掉的一代"文化的影响。佩里·A. 金（Perry A. King，1938 年— ）则是该项目的联合设计师。

❂ 图像局部示意

不同于大多数主要由金属制成的办公设备，情人节打字机有着闪亮的塑料外壳，这既使它具有十分时髦的诱惑力，也让打字机变得轻巧而便携。索特萨斯一直对新材料很感兴趣。ABS（丙烯腈－丁二烯－苯乙烯），即这台打字机使用的热塑性树脂，是一种闪亮、坚硬且坚韧的材料，通常用于制造行李箱；乐高积木（详见第 302 页）也是由 ABS 制成的。情人节打字机获得了商业上的成功，也获得了评论家的一致好评，在 1970 年赢得了享有盛名的金圆规设计奖（Compasso d'Oro）。**EW**

👁 焦点

1. 回车杆

不同于当时大多数打字机所配置的垂直回车键，情人节打字机的回车杆与键盘平行，并且可以折叠收起，这样人们很容易把它装回箱子里。它的纤细外形也强调了一种"随时出发"的流行美学

2. 色带卷轴盖

虽然情人节打字机也有灰色、蓝色和绿色，但它的标志色调是红色（这是索特萨斯眼中"激情的颜色"），也正好跟"情人节"相呼应。橙色的色带卷轴盖制造出了鲜明对比。这种颜色的选择也让人联想到美国汽车的闪亮车身

🕐 设计师传略

1917—1957 年

埃托雷·索特萨斯出生于奥地利的因斯布鲁克，但在意大利的米兰长大。他在都灵学习建筑，二战后在米兰建立了自己的公司。1956 年访问了纽约市之后，他了解到了美国的现代艺术和工业文化。回到意大利后，他开始为波洛特洛诺瓦设计家具。

1958—1979 年

作为奥利维蒂的创意顾问，索特萨斯负责了许多创新产品的设计，其中就包括情人节打字机。从 1972 年开始，他加入了阿基米亚工作室和阿基佐姆等一批前卫设计团队。

1980—2007 年

他创立了孟菲斯设计团队。1985 年回到建筑和工业设计领域。他的公司索特萨斯联合设计所（Sottsass Associati）在 2000 年设计了新的米兰马尔蓬萨萨机场。

▲ 情人节打字机的一体式箱子提升了它的便携性。打字机的后部变成了箱子的固定盖子。箱子不是附属物，而是整体设计的一部分

"情人节"的营销

　　不同于大部分产品设计师，索特萨斯高度参与了情人节打字机的市场营销。从产品名字的选择，到小写字母的外观，再到红色的塑料外壳，情人节打字机在概念上的创新不亚于技术层面。该产品在 1969 年的情人节前后推向市场。由索特萨斯担任艺术总监的打字机广告活动，以广告和醒目的海报为特色，明显参照了波普艺术。在一些广告中，打字机与躺在草地上的情侣一同出现，或者被世界各地不同的人拿着。传达的信息很明显：这是一款轻便的便携办公设备，具有独特个性，适用于各种场合。

一次性设计

很多国家在二战刚结束的那段时间内，采取了极端紧缩的经济措施。然而，一旦对基本商品——食物、衣服、住所——的需求得到满足，人们就会发现自己有可支配收入，需要可用来消费的产品。20世纪50年代和60年代，制造商争相迎合人们的这种需求，反复推出新型汽车、白色家电和家居用品，让人们重复购买。

根据经济学家 J.K. 加尔布雷思（J.K.Galbraith，1908—2006年）的说法，现代消费主义被"创造消费者需求的机制"所塑造并推动，这个机制之中就包括了广告。加尔布雷思的著作《富裕的社会》（The Affluent Society，1958年）概述了美国富裕的私营部门和贫困的公共部门之间日益扩大且自我延续的分歧。作家万斯·帕卡德也有和加尔布雷思相似的对"消费主义"的担忧。他的著作《废物制造者》（The Waste Makers，1960年）痛批道："企业的系统性行为，使我们成了铺张浪费、债务缠身、永不满足的个体。"相比之下，马歇尔·麦克卢汉（Marshall McLuhan，1911—1980年）在他的书籍《理解媒介：论人的延伸》（Understanding Media: The Extensions of Man，1964年）中则表示，自己很高兴看到媒体技术塑造了社会，相信这能赋予人类权力。其他人则试图将消费主义视为一种新的经济自由，它赋予人民权力，而非让人民贫困。

重要事件

1960年	1961年	1963年	1964年	1966年	1966年
万斯·帕卡德出版了《废物制造者》，向我们警示了肆意消费对环境和我们自己可能造成的危害。	雷·克罗克（Ray Kroc）从麦当劳兄弟那里买下了麦当劳（McDonald's），并将它打造成一家全球连锁的快餐公司。	Anthora 纸咖啡杯设计完成并推出，成为纽约这个飞速发展的社会的象征。	马歇尔·麦克卢汉出版了他具有远见的书籍《理解媒介》，其核心思想是"媒体就是信息"。	巴克莱卡公司推出了第一张非美国信用卡，促使人们进一步接受"花明天的钱，圆今天的梦"这一激进想法。	加利福尼亚州的一些银行发行了万事达信用卡（Master Charge）：这是一种不同银行间通用的、由参与银行共同发行的信用卡。

尽管一些评论家心存疑虑，但美国民众却在疯狂消费，将国家经济推向了新的高度。20 世纪 50 年代，由于易用的借记卡和信用卡出现，如大莱卡（Diners Club）、美国运通卡（American Express），消费更方便了。到 1970 年，大约有 1 亿张信用卡被主动发放给了美国公民。前几代人普遍认为债务象征着理财的失败，但现在，"债务"被重新包装，以"信用"之名得到了营销。

一次性设计和项目性报废是这种新消费主义的关键组成部分。利用战后出现的新材料，制造商设计出了只能在保修期内维持工作的设备；衣服很快会磨损或者褪色；食物有效期也被改动，保质期只有一天，而不是几周。Anthora 纸咖啡杯（详见第 340 页）之类的一次性用品，被誉为时尚且实用——消费者可以把咖啡拿走，餐馆也不需要洗杯子。便利贴（详见第 342 页）的技术最初形成是在 1968 年，同样旨在提供短期功能，而且是一次性的。

其他一些产品的设计目的，则是让人们对它们的渴求程度随着时间而下降。在这种情况下，新产品的主要设计目的是比它们的上一代更受人追捧，而不是尽量耐用和吸引人。例如，通用汽车公司的阿尔弗雷德·P. 斯隆为通用汽车制定了一套严格的价格结构，从雪佛兰（见图 1）、庞蒂亚克、奥兹莫比尔、别克，一直到凯迪拉克，全都适用。它促使每位买家忠实于通用汽车公司。每个汽车品牌每年都会发布新设计，确保人们始终追捧新车，就算买不起也无所谓。

广告在这里起到了作用。早在 1938 年，戴比尔斯（De Beers）就利用广告（见图 2）创造出了"订婚戒指必须是钻戒"的概念，美国公众认可了这一观点（他们后来也同意了"钻石大小无关紧要"的概念——这是由于较小的苏联钻石进入了市场，后来又认同了"第二枚钻戒，重新确认了爱情"的概念）。在 20 世纪 70 年代的日本，婚姻是包办的，因此缺乏婚前的浪漫，于是戴比尔斯把钻戒当作西方现代价值观的信物来销售，该公司最近在中国也重复了这一招。麦当劳公司的扩张得益于容易识别的"金拱门"（详见第 338 页），以及基于它而生的标志。

从 20 世纪 50 年代起，设计在改变消费者的期望，促使他们投入经济至上的物质主义方面，都起着至关重要的作用——由此产生了追求新事物、偏爱新外观而不是实用的精神。设计的优势意味着：只要某物外观崭新，人们就认为它是好的。人们被他们的消费模式所定义，同样，炫耀性消费也成了一种地位的标志。今天看来，帕卡德和麦克卢汉似乎都是对的。追求经济幸福，使美国人比以往任何时候都更富有，但美国在关键部分似乎也很贫穷，医疗保健、工作保障和安全的财产所有权只是较富裕阶层的特权。**DG**

1. 20 世纪 60 年代，拥有一辆类似雪佛兰克尔维特 Sting Ray 运动轿跑车（1963 年），意味着你获得了一种迷人的、无忧无虑的生活方式，与战后的一贫如洗、物资匮乏相去甚远

2. 戴比尔斯 20 世纪 70 年代的广告有助于为苏联的小钻石开辟一个新市场。广告传达的信息是：钻石被镶嵌到"永恒戒指"中，象征着不朽的爱

1968 年	1960 年代	1970 年	1976 年	1979 年	1980 年
一次性便利贴的黏合技术发明，虽然其用途一开始并不明显。	戴比尔斯开创了"永恒戒指"的理念，该钻戒外缘镶嵌有小钻石，是销售苏联小钻石的一种手段。	美国禁止大规模邮寄未经申请的信用卡，因为它们产生了大量的债务。	Visa 信用卡推出，持牌人包括美洲银行信用卡（BankAmericard）、巴克莱信用卡（Barclaycard）和欧洲蓝卡（Carte Bleue）。	1966 年发行的万事达信用卡（Master Charge）更名为万事达卡（MasterCard），并且扩大了它在全球各地的信贷业务。	第一批品牌便利贴开始发售，并大受好评，因为人们认识到便利贴十分好用。

麦当劳金拱门 20世纪60年代

麦当劳公司 成立于1961年

— LOOK FOR THE GOLDEN ARCHES®

顾客们受到"寻找金拱门"这一广告语的影响，默默地忽视了他们家乡的麦当劳竞争对手

麦当劳著名的"金拱门"标志起源于20世纪40年代至60年代中期在南加州流行的未来主义建筑流派"古奇建筑"（Googie architecture）。"古奇建筑"通常用于汽车旅馆、加油站和咖啡店等低调的路边建筑物，受到汽车、喷气机和太空飞船设计的影响，具有圆润曲线和几何形状，还大量使用玻璃、钢铁和霓虹灯。"古奇建筑"影响了麦当劳兄弟在加州圣贝纳迪诺的流行餐厅的设计，1952年，建筑师斯坦利·梅斯顿在亚利桑那州的凤凰城设计了他们的特许经营餐厅。理查德·麦当劳在梅斯顿的设计方案中加入了建筑两边的大半圆形。拱门并不是一个进入点，也没有任何结构、文化或历史功能，人们当时甚至不觉得它看起来像字母M，直到1962年，它才产生了这一层含义。设计这个标志只是为了让餐厅更加醒目。这个拱门后来被标牌制作者乔治·德克斯特改成两条宽的抛物线，高8米，由金属薄板制成，边缘有霓虹灯。

1961年，当全国知名的加盟店经纪人雷·克罗克收购了麦当劳兄弟的公司时，麦当劳公司便开始尝试投放广告了。他在明尼阿波利斯的特许经营商曾在1959年尝试投放广播广告，餐厅营业额因此突飞猛进，所以克罗克便鼓励他的所有经营者效仿这种做法。"寻找金拱门"营销活动是这次推广活动的关键部分。**DG**

⚙ 图像局部示意

1. 标志

当麦当劳在 1962 年寻找新的标志时，运营副总裁弗雷德·特纳勾勒出了一个设计草图。工程和建筑部门的负责人吉姆·辛德勒将其精简成了一个"M"，目的是为了让它看上去像麦当劳餐厅在某一角度下观察时的模样

2. 金拱门

麦当劳在后来几乎所有的广告活动中都保留了金拱门这个主题，作为企业标志而言，它仍然是该企业视觉标志的核心。麦当劳在 2003 年花费了大约 6 亿美元的广告费，创造了 60 亿美元的销售额

3. 口号

"寻找金拱门"不是指寻找公司标志，而是指餐馆的实体拱门。具有讽刺意味的是，巨大的金色拱门最终被抛弃，特许经营商不得不重建一个新版拱门。然而该餐厅的标牌上还是保留了拱门

🕐 公司简介

1937—1953 年

1937 年，拥有苏格兰和爱尔兰血统的理查德·麦当劳和毛里斯·麦当劳兄弟在加利福尼亚州的帕萨迪纳办了一个免下车的热狗摊，然后于 1940 年在圣贝纳迪诺开设了一家烧烤餐厅。他们的第一家加盟店于 1953 年在亚利桑那州的凤凰城开业。

1954—1960 年

1954 年，出生在芝加哥一个捷克裔家庭的

雷·克罗克成为这对兄弟在全国范围内的加盟店经纪人。他帮助兄弟俩建立起生意，但意识到这对兄弟对充分发挥其潜力并无兴趣。

1961 年至今

克罗克于 1961 年以 270 万美元的价格收购了这对兄弟的公司，并在他的家乡伊利诺伊州为加盟店主建立了一个"汉堡包大学"。麦当劳现有的 190 万员工中，至少有 150 万人在为加盟商工作。

开心乐园餐

　　从 20 世纪 60 年代的怪异的万圣节包装袋，到 1970 年薯条扁平包装上的独特曲线，麦当劳的包装设计一直十分创新。开心乐园餐的起源可以追溯到 20 世纪 60 年代和 70 年代初，当时麦当劳在全美各地的经营者都开始探索儿童餐的可能性。虽然测试了几种不同的儿童餐形式，并且都很成功，但没有一个概念在全国重复或推广。直到 1977 年，当圣路易斯地区的广告经理迪克·布拉姆斯（Dick Brams）要求他的广告公司创造一个"儿童餐"概念时，开心乐园餐才诞生了。这个创意来自堪萨斯公司的博尔内斯坦·莱茵（Bernestein Rein），他设计了著名的午餐盒（右），以金色的拱形纸带作为提手。

Anthora 纸制咖啡杯 1963 年
莱斯利·巴克 1922—2010 年

虽说听上去不可思议，不过 Anthora 纸制咖啡杯凭借其淳朴的设计和令人愉快的信息，几十年来都是纽约市的一个标志

⚙ 图像局部示意

1963 年，雪利杯公司（Sherri Cup Company）的莱斯利·巴克（Leslie Buck）设计了蓝白色、仿古希腊风格的 Anthora 咖啡纸杯。直到 21 世纪初，它仍是纽约市的标志性符号，仅在 1994 年就有 5 亿个这样的杯子售出（不过在纽约之外，它的销量几乎为 0）。在电视上，几乎所有以纽约为背景的节目里都有它的风采，拿着 Anthora 的人物出现在了《纽约重案组》（NYPD Blue）、《法律与秩序》（Law & Order）、《广告狂人》（Mad Men）、《黑衣人》（Men in Black）和其他许多影片中。

20 世纪初期，人们对饮用水源（如水桶和公共水龙头）所使用的共用饮水器具（杯子或长柄勺）的卫生情况产生了担忧。共用器具被广泛禁用，首个纸杯品牌迪克西杯（Dixie Cup）问世。纸杯有防水涂层，通常是硬纸，杯沿接触唇部的部分被卷起以加强硬度。用于热饮的杯型，包括 Anthora，会有第二层，目的是形成隔热空气层。

不幸的是，Anthora 遭到了大规模仿制，各种各样的设计方案和口号使得这一品牌淡出了人们的视野。当星巴克和科斯塔这样的现代咖啡连锁店完全取代了 Anthora 之后，它就从公众视野中消失了。到了 2005 年，现在属于索罗杯公司（Solo Cup Company）的雪利杯公司每年仅能卖出 2 亿只 Anthora。到 2010 年巴克去世的时候，Anthora 杯子只在一些特殊要求场合下提供。**DG**

◉ 焦点

1. 铭文

忍受该城著名寒风的纽约人十分欢迎印着三个金色咖啡杯的设计图案，这三个咖啡杯冒着热气，表明里面装着让人舒爽的热饮。欢快的座右铭"我们很高兴为您服务"使用了仿古希腊字体，灵感来源于古希腊铭文

2. Anthora

杯子的一边印着两个希腊双耳瓶。当巴克为杯子命名时，他读出了"amphorae"这个词，但是带着浓厚的捷克口音，于是就成了"Anthora"。巴克的双耳瓶很不寻常，它们只有一个把手，侧面有棱角，没有圆润的曲线，还是平底的——反正他从没说自己是个艺术家

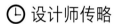

3. 希腊式配色

巴克为这款杯子选择了希腊国旗上的蓝色和白色作为主色调，用经典的希腊纹样作为边框。他想把这种杯子引入纽约的餐馆里，而这些餐馆大多数由希腊裔美国人经营，所以营销方面的考虑强烈地影响了设计

⏱ 设计师传略

1922—1945 年
莱斯利·巴克出生时的名字是拉斯洛·布赫，他出生于捷克斯洛伐克库斯特的一个犹太人家庭。巴克和他的家人被纳粹关押在奥斯威辛和布痕瓦尔德集中营内，他的父母死于集中营。

1945—1965 年
战后，布赫与他的兄弟尤金一起搬到了纽约，布赫将其名字做了英语化处理，变成了巴克，开始从事进出口生意。在 20 世纪 50 年代后期，兄弟俩进入纸杯制造业领域，推出了超级杯。

1965—1992 年
巴克加入刚创立的纸杯制造商雪利杯（Sherri Cup）公司，担任该公司的销售经理，之后成为营销总监。他在 20 世纪 60 年代初设计了 Anthora 杯，并继续在该公司工作了三十年。

1992—2010 年
巴克于 1992 年退休，离开了雪利杯公司，并获得了 10 000 个特制的 Anthora 杯。他于 2010 年去世。

▲ 这是电影《华尔街之狼》（*The Wolf of Wall Street*）中的一个镜头，莱昂纳多·迪卡普里奥（Leonardo DiCaprio）在华尔街上大步前进，若有所思。他的咖啡自然装在了纽约的象征——Anthora 杯之中

古代的先行者

自唐代（618—907 年）以来，中国一直在使用纸杯。人们在芦苇编织的篮子里放上茶水，这些篮子被称为"纸杯"。它们的大小和颜色各异，并且也有装饰。到了后来，人们就只在瓷器中装茶水了，就像上面这幅壁画所描绘的一样。

便利贴 1968 年

阿特·弗莱 1931 年— 斯宾塞·希尔弗 1941 年—

1978 年，爱达荷州的博伊西进行了史上首次大规模便利贴试用活动，94%的消费者表示会购买便利贴

斯宾塞·希尔弗博士（Dr Spencer Silver）接到了 3M 公司的一项任务：负责开发一种超强黏合剂。但他却在 1968 年开发出了一种低黏性的黏合剂，其中由丙烯酸酯共聚物组成的丙烯酸小球体使得这种黏合剂无法牢固地黏合。很明显，考虑到他的任务要求，这项成果被人视为无用之物。他被重新分配到了其他项目中，但是希尔弗相信这种材料是有用的。低黏性材料确保了这种胶水，无论黏性多么弱，都可以反复使用。他认为这种材料可以用于喷雾或布告牌的表面，这样一来，人们就可以很轻松地张贴和删除临时通知。问题在于，他无法说服别人。

五年来，他一直在宣讲活动中向人们展示这一发明，却不见成效，直到阿特·弗莱（Art Fry）参加了一次。弗莱是教堂唱诗班的成员，他所使用的书签粘不牢，这让他很烦。他意识到，希尔弗的材料非常适合这种临时性的粘贴。他向主管介绍了这一情况，虽然他们持怀疑态度，但他们意识到，自己使用这种黏性纸的频率，远高于使用他们的当家产品思高透明胶带。所以，在接下来的五年里，希尔弗和弗莱开始着手完善人们在使用它做笔记时的机制。在发明便利贴十年之后的 1978 年，产品以"即按即撕便笺"（Press n'Peel pads）之名进入市场，经过两年的市场测试后，它们被重新命名为"便利贴"，并正式销售。在正式推出一年后，它为公司带来了超过 200 万美元的销售额。如今，便利贴每年的销售额超过了 10 亿美元。**DG**

✪ 图像局部示意

👁 焦点

1. 黏性

跟人们所想的不同，便利贴的特殊黏性不是通过使用弱黏合剂来实现的，而是通过在黏合剂中嵌入微小的塑料球而实现的。便利贴的黏性取决于小球的数量和大小。小球能防止便利贴永远粘在某物上

2. 颜色

便利贴的经典形态是正方形加黄色。事实上，它之所以是黄色的，是因为隔壁的实验室有黄色的废纸，设计室就用它来测试便利贴。这让人想起史蒂夫·乔布斯最初的想法，即用颜色而不是功能来定义 iMac。现在，也有许多其他颜色和形状的便利贴在售

🕐 设计师传略

1931—1953 年

亚瑟·阿特·弗莱出生在明尼苏达州，他从小就热衷鼓捣小玩意儿。他就读于明尼苏达大学，作为一个本科生于 1953 年被 3M 公司录用。

1941—1966 年

斯宾塞·希尔弗 1941 年出生于得克萨斯州。他在亚利桑那州立大学主修化学，并于 1966 年在科罗拉多大学获得有机化学博士学位。

1966—1996 年

斯宾塞·希尔弗在 3M 工作期间提交了 22 项专利。他和弗莱为便利贴发明的黏合剂也用于其他产品，例如医用绷带和室内装潢工具包，但他从未收到任何专利税。他于 1996 年从 3M 退休，专心绘画。阿特·弗莱在 20 世纪 90 年代初也退休了。两人都被收入了美国国家发明家名人堂（US National Inventors Hall of Fame）。

▲ 便利贴展览是伦敦千禧穹顶工作区的特色之一。展览于 2000 年全年对参观者开放，强调了便利贴在商业中无处不在、十分便利的特点

思高魔术胶带

　　3M 公司的另一个知名胶粘产品是被称为思高魔术胶带的压敏纤维素胶带。虽然这个概念最初产生于 1845 年，但 3M 的这一产品是由理查德·德鲁博士（Dr Richard Drew，1899—1980 年）在 20 世纪 30 年代设计出来的。"思高"（Scotch）这个名字源于当时人们对苏格兰的轻蔑态度，认为苏格兰人（Scotch）十分寒酸，而这款产品黏性也很差，故得此名。

一次性设计　343

图形标志

1. 卢·多夫斯曼（Lou Dorfsman）于1965年在纽约哥伦比亚广播公司（CBS）总部忙于设计他的字母墙

2. 德雷克·博德萨尔（Derek Birdsall）监制了富有影响力的女性杂志《诺娃》（*Nova*）的许多标志性封面的设计，其中就包括1967年的这一期

3. 马西莫·维格内里（Massimo Vignelli）的纽约地铁线路图于1972年推出

出生在意大利的马西莫·维格内里（1931—2014年）于20世纪60年代移居纽约，是遵循欧洲现代主义传统的多产设计师，以平面设计闻名。从他为美国航空公司设计的持续使用了50余年的企业标志（1967年），到为纽约交通管理局设计的模块化地铁标志系统（1966—1970年）和纽约地铁线路图（见图3），维格内里的成果触及数百万人。他说："我总是试图影响数百万人的生活——不是通过政治或娱乐，而是通过设计。"维格内里是Helvetica字体的忠实粉丝（详见第276页），他致力于清晰和简洁的设计："我喜欢语义正确、语法一致、在实际运用中可以被理解的设计。"不是每个人都赞同由此产生的设计结果。维格内里于1972年与鲍勃·诺尔达（1927—2010年）合作设计的地铁图就引发了很大的争议。该地图使用Helvetica字体（1989年的纽约地铁也采用了这种字体），遵循由哈利·贝克设计的伦敦地铁图（1933年；详见第202页）的原则，以图形化、系统化的方式呈现地铁网络，而非试图重现地理现实情况。维格内里说："这是我做过的最漂亮的'意大利面'。"然而，与四散铺开的伦敦不同，纽约是一个依照严格的网格模式布局的城市，对许多纽约人来说，维格内里的图表与实际情况的差异太大了。地图一经推出，那些被地图上"不准确的地方"（如中央公园的图例，比真实情况更小，形状也是错的）所惹怒的人立刻发来了无数投诉。1979年，这一地图被

重要事件

1962 年	1962 年	1963 年	1963 年	1965 年	1966 年
《星期日泰晤士报》杂志首次出版。它是英国第一本彩色增刊。	基诺·瓦尔（Gino Valle，1923—2003年）与他人共同设计出了一些机械指示板。这些指示板被广泛应用于机场和火车站，成为行业标准。	乔克·金尼尔接受委托为英国道路设计一套标志系统，并邀请玛格丽特·卡尔沃特来协助他。	理查德·圭亚特在皇家艺术学院组织了名为"RCA图片展：图像设计学院15周年作品展"的展览。	瓦尔为意大利显示器公司索拉里·迪·乌尔比内（Solari di Urbine）设计了Cifra 3旅行时钟（详见第348页）。	马西莫·维格内里为纽约交通管理局设计了地铁标志系统。它基于一套模块化的面板系统。

撤销，转而采用了基于地理特征的新设计。

很少有人抱怨乔克·金尼尔（1917—1994 年）和玛格丽特·卡尔沃特（1936 年— ）在 20 世纪 50 年代后期开始的十年发展计划中设计的英国高速公路标牌（详见第 346 页）。与维格内里一有机会就为 Helvetica 字体摇旗呐喊不同，金尼尔和卡尔沃特推测，英国公众可能会觉得来自瑞士的 Helvetica 无衬线字体太过简单。他们为标牌设计的 Transport 字体十分清晰，易于辨认，它与 Helvetica 相似，但更圆润，更友好些。这些标志是公共服务设计方面的里程碑，它们引导了从约翰奥格罗茨到兰兹角（前者位于英国东北端，后者位于西南端）的司机，而现在，它已经成了这个国家视觉标志根深蒂固的一部分，人们很难想象还有什么比它更能代表"英国"。

图形设计师需要让地图和标志更容易用作导航、更易理解、对旅行者而言更安全。另一种意义上的"导航"则对文本提出了要求，文字的易读性被视为地理位置的一种表现形式。一个典型的例子是英国排版设计师马修·卡特为美国电信巨头贝尔电话设计的作品。1974 年，他设计了一种新的字体——贝尔百年纪念字体（Bell Centennial）——以取代贝尔哥特字体（Bell Gothic），该公司以前曾用后者作为电话簿的字体。他面临的挑战是设计出一种可以在廉价纸上快速印刷出来的字体，并保持可读性。卡特的解决方案是在字母的角落中加入凹槽，即"墨水陷阱"，以便扩散墨水。新字体即使缩小，也能保持清晰。于是，在电话簿中占两行的地址条目减少了，总体列数也减少了，大大节省了纸张。

美国字体设计师 W.A. 德威金斯（1880—1956 年）在 20 世纪 20 年代首次使用"平面设计"一词，理查德·圭亚特（1914—2007 年）于 1948 年在伦敦的皇家艺术学院（Royal College of Art，简称 RCA）设立平面设计学院，重新引入了这一术语。作为这种新的跨学科设计方法的倡导者，圭亚特于 1963 年在皇家艺术学院举办了首次平面设计展览。该校校友包括许多后来在该领域崭露头角的人，比如艾伦·弗莱彻（1931—2006 年）。后来于 20 世纪 80 年代在学校任教的德雷克·博德萨尔（1934 年— ）是弗莱彻的同事。他的职业生涯颇具影响力，曾设计企鹅出版公司的书籍封面、倍耐力年历，以及为英国具有重大影响力的《诺娃》杂志（见图 2）担任艺术总监，他重新设计了英国教会的《共同祈祷书》，广受好评，他为这本书选用了 Gill Sans 字体。

图形也有其俏皮的一面。20 世纪 60 年代的一个经典作品是由哥伦比亚广播公司设计总监卢·多夫斯曼（1918—2008 年）设计的"字母墙"（见图 1），这堵墙是为埃罗·萨里宁设计的纽约总部的餐厅而设计的。多夫斯曼口中的这个"跟胃有关的印刷物聚合体"长 10.5 米，高 2.5 米，有 1450 个字母，使用实心松木手工打造而成。它由跟食物有关的词语组成。**EW**

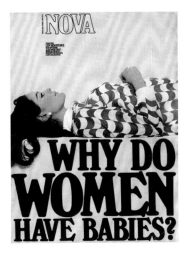

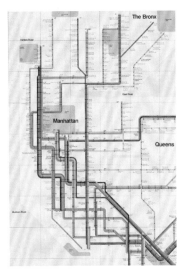

1966 年	1967 年	1971 年	1972 年	1972 年	1974 年
卢·多夫斯曼的"字母墙"建造完成，并被安装在了 CBS 的餐厅里。	维格内里为美国航空公司设计了企业标志。它被沿用至今，已经过了五十多年。	受滚石乐队委托，RCA 设计学院的学生约翰·帕申（John Pasche，1945 年— ）为乐队设计出了嘴唇和舌头的标志。	维格内里为纽约交通管理局设计的地铁图立刻引起了争议。	英国著名设计工作室五角设计（Pentagram）由艾伦·弗莱彻、肯尼斯·格兰格、西奥·克罗斯比、鲍勃·吉尔和梅尔文·库尔兰斯基创立。	排版设计师马修·卡特在美国为贝尔电话设计了贝尔百年纪念字体（Bell Centennial）。

高速公路标牌 1963 年

乔克 · 金尼尔 1917—1994 年　玛格丽特 · 卡尔沃特 1936 年—

👁 焦点

1. 字体

字体是 Akzidenz Grotesk 的一个版本，后来被命名为 Transport。这是一种无衬线字体，比欧洲现代主义字体更圆润。大写字母和小写字母并用，因为跟全部使用大写字母相比，大小写字母并用的标志更易辨认

2. 反光材料

高速公路标志上的白色是一种特殊的反光材料，当夜间被汽车的大灯照射时，会增加其可见度。蓝色的背景则是不反光的，从而加强了对比度

3. 颜色

天蓝色是高速公路标牌的背景颜色，在白天和天空融为一体；换句话说，它不像具有冲击力的红色和橙色一样充斥人们的双眼。在晚上，蓝色看上去成了黑色，同样能有效地映衬出白色的字母和数字

4. 间距和比例

字体设计完成之后，设计师特别留意了字间距（某些字母组合之间的间隔）。字母的大小也和标牌大小按一定比例调整

乔克·金尼尔和玛格丽特·卡尔沃特的设计影响了世界各地的路标

乔克·金尼尔和玛格丽特·卡尔沃特在 20 世纪 60 年代早期为英国道路网设计了标牌，这个项目是 1957—1967 年政府出资的一个雄心勃勃的信息设计方案的一部分。

它是一致性和可读性的典范，改变了司机在全国道路上的导航方式。在英国各地，这些路牌一眼就会被人认出来，人们大多认为这理所当然，这些标牌有效地起到了为英国打造品牌的作用。该设计方案旨在配合 20 世纪 50 年代后期开始的道路网扩建和新高速公路的建设。第一条高速公路的第一段——M1——从沃特福德到拉格比，于 1959 年开通。当时的道路标志混乱而不一致，有人担心这会使司机一头雾水，陷入危险之中（20 世纪 50 年代高速公路还没有限速）。

政府于 1963 年成立了一个委员会，以审查这一问题。他们任命了金尼尔。他是一名平面设计师，此前为伦敦最新的盖特威克（Gatwick）机场设计了标牌。金尼尔则请自己以前在切尔西艺术学院（Chelsea School of Art）的学生卡尔沃特来帮忙。这是一个庞大而复杂的项目。当务之急是为新的高速公路设计一个系统。后来这对搭档受委托为所有其他道路提供相同的路牌系统。从一开始，高速公路标牌就被设想为前方岔路口的地图。主要目的是将信息减少到只留下实质内容，并进行广泛的测试，确保可快速阅读。金尼尔和卡尔沃特为此设计了一种新的无衬线字体，这种字体后来被命名为 Transport（交通）。字体的粗细、间距和字距，以及排版、大小和比例都精心设计过。**EW**

符号和象形图

委员会要求在道路标牌中使用符号，而非文字。金尼尔和卡尔沃特采用了 1949 年《日内瓦公约》（the Geneva Protocol）规定的代码：三角形用于警示标志，圆圈是指令，矩形则代表信息。虽然许多符号是抽象的，例如禁止进入、禁止右转，但红色的三角形警示标志则以象形图为特征。其中大部分由卡尔沃特绘制，她赋予了这些符号特征和个性。比如，提醒司机"提防农场动物"的三角形图案中有奶牛的象形图，这头牛名叫"耐心"（Patience），来自她表哥的农场。"跳跃的鹿"这个图像被特别挑选出来，因为它令人愉快。卡尔沃特曾经说过，"儿童过路处"标志（右图）最难设计，也最令人满意。之前的标志是一个戴着学生帽的男孩领着一个小女孩走。卡尔沃特的版本更符合平等主义，与时俱进，是一个女孩领着一个小男孩前进。这个女孩图形来源于她自己的一张童年照片。

Cifra 3 时钟 1965 年

基诺·瓦尔 1923—2003 年

塑料
10cm × 18cm × 9.5cm

基诺·瓦尔首先是一位多产的建筑师，负责意大利和世界各地的许多重要建筑，他也是一位工业设计师，坚信产品应该反映用户的需求。值得一提的是，他与意大利品牌扎努西（Zanussi）合作，设计了洗衣机和冰箱。1965 年，瓦尔为展示品公司索拉里·迪·乌尔比内设计了 Cifra 3 时钟，于 1966 年推出，不久后便成了销量最高的产品。如今它已经停产，但仍备受追捧，是纽约市现代艺术博物馆和伦敦科学博物馆的馆藏物。这个时钟采用了与索拉里公司制造的分瓣式指示板类似的机制。其清晰的图形和小巧的形式使它成为意大利战后设计的经典之作。时钟的外壳由塑料制成，其形状完全由其圆筒内旋转的装置决定。随着滚轮叶片的移动，单个塑料片或"卡片"会滑入预设的位置，发出声响。

瓦尔的许多建筑作品都位于家乡威尼斯附近的乌迪内（Udine）及其周围地区，他的父亲普罗维诺·瓦尔（Provino Valle）也是一名建筑师，而瓦尔的儿子也继承了这一家族传统。该镇设有普罗维诺为纪念第一次世界大战而设计的教堂，以及瓦尔本人设计的一座纪念碑。瓦尔本人曾在二战期间被德国人俘虏，并且由于跟意大利抵抗运动有关，被关押在毛特豪森集中营（Mauthausen camp）。**EW**

✿ 图像局部示意

1. 简洁的外形

这款时钟带有曲线的表面十分简洁，展现了部件的运动情况。它有两组指示数字用的塑料滚轮叶片：48 片用于显示小时的叶片，以及 120 片显示分钟的叶片。翻转时钟只能在一个方向工作。换句话说，它们只能在重力帮助下向下翻转。这款时钟上有一个旋钮，能把时间往前调

2. 字体

时钟使用的字体是 Helvetica，因其现代性而被选中。显示小时的数字以粗体显示，以便于在远处看清时钟。每过一分钟，这款时钟就会发出有趣的翻动声，跟一般时钟的嘀嗒声不同

3. 圆柱形

这款时钟的圆柱形完全反映了它所包含的滚轮叶片的翻转机制。瓦尔的设计没有任何多余的东西，也没有装饰。这款时钟简单的未来主义形状是通过塑料外壳来凸显的

🕐 **设计师传略**

1923—1963 年

基诺·瓦尔出生在意大利的乌迪内，在威尼斯大学学习建筑，并在马萨诸塞州的哈佛大学继续他的学业。20 世纪 50 年代，他设计了一些建筑物，大部分都在乌迪内附近。在 20 世纪 50 年代末，他开始与扎努西和索拉里公司进行富有成果的合作。他在 1956 年和 1962 年两度获得金圆规奖。

1964—2003 年

他得到了国际认可，于 1964 年在伦敦皇家艺术学院举办了一场个人展。虽然瓦尔拒绝从事商业房地产开发工作，但他仍然是一位多产的建筑师，在美国、德国和法国以及意大利都有作品。他还曾在欧洲和南非的大学以及哈佛大学任教过。

索拉里板

数字显示屏出现以前，分瓣式指示板（右图）出现在全球各地的火车站和机场，其背后的机制是索拉里的创始人、自学成才的工程师雷米吉奥·索拉里（Remigio Solari）的创意。瓦尔与发明家约翰·迈耶（John Myer）则共同设计了这些指示板。索拉里板从任何角度都清晰可见，且不需要什么动力，迅速成为行业标准。它们发出的声音与 Cifra 3 时钟相同，对许多人来说，显示板上"到达"和"目的地"变化时发出的声音，会让他们想起以前的旅行是什么样的。

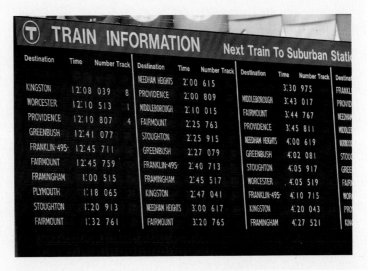

神奇的塑料

对战后的设计师来说，塑料的雕塑特性给他们提供了一个创造全身上下一体化、被称为"单体"（monobloc）物件的机会。这既是美学目标，也是商业目标，并有可能通过简化的制造过程将设计带给更多观众。最初，技术限制意味着人们无法实现这一愿景。埃罗·萨里宁的郁金香椅（1956年；详见第294页）一开始被设计为单体形式。但是模制的玻璃纤维座椅外壳必须安装在单独的铸铝基座上。不过全白的颜色以及流畅的线条创造了一种幻觉，让人觉得它在材料方面是统一的。尽管许多设计师付出了努力，但第一张一体式塑料椅直到1967年才投入量产，而其概念却能追溯到20世纪60年代初。这就是丹麦设计师维尔纳·潘顿（Verner Panton，1926—1998年）的潘顿椅（1960年；详见第352页），它采用了悬臂式这种激进的形式。虽然它已经成为一个设计史上的标志，但它的制造难度是出了名的，其生产史也十分曲折。

英国设计师罗宾·戴为他的聚丙烯椅采用了不同的方法（见图2），这把椅子通过弯曲的钢管椅腿来支撑模制塑料外壳。这是有史以来在商业上最成功

重要事件

1960 年	1961 年	1963 年	1964 年	1965 年	1966 年
维尔纳·潘顿设计出了第一把一体式模压塑料椅（详见第352页）。它的形态十分激进，具有光滑的悬臂与喇叭形的底座。	由维科·马吉斯特雷迪设计的月神椅十分优雅，是第一款由模压成型的玻璃纤维制成的注塑椅子。	罗宾·戴设计出了一款聚丙烯椅子，是由钢管椅腿支撑的模制塑料椅。这款椅子在世界各地卖出了数百万件。	约里奥·库卡波罗（Yrjö Kukkapuro，1933年— ）设计出了卡卢塞利椅（Karuselli）。这款经典的芬兰椅采用玻璃纤维基座和外壳，并采用皮革装饰，可以旋转和晃动。	乔·科伦坡（1930—1971年）开始设计一体化椅（Universale monobloc chair），并由卡特尔在1968年生产制造。	瑞士设计师汉斯·西奥·鲍曼（Hans Theo Baumann，1924—2016年）推出了一系列儿童餐具。

的塑料椅子，在 23 个国家卖出了数百万件。这也是第一款使用注塑聚丙烯的产品，这种材料是在近十年前的 1954 年发明的。聚丙烯椅可以堆叠，色彩丰富，在公共场合很常见，从医生的手术台到世界各地的学校礼堂，是人们熟悉的景象。

到 20 世纪 60 年代中后期，塑料进入了时尚和波普艺术的舞台。反映这种趋势的著名设计包括由乔纳森·德·帕斯（Jonathan de Pas，1932—1991 年）、多纳托·德·乌尔比诺（Donato d'Urbino，1935 年— ）和保罗·罗马齐（Paolo Lomazzi，1936 年— ）组成的米兰工作室设计的充气椅（1967 年；详见第 372 页），以及埃罗·阿尼奥（Eero Aarnio，1932 年— ）设计的泡泡椅（1968 年；见图 1）。后者是个透明的塑料壳，由一根固定在天花板上的链条挂着。在 20 世纪 60 年代后期，塑料获得了一定的时尚气息，这不仅要归功于这种材料本身的技术改进，更要归功于意大利设计师努力提高其地位的尝试。维科·马吉斯特雷迪专门从事家具和灯具设计，著名作品有奇美拉落地灯（1969 年；详见第 356 页），并在塑料领域做出了开创性的设计样本。他那雕塑般的月神椅（Selene chair，1968 年）十分舒适，价格实惠，并且可叠放。它采取了单体设计，由压缩成型的玻璃纤维制成，并由海勒（Heller）公司重新发售。另一个意大利设计经典是情人节打字机（1969 年；详见第 334 页）。埃托雷·索特萨斯专为奥利维蒂公司设计了这款打字机，其外壳是大胆的红色塑料，选择它是因其自身的优点，而不是因为它有着模仿另一种"高级"材料的能力。

当然，塑料不是一种单一的材料，而是一个成员间特征差异很大的大家庭，正是这一特点使得它在现代世界如此不可或缺。意大利设计师为他们的塑料作品增添魅力的一种方法是选择 ABS（丙烯腈 – 丁二烯 – 苯乙烯）等材料，这种材料有光滑的表面，在视觉和触觉上都极具吸引力。ABS 在意大利卡特尔公司销售的设计产品中得到了广泛应用，该公司在此期间生产了许多受人追捧的塑料产品。

尽管意大利设计师试图赋予塑料一种新的地位——一种自身的美学——但它物美价廉，功能繁多，几乎可用于所有产品，包括家用电器、汽车、地板、电器和管道，市场上几乎没有一个产品不包含塑料零件。在 20 世纪 70 年代早期，中东地区发生了冲突，由此产生了石油危机，这向一个越来越依赖石油和石化工业合成产品的社会发出了警告。塑料不再便宜，波普艺术运动"用完即扔"的理念不再是对资源有限的世界的明智回应。塑料并没有消失，但设计师们已经不再认为这种材料提供了创造"美丽新世界"的可能性了。**EW**

1. 埃罗·阿尼奥的泡泡椅（1968 年）由一个吹制的亚克力半球组成，里面有一张垫子。由于设计师不喜欢使用透明的底座，所以它通过链条和钢圈挂在天花板上

2. 罗宾·戴的聚丙烯椅子（1963 年）有几种不同的版本获得了量产，包括带软垫的版本，带孔洞方便在户外使用的版本，以及儿童椅

1967 年	1968 年	1968 年	1969 年	1969 年	1973 年
安娜·卡斯特里·费里埃里（Anna Castelli Ferrieri，1918—2006 年）设计了 Componibili 模块（详见第 354 页）。它们由 ABS 塑料制成。	埃罗·阿尼奥设计出了泡泡椅。它吸引了那些希望获得他人关注的人。	塞尔吉奥·马萨（Sergio Mazza，1931 年— ）设计了托加（Toga）——由一整块玻璃纤维制成的可堆叠椅子。它由马萨的公司阿特米德（Artemide）生产。	埃托雷·索特萨斯为奥利维蒂设计了情人节打字机（详见第 334 页）。红色的塑料外壳表现出塑料作为一种新材料的野心。	马吉斯特雷迪利用塑料的柔韧性和半透明性，使得卷曲的奇美拉落地灯创造出了戏剧性效果（详见第 356 页）。	中东局势紧张之后，欧佩克（OPEC）启动了石油禁运措施。石油危机导致塑料价格大幅上涨。

潘顿椅 1960 年

维尔纳·潘顿 1926—1998 年

图像局部示意

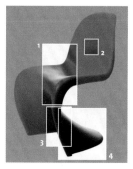

聚氨酯泡沫
83cm × 61cm × 50cm

维尔纳·潘顿的作品代表了对典型的斯堪的纳维亚现代设计概念的一种背离。他没有使用天然材料和传统的有机形式，而是喜欢太空时代的美学风格和狂放的合成材料，这使得他在丹麦的同时代人中被誉为"可怕的天才"。他说："我工作的主要目的是激发人们的想象力。"

潘顿椅有着连续的椅背、座椅和底座，代表了许多战后设计师共同的梦想：创造出一体式塑料椅。虽然以前有许多塑料椅看起来好像是一体化的，但仔细观察的话，人们就会发现设计师难以掩盖又不可避免的接缝和结合点。潘顿椅大胆、多彩、性感，1968 年首次在科隆家具展上展出时立即赢得了广泛赞誉，成为新一代的设计标志。它的悬臂形式具有开创性，优美圆润的曲线和高光泽的表面则明确参考了汽车设计。该设计直到构思完毕七年后才投入生产：潘顿的想象力总是比技术上可以实现的东西要先进一些。**EW**

1. 轮廓鲜明的外壳

潘顿的目标是设计一款舒适、多用途、经济实惠的塑料椅子。尽管椅子的座椅和靠背经过精心设计，以适应人体框架，但舒适性不是唯一的问题。即使没人坐在椅子上，它的曲线和凹痕也给它带来了强烈的、几乎是动态的存在感。从侧面看，悬臂形式是完美的平衡。椅子被设计成可堆叠椅，因此是多功能的

2. 明亮的颜色

设计师用明亮的颜色来激发情感，刺激感官。他写道："大多数人一生都生活在沉闷的米色和灰色环境中，非常害怕使用颜色。"塑料可以很好地提供色彩，这把椅子大胆地向人们宣布：它的材料是人工合成的

3. 唇状边缘

围绕潘顿椅流线型边缘分布的唇状边缘为这把椅子提供了更高的强度和耐用性，这些都很实用。在椅子最初生产时，塑料技术还处于早期阶段，椅子的这些特质是最重要的。与此同时，这种边缘能让这款椅子拥有灵动而又几近性感的线条。它受到了堆起来的水桶的启发

4. 喇叭形底座

喇叭形底座的长尾摆看上去像尾翼或汽车保险杠。潘顿作品的一个特征是引用同时代的流行艺术和文化，这一设计迅速成为波普艺术运动的标志。它最近一次出现是在 Vogue 杂志的封面上，时间是 1995 年

🕐 设计师传略

1926—1955 年

维尔纳·潘顿 1951 年毕业于丹麦皇家美术学院建筑系。他在阿诺·雅各布森的建筑事务所工作了两年，在那里协助设计了蚂蚁椅（Ant Chair, 1952 年），然后在哥本哈根自立门户。

1956—1960 年

潘顿为菲英岛（Funen）上的科米根（Komigen）旅馆设计了未来派锥形座椅（Cone chair, 1958 年）和全红内饰，引起了轰动。他也重新设计了位于特隆赫姆（Trondheim）的阿斯托利亚饭店，色彩鲜艳，受到了欧普艺术（Op Art）的影响。

1961—1969 年

潘顿为弗里茨·汉森（Fritz Hansen）和路易斯·波尔森（Louis Poulsen）等公司设计灯具、家具和纺织品。当潘顿椅在 1967 年投产时，设计师已经在瑞士定居了。

1970—1998 年

潘顿在 1970 年科隆家具展上的迷幻景观装置 Visiona II 使用了合成材料，体现了太空时代美学，产生了巨大的影响。他后来的设计是对纯几何形式的探索。

生产问题

维尔纳·潘顿（上图）设计出了他独特的椅子之后，却发现这种椅子很难生产，他花了三年时间，才找到一家制造商。潘顿与维特拉合作，终于在 1967 年向公众推出了这款椅子。二战结束后塑料技术取得了显著的进步，但是它远没有今天这么成熟。随着技术的发展，潘顿椅被大量生产，但是在 1979 年，维特拉将其撤出了生产线，因为他们手上可用的塑料都不足以支撑坐者的重量而不开裂。到 1990 年才重新推出由聚丙烯和聚氨酯硬质泡沫制作的这种椅子。

Componibili 模块 1967 年

安娜 · 卡斯特里 · 费里埃里 1918—2006 年

Componibili 模块的外观结合了圆形和方形轮廓的单元。门的尺寸也有所不同，一些模块还安装了脚轮

安娜 · 卡斯特里 · 费里埃里和她的丈夫朱利奥 · 卡斯特里于 1949 年创立了位于米兰的卡特尔公司，它迅速以其创新的塑料设计闻名于世。费里埃里曾经受过建筑课程训练，自 20 世纪 60 年代中期开始，她设计了卡特尔公司的很多产品。

她的 Componibili 模块是一套存储单元，非常成功，至今仍在生产。Componibili 可以单独或分层使用，为家中的任何区域提供了适应性强的功能性存储。它们尺寸多样，或方或圆，不过圆形更常见。各单元能垂直堆叠起来，每座单元组成的"塔"只需要一个盖子，并且可以安装脚轮。独特的滑动门是通过一个简单的指孔来操作的。

该设计的灵活功能在很大程度上依赖对塑料的使用，它使用了 ABS，这是一种热塑性塑料，坚固、有光泽、耐用。其最为人熟知的应用是乐高积木。

在 20 世纪 60 年代后期，人们大多认为塑料是一种地位低下的材料，但费里埃里通过赋予她的高质量设计一个强大和现代的视觉身份，帮助改变了塑料的恶名。在这一点上，她得到了其他富有灵感的意大利设计师的帮助，如基诺 · 科隆比尼、维科 · 马吉斯特雷迪、马可 · 扎努索和乔 · 科伦坡。她的 Componibili 模块在纽约的现代艺术博物馆和巴黎的乔治 · 蓬皮杜中心展出。1972 年，纽约的布鲁明黛百货公司（Bloomingdale）用这些模块在一个橱窗中创造出了整个纽约的天际线，令人印象深刻。**PS**

🎟 图像局部示意

◉ 焦点

1. 具有光泽的材质

Componibili 由 ABS 制成，这是一种坚韧、高质量、有光泽的塑料，意大利设计师在 20 世纪 60 年代广泛使用这种材料，使日常用品拥有了奢华的外观。这一极度现代的材料也让这种储物模块在家庭环境中拥有了一种当代的、太空时代般的外观

2. 流行的颜色

Componibili 模块符合 20 世纪 60 年代的新现代波普（neo-modern Pop）美学风格，一开始只有白色、黑色和红色款；现在也有了其他颜色。用于打开门的指孔具有额外的视觉功能，是白色和红色的模块上醒目的黑点

3. 功能性

Componibili 模块简洁地结合了视觉效果和功能性。每一"层"都有一扇重叠的门，打开时，它会围绕模块的内侧移动。滑门使这些模块在有限的空间内仍拥有完整的功能

▲ 费里埃里在 20 世纪 70 年代为卡特尔设计了这款醒目的 Polo 凳子。它们由金属和塑料制成，还有白色、黑色和红色的其他组合形式

⏱ 设计师传略

1918—1948 年

安娜·费里埃里 1918 年出生于米兰。她曾在米兰理工学院学习建筑，并与建筑师兼设计师弗朗哥·阿尔比尼一起工作了一段时间。她于 1943 年和朱利奥·卡斯特里结婚，并于 1946—1947 年编辑《美丽之家》月刊。

1949—1963 年

1949 年，卡斯特里夫妇成立了卡特尔公司，专门将高质量的塑料做成各种物件。起初，卡特尔专注于制造汽车配件，但在 1963 年转向制造家居用品。

1964—1975 年

费里埃里于 1965 年开始亲自为卡特尔设计各种物件。在商业上，她最成功的两个设计是 4822/44 凳子和 Componibili 模块化单元。

1976—2006 年

费里埃里于 1976 年成为卡特尔的艺术总监。朱利奥·卡斯特里有化学工程师的背景，而她受过建筑师方面的训练，两人联手之后大获成功。

卡特尔

卡特尔不仅在设计领域赢得了声誉，而且在塑料技术方面也进行了实验。从 20 世纪 50 年代后期开始，该公司便与顶尖的建筑师和设计师合作，包括近年来的菲利普·斯塔克和安东尼奥·西泰里奥（Antonio Citterio，1950 年— ），后者是巴蒂斯塔折叠加长桌（1991 年；上图）的设计者。朱利奥·卡斯特里的儿子克劳迪奥·鲁提（Claudio Luti，1946 年— ）强化了卡特尔与设计师之间的合作关系，该公司使用聚碳酸酯革命性地制造出了透明的家具。

奇美拉落地灯 1969 年

维科·马吉斯特雷迪 1920—2006 年

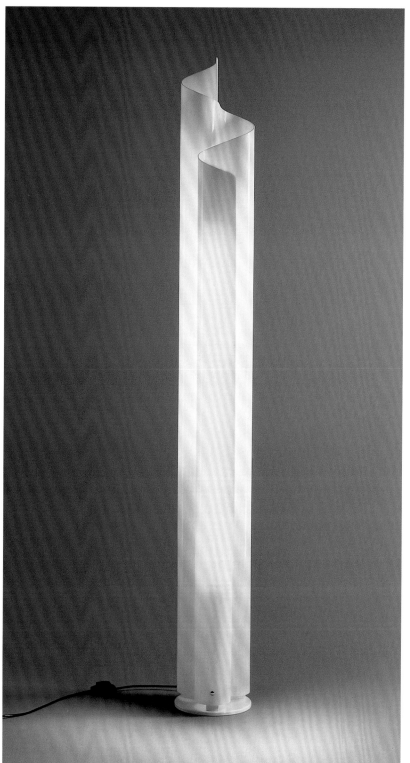

1. 雕塑般的形态

奇美拉被设想为一尊能发光的雕塑,并且无论是否打开,都能吸引人的注意。它之所以能有弧度明显的波浪形,是因为制造它的材料真的可以说是"塑"料

2. 半透明材料

这盏灯是由甲基丙烯酸酯制造的,也被称为丙烯酸,它还有其他许多商品名,比如树脂玻璃。这款灯有弯曲的表面,这是通过加热材料,并趁热进行弯曲而实现的。灯的底座由上了漆的钢制成

奇 美拉落地灯是意大利家具设计师和建筑师维科·马吉斯特雷迪为阿特米德公司创作的最具表现力的照明设计之一。他的其他设计，包括达鲁（Dalu）和艾克利斯（Eclisse）在内，更理性，功能性更明显。有一段时间，马吉斯特雷迪摆脱了他严格的新现代设计方法，转而与激进团体，如建筑电讯派（Archigram）和超级工作室（Superstudio）的更具隐喻性、以波普艺术为导向的设计保持一致，这些团体在其他功能性产品中加入了形象化的元素，并引入媚俗和讽刺的因素。奇美拉是马吉斯特雷迪把玩意象并允许他的设计兼具功能性和表现力的一个罕见例子。

奇美拉得名于希腊神话中的喷火怪物，它一部分是狮子，一部分是山羊，还有一部分是蛇。虽然马吉斯特雷迪的设计方案并非大杂烩，但是它卷曲的顶部仍类似闪烁的火焰，在开灯时更是如此。奇美拉灯富有感染力，令人回味无穷，给它所在的空间带来了情感色彩。该设计的一个关键要素是要发出十分柔和并且漫反射的背景光。这款灯的设计目的是通过凸显其体积，来强化它照亮的空间。因此，用户可以根据一天中的不同时间，调整设置在落地灯内的三个单独光源，以改变光线强度。灯罩由半透明的蛋白石甲基丙烯酸酯制成，打开时视觉上很温暖，这种材料有助于产生柔和的效果。**PS**

无论是开还是关，优雅而又拥有玲珑曲线的"奇美拉"都是一款雕塑般的台灯

公司简介

1960—1971 年
1960 年，埃内斯托·吉斯蒙蒂（1931 年— ）和塞尔吉奥·马萨在米兰附近的普雷尼亚纳米拉内塞创立了阿特米德公司。它专注于生产由知名设计师创作的照明产品。它的第一盏灯"阿尔法"（Alfa）由马萨于 1959 年设计。

1972—1985 年
1972 年，阿特米德推出了其最成功的灯之一——Tizio，由理查德·萨帕设计。它使公司的国际声誉迈上了一个新的台阶。

这款灵活的工作灯出现在了全球各地的房间内。

1986 年—
1986 年，阿特米德推出了托罗梅奥（Tolomeo），获得了又一个巨大成功，它由米歇尔·德·卢奇（Michele de Lucchi，1951 年— ）和吉安卡罗·法西纳（Giancarlo Fassina，1935 年— ）设计。此后，阿特米德被授予多项大奖，其中包括 1995 年的金圆规奖和 1997 年的欧洲设计大奖。

◀ 1966 年，马吉斯特雷迪绘制了一些灯具的初步草图，最终阿特米德公司把这些灯具投入生产中，首先是奇美拉（1969 年），然后是梅扎奇美拉（Mezzachimera，1970 年）

太空时代

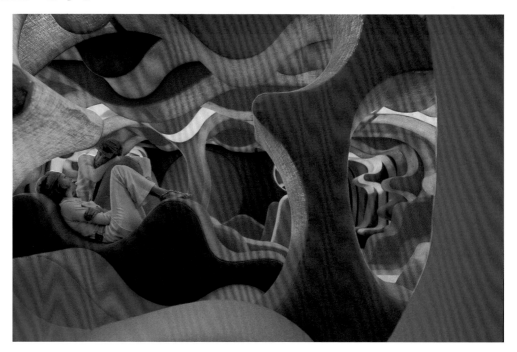

对宇宙探索的兴趣在整个 20 世纪 60 年代都吸引着公众的想象力,并最终于 1969 年阿波罗登月时达到顶峰,因此人们使用"太空时代"一词来描述这十年。虽然它具体指的是太空探索,但"太空时代"这个词仍能令人联想到一系列其他技术进步,从计算机、塑料到航空学,以及在时尚、设计和电影中表现出来的、跟太空旅行相关的视觉文化和图像。美国国家航空航天局(NASA)太空计划最实在的衍生物之一是聚酯薄膜(Mylar),它是一种合成箔,用在太空服上,让航天员免受辐射。它后来被美国壁纸业使用,成了装饰性镀银饰面。

对家具设计师来说,太空时代是一种哲学概念,也是一个切实的愿景。一切都是为了打破固有模式,突破边界。太空时代的设计师利用新材料和新技术探索了挑战主流美学和惯例的激进概念,展现出独创性和技术意识。丹麦出生的维尔纳·潘顿和芬兰出生的埃罗·阿尼奥代表了太空时代设计的叛逆。他们背离了斯堪的纳维亚传统,拥抱塑料等人造材料,并探索出一种由几何图形和人造色彩组成的自觉的未来主义风格。潘顿的作品在这十年中变得越来越大胆而冒险,在 1970 年的科隆家具展上,他传奇般的迷幻景观装置 Visiona II 达

重要事件

1957—1958 年	1961 年	1962 年	1963 年	1963 年	1964—1965 年
1957 年,苏联发射了两颗无人卫星——斯普特尼克 1 号和 2 号;美国于 1958 年发射了探索者 1 号探测卫星。	苏联宇航员尤里·加加林(1934—1968 年)于 4 月 12 日成为第一位进入太空的人类,他乘坐"东方号"(Vostok)航天飞船环绕地球飞行。	第一颗通信卫星泰事达(Telstar)发射,新闻和图像可以通过卫星传播到全球各处。	作为弹道导弹预警系统的一部分,位于英国北约克郡的皇家空军菲林德尔基地竖起了三个巨大的高尔夫球状的雷达罩。	埃罗·阿尼奥设计出了球椅,它是一个由底座支撑的大型玻璃纤维球体(详见第 360 页)。	美国的水手(Mariner)4 号太空探测器在 1964 年发回了火星的近距离图片;苏联宇航员阿列克谢·列昂诺夫(Aleksey Leonov,1934—2019 年)在 1965 年进行了首次太空行走。

到了顶峰（见图 1）。

　　法国设计师，比如皮埃尔·保林（Pierre Paulin，1927—2009 年）和奥利维尔·莫尔格（Olivier Mourgue，1939 年—）也采用了太空时代的设计。保林为荷兰公司 Artifort 设计的丝带椅（Ribbon chair，1966 年）和舌头椅（Tongue chair，1967 年）看起来像来自外太空的东西，尽管它们呈流体状、扭曲的软垫由钢管和合成泡沫制成。莫尔格那古怪的丁字椅（Djinn chair）和沙发（见图 2）也远远超前于他所处的时代。

　　20 世纪 60 年代，意大利设计师处于家具和照明技术的发展前沿，在塑料领域更是如此。在美学和概念方面，他们也非常先进。乔·科伦坡（Joe Colombo）是这十年中最有影响力的人物之一，他喜欢创造"装置"——这个词简单来说就是"环境"，也喜欢创造单体家具。他为 Flexform 公司设计的管状椅（Tube chair，1969 年）由一组带有衬垫的圆柱体组成，可以按各种不同的方法连接到一起。不用的时候，这些圆管可以像俄罗斯套娃一样一层套一层地收起来，这是一个非常具有独创性的概念。

　　科学技术的突破也促使图像设计师们开发新的太空时代图像。埃迪·斯奎尔斯（Eddie Squires，1940—1995 年）和他的同事苏·帕尔默（Sue Palmer，1947 年—）举办了一场非同寻常的图片展，以庆祝阿波罗登月任务成功，其中展示了火箭和宇航员的图片。将这些来自不同领域的设计师团结在一起的，是他们对太空时代的热情和将设计带入另一个领域的渴望。**LJ**

1. 维尔纳·潘顿为推广合成材料家居用品而设计的 Pantower 雕塑泡沫塑料椅于 1970 年在科隆家具展上展出，营造了一个未来家庭的居住环境

2. 奥利维尔·莫尔格 1965 年的丁字橡胶泡沫沙发看起来非常具有未来感，因此被科幻电影《2001：太空漫游》（1968 年）选中，成了片中空间站的装饰之一

1967 年	1968 年	1968 年	1969 年	1969 年	1970 年
美国建筑师巴克敏斯特·富勒为蒙特利尔世博会的美国馆设计了一个巨大的球形网格穹顶。	芬兰建筑师马蒂·苏诺宁（Matti Suuronen，1933—2013 年）设计了"未来之家"（Futuro House），这是一个卵形的玻璃纤维舱室，由钢制的"腿"支撑，类似太空舱。	斯坦利·库布里克的《2001：太空漫游》以奥利维尔·莫尔格的丁字椅和阿诺·雅各布森的 AJ 餐具（1957 年）为特色。	尼尔·阿姆斯特朗（1930—2012 年）和巴兹·奥尔德林（1930 年—）在 7 月 21 日成为最先登上月球的人。	英法共同研发的协和超音速飞机（详见第 362 页）在 3 月进行了首飞，并于 10 月打破了音障。	维尔纳·潘顿在科隆家具展上展出了他为德国化学公司拜耳设计的令人惊讶、具有太空时代风格的 Visiona II 装置。

球椅 1963 年

埃罗 · 阿尼奥 1932 年—

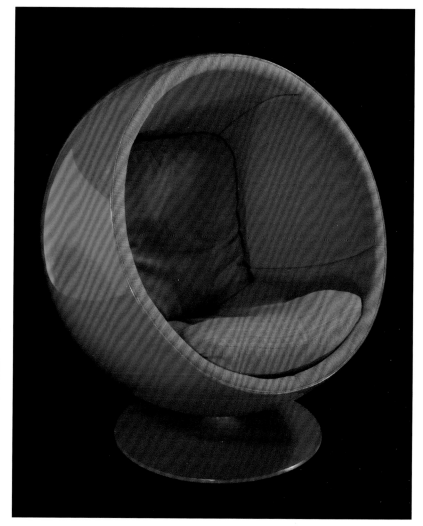

✿ 图像局部示意

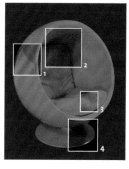

球椅由玻璃纤维制成，并以羊绒或皮革之类的织物做衬垫

埃罗 · 阿尼奥是新生代反传统年轻设计师中的佼佼者，他们在 20 世纪 60 年代改变了设计界。他摆脱了与芬兰设计相关的内敛美学风格和天然材料，开始尝试使用塑料，尤其是玻璃纤维增强聚酯树脂。阿尼奥是被解放的"波普一代"，他认为设计应该展望未来，表达年轻人的想法和兴趣。他捕捉到了摇摆的 20 世纪 60 年代的时代精神，使得球椅成为一个象征，并在邪典电视连续剧《六号特殊犯人》（The Prisoner，1967—1968 年）和电影《意大利任务》（The Italian Job，1969 年）中出现。球椅反映了太空时代的理想，探索新领域的理念。它的形状和宇航员的头盔类似，具有大胆的未来派色彩，像来自科幻电影里的东西。圆形图案已经被纺织物和壁纸设计者广泛采用，圆柱体在现代建筑中也越来越普遍。球体标志着一种自然的进展。塑料是属于未来的材料，是解决方案，因为它们可以被塑造成各种令人兴奋的形式，这在家具的历史上是无法想象的。球椅在概念、色彩和形状上都是太空时代现代性的灯塔。**LJ**

👁 焦点

1. 壳

球状壳由玻璃纤维增强聚酯树脂模制而成。这把椅子最显著的特点是外形呈球形，从中间切开后形成一个座位。球椅采用了一种新的圆形风格，表达了太空时代的未来主义愿望

3. 颜色

太空时代设计的特点是色彩强烈。番茄红和亮橙色很受欢迎，表达了波普设计的能量。黑色和白色的特点很突出，反映了欧普艺术（Op Art）的影响。球椅拥有四种颜色

2. 内部

球体提供了创造一个营造自足环境的机会。其内部用泡沫填充，用织物装饰，使得坐在里面的人像在子宫里一样蜷缩在里面。扬声器之类的可选组件强化了它"与世隔绝"的色彩

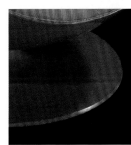

4. 底座

球椅没有选择传统的椅腿，而是选用了圆形的底座。低矮宽阔的底座提供了平衡，能防止椅子翻倒，底座是由喷涂了搪瓷漆的铝制成的，与座椅的颜色相匹配，使两种元素在视觉上协调一致

🕐 设计师传略

1932—1959 年

埃罗·阿尼奥出生于芬兰的赫尔辛基。他于 1954 年至 1957 年在赫尔辛基应用艺术学院学习，之后开始从事家具设计。

1960—1969 年

从 1960 年到 1962 年，阿尼奥在芬兰家具公司 Asko Oy 任设计师，在 1962 年自立门户后，他仍与这家公司保持合作关系。他摆脱了斯堪的纳维亚的设计传统，开始尝试使用塑料。他最具代表性的一些设计是在接下来的几年中诞生的，其中包括球椅、泡泡椅（1965 年）和帕斯蒂利椅（1968 年）。

1970 年至今

除了家具、产品设计和内饰设计之外，阿尼奥还涉猎摄影和平面设计领域。从 1978 年到 1982 年，他在德国经营一家设计工作室。之后他的设计工作室一直在芬兰的维科拉（Veikkola）。阿尼奥始终保持前瞻性，在 20 世纪 80 年代开始运用计算机辅助设计，直到 21 世纪仍是一位活跃的设计师。

球形设计

令人想起 20 世纪 60 年代的球形设计十分迷人，无论椅子、建筑物还是灯。巴克敏斯特·富勒为 1967 年蒙特利尔世博会的美国馆设计了球形穹顶，他是球形建筑方面的先锋。在家用产品方面，休·斯宾塞和约翰·马扎尔（John Magyar）在为加拿大的 Clairtone Sound 公司设计地球仪形唱机扬声器（1963 年）时成功使用了球形，而阿瑟·布雷斯哥德尔（Arthur Bracegirdle）在为美国公司 Keracolor 设计塑料电视机时也成功采用了球形（1969 年）。维尔纳·潘顿是首批采用圆形和球形的设计师之一。他在为路易斯·波尔森照明公司（Louis Poulsen）设计的月亮灯（1960 年）中首次使用了这些形状。他的花盆吊灯（1968 年）包含并列的球形和半球形元素，与阿尼奥的球椅颜色相似。

协和式飞机 1967 年
联合设计

虽然协和飞机是一个技术上的奇迹，但与其他飞机相比，效率低，费用高。它的最后一次商业飞行是在 2003 年 10 月 24 日

与 1969 年阿波罗 11 号登月一起被誉为 20 世纪 60 年代航空大事件之一的，是 1969 年 3 月 2 日全球首架超音速客机——协和式飞机的首次飞行。该客机的构想于 1961 年由英国飞机公司提出，在 BAC 与法国团队南方飞机公司（Sud-Aviation，法国航空航天公司的一部分）合作之后，由一个英法合作团队完成了这一构想。1967 年 12 月 11 日，他们在图卢兹公开了原型机"协和 001 号"（Concorde 001）。协和一开始在英国被称为"Concord"（意为协议），最终在首架原型机公开后，人们采用了法语拼写的"Concorde"一词作为协和式飞机的官方名称。

为协和式飞机提供动力的是奥林巴斯 593 涡轮喷气发动机，它是由劳斯莱斯在布里斯托尔的发动机部门开发的。它被称为双涡流发动机，有两个独立的压缩机，每个都由自己的涡轮驱动，所以它实际上是合二为一的发动机。燃料被注入含有热压缩空气的燃烧室中，然后被点燃。通过后部喷射管喷出的热气驱动涡轮机，并提供向前的推力。

在协和式飞机首飞后，测试一直持续到 1969 年 10 月 1 日，此时它成了真正的超音速飞机，突破了音障，行驶速度超过每小时 1350 英里（约 2180km/h）。协和于 1971 年 9 月进行了第一次跨大西洋的飞行，但它要再等五年才会投入实际运营，开始执飞定期航班。**LJ**

✿ 图像局部示意

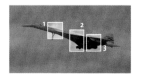

👁 焦点

1. 机翼

协和式飞机具有巨大的细长三角翼，超过机身的一半长。为了便于亚音速和超音速飞行，机翼的形状非常巧妙，既考虑到了横向的拱曲度和逐渐变窄的程度，也考虑到了纵向的下垂程度和旋转度

2. 主体

主体的主要结构材料是以铜为基础的铝合金，其中一些部件是由实心的金属块铣削而成的。因为轻盈、强硬且具有柔韧性，这款金属被选为协和式飞机的材料，在此之前经过了严格的测试，包括承受蠕变（creep）的能力，这是由机械负荷和高温相互作用所导致的形变

3. 机身

协和式飞机有一个细长的机身，长达 204 英尺（约 62 米）。它之所以拥有这种惊人的优雅体形，是因为它要尽可能地呈现出流线型，并符合空气动力学，以减少阻力。只有这样，它才能实现超音速飞行

◄ 虽然协和的下垂机头非常具有视觉震撼力，但之所以设计成这样，是出于技术原因而非审美原因。机头下沉，遮阳板降低，能确保飞行员在起飞和着陆过程中拥有更好的视野。一旦飞机达到足够的高度，机头就会被拉直，流线型程度上升，这样飞机就能飞得更快，同时保护驾驶舱，使其免受因超音速飞行而产生的极热和压力影响

波普艺术

1. 《佩铂中士的孤独之心俱乐部乐队》(*Sgt. Pepper's Lonely Hearts Club Band*) 专辑封面上的拼贴画人物展现出了20世纪60年代的"波普文化"这一时代精神

2. 玛丽·官(Mary Quant)的化妆品,比如唇膏和指甲油(约1966年),都印有雏菊标志,很容易被认出来

3. 彼得·默多克(Peter Murdoch)的一次性椅子是由一张模切折叠卡纸制成的

20世纪50年代出现的"项目性报废"策略,再加上"一次性设计"的概念,以及青年文化及青年消费能力的增长,催生了一种激进的新设计方法,该方法基于与短暂性相关的价值观,拒绝老式的"形式追随功能"(详见第168页)理念。波普没有采用早期现代主义自上而下的方法,而是将人民的力量引入其中。

波普最早的表现形式是在美术方面。1956年,英国艺术家理查德·汉密尔顿(Richard Hamilton,1922—2011年)创作的拼贴画《到底是什么让今天的家庭如此不同,如此吸引人?》通常被认为标志着一场从消费文化中衍生出其主题的运动的诞生。在大西洋两岸,帕特里克·考菲尔德(Patrick Caulfield,1936—2005年)、罗伊·利希滕斯坦(Roy Lichtenstein,1923—1997年)和安迪·沃霍尔(Andy Warhol,1928—1987年)等艺术家利用漫画、广告、食品包装和电视新闻中的图像来创作,这些作品既颂扬大众品位又具有讽刺意味。

重要事件

1959 年	1963 年	1964 年	1965 年	1965 年	1966 年
奥斯丁 Mini(详见第366页)正式上市。它在20世纪60年代成为英国的象征,是"摇摆伦敦"的标志。	以超短裙设计闻名的玛丽·官赢得了首届年度服装奖。	芬兰纺织品设计师马伊加·伊索拉(Maija Isola,1927—2001年)设计出了标志性的Unikko(罂粟花)印花图案(详见第368页),预示着花卉时代的到来。	彼得·默多克设计了一张纸制的儿童椅。这是第一张为大批量生产和销售而设计的纸椅。	迈克尔·拉克斯(Michael Lax)的Lytegem灯(详见第370页)投入生产。它的球体和立方体设计体现了波普设计"有趣"的一面。	奥布里·比亚兹莱作品展在伦敦的维多利亚和阿尔伯特博物馆举办。它推动了波普式海报设计的形成。

不出所料，鉴于这样的先例，波普精神首先传播到时尚和平面设计这种高度反应性媒体之中，然后才影响到家具设计和建筑学领域，其漫长的交付时间自然使影响较慢地出现。它也与年轻人和新的用后即弃文化下的生活附属品，如服装、唱片和海报之间产生了极强的联系，他们越来越希望以此作为区别于父辈的一种方式。与此同时，流行音乐出现了爆炸式增长。

20 世纪 60 年代早期，恰逢披头士和滚石乐队登上音乐舞台，摇摆的伦敦一度成为流行文化的中心。在时尚界，英国设计师玛丽·官（1934 年— ）引领潮流，设计出了迷你裙、及膝袜和围裙，由包括崔姬（1949 年— ）在内的双眼天真无邪的长腿模特展示，表现出孩童般的感召力。玛丽充分利用了她的品牌，于 1966 年推出了一系列化妆品，立刻获得了成功，其包装的简单形状反映了她的服装设计（见图 2）。这些衣服都很便宜，足以吸引年青一代。衣服通过精品店的新零售环境进行销售，店内店外都装饰有大胆的色彩，顾客可以在喧闹的音乐声中购物。设计领域的快速变化给时尚界带来了一种狂热。这类服装店有许多位于卡纳比街，企业家约翰·斯蒂芬（1934—2004 年）在街上拥有几家这样的店铺。汤米·罗伯茨（1942—2012 年）在切尔西国王路上的自由先生商店（Mr. Freedom）为伦敦的年轻人提供他们梦寐以求的商品，并吸引了包括崔姬和米克·贾格尔（1943 年— ）在内的客户。时尚摄影在那些年也发生了变化，大卫·贝利（1938 年— ）和特伦斯·多诺万（1936—1996 年）等出自工人阶级的新人产生了巨大的影响。

在平面设计的世界里，唱片封面是文化氛围的空白画布。罗伯特·弗里曼（Robert Freeman，1936 年— ）拍摄的披头士乐队照片出现在了他们的专辑封面上，而波普艺术家彼得·布莱克（Peter Blake，1932 年— ）与他当时的妻子扬·海沃思（Jann Haworth，1942 年— ）则为 1967 年披头士的专辑《佩铂中士的孤独之心俱乐部乐队》设计了唱片封套（见图 1）。年轻人用来装饰卧室墙壁的海报也受到了波普艺术的影响。

虽说流行时尚和平面设计本质上是短暂的——甚至出现过用纸做裙子的热潮——但在家具领域也开始显示出类似的影响。在英国，彼得·默多克（1940 年— ）在 1968 年设计了他的波尔卡圆点纸椅（见图 3），而罗杰·迪恩（Roger Dean，1944 年— ）为希勒公司制作的海胆泡沫椅（1968 年）则被看作豆袋沙发的先驱。在法国，皮埃尔·波林（1927—2009 年）的作品直接受到了波普艺术革命的影响，拥有自由流动的形式，而在意大利，反设计师的超级工作室（Superstudio）、阿基佐姆、NNNN 组织等都受到了建筑师和设计师埃托雷·索特萨斯激进作品的启发，接受了反形式、反时尚、最终反设计的波普精神。他们的作品，如阿基佐姆的梦床（Dream Bed，1967 年）等设想了一个幻想与现实合为一体的世界，没有任何物理边界。**PS**

奥斯汀 Mini 库珀 S 1963 年

阿莱克·伊西戈尼斯 1906—1988 年

👁 焦点

1. 车顶

虽然标准的 Mini 只有一种整体颜色，但库珀 S 的车顶颜色与车身其他地方不同。双色车身面板和内饰使库珀 S 的造型与众不同。它的格栅和车标也有所不同

2. 内部

除了拥有更强的发动机之外，Mini 和 Mini 库珀 S 之间的设计细节还存在很多差别。库珀 S 的座椅套由两种颜色的乙烯基制成，中间有织锦，还有三种不同风格的遮阳板可供选择

3. 车轮

标准的 Mini 和库珀 S 是在同一条生产线上生产的。Mini 的车轮直径为 10 英寸，但库珀 S 的车轮有孔眼，使其看起来更像赛车。库珀 S 也配备了子午线轮胎

4. 车窗

Mini 库珀 S 很小，是因为伊西戈尼斯设计了横置发动机和前轮驱动布局，所以 80% 的地面可供容纳乘客和行李。设计师尽可能地将窗户做大，使乘客感觉车上空间充裕

由阿莱克·伊西戈尼斯设计的标准奥斯汀／莫里斯 Mini 于 1959 年推出。它的设计目的是成为一台单人车，一种小而便宜的车型，让英国成为汽车之国。这意味着它要与欧洲的同类产品竞争，比如德国的大众甲壳虫（详见第 210 页）、法国的雪铁龙 2CV 和意大利的菲亚特 600 与 500。虽然伊西戈尼斯 1948 年参与设计莫里斯 Mini 汽车时就已经跨入这一领域，但是直到奥斯汀 Mini 诞生之前，英国在小型车市场上仍落后于其他国家。

奥斯汀 Mini 很快取得了巨大的成功。它设计新颖，尺寸紧凑，彻底改变了小型车市场。Mini 一开始并不是一款动力强劲、适于赛车的车型，它的发动机容量只有 848cc。但是库珀汽车公司的老板约翰·库珀——一级方程式赛车和拉力赛车的创始人——看到了 Mini 的潜力，他和伊西戈尼斯合作创造了 Mini 库珀，它配备了经过赛车调校的 997cc 发动机、双化油器和前盘式制动器，于 1961 年推出。而更强大的 Mini 库珀 S 则是在两年之后推出的，后者拥有 1071cc 发动机和更大的盘式制动器。它们是十分优秀的拉力赛车辆，在 1964 年、1965 年和 1967 年三度赢得蒙特卡罗拉力赛冠军。这款车差点也赢了 1966 年的比赛，但在比赛结束后被取消了资格，因为车头灯违反了规定。1962 年到 1967 年大约生产了 14 000 台库珀 S。库珀车型只占所有 Mini 的 2.5%。Mini 的总产量已达到 530 万辆，是有史以来最畅销的英国汽车。**PS**

❂ 图像局部示意

20 世纪 60 年代，Mini 的四方形车身成为伦敦时髦的街道上熟悉的一道风景

◔ 设计师传略

1906—1948 年
出生于士麦那（Smyrna，当时是希腊的一个港口，现为土耳其的 Izmir）的阿莱克·伊西戈尼斯搬到了英格兰，在巴特西理工学院学习工程。1936 年，他开始在莫里斯汽车公司工作，并参与了莫里斯 Mini 的设计。

1949—1988 年
伊西戈尼斯离开莫里斯汽车公司，开始为艾维斯工作，他在那里协助亚历克斯·莫尔顿设计出了具有革命性的自行车。然后他回到了英国汽车公司（莫里斯和奥斯汀公司合并后的产物），在那里设计出了 Mini。他还与意大利的宾尼法利纳工作室合作，设计了英国汽车公司的奥斯汀 1100（1963 年）。

摇摆伦敦

虽然 Mini 是为家庭设计的大众汽车，但它很快就以不同的形象成为摇摆伦敦的象征。它成为许多名人的首选用车，不分性别。杂志和报纸上到处可以看到穿梭于伦敦大街小巷的 Mini，像崔姬这样的模特则被拍到穿着迷你裙从 Mini 中出来。披头士乐队也是如此，而包括史蒂夫·麦昆（Steve McQueen，1930—1980 年）、达德利·摩尔（Dudley Moore，1935—2002 年）和彼得·塞勒斯（Peter Sellers，1925—1980 年）在内的众多演员也选择了这部车。包括库珀 S 在内的 Mini 车甚至成为电影明星和模特，出现在了 1969 年的电影《意大利任务》（The Italian Job，上图）中，作为黄金劫案时使用的逃生车。

▲ 库珀和库珀 S 的体积小、重量轻，参加拉力赛时有竞争优势。它们被顶级车手所使用，包括詹姆斯·亨特和杰基·斯图尔特

Unikko（罂粟）纺织物 1964 年
马伊加·伊索拉 1927—2001 年

大尺寸的重复图案表达了自信和能量

🎞 图像局部示意

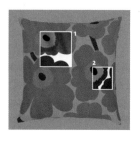

马伊加·伊索拉为芬兰纺织公司玛丽麦高（Marimekko）设计的最易识别和经久不衰的印花图案——Unikko（或称"罂粟花"），是在波普艺术的鼎盛时期设计的。随着 21 世纪初人们对装饰性图案的兴趣复苏，该设计再度流行，现在它已成为玛丽麦高商标的一部分。这个图案的名气极大，已经成了芬兰航空公司（Finnair）飞机上的涂装，有蓝、绿、灰三色。

伊索拉在与玛丽麦高合作的 38 年间，设计了超过 500 种图案。在她的一生中，她从自然界到民间艺术的许多不同来源汲取灵感。玛丽麦高的创始人之一阿尔米·拉蒂亚（Armi Ratia）曾公开宣称该公司不生产花卉图案，这可能是对当时在家具和服装材料中普遍存在的那种端庄图案的婉转批评，结果激起了她创作花卉图案的欲望。Unikko 是伊索拉做出的回应。它结合了伊索拉过去作品的两个元素：直接从自然界获取灵感，使用强有力的图形。**EW**

1. 颜色

粉红色和罂粟红色的冲突色调被清爽的白色背景和黑色的点缀所抵消。大胆的色彩是年轻和热情的，捕捉到了波普艺术的不羁情绪。其他同样强烈的色彩——特别是蓝色和黄色——已经在过去几年中被引入

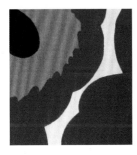

2. 图形边缘

和许多芬兰设计师一样，伊索拉深受自然的影响。这表现在简洁的图形风格上，她的平面图案是有力而令人难忘的。其中的活力来自罂粟花的爆炸性形式和不对称性

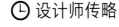 设计师传略

1927—1951 年

马伊加·伊索拉出生于芬兰的里希迈基（Riihimäki），在赫尔辛基工业艺术中心学校学习，并于 1949 年毕业。她的第一个纺织品设计作品是丝网印刷的棉织物，是在同年成立的赫尔辛基纺织公司 Printex 创造的。1951 年，维里奥和他的妻子阿尔米成立了玛丽麦高（Marimekko），在其装饰面料和服装材料中推广 Printex 面料。伊索拉开始与该公司合作，这一合作持续了近 40 年。

1952—2001 年

在担任玛丽麦高首席纺织品设计师期间，伊索拉创造了 500 多幅印花图案。其中最令人难忘的包括 Kivet（1956 年）、Putkinotko（1957 年）、Lokki（1961 年）、Ananas（1962 年）、Melooni（1963 年）、Unikko（1964 年）、Kaivo（1964 年）、Tuuli（1971 年）和 Primavera（1974 年）。伊索拉的女儿克里斯蒂娜（Kristina）于 1964 年加入玛丽麦高，和母亲一起工作，当时她 18 岁。在克里斯蒂娜的童年时代，伊索拉周游四方寻找艺术灵感，让自己的母亲来抚养女儿。在她的后半生，伊索拉抛弃了纺织世界，投身于绘画。

▲ 在设计出 Unikko 之后，她在同一年为玛丽麦高设计出了令人惊叹的 Kaivo 图案（图中最右），这一图案具有大规模的重复。部落艺术是这种大胆的波浪形图案的灵感来源，它具有图形轮廓和强烈的色彩对比。Kaivo 已经以伊索拉的女儿克里斯蒂娜所设计的新色彩重新发布了

适应性设计

很少有图案能像 Unikko 一样在如此之多的应用场景下获得成功。床上用品、墙板、雨靴、化妆包和浴帘只是采用这一著名印花的部分产品。近年来，爱尔兰设计师奥尔拉·凯利（Orla Kiely，1963 年— ）创造了类似的标志性图案，也具有广泛的适应性，其中包括具有她个人风格的"枝干"图样（上图）。这个简单的图样已经出现在了手机壳、音响设备，甚至伦敦的双层巴士上。

Lytegem 灯 1965 年
迈克尔·拉克斯 1929—1999 年

塑料，锌和铝
38cm × 7.5cm × 9cm

👁 焦点

1. 颈部

这款阅读灯最大的特点是其可伸缩的颈部所带来的功能性和灵活性，可以 360 度旋转。它提供了两挡照明强度，人们可以通过按下正方形底座上的开关来切换强度。这个底座是为了维持台灯平衡而设计的

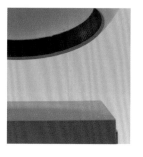

2. 球体和立方体

这款灯由一个放在立方体上的球体组成。因此，它是包豪斯设计方法的缩影，让人想起两次世界大战之间的现代主义。拉克斯使用金属和三种基本颜色——黑色、白色和红色——强化了他对现代主义设计美学的承诺

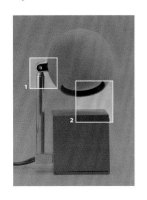

迈克尔·拉克斯于 1964 年设计、莱托勒（Lightolier）于次年制造的可伸缩阅读灯是 20 世纪 60 年代设计的经典。它集中体现了这个时期的新现代主义、波普情怀和对生活方式的关注。立方体基座内装有变压器，球形反射灯罩位于伸缩臂的末端。使用这款台灯时，用户能借助强烈的局部光线阅读，伸缩式颈部使操作更容易，其简单的几何形状为其所处的环境增添了强烈的雕塑感。这一设计具有灵活性：它可以用作台灯，也可以安装在墙壁上作为壁灯。

作为一位备受赞誉的成功的工业设计师，拉克斯的主要兴趣是雕塑，他毕生都在钻研这门学科。他学习陶瓷的背景使他对材料和手工制作有一种本能的感觉。拉克斯受斯堪的纳维亚传统影响。在芬兰待了一阵子后，他看到了这个国家的设计师是如何将手工艺的感性与波普艺术的美学结合起来的。在整个设计生涯中，他一直致力于将雕塑形态添加到日常用具上。除了为科普柯（Copco）公司设计的搪瓷和铸铁炊具外，他还为米卡萨和罗森塔尔（Mikasa and Rosenthal）公司设计了玻璃器皿和餐具，为美国氰胺公司（Cyanamid）设计了浴缸，为特百惠设计了收纳箱。他还参与了展览和平面设计工作，并设计了一系列供儿童游乐场使用的木制设备。Lytegem 灯被纽约现代艺术博物馆永久收藏。**PS**

⏱ 设计师传略

1929—1955 年
拉克斯出生于纽约，学习过陶瓷技术，1947 年毕业于纽约市音乐与艺术高中，1951 年毕业于纽约阿尔弗雷德大学。1954年，拉克斯获得了富布赖特奖学金前往芬兰，他在那里学习了现代斯堪的纳维亚设计。

1956—1999 年
拉克斯为罗素·赖特的餐具项目工作。1960 年，拉克斯开始在科普柯公司工作，之后来到莱托勒工作。1977 年，他获得了罗马奖并去了意大利，1984 年又重回意大利从事雕塑工作。

科普柯茶壶

拉克斯从 1960 年开始为科普柯工作，设计了一系列铸铁和搪瓷炊具。铸铁炊具在设计上非常传统。他的瓷釉茶壶（1962 年；上图）上有一个弯曲柚木手柄，成了一个经典设计。铸铁件在丹麦生产。它让人想起斯堪的纳维亚，为美国引入了一种新的美学。科普柯后来推出了一系列这款茶壶的亮色版，包括红色、蓝色和黄色，在当时十分具有创新性。拉克斯在整个80 年代都在继续为科普柯贡献着自己的设计。

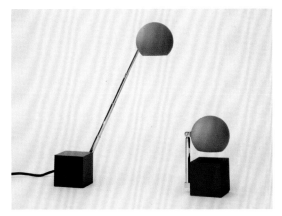

▲ Lytegem 灯的伸缩式颈部可以将其高度从 16.5cm 调整到 38cm。其中还有一丝幽默的元素，因为这盏灯的外观好像天外来客

充气椅 1967 年

多人设计

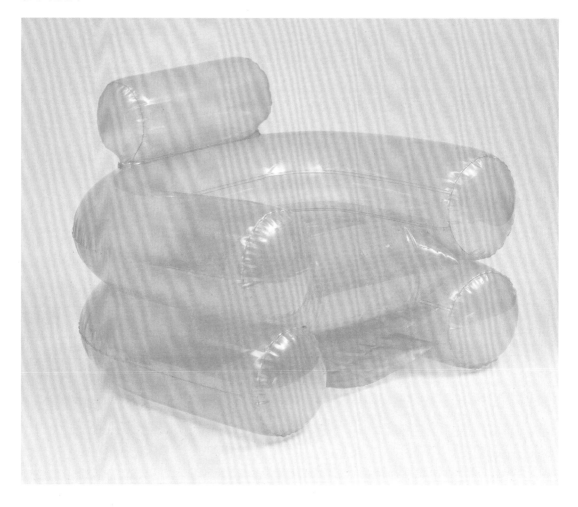

PVC 塑料
84cm × 119.5cm × 102cm

充气椅由意大利扎诺塔（Zanotta）公司旗下的 DDL 工作室设计，是世界上首个可批量生产的充气式座椅。它是座椅中的一个范本，家具本来是静止的、传统的、象征地位的物件，而它却将其变为灵活的、以生活方式为导向的艺术品，服务于人们的生活。它的轻盈、透明、小巧、便捷，正符合当时的时尚追求。鉴于椅子是充气的，它被视为一种短暂的物品，吸引了那些不想被物质财富束缚的年轻人。它既可用于室内，也可用于室外，甚至在泳池也有用武之地。

从技术角度看，作为首批由聚氯乙烯（PVC）制成的家具之一，充气椅的设计大胆前卫。它是由建筑设计师团队乔纳森·德·帕斯、多纳托·德·乌尔比诺、保罗·罗马齐和卡拉·斯科拉里（Carla Scolari）根据充气筏原理设计的第一件家具。它由单片 PVC 板通过高频焊接胶合而成，在这个过程中高频波穿透塑料，高压下产生的热力将物质胶合在一起。

扎诺塔公司表明，相较于当代意大利高端设计，大众负担得起的流行家具设计能在国际市场占据一席之地。扎诺塔也凭借充气椅这一设计享誉全球。**PS**

✿ 图像局部示意

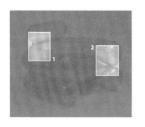

1. 接缝

大量研究探索如何使用高频焊接工艺将 PVC 表皮的接缝黏合在一起。其中涉及的新技术受到太空竞赛的启发，结果就是这把牢固的塑料椅子，可以随时充气，人坐上去，椅子也不会垮掉，让人觉得很结实。每把椅子都配有单独的气泵用来充气

2. 透明度

充气椅最初有红色、黄色、蓝色和透明 PVC 可供选择，但后来实际生产出来的椅子全部都是透明色。这其实是设计师的一个小策略，以此表明拒绝现代主义设计中强硬、坚实的表现形式。这把充气椅充分体现了当时充满自由乐趣的游戏精神

▲ Sacco 是由皮耶罗·加蒂、凯撒·保利、弗朗哥·奥特罗为扎诺塔公司设计的一个充满聚苯乙烯小珠子的织物套。与现代主义的经典家具不同的是，这种豆袋形的设计可随时根据人的坐姿变化

充气家具

　　20 世纪 60 年代中后期，许多国家都创造了各种不同的充气家具及一次性家具设计。丹麦的维尔纳·潘顿早在他人开始之前，于 20 世纪 50 年代设计了一张充气凳，并于 1960 年投放市场。之后，他持续创作了一些类似的作品。在英国，建筑师亚瑟·关比（Arthur Quarmby, 1934年一 ）于 1965 年为帕克马克特殊制品公司设计了一个充气坐垫。这款八边形的充气坐垫使用透明 PVC 材料制成，中心供人们就坐的柱体没有充气，用于保持坐垫形状。在法国，越南裔设计师奎萨·阮（Quasar Khanh, 1934 年一 ）于 1967—1968 年发明制造了一款名叫"奎萨－优立博"（Quasar-Unipower）的小汽车或者称为箱体车（右图）。这辆外形酷似盒子的汽车配有透明的充气座椅、玻璃屋顶和可滑动的玻璃门。1968—1972 年，阮还在巴黎一家玩具厂生产了一系列航空航天充气式家具，采用高效的手工制作。

现代消费者

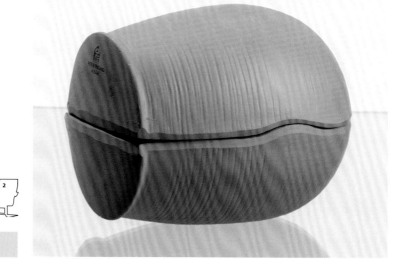

1. 爱必居公司于 1968 年推出了一款陶制烤鸡器。它与食谱卡一起出售，功能就如一个传统黏土烤炉
2. 宜家公司于 1977 年推出的 Poem 椅由一个分层的曲木框架构成，旨在实现座椅的舒适、耐用和美观

20 世纪 60 年代中期，英国、欧洲和美国出现了一批新的中产阶级消费者。相比于之前几代人，他们拥有更多可支配收入，并且对于未来有超前想法，渴望拥有一种以现代设计为中心的生活方式。他们所穿的衣服、挑选的家具甚至所吃的食物都在表达着这样一种观点：美好的生活与社会地位息息相关。这些新消费者不喜欢在数年内零碎积攒财产，对他们的品位也并非完全自信。总的来看，虽然他们相对来说比较富裕，但很少出国旅行。所有这些因素结合在一起，为那些原本在专卖店销售的预定产品和定向商品创造了市场，同时更多充满异国风情的商品也从遥远的地方进入这一市场。

一批有远见的零售商能够洞察市场、预料流行趋势。他们的销售策略就是将设计摆在核心位置，凭独特眼光为自己的店铺挑选商品。在英国，泰伦斯·康兰独创的爱必居商店便是这种策略的典范。康兰之前从事纺织品和家具设计，还拥有一家餐厅，他于 1964 年开办了第一家爱必居商店（详见第 378 页），这家商店位于切尔西地区，靠近繁华多彩的伦敦中心。他的商店汇集了古今中外的设计，从再度流行的长沙发、曲木椅、花花绿绿的马克杯，到意大利和斯堪的纳维亚的当代设计，甚至还有来自印度和其他地方的特色产品，例如地毯和篮子。他的商店别具一格，在当时十分流行。商品被陈列在家庭环境中，或是像在法国市场铺位那样高高堆起，他十分推崇这种商品摆放模式。在

重要事件

1962 年	1963 年	1964 年	1964 年	1966 年	1969 年
泰伦斯·康兰将意大利建筑师维科·马吉斯特雷迪设计的 Carimate 椅（1960 年；详见第 376 页）引进英国。	瑞典以外的第一家宜家商店在挪威的奥斯陆开业。这是宜家首家国外店。	康兰在伦敦开办了首家爱必居商店，店内有 2000 件实用型家具，采用全新方式出售。	据说康兰普在瑞士用过一种欧式棉被，也被称为"羽绒被"，在这之后，爱必居商店开始销售同款羽绒被。这种被子彻底改变了英国的床上用品形式。	伦敦的第二家爱必居商店在颇具名气的家具商店附近开业。	康兰推出一种邮购商品目录册《爱必居创意家居》，在全国范围内为无法前往伦敦商店的人提供服务。

这里，顾客既可以挑选到全部家居产品，也可以只带走一把爱必居的木勺子。不论选择哪种方式，他们都可以享受到康兰为其巧妙打造的生活方式。

不仅商店的整体外观独具风格，康兰还是第一个将众多新奇设计带进英国家庭的人，例如陶制烤鸡器（见图1）、捣蒜器、日本的纸灯笼和羽绒被。正是由于这种对家居设计的远见，他看到了这些产品和其他设计身后的巨大潜力。随着爱必居在伦敦和英国各地开办更多的分店，到20世纪70年代，"设计"一词已变得家喻户晓。爱必居还成功推出了商品目录、可在家自行组装的组合家具以及全套打包运送的整体家居。

和康兰一样，瑞典家居公司宜家的创始人英格瓦·坎普拉德也深谙生活方式的真正含义。坎普拉德预料到战后家庭需要廉价的现代家具，便从1956年开始向瑞典消费者提供组装家具。他还先于康兰在1951年推出了商品目录，1953年推出展厅式体验店。1958年，坎普拉德在瑞典开办了第一家宜家商店。从20世纪60年代开始，他着手打造简易低廉的家具系列，其中包括日本设计师中村登设计的Poem——之后称作波昂（Poäng）的扶手椅（1977年；见图2）。

20世纪80年代，宜家家居在意大利、法国、英国、美国等国家大规模扩张。所有商店销售的商品都是相同的。最重要的是，宜家在其品牌标志设计中使用了蓝色和黄色来传达其起源于瑞典这一观念。坎普拉德意识到，瑞典在国际社会中因其优质的现代设计理念而闻名，他充分利用这一已有的良好声誉，并将这种理念传播到更广泛的人群中。

顾客进入一家郊区的宜家商店——这些商店在任何一个国家看起来都是相同的——首先会进入若干家居展厅，使他们体验到想象中的现代生活方式。接下来，他们就可以购买那些看起来早就已经与内饰设计融为一体的商品。宜家的所有商品都属于现代风格，而且坎普拉德启用了众多年轻的瑞典设计师为宜家设计产品。

到20世纪80年代中期，由于康兰和坎普拉德的巨大贡献，现代生活方式实现了大众化，优质的现代设计也已经进入工业化世界中千百万人的家庭。**PS**

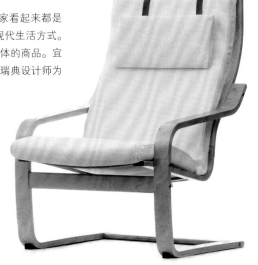

1973 年	1973 年	1974 年	1976 年	1977 年	1981 年
斯堪的纳维亚地区以外的第一家宜家商店在瑞士苏黎世开业。	爱必居的第一家国际商店在法国巴黎开业。这是爱必居首家国际店。	康兰出版《家居大全》（*The House Book*）一书，成为年轻人挑选家具、装修房屋的指导手册。	英格瓦·坎普拉德发表了《一个家具制造商的宣言》（*The Testament of a Furniture Dealer*），全面阐述了宜家的经营理念。	爱必居商店推出了"整体家居"，其中包含三居室房屋所需的一切，从沙发到床，都装在板条箱中交付给客户。	康兰创办的设计博物馆的前身——锅炉房展览空间在伦敦的维多利亚和阿尔伯特博物馆开幕。

Carimate 椅 1960 年

维科 · 马吉斯特雷迪 1920—2006 年

漆面榉木和纸绳坐垫
74cm × 58cm × 47cm

✿ 图像局部示意

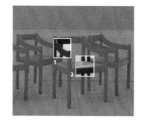

现代意大利设计发源于二战后的重建时期，当时受到政治经济援助，意大利工业得以恢复发展。意大利建筑师维科·马吉斯特雷迪当时在米兰工作，那时全国都在进行战后重建工作。他主张修建新的集群住房，打造大众家具，设计可堆叠和折叠产品，因为这些产品适用于正在米兰周围修建的公寓。

到 20 世纪 50 年代后期，意大利已转型成为一个现代工业化国家，其国内设计也开始反映这一现象。1959 年，热衷于打高尔夫的马吉斯特雷迪为伦巴第的卡里马泰高尔夫球俱乐部（the Golf Club Carimate）设计了一把椅子，主要用于休息室。1962 年，意大利家具公司卡西纳开始生产这种座椅。这种座椅迅速大卖，20 世纪 60 年代在许多意大利餐馆都能发现它的身影。

多亏了米兰三年展的宣传推广，到 20 世纪 60 年代初，英国的设计界也开始注意到这些出自意大利的进步设计产品。1962 年泰伦斯·康兰将 Carimate 椅引进英国。这种椅子最初只通过邮购方式出售，但是，自从 1964 年第一家爱必居商店在伦敦切尔西开业后，在商店中也可看到它的身影。它完全符合爱必居商店倡导的现代与地方特色交融的风格，并能轻易融入康兰的美学体系中。**PS**

👁 焦点

1. 颜色

Carimate 椅最惊艳的莫过于颜色。马吉斯特雷迪抛弃了木制品本来的颜色，将椅子漆成鲜艳的红色，而这种颜色一般只在塑料椅上能见到。他就是这样将自己的设计融入崇尚鲜艳色彩的流行时代的

2. 坐垫

马吉斯特雷迪在他的椅子中使用了传统材料，在时尚的现代设计中唤起乡村的朴素，流畅的线条设计则凸显了都市的精致。坐垫由耐力编织纸绳编织而成，光滑的支架和椅腿由榉木制成

🕐 设计师传略

1920—1946 年

维科·马吉斯特雷迪出生在米兰的一个建筑师家庭。1939 年开始在米兰理工大学学习建筑。1943 年搬至瑞士洛桑，并在当地继续学习。1945 年返回米兰，毕业后进入其父亲公司工作。作为米兰三年展的一部分，1946 年他在意大利家具展览大会中展示了家具产品。

1947—1959 年

马吉斯特雷迪在意大利重建时期的建筑家居设计领域发挥了重要作用。1951—1954 年米兰三年展期间，他展示了大量作品，获得了众多奖项。

1960—1969 年

虽然这一时期马吉斯特雷迪主要投身于建筑设计领域，但他仍然为卡西纳、阿特米德和欧露丝（Oluce）公司创作了标志性家具产品以及灯饰设计。

1970—2006 年

马吉斯特雷迪从 20 世纪 70 年代开始在伦敦皇家艺术学院教书。他的主要设计还包括 Maralunga 沙发（1973 年）和 Sindbad 沙发（1981 年）。

▲ Carimate 椅最出众的特点便是将本土风格与摩登现代感完美融合。这种交融风格从意大利建筑设计师吉奥·庞蒂为卡西纳公司设计的超轻椅中（1955 年；详见第 171 页）可见一斑——而这件作品同样参考了 1807 年意大利设计的竹节椅（上图）

瑟琳（Selene）叠椅

Carimate 椅的设计还保留了些许本土风格，由阿特米德制造、马吉斯特雷迪设计的瑟琳椅（1968 年；上图）则完全属于 20 世纪。它由玻璃纤维压制而成，是第一把可堆叠的全塑料座椅。光滑的外表使其外观更富有超前的现代感。它并非一体成型，椅腿需要生产出来后再固定。马吉斯特雷迪创造性地将椅腿的横截面设计为 S 形，大大提高了板材的稳定性。结果成品是一把雕塑般的椅子，由于材料便宜且制造速度快，成了被广泛使用和接受的产品。

爱必居商店内景 1964 年

泰伦斯·康兰 1931—2020 年

第一家爱必居商店里堆满商品，它既是零售卖场也是库房

❂ 图像局部示意

泰伦斯·康兰将第一家商店开在伦敦切尔西的富勒姆路上，这家商店也成为他之后多年经营的一个模型。它展现了一种崭新的生活方式：现代、随意、诱人。

在 20 世纪 60 年代早期的英国，大多数家具商店和卖场都是非常保守的地方，这一点正反映了当时经营者的保守谨慎。顾客经常需要等很长时间才能完成交易、拿到商品。康兰决定创立爱必居商店的原因之一，是他无法通过这些古板的商店销售自己的家具，或者说，即使进入这些商店，他的家具也无法得到适当的展示和营销，这使他十分受挫。

相比之下，爱必居商店太不一样了。它所提供的商品有一种非常吸引人的即时性，大多数可以在付款当日直接拿走，或者采用平板包装的方式由顾客自己组装。

在第一家爱必居商店里，员工都穿着由玛丽·官设计的制服，留着沙宣式发型。爵士背景乐为商店营造了一种轻松的氛围，顾客可以在这里舒适自在地挑选商品。就连爱必居的标志都如此引人注目。康兰说过，爱必居标志之所以很受欢迎，是因为它最初设计时就有一个好名字，而且还与当时十分流行的小写字母组合在一起。正是由于康兰能够把控大局、博采众长并将各种元素恰当地融合，才形成了这一整体效果。**PS**

◉ 焦点

1. 混合风格

工业风货架模仿欧洲大陆摊铺的外观，堆满了商品，既有现代时尚产品，也不乏当地特色产品。整个商店最突出的特点恐怕就是将各种产品混合摆放在一起，包括老式座椅、地中海风格的陶制焙盘、陶罐，还有一些设计新颖的产品

2. 场景设置

从外表上看，第一家爱必居商店的内部装修属于轻松活泼的地中海风格，让人想起康兰十分欣赏的伊丽莎白·戴维（Elizabeth David，1913—1992 年）的烹饪作品。大件家具都会摆在布置好的房间里，房间桌上还摆放着鲜花

3. 砖木

1964 年爱必居商店内部装修所用的材料十分看重质感的作用。瓷砖、裸露的砖壁、彩色的木材，无一不显示了他们坚持使用天然材料的承诺——即康兰所推崇的材料本身的质感

◷ 设计师传略

1931—1952 年

泰伦斯·康兰出生在英国泰晤士河畔的金斯顿（Kingston）地区。他曾在伦敦中央工艺美术学院学习纺织品设计，后来建立了自己的家具制造企业。

1953—1963 年

1953 年，康兰第一次来到法国。他一回到英国，便开了自己的第一家餐厅，即 Soup Kitchen。1956 年，他创建了康兰设计公司。到 1962 年，他在诺福克的塞特福德开了一家家具制造厂。

1964 年至今

1964 年，他开办了首家爱必居商店。1968 年，设计公司与莱曼（Ryman）公司合并。1973 年，康兰商店在伦敦开业，经营高档产品。1992 年，瑞典的伊卡罗（Ikano）公司收购了爱必居公司。康兰继续经营餐厅并在伦敦设计博物馆工作。

▲（从左到右）爱必居采购齐姆·萨森（Zimmi Sasson），泰伦斯·康兰当时的妻子卡洛琳和泰伦斯。照片摄于 1964 年 5 月首家爱必居商店开业后不久

设计博物馆

　　康兰对设计界最大的贡献之一就是其资助并构思建造的伦敦设计博物馆。20 世纪 80 年代，康兰一直使用伦敦维多利亚和艾伯特博物馆里的锅炉房作为其展厅。1989 年，真正的设计博物馆在泰晤士河南岸对外开放（右图）。康兰一直致力于将现代设计理念传递给公众，而这一点通过他的展览以及项目得以体现。这些项目侧重于提高公众对设计及设计专业的理解。之后世界各地开始出现了这种类似的设计博物馆，它也为如何在博物馆里展示设计提供了一个范例。设计博物馆在近 30 年时间里取得巨大成功并不断发展，在 2016 年迁至位于伦敦肯辛顿一处更大的地方。

反主流文化

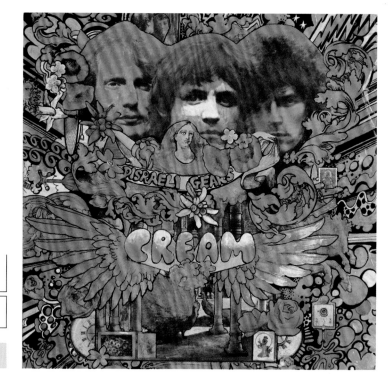

1. 马丁·夏普（Martin Sharp）在其为奶油乐队（Cream）的专辑《首相的齿轮》（Disraeli Gears，1967 年）设计的封面中，用一种迷幻的色彩将乐队成员照片展现出来

2. 杰拉德·霍尔顿（Gerald Holtom）为核裁军运动（CND）设计的标志被英国反核人士采纳为禁核标志，反核人士曾将它用于 1959 年在伦敦举行的抗议活动

3. 切·格瓦拉（Che Guevara）去世后，吉姆·菲兹帕特里（Jim Fitzpatrick）把他为这位革命者创作的几幅海报的副本寄给了欧洲左翼政治运动组织

20 世纪 60 年代早期，一种反对体制的文化现象在年轻人中发展传播开来。这一现象最初在经济繁荣的美国兴起，随后传到英国以及大部分西方国家。在这一时期，各种社会政治事件引发了有关性别平等、公民自由、妇女权利和越南战争（1955—1975 年）的社会紧张局势。

波希米亚主义新的表现形式出现在了嬉皮文化中。嬉皮士认为中产阶级追求物质享受，压制人的个性，于是与他们逐渐疏远，开始发展出自己的生活方式和着装风格。他们提倡开放、宽容，并从犹太教－基督教传统以外的来源，特别是佛教和其他东方宗教中找寻精神指导。当时占星术十分流行，性解放比比皆是，而消遣性使用致幻药物，尤其是大麻和 LSD，被认为是传播嬉皮士思想的一种方式。民谣和摇滚乐也是反主流文化的组成部分，其中鲍勃·迪伦（Bob Dylan，1941 年— ）、琼·贝兹（Joan Baez，1941 年— ）等歌手，以及披头士乐队、感恩而死乐队、杰斐逊飞机乐队和滚石乐队都是这场运动的代表者。公众集会，包括音乐节和抗议活动，也是运动的重要方面。在英国，

重要事件

1963 年	1963 年	1964 年	1965 年	1966 年	1967 年
6 月，越南僧人释广德（1897—1963 年）自焚抗议的照片在全世界流传开来。	11 月，美国总统约翰·F. 肯尼迪（1917—1963 年）遭到暗杀。这一事件导致公众逐渐丧失对政府的信任。	12 月，美国民谣歌手琼·贝兹带领六百人参加了在旧金山举行的反越南战争示威游行。	美国教友派信徒诺尔曼·莫里森（Norman Morrison，1933—1965 年）在五角大楼前自焚抗议美国涉入越南战争。	美国平面设计师米尔顿·格拉泽为鲍勃·迪伦的精选唱片集（1967 年）绘制了一幅海报（详见第 382 页）。	1 月，旧金山金山公园举行的人类大聚会拉开了嬉皮士"爱之夏"的序幕。

为了反对核武器，"禁核"抗议运动兴起。1958 年由英国设计师杰拉德·霍尔顿（1914—1985 年）为英国核裁军运动（CND）设计的标志也成为国际公认的和平象征（见图 2）。

这一时期革命性的政治、社会以及精神信仰主要通过当代视觉艺术表现出来。特别是平面设计，尤其是海报和音乐专辑的封面，通常使用迷幻色彩来表达普遍的感受。"迷幻"（psychedelic）一词是希腊语 psyche 和 delos 的组合，意思是"心灵（灵魂）的表现"。为此，颜色被并置以创造出抖动的图像，字体被扭曲。影响来自波普艺术和欧普艺术，以及新艺术派的波动形式（详见第 92 页）。有几位平面设计师崭露头角，创造了全新的设计风格，几十年来一直被效仿。Hapshash and the Coloured Coat 是歌手迈克尔·英吉利（Michael English，1941—2009 年）与设计师奈杰尔·魏豪斯（Nigel Waymouth，1941 年— ）合作设立的英国平面设计和音乐合作社。从 20 世纪 60 年代初开始，他们为伦敦俱乐部和音乐会的地下活动制作迷幻海报。他们的风格反映了阿尔丰斯·慕夏和奥布里·比亚兹莱的插画设计元素。他们使用新型的丝网印刷技术使颜色在单一色阶中实现渐变，而且使用昂贵的金属油墨绘制海报，而这种方式在广告海报中并不多见。正是由于他们，海报开始作为一种艺术品销售。

马丁·夏普（1942—2013 年）是澳大利亚艺术家、漫画家、歌曲创作人和电影制片人，被称为澳大利亚的先驱波普艺术家。他曾为鲍勃·迪伦、唐纳文（Donovan，1946 年— ）、奶油乐队（见图 1）和其他著名音乐家创作了迷幻、色彩丰富、颜色鲜艳的海报和专辑封面。夏普的早期作品大都发表在澳大利亚讽刺性反主流文化杂志 Oz 上，该杂志是他在 1963 年与人共同创办的，并于 1967 年推出英国版。

1966 年，美国设计师维斯·威尔逊（Wes Wilson，1937 年— ）为一场在旧金山的菲尔莫尔礼堂举办的摇滚音乐会设计了一款开创性的海报，绿色背景上是鲜红色、火焰般的字体。受维也纳分离派艺术家阿尔弗雷德·罗勒（Alfred Roller，1864—1935 年）作品的影响，威尔逊创造了一种流动的字体风格，它填满了所有可用的空间，之后开始用于迷幻海报设计。

1968 年，在阿根廷出生的革命家切·格瓦拉（Che Guevara，1928—1967 年）去世后，爱尔兰艺术家吉姆·菲兹帕特里（1934 年— ）为其作了一幅双色肖像画，以表达自己对其死亡方式的抗议。该肖像根据古巴摄影师阿尔贝托·柯达（Alberto Korda，1928—2001 年）的照片创作，是那个时代充满争议的标志（见图 3），代表着反对帝国主义以及左派激进主义。多年以来，这幅画像一直被视为反抗压迫的象征，并为国际社会所接受。**SH**

鲍勃·迪伦海报 1966 年

米尔顿·格拉泽 1929—2020 年

多产的美国平面设计师米尔顿·格拉泽创作了数百张海报和一些开创性的图像，包括 1966 年这张迷幻的鲍勃·迪伦海报和 1977 年的"我♥纽约"标志。1954 年，他与其他平面设计师爱德华·索雷尔（1929 年— ）、雷诺·鲁芬斯（1930—2021 年）以及西摩·切瓦斯特（1931 年— ）共同创办了图钉工作室。1968 年他与记者克雷·费尔克（1925—2008 年）创办了杂志《纽约》（New York）。

为迪伦设计海报是在格拉泽职业生涯早期，当时哥伦比亚唱片公司的艺术总监约翰·伯格（1932—2015 年）要求他设计一幅海报，这幅海报将折叠放入鲍勃·迪伦 1967 年发布的精选唱片中。格拉泽回忆道："这可能是我设计的第三张或第四张海报。"这张唱片当时的发行量超过 600 万张，使得这张海报成为历史上流传最广的海报之一。格拉泽将迪伦的鬈发画成杂乱的彩虹状，这一想法还受其他因素的影响，正如他所说："我当时对新艺术运动很感兴趣，而这也影响了我对这幅海报颜色以及形状的选择。"海报右下角的单词 Dylan，是他第一次使用他的块状字体 Baby Teeth，这是他在 1964 年设计的，灵感来自他在墨西哥城看到的一个手绘标志上的简化字母形式。海报发行后，这种字体被广泛用于各个地方，成为那个时代的代名词。**SH**

米尔顿·格拉泽为民谣摇滚巨星鲍勃·迪伦所设计的迷幻海报充分抓住了嬉皮文化时代的精神

👁 焦点

1. 黑色剪影

格拉泽非常欣赏法国艺术家马塞尔·杜尚（1887—1968 年）的作品《侧面自画像》（1957 年），并受该作品影响选用黑色的侧面剪影搭配色彩纷呈的头发完成这幅海报。格拉泽回忆道："我第一眼看到这幅作品时，便被那简单的黑色剪影所展现的巨大力量深深震撼了。"

2. 头发

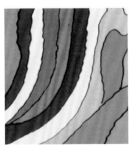

虽然格拉泽欣赏现代主义，但他反对该主义提倡的绝对权威与过度克制的作风。海报表现了一定程度的克制，这一点符合现代主义理念，但是弯曲多彩的头发与黑色的轮廓形成鲜明对比，这一点与"少即是多"的哲学背道而驰

3. 字体

Baby Teeth 是格拉泽最早使用和最成功的一款字体。除了受到他看到的一个墨西哥标语的启发外，它还源于 20 世纪 20 年代和 30 年代法西斯意大利的广告和宣传中使用的一种未来派字体，体现着速度与现代性

🕐 设计师传略

1929—1953 年

米尔顿·格拉泽生于纽约的布朗克斯（Bronx）。他曾就读于纽约市的音乐与艺术高中以及库博联盟学院艺术学院。之后他获得奖学金，来到意大利博洛尼亚的美术学院跟随意大利画家乔治·莫兰迪（1890—1964 年）继续学习。

1954 年至今

格拉泽与其他设计师合作创办了图钉工作室，该工作室在平面设计领域产生了深远的影响。1968 年他推出《纽约》杂志，并于 1974 年建立了自己的工作室——米尔顿·格拉泽工作室，承接各种设计规划项目。1983 年，他合作创办了出版设计公司 WBMG，其负责设计的期刊超过五十期。

▲ 通过跟随莫兰迪——作品《静物》（1949 年；上图）的画家——学习，格拉泽逐渐转向设计领域发展。他设计的灵感多来源于现代主义出现前的各种运动

回到过去

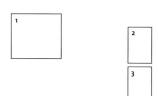

1. 内饰设计师西斯特·帕利什（Sister Parish，1910—1994 年）在缅因州家中的客房，是爱尔兰条纹地毯、花色绒布和年代感强的物品的创造性组合

2. 《20 年代和 30 年代的装饰艺术》（*Art Deco in the 20s and 30s*，1968 年），作者贝维斯·希利尔。出版商在封面上简化了希利尔的书名

3. Biba 广告采用了由约翰·麦康奈尔 1966 年为该公司设计的标志

20 世纪 60 年代末 70 年代初，现代主义逐渐受到挑战，越来越多的人开始追求复古的风格和设计，这种现象在英国尤其明显。由新艺术（详见第 92 页）和装饰艺术（详见第 156 页）开始的一系列风格复兴运动对室内装饰产生了重大影响。在家居方面，之前着重于对老旧住房进行现代化改造（经常造成破坏），而后重点转向保护和恢复房屋原有的时代特色。松木材料取代了闪闪发亮的钢筋和玻璃纤维。比起充满科幻色彩的未来主义设计，人们更愿意去跳蚤市场或古董商店淘宝。设计师泰伦斯·康兰将传统家具类型与现代家具结合，使切斯特菲尔德沙发重新恢复生机，而艺术家彼得·布莱克则从 19 世纪的一些民间艺术和乡土文化中寻找设计灵感，例如游乐场的旋转木马和古老的字母图案。最开始，这种现象大多出现在英国，但很快，欧洲的其他国家甚至美国纷纷效仿。（见图 1）

大众传媒，特别是电视电影中的古装剧，有助于促进怀旧和浪漫化的情绪。根据约翰·高尔斯华绥（John Galsworthy）的原著《福赛特世家》改编而成的电视剧，以 20 世纪初的几十年为背景，该剧 1967 年一经 BBC 播出就大受欢迎，1968 年播出的最后一集创下 1900 万人次的收视纪录。在电影方面，《雌雄大盗》（1967 年）、《恋爱中的女人》（1969 年）和《男朋友》（1971

重要事件

1964 年	1966 年	约 1966 年	1967 年	1968 年	1968 年
芭芭拉·胡拉尼茨基创办了 Biba 邮购公司。不到两年的时间里，她进军"复古"服饰领域并在肯辛顿开了 Biba 商店。	约翰·杰西把他在波多贝罗市集的货摊搬到了肯辛顿的一家商店，在这里售卖维多利亚时代的工艺品。	麦康奈尔（1939 年— ）为 Biba 设计了第一款标志。这款标志的灵感来自凯尔特和新艺术风格，反映了 20 世纪 60 年代中期的复古情怀。	由沃伦·比蒂（Warren Beatty）和费·唐纳薇（Faye Dunaway）领衔主演的电影《雌雄大盗》上映。这部影片中出现的 20 世纪 30 年代的服饰迅速成为一种时尚潮流。	贝维斯·希利尔出版了《20 年代和 30 年代的装饰艺术》一书，这本书推动了追求风格的热潮，同时该书也成为时髦之物，尤其是在伦敦广受追捧。	包豪斯展览在伦敦皇家美术学院举办，该展览表明即使是现代主义也要通过复古视角观赏。

年）也有类似的效果，而《幽情密使》（1971 年）和《巴里·林登》（1975年）更因其对时代细节的细致描述而备受瞩目。在伦敦维多利亚和阿尔伯特博物馆举办的奥布里·比亚兹莱展览（1966 年）进一步传播了对维多利亚时代的热情，而一系列出版物——包括贝维斯·希利尔的著作《20 年代和 30 年代的装饰艺术》（1968 年；见图 2）也在当时产生了巨大的影响。

几位英国企业家对这种怀旧情怀做出了迅速反应。经销商约翰·杰西（John Jesse）几乎是第一个看到维多利亚时代那些工艺品（详见第 74 页）和装饰艺术收藏品市场潜力的人，他先在波多贝罗市集经营了一个摊位，随后在伦敦的时尚中心肯辛顿开了一家商店。Biba 的创始人芭芭拉·胡拉尼茨基（Barbara Hulanicki, 1936 年— ）将旧的德里与汤姆斯百货商店（Derry&Toms）大楼从上到下重新打造成一个装饰艺术景观。

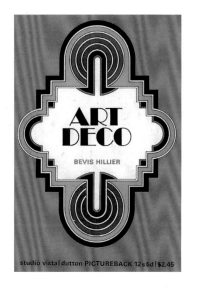

在战后初期的城市重建过程中，许多贫民窟、被炸弹破坏的街道被高高低低的市政住房取代，这些房屋多采用现代主义设计。那时候，大量历史悠久的建筑由于维护费用过高而被毁。而现在钟摆偏向了相反的方向，保护这些建筑成了人民关注的焦点。乔治亚时代、维多利亚时代和爱德华时代的房屋越来越受到年轻中产阶级的追捧，他们不遗余力地恢复其原有的建筑细节。科尔法克斯和福勒（Colefax and Fowler）、劳拉·阿什利（Laura Ashley，详见第 388 页）和 FB（Farrow and Ball，最初为英国国家名胜古迹信托生产涂料）等公司生产了真实性不一的具有时代风格的织物、壁纸和涂料。到了 20 世纪 70 年代和 80 年代，大量流行杂志宣传的"英国乡村风格"的概念已跨越了大西洋传播到美国。在高端市场中，乔治亚风格取代了维多利亚风格，成为一种令人向往的外观，配备了仿大理石漆面和带有褶皱的百叶窗的窗户。

随着英国制造业基础设施的衰退，遗产产业迅速兴起，填补了以往在民族认同中的空白。从 20 世纪 50 年代由约翰 - 福勒和国家信托基金发起的对宏伟的庄严住宅的整修，到为吸引游客而重建工业中心，英国重建了过去一些辉煌的建筑。其中著名的包括约克郡的海盗中心博物馆、铁桥谷博物馆、利物浦重建的阿尔伯特船坞。在这期间部分新古典主义设计也盛名远播，例如昆兰·特里（Quinlan Terry, 1937 年— ）制订的泰晤士河畔里士满区改造计划。

将现在融入过去的愿望并没有成为一个短暂的现象。相反，从 20 世纪 70 年代至今，它成了设计领域的主导方法的一部分。多年来，流行和风格发生了变化。例如，维多利亚时期的松木让位于 20 世纪中叶的现代柚木，现代主义风格的纯粹性及其对未来的信心被一种新的折中主义所取代，这种折中主义在历史中找到了慰藉。没有什么比过去的设计物品能更清楚地说明那段历史。**PS**

1969 年	1971 年	1972 年	1974 年	1974 年	1984 年
麦康奈尔为 Biba 设计了另一款标志，这一次的设计受到 20 世纪 30 年代装饰艺术风格的影响。	由肯·罗素（Ken Russell）执导的电影《男朋友》上映。该电影取得了巨大的成功，部分归功于场景和服饰，它们将装饰艺术的魅力展露无遗。	吉莉恩·奈勒（Gillian Naylor, 1931—2014 年）出版了一本关于工艺美术设计运动的书，引起了人们对工艺美术的兴趣。	萨拉·坎贝尔（Sarah Campbell）和苏珊·科利尔（Susan Collier）为利伯缇（Liberty）公司设计了乡村田园风格织物（详见第 386 页），这家公司主要经营复古产品。	伦敦的维多利亚和阿尔伯特博物馆举办了一场名为"消逝的乡村房屋"的展览，激起了公众广泛的兴趣。	海盗中心博物馆在约克郡开放，为 20 世纪 80 年代和 90 年代英国一系列复兴传统项目的启动拉开了序幕。

乡村田园风格织物 1974 年

科利尔坎贝尔工作室

这件丝网印刷的棉质织物上印满了碎花

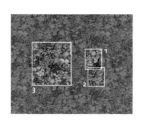

⚙ 图像局部示意

苏珊·科利尔（1938—2011 年）是一名自学成才的画家和设计师。1961 年，她带着自己的作品集来到伦敦的利伯缇公司，这家公司买下了她的 6 件设计作品并委托给她更多的设计任务，她与该公司漫长的合作生涯由此开始。在此期间，科利尔和妹妹萨拉·坎贝尔（1946 年— ）为织物设计领域注入了巨大的能量和新鲜感，取得了很大的成果，利伯缇公司也逐渐成为印刷织物的主要批发商。姐妹俩方法的独特之处在于用绘画的方法来设计图案，并坚持在印刷品中完美再现这种质感。1971 年，伊夫·圣·罗兰（1936—2008 年）委托姐妹俩为自己第一个成衣系列设计独特的图案，早在那时，姐妹俩便受到了赞赏。同年，科利尔受雇成为利伯缇公司的设计色彩顾问，她在这个职位上一直待到 1977 年。不久之后，她和妹妹创办了科利尔坎贝尔工作室。从一开始，她们的设计便针对各种不同的织物，包括上等细麻布、羊毛、丝绸、亚麻和棉布，并且用处广泛，不仅可用于衣服、围巾和配饰，甚至可用于家具设计。她们的设计不仅反映了时尚与家具设计的日益紧密性，同时促进了这种趋势的发展，在之后的几十年里，这一趋势得到进一步的发展。乡村田园风格织物于 1974 年设计完成，并在 1977 年由利伯缇公司制造生产，该设计作品体现了一段时期的复古情怀，那时时尚领域和室内设计都在挖掘过去的产品，想从中获得装饰和设计灵感。作为英式风格的经典之作，这件织物让人想起 19 世纪的图案，又避免了一味的模仿。科利尔的设计受到大自然的影响，尤其是各种蝴蝶、鸟类以及庭院花卉。她还有一双善于观察色彩的眼睛，这都要归功于她的母亲——女演员佩森斯·科利尔的培养。**EW**

◉ 焦点

1. 绘图设计

科利尔坎贝尔的所有设计作品最初都是绘画艺术品。设计者坚持在织物的印刷中保持松散的流体质感，比如清晰可见的刷痕。而科利尔的设计主要受到画家亨利·马蒂斯的影响

2. 色彩感

就像科利尔坎贝尔这一时期的其他作品——包豪斯（1972年）、铃鼓（1976年）和卡萨克（1973年）——一样，乡村田园风格织物也显示出一种刻意的尝试，即摆脱传统的利伯缇色彩搭配，而采用更具表现力和暗示性的色调

3. "重复等同于欺骗"

科利尔的座右铭是"重复等同于欺骗"。科利尔坎贝尔通过手绘避免了常规纺织品中僵化的图案设计，同时使设计更富有生动的韵律感。科利尔曾说："站在个人立场，我也想为大众市场生产美丽的布料。"

◷ 设计师传略

1938—1960 年

苏珊·科利尔 1938 年出生于曼彻斯特，从小就喜欢颜色和大自然。她自学成为画家后，最初为自由设计师帕特阿尔贝克（1930 年— ）工作，并将早期草图卖给了理查德·艾伦和杰玛等围巾生产公司。

1961—1974 年

1961 年，利伯缇公司买下科利尔的 6 件设计作品。她于 1968 年受雇于该公司，并于 1971 年担任设计色彩顾问，同年，伊夫·圣·罗兰委托她设计自己的第一个成衣系列。科利尔的妹妹萨拉·坎贝尔，从小就给她当助手，后来在切尔西艺术学院学习设计。20 世纪 60 年代末，坎贝尔将她的毕业设计卖给了利伯缇公司，并开始为该公司设计图样。20 世纪 70 年代初，坎贝尔也成为利伯缇公司的一名设计师。

1975—2010 年

1975 年，坎贝尔离开利伯缇公司，开始以自己的名义为法国服装面料公司 Soieries Nouveautés 设计产品。两年后，科利尔也离开该公司，姐妹俩共同创办了科利尔坎贝尔工作室。在这之后的三十年时间里，该工作室为众多客户做了大量绘画式设计，包括耶格、爱必居、玛莎百货、罗迪尔、菲施巴赫、意大利之家、考夫曼等公司。她们于 1984 年获得菲利普亲王设计奖。1988 年，泰伦斯·康兰委托她们为盖特威克机场北航站楼设计地毯。

2011 年至今

2011 年，科利尔因癌症去世，终年 72 岁。坎贝尔继续以自己名义从事设计工作，既包括商业产品也包括材质各异的定制项目。

蔚蓝海岸

科利尔坎贝尔最著名、最受喜爱的设计作品之一就是蔚蓝海岸（Côte d'Azur），它采用马蒂斯式的绘画模式，大量使用地中海的色彩和光线，描绘了一幅夏日景象。这幅作品是为瑞士高端纺织品牌克里斯汀·菲施巴赫（Christian Fischbacher）设计的，这款棉布装饰织物被收录进"六景"系列，正是凭借这一系列，设计师于 1984 年赢得了菲利普亲王设计奖，成为首位收获该荣誉的女士。该版本的蔚蓝海岸（右图）可追溯到 20 世纪 80 年代早期，工作室因这一设计大获成功，该图案随处可见，T台、玛莎百货最畅销的羽绒被面、盖特威克机场的北航站楼的地毯、围巾、窗帘甚至坐垫套上都能看见它的身影。在此期间，"包豪斯"和"铃鼓"等图案也取得了极大的成功。科利尔坎贝尔一直渴望将其设计带给更多的人，并一度推出自己的服装目录业务，直接向客户销售。

乡野碎花壁纸 1981 年

劳拉·阿什利 1925—1985 年

乡野碎花起源于维多利亚时代的图案，经由劳拉·阿什利公司的巧妙设计，吸引了对那个时代有怀旧情怀的顾客

威尔士时装设计师、女企业家劳拉·阿什利成功地开发了一种怀旧家居审美风格，与当时占主导地位的、未来主义的、男性化的流行美学形成强烈对比。她曾在维多利亚时代的图样书中发现了娇柔的花卉图案，并将这些图案用于衣物和室内装饰设计。例如，她会在卧室的壁纸、床罩以及椅子软垫上使用相同的图样。她偏爱重复的小图案设计，用这些图案打造一个安宁的环境，营造一种独特的生活方式。

1981 年推出乡野碎花是她最受欢迎的图案设计之一。据说该图案是曾为阿什利工作多年的织物设计师布莱恩·琼斯（Brian Jones）在一本名叫《小船与盒子》（Cox and Box）的维多利亚时代童书中发现的。琼斯认为经过重新绘制和着色的图案设计符合 20 世纪 80 年代的风格。该图案被用于大量家居产品中，从壁纸到瓷砖和瓷器，并迅速成为 20 世纪 80 年代的标志性设计。它极大程度地唤起了维多利亚时代的生活回忆，并不是城市中产阶级的生活，而是阿什利童年所熟悉的温暖的乡村生活。松木梳妆台和曲木椅被展示出来补充外观，来自大自然的乡野碎花，鲜活、漂亮又柔美。

劳拉·阿什利公司还出版了许多书籍，为那些希望以阿什利倡导的简单乡村风格装饰房屋的年轻人提供建议。劳拉·阿什利曾为她的《家居装饰》（The Laura Ashley Book of Home Decorating，1984 年）一书写了前言，该书收获了巨大的成功，同时将她的风格广泛传播开来。**PS**

❀ 图像局部示意

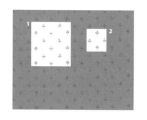

1. 重复图样

阿什利认为重复的小图案样式可用于多种家居产品设计，营造一种舒适的氛围。乡野碎花之所以取得如此大的成功，可能是因为花卉图案具有拟人效果，看起来就像是孩子们在挥舞着手臂

2. 自然的灵感

阿什利的大部分图案都可在自然界找到原型，和维多利亚时代的图案设计师一样，她的设计灵感也来自各种花草、植物以及鸟类。自然图像没有威胁性，她再使用柔和色彩的和谐混合来增加消费者对它们的喜爱

◀ 这则 20 世纪 80 年代的杂志广告正好展示了劳拉·阿什利如何将其布艺品、壁纸、瓷器和其他艺术品相互交融，营造出一种舒适而又不失品位的生活方式

劳拉·阿什利公司

　　1966 年，劳拉·阿什利（图中最右，1980 年）设计制作了她的第一条裙子，两年后她在伦敦南肯辛顿以自己的名字开了第一家店。1970 年，她又在什鲁斯伯里（Shrewsbury）和巴斯（Bath）分别开了一家店。到了 20 世纪 70 年代末，公司大规模扩张，在全世界共有 70 多家店。该公司于 20 世纪 80 年代进军家居用品领域，然而劳拉·阿什利却于 1985 年去世，所以劳拉在世时，凭借无限创造力和独到眼光推动公司发展的时期无疑是该公司最成功的时期。1993 年，她的丈夫暨联合创始人伯纳德爵士从董事长的位置上退休，之后一直担任公司的荣誉总裁直到 1998 年。20 世纪 90 年代，公司的财务状况进一步下滑，于 1999 年推出劳拉·阿什利设计服务。现在，该公司的生产主要集中在波伊斯（Powys）地区一家生产油漆、壁纸及窗帘的工厂。如今，该公司依然在英国运营着 200 多家门店，还在 2011 年新推出一条女装生产线。

科技的应用

1. 第三代丰田卡罗拉自 1974 年 4 月出口美国后就被称为 "终极家庭轿车"

2. 飞利浦的磁带录音机成为畅销商品，这都要归功于音乐磁带的流行

3. TRS-80 微型计算机相较于 1977 年那些业余爱好者自己组装的机器，更具吸引力

关于设计的讨论通常集中在一些可见的产品上，但是好的设计有时也会存在于一些我们无法看到的事物中，例如幕后的科技运用。在这里，工程师和技术人员的输入至关重要。Beolit 400 便携式收音机（1970 年；详见第 392 页）就是一个很好的例子，它由雅各布·延森（Jacob Jensen，1926—2015 年）设计，时尚小巧的外壳，表明它是专门为高端晶体管市场而生的产品。而且，该收音机凭其良好的音质闻名于世。负责生产 Beolit 系列产品的丹麦家用电子产品公司铂傲（Bang & Olufsen），一直以来都致力于"真实复制音乐"，这也是公司联合创始人彼特·班（Peter Bang，1900—1957 年）从 1925 年公司成立之初就一直感兴趣的问题。延森作为产品设计者的职责，是在包裹着看不见的音频设备的产品中表达这种品质。

20 世纪 70 年代是一个技术变革的时期。1971 年，微处理器首次大规模生产。六年后，美国推出了最早批量生产的家用电脑之一——TRS-80（见图 3）。这款电脑由坦迪（Tandy）公司制造，并通过公司的睿侠（Radio Shack）商店出售，售价不到 600 美元。数字时代即将到来，但是家用电脑在某些方面被认为是一种过气的时尚潮流。预录音乐磁带则日益流行开来，要么用于汽车音响，要么用于小型磁带录音机，例如飞利浦 EL 3302（1967 年，见图 2）就成了畅销全世界的产品。第一个小型计算机可以追溯到 20 世纪 70

重要事件

1963 年	1970 年	1970 年	1971 年	1972 年	1973 年
飞利浦推出电池供电的 EL 3300。它不仅满足了业余录音的需要，甚至引起电台广播的关注。	夏普 QT-8B 微电脑手持计算机问世，它是首个批量生产的电池供电计算机。	铂傲公司推出 Beolit 400 便携式收音机，该收音机外壳由雅各布·延森设计。	微处理器第一次批量生产。首个通用微处理器是英特尔 4004。	德国工业设计师理查德·萨帕设计了 Tizio 台灯（详见第 394 页）。	欧佩克组织（OPEC）的阿拉伯成员国对美国及其他在第四次中东战争中支持以色列的国家实行石油禁运。

年代。随着微波炉尺寸变小，价格下降，其销量也在 20 世纪 70 年代末飞速增长。

1973 年，石油危机发生后，汽车制造业出现了巨大的转变。相较于福特和通用公司生产的大型"油老虎"（耗油量大的汽车），简洁轻便又省油的小汽车突然间更受欢迎。1974 年，大众汽车推出小型家用掀背式轿车"高尔夫"（详见第 396 页）。这款汽车将乔治亚罗的炫酷设计带入主流，他棱角分明的"折纸"美学理念也影响了 20 世纪 70 年代的汽车设计。同年，丰田卡罗拉的最新款车型（见图 1）提供了新的安全舒适功能，同时保持了低廉的运行成本，这一点十分重要，它随后成了全球最畅销的汽车。

这一时期，日本汽车制造商开始主导市场并最终在 1980 年超越了美国。通过严格的质量控制以及日益增加的计算机和机器人技术运用，日本汽车制造的精密程度大大提高，产品也变得更加可靠。20 世纪 70 年代，燃油喷射技术变得更加普遍，这也有利于汽车制造业的进一步发展。在新的节能意识时代，它的燃油效率更高，在冷启动时效果更好，而且不需要机械阻风门。相比之下，化油器需要频繁调整且容易发生漏油。稍迟引入的改进后的防锈处理延长了汽车的寿命。越来越多的消费者更加注重汽车的安全性，即使这一品质需要通过立法来迫使汽车制造商实现。第一款汽车安全带的设计可追溯至 19 世纪，但是汽车必须配备安全带的法律规定直到 1970 年才于澳大利亚首次颁布。同样，安全气囊也具有相对较长的设计历史。20 世纪 70 年代，福特和通用公司在某些型号的汽车中配备安全气囊，部分原因是很少有司机系安全带。

技术革新也影响了家用电器领域。1978 年，德国美诺（Miele）公司成为第一家生产微机控制的洗衣机、干衣机和洗碗机的家电制造商。美诺的营销口号是"永远更好"（Always better），它概括了一种设计理念，即商品设计要优于竞争者，保持更久生命力，同时还要懂得巧妙利用最新的技术发展成果。像美诺这样的公司，通过保证自己的产品不会轻易出故障，不需要频繁更换，来建立自己的品牌形象，保证盈利。优质商品当然价格更贵，这一点毋庸置疑。对于那些愿意并且有能力支付高价的消费者而言，购买优质产品获得的不仅是一份安心，还有社会地位。而商品制造商则需要基于自身的信誉建立品牌的忠诚度。20 世纪 70 年代是一个高端、耐用的消费品开始变得令人向往的时代。这种趋势在 20 世纪余下的时间里愈演愈烈，并且在 21 世纪的今天依然明显。**EW**

1974 年	1974 年	1974 年	1975 年	1977 年	1978 年
相较于 1973 年 10 月石油危机爆发前的油价，1974 年 1 月的油价已上涨了三倍。	丰田卡罗拉的出口量增加到每年 30 万辆以上，成为全球最畅销的汽车。	大众高尔夫首次亮相，成为史上前十大畅销汽车之一。	伊士曼柯达公司的史蒂芬·沙森（Steven Sasson，1950 年— ）发明了第一台数码相机的原型机。	坦迪公司和睿侠商店推出 TRS-80 微型计算机系统，其销量几乎比最初预计的翻了一番。	美诺公司成为第一家生产微机控制的洗衣机、干衣机和洗碗机的家电制造商。

Beolit 400 便携式录音机 1970 年

雅各布·延森 1926—2015 年

铝合金，塑料
22cm × 36cm × 6cm

铂傲公司所生产的便携式收音机系列都叫 Beolit（就如该公司的电视机系列都叫 BeoVision，以此类推至各条生产线），其实 "BeO" 就是 "B&O" 的拉丁译法。Beolit 400 和 600 便携式收音机由雅各布·延森为铂傲公司设计，并于 1970—1975 年制造生产。两款商品在外观上并没有太大区别，但是 600 属于调频收音机（可收听中波广播 AM），同时使用电池供电，并且其指针更加精细。Beolit 600 取得了极大成功，那一段时间里，铂傲公司在斯楚尔（Struer）的工厂每天都生产该型号收音机。

从 1965 年起，延森在铂傲公司担任了二十多年设计顾问主管，创造了许多定义铂傲美学的高级产品，并进一步巩固了该品牌卓越品质的声誉。虽然他设计了许多收音机，其中有些采用了色彩缤纷的蒙德里安风格，而且经常尝试不同的材料和饰面风格，比如柚木和陶瓷纤维，但是估计只有 Beolit 400 和 600 将他的设计风格展现得淋漓尽致。

收音机的外形设计炫酷简约，以至于它的功能没有立即凸显出来。铝制框架用来固定两个带纹理的塑料面板，更换电池时可以拆下面板。电台指示器是一个金属球，由嵌入铝制框架凹槽中的磁铁控制移动，上方有玻璃盖起保护作用。需要时，收音机可以侧放，依靠把手保持平衡。延森的设计充满智慧和自信，既没有自命不凡，也没有过度迎合趋势，成为时尚的 20 世纪 70 年代的缩影。**JW**

✿ 图像局部示意

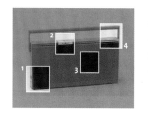

👁 焦点

1. 直线外形

Beolit 400 纤薄、扁平且细长，以无显著特色的方式出现，没有立即凸显它的功能。一般收音机上设置的主开关旋钮和其他控制按键在它身上都没有，它时尚现代的线条设计以及简约的细节处理，使其迅速成为一个标志性的设计

2. 电台指示器

在透明面板下，电台指示器由一枚嵌在铝制框架中的金属球组成，该球通过控制滑块上的磁铁移动。这个设计是为了防止灰尘进入机箱内，在 600 型号上做了些许改动

3. 纹理面板

塑料侧板表面的纹理设计，使消费者对该收音机产生高品质的整体印象。延森将设计中的完美主义定义为"几乎无限地重复工作的能力"，他还说，"'重复工作'对我来说是最残酷的折磨"

4. 铝制框架

两块塑料面板可以拆下来更换电池，它们和铝制框架的中心部分构成一种"三明治"样式。从框架延伸出的铝制把手可以放下来支撑收音机，也可将侧面播放的收音机抬离地面

🕐 设计师传略

1926—1953 年

1926 年，雅各布·延森出生于丹麦哥本哈根。1948 年进入应用艺术学院，跟随汉斯·韦格纳和约恩·乌松学习。1952 年，他毕业后进入丹麦第一家工业设计工作室——Bernadotte & Bjørn 工作，在这里，他设计了一款名为玛格丽特的密胺搅拌碗，这个碗至今还在生产。

1954—1980 年

1956 年，延森在纽约拜访了工业设计师雷蒙德·洛威，并继续与理查德·莱瑟姆、鲍勃·泰勒和乔治·延森一起工作，他们曾经都为洛威工作，而后共同在芝加哥开办了 LTJ 工作室。1960 年，延森成为 LTJ 合伙人之一，并从 1975 年开始担任 LTJ 欧洲公司的主管。同时，1958 年他在哥本哈根创立了雅各布·延森设计工作室。他的标志性设计多是一些黑色或者镀铬的细薄物体，包括门铃、烟雾报警器、手表还有烤面包机，这些标志性设计为他赢得众多奖项。1959 年至1961 年，延森在芝加哥大学工业设计院担任助理教授时也很有影响力。1965 年，延森开始了与铂傲公司的长期合作，最终为该公司设计了 230 多件产品。1975 年，哥本哈根装饰艺术博物馆为延森的设计举办了一个展览。1978 年，纽约现代艺术博物馆一个名为"音乐设计"的展览展示了延森为铂傲公司设计的 28 件音响产品。除了铂傲公司，延森还与 Bell Express、F&H Scandinavia 以及许多其他公司合作。

1981—2015 年

1990 年，他的儿子蒂莫西·雅各布·延森接任了他在 LTJ 欧洲公司的董事职位并分别在上海和曼谷开设了分公司。雅各布·延森于 2015 年去世，享年 89 岁。

延森的 WEISZ 手表

延森说过他的设计风格灵感来自身边的景色，特别是日德兰半岛北部峡湾地区陆地、海洋、天空交汇的方式。他与阿姆斯特丹郊外的 S. Weisz Uurwerken BV 合作设计的手表系列都受这些景观影响。例如，他设计的 Chronograph 605（上图）拥有精简、简单的线条，体现了极简主义的设计风格，并借鉴了几何上的纯粹形式。功能与优质材料同等重要，延森所有的手表设计都考虑到一个事实，即手表既是一个计时器，也是一件珠宝。

Tizio 台灯 1972 年

理查德·萨帕 1932—2015 年

ABS 塑料，铝合金，金属合金
76cm × 76cm

由理查德·萨帕为阿特米德公司设计的 Tizio 台灯，一经推出就改写了台灯设计的规则。米歇尔·德·卢奇设计的 Tolomeo 台灯（1987 年）亦受到 Tizio 的启发，与之一起，Tizio 成了阿特米德公司最成功的产品之一。Tizio 在意大利语中指代没有名字的人，意为"那个家伙"，而它也明确了萨帕设计中不可或缺的男性特质。阿特米德的创始人埃默斯图·吉斯芒迪（1932 年— ）曾说，Tizio 的一个突出特点就是，不论如何摆放，它都显得非常"英俊"。

图像局部示意

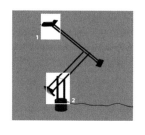

第一个平衡臂台灯是由英国工程师乔治·卡沃尔廷（1887—1947 年）设计的安格泡万向灯（1932—1935 年；详见第 172 页），弹簧的使用使可调节的折叠臂能抵消重力作用。萨帕将这种折叠臂的设计提升到了一个新的水平，即豪华和简约的精致。他将所有电线隐藏在内部，使整架台灯具有流畅的线条，而且取消了弹簧，代之以平衡系统。20 世纪 90 年代，铝材顶部做了一些改动，添加了玻璃灯罩和细绳手柄，这样即使顶部发烫、无法触摸，也可使用手柄轻松地调整。Tizio 台灯有黑色、白色和银灰色，并且有多种不同大小的型号，但是最初、最著名的一款还要数黑色的 Tizio 50。Tizio 最新的 LED 版本还配有一个调光器。**JW**

1. 创新性

萨帕的 Tizio 台灯设计极具创意：在旋转基座中使用 12 伏变压器供电，电流通过框架的两个平行臂传递，这样就无须任何外露的电线。Tizio 也是第一个使用卤素灯泡的灯具，这种灯泡之前主要用于汽车行业

2. 灵活性和平衡感

Tizio 是一款结实的摇臂台灯，可以朝四个方向旋转。它的整个设计基于动力运动平衡系统，仅用一只手便可以调节。两个方形配重打造了 Tizio 引人注目的外观，就像一个蒸汽往复泵被改造成了高贵优雅的桌面雕塑

🕐 设计师传略

1932—1969 年

理查德·萨帕出生在慕尼黑。从慕尼黑大学获得商学学位后，萨帕开始在斯图加特的戴姆勒 – 奔驰公司的设计部门工作。1958 年，他搬到米兰，创办了自己的工作室。

1970—2015 年

20 世纪 70 年代，萨帕一直担任菲亚特和倍耐力公司的设计顾问。从 1980 年起，他成为 IBM 的首席工业设计顾问，并在 1992 年设计了 ThinkPad 700C 笔记本电脑（详见第 434 页）。他还设计了各种船舶、汽车、电子产品、家具和厨房电器。他的客户包括艾烈希、阿特米德、卡特尔和诺尔公司。

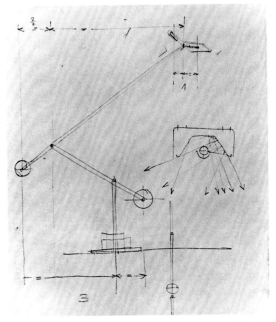

▲ 正如萨帕的设计草稿展现的一样，灵敏性对于 Tizio 的设计至关重要。萨帕曾说过，他之所以设计 Tizio，是因为他发现没有一款工作台灯可以满足自己的要求

哈雷系列台灯

　　2005 年，萨帕凭借为 Lucesco 公司设计的暖白色 LED 哈雷台灯系列（上图）重回照明设计界。这款台灯的运动性和灵敏性无与伦比，它采用平衡装置而非弹簧或者张力旋钮使台灯在运动中达到完美平衡。每个连接处都可以水平或者垂直移动，转动更加流畅。轻巧的灯头上有一个风扇用来冷却 LED。这款台灯的名字来自哈雷彗星：唯一一颗在人的一生中可能出现两次，且能被肉眼看见的彗星。萨帕可能希望在自己生命中，哈雷台灯——他的第二款工作灯，可以再现像 Tizio 那样绚烂、巨大的成功。可惜的是，2008 年金融危机后，Lucesco 公司破产，哈雷台灯已不再生产。

大众高尔夫 Mk1 1974 年

乔治亚罗 1938 年—

👁 焦点

1. 保险杠和 LED 灯

1980 年，大众对 Mk1 车型做出了几项改良，包括与乔治亚罗最初的设计理念更相符的更大的后灯组，一个新的仪表盘，带有更新了的仪表和 LED 警示灯，模压黑色塑料保险杠以及美国版的矩形车头灯

2. 车窗

高尔夫 Mk1 最令人振奋的设计就是通过前挡风玻璃、侧窗和后窗，人们可以欣赏到广阔的天空。坐在车中就如置身玻璃房中，心灵得到解放，可以在路上感受自由奔驰的感觉

3. 舒适度和性能

车内选用优质材料以及饰面，保证了车辆整体风格和舒适性。高尔夫采用麦弗逊式支柱前悬架和扭力梁后悬架，能稳稳地弹起并减震。这样车便可以在路上平稳行驶，而且很灵敏，不会使乘车人感觉到任何不适

4. "折纸"设计理念

从 20 世纪 70 年代初开始，乔治亚罗引入棱角分明的"折纸"设计理念，对整个 70 年代的汽车设计产生了重大影响。棱角分明的大众高尔夫看起来酷劲十足，掩盖了已成为必须的经济原因

⚙ 图像局部示意

乔　治亚罗设计的高尔夫Mk1是一辆小型家庭轿车，配有三个车门和一个后备厢盖，乔治亚罗将它设计为前轮驱动，配置水冷型前置发动机，以此代替大众甲壳虫（1942年）——一款简洁节能的家庭轿车。"二战后，意大利经济困难，设计师不得不用仅有的材料来完成设计。"乔治亚罗曾说道，"必须使用最少的材料，避免多余的重复：简洁的设计也是出于当时的需要。"然而设计师所创造的远不止一辆凑合着能开的车。高尔夫一经推出，立刻取得了成功，到1976年10月，已生产了100万辆。

这款车遵循了典型的欧洲设计理念：小巧，低调，即使在拥堵的城市也很容易找到停车空间。然而这款车取得成功的关键是，它奉行了意大利"家庭永远第一"的观念。这是一款具有强大自信的小型车：因为它是一款真正的家庭轿车，时尚、有趣且速度快。既不需要变成花枝招展的赛车，也不需要成为高耗能的大轿车来证明自身的价值。此外，"运动高尔夫"这一业余项目也正式发展成为高尔夫运动版车型——高尔夫GTI，这款车于20世纪70年代末推出，市场反应十分强烈，直至今日依旧十分受欢迎。大众汽车的内部团队将乔治亚罗的设计做出调整，于1983年推出更宽更长的高尔夫Mk2。在1991年推出Mk3之前，它总共销售了630万辆。在乔治亚罗的所有设计中，他最满意的就是高尔夫，但他是一个理性主义者，他曾说过，"美感总要归结于数学运算，你不可能仅凭一时兴起就去设计一辆车"。**JW**

大众高尔夫Mk1由乔治亚罗设计，是一款前轮驱动的厢式掀背轿车

⏱ 设计师传略

1938—1966年
乔治亚罗出生于意大利的皮埃蒙特的加雷西奥。之后搬去都灵学习艺术与技术设计。1955年，菲亚特技术总监吉奥科萨看到了他画的汽车草图，便聘用他到菲亚特工作。1959年，乔治亚罗成为贝尔通公司的设计主管，并于1965年离开贝尔通加入盖亚公司。

1967—1995年
1967年，乔治亚罗创立了自己的公司——Ital Styling，作为自由职业者为不同公司设计产品。一年后，与他人共同创办了Italdesign设计工作室，为汽车行业提供工程设计服务。该公司曾经参与阿尔法·罗密欧、宝马、法拉利、兰博基尼、莲花汽车和玛莎拉蒂等车的设计。乔治亚罗还为尼康公司设计过照相机，除此之外，他的设计作品还包括电话、枪支、意大利面模具以及手表。1995年，他因终身成就获得金舵奖，同时凭借菲亚特朋多获得另外一项奖项。

1996年至今
2010年，大众收购了其公司90%的股份。2015年，乔治亚罗正式辞职。

▲ 菲亚特熊猫（上图）于1980年推出，当制造商在汽车上装满了技术性的小玩意儿和耗电的奢侈品时，简单、廉价、实用的菲亚特熊猫一经推出，便为汽车制造业带来一股清流。1981年，乔治亚罗凭借这款车的设计赢得了意大利金圆规设计奖

企业标识

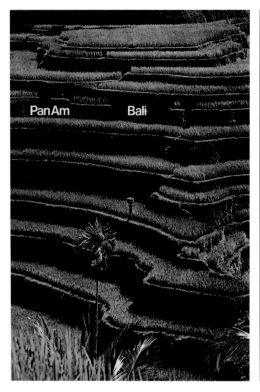

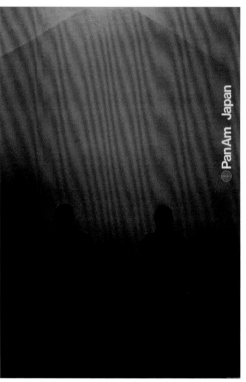

长期以来，商品都拥有鲜明的视觉形象，但是直到二战后，商品生产者才开始考虑自身的视觉形象。令人不快的是，由于纳粹党对外表的关注，世界才开始意识到统一的企业标识的潜力。在商业活动中，拥有企业标识在发生收购或兼并时会变得特别有价值。公司需要通过视觉符号语言沟通交流，而反过来这又反映了公众理解传递信息的能力逐渐增强。当进行无实体产品销售时，一个鲜明的企业标识就变得至关重要。五角设计公司的柯林·福布斯（Colin Forbes，1928 年— ）曾写道："很多公司的鲜明特点已被通用技术和一般准则模糊，想要为这些公司创造一个生动难忘的企业标识，设计师面临很大的挑战。"这些公司一般指航空公司或者银行，它们提供的是服务而不是产品。在这个世界上，"一项高端服务可能只能通过一间办公室和一张信纸得以体现，这时候第一印象就显得尤为重要了"。

任何企业标识中最熟悉的元素通常是其标志或商标，从表面上看，这

重要事件

1961 年	1962 年	1964 年	1965 年	1971 年	1971 年
世界野生动物基金会（WWF）的标志是一只大熊猫图形，以突出该组织保护濒危物种的工作。	弗莱彻福布斯吉尔平面设计咨询公司在伦敦成立；后来更名为五角设计。	切尔马耶夫和盖斯玛重新设计了美孚标志，蓝色字体搭配红色"O"。该公司的飞马标志保留作他用。	迈克尔·沃尔夫和沃利·奥林斯在伦敦成立沃尔夫奥林斯（Wolff Olins）公司，成为国际领先的企业标识咨询公司。	波特兰州立大学的学生卡罗林·戴维森为新命名的耐克公司设计了"钩子"商标。	雷蒙德·洛威巧妙地重新设计了壳牌石油公司的扇贝标志，就是今天仍在使用的样子。

纯粹是一个图像产品。企业标识通常包含一到两个单词，其组合方式必须明确，但要有特色且令人难忘，并通过形成的视觉风格传递公司的价值观。来自纽约的品牌平面设计公司 Chermayeff & Geismar 的伊万·切尔马耶夫（Ivan Chermayeff，1932—2017 年）和汤姆·盖斯玛（Tom Geismar，1931年— ）写道："设计企业商标时，我们穷尽各种魔法，将聪明才智、远见技能发挥得淋漓尽致，就是为了创造一个单一、清楚而又直接的企业标识，使那些来找我们设计标识的公司可以充分展现自身的品质和愿景。"

平面设计对于构建企业形象的贡献远非创造一个标志那么简单；它还延伸到信头、车辆涂装、企业礼品（如台历）和企业广告的方方面面。20 世纪 70年代，经建筑师和工业设计师艾略特·诺伊斯的介绍，美孚石油（Mobil）公司成为 Chermayeff & Geismar 的客户。在用定制设计的无衬线字体创造了美孚标识后——蓝色字体配以圆形的"O"，他们还为该公司的各种艺术赞助设计了海报。海报设计采用了各种技术，包括简单的手绘、拼贴以及简化的建筑几何效果。这些海报设计新奇有趣，但都与公司的核心业务无关；同样地，1973 年，他们为泛美世界航空公司（Pan Am）设计的海报（见图 1），也是以这样一种微妙间接的方式"构建了企业品牌"。

当企业标识声称不仅要转变公众对企业的固有印象，还要提升其内部凝聚力的时候，它就远远不只是具备一种"独特风格"那么简单了。在这种情况下，品牌背后的理念和保护这种理念的需要具有额外的紧迫性，亟须向世界展现企业的整体风貌。比如英国国家电网，这个发电机基础设施供应商，也像许多前国家机构一样，在 1990 年实行私有化。

同样来自五角设计公司的约翰·麦康奈尔（1939 年— ）也为他们设计了标志（见图 2）并记述道："企业文化通常指一个企业共有的态度、共享的价值观以及共同的工作重点。企业标识设计首先需要了解这种文化，然后通过视觉将其表达出来。"这种设计活动有可能会误导公众，因此麦康奈尔强调，设计师必须根据企业的现实情况核查企业的愿望，并警告说"一些公司和他们的合作设计师竟然相信，如果需要的话，企业标识会让人对某个机构产生一些毫无根据的看法"。因此，通常鼓励企业将设计顾问当作一个"具有批判性的朋友"，就像治疗师一样，深入公司的灵魂，构建优势、治疗疾病。致力于塑造和改善世界对企业客户的看法的设计公司可能会为此目的持续被雇用数十年。**AP**

1. 1973 年，Chermayeff & Geismar 公司为泛美世界航空公司设计了一系列广告，这是其中的两幅，这两幅广告以一种精辟简单的方式突出了该航空公司航线目的地的多样化，同时向人们展现了为什么他们可能想去这些地方

2. 这是五角设计公司的约翰·麦康奈尔和贾斯特斯·欧勒在 1989 年为英国国家电网设计的粗体标志

1971 年	1972 年	1977 年	1977 年	1987 年	1997 年
星巴克构建了企业标识，是一个根据 16 世纪挪威木刻中被称为塞壬（Siren）的双尾美人鱼形象设计的标志。	保罗·兰德重新构思了 IBM 公司的标志（详见第 400 页），使用水平条纹展现"速度和活力"。	受纽约州委托，米尔顿·格拉泽设计了"我爱纽约"的标志，是由粗黑字与红色心形构成的"I ♥ NY"。	罗布·贾诺夫（Rob Janoff）为乔布斯无偿设计了苹果公司的标志，加入彩虹色表明麦金塔电脑有彩色显示屏。	哈维尔·马里斯卡尔（Javier Mariscal，1950 年— ）为 1992 年巴塞罗那奥运会设计了吉祥物科比（详见第 402 页）。	英国前首相撒切尔夫人在批评 Newell & Sorrell 公司设计的新式英国航空公司尾鳍时说道："我们应当悬挂英国国旗，而不是这些难看的东西。"

IBM 标志 1972 年

保罗·兰德 1914—1996 年

从 1972 年起，IBM 标志的基本设计保持不变，该设计也成为全世界认知度最高的标志之一

万国商业机器公司（IBM）创立于 1911 年，并在 1939 年前发展成为多方面的信息处理和机器生产公司。二战后，大型计算机快速发展，IBM 公司过时混乱的形象受到了具有设计意识的意大利奥利维蒂公司的威胁，这促使新上任的第二任总裁小托马斯·沃特森（1914—1993 年）寻求专业帮助。

1956 年，沃特森聘请建筑师艾略特·诺伊斯担任设计顾问总监。1940 年，诺伊斯曾与沃尔特·格罗皮乌斯、马歇·布劳耶和查尔斯·伊姆斯在纽约现代艺术博物馆举办的"家居用品有机设计竞赛"展览中合作。诺伊斯选择了保罗·兰德作为 IBM 的平面设计师，保罗首先使用三个熟悉的字母粗体样式代替原有的标志，并于 1967 年将其修改成条纹形式。

对兰德来说，这是一种新的体验，他意识到有必要制作一本企业手册，向这个庞大组织的员工解释这些变化，在妻子马里恩·斯万尼（Marion Swannie）的帮助下，他在公司内部建立了一支可靠的平面设计师团队。这种对公司名字的关注并非一种偏移，因为正如诺伊斯当时所说，"IBM 的产品过于复杂，一般的消费者无法理解，只能依靠 IBM 这个名字"。通过产品包装采用鲜艳的色彩，以及条纹和重复字母的组合，兰德带来了一种在办公设备领域很少见的魅力。**AP**

✪ 图像局部示意

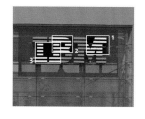

👁 焦点

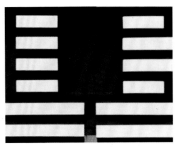

1. 衬线

IBM 之前的标志是由 Beton 粗体写成的 IBM 字母轮廓。在 1956 年兰德设计的版本中，之前的字母改为 City Medium 字体，加粗，而且增加了明显的衬线。这种字体风格被称为"埃及粗截线"，早在 19 世纪 20 年代就首次流行开来。20 世纪 30 年代，这种字体作为一种展现复古情怀的媒介被恢复，并被认为与现代主义的无衬线字体可以兼容

2. 直线

兰德简化了字母形式，使它们只由直线和圆段构成，便于重新绘制而不易出错。细长的平行线条让兰德想起了钞票或支票上的安全条纹，有助于增加权威性，并将字母联系在一起，形成一个和谐的整体。但一名 IBM 员工说，它们让他想起了监狱的条纹制服

3. 条纹

IBM 设计师、兰德的第二任妻子斯万尼曾解释说，"保罗认为这个标志并不会给人们当头一击"。他使用不同的方式呈现这个标志，把它变成黑色上的多色轮廓，并在不同时期对标志中条纹的数量做出增减。1967 年标志中有 13 条条纹，1972 年，正如这里展示的一样，已被简化成 8 条。兰德认为堆叠的条纹展现了速度和活力

🕐 设计师传略

1914—1939 年

兰德出生在纽约市布鲁克林，在一个经营杂货店的贫穷的东正教犹太家庭中长大。他在夜校学习艺术，书店和纽约图书馆中的平面设计杂志给了他很大的启发。在图形设计师厄文·梅斯特（1899—1963 年）的帮助下，兰德（改了名字以免受到反犹歧视）获得了丰厚的绘图佣金，也逐渐形成了富有想象力的新鲜风格；后来他成为《时尚先生》杂志的艺术总监。

1941—1996 年

1941 年，兰德加入了 William H. Weintraub 广告公司，引入了一种基于抽象和超现实主义艺术的新的、通常几乎无字的风格。1947 年，兰德出版了《设计随想》一书，该书谈论了广告设计中符号的运用，以及拼贴技术和其他技巧的使用。他为维特波尔出版的一些艺术书籍创作了经典封面。兰德还参与了多项活动，其中就包括为儿童书籍画插画。

▲ 1956 年，在诺伊斯的指导下，兰德重新设计了 IBM 公司的标志（上图）。它标志着这家计算机公司向综合性的企业设计方案迈出了第一步

标志

　　Logo（标志）是 logotype 的缩写，在金属印刷时代指铸造成整块的字母组合，如今已经逐渐变成了现代生活的一个特色。历史上，标志和品牌的出现实属偶然，然而那个单纯无知的时代已经过去。企业标志或其他短暂性标志——例如奥运会的标志，都是经过深思熟虑、反复测试后设计的。这些标志需要展现多重含义，尽管如果设计得过于巧妙，可能无法发挥应有的作用。有些标志是图形式的，有些仅是字母组合，还有一些则二者兼具。经常要设计一种新字体，或者对原有字体进行修改，依据是该字体风格将说明信息的重要性。

吉祥物"科比" 1987 年
哈维尔 · 马里斯卡尔 1950 年—

作为 1992 年巴塞罗那奥运会的永久视觉形象，何塞普·M.特特亚斯为赛事设计的官方形象——三笔画就的一个跳跃的人物形象——早已被设计师兼插画家哈维尔·马里斯卡尔创作的小卡通牧羊犬所取代。1987 年，马里斯卡尔首次构思了"科比"（CoBi）形象，它的名字来自巴塞罗那奥运组委会（COOB'92），至今仍被普遍誉为奥运会历史上最成功的吉祥物。马里斯卡尔曾被要求设计一个不同于传统形象的吉祥物，在参考了西班牙艺术和文化后，他做到了这一点，实现了吉祥物可以为主办城市带来商业价值的愿景。毫无疑问，吉祥物科比的设计大胆前卫，它可爱的漫画式外表掩盖了它在文化输出方面的重要性。到奥运会开幕时，它的形象已经无处不在，出现在佳能和可口可乐公司的各项赞助中，包括海报、玩具、特许纪念品，甚至出现在一部 26 集的动画片《科比剧团》（The CoBi Troupe）中。它以上百种不同的面貌出现，它是每项奥林匹克运动的代表，是观众，是游客，是众多志愿者和服务者。特里亚斯设计的抽象人物形象是简明图形的典范，而科比的形象正好相反，凌乱却充满生机、魅力，非常适合重建的城市。**MS**

⚽ 图像局部示意

1992 年巴塞罗那奥运会的海报中，吉祥物科比在最显眼的位置，而奥运会的官方标志几乎看不见

👁 焦点

1. 手绘风格

科比棱角分明的脸庞和扁平化的整体效果，都受到了毕加索开创的立体主义风格的影响。界定平面边界的黑色轮廓和缺失的阴影都使人联想到漫画书的绘图风格。其他细节则留给观众想象

2. 调色板

马里斯卡尔没有使用原色，就是为了把科比的形象和其他一些商业卡通形象区分开来。他使用的调色板多倾向于柔和的色调。这个卡通形象和它的背景设计有一种新鲜感，与以新的视角展示巴塞罗那的意图相吻合

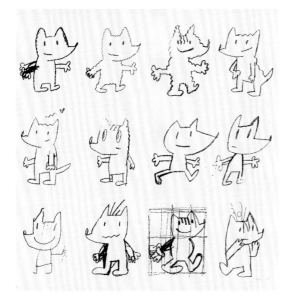

▲ 从这一系列科比的初步设计草图中可以看出，马里斯卡尔一直在探索它的基本形象及其用途。后来，马里斯卡尔才为科比穿上了 1992 年巴塞罗那奥组委的官方制服

沿用毕加索风格

马里斯卡尔在处理吉祥物科比的外貌时，受到了巴勃罗·毕加索（1881—1973 年）在 1957 年所作的四十四幅画作细节部分的影响。当时，毕加索重新诠释了委拉斯开兹（1599—1660 年）所作的著名肖像画《宫娥》（1656 年），运用其立体主义画作风格重新塑造了宫女形象（下图）。

欲望之物

1. 马可·扎努索设计的黑色 201 电视机（1969 年）体现了这样一种美学理念，那就是物体的外观主要应该是其技术功能的表达

2. 索尼 CRF-320 收音机（1976 年），重 13.6 千克，拥有时尚的黑色和镀铬外观，装配超多的控制键，超出任何收音机爱好者的合理预期

3. 20 世纪 70 年代的一则美国杂志广告让人们认为一条卡尔文·克莱（Calvin Klein）牛仔裤是必须拥有的欲望之物，并且暗示穿着它的人也同样令人向往

到了 20 世纪 70 年代，作家万斯·帕卡德等人对炫耀性消费带来的巨大浪费现象的批判，迫使人们重新评价设计在市场中的作用。现在看来，战后推动销售的策略，例如项目性报废，太过简单粗暴，公众逐渐怀疑广告商的说法，并且在解读他们的信息方面更有经验。虽然设计与零售文化的联系日益密切，但是问题仍然存在，那就是在公众的基本需求得到满足的情况下，如何劝说他们购买新产品。

　　一个解决方案就是把注意力放在"想要"而不是"需要"上。这个方案成为时尚行业长期以来存在的理由，正是由于"想要新产品"，人们才会购买每季的新品，更新自己的衣橱。在产品设计中，新颖性可能同样表现在造型的表面诱惑力上。这种方法在 20 世纪 30 年代和 40 年代的流线型设计中是成功的，或者在于技术规格和功能的改进，这样一来以前的产品不管还能不能用，都显得过时了。第三种方案，也是现在比较突出的一种新方法，就是赋予设计高雅

重要事件

1969 年	1972 年	1973 年	1974 年	1975 年	1977 年
马可·扎努索为 Brionvega 设计了黑色 201 电视机。当屏幕不发光的时候，这台电视机看起来就是一个全黑的盒子。	理查德·萨帕为阿特米德公司设计了全黑的 Tizio 台灯。它成为新现代主义的标志性设计，几乎在每间精心设计的房屋内都能发现它的身影。	迪特·拉姆斯与弗洛莱恩·塞弗特（1943 年— ）、罗伯特·奥勃海姆（1938 年— ）共同设计了具有握持功能的迷你型 Sixtant 8008 电动剃须刀。	索尼公司推出了全黑色的 CF 1480 便携式收音机。它配备的圆形刻度盘容易使人联想到雷达监视器，具有强烈的阳刚魅力。	迪特·拉姆斯与迪特里希·拉布斯（1938 年— ）一同设计了方形版本的第三代旅行钟——AB 20/20 tb。	索尼推出便携式电视机，绰号 Citation，是一种喷气式飞机的名字。它的外观灵感来自飞机驾驶舱显示器的外观。

的文化内涵。设计的价值和地位提升后，设计出来的商品必然被提升为一种满足欲望的物品，迪耶·萨迪奇（Deyan Sudjic，1952 年— ）的作品《物质崇拜》（*Cult Objects*，1985 年）曾探究过这一现象。

20 世纪 60 年代和 70 年代，意大利商品设计中首次出现"亚黑色美学"，到了 20 世纪 70 年代后期，许多受到疯狂追捧的物品都采用这一理念。例如马可·扎努索为 Brionvega 设计的黑色 201 电视机（1969 年；见图 1）便采用了黑色色调，同样，理查德·萨帕为阿特米德公司设计的 Tizio 台灯（详见第 394 页）也采用了黑色色调。这种单一颜色的使用代表了一种深思熟虑的克制，成为许多人眼中"好设计"的标志。这种设计理念得到广泛应用，尤其是在高科技产品领域，这些产品越来越多地以其时尚的外观而不是仅仅以功能为基础进行销售。

20 世纪 70 年代，在德国，迪特·拉姆斯为博朗公司设计的简约工艺品凭借其严谨的设计赢得全世界的赞誉。他设计的旅行钟、计算器（详见第 406 页）、电动剃须刀和手表，首先吸引了注重设计的男性消费者。日本的索尼公司在其高科技产品设计中也采用了同样的美学理念。20 世纪 70 年代早期，许多收音机（见图 2）、电视机、高保真音响设备以及照相机外观都采用黑色镀铬机身，也都是为了迎合在德国早已运用纯熟的符合男性化的"优良设计"要求。但是这类产品渐渐也出现了其他颜色，例如索尼公司设计的随身听 TPS-L2（1978 年；详见第 408 页）。

亚黑色美学理念不仅体现设计的严谨，一般而言，也是一种高品质的保证。设计被提升到高雅文化领域的必然结果就是"设计师标签"的快速兴起，在某些情况下，它是一个与众不同的徽章；而在另一些情况下，它是一个空洞的标签，代表着溢价。这一趋势首先出现在时尚行业，尤其是竞争激烈（利润丰厚）的牛仔裤市场。比如卡尔文·克莱（见图 3）、格洛里亚·范德比尔特、乔治·阿玛尼、范思哲和唐娜·卡兰（Donna Karan）都使用自己名字设立品牌，为原本平淡无奇、批量生产的产品注入个人色彩。皮尔·卡丹（Pierre Cardin）是第一个使用这种授权策略的设计师，之后床上用品、家居用品和其他地方也逐渐出现了设计师的名字。

到 20 世纪八九十年代，之前十几年加诸"欲望之物"上的光环已经转移到产品的设计师身上了，设计师们逐渐以艺术家自居。"设计师"商品范围逐渐扩大，甚至连饮用水都有了设计师品牌。这种量产的、以设计师命名的品牌文化迅速入侵高街品牌，甚至中国等一些国家也开始大量生产仿造奢侈品品牌的商品。在这种情况下，"设计师"一词有了全新的意义。"设计师"这个概念也已经深深扎根于商业零售领域了。

博朗 ET22 计算器 1976 年
迪特 · 拉姆斯 1932 年— 迪特里希 · 拉布斯 1938 年—

迪 特·拉姆斯与迪特里希·拉布斯共同为博朗公司设计了 ET22 计算器，拉开了该公司在 20 世纪 80 年代推出的一系列产品的序幕，1987 年推出的 ET66 则成为该系列的最后一个产品。ET22 由于推出时间早，并没有使用后期机型的先进技术，但是，无论从美学角度还是功能性来看，它都是与众不同、令人向往的，并为之后的设计指明了方向。

ET22 外观小巧，界面设计简单友好，功能键按逻辑顺序排列。它黑色的机身、多彩的按钮以及清晰的字体，既方便触摸又不会使人分心。底部圆角设计方便用户将其滑入口袋。不过与之后的机型不同的是，它采用滑动开关，LED 显示屏后来也经过改进。

拉姆斯作为博朗公司的设计总监，为团队设立了一套工作方式，并确立了公司的设计理念，那就是既要使技术易于使用，又要创造永恒的产品，超越变化无常的时尚。然而他做到的远不止那些，他的产品之所以受到用户的喜爱，不仅仅因为它们与人产生直接的关系，也因为它们克制的、令人愉悦的外观。他将设计描述为旧式管家，当它执行得当时，会使每个人的生活变得更简单方便。他从包豪斯主义（详见第 126 页）那里汲取灵感，并设立了另一个目标，那就是"设计出能隐入背景的东西"。**PS**

金属塑料制品
14.5cm × 8cm × 2.5cm

👁 焦点

1. 颜色

ET22 通过使用少量颜色形成的视觉冲击与用户进行互动。黑色机身作为背景凸显了多个棕色按钮以及唯一一个表示等号的黄色按钮。白色的数字和符号在深色背景的反衬下更加醒目

2. 按钮

在拉姆斯眼中，ET22 是一个小型的、雕塑般的物件。最低数量的按钮有序地排列，采用深色简约的调色板设计。圆形和矩形按钮的凸起设计为用户提供流畅的触感

迪特·拉姆斯与苹果公司

苹果公司的早期创始人史蒂夫·乔布斯（1955—2011 年）和首席设计师乔纳森·伊夫（1967 年— ）都承认在设计其标志产品如 iPod（2001 年）和 iPhone（2007 年）时曾受到拉姆斯设计的影响。第一代 iPhone 上的计算器图标明确地参考了博朗公司 ET66 的圆形按钮以及特定的颜色选择。为了表达敬意，伊夫选择了一个熟悉且深受喜爱的产品的外观来创造将成为另一个经典的产品。同样，拉姆斯为博朗设计的 T3 收音机（1958 年；右图）也在 iPod 设计中得以体现，二者采用相同的中央控制盘。这种影响并不仅仅停留于表面。拉姆斯的设计理念根植于一种前后连贯的方法，这在苹果公司最好的产品中同样得到了证明。

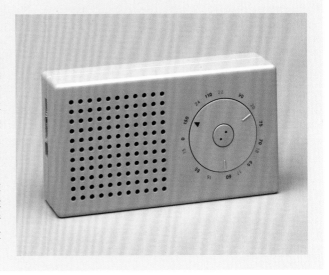

随身听 TPS-L2 立体声播放器 1978 年

索尼公司

👁 焦点

1. 美学

第一代随身听有蓝色和银色外壳，几年后，增加了黑色和红色的外壳。1988 年索尼推出标志性产品——被称为"黄色怪物"的运动随身听。然而，随身听的终极吸引力并不是其外观，而是它体现的小型技术

2. 功能

随身听的功能很少，用户只需要简单地打开、关闭、快进磁带便可。索尼早在 20 世纪 40 年代生产磁带录音机时就对这些控制装置十分熟悉了，要做的只是进一步缩小它们的尺寸

虽然索尼公司并没有发明任何相关技术，但这家日本公司却率先开拓了磁带市场。作为设计优良的小型电子产品领域的专家，该公司在 1955 年生产了它的第一台磁带录音机，它早已准备好利用 20 世纪 70 年代末盒式磁带取代黑胶唱片的潮流，这种媒介使人们可以在移动中收听音乐。索尼的联合创始人井深大也是一个经常旅行的人，他最早提出了随身听——小巧的高品质音乐播放器——的设计构想。1978 年，随身听原型机制成。1979 年，经过用户广泛测试后，成品机在日本首次推出，并取得了巨大的成功。当这款音乐播放器终于进入国际市场后，再一次取得了成功。随身听是个简单的物件。实质上，它仅由一个磁带盒和一副轻量耳机组成。当时，人们疯狂热衷于有氧运动和慢跑，随身听的推出正好迎合了这一潮流，广泛用于各种运动场合。然而，20 世纪 90 年代，便携式 CD 播放器取代随身听成为主流产品。索尼公司迅速做出回应，开始生产这种新式产品。**PS**

金属合金外壳
15cm × 9cm × 3.5cm

🕐 公司简介

1946—1962 年

1946 年，井深大与盛田昭夫一起创立了东京通信工业株式会社，即索尼公司。1949 年，索尼设计了第一台磁带录音机的原型机，并在一年后正式推出。1958 年，公司更名为索尼公司。1960 年，索尼推出世界上首台便携式电视机 TV8-301，之后又在 1962 年推出世界上最小、最轻的全晶体管电视机 TV5-303。

1963 年至今

索尼的畅销产品包括 1968 年推出的特丽珑（Trinitron）彩色电视机，以及十年后在日本推出的随身听。索尼不断开发新产品，其中包括 1983 年推出的便携式 CD 播放器（后来称为 Discman）和摄像机。1993 年索尼电脑娱乐株式会社成立，进入 21 世纪后，索尼与爱立信合资进入手机市场。

随身听的营销

　　索尼在随身听的营销方面投入了很大精力。这场营销背后蕴藏的理念是将"日本性"的概念传播到世界其他地区。让人们认为"日本性"是高科技和小型化产品的代名词，指一些智能又小巧的物品。由于随身听是一种具有新功能的新产品，而且其外观相当功利，因此必须说服人们购买它。这是公司通过广泛的铺货、海报和广告活动来实现的。相较于其他音乐产品，随身听的主要优势就是可以随身携带。这改变了我们听音乐的方式：听音乐不再是一项室内私人活动，它也可以在户外，因而成了一项公共活动。因此，第一场营销活动就包括展示人们如何一边使用随身听，一边进行锻炼。同时，海报战役（右图）也开始打响。其中一张令人印象深刻的海报展示了一名年轻的衣着清凉的西方女人正听着随身听，旁边一位身着传统服饰的日本老头正看着她；另外一张海报刻画了一个年轻人，一边滑旱冰一边听随身听。营销重点在强调年轻和有趣，以及能在旅途中听音乐的自由感。

朋克

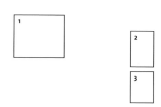

1. 1977 年雷蒙斯乐队表演时，站在舞台上的歌手乔伊·雷蒙。背景是一个由阿图罗·维加（Arturo Vega）修改过的总统印章

2. 1976 年，模特兼演员乔丹（1955 年— ）站在马尔科姆·麦克拉伦和薇薇安·韦斯特伍德在伦敦的店铺——Sex 外面

3. 加利福尼亚朋克乐队"死亡肯尼迪"的演唱会海报宣传乐队成员竞选旧金山市市长

20 世纪 70 年代中期，朋克音乐开始出现在纽约和伦敦。伴随音乐时尚而来的图形风格影响深厚，至今仍被广泛使用。1974 年 8 月，雷蒙斯乐队首次在纽约 CBGB 俱乐部演出，愤怒的两分钟开场歌曲结束后，很明显可以看出，嬉皮时代已经过去了。

墨西哥出生的平面设计师阿图罗·维加（1947—2013 年）为雷蒙斯乐队设计了标志和平面造型。他的设计充满颠覆性、反政府、反消费主义情绪，而他仿造美国总统印章设计的图标则赤裸裸地表现了对政府的不满。维加在修改印章（见图 1）时用该乐队第一首单曲 Blitzkrieg Bop（1976 年）的第一句歌词 "Hey ho let's go" 代替了原来的铭言 "E Pluribus Unum"（合众为一）。

几个月后，英国乐队经理人马尔科姆·麦克拉伦和女朋友——英国时尚设计师薇薇安·韦斯特伍德来到纽约，清楚地意识到雷蒙斯乐队正在做的这件事未来将大有发展。马尔科姆回到伦敦后，便组建了性手枪乐队。几个月前，也就是 1974 年春天，马尔科姆和韦斯特伍德将他们在伦敦经营的一家精品店 Too Fast To Live Too Young To Die 更名为 Sex（见图 2）。该店出售束缚和恋物癖的装备——连同安全别针的耳鼻环、染成孔雀色的莫西干发型以及撕裂的衣服——成为真正朋克的标志。

重要事件

1973 年	1974 年	1974 年	1974 年	1975 年	1976 年
石油危机爆发。全球股票市场崩盘，大部分西方国家经济衰退。	美国乐队"电视机"的歌手理查德·赫尔（1949 年— ）是第一个将头发扎起来、穿着用别针固定的破烂衣服的人。	雷蒙斯乐队成立。该乐队巩固了朋克音乐和态度的元素，其成员采用相同的舞台姓氏。	马尔科姆·麦克拉伦和薇薇安·韦斯特伍德重新装修了在伦敦切尔西的店铺，并将其更名为"性"（Sex）。	性手枪乐队首次在伦敦圣马丁艺术学院演出，随后又在其他艺术院校演出。	受性手枪乐队的影响，伦敦出现了大批新乐队，包括冲击乐队、狭缝乐队、苏西与女妖、透视乐队和诅咒乐队。

英国艺术家杰米·里德（Jamie Reid，1952 年— ）曾为性手枪乐队设计过平面图。作为伦敦的麦克拉伦 Glitterbest 管理团队的一员，里德曾使用勒索信字体为性手枪乐队设计过海报、T恤、广告宣传单和专辑封面。他所设计的海报标题"别废话，这才是性手枪"（1977 年；详见第 412 页）是一种完美的视觉模式。

朋克音乐会的海报和宣传单如灾难信件一般飞来。像宣传的音乐那样，他们故意表现得很业余，利用回收的碎纸屑进行拼贴重组来传播震撼，就像这场以"死亡肯尼迪"（1979 年；见图 3）为主打的演唱会一般。他们将粗糙的模板与草率的达达主义蒙太奇混合在一起，撕毁了排字员的传统网格，取而代之的是混乱无序的文本。正是由于德国艺术家库尔特·施威特斯（Kurt Schwitters，1887—1948 年）和达达运动的发展，当时那些愤愤不平的年轻人靠着这些破烂的唱片封套和海报，表达了他们认为重要的看法。许多朋克音乐人、乐队经理都上过艺术学校，与他们的平面设计师一起，了解俄国构成主义的革命性图形。不论在英国还是美国，朋克乐队和音乐人的角色被赋予了比生命更重要的戏剧性，并采用化名投射出一种新身份。约翰·里顿（Johnny Rotten）、狭缝乐队（The Slits）、透视乐队（X-Ray Spex）、冲击乐队（The Clash）、波利·斯泰林尼（Poly Styrene，1957—2011 年）、诅咒乐队（The Damned）以及黑旗乐队（Black Flag）都是一些典型的名字，包含的辅音较多，而这一点也被朋克的平面设计师们善加利用。

在英国亚文化群体中，女性变得比以前更加突出，经常佩戴着大胆的恋物癖装备出现。虐恋和新纳粹主义的视觉元素中夹杂着威胁性的、反动的大男子主义，以及暴力性行为的图像。在朋克杂志和印刷材料中，侵略性是通过偏离中心的超大字体和以野蛮角度剪裁的像素化摄影来表达的。多个平面和字体被原始的力量揉碎在一起。最重要的是，朋克在视觉上总给人一种无法无天的反叛感受。

故作姿态，即在没有真正了解朋克价值观的情况下便模仿其风格，被认为比加入当权派更恶劣。真实性至关重要，因此源于需要的 DIY 美学也是合法性的视觉表达。20 世纪 70 年代最早的朋克杂志受到科幻小说以及摇滚乐迷杂志的启发，80 年代、90 年代甚至千禧年之后书刊沿用了朋克图形的传统。1976 年，《朋克》（PUNK）杂志在纽约成立，其他如 1976 年在伦敦成立的 Sniffin'Glue、1977 年在洛杉矶成立的 Flipside and Slash 以及 1982 年在旧金山成立的 Maximumrocknroll 也成为开创性的杂志。朋克图形风格在 21 世纪仍然具有表现力，并且在力量和用途上不断增加，蔓延到高街时尚标志、新字体和广告中，成为真正的青年文化的风格速写。JW

《别废话，这才是性手枪》 1977 年
杰米·里德 1947 年—

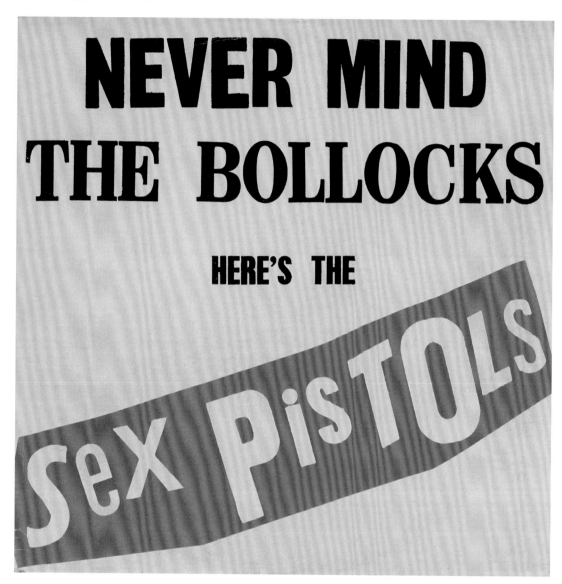

👁 焦点

1. 粉色和黄色

里德的整个设计深受情境主义的影响，在《别废话，这才是性手枪》中，他颠覆了消费主义口号的语言，使朋克的信息更加活跃。粉色和黄色的配色来自他对平庸营销标准的图形改造：日光色贴纸

2. 字体

勒索信字体的使用表现了里德对廉价拼贴技巧的兴趣。在这个封套上，就像单曲《英国的无政府状态》（1976 年）一样，"Sex Pistols" 这几个字是用十个独立的、不同大小的字母拼成的，有效地建立了一个反文化标志

1977 年《别废话，这才是性手枪》唱片一经推出，便吸引了朋克乐迷、媒体和法院的注意。这张唱片将朋克的声音、形象融合成一个整体，被更广泛的群众识别。正是因为朋克音乐与以往音乐形式完全不同，所以设计师杰米·里德设计的唱片封套也大不一样。

1975 年，里德受乐队经理人马尔科姆·麦克拉伦之邀开始与乐队共事，在此之前，通过自己的出版机构 Suburban Press，他参加了情境主义（Situationist）运动，这也影响了他之后的设计方向。虽然他为性手枪乐队前两首单曲设计的艺术作品中包含手写字体、英国国旗、安全别针以及被撕毁的女王肖像，但唱片封套设计却完全依靠排版及明亮的色彩。乐队的名字就写在黄色背景中的粉色丝带上，由一连串从报纸上剪下的勒索信字体呈现，造成视觉冲突感。其余大多数单词都是以粗体字显示，但是"the bollocks"却用衬线字体呈现。在这个封面排版中，字体成为整个设计中最独特、最具影响力的一部分，它被普遍认为是演员和性手枪乐队的歌迷海伦·惠灵顿－劳埃德（Helen Wellington-Lloyd，1954 年— ）的功劳，她曾在朋克传单上使用过剪切字体。

里德将其从情境主义美学理念中得到的视觉元素进行拼贴，并将这种颠覆性的设计风格应用于性手枪乐队所有唱片设计中。它直率、响亮、充满愤怒，完美契合其兴起的原因。**MS**

封套上使用的"别废话"（never mind the bollocks）这句短语在英国引发了一起以不雅罪名提起的公诉，律师在法庭上对其词源进行了辩护

设计师传略

1947—1975 年

杰米·里德出生于伦敦南部的克罗伊登，并于 20 世纪 60 年代初进入温布尔登艺术学院和克罗伊登艺术学校学习。1966 年，杰米为国际情境主义组织旗下的出版物《热浪》（*Heatwave*）设计了封面，四年后，他与人共同创办了新情境主义出版机构——Suburban Press。

1976—1985 年

1976 年至 1980 年，里德一直与性手枪乐队共事，为乐队单曲和唱片设计唱片封套以及各种宣传材料，同时他还参与了电影《摇滚大骗局》（1980 年）的平面设计工作。之后，他继续为各种乐队进行音乐企划设计，其中包括 Bow Wow Wow、Rhys Mwyn、Anhrefn、Afro-Celt Sound System 和 Half Man Half Biscuit 等乐队。他还为自己的作品举办了多次国际展览。

1986 年至今

1986 年至 1990 年，里德一直在伦敦的 Assorted 图形工作室工作。1989 年，他开始进入伦敦的 Strongroom 录音室工作。他为许多艺术家设计过封面作品，其中就包括佐治童子（1961 年— ）。2008 年，他的作品被列入英国泰特美术馆的永久收藏。2011 年，他举办了"和平是艰难的"展览，展出了他档案中的作品和构成他关于出生、生命和死亡的"八面来风"项目的 365 幅画。如今，社会运动以及社会精神依旧是他生活和艺术创作的重要部分。

朋克字体设计

朋克字体设计涵盖了多种技术，但它们也有几个共同点，那就是成品外表看起来粗糙、未经加工，使用现成的材料，体现一种"自己动手"的态度。勒索信字体通常伴随着手写字体使用，二者都传达了对正确设置和印刷字体的统一性的挑战。朋克爱好者杂志 *Sniffin' Glue*（上图）的刊名就是创办人手写的潦草字体，而其他众多的宣传单、海报、唱片艺术品等都包括设计者手绘的标记。在美国，反主流文化浪潮中出现了另外一种技术：标签打印。由戴莫公司生产的一种手持打印器可以将用户写的单个字母打印到塑料胶带上，形成自己创造的单词或短语。实质上，这就是一种按需印刷字，颠覆了现有的技术，因此非常适合朋克精神。

5 | 矛盾与复杂性
1980—1995年

后现代主义

1. 查尔斯·詹克斯（Charles Jencks）为艾烈希公司设计的五件套银制茶与咖啡广场（1983 年）系列，特点是带有离子涡旋花纹的咖啡壶

2. 罗伯特·文丘里设计的安妮皇后椅（1984 年）公然引用历史创造出一个幻想作品

3. 米歇尔·德·卢奇为孟菲斯集团设计的座椅——开端（First，1983 年），由支撑座椅靠背的金属圆管构成

20 世纪 60 年代初，波普运动推动着价值观的转变，使其逐渐背离现代主义原则。从那时起，消费主义逐渐影响设计领域。20 世纪 70 年代后，设计和设计师进一步与市场营销、大众传媒和品牌创造结盟。后现代主义是从这种与现代主义传统的决裂中发展起来的。它是一场批判过去的高级文化运动，也是对过去产生的流行文化的讽刺性回应。到了 20 世纪 70 年代，设计不再以生产为导向，转而注重消费。在后现代设计的流行表现中，媒体发挥了重要的作用，让对过去越来越感兴趣的消费者也能够享受多样的生活方式。

整个 20 世纪 80 年代和 90 年代，人们的日常生活，不论购物还是旅行都受到了以设计为中心的消费文化的影响，还形成了新的休闲方式，例如参观遗址、博物馆、主题公园，购买品牌时尚产品。随着城镇中心模仿主题公园，购物中心被改造成幻想的环境，真实和设计体验变得难以区分。

设计师和制造商也努力打造一场高级文化设计运动，以回应流行文化，并在其中包含对过去的批判。20 世纪 80 年代初，由意大利老牌设计师埃托雷·索特萨斯领导的孟菲斯集团实验在当时那种情况下是非常重要的。它开始是一个基于画廊的现象，但是很快就从一场先锋运动转化为市场上现代主义的风格替代品。后现代主义的力量优先考虑物质商品在消费背景下的重要性，它深深影响了孟菲斯派的作品并增加了作品的附加值。例如，索特萨斯设计的卡

重要事件

1977 年	1979—1984 年	1979 年	1980 年	1980 年	1981 年
查尔斯·詹克斯出版了《后现代主义建筑语言》，这是第一本在书名中提到后现代主义概念的书。	罗伯特·文丘里为诺尔国际公司设计了一组九把椅子，这组椅子的设计灵感均来自历史，都可以称为后现代主义作品。	意大利设计团体阿基米亚工作室推出了一批设计作品，将其命名为"包豪斯 1"，以此批判现代主义设计价值理念。	埃托雷·索特萨斯、米歇尔·德·卢奇、马蒂奥·图恩与其他设计师在米兰成立了孟菲斯集团，从事家具设计工作。	澳大利亚建筑师汉斯·霍莱因（1934—2014 年）在威尼斯双年展上为其单位打造了一个充满争议的后现代建筑外观。	孟菲斯集团在米兰举办了一场展览，与著名的"年度家具展"同时举行，引起了一阵骚动。

顿房间隔架（1981年；详见第418页），是由廉价的塑料层板而非优质木材制成的。虽然孟菲斯仍然是精英的体现——孟菲斯的设计师从1981年起每年举办一次手工作品展——然而随着无数的孟菲斯风格作品变成畅销品，孟菲斯派也成为该集团曾批评的流行文化的一部分。然而，诸如孟菲斯集团的共同创始人米歇尔·德·卢奇设计的"开端椅"（见图3）这样的作品，最初就是为了大众设计，成为畅销品也不奇怪。

从20世纪初就开始生产金属餐具和厨具的意大利艾烈希公司，为了进一步提升公司形象，并在客户心目中与文化项目联系在一起，邀请了国际著名的后现代主义建筑师和设计师为其打造限量版的茶与咖啡广场系列，包括意大利建筑师阿尔多·罗西（1931—1997年）、美国设计师麦可·葛瑞夫（1934—2015年）、罗伯特·文丘里（1925—2018年）以及查尔斯·詹克斯（1939—2019年）。他们所作的设计仅仅是为了展示，其中就包括詹克斯的设计（见图1），柱状外形配备公羊头形状的把手，因其华而不实而臭名昭著。然而这个系列产生的连锁效应表明，艾烈希在其专卖店内展示的其他商品似乎与博物馆展品有共同之处。

葛瑞夫和德国设计师理查德·萨帕共同为艾烈希设计了一款水壶（详见第420页），将后现代主义的设计理念提升至一个新的层面。这些设计向广大消费者传达了复杂的社会文化信息，而不一定要发挥其主要的实用功能。它们的购买者知道，这些产品都由知名设计师设计，由那些具有设计意识的公司制造完成，并且只在特定的零售店里出售。

美国一些公司也采用相同的策略，试图以类似的方式增加他们产品的附加值。诺尔公司推出了由文丘里设计的家具系列，包括他的安妮皇后椅（见图2），采用模压胶合板和层压饰面。这一系列包括多种主要的历史家具风格：奇彭代尔式（详见第26页）、君王式、赫波怀特式、谢拉顿风格、彼德麦式样、哥特复兴式、新艺术风格（详见第92页）以及装饰艺术风格（详见第156页）。Swid Powell公司也与孟菲斯集团设计师合作，富美家使用类似的名字在其彩虹心系列物品上做文章。到20世纪80年代末，后现代设计理念已经成为高度自觉地使用装饰和风格引用的同义词。**PS**

卡顿房间隔架 1981 年
埃托雷·索特萨斯 1917—2007 年

木制，塑料层压板
195cm × 190cm × 40cm

在孟菲斯集团于米兰举办的首次展览中，意大利设计师埃托雷·索特萨斯设计的卡顿房间隔架或者叫搁架系统脱颖而出，迅速成为这个创意展览的代表性作品。索特萨斯身边聚集了一群年轻的同事，包括米歇尔·德·卢奇、乔治·索登（1942年— ）、玛蒂娜·贝丹（1957年— ）以及娜塔莉·杜·帕斯基（1957年— ），他还邀请了国际上众多志同道合的人加入，设计创造了一套能直接批判现代主义设计的物品。他们设计中的非正统的形状、明亮的颜色、表面图案设计和塑料层压板的使用——其中就包括卡顿房间隔架——结合在一起，对设计中的传统审美价值带来了强烈的视觉冲突。这些产品只打算作为原型展览，却在国际设计媒体上被广泛拍摄和复制再造。

尽管孟菲斯集团的审美荒诞不经，但其作品都是些简单实用的家居用品，例如搁架系统、沙发、灯具及陶瓷工艺品。就这点而言，他们并没有完全偏离传统的设计应用，也没有忽略设计的实用功能。他们只不过调整了设计的优先顺序，更加强调设计的意义而非其实用性，将设计作品视为文化意义的承载者。索特萨斯了解后现代主义中固有的悖论，并利用孟菲斯实验让设计界关注这一矛盾特性。**PS**

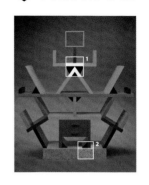

👁 焦点

1. 架子

正如许多孟菲斯设计品一样，卡顿房间隔架也是手工制作完成的，由加工过的木板覆盖着意大利阿贝特拉米尼特（Abet Laminat）公司生产的多彩塑料层压板而成。后者被用来强调表面，因为它是一种没有任何文化内涵的材料

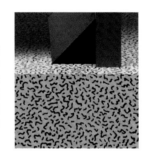

2. 底座

1978 年，索特萨斯为阿基米亚工作室设计了一种黑白两色的细菌装饰图案，他将其用于卡顿的底座设计中。这种图案类似通过显微镜观测到的细菌。搁架俏皮明亮的色彩经过精心搭配，营造出视觉对称感

海洋台灯

德·卢奇设计的海洋台灯（1981年）采用对角线构造和大胆的色彩，是孟菲斯早期设计作品的典型。相较于其他孟菲斯设计品，这个台灯看起来特别像一条海蛇，给人强烈的视觉想象。同时，它还是一盏功能齐全的台灯。三个条纹支柱分别代表一个功能元件：光源、开关和电源连接。孟菲斯集团注重表现形式，使用亮色设计，这款台灯将这一理念与其显性功能巧妙地结合起来，着重外表设计和物体的象征意义。这款台灯使用珐琅彩钢制成，由阿特米德公司生产。

艾烈希鸟嘴自鸣水壶 1985 年

麦可·葛瑞夫 1934—2015 年

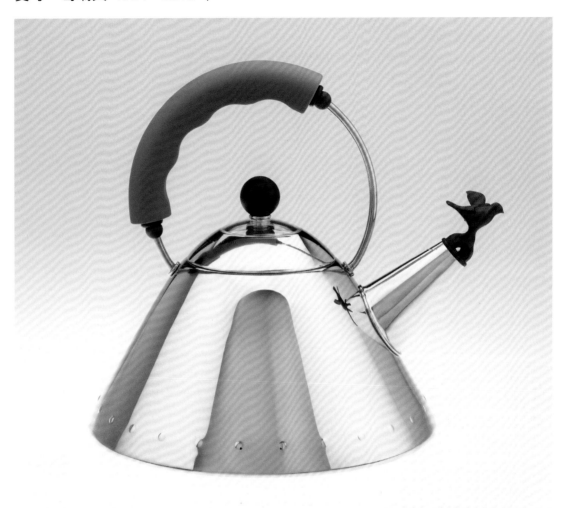

不锈钢，聚酰胺
高 22.5cm
宽 24cm
直径 22cm

🕸 图像局部示意

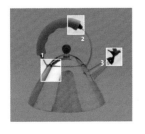

1985 年，美国建筑师麦可·葛瑞夫为意大利品牌艾烈希设计的 9093 水壶正式推出。当时他正在以后现代的方式设计建筑，这类建筑多借鉴传统形式，使用的颜色突出。葛瑞夫曾参与艾烈希公司茶与咖啡广场项目的设计工作，并由此开始与艾烈希合作。艾烈希要求他设计一款水壶，通过大规模生产，发展、推广他当时提出的一些观点。这款水壶也成为那时设计界的代表作品。

葛瑞夫关于后现代主义的众多理念都在这款水壶上付诸实践。它有一个卡通的外观，特别是盖子上的迪士尼风格的球形旋钮和橡胶手柄两端的另外两个球形。葛瑞夫曾参与迪士尼主题公园的建造工作，他痴迷于这样一个想法，即在一个作品设计中实现雅俗共赏。水壶上有鸟形鸣哨，只要水一开，鸟儿便开始鸣唱，这一点也带有波普感觉。2015 年，艾烈希公司为了庆祝这款水壶的成功，推出了另外一个版本——雷克斯茶壶（Tea Rex），在壶嘴处用龙代替了原有的小鸟。葛瑞夫在去世前完成了这款茶壶的设计，他之所以选择龙，是因为在中国神话中，龙象征着力量和好运。他设计的 9093 水壶依然是艾烈希公司最成功的产品之一。**PS**

◉ 焦点

1. 壶身
这款水壶不锈钢镜面抛光的壶身和圆锥形外观使人联想到20世纪30年代的装饰艺术作品，具有类似的表面处理和硬朗的几何轮廓。这款水壶不是电动的，需要在炉灶上加热，有助于营造一种怀旧气氛，使人回忆起老式的乡村厨房

2. 把手
9093水壶是葛瑞夫首个大批量生产的设计作品。他将带有沟槽的橡胶手柄设计成蓝色，将小鸟口哨设计成赤陶色。之所以选择这两种颜色，是因为蓝色使人联想到天空，代表冷静；而赤陶色使人联想到大地，代表热情

3. 哨子
位于壶嘴末端的塑料鸟形哨子为强烈的视觉设计增添了声音元素，展现其鸣笛水壶的特性。葛瑞夫的设计有一种俏皮的感觉，尤其是他选的那个哨子，让人想到孩子的玩具

◷ 设计师传略

1934—1961 年
麦可·葛瑞夫出生在印第安纳波利斯，曾在俄亥俄州的辛辛那提大学学习建筑。之后进入哈佛大学设计学院学习。

1962—1979 年
葛瑞夫开始在普林斯顿大学教书。20世纪70年代，他成为纽约五人建筑师的一员，因为该组织设计的白色现代主义建筑，他们被称为"白派"（Whites）。

1980—2015 年
葛瑞夫的设计开始着重表现色彩、外形以及一些传统元素，与后现代主义理念趋于一致。在此期间，他设计了波特兰大厦（1982 年）以及位于肯塔基州路易维尔的胡马纳大楼（1985 年）。2003 年，葛瑞夫因脊髓感染导致全身瘫痪，余生他致力于为残疾人士设计物品。

▲ 葛瑞夫为艾烈希公司设计的茶与咖啡广场银质套具，将经典茶具和咖啡器具中的主要器皿——壶、咖啡壶、糖盅、托盘和牛奶壶当作建筑元素来处理

艾烈希 9091 水壶

1982 年，德国工业设计师理查德·萨帕为艾烈希公司打造了第一款设计师水壶——多感 9091。萨帕与葛瑞夫不同，他不是后现代主义设计师，而是现代主义后期的艺术家，他最出名的设计品要数为阿特米德公司设计的 Tizio 台灯（1972 年）。然而他在为艾烈希设计水壶时，沉浸于追求轻松自在的设计，所以他将把手设计成鸡冠花形状，并装配一个双色黄铜口哨，当蒸汽喷出时，这个口哨就能发出短促优美的旋律。哨子包含两个管子，是萨帕在一位为乐器制作调音管的德国工匠的帮助下制作的。当水壶中的水烧开时，管子会发出两个音调，形成和谐的乐音。

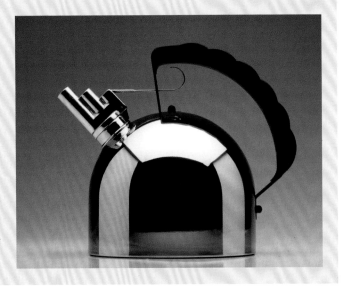

工业时尚

1. 英国曼彻斯特的庄园俱乐部，打造成城市主题，四周装有条纹立柱，中间系绳柱上的灯光射向舞池

2. 贾斯珀·莫里森（Jasper Morrison）设计的"思考者"座椅的扶手上配备了扁平的饮料托盘

3. 汤姆·迪克森（Tom Dixon）设计的 S 椅由焊接钢制成。椅子上的灯芯草垫衬物是由英国编篮公司制作的

2 0 世纪 80 年代，设计界经历了一番意想不到的迂回曲折。虽然许多设计师依然追求现代主义设计理念，但是 20 世纪 70 年代见证了手工艺设计的复苏。到了 80 年代早期，后现代主义逐渐兴起，工业时尚也不甘落后，情况变得更为复杂。虽然这两种潮流都是因为不满主流设计的平淡无奇而生，但二者提出的解决方案却完全不同。孟菲斯集团喜欢有自我意识的人造材料、华丽装饰、充满图案的物品。相反，工业时尚最初产生于反设计运动中，提出精打细算的设计理念，主张利用工业材料自己动手设计出实用的家具家居用品。

工业时尚的起源可以追溯到 20 世纪 70 年代后期出现的高科技时尚。高科技设计与高科技建筑紧密相关，高科技建筑是由理查德·罗杰（Richard Roger，1933 年— ）与伦佐·皮亚诺（Renzo Piano，1937 年— ）在巴黎蓬皮杜中心（1977 年）和诺曼·福斯特（Norman Foster，1935 年— ）在英国东安格利亚大学塞恩斯伯里中心（1978 年）开创的复兴现代主义风格。受工厂式公共建筑的外置钢结构的启发，高科技建筑设计师们主张使用重型工业材料，例如铁丝网以及厚重的橡胶地面。他们还建议建筑内部配备用品时，可选用诸如钢制储物柜等低调实用的贸易产品。

产业衰退以及城市荒弃对工业时尚的形成起到了一定的作用。艺术家、建

重要事件

1978 年	1981 年	1982 年	1983 年	1985 年	1985 年
琼·克朗与苏珊娜·斯莱辛合著的《高科技：家装工业风格源书》（High Tech: The Industrial Style and Source Book for the Home）出版，该书在当时颇具影响力。	罗恩·阿拉德在伦敦开办了一家商店和设计工作室 One Off，销售他设计的罗孚椅以及管件家具。	本·凯利为唱片公司 Factory Records 设计了英国曼彻斯特的庄园俱乐部。这一俱乐部设计也使夜店风格重新流行起来。	曾是一名低音吉他手和一家嘻哈音乐俱乐部老板的汤姆·迪克森，开始利用废金属焊接雕塑家具和灯具。	迪克森与马克·布雷热-琼斯（1956 年— ）和尼克·琼斯（1963 年— ）一起创办了"创意废物利用"工作室，他们在伦敦一家空置的商铺展示废金属碎片。	谢里丹·科克利创办了家具公司 SCP，并开始同贾斯珀·莫里森以及马修·希尔顿合作。

筑师以及设计师们接手了那些废弃的建筑物，例如工厂和仓库，并将它们打造成阁楼式公寓或者工作室。英国建筑师本·凯利（Ben Kelly，1949 年—）在曼彻斯特设计了庄园俱乐部（1982 年），融合了众多工业特征，包括系绳柱、猫眼以及斜条纹的警示标志。这些建筑物宽广空旷，到处都是砖墙、铁柱、钢梁以及水泥地，传统的家具放在这里显得格格不入，设计师们不得不想出办法来使这些非家庭式的室内环境家居化。通过使用低价量产的材料和现成的部件，运用简单的建筑技巧以及不那么精巧的施工方法，设计师就能以最低的成本打造出创新家具。

在英国，工业时尚是由伦敦新一代具有标志性的年轻设计师倡导的，在暗淡的 20 世纪 80 年代初，为那些不成熟的想法以及自发的创造活动提供了途径。当时产业衰败，失业情况严重，设计师们被迫变得更加随机应变，开始创业，他们必须充分利用有限的资源，最大限度地发挥自身的才智和技能。出生于以色列的建筑师罗恩·阿拉德是其中的佼佼者，他设计的罗孚椅（1981 年；详见第 424 页）是用一张废弃的汽车座椅安装在脚手架上制成的，震惊了设计界。另外一名重要人物是汤姆·迪克森（1959 年—），他是一个名叫"创意废物利用"的创意工作室的联合创始人，他利用栏杆、管道及其他废旧金属打造组合家具，在一些空置的商铺窗口进行临时展示。

虽然英国重新流行的工业时尚中有来自高科技的交叉元素，但这一新潮流并不是简单地重新使用现有产品，而是更多地利用工业材料作为新想法的载体。马修·希尔顿（Matthew Hilton，1957 年—）和贾斯珀·莫里森（1959 年—）虽然后期主要集中于低调的极简主义设计，但职业生涯早期的作品都摆脱不了工业时尚的痕迹。莫里森就曾利用扁钢和钢管设计创造了框架式"思考者"座椅（1986 年；见图 2），希尔顿也曾为 SCP 公司设计过一款羚羊脚桌（1987 年；详见第 452 页），这张桌子造型夸张，就像一个混合雕塑品，砂铸铝合金桌腿搭配中密度纤维板（MDF）制成的桌面，经过染色抛光打造成原木样式。

在迪克森这样特立独行的设计师手中，工业时尚是富有想象力的，既好玩又充满活力。迪克森的设计作品不但引人注目还能引起共鸣。他公开挑战现代主义传统，比如实用功能，在他的标志性设计 S 椅（1987 年；见图 3）中，直接使用方向盘当座椅底座。尽管最初的企业规模不大，但迪克森和阿拉德逐渐崭露头角。短短几年内，他们被欧洲的一些主要公司，例如维特拉（Vitra）和卡佩里尼（Cappellini）竞相追捧，被誉为英国设计的救星。起初是一场反体制的激进运动，经过时尚杂志的宣传成为后来的工业时尚。**LJ**

1986 年	1986 年	1986 年	1987 年	1987 年	1989 年
出生于法国的安德烈·迪布勒伊（André Dubreuil，1951 年—）开始与迪克森合作生产焊接钢制家具，例如他设计的脊柱椅（详见第 450 页）。	瑞士公司维特拉生产了阿拉德的好脾气椅（Well Tempered Chair），这款座椅由切割不锈钢板制成。	莫里森设计"思考者"座椅，这款座椅由管柱和扁钢制成，并从 1988 年起，由卡佩里尼公司生产。	意大利卡佩里尼公司开始生产 S 椅，这款座椅由迪克森设计，底座是一个方向盘，座椅主体由灯芯草编制而成。	SCP 公司开始生产马修·希尔顿设计的羚羊脚桌，这款桌子由设计成羚羊脚形状的铸铝桌腿和圆形染色抛光的中密度纤维板（MDF）桌面组成。	罗恩·阿拉德事务所成为阿拉德的建筑和设计实践的新场所以及 One Off 家具的工作室。

罗孚椅 1981 年

罗恩·阿拉德 1951 年—

钢管，皮革以及铸铁的管件接头
80cm × 61cm × 91.5cm

1981 年，罗恩·阿拉德成立了 One Off，一个集工坊、工作室和店铺于一体的综合体，自这之后，他的事业风生水起。罗恩的父亲是一名雕塑家，他原本有志于成为一名艺术家，但是 1973 年从家乡以色列搬到伦敦后，他将重点转向了建筑行业。阿拉德是在他的罗孚椅成功后无意中被卷入设计界的。这个设计的想法是由一次偶然的访问引发的，他参观了一家废品厂，在那里看到了从罗孚 V8 汽车上拆解下来的座椅，虽然汽车本身已经达到了使用寿命，但是皮质座椅依然很新。意识到这个座椅可以做成一把舒适的休闲椅，阿拉德提出了用脚手架螺栓将其固定在管状钢架上，他提出的这个解决方案既没什么技术含量，也不用太多花费，是出于需要而非意识形态，根源是缺乏资源和技术。虽然阿拉德也对原始的工业审美很感兴趣，但他决定使用现成的建筑材料，在很大程度上是出于成本和简便性的考虑。

✪ 图像局部示意

在为实际施工问题开发出令人满意的无厘头解决方案后，阿拉德便利用脚手架以及与其固定在一起的铁铸管件附件，继续设计了一系列家具。除了一些储物系统、搁架和桌子，阿拉德还设计了圆拱床（1981 年），圆拱支在床的两端，中间是钢丝网做成的床架，用来放置床垫。后来，阿拉德的设计方向发生了转变，自从他开始用焊接钢板制造椅子后，他的作品变得越来越有雕塑感。**LJ**

👁 焦点

1. 管件接头

阿拉德使用铸铁的管件脚手架接头将框架的各个部分连接在一起。建筑商使用的这些现成的工业部件，既便宜又容易买到。因为这些部件本来都是用于工业建筑上的，所以牢固、质量有保证，用法也简单。阿拉德在其设计的众多低成本家具中都使用了管件系统，包括床

2. 罗孚汽车座椅

这个皮质座椅真是从罗孚V8这款英国经典汽车中捡来的。因为座椅是回收回来的，所以每一把都是独一无二的，甚至还保留了使用痕迹。早在 1913 年，艺术家马塞尔·杜尚就提出了这种使用现成材料的想法。阿拉德将这个座椅安装在框架上，也因此提升了它的地位

3. 钢管框架

这把椅子的框架是由重型宽距的钢管脚手架制成的，通过管件接头连接在一起。这款椅子结构如下：四根直杆支撑座椅，两条圆拱形的钢管作扶手和椅腿。虽然从 20世纪 20 年代开始钢管就被用于家具中，但是从没以如此工业化的设计方式应用

🕐 设计师传略

1951—1979 年

罗恩·阿拉德出生于以色列特拉维夫市。1971 年至 1973 年，他在耶路撒冷的比撒列艺术设计学院学习，随后移民至伦敦。1974 年至 1979 年，在伦敦的建筑联盟学院学习。

1980—1988 年

1981 年，阿拉德与其合伙人卡洛琳·托尔曼共同创立了 One Off 工作室，该机构集商店、设计工作室、工坊于一体，生产的家具都是由工业材料和回收材料制成的。20 世纪 80 年代

中期，他开始使用焊接钢材料，自这之后他的作品越来越有雕塑感。

1989 年至今

1989 年，他成立了阿拉德事务所，这家公司成为其建筑和设计的实践基地。他为意大利许多知名企业设计家具。1994 年到 1997 年，他在维也纳科技大学担任产品设计教授。1997 年至 2009 年，他在伦敦皇家艺术学院担任家具设计专业（后来的产品设计专业）教授。

钢椅

从 20 世纪 20 年代起，钢管便被用作椅子框架。然而直到 20 世纪 80 年代之前，钢很少被用于椅座。阿拉德于 1988 年开始设计的焊接钢板椅，属于著名的"体积"系列，具有双重的创新性。这把椅子不仅框架，连表层都使用金属制作，阿拉德保留了座椅表面的凹痕和烧焦的痕迹，整个座椅看起来像未完工的一样。两年前，他为维特拉公司设计的"好脾气椅"（右图）是基于不同的原则制作的。这把椅子由回火处理后的不锈钢片制成，钢片经过折叠后形成座椅和扶手，用蝶形的螺帽和螺栓固定住，防止它弹平。金属的色彩、光泽及其固定方法都凸显了设计品的工业美感。

风格圣经

1. 法国的生活方式杂志变得异常流行，包括现有的女性杂志《世界时装之苑》和《嘉人》出版的那些刊物

2. 《玛莎生活》杂志于 1990 年推出，到 1995 年，每期的销量达到 120 万册

20 世纪 80 年代，金融市场的自由化产生了直接和可预期的影响，即加剧了银行和信贷机构之间的竞争。对于消费者来说，最直接的结果就是申请抵押贷款和个人贷款变得比以往任何时候都要容易，而且许多人也这样做了。那时房价飙升，尤其在城市中心区域，之前几近废弃，那时居然出现了房屋中产阶级化过程，原先工人阶级的社区都被中高等收入家庭改造整修了。战后几年，人口分布趋势发生逆转，原来生活在城市和乡村的居民都搬到了新形成的市郊，年轻的专业人才则渴望生活在核心区域。助长并反映这一趋势的是时尚出版物的繁荣，以新房主为目标的包含大量插画的书籍和光鲜的杂志（见图 1）大受欢迎。在大多数情况下，文章标题都充满了崇高的愿望，将时尚元素注入室内设计、装饰、园艺和烹饪领域。"真实家居"特刊，配上"如何打造时尚家居"的建议，既是为了满足从钥匙孔窥视的偷窥欲望，也是为了销售油漆、沙发或浴室水龙头。

1974 年，泰伦斯·康兰出版了他所作的第一本《家居大全》，这本书直接

重要事件

1980 年	1981 年	1984 年	1985 年	1986 年	1988 年
《面庞》（详见第 428 页）杂志在英国出版。这是一本音乐月刊，内容涵盖了街头时尚、政治及时尚潮流。	凯文·凯利创办了《室内装修世界》杂志，杂志名字是由康泰纳仕集团在 1983 年提出的。	爱必居商店推出淳朴乡村风系列产品，一年后又引进城市生活系列产品来满足现代城市住宅需要。	苏珊娜·斯莱辛与斯塔福福德·克里夫共同创作的《法式风格》出版。这是一个畅销的时尚书籍系列中的第一本。	阿维尔德·利斯－米尔恩（Alvilde Lees-Milne，1909—1994 年）与摄影师德里·摩尔共同完成的《英国人的房间》出版。	英国织物设计师特里西亚·吉尔德出版了《设计细节：房屋设计实用指南》（Design and Detail: A Practical Guide to Styling a House）一书。书中的照片皆由大卫·蒙哥马利拍摄。

产生于流行的爱必居商店目录。这些作品以爱必居商店的工作人员和康兰的家族成员为主角，通过自己动手组合的方式宣扬一种生活方式。《家居大全》最初只是爱必居商店员工的内部训练手册，随后发展成有史以来最畅销的时尚圣经。其吸引力的核心是在令人放心的范围内做出选择。例如，读者可以从中了解不同种类的床上用品以及门把手，因为他们知道这些物品已经得到英国主要零售商之一（爱必居商店）的认可。

在美国，生活方式出版界的元老是玛莎·斯图尔特（Martha Stewart，1941 年— ）。1990 年，美国时代出版公司首次出版了《玛莎生活》（见图2），这本杂志将家庭主妇关心的问题——自比顿夫人的时代起就为人熟知了——包装成一个包罗万象的品牌。斯图尔特引导读者了解烘焙、设计、装饰以及娱乐的方方面面，将这些传统技能作为有远见的职业女性感兴趣的严肃领域来介绍。国内时尚也呈现出一种异国情调和国际性。1985 年，苏珊娜·斯莱辛和斯塔福德·克里夫共同出版了《法式风格》（French Style）一书，这是一系列流行的时尚书籍中的第一本，该系列随后包括希腊、加勒比海、日本和其他地方，认可了将异域的装饰传统引入本土的观念。

伴随着生活方式出版物的成功，风格缔造者的地位也日益突出。《家居廊》的编辑伊尔泽·克劳福德（1962 年— ），《室内装修世界》的编辑明·霍格（1938 年— ）以及《建筑文摘》的编辑佩奇·伦斯（1929 年— ）还有与之并肩工作的摄像师们，包括德里·摩尔（1937 年— ）和大卫·蒙哥马利（1937 年— ）都成为具有影响力的品位创造者。诸如奥利维亚·格里高利、法伊·图古德（1977 年— ）和苏·斯金这样的造型师也从幕后走出来，越来越多的人用"天才"来形容这些人。尤其是斯金打造的白底白装饰物的内饰设计颇具影响。在杂志社工作多年后，这些造型师会受雇为一些领先设计公司设计商品目录，他们投入对商品的销量产生了重大影响。

1996 年，泰勒·布鲁埃（1968 年— ）推出的《墙纸》代表着风格圣经走向了顶峰。这本杂志打破了传统家居杂志的模式，布鲁埃和他的团队并没有拍摄真正的室内设计。相反，他们从头开始创作了一系列令人向往的作品，并用古驰（Gucci）的模特儿装满了它们。《墙纸》是在布雷特·伊斯顿·艾利斯和 MTV 影响下长大的一代人的室内设计杂志，也是第一本倡导 20 世纪 70 年代末风格的杂志。这本杂志被看作一次乐观的尝试，它坦白承认其模糊了评论与广告之间的界限，而之前的出版物对这一界限一直保持缄默。1991 年，万维网的建立预示着情况将发生改变，随着高速无线网络的出现，大量下载照片变得越来越容易。没过多久，读者都开始在网上寻找漂亮的内饰设计了。**JW**

《面庞》杂志 1980 年

尼克·洛根 1947 年— 内维尔·布罗迪 1957 年—

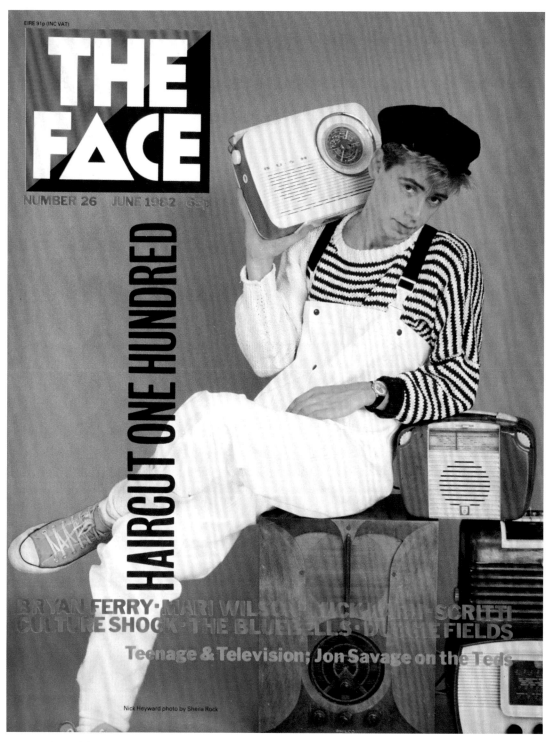

这是 1982 年 6 月发布的第 26 期
《面庞》杂志

于 1980 年 5 月在伦敦创刊的《面庞》(The Face) 是按月发行的独立音乐杂志。该杂志对现代音乐提出全新的见解，通常被认为定义了整整一代人。在这本杂志中，人们首次从政治、街头时尚、潮流和文化的角度来看待音乐，每一页内容以照片为主，这一点也是仿照了时尚杂志的设计。虽然这毫无疑问是一本音乐杂志，但它也帮助世人开始了解街头风格的秘密。

该杂志的出版商尼克·洛根（1947 年— ）来自伦敦东部，是一名才华出众的记者，他之前创办过青少年杂志《英雄榜》(1978—2006 年)，还在 20 世纪 70 年代担任过《新音乐快讯》(New Musical Express) 的编辑。杂志创刊时，洛根曾说过，"《面庞》杂志要做的就是将生动有趣的内容与大量照片相结合——人们确实低估了好照片的力量"。当工作人员无法获得好照片时，他们就在那些不好的照片顶部印上大字，或者用奇怪的角度呈现它们。设计师内维尔·布罗迪（1957 年— ）说过，"这就是一个大实验室……只有胆量过人，才能创作出不一样的杂志"。1981 年到 1986 年，在《面庞》杂志工作的这几年令布罗迪成为同代人中最著名的平面设计师。他的风格借鉴了俄国至上主义设计师埃尔·利西斯基（1890—1941 年）的作品，也借鉴了扬·奇肖尔德（1902—1974 年）、包豪斯（详见第 126 页）以及荷兰风格派运动（详见第 114 页），从而形成的激进的页面布局以及独创的字体正是该杂志的核心吸引力所在。而且布罗迪、《面庞》杂志的作者和设计师们都不愿局限自己的想法。他们想创造具有歧义和灵活性的对话，目的就是尽可能地发挥创造性。杂志的每一页都透露出他们这种凶猛的热情，但布罗迪认为它是失败的，"失败之处在于人们都抄袭模仿……它成了一种模仿文化"。2011 年，《面庞》杂志成为伦敦设计博物馆的永久收藏品。**JW**

👁 焦点

1. 热情活力

在杂志的每个封面上，布罗迪都将杂志名称背后的红黑方形（有时是蓝红方形）沿对角线进行简单分割，就像是释放了一种非主流的、不对称的能量。在杂志内页中，大段的文本都是水平或者垂直放置在页面上的。后来布罗迪说，《面庞》杂志并不是一本关于设计元素的杂志，而是一种与社会一起发展的有机事物的交流

2. 字体

布罗迪将字母旋转，改变了标题和故事导语的字体，只在文章的主体部分保留易辨认的字体。在第 50 期杂志中，他首次使用了定制字体，在接下来的五六期杂志中，诸如 Industria 等新字体出现的速度简直令人吃惊。这种字体创造了一种新的图形词汇，广告、零售以及出版巨头都竞相模仿

▲ 1988 年，泰晤士和赫德逊出版社出版了第一卷《内维尔·布罗迪的图形语言》(The Graphic Language of Neville Brody)，该书迅速成为世界上最畅销的平面设计书籍。这本书出版时，伦敦维多利亚和阿尔伯特博物馆正举办设计师作品回顾展，这场展览吸引了四万多人前来参观，之后还在欧洲和日本巡展

虚拟桌面

早期的计算机虽然有房间或大楼那么大，但是它们的界面并没有得到过多开发。用户通过转动刻度盘或者插入打孔卡片来运行程序。专用纸带会以数字和字母串的形式显示输出，对应打孔卡上表示精确编码数据的孔。第一个真正的显示器是重新设计的阴极射线管电视显示屏，让计算机对屏幕进行逐像素控制。于是就需要发明一种在用户已经知道的上下文中有意义的新语言。继打字机之后，信息显示在屏幕上，用户可以使用键盘输入或者删除数据——这就是我们熟知的"命令行界面"。

第一个图形用户界面（GUI）概念可能是由范内瓦·布什（Vannevar Bush，1890—1974 年）提出的，他是美国科学研究与开发办公室的负责人，这个机构是二战期间为军事目的而设立的。他提出了 memex 计算机的构想，这是一个能储存个人所有文件、图像以及记忆的机器，这些信息通过超文本链接，并可通过图形界面访问。这个概念之后被加州斯坦福研究院增强研究中心的美国计算机先驱道格拉斯·恩格尔巴特（Douglas Engelbart，1925—2013 年）采

重要事件

1981 年	1983 年	1984 年	1985 年	1985 年	1988 年
施乐 Star 8010 系统正式推出，搭载"所见即所得"图形用户界面以及图标式文件系统。即使 Alto 工作站搭载了该系统，它仍旧没有取得商业上的成功。	前施乐帕克研究中心团队成员协助苹果公司开发了丽萨个人电脑。	苹果公司推出的麦金塔 128K 电脑，成为第一款搭载图形用户界面并取得商业成功的个人电脑。	康懋达（Commodore）公司推出 Amiga 电脑，这台电脑带有工作台图形用户界面，具有多任务功能、先进的动画硬件和四通道八位声音。	史蒂夫·乔布斯离开苹果公司，创建 NeXT 公司。苹果公司麦金塔电脑设计团队的一些成员追随他来到了 NeXT 公司。	乔布斯推出 NeXT 电脑工作站，搭载图形用户界面以及 NeXTSTEP 操作系统。

纳并应用。他的团队在 20 世纪 60 年代创建了联机系统（NLS），这是一个协同系统，并在此过程中发明了鼠标、电脑显示器以及屏幕窗口。

可惜的是，恩格尔巴特的团队后来解散了，他们发明的技术也被售卖了。他团队中的许多成员都去了附近的施乐帕克研究中心工作，在那里继续完成之前已经启动的项目，1973 年，他们创造出了第一部个人电脑施乐 Alto。这台电脑使用的"所见即所得"的图形用户界面上增添了一些关键元素，例如图标和菜单，这样便可以让用户如手工操作一般移动、复制或者删除一些项目。1981 年，施乐 Star 8010 系统（见图 1）正式推出，该系统搭载"所见即所得"图形用户界面以及图标式文件系统。虽然以 Alto 电脑为基础，但它在商业上是失败的。

史蒂夫·乔布斯和他的苹果电脑公司的设计团队访问帕克研究中心时，招募了几名该研究中心的职员，并用苹果的股权购买了访问 Alto 存储器的机会。他们为苹果丽萨（Lisa）个人电脑以及之后的麦金塔（Macintosh）个人电脑设计的图形用户界面是建立在 Alto 的技术之上的，同时引入拟物化进一步完善桌面比拟。

早期的微软操作系统（1985 年）鼓励用户通过文件管理器探索硬盘，通过程序管理器探索程序。微软总裁比尔·盖茨（1955 年—）曾希望将 Mac 操作系统授权给 Windows，但遭到了苹果公司的拒绝。虽然微软的第一代版本取得了苹果公司某些图形用户界面元素的使用许可，例如图标和窗口，但之后它推出的版本中仍继续使用这些元素，并声称这些元素来自此前施乐公司的设计。1988 年，苹果公司起诉微软，但以失败告终。盖茨写信给乔布斯："嘿，史蒂夫，不能因为你比我先闯进施乐的房间，拿走了电视机，就不允许我随后进去拿走音响。"

微软公司通过 Windows 95 系统（见图 2）抓住了优势，它引入了开始菜单和任务栏，将所有正在运行的程序放在一个地方，具有更好的多应用支持和更现代的外观。由于捆绑安装在廉价的 IBM 电脑上，它很快就成为最受欢迎的操作系统。

1985 年，乔布斯离开苹果公司，创办了新公司 NeXT，该公司专门为大学等机构提供高端计算机系统。1988 年推出的 NeXT 计算机性能强大，具有优雅先进的图形用户界面、3D 立体图标，常用应用程序的停靠栏和子菜单，这些子菜单可作为单个窗口拆分，并在屏幕上重新定位以方便访问。

到了 1994 年，Mac 操作系统虽然还在使用，但看起来有些过时。由于公司内部原因，企图取代 Mac 的内部努力——Copland 系统受阻，苹果公司的前景越发黯淡。但是 1996 年，乔布斯重回苹果公司，带来了 NeXTSTEP 操作系统，苹果公司在此基础上研发了新一代操作系统——OS X，帮助公司重新走向辉煌。**DG**

1. 施乐 Star 8010 是第一个采用图形用户界面的商用系统，采用了带有图标和文件夹的桌面比拟

2. 在微软 Windows 95 系统中，任务栏位于屏幕底端。通过"开始"菜单便可运行文件和应用程序

1990 年	1990 年	1992 年	1992 年	1995 年	1996 年
世界上第一个万维网服务器在瑞士日内瓦附近的欧洲核子研究中心（CERN）的 NeXT 计算机上运行，该中心是欧洲粒子物理学中心。	微软公司发布了 Windows 3.0 系统（详见第 432 页），它被证明是苹果的麦金塔与康懋达的 Amiga 的图形用户界面的有力竞争对手。	微软公司发布了 Windows 3.1 系统，该系统包含对 Truetype 字体的支持，为 Windows 的应用程序提供可缩放的字体。	IBM 公司推出 ThinkPad 700C 笔记本电脑，该电脑由美国工业设计师理查德·萨帕（详见第 434 页）设计。	微软公司发布 Windows 95 系统，该系统迅速成为最受欢迎的个人电脑操作系统。	升级 Mac OS 系统失败后，苹果公司宣布将收购 NeXT 公司，乔布斯也将回归苹果公司。

微软 Windows 3.0 操作系统 1990 年

微软公司

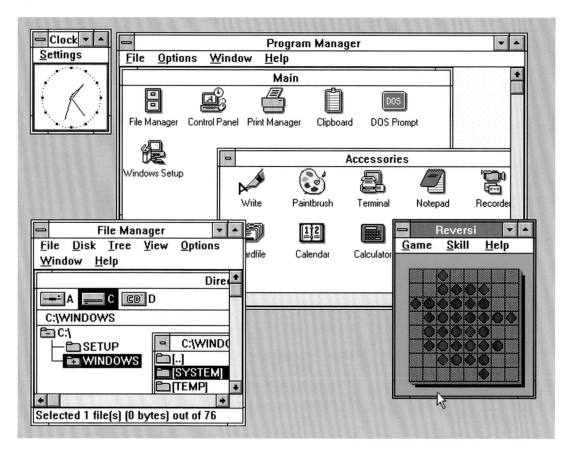

Windows 3.0 系统是微软公司第一个真正取得成功的 Windows 产品。它的界面经过重新设计，运行速度也有所提升，并在 1991 年获得多媒体扩展软件支持。到 1992 年微软推出 Windows 3.1 系统之前，它已售出 1000 万份

图像局部示意

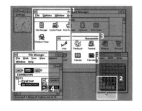

在推出 Windows 系统之前，微软公司主要依靠 MS-DOS 操作系统（1981 年）为用户处理电脑硬件，运行一些诸如文字处理程序的软件。因为 MS-DOS 系统并不直观，还需要一定的专业知识才能操作，于是微软公司开始设计研发一种叫界面管理器（Interface Manager）的新型操作系统；到 1985 年，该系统成形后更名为 Windows。Windows 系统是在 MS-DOS 基础上研发而成的，它的主要特点是原始的图形用户界面（GUI），其中包括下拉菜单、滚动窗口，同时支持鼠标。售价 99 美元，非常便宜。

微软公司的 Windows 系统与苹果公司的 Mac OS 操作系统之所以看起来很相似，那是因为它们都从道格拉斯·恩格尔巴特（详见第 430 页）处汲取了不少经验。恩格尔巴特团队为其 NLS 联机系统创造了首款图形用户界面。团队中许多成员继续研发施乐 Alto 个人电脑（1973 年），这是首台使用桌面模拟以及图形用户界面的机器。苹果公司以这款电脑为基础，设计了丽萨和麦金塔 UI，微软从苹果公司获得了 Windows 1.0 系统某些方面的授权。

Windows 系统可同时运行多个程序，并附带了多个有用的捆绑软件，包括图画、写字板、日历、时钟、个人信息管理器、计算器、记事本和一个名为翻转棋的游戏。Windows 2.0（1987 年）引入了两个核心软件包：Excel 和 Word，但是由于系统操作缓慢，销量并不是很好。从 Windows 3.0（1990 年）开始，操作系统变得越来越强大。根据网站流量分析工具 StatCounter 2016 年 4 月的调查数据估计，有大约 85% 的计算机使用各种 Windows 系统（不到 10% 的计算机使用 Mac OS X 系统），尽管许多 Windows 系统是建立在 Windows NT 系统（1992 年）而非原始的 Windows 代码库基础上。**DG**

◉ 焦点

1. 窗口

最初是由道格拉斯·恩格尔巴特团队发明的,是一种容纳其他元素(通常是文件和软件)的用户界面容器。微软公司在 Windows 1.0 系统中引入窗口设置,但是由于担心侵权问题,直到 Windows 2.0 版本才允许窗口重叠

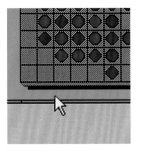

2. 光标

微软公司参考苹果和施乐公司的做法,也通过鼠标操作图形用户界面。鼠标这个机械装置允许用户将手部运动映射到屏幕运动上,并使用按钮点击图标和菜单——这对于习惯键入指令的用户来说,是革命性的一步

3. 图标

施乐和苹果公司的个人电脑设置了图标,微软公司紧随其后。图标是软件应用程序及文件的快捷方式,其图像使用户能看到桌面上有什么对象,以及各自在什么位置。图标使不懂代码的用户第一次能访问软件

4. 多媒体

带有多媒体扩展的 Windows 3.0 系统(1990 年)成为首个附带 CD-ROM 驱动以及声卡的操作系统,它让用户体验到了准确的声音与视频。虽然驱动器很慢,音质也很差,但这种进步是革命性的

◷ 设计师传略

1955—1974 年

微软的联合创始人比尔·盖茨出生在西雅图一个富裕的家庭中。他 13 岁时便在学校的终端机上完成了他的第一个电脑程序——一个游戏。随后的一年内,附近的一个电脑公司雇用他和他的三个朋友寻找程序错误。他们 15 岁时就开始编写软件。1973 年,他被哈佛大学录取,1974 年退学开始创业。

1975—1984 年

盖茨和他的朋友保罗·艾伦成立了微软公司,开发编程语言。1980 年,IBM 公司找到他们,想让他们为 IBM 的新款个人电脑研发操作系统。微软并没有开发自己的操作系统,而是购买了一个操作系统的许可权,并将其命名为 MS-DOS 卖给了 IBM 公司。不久之后,IBM 就雇用他们开发另一款名叫 OS/2 的操作系统。

1985—2001 年

1985 年,微软推出了自己的操作系统 Windows,从 1990 年开始,该系统便在市场上占主导地位。1995 年,开发 Windows 95 时,盖茨将公司的重点转移到新一代互联网上。2001 年,微软发布了它的首款电子游戏设备——Xbox。

2002 年至今

从 21 世纪初开始,盖茨逐渐退出了微软公司,并在 2014 年辞去了所有官方职务。他现在专注于与妻子梅琳达一起经营的慈善基金会,该基金会的资产价值超过 346 亿美元。据估计,到 2015 年,他的个人净资产约为 792 亿美元。

虚拟现实

图形用户界面正在被应用于以下完全不同的产品中:脸书(Facebook)公司推出的虚拟现实眼镜(上图),微软公司推出的全息透镜以及 HTC 公司的虚拟现实头戴式显示器(以上信息均来自 2016 年)。虚拟现实和增强现实的人机界面与典型的图形用户界面的规则系统和交互点完全不同,值得注意的是,它们拥有三维界面。这就意味着它们的虚拟界面需要新的交互设备,既有微软公司推出的 Kinect(2010 年)深度运动识别外设,也包括外形奇怪的手环式 Oculus Touch(2016 年)控制器,但这些技术都还在初始阶段。

ThinkPad 700C 1992 年

理查德 · 萨帕 1932—2015 年

ThinkPad 700C 基于 25MHz 486SLC 处理器，具有 8MB 内存以及一个 120MB 的硬盘。重量为 3.5kg。

✿ 图像局部示意

ThinkPad 700C 发布时，看起来没什么特别，就像一个便当盒或者雪茄盒。时髦的黑色外观是为了唤起它的神秘感。打开它，便当盒的奥秘就展现在眼前——凹陷的键盘和巨大的彩色显示屏中间，出现了一个神秘的小红点。当时其他笔记本电脑都是灰色或者米色的黑白小屏幕，而 700C 却配有 10.4 英寸彩色屏幕和 640×480 分辨率（VGA）。薄膜晶体管（TFT）显示屏是这款笔记本电脑的一大卖点，此前它从未应用于笔记本电脑，而且是由 IBM 定制开发的，因此零售价格很高。

对于独立设计师理查德 · 萨帕、IBM 首席笔记本电脑设计师山崎和彦以及位于日本横滨的 IBM 设计团队来说，从世界各地合作完成该项目也是一个工程挑战。他们的成功得益于索尼公司推出的数字通信系统，该系统通过电话线便可以传输高分辨图像，全球多个 IBM 设计中心都配备了这一系统。

ThinkPad 系列凭借其质量和设计获得了 300 多个奖项，后来共推出了 200 多种不同型号，销量超过 1 亿台。2005 年，中国联想公司收购了该品牌，但是许多 ThinkPad 原来的设计团队成员依然继续研发该系列产品，包括萨帕。**DG**

👁 焦点

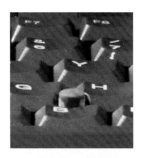

1. 红点

G 键和 H 键中间加入了操作杆，这是一个小小的红色按钮，用来代替触摸板、触摸球或者鼠标。它比鼠标更加灵敏，但是操作速度慢，有经验的用户可以熟练使用它。按钮设计成红色是为了保证在光线较暗时能够识别它

2. 饰面

深色饰面增添了神秘感，与雪茄盒外形、面板背后的发光二极管以及无特征的亚光效果相得益彰。它还有助于为高端 TFT 屏幕提供对比度和用户对焦，帮助硬件执行其功能

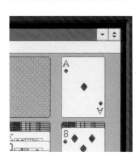

3. 屏幕

虽然萨帕的设计是推出 ThinkPad 的关键，但是其本身的性能和功能同样重要。它配有 10.4 英寸的薄膜晶体显示屏，该屏幕此前从未用于便携式电脑。它还配有一个可移动硬盘以及方便打字的凹键键盘

▲ ThinkPad 已经成为计算机行业的经典。在如今这样迅速变化的环境中，ThinkPad 仍是一个经典的技术品牌。它的设计不断发展以适应创新，但还是保留了简单的黑盒子美学

Ts 502 收音机

1963 年，萨帕与意大利设计师马可·扎努索共同为意大利电子公司 Brionvega 设计了 Ts 502 收音机。它合上时就是一个圆角盒子，并没有什么特别之处。萨帕曾说过，"我们想打造一些家居用品，这些用品只有在使用的时候，才能看出是科技产品"。这款收音机获得多个奖项，并进入纽约市现代艺术博物馆的永久收藏品之列。萨帕和扎努索继续设计这一系列的收音机、电视机。1977 年，该收音机的升级版 Ts 505 推出，至今仍在销售。

解决问题

创造性地解决问题在历史上一直是设计师们的任务，但在 20 世纪末，随着各种新技术以前所未有的速度出现，这项任务变得更加复杂，难以处理。此外，人口的迅速增长带来更大的需求，而且在一些欠发达国家，需求也变得更加复杂。通常情况下，创新的解决方案会促进一些标志性产品的诞生，而这些产品会对其目标市场产生十余年的重大影响。这些产品通常是设计、发明和工程的融合，例如 1979 年木原信敏（1926—2011 年）为索尼公司设计的口袋大小的随身听（详见第 408 页），1982 年飞利浦索尼设计团队设计的光盘（见图 1），还有 1983 年尼古拉·海耶克（Nicolas G. Hayek，1928—2010 年）首次生产的斯沃琪手表。

设计师维克多·帕帕奈克（1927—1998 年）在《为真实的世界设计》（*Design for the Real World*，1970 年）一书中写到了关于设计的社会责任。这一原则成为那十年及以后的基本主题，伴随着设计实践中对人体工程学的日益重视，设计师共同努力创造更有效、更安全、更方便使用的产品。设计师研究了人类形体的活动方式，并以此为依据为用户设计更方便舒适的产品，例如，1979 年，汉斯·克里斯蒂安·门绍尔（Hans Christian Mengshoel，1946 年— ）设计的巴兰斯跪坐椅。对办公室一族来说，它解决了由于长时间坐在办公桌前而产生的身体问题。20 世纪 90 年代，唐纳德·查德威克（Donald Chadwick，1936 年— ）和威廉·斯坦普夫（William Stumpf，

1. 光盘和光盘播放机于 1982 年在日本推出，然后于 1983 年在全世界推广

2. 艾伦办公椅（1992 年）的设计理念是"模拟人体形态"，其整个设计中，没有一条直线

3. 高科技的卡尔纳轮椅（1989 年）是以罗马健康活力女神卡尔纳（Carna）命名的

重要事件

1980 年	1981 年	1983 年	1984 年	1985 年	1986 年
埃内尔·鲁比克（1944 年— ）设计的鲁比克魔方被称为"年度玩具"，在接下来的三年里，其销量达到高峰。	不循规蹈矩的孟菲斯设计集团在米兰举办首次展览。	菲利普·斯塔克为法国总统弗朗索瓦·密特朗设计了私人公寓。	尚-路易斯·杜斯（1938—2010 年）为女演员简·伯金设计了爱马仕伯金包，因为她篮子里的东西在坐飞机时撒了出来。	麦可·葛瑞夫为艾烈希公司设计了鸟嘴自鸣水壶（详见第 420 页），这是一件后现代主义设计品，灵感来自装饰艺术。	IBM 开发了用于商业销售的笔记本电脑；富士胶片开发了商用的一次性相机。

1936—2006 年）在人体工程学设计领域表现卓越。他们使用回收的铝和聚酯制品，经过广泛的研究、实验和商议，为赫曼米勒公司设计了具有开创性的模仿生物形态的艾伦办公椅（见图 2）。20 世纪 80 年代和 90 年代，计算机时代不仅创造了对新式办公桌椅及照明设计的需求，而且产品及平面设计师也可利用复杂的电脑程序执行原来需要手工绘制、制作的部分工作。CAD/CAM（计算机辅助设计 / 计算机辅助制造）在规划和生产方面提供了富有想象力的新可能性。

受到帕帕奈克理论的启发，设计界形成一种意识，那就是设计应该关注环境及生态相关的问题。《为真实的世界设计》出版后不久，建筑师及设计师米莎·布莱克（Misha Black，1910—1977 年）开始探讨设计师应该作为社会公益力量，而不仅仅是为商业利益设计产品。总之，人们逐渐意识到设计会对社会发展产生重要影响。20 世纪 80 年代，设计师开始更关注环保问题，例如使用可回收的材料设计产品，而消费者对环境问题也越来越敏感。

此外，日本设计师创造了大量价格低廉的产品，每种产品都旨在吸引人类五种感官中的至少三种。设计师不论来自哪里，如果想要获得成功，就需要面对所有这些设计问题。他们提出的解决方案就包括一些家用小工具，例如由工业设计师山姆·法伯（Sam Farber，1924—2013 年）于 1989 年创立的 OXO 公司生产的那些家居小玩意儿。法伯的妻子有关节炎，使用厨具很困难，而且手常常疼痛，OXO 公司的好握（Good Grips）厨房用品系列就是为她设计的，该系列产品侧重于手柄设计和优质部件（详见第 440 页）。手柄由山都平（一种柔软有弹性的聚丙烯塑料 / 橡胶）制成，不打滑，而且实用，符合人体工程学，用起来也很舒适。1977 年，由于一场交通事故，日本工业设计师川崎和男（1949 年—）双腿瘫痪，于是他也开始追求一些能解决个人问题的设计品。他设计了轻便的卡尔纳轮椅（见图 3），该轮椅由钛金属和铝合金制成，配有额外组件，可根据个人需求增加到框架上。

这一时期，其他一些为了解决问题而设计的产品还包括 1986 年小唐纳德·布迪（Donald Booty Jr.，1956 年—）为 Zelco 公司设计的双 + 计算器。这款计算器符合人体工程学设计，便于操作，并配有大号 + 键，以便可以快速访问加法功能——最常用的键。为了方便使用，还开发了各种型号的轻型可折叠的麦克拉伦婴儿车，最初是由航空工程师欧文·芬利·麦克拉伦（Owen Finlay Maclaren，1907—1978 年）于 1965 年设计的。这款婴儿车有多种型号，包括索为林（Sovereign，1984 年）——美国最畅销的折叠婴儿车，以及迪埃特（Duette，1991 年）——可通过正常门口的双胞胎婴儿车。**SH**

伯龙腾折叠自行车 1988 年

安德鲁·里奇 1947 年—

伯龙腾自行车是根据骑行者的需求定制的，有超过 1600 万种颜色和部件的组合

🎴 图像局部示意

伯龙腾被许多人视为经典的折叠自行车，自 1988 年投入全面生产以来，取得了巨大的成功。它由安德鲁·里奇设计，灵感来自铝制的比克顿折叠自行车（Bickerton，1971 年）。里奇认为，不同的金属和不同的折叠系统将使设计更加有效，并且如果这些轻型的折叠自行车折叠起来更加方便，能轻易放置在火车或汽车上，那么它们会更受通勤者和城市骑行者的欢迎。1975 年，里奇说服了十个朋友每人投资少许资金，之后他花了一年时间在他伦敦的公寓内设计出了折叠自行车的原型。由于他的家俯瞰着圣母无玷之心堂（Brompton Oratory），他把自行车命名为伯龙腾（Brompton）。第一辆原型车虽然粗糙，但里奇坚持不懈又做了两辆，最终创造了一款带有小车轮的钢制自行车，把手向下，使用铰链，这样车轮可向内折叠，从而将油链和链轮封闭起来。起初有几位生产商对这种方便紧凑的折叠车感兴趣，但他们认为这种自行车没有市场，最终还是拒绝生产。

里奇申请了专利，开始自己生产伯龙腾。最初，他生产并销售了 30 辆自行车。之后的几年间，他加大产量，也卖出了更多车。这款自行车方便、结实且轻巧，从展开到折叠大约只需要 10 到 20 秒。Naim 音响的创始人朱利安·维雷克于 1982 年购买了两辆伯龙腾，并在 1986 年私人出资赞助里奇。除此之外，里奇还从朋友、亲戚和其他伯龙腾车主那里筹集了一笔资金。1987 年，里奇开办了一家设备齐全的工厂。由于自行车的销量远超过工厂的生产能力，他先后在 1994 年和 1998 年两次扩张工厂。不久之后，伯龙腾便成为英国最大的自行车生产商。**SH**

👁 焦点

1. "驼背式" 车架

伯龙腾的早期车型具有被称为 "驼背" 的车架。这是因为那时没有足够成熟的工具来打造柔和的曲度。后来的型号受益于改进的工具，产生了更优雅的曲线

2. 铰链

自行车的结构几乎没有发生改变；它所采用的铰接框架与小尺寸车轮和里奇最初的设计相同。自行车配有两个大号翼型螺母用来固定两条铰链；后方的三角架和车轮仅仅是悬挂在车架下方

🕐 设计师传略

1947—1975 年

1968 年，安德鲁·里奇从英国剑桥大学工程学专业毕业，接着进入艾略特自动化公司担任程序员，这家公司之后被马可尼公司收购。20 世纪 70 年代中期，他的父亲将他介绍给正在为比克顿自行车筹资的人，这是第一款真正意义上的折叠自行车。里奇决定改进比克顿自行车的设计。

1976—1985 年

虽然当时英国自行车市场逐渐衰退，里奇还是花了一年的时间设计他的自行车原型。当时罗利（Raleigh）公司是一家受欢迎的自行车生产商，里奇曾试图把设计授权给该公司生产，但没有成功，于是他说服了 30 个人订购他的自行车并提前支付 250 英镑。之后他又制造了 50 辆自行车，并在 18 个月内将它们全部卖出。

1986 年至今

里奇多方筹集资金，在布伦特福德铁路拱门下开办了一家工厂，并在 1988 年开始生产自行车。他的公司从一开始就是盈利的，现在伯龙腾自行车已经出口到世界 44 个国家。

▲ 伯龙腾自行车配有一个可用来收起把手的前置铰链，一个可作为悬挂点折叠的后置铰链。自行车使用小车轮，所以折叠后用户可以拖动

完美主义

里奇是个完美主义者，1987 年之前，他都是自己动手生产折叠自行车的，身旁只有一个帮手。尽管现在需求量巨大，但是伯龙腾自行车的部件主要在现场制造，每辆自行车都由伦敦工厂的熟练工人（右图）手工焊造。他们确保每辆自行车都是结实、独特、适用的。每个焊工都要接受伯龙腾为期十八个月的培训，并有一个个人签名，在他们经手的每个部件盖上签名。现在，伯龙腾每年生产约五万辆自行车。

好握手持工具 1990 年
达文 · 斯托维尔 1953 年—

山都平，ABS 塑料和不锈钢（从左到右）依次为：量匙，开瓶器，比萨轮刀，开罐器，水槽过滤器，压蒜器，旋转式削皮器，冰淇淋勺，钳子

达文·斯托维尔在很大程度上是一名自学成才的设计师，1980 年他在纽约成立了智能设计（Smart Design）公司。此后该公司以其将物理和数字相结合的创新思维以及强烈的道德和公共服务承诺而广为人知。1989 年，工业设计师兼家庭厨具公司老板山姆·法伯找到了他。法伯的妻子贝西患有关节炎，抓握很多日常厨房工具有困难，尤其是蔬菜削皮器。当时，法伯已经快要退休了，但是看到妻子面临的困境，还是决定与智能设计公司合作寻求解决办法。丹·福尔摩沙（1953 年— ）是智能设计公司的一名设计师，当时也参与了这个项目，他回忆道，"第一个想法就是，要突破常规——设计一款有方向和摩擦力的手柄……我们去五金店、体育用品商店，或者其他任何地方，看看有什么点子可以借鉴，寻找灵感"。最后提出的解决方案就是符合人体工程学的超大黑色橡胶把手柄——类似自行车把手——同时在靠近刀片锋利的地方，有一个弹性的手指握把。这种把手不仅方便使用，看起来也很有吸引力。当时设计了两个版本的蔬菜削皮器：一种锯齿形；一种使用旋转刀片。

整个厨房用具系列都进行了类似的改造，尤其是开罐器这类传统设计很难操作的工具。当时还提出了一些具有前瞻性的想法：鸡蛋分离杯——设计了若干空洞用于分离蛋白和蛋黄；水槽过滤器——一般很脏且不易清洁——做成一个类似于活塞的软塑料制品，翻转时可抛出收集到的细小脏污。好握系列厨房用品虽然比一般厨房用具贵，但还是在市场上迅速走红。正因为如此，法伯和他的儿子约翰决定在家族企业中成立一个新部门生产厨房用具；他们将其称为 OXO，似乎是因为不管从哪个方向读都一样。到了 1992 年，OXO 的好握系列非常成功，法伯将公司卖给了通用家居用品（General Housewares），在经过又一次股权变更后，好握系列的品牌仍被保留下来。**AP**

✦ 图像局部示意

👁 焦点

1. 机械装置

按下去的时候，简易弹簧上的锁扣会使罐头周围的钳口闭合。大拇指轻轻一碰就会松开。锋利的切割轮通过齿轮与底轮咬合，以提高机械效率。经过测试，左撇子用户同样适用该开罐器。好握系列的所有产品都是黑色的

2. 人体工程学

转动手柄由防滑的固体塑料制成，握柄使用同样材质。铰链嵌件下方附有小磁铁，当罐子打开时可吸起盖子。因此，开罐器既安全又便于使用，同时用户可通过小孔看到开罐过程。好握开罐器获得了1992年的关节炎基金会设计奖

厨房经典

1945年后，厨房里也开始出现了以设计师命名的产品。随着这一现象的出现，厨具逐渐突破艺术品、工艺品以及产品设计之间的界限，进入"设计经典"领域。1959年，芬兰设计师蒂莫·萨尔帕内瓦设计的铸铁砂锅（上图），其可拆卸的柚木手柄具有双重功能，就是一个最好的例子。这个砂锅可以在烤箱、炉灶和餐桌上使用。

戴森双旋风真空吸尘器 DC01 1993 年
詹姆斯·戴森 1947 年—

1. 附件

戴森对 DC01 做出的创新之一是在吸尘器主体上储存附件的设计。虽然这个想法并非独一无二，但也很不寻常。为了和吸尘器匹配，这个附件设计成灰色，很容易固定在机身上，增加了使用时的方便性

2. 黄色

戴森曾将 G-Force 设计成粉色，在制造 DC01 时则使用了醒目的灰色和黄色 ABS 塑料。机身设计成灰色，活动部位设计成亮黄色。更有争议的是集尘器设计成透明这一点：因为在传统的吸尘器中，集尘器都是藏在袋子里的

1976 年，英国工程师和发明家詹姆斯·戴森发现自己的真空吸尘器吸力正逐渐减小。他打开吸尘器，发现机器通过多孔集尘袋的一侧吸入空气，集尘袋很快就堵塞了，导致吸力越来越差。大约同一时间，他参观了一家锯木厂，在那里看到了一种废物排出系统。这家工厂使用旋风分离器，使空气围绕在大圆锥体周围旋转，通过离心力除去锯屑。戴森得出结论，如果他在真空吸尘器中加入旋风装置，那么吸尘器中就不需要袋子，因此不会出现吸力受损。于是他从自己的吸尘器上拆下袋子，代之以纸板旋风装置，制造出了原型机。他成功了。

戴森革命性的无袋真空吸尘器 G-Force 首先在日本销售，同时他一直尽力在英国和美国寻找授权经销商。但是制造商认为这个产品威胁到他们的利益，因为他们从一次性集尘袋中获取了巨额利润。然而 1991 年，G-Force 获得日本国际设计大奖，戴森用奖金设计了一个双旋风真空吸尘器，这就是 DA001，但是第二年它就被 DC01 代替：这是初代旋风吸尘器的改进版。尽管市场研究表明，人们不喜欢透明集尘器，但是戴森和他的团队还是制造了一款。1993 年，DC01 在英国市场一经推出，便得到了很大的关注。持久不减退的吸力、不同寻常的灰色黄色外观以及随时提醒用户清空的透明集尘器，都大受赞赏。不到十八个月，它就成了该国最畅销的真空吸尘器。**SH**

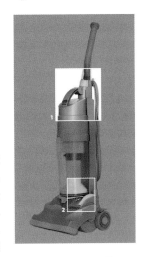

ABS，树脂和聚丙烯塑料

🕐 设计师传略

1947—1973 年
詹姆斯·戴森出生于英国诺福克郡，并且曾在伦敦贝姆肖艺术学院学习。之后他进入皇家艺术学院学习家具和内饰设计，但是在 1966 年至 1970 年间转而学习工程。

1974—1984 年
1974 年，戴森创造了球轮手推车，它是独轮手推车的改良版，使用球轮代替车轮。BBC 曾介绍过这个推车，它赢得了建筑设计创新奖。他还设计了一款球形滑轨——带球轮的轨道用来滑动船舶，后来他又设计了水陆两用的轮船。1978 年，他想到了无袋真空吸尘器的点子，并用五年时间不断完善它。1983 年，他设计出了 G-Force 并用两年时间寻找授权经销商。

1985—1995 年
戴森把 G-Force 带到日本，在那里，他开始与一家进口多功能记事本 Filofax 的公司合作。1993 年，他成立了戴森公司以及研究中心，设计了众多型号各异的真空吸尘器，之后推出了 DC01。同年，他推出了双旋风吸尘器 DC02，这款吸尘器成为英国的第二大畅销产品。

1996 年至今
1996 年，戴森推出 DC02 终极版，这款吸尘器配有特殊的空气过滤器以及杀菌滤网。从那时起，他每年都推出这款具有革命性的吸尘器的新版本。他从 2002 年开始在美国销售这些吸尘器。2005 年，他推出了 DC15 吸尘器，原先的传统转轮被球轮代替，与他用在球轮手推车上的一样。

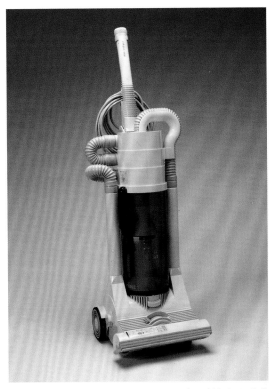

▲ 1979 年至 1984 年，戴森共完成了 5127 个设计雏形。虽然他 1985 年设计的粉色 G-Force 吸尘器性能良好，但无袋设计还是引发了争议，并没有给他带来很大的成功。但是他没有放弃，始终坚持追随本心设计产品

极简主义

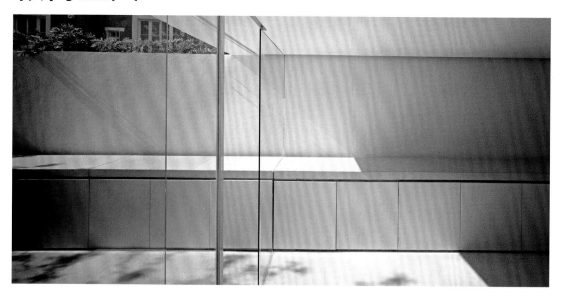

在经历了后现代主义的过度夸张以及 20 世纪七八十年代室内设计领域一系列时代风格的复兴——乔治亚、维多利亚和爱德华时代风格的改造风潮之后，到 20 世纪 90 年代，设计又回归了现代主义的基本原则。仿造经典已成为过去，随之而来的是对 20 世纪初的激进设计运动新的理解。与其他风格一样，极简主义也是一种风格。若将风格比作化妆盒，那么它与其他风格不同之处不在于化妆盒中的东西少，而是把整个化妆盒都丢弃了。极简主义有一句常被引用的名言，就是路德维希·密斯·凡德罗创造的"少即是多"——之后被迪特·拉姆斯改述为"少而精"，又被巴克敏斯特·富勒改述为"以少做多"——在这句名言的影响下，长久以来一直存在着一种设计思维：那就是要优先考虑功能，只有弱化表面装饰才能更好地展现材料本身的理念。极简主义更进一步，在建筑、内饰设计、时尚和家具领域出现了一些充分应用了空间、光和非物质的抽象概念而形成的高度精致的设计。

在经济衰退时期，市场出现紧缩和下滑，随之在设计领域，尤其是内饰设计领域便出现了极简主义潮流，这或许不是巧合。从表面上看，室内近乎没有任何装饰可以看作人们对消费主义的严肃拒绝，也反映了一种更冷静的全球情绪。同样，"无品牌"的商品和衣物，比如日本零售商无印良品（见图 2）销售的那些，宣传它们不需要做广告，尤其是在品牌"附加值"似乎受到怀疑、不值得购买的情况下。但矛盾的是，极简主义产品如果做得好，售价并不低。

重要事件

1986 年	1990 年	1991 年	1991 年	1992 年	1993 年
日本设计师仓俣史郎设计了一款由钢丝网制成的名为"月亮有多高"的简约座椅（详见第 446 页）。	菲利普·斯塔克为艾烈希设计了一款榨汁机（详见第 466 页），由此将极简主义设计引入厨具领域。	万维网推出，公众可以访问互联网。	日本"无品牌"零售商无印良品在伦敦开设了它的第一家国际店。	黑色星期三，英镑被挤兑，被迫退出欧洲汇率机制，经济出现衰退。	极简主义建筑师迈克尔·加布里尼设计的吉尔桑达（Jil Sander）旗舰店在巴黎开业。

在许多西方国家，房地产已经成为一个重要的投资领域，即便是处在负资产时期，房产价格相对较高就意味着空间越来越宝贵。极简主义推崇纯粹的空间，而且是大空间。

在极简主义的内饰设计中，没有太多东西吸引目光，尤其是当传统的建筑特征被压制或移除时，物品表面和饰面必须近乎完美。一个典型的例子就是"阴影"，这是那些最复杂的极简主义空间所具备的共同特征。投下阴影的墙没有踢脚板，抹灰的平面略高于地板内嵌的金属圆角。这种"看不出来"的细节设计十分困难，而且成本很高。因此，在一间近乎空旷的房间里出现的那些家具和配件需要经得起研究。现代设计中出现的经典作品比如勒·柯布西耶设计的柯布西耶躺椅（1928 年；详见第 140 页）以及密斯设计的巴塞罗那椅（1929 年），获得许可生产这些作品复制品的公司发现销量增长，正是因为现在的房间设计得不像家而像当代艺术画廊，于是人们购买这些产品，把它们放置在房间中像艺术品一样展示。极简主义对于一些廉价的产品也产生了影响。雪白色五斗柜（见图 3）就是一个例子，它是由托马斯·桑德尔（Thomas Sandell, 1959 年— ）与乔纳斯·柏林（Jonas Bohlin, 1953 年— ）共同设计，瑞典阿斯普龙德（Asplund）公司生产制造的，它展现了美学上的克制，结合了与斯堪的纳维亚现代设计密切相关的人性化特质。它是储藏家具系列的一部分，并非一定要放在卧室中，因为它并没有什么特别强调的用途，所以不管把它放在哪儿都能发挥作用。

不论是当时还是现在，极简主义中最有影响力的人物当数英国建筑设计师约翰·帕森（John Pawson, 1949 年— ）。他宁静、纯粹的室内设计（见图 1），以及后来的家居用品系列，在很大程度上归功于他接受设计教育的形成期，当时他在日本待了一段时间，遇到了建筑师和设计师仓俣史郎（1934—1991 年）。帕森的无缝空间设计明显体现了古老的禅宗的"无物"概念，墙面是纯白色的平面，地板是大片的木板或石灰石，所有日常生活用品都藏在落地平板门后的橱柜里。帕森的这种沉思方式很受欢迎，曾有众多客户委托他设计，包括曼哈顿的卡尔文·克莱恩精选店（1993—1995 年）和捷克波希米亚的奴威度尔圣母修道院（1999—2004 年）。20 世纪 90 年代还有一些具有开创性的室内设计作品，是美国建筑师迈克尔·加布里尼（1958 年— ）为顾客打造的零售店环境，如妮可·法希（Nicole Farhi）、萨瓦托·菲拉格慕（Salvatore Ferragamo）和波道夫·古德曼（Bergdorf Goodman）百货公司，以及古根海姆美术馆和库珀·休伊特博物馆。**EW**

1994 年	1995 年	1995 年	1997 年	1998 年	2000 年
托马斯·桑德尔与乔纳斯共同设计了的雪白色五斗柜，是一个简化了的斯堪的纳维亚现代设计作品。	零售巨头宜家推出 PS 系列，多为设计师命名的产品，其中包括桑德尔。	约翰·帕森设计的卡尔文·克莱恩精选店在纽约开业。	帕森开始设计帕森之家，这是他伦敦诺丁山的极简主义风格住宅。	贾斯珀·莫里森设计的 Glo-Ball 照明系列将照明设备减少到最基本的程度。	安积伸（1965 年— ）和安积朋子（1966 年— ）共同设计的 LEM 酒吧椅被评为国际室内设计年度最佳产品。

"月亮有多高" 座椅 1986 年

仓俣史郎 1934—1991 年

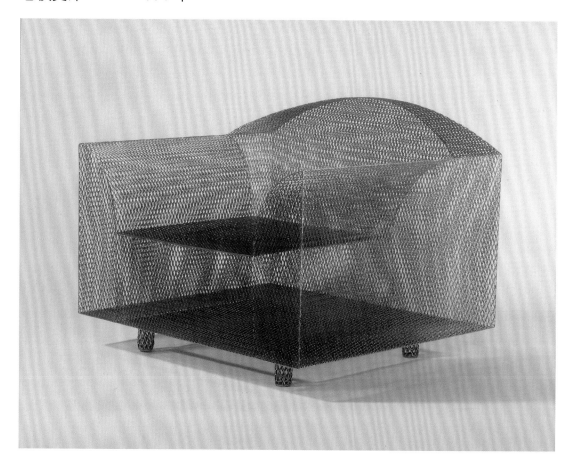

👁 焦点

1. 典型样式

日本没有使用座椅类家具的传统，这个设计属于典型的西方样式，有扶手、椅背和坐垫。钢网被弯折成饱满的曲线，表明了座椅的舒适性

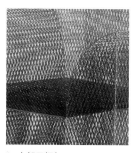

2. 内部无框架

与传统座椅家具不同，这把椅子没有支撑性的内部框架。钢网材料既展现了外部形状，也构成了内部结构，这种统一性赋予整个设计力量和连贯性

3. 透明性

仓俣史郎一直喜欢玩弄透明的概念。透明物体既占据了空间，又如不存在一般。它有明显的失重感，看起来就像飘浮在空中一样。还有什么能比一把几乎不存在的椅子更适合搭配极简室内装饰呢

4. 金属丝网

这把椅子由镀镍钢网制作而成。这种材料不仅透明，还闪烁着微光，更增强了椅子的无形感。仓俣史郎经常使用这种具有工业美感的材料进行创作

乍一看，仓俣史郎精致的极简主义作品中似乎蕴藏着一种特殊的日本美学。可是，他的设计中还表现了其他富有诗意的构想，这有助于我们理解为什么这位设计师最富有成效的创作是与后现代主义者埃托雷·索特萨斯的合作，后者在 20 世纪 80 年代末邀请他与米兰的设计和建筑团体孟菲斯合作。正是由于仓俣史郎这一代人，国际设计领域有了日本的一席之地。仓俣史郎还因其实验性的极简主义室内装饰而闻名，尤其是东京的一些寿司店以及他为三宅一生设计的精品店。

贯穿仓俣史郎设计生涯的是他对轻盈透明的材料的着迷："我很喜欢那些透明的材料，因为它们透明，所以不属于任何特定的空间，但又无处不在。"所以亚克力、玻璃、铝合金和钢丝网经常出现在他的作品中，这些材料不仅展现它们的形式，更承载着设计的意义。"月亮有多高"座椅完全由镀镍钢网制作而成，内部没有任何框架支撑，增加了其透明质感，正如金属反光一样若隐若现。与仓俣史郎的其他设计一样，这把座椅采用的精湛技艺也借鉴了日本的制造传统，对"艺术"和"工艺"不作区分。这个设计充满了各种矛盾的美感：它看起来不能使用太长时间，但是圆滑的曲线给人舒适的感觉；材料虽然坚固，但却能透过光线和空气。这把椅子并没有邀请你坐上去，而是质疑你是否可以坐上去。**EW**

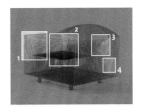

✿ 图像局部示意

冲孔锌钢网，镀镍
75cm × 95.5cm × 81.5cm

🕐 设计师传略

1934—1965 年
仓俣史郎出生于东京。他曾在高中接受过传统的木工培训，后来进入一家家具厂工作。之后，他进入东京的桑泽设计研究所学习室内设计，在那里，他开始接触西方室内设计的概念和实践。在 1965 年开设自己的设计室之前，他继续为东京的一家百货公司担任地板及橱窗陈列设计师。

1966—1981 年
仓俣史郎开始对工业工艺以及透明材料感兴趣。这一时期，他值得注意的作品包括一盏用亚克力制成的灯、一套玻璃桌椅以及曲形五斗柜。1981 年，他获得了日本文化设计奖。

1982—1989 年
20 世纪 80 年代，他与埃托雷·索特萨斯展开合作并加入设计集团孟菲斯。这一时期，他著名的作品除了"月亮有多高"座椅，还包括京都混凝土餐桌（1983 年）、布兰奇小姐椅（1988 年）以及一个透明花瓶（1989 年）。他还为一些精品店与餐馆做了室内设计，但是保留下来的很少。

1990—1991 年
法国政府授予仓俣史郎法国艺术与文学勋章。1991 年，他设计了拉普他独立式玻璃脸盆，并于同年去世，享年 56 岁。

▲ 这把亚克力椅（1988 年）是仓俣史郎最美丽的作品之一，它是以《欲望号街车》（1947 年）中的布兰奇·杜波依斯来命名的。这把座椅制造过程复杂，亚克力需要硬化但又不能破坏其透明度；花瓣需保持其色彩，但又要防止颜色渗入亚克力中

形式追随乐趣

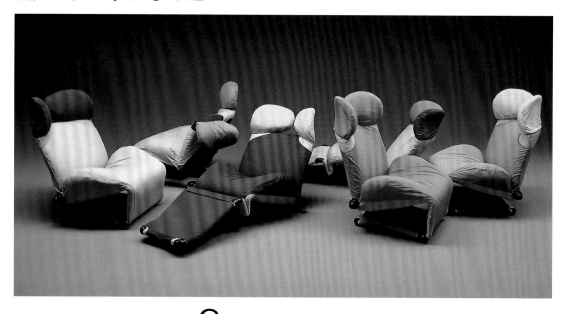

1. 眨眼椅（1980 年）由喜多俊之为卡西纳公司设计，其每一个部件都配有彩色外罩，便于替换和清洗，同时增添座椅的趣味性

2. 贾维尔·马里斯卡尔（1950 年—）设计吧台椅（1980 年）时，反复强调"首先要令人眼前一亮，其次要深深吸引顾客，最后彻底收买顾客的心"

3. 英葛·摩利尔（Ingo Maurer）设计的诙谐的 Lucellino 台灯（1992 年）配有手工制作的鹅毛翅膀

20 世纪 90 年代初的美国和欧洲经济衰退局面很快就过去了，大量资金从北海油田撤出融入市场，进而促进了技术产业的发展、股票暴涨以及房地产交易的蓬勃。西方世界看起来变得更加繁荣有趣，并且出现大量新地产以供投资。为了更好地展现这种繁荣局面，设计界开始出现一些俏皮、多彩、装饰奢华的设计品。

早在 20 世纪 80 年代早期，埃托雷·索特萨斯与孟菲斯设计集团就开始突破单调的现代主义风格，设计一些欢快的作品。除此之外，工业设计师们逐渐拥有了自己的品牌，地位不断提高。顾客也开始对设计师的个性以及他们表达的幽默产生兴趣。例如，马里斯卡尔事务所设计的吧台椅（见图 2），几条多彩的椅腿似乎在旋转一般，看起来就像是一个微醺的舞者沉浸在快乐中。同样令人心情愉悦的还有喜多俊之设计的眨眼椅（见图 1），它有米老鼠似的耳朵，用大胆的色块呈现出友好的多功能性——其实这一切只是为了好玩。在慕尼黑，一些出色的设计师，诸如英葛·摩利尔（1932—2019 年），总是将自己内心有趣的一面自由释放（详见第 454 页）。1992 年，他推出鸟系列作品，其中就包括 Lucellino 台灯（见图 3），一个带有翅膀的卤素灯泡，以及群鸟吊灯，二十四个灯泡如小鸟一般从中心向天空飞去。这些灯上的鹅毛翅膀虽然并没有什么用途，但其意义在于：它们诉说了一种情感，代表着自由以及那些喷薄而出的智慧。

重要事件

1986 年	1987 年	1992 年	1993 年	1996 年	2002 年
安德烈·迪布勒伊设计了金属框架的脊柱椅（详见第 450 页）。钢条的曲线使人联想到洛可可装饰风格。	受私人委托，马修·希尔顿设计了一张三条腿的羚羊脚桌（详见第 452 页）。	英葛·摩利尔推出鸟系列产品。之后该系列产品逐渐丰富，包括群鸟吊灯、七离墙、小鸟巢灯以及天使吊灯。	罗恩·阿拉德使用弹簧钢（之后使用 PVC）制作了书虫书架。书都被放置在书架的反重力曲线上。	汤姆·迪克森设计了杰克灯，它既是一个灯具，也是一张折叠椅，还可作为一件雕塑摆放。	坎帕纳兄弟设计了限量版的宴会椅。由各种毛绒动物制成，比如鳄鱼、熊猫、鲨鱼。

从 20 世纪 60 年代开始，意大利设计师阿切勒·卡斯蒂格利奥尼及其弟弟皮埃尔·加科莫就开始在他们的设计中展现一些奇思妙想。他们认为工业设计界很少关注生活中的小乐趣。例如，兄弟俩为 Flos 公司设计的史努比台灯，既是一款实用的下照灯，也可逗顾客一笑。此外，他俩还为 Flos 公司设计了蒲公英吊灯（1960 年），这款灯仿照蒲公英的样子设计而成，诉说了童年吹蒲公英那段消逝的时光。蒲公英吊灯直接影响了马塞尔·万德斯（Marcel Wanders，1963 年— ）和他为 Flos 公司设计的飞艇灯（2007 年），像蒲公英灯一样，飞艇灯既是一个装饰品，也讲述着自己的故事。万德斯受到了卡斯蒂格利奥尼和孟菲斯集团的影响，自他早期与楚格设计合作以来，便一直致力于阐述"形式追随乐趣"的美学理念。他曾说过，"不论我们喜欢与否，肤浅与壮观都是真正的品质"。同样，来自巴西的坎帕纳兄弟（翁贝托和费尔南多）以一种诙谐有趣的方式展现了他们关于后现代主义的想法，在他们的代表作寿司椅（2002 年）中使用了毛绒动物图案以及彩色的螺旋状条纹。

休闲空间成为进行趣味设计的主要区域，比如伦敦时尚的素描餐厅（Sketch）。在这里，对快乐的追求贯穿于每一个设计决策中，艺术家构思的室内设计方案每半年推出一次。艺术家马丁·克里德（1968 年— ）2012 年设计的餐厅色彩缤纷、模式各异，每一块区域都带给人惊喜，可供娱乐。然而这个设计在 2014 年被撤掉，餐厅换成了印迪娅·迈达维（1962 年— ）设计的糖衣杏仁粉色主题，室内使用天鹅绒装饰，墙上挂着大卫·斯里（1968 年— ）的画，地上贴着米索尼风格的瓷砖。这一片复古的粉色海洋引用了过火的旧式好莱坞风格，与红棕色的吧台和台灯似有些许不搭，但这种不和谐的感觉却被大沙发顶上钢制灯散发出的光芒抵消。

然而，正是在照明市场中，俏皮成为设计的核心。摩利尔的鸟系列产品就详细阐述了这一观点，马修·钱勒斯（Mathieu Challières）设计的鸟笼台灯由众多小灯泡制成，从 2006 年起由康兰公司出售，这款灯仿照铜鸟笼设计而成，笼中住着颜色各异的小鸟朋友。这些小鸟的功能就是吸引人们的注意力。动物形象经常出现在许多"有趣"的作品中，包括斯卡贝蒂（Scabetti）的瓷器作品《浅滩装置》（2007 年）中出现的鱼以及米歇尔·德·卢奇的作品《动物》中的蜻蜓。米歇尔·德·卢奇创立了自己的品牌 Produzione Privata，为了寻求纯粹的乐趣，他设计了 Brunellesca 吊灯致敬佛罗伦萨文艺复兴时期的圆顶建筑。吊灯底部边缘有一条 LED 灯条，就像后期加上的一样。定制设计是这种高大上的设计浪潮的一部分，在定制设计中，奢华、高端、独特是影响设计的主要因素。现代主义设计鼓励大规模生产，为大众提供实用廉价的设计，而这些享乐主义的设计作品通常都是限量版，售价高昂。**JW**

2007 年	2009 年	2012 年	2014 年	2015 年	2015 年
马塞尔·万德斯为 Flos 公司设计的飞艇灯使用的技艺与阿切勒·卡斯蒂格利奥尼 1960 年开始设计的蒲公英吊灯一样。	米歇尔·德·卢奇设计的自然系列的蜻蜓吊灯上有一只精致的镂空金属蜻蜓。	马丁·克里德重新设计了伦敦的素描餐厅，每个物件互不搭配，却处处透露出惊喜。	印迪娅·迈达维为伦敦素描餐厅打造的室内设计参考了好莱坞的魅力与夸张的妖娆。	受文化艺术委员会委托，安纳格拉玛设计公司为墨西哥蒙特雷的 Conarte 图书馆打造了一款拱形书架。	安纳格拉玛在蒙特雷附近的家庭树（Kindo）儿童服装店内搭建了一个巨大的迷宫。

脊柱椅 1986 年

安德烈 · 迪布勒伊 1951 年—

👁 焦点

1. 材质

脊柱椅的座椅部分是由扁平的金属架向内弯曲而成的，前边的两条椅腿搁置在一小片金属板上。椅子框架由手工弯曲的圆钢管焊接而成。它显然出自工作坊而非工厂制造

2. 风格引用

椅子的曲线呼应了巴洛克和洛可可家具中流动的线条设计。然而它绝非一个复制品：引用历史风格是为了服务作品原创的艺术感。虽然这个座椅设计并非百年一遇，但对于喜爱时尚的人来说却是一个点睛单品

安德烈·迪布勒伊更愿意被称为工匠而不是设计师，他的作品常常以 17 世纪和 18 世纪的巴洛克、洛可可设计为出发点，这一时期的法国是奢侈品的主要生产国，引领着整个欧洲的高端时尚潮流。与此同时，脊柱椅上焊接金属做成的卷曲也成为不可磨灭的 20 世纪 80 年代中期风格，当时后现代主义为细节和风格的多元引用提供了一个语境。

迪布勒伊曾跟随汤姆·迪克森学习焊接技术，汤姆是一个特立独行、自学成才的英国设计师，早期作品多是废弃物焊接而成的家具。迪布勒伊曾有过一段特殊经历，他做过古董经销商，这可能是他对历史风格那么着迷的原因。脊柱椅轻盈、透风、婀娜多姿，是一把因美丽而值得欣赏的椅子，而非一把需要长期坐着的椅子。椅背和座位处流动的线条没有任何间断，正如流畅的书法一般，整把椅子看起来就像画出来的一样。与现代主义的金属框架家具不同，这个设计充分展现了圆钢管的曲线美。虽然也有一些椅子表面涂了黑色漆饰，但是未上漆的蜡涂饰面才是设计师的初衷。对于迪布勒伊来说，不寻常之处在于脊柱椅是作为系列的作品之一设计的，但至今仍在生产。**EW**

打蜡钢
86cm × 70.5cm × 93cm

设计师传略

1951—1987 年
迪布勒伊出生于法国里昂，从小就对艺术感兴趣。1967 年，他进入伦敦英奇巴尔德设计学院学习。他的早期作品包括枝形吊灯、壁灯和烛台，都是他在公寓里用最少的材料手工制作而成的。

1988 年至今
1988 年，他在伦敦成立了一间工坊，名为安德烈·迪布勒伊装饰艺术。他的设计多以钢、铜、铁作为材料，但也不乏一些玻璃陶瓷制品。1966 年，迪布勒伊接管了父母的房产，这是一座位于多尔多涅省的 18 世纪城堡，之后他开始着手恢复古堡。2010 年，他回到法国，现在从房产中抽身，主要经营工坊，其客户包括香奈儿和路易威登。

巴黎椅

这把三条腿的巴黎椅（1988 年；上图）由涂蜡钢板制成，从上到下透露着满满的个性。椅子的装饰由乙炔焊炬制成，仿照动物图案设计，因此进一步增添了座椅的活力和动感。作为机器制造的公开反对者，迪布勒伊不喜欢复制自己的作品。即便是他准备复制的设计也都是手工制作的，没有两件作品完全相同。

▲ 与现代主义金属家具不同的是，现代主义金属家具竭力掩盖制造的痕迹，而在这把椅子上，这些痕迹通过涂在钢上的蜡层完全展露出来

羚羊脚桌 1987 年

马修 · 希尔顿 1957 年—

铝合金，梧桐木和中密度纤维板
高 71cm
直径 84cm

✿ 图像局部示意

家具设计使用动物形象的传统由来已久，这一传统可以追溯到古埃及、古希腊、古罗马文明时期。那个时候，神灵总是以超越人类的形态——人兽混合的样子出现，所以在皇冠或其他权力象征物上总会出现动物的脚或头，这在当时很常见。到 18 世纪，新古典主义家具借鉴了这些先例，常出现爪的元素。这一传统以支撑铸铁浴缸的爪脚的形式延续至今。马修·希尔顿设计的羚羊脚桌，一个戏剧性的雕塑设计，明显使用了混合物种元素。这张桌子最初是他为一位私人顾客打造的一次性设计，这个顾客曾见过希尔顿设计的烛台，于是委托他制作一件能唤起类似情绪的家具。希尔顿设计这件作品时，将传统手工工艺与大规模生产技术相结合。正如使用不同材料形成的对比一样，使用不同的工艺使设计本身产生有趣的张力，增添设计活力。这张羚羊脚桌属于设计师早期作品，在这之后，他开始建立自己的创意工作室，并展开与前卫的家具公司 SCP 的合作。**EW**

1. 动物形态

这个三脚桌的两条桌腿仿照细长的羚羊腿设计而成，这两条腿看起来就像要跨出房间一般，整个设计充满动感和能量。墙边桌一般都是受局限的家具，但这件作品的戏剧性和雕塑感引人注目

2. 形成鲜明对比的材料

这个桌子展现的戏剧性一部分来自选用材料的大胆对比。羚羊腿使用砂铸铝合金制成，而另一条支撑腿则使用梧桐木。桌面使用中纤维密度板，经过打磨抛光做成仿原木效果

🕐 设计师传略

1957—1999 年

马修·希尔顿出生在英国的黑斯廷斯（Hastings），毕业于家具设计专业。在进入产品设计公司 Capa 之前，他为保罗·史密斯和约瑟夫之家设计产品。1984 年，希尔顿成立了自己的设计工作室，并开始与英国零售生产商 SCP 展开合作。1986 年，SCP 在米兰推出希尔顿设计的弓形搁架，这是他第一件投入生产的设计，之后 SCP 公司继续生产经销他的设计，包括座椅、沙发和桌子。

2000 年至今

2000 年，希尔顿作品回顾展在伦敦杰佛瑞博物馆举办。同年，他成为爱必居家居的家具设计总监。2005 年，因其对家具设计做出的贡献，他被提名为皇家工业设计师。2007 年，基于与葡萄牙公司 De La Espada 的许可协议，他创办了马修·希尔顿有限公司。

▲ 巴尔扎克椅（1991 年）是 SCP 公司迄今为止销量最好的一款座椅。拥有榉木框架、橡木椅腿和皮质椅套，它是对传统会所椅的现代改造。希尔顿通过观察人们坐姿的喜好，将其设计成深圆的形式

混血一号

梅尔维·卡勒曼（Merve Kahraman，1987 年— ）是一位年轻的土耳其设计师，曾在汤姆·迪克森与托德·布歇尔的设计工作室工作过一段时间，她的设计俏皮、充满活力，这点与希尔顿相似。她的作品"混血一号"（上图）是一把后背长出鹿角的椅子，"混血二号"则是一把拥有兔子耳朵的椅子，这两把椅子会让坐在上面的人看上去成为混血物种。这两件作品都是手工制作的。"混血一号"的鹿角喷有质感漆，其坐垫通过特殊雕刻看起来像鹿皮一般。"混血二号"的兔子则更加女性化，配有奶油色皮质坐垫以及奶油色漆面。

Porca Miseria! 吊灯 1994 年
英葛·摩利尔 1932—2019 年

1. 运动中的餐具

除了瓷器元素，Porca Miseria！吊灯中还出现了许多细长状的餐具，闪闪发光，延伸出运动轨迹。当光线穿透一层层瓷器，光线变为多种颜色，从白色到奶油色，从浅黄色到蓝色和最深的灰色阴影

2. 爆炸性光线

从远处观察这个吊灯时，半透明的瓷制品形成一种光学效应：眼睛看到的仅仅是一团来自阴影的爆炸性光线。从这个意义上理解，它是有史以来最纯粹的吊灯，因为它似乎没有任何形式

这是一款限量版吊灯。每盏吊灯需要四个人花费五天时间制成，每年只生产十个

Porca miseria 是意大利语中的一句脏话，也是伟大的德国设计师英葛·摩利尔为其设计的灯具所取的富有特色和幽默感的名字之一。其实最初摩利尔将这款吊灯命名为 "扎布里斯基角"，灵感来自米开朗基罗·安东尼奥尼 1970 年执导的同名电影中最后一幕的戏剧性爆炸。然而 1994 年，一群意大利人在私人发布会上看到这款吊灯，目瞪口呆，低声嘀咕 "porca miseria!"（"我去！" 或类似意思）。摩利尔喜欢这个词的发音，于是立即将吊灯改名为 "Porca Miseria!"。

这件作品饱含情感，以一种最神奇而美丽的方式抒发了一瞬间的挫折感或与愤怒相关的情感。用锤子将众多白瓷盘子敲碎，或者直接将它们随意摔在地板上，之后将碎片重新组装，就像从光源处旋转出来的离心旋风一样。透过瓷质品，吊灯发出惊艳的光芒，光线呈半透明状，为爆炸的暴力增添了光晕。悬挂在两根钢缆上的 Porca Miseria！吊灯，与其说是一个环境光源，不如说是一个会发光的雕塑。摩利尔设计的核心就是以尖端技术为后盾抒发感情。这个灯属于美丽的残破品——或破碎品，可以说是日本 "侘寂" 美学原则在灯具中的终极体现。**JW**

⏱ 设计师传略

1932—1999 年

英葛·摩利尔十几岁时就开始做学徒，学习排版，之后在慕尼黑学习平面设计。1963 年，他创建了 Design M 设计公司，生产自己设计的灯具。1966 年，推出灯泡灯（Bulb），这款灯具很快便被公认为杰出之作。他的其他知名设计品包括心上人（1989 年）以及插着翅膀的灯泡 Lucellino（1992 年）。

2000—2019 年

2002 年，维特拉设计博物馆以 "逐月之光" 为主题，在欧洲和日本巡回展出了英葛·摩利尔的作品。2007 年，纽约的库珀·休伊特国家设计博物馆举办了关于他的另一场展览。2011 年，摩利尔获得了金圆规终身荣誉奖，之后致力于培养新人才，获得广泛赞誉。

▲《扎布里斯基角》最后一幕的爆炸就是一组毁灭的芭蕾舞慢镜头，配着平克弗洛伊德乐队的背景音乐。具有讽刺意味的是，摩利尔设计的破坏性爆炸物看起来却像是创新的黎明

LED 墙纸

摩利尔是最早使用 LED 技术的灯具设计师之一，从 20 世纪 90 年代中期起，他一直在探索 LED 灯与印刷电路板的独特美学效果。2011 年，他凭借自己特有的实验天赋，创造了 LED 照明墙纸（右图），使光线脱离灯具，出现在墙壁上。采用白色或绿色亚光无纺布墙纸，导电路径作为一个闭合电路双面印刷。墙纸上分布着白色、红色和蓝色的 LED 灯。红色和蓝色的二极管形成光学立方体，周边不规则分布着白色灯光。最大功率可达到 60 瓦。摩利尔和其设计团队与建筑墙纸的生产商合作三年才开发出这款产品，而它也在 2012 年的意大利国际灯具展中获得了室内创新设计奖。

解构字体设计

标准的文本块在外观上是如此中规中矩，如此平和，在机器般的完美中又如此贫瘠，以至于这些文字看起来像是凭空而来的。文字的设计也逐渐演变，进而表达出一种不自然的平静、镇定的声音，仿佛在文字背后隐藏着无所不知、神一般的存在，而不是容易犯错的普通人。法国哲学家雅克·德里达（Jacques Derrida，1930—2004 年）建议解构文字：揭开文字的潜在结构，展现文字是如何影响人们的阅读、写作与思考方式。建筑学是首个采用这些想法的设计学科。但是，正如德里达在他所著的实验书《丧钟》（*Glas*，1974 年）中所探讨的，因为解构主义首先关注的是文字，所以以字体排版学自然更适合运用这些原则。而字体设计师去做这件事的方式是不同的。

美国平面设计师凯瑟琳·麦考伊（1945 年— ）和她在密歇根州匡溪艺术学院的学生们一起采取了最学术的方法，借鉴哲学和艺术理论，创造出打破传统字体排版的作品。他们的作品——典型的海报，比如艾伦·霍里设计的"文字话语"（1989 年；详见第 458 页）——通常是密集的、混乱的、不

重要事件

1981 年	1984 年	1984 年	1985 年	1985 年	1988 年
内维尔·布罗迪担任英国时尚杂志《面庞》的艺术总监，给广大观众带来了他激进的字体设计方法。	苏珊娜·利卡（Zuzana Licko）与鲁迪·凡德兰斯（Rudy VanderLans）成立了 Emigre 字体开发公司，并出版了同名实验性设计杂志。	苹果公司发布麦金塔计算机，拥有内置字体和软件，由此形成了桌面操作系统。	爱德华·费拉从他的商业艺术家生涯中抽出时间，进入匡溪艺术学院学习。	杰佛瑞·肯迪开始在加利福尼亚艺术学院教授设计。	《内维尔·布罗迪的图形语言》出版，当时伦敦维多利亚和阿尔伯特博物馆恰好在举办其作品回顾展。

连贯的，具有多层次结构以及文本和图像之间不寻常的相互作用，试图挑战排版基本的从左到右的线性，使读者意识到阅读的过程。爱德华·费拉（1938年— ）毕业于匡溪艺术学院，他不喜欢当时流行的同一的精巧审美，而选择设计一些体现主观性和不规则性的作品，比如他在 1987 年至 1990 年为底特律焦点画廊设计的海报（见图 2）。同样毕业于匡溪艺术学院的杰佛瑞·肯迪（1957 年— ）在设计中加入模糊性和随机性，例如为加利福尼亚艺术学院的学生作品《快速前进》设计的目录（1993 年；见图 1）。

他们用这些创意表达了对现代主义无聊、平庸、毫无幽默感的严肃性的不满，表明了设计界对新思想、新方法的接受度很高。他们认为现代主义近乎宗教般狂热地追求纯粹的几何结构、材料和制作过程，而忽略了其他更细微的方面，例如人类的特质和表达的需要。现代主义严肃简约的审美，以及它对功能主义严谨性的排他性主张、认为自己超越了过往风格的时尚和弱点的观点正在逐渐瓦解，并显示出它只是另一种风格。

在字体排版领域，随之产生的后现代主义趋向玩乐、表达和无所顾忌的实验，这一点令人想起 20 世纪早期那些达达主义者、未来主义者以及图像派诗人，是他们开创了新的字体排版风格。在设计 Emigre 杂志时，出生于荷兰的鲁迪·凡德兰斯（1955 年— ）和出生于捷克的苏珊娜·利卡（1960 年— ）被允许打破所有规则，将多种大小、排列方式皆不同的不匹配的字体集中在一个版面内。利卡在 Emigre 中拒绝了几个世纪以来关于字体可读性的争论，只是声称"你读得最多的就是最好的"。摆脱传统束缚后，利卡使用源自低分辨率计算机环境的新形式创建了字体。同样，美国字体设计者巴瑞·德克（1962 年— ）也试图用其 Template Gothic（1990 年；详见第 460 页）字体创造一种反映真实世界中语言并非完美的新字体。

台式计算机的出现对于字体设计的发展十分重要，它使任何设计师都可以激进、创造性地排版。一些特立独行的设计师，例如《面庞》杂志的内维尔·布罗迪以及《雷枪》（Ray Gun）杂志（详见第 462 页）的大卫·卡尔森（David Carson，1954 年— ），用计算机及传统媒介创造出一种极具创意的方法，他们的作品影响了一代设计师。近年来，与现代主义相关的简洁的页面设计出现了明显的退缩。从某些方面来说，解构式排版是其成功的受害者，直至其成熟过时，它都会是最新的时尚风格。然而，企业和组织希望传达一种单一、权威而又中规中矩的意愿是可以理解的。人们怀疑，这种不知从何而来的平静、有分寸的声音将继续存在。**TH**

1. 杰佛瑞·肯迪与雪莱·斯特普共同设计的《快速前进》（1993 年）中的目录，使用数字技术改变字体样式，有时甚至无法辨别

2. 爱德华·费拉在为底特律焦点画廊设计的 Nu-Bodies（1987 年）海报中创造了一个与众不同的排版组合形式

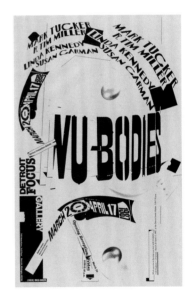

排版语言 1989 年

艾伦·霍里 1960 年—

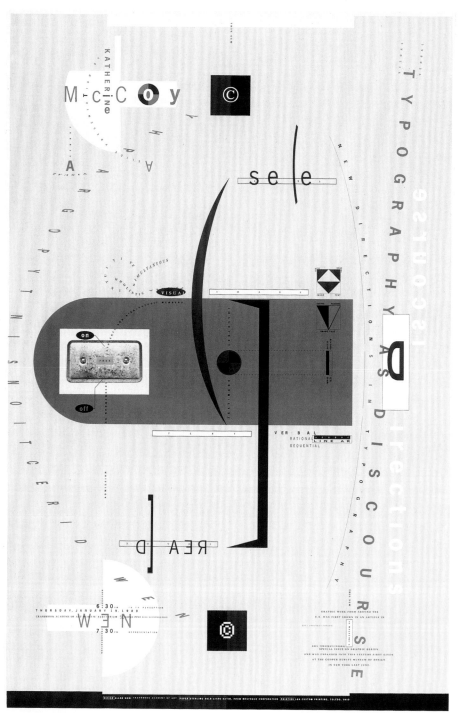

这张海报的主题是匡溪艺术学院设
计系联合主席凯瑟琳·麦考伊所作
的字体设计演讲

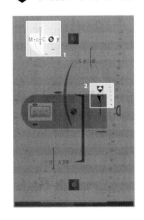

密 歇根州的匡溪艺术学院曾经被称为"世界上最危险的设计学院",然而它对解构字体的严谨探索却没有别处能与之比肩。在前工业设计师凯瑟琳·麦考伊的带领下,匡溪的学生被鼓励从广泛的学术文本中汲取营养,从基本原则出发重新审视排版设计传统。

艾伦·霍里设计的海报抛弃了传统的页面网格和文本层次,目的是通过形式呈现"排版语言"这一内容。与普通的学生作文不同,阅读这篇作品可以有多种方式。字母沿着不同的方向排列,并在弯度较大的曲线处翻转,镶嵌在精细的微型构图中。字体排版可以说仿照了对话形式,有重音,有弱音,有关键点,有次要点,还有突然的插入语,磕磕巴巴的转述语以及清晰陈述的时刻。

虽然一个评论家公开标榜该学校产出的作品毫无美感——这么说可能不太公平,这些毕竟只是学生的作品,但霍里的海报排版优雅平衡,有一种音乐式的俏皮感,这使它成为匡溪那个具有非凡创造力与智慧大胆的时代的代表作品。**TH**

焦点

1. 图层

文本元素之间的层次结构是通过一系列复杂的流动、重叠的层次以一种新颖的方式组织起来的。最重要的信息放置在最高层,读者也可进一步探索感兴趣的领域

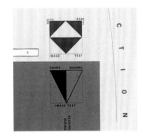

2. 图形

受法国后结构主义的影响,匡溪艺术学院最关键的理念是邀请读者参与作品的批判性游戏,在这里,意义不仅仅是作者的责任,也是通过读者与作品的接触来构建的

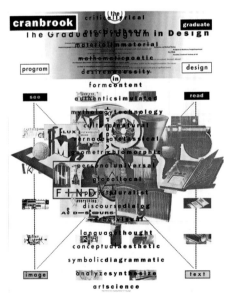

▲ 1989年,麦考伊亲自为匡溪的设计课程设计了一张海报,展示了众多贯穿学生作品的构图主题

MIT 视觉语言工作室

穆里尔·库珀(1925—1994年)是一位著名的书籍设计师,1973年,她与人合伙创办了MIT视觉语言工作室,旨在探究电脑如何为字体设计创造新的可能性。库珀和她的学生们发展了所谓的"信息场景"(information landscapes),在这个信息场景中,文本在屏幕上占据一个虚拟的三维空间。就像在匡溪一样,他们也是为了在读者和文本之间建立一种动态关系。

Template Gothic 字体 1990 年

巴瑞·德克 1962 年—

1991 年出版的 *Emigre* 杂志第 19 期版面设计以 Template Gothic 字体为主

Futura 字体（详见第 146 页）、Helvetica 字体（详见第 276 页）、Univers 字体以及其他现代主义字体都旨在创造一种完美的字体：最大限度地减少字母形状，只保留其主要的形式。这样一来，字体可以清晰明了地呈现它们想表达的内容，不像那些传统衬线字体，因为不必要的花体和纹饰导致表达的内容不清晰。

巴瑞·德克设计的 Template Gothic 字体却想尝试一些不同的东西。这一字体接受并表达了人类沟通中的各种模糊性和不确定性，对高度现代主义的某些原则提出了直接挑战。德克试图创造一种不完美的字体，更好地反映真实世界中不完美的语言。他在当地的洗衣店发现了一个用粗糙的字体模板手绘的旧标志，这个标志所具有的那种原始的缺陷深深吸引了他。在设计 Template Gothic 时，他试图再现电脑字体天真的魅力，并表现出那种经过反复照相制版后造成的缺陷。他接受字体会对文本阅读方式产生微妙影响，他要创造一种具有自己主观表达的字体。他将这种字体表达性的想法发挥到了极致，甚至试图为字体注入特定的个性，例如焦虑、偏离和反常。随后，Template Gothic 字体成为"垃圾美学"的代表性字体，后来被纽约市现代艺术博物馆收入 2011 年的建筑和设计收藏，成为设计界的典范。加拿大哲学家马歇尔·麦克卢汉曾说过"媒介即信息"，虽然简短却令人难以忘记。不论是粗糙的商店标志，还是经过专业设计的现代主义字体，形式和内容都承载着意义。**TH**

◈ 图像局部示意

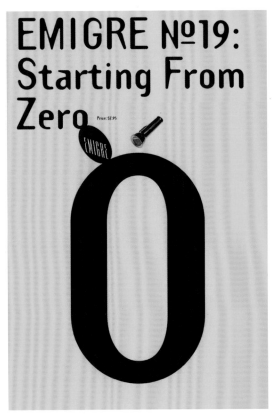

1. 字体

与众多专业字体不同，Template Gothic 字体因其一系列不同寻常的特点，给人一种天真、未受过正规训练的感觉。不平衡的形式、不一致的字母形状、奇怪的渐变笔画、切断的衬线，整体给人一种古怪的感觉，将它与现代主义竞争对手区分开来

2. 字母结尾处形状各异

字母结尾处展现出广泛的不一致性，有粗线条，有细线条，有的逐渐变细，并以一种圆形或是奇怪的三角衬线剖面结束。这一点与笔画粗细不寻常的变化相配，可能会吓退众多字体设计师

3. 线条的粗细

除了手绘字体展现的天真魅力，德克还想表达反复使用的照相版制品是如何创造出有趣的视觉效果的。线条有的过于膨胀，有的过于收缩，已经失去了其本身的界定，而且这些线条看起来像被随意切割过

▲ Emigre 字体设计公司于 1991 年推出 Template Gothic 字体，随后在 *Emigre* 杂志第 19 期的内文版式和封面中使用了这一字体，之后这一字体便流行开来

乔纳森·巴恩布鲁克和 Bastard 字体

　　乔纳森·巴恩布鲁克是一位英国字体设计师，与德克一样，他也不推崇传统的字体设计，总是创造一些令人意想不到的新式字体，将完全不同的历史风格联结成令人惊讶的新形式。1990 年，巴恩布鲁克推出 Bastard 字体（右图），想将 Bastard 这种中世纪的手写体带入计算机时代。他创造了一套模块化的组件，使字体稍带有粗糙感，大写字母上有一些惊人的大胆、鲜明的几何曲线，而小写字母仍保留哥特式字体由笔尖写就的笔触。

《雷枪》杂志 1992—2000 年

大卫·卡尔森 1954 年—

1992 年 11 月,《雷枪》杂志第一期发行,封面人物是美国歌手亨利·罗林斯（Henry Rollins, 1961 年— ）

◈ 图像局部示意

大卫·卡尔森就像字体设计界的摇滚巨星一般。他曾获得数以百计的奖项,被国际媒体报道,演讲厅座无虚席,还出版过一本畅销的处女作,他对一代设计师产生的影响是无法估量的。卡尔森是一名专业级的冲浪者,他从冲浪和滑板杂志中学习工艺设计,也许正是因为他将这种冲浪者的冒险态度带入了设计中,才形成了 20 世纪 90 年代早期轻松、放荡不羁的审美风格。他天生的资质,加之从未受过正规训练的经历,给了他自由和尝试的意愿。

1992 年,卡尔森帮助创办了音乐杂志《雷枪》,作为杂志的艺术总监,他不受人监督,可以随意对杂志进行"从里到外"的设计改造,有时甚至是字面意义上的:比如在一期杂志中,所讲内容从页面中间开始,朝两个方向向外扩展。他的设计俏皮生动,富有创造力,从不隐于背景中,而总是想要获得读者的注意并提出更多要求。虽然卡尔森采用的页面设计方法并非学术派,与匡溪艺术学院学生接受的指导大致相反,但是最后,他们挑战传统使用的方法却明显相似。卡尔森遵从自己的内心想法,表达自身感受,仅仅为了追求乐趣,他赋予了文字声音和个性,在这一点上,很少有人可与之比肩。**TH**

1. 混合字体

不同的字体以一种激进的方式自由混合在一起,令人回忆起上一代的朋克美学,只是这一次有了更多的控制。字体的粗细保持统一,有一个流动但可定义的基线,为字体选择和字母间距提供了创造性的空间

2. 标题

卡尔森做了些许改变,就使原本平淡乏味的无衬线字体展现出生动活泼的一面。连在一起的字母,大写和小写的混合,在每个字母上添加一个唯一的衬线,以及一个偏移的对齐方式,所有这些共同创造了一个高品质的标题

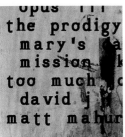

3. 缩进

看似随意的缩进被添加到间距不一的字体中,营造出一种有态度的美感。字体叠加在一个黑暗的图像上,使得某些地方的字体很难辨认,有违排版可读性至上的原则,需要读者更认真地辨别封面内容

🕐 设计师传略

1954—1979 年

大卫·卡尔森出生于得克萨斯州的科珀斯克里斯蒂市,毕业于圣地亚哥州立大学的社会学专业。后来,他成为一名职业冲浪者,据说一度排名世界第九。

1980—1987 年

卡尔森参加了亚利桑那大学为期两周的平面设计课程。1982年至 1987 年,他在加州圣地亚哥的一所高中教书。在参加了俄勒冈和瑞士的短期平面设计课程后,他找到了一份滑板和滑雪杂志的设计工作。

1988—1991 年

他的设计才能被《海滩文化》(Beach Culture)发现,这是一本按季发行的冲浪杂志。他曾担任该杂志六期的艺术指导,他充满创意的设计风格引起了设计出版界的注意,并为他赢得了 150多项设计大奖。后来他进入《冲浪者》(Surfer)杂志工作两年。

1992—1999 年

卡尔森与出版商马文·斯科特·贾勒特共同创办了《雷枪》杂志,开始得到平面设计界之外的认可,《纽约时报》和《新闻周刊》都曾报道过他。1995 年,他离开《雷枪》,在纽约创办了大卫·卡尔森设计工作室,他反叛、反主流文化的美学得到了耐克、李维斯和百事等公司的认可。1995 年,他出版了《印刷时代的终结》(The End of Print)一书,这本书卖了 20 多万册,是平面设计图书前所未有的高度。

2000 年至今

卡尔森搬到了南卡罗来纳州的查尔斯顿。2011 年,他出版了《探索之书》(The Book of Probes)。这是一本关于媒体理论家马歇尔·麦克卢汉作品的实验性著作。如今,他在纽约的工作室里,继续担任主要客户的自由创意总监。

◀ 卡尔森曾经对音乐家布莱恩·费瑞(Bryan Ferry,1945 年—)的采访毫无灵感,于是使用 Zapf Dingbats 字体(一种仅由图形符号组成的字体)完成整篇内容(左图),将其刊登于 1994 年 11月出版的第 21 期《雷枪》杂志中。这也许是解构式排版的最终反叛行为,从理论上来讲,这篇文章可以通过将每个字母转换到规则字体从而转译回英文

超级明星设计师

2O 世纪 90 年代，一些张扬的、精通媒体的设计师成为超级明星，成为品牌，其中最耀眼的莫过于令人头疼的法国设计师菲利普·斯塔克。设计师们以前就已经是家喻户晓了——比如雷蒙德·洛威，他是自我宣传的天才，是早期一个有名的例子，但在这一时期，他们的影响力和知名度变得真正国际化了。这一发展还要得益于公众日益增强的设计意识，而正是休闲读物、杂志文章、展览以及更便捷的网络连接帮助他们增强了这种意识。

过去十年，世界发生了巨大的变化，战后时代的遗产消失，新的世界秩序形成。德国统一，苏联解体，日本进入衰退期，美国在克林顿总统的领导下，进入了历史上最长的持续增长期之一。欧洲城市成为真正的多元文化中心，与纽约展开竞争。对金属和发光材料的迷恋，在装饰艺术风格（详见第 156 页）和某种程度上的波普风格（详见第 364 页）中最为突出，在原本中性的调色板中脱颖而出。透明亚克力和银色、镜面玻璃和抛光钢成为炫耀型设计师的关键词组，消费者采用了少数被选定的品位制造者普遍接受的美学，包括斯塔克、泰伦斯·康兰、罗恩·阿拉德、卡里姆·拉希德、克里斯汀·利艾格尔、汤姆·迪克森以及马克·纽森。消费者将这些明星设计师与个人主义联系在一起，支持他们为家庭和公共场所创造一些充满戏剧效果的焦点作品（见图 1 和

重要事件

1990 年	1992 年	1993 年	1993 年	1993 年	1994 年
菲利普·斯塔克为艾烈希公司设计了 Juicy Salif 榨汁器，由抛光打磨后的铝合金制成。	欧盟制定自由贸易协定，减少诸如进口配额和关税等贸易壁垒。	家居用品公司霍利·亨特（Holly Hunt）签订许可协议，在美国生产经营克里斯汀·利艾格尔的设计作品。	泰伦斯·康兰在伦敦重开凯格里诺餐厅（详见第 468 页）。	马克·纽森设计了铝制喷漆座椅 Orgone。这把座椅流线型的外观容易使人想起他设计的洛克希德休闲躺椅（1988 年）。	罗恩·阿拉德完成了特拉维夫歌剧院公共空间的设计工作。混凝土大厅中有一面青铜杆制成的墙。

图 2）。"标志设计"概念作为一种全球通货在这一时期不断发展。例如，购买一个艾烈希水壶（详见第 420 页）成了进入精英领域的敲门砖。

美国企业家伊恩·施拉格（Ian Schrager，1946 年— ）在他的设计酒店中引入了"大堂社交艺术"的概念，从纽约的美仑酒店（Royalton）到迈阿密的德拉诺酒店（Delano），斯塔克的设计是这些酒店的主要吸引力。渐渐地，这些空间成为主题，成为超级明星设计师统治的戏剧环境。斯塔克曾说过，他的众多设计旨在"将人们从枯燥的日常生活中解放出来"。随着公众设计品位的提高，浮夸成为设计师的一个有效工具，他们需要在竞争激烈的市场中以更加令人难忘的方式展示自己。例如，一套粉红色西装、一副与众不同的眼镜，或者一顶钟形毛毡帽都会使人印象深刻、增强记忆。由此，它们的设计师便可从人群中脱颖而出。这种夸张的表演必然包含极强的艺术效果，但是冷静下来一想，这些艺术品往往经不起检验，尤其是对功能考虑不足。有时这些设计作品根本不能好好履行实用功能，这一点也颠覆了长久以来构成"良好设计"的标准。斯塔克设计的 Juicy Salif 柠檬榨汁器（1990 年；详见第 466 页）就是一个例子，与其说它是一个榨汁器，不如说它更像一件雕塑品。**JW**

1. 马克·纽森设计的洛克希德休闲躺椅（1988 年）是将大量铝板敲击固定在玻璃纤维模具上制成的

2. 卡里姆·拉希德设计的奥拉（Aura）餐桌（1990 年）由手绘玻璃板制成。这些玻璃片可以在金属桌腿间以多种方式排列

1994 年	1995 年	1995 年	1995 年	1998 年	1998 年
欧浪奇（Eurolounge）公司开始批量生产折叠式塑料灯"杰克"，这款灯由汤姆·迪克森设计制造，他也借此灯走在了工业设计的前沿。	卡里姆·拉希德设计了 Arp 吧台凳。波浪形的座椅设计成为这位设计师的标志。	英国设计师大卫·柯林斯（1955—2013 年）设计的 Nobu 餐厅在伦敦开业。	苏活馆（Soho House）私人会员俱乐部在伦敦成立，专门面向创意领域人才开放。	利艾格尔设计的 Mercer 酒店在纽约开业。酒店大堂使用的鸡翅木家具十分引人注目，而他也借该设计声名远播。	苹果公司推出色彩鲜艳的 iMac。苹果公司在设计电脑颜色时听取了一家糖果包装纸公司的建议。

Juicy Salif 柠檬榨汁器 1990 年
菲利普·斯塔克 1949 年—

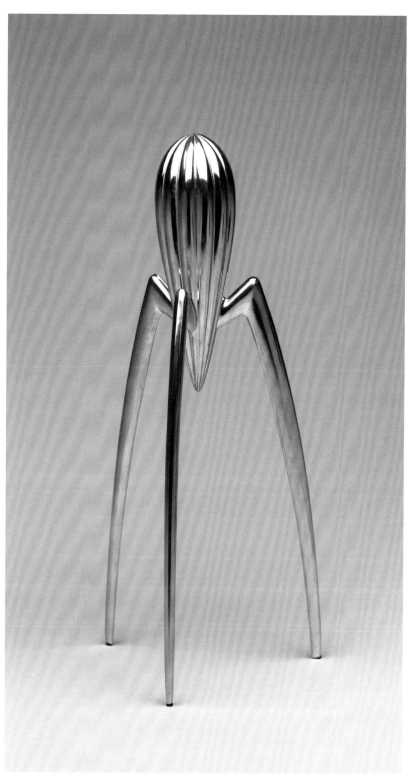

1. 金属头

从理论上来说,柠檬汁应该沿着金属头上的凹槽流向底部的尖处,之后滴进下方的玻璃杯中。但是实际上,柠檬汁却喷洒得到处都是。艾烈希的董事阿尔贝托·艾烈希高兴地说道:"这是本世纪最受争议的榨汁器。"

2. 材料

这个榨汁器由抛光铝铸造而成。艾烈希还生产了镀金版的 Juicy Salif,强调了其塑造感。它们本就不是为了使用而生产的,因为柠檬汁中的柠檬酸会腐蚀金属,使金属褪色

很 少有一件简单的厨具能引发如此大的争议。它由菲利普·斯塔克在 1990 年设计，被誉为"形式大于功能"的绝佳例子，也被列入当代伟大的设计。然而，对很多人来说，Juicy Salif 就是一个设计出来的笑话。它引人注目的美感和不实用的名声几乎齐名。它的批评者说，果汁完全不会正好流进放在下边的容器里，反而会随意喷洒在厨房各处。而且，与市场上销售的那些柠檬榨汁器不同的是，Juicy Salif 根本放不进橱柜里。比起藏在看不见的地方，它更愿充当一件装饰品、雕塑或是厨房中的一抹亮色。斯塔克不为所动，他说，"这本就不是为了挤柠檬汁而设计的，它的目的是交流"。

Juicy Salif 的设计构思的诞生很有趣，也体现了设计师的独特个性。当时斯塔克正在阿尔玛菲海岸的一家餐厅吃午饭，他边吃边想着艾烈希公司委托他设计一个托盘的事，正好他的炸鱿鱼圈中没有柠檬，于是忽然出现了一个想法，他便开始在餐巾纸上画草图。25 年后，这张餐巾纸成为一件珍贵的展品陈列在艾烈希博物馆中。阿尔贝托·艾烈希回忆道："我从斯塔克那里收到了一张餐巾纸，上面有一些难以理解的标记——很可能是番茄酱，还有一些素描。鱿鱼的素描。它们最初出现在左边，当它们向右边移动时，呈现出了明确无误的形状，这就是后来的 Juicy Salif 柠檬榨汁器。" **JW**

⬡ 图像局部示意

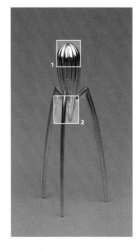

抛光铝合金铸件
14cm × 11.5cm × 30.5cm

🕐 设计师传略

1949—1989 年

菲利普·斯塔克出生于巴黎，1969 年他开始做皮尔·卡丹的学徒。20 世纪 70 年代，他为巴黎两个标志性的夜总会做了室内设计，随后在 20 世纪八九十年代与伊恩·施拉格一起进军更广阔的酒店设计领域。

1990 年至今

斯塔克的设计高产，充满争议，能引发广泛关注，包括为维特拉设计的办公室家具和为新秀丽设计的行李箱。他为卡特尔设计的幽灵椅（2002 年）十分畅销，为 Flos 公司设计的枪灯引起了轰动。2014 年，他与力科（Riko）合作推出了一系列低能耗预制房屋。

杜拉维特

斯塔克 1 号坐便器、浴缸和洗脸盆等系列产品是以传统水桶、浴缸和脸盆的样式为基础设计的，斯塔克以无可挑剔的当代优雅重新诠释了这些永恒的传统样式。这一系列产品于 1994 年推出，斯塔克采用陶瓷和亚克力代替原有材质，并采用手工制作，该系列产品取得了巨大成功，于是斯塔克又设计了德国汉堡的杜拉维特设计中心（2005 年；上图）。穿过黑森林地区，从数英里之外便可看见这座建筑的正面，那是一个巨大的坐便器，足有三层楼那么高。斯塔克的幽默感再次占了上风，他的态度是：人类的卫生行为以及日常清洁活动应该被赞美，而不是被掩盖。伦敦的房地产市场研究数据表明，若配有斯塔克 1 号卫浴设备，房产会升值 3%。

▲ 洛杉矶国际机场的主题大楼（1961 年）由佩雷拉和拉克曼建筑公司（Pereira & Luckman Architects）设计制造。它的两条巨大的圆拱以及 UFO 式的外形使它成为一座标志性建筑

凯格里诺烟灰缸 1993 年

泰伦斯 · 康兰 1931—2020 年

铝制品，手工铸造
直径 9cm

⚙ 图像局部示意

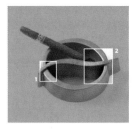

1993 年的情人节，泰伦斯·康兰在伦敦凯格里诺的老餐厅重新开业了。这一行为可以说是一场豪赌，昂贵，但令人振奋。玻璃餐厅俯瞰着主楼层，周围环绕着倾斜的镜子，宏伟的旋转楼梯让食客有机会像巴斯比·伯克利电影中的明星一样登场。在康兰的设计中，字母 "Q" 的图案无处不在：制服纽扣、菜单、酒杯、酒单、杯垫、火柴，以及所有的宣传单，这个人人渴望的烟灰缸上又怎么会少了它呢？中央长椅背后的玻璃蚀刻墙上装饰着 "Q"，那条华丽的楼梯的金属栏杆上也刻着字母 "Q"，这个最初由詹姆斯·珀特设计的字母也就成了餐厅的标志。

泰伦斯构思这个烟灰缸时，大多室内还是允许吸烟的，他设计的这款烟灰缸似乎正说明了吸烟这件稀松平常的事也可以变得很有趣。这个烟灰缸的黑色款是被当作调味碟来使用的，形状相同，只是表面用聚酯材料进行过黑色亚光处理。餐厅顾客经常会偷偷拿走这些金属合金烟灰缸，带回家作为纪念这难忘的外出之夜的战利品。2003 年，凯格里诺餐厅举办了一次 "大赦"，在此期间有 1500 个烟灰缸被归还。**JW**

1. 材料

凯格里诺烟灰缸是由手工铸造的铝制成的，使用树脂砂进行重力加压。这款烟灰缸最初由英国黑斯廷斯的哈林铸造厂生产，之后由于该铸造厂无法满足订单要求，生产遂移至印度。有 12 个烟灰缸是由铜制成的，还有一个十周年定制款

2. Oldstyle 字体

烟灰缸的形状是一个 Oldstyle 字体的字母 "Q"，这是一种具有书卷气的字体。这些最古老的字体最初都是用羽毛笔完成的：每条曲线都有一个从粗到细的过渡，所有的字母都倾向于有对角线应力。波浪对角线穿过 "O"，成为 "Q"

◀ 凯格里诺餐厅藏身于伦敦梅菲尔区的中心地带，它的设计构思来自蒙帕纳斯的巴黎小酒馆。这可不是一家传统的英国餐厅，在传统餐厅里，客人都很安静、礼貌地用餐，假装没有注意到彼此；而在这个令人激动的公共场所，就如演出戏剧一般，卖香烟的女孩四处徘徊，在场的每个人都融入这场表演中

巴特勒码头

设计表演是设计师雄心壮志的自然表达。很少有比康兰振兴伦敦泰晤士河南岸一个被忽视的地区更宏伟的野心了。1983 年，康兰和其合伙人买下了毗邻塔桥的 23 间多余的仓库时，如今的地标性建筑奥克斯塔、环球剧院、博罗市场以及泰特现代美术馆都尚未出现。这个项目可谓一场豪赌。渐渐地，曾经的工业用地被改造成了"巴特勒码头"，这是一个零售商店、餐厅与住宅公寓的综合体，同时是当地文化中心。人们开始涌入此地，居住、购物、就餐，1989 年，曾经的香蕉仓库被改造成设计博物馆，人们也可以在这里参观展览。"我们改变了南岸，"康兰说道，"如果不是巴特勒码头和我们改造的小设计博物馆取得的成功，泰特现代美术馆是绝对不会设在班克塞德的。"

现成艺术品

1. 斯图尔特·海加斯设计的潮汐吊灯（2005年）原件是用英国肯特海滩上的丢弃物制成的。他将这些形状各异的半透明物体布置成一个完美的球体，以此展现月亮的样子，正是因为月亮控制着潮汐，潮汐才能将塑料碎片冲上沙滩

2. 提欧·雷米设计的破布椅（1991年）是由多层的废弃破布片捆扎而成的。每把椅子都是独一无二的，拥有椅子的人也可以拿出自己的破布用于椅子的设计中

如同许多设计发展趋势一般，使用现成的物品或者创造性地回收产品，在艺术界有其发展渊源。法国超现实主义者马塞尔·杜尚于1913年通过《自行车轮凳》将现成元素引入美术，随后是《瓶架》（1914年）以及臭名昭著的《喷泉》（1917年）。杜尚认为"现成艺术品"是针对当时流行的纯视觉"视网膜"艺术的一支解毒剂。几十年后，毕加索谈到他的自行车座和把手组合成的《牛头》雕塑（1942年）时说："如果你只看到了公牛头，而没有看到构成它的自行车座和把手，那么这个雕塑可能就没有那么大的影响力了。"旧物件以前的痕迹成为新作品的重要特征，并赋予该作品复杂的含义，从幽默的双关语到尖锐的社会评论。

创意回收很快便发展成家具设计的一种形式。最初，它不过是一种表达矛盾、讽刺以及惊喜的形式，然而到了20世纪90年代，由于担忧浪费和有限资源的不断消耗造成的环境问题，这种形式便得到了进一步的发展。早在20世纪50年代，米兰的卡斯蒂格利奥尼兄弟——阿切勒（1918—2002年）和皮埃尔（1913—1968 年）——两位早期引人注目的设计师就开始使用现成艺术品表达它们背后的故事。他们设计的两款由 Flos 公司生产的装饰灯——Arco（1962 年）和 Toio（1962 年）就是经典的现成艺术品设计。阿切勒曾说过："我发现我周围的人都有一种职业病，就是把一切都看得太严肃了。而我的秘诀之一就是一直开玩笑。"卡斯蒂格利奥尼兄弟虽然没有提到杜尚的名字，但调整了他的原则从而更好地适应自己的需要。1957 年，他们用一个自行车坐垫打了 Sella 坐凳，用一个拖拉机坐垫打造了 Mezzadro 坐凳。市场上新型拖拉机不断出现，Mezzadro 坐凳也随之改变。1980 年，意大利建筑师盖·奥伦蒂（Gae Aulenti, 1927—2012 年）为 FontanaArte 公司设计的 Tavolo con ruote 餐桌（带轮子的餐桌）也呼应了杜尚的自行车主题。她随后在 1993 年推出了标志性的旅行桌（Tour table），四个带铬叉的可旋转自行车轮支撑着厚重的玻璃桌面。

20 世纪 90 年代，创意回收设计领域不断扩大，包括来自荷兰楚格设计（Droog）的提欧·雷米（Tejo Remy, 1960 年—）以及马塞尔·万德斯也开始采用这种设计方式。尤其是万德斯，外界都认为他的设计灵感来自阿切勒·卡斯蒂格利奥尼。那些使用现成物品完成的设计基调变得越来越有思想性，开始关注环境、社会责任以及浪费问题，这些从雷米设计的破布椅（见图2）以及英国设计师斯图尔特·海加斯（1966 年—）设计的潮汐吊灯（见图1）就可以看出来。在后一个例子中，吊灯的材料是从海滩上收集的彩色塑料碎片。这片海岸已经成为一个遭到破坏、布满杂物的空间，而海加斯把它变成了一个独一无二的优雅球体。

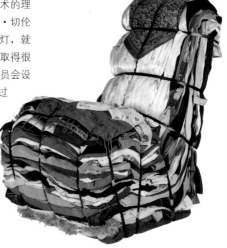

自千禧年以来，现成艺术品设计在家具领域被视为雕塑或设计／艺术的理念发挥了重要作用，由此在国际拍卖中实现了价格的不断攀升。拉斐尔·切伦塔诺（1962 年—）曾为德国英葛·摩利尔公司设计了一款 Campari 灯，就属于轻快的现成艺术品，这款灯迅速风靡世界各个首都的酒吧和餐厅，取得很大的成功。相比之下，由 Established and Sons 负责销售、英国设计委员会设计的串灯（2003 年），每年只售 8 款。这是一件"反设计"作品，通过串接一些陶瓷或塑料废旧物品制成，对大规模生产、消费和零售提出质疑。巴西的翁贝托·坎帕纳（1953 年—）和费尔南多·坎帕纳（1961 年—）兄弟曾为华盛顿的史密森学会设计了一把概念性的超越塑料椅（2007 年），彩色塑料椅、灯光和垃圾被嵌入柳条中，如同在展示塑料的统治已经终结，吞没它们的自然物才是无所不能。最近，来自荷兰埃因霍温的伊克·海因·埃克（1967 年—）设计了废旧木材系列家具和墙纸（2013 年），设计师使用废弃物品作为原料，发现了一种近乎怀旧的美，回归木制品原有的温暖质感。JW

1998 年	1999 年	2002 年	2003 年	2003 年	2011 年
来自英国艺术家特雷西·埃敏（Tracey Emin, 1963 年—）的雕塑《我的床》（1998 年）重新引发了关于现成艺术品与艺术的争论。	斯图尔特·海加斯在千禧年早晨从伦敦街道收集用过的黑色礼花炮筒，并用它们制成了千禧年吊灯。	拉斐尔·切伦塔诺为英葛·摩利尔设计的 Campari 灯为酒吧和餐厅增添了霍沃尔式的红色光芒。	坎帕纳兄弟设计了一款"贫民窟"座椅，歌颂了巴西贫民窟居民的心灵手巧。	英国设计委员会的"串灯"是由现成的陶瓷互融塑料物品串接而成的，后来被称为"灯中的跳蚤市场"。	菲利普·斯塔克为巴卡拉（Baccarat）设计的"在雨中唱歌"吊灯主体是一把带有曲木手柄的白色雨伞。

85 灯泡吊灯 1992 年

罗迪 · 格罗曼 1968 年—

轻型灯泡，电线，插座
100cm×100cm

✿ 图像局部示意

1992 年由产品与内饰设计师罗迪 · 格罗曼设计的 85 灯泡吊灯，在 1993 年的米兰家具展中作为楚格设计的首个收藏系列的一部分正式展出。一经推出便大获成功。它所使用的材料简单，都是制作吊灯的必备之物，包括电线、连接器和灯泡。这些简单的材料，通过大量重复使用，就变成了这样一款既美丽又奢华的大型灯饰，在当代艺术中经常出现大量重复使用某物的现象，而在家用配饰和灯具设计中很少出现。

85 灯泡吊灯的外形就像一束倒拿着的花：电线在接近天花板的地方绑在一起，85 个灯泡俯冲下来，慢慢散开，挤出自己的一席之地。这盏灯能取得如此大的成功，离不开一处细节，就是顶上电线连接器挽成的一个小球。其实格罗曼本可以把那些连接器设计成不同的形状，比如说一朵附在天花板上的扁平的玫瑰，或者排列成下垂状。与自命不凡相反，这盏吊灯幽默地对传统定义的奢华形式漠不关心，但是它却对现代所理解的奢华给出了全新的定义，就像是用一百件普通的白色 T 恤打造出一件真正豪华的晚宴礼服一样。**JW**

👁 **焦点**

1. 致敬"灯泡"

格罗曼的这款吊灯设计，参考了当代照明设计中最早的杰作之一——1966年英葛·摩利尔设计的"灯泡"灯。为了向白炽灯致敬，摩利尔以一种通常为更大的材料保留的敬畏之心对待他的主题。20世纪90年代，格罗曼在设计那些用于奢华精巧室内的吊灯时，也遵循了相同的原则

2. 黑色外观

尽管一般的荷兰设计支持使用暖色，而且也有现成的彩色编织电线可用于灯具中，但是85灯泡始终保持着严谨的单色设计。灯具和电线的外皮只有黑色，这和灯泡发出的金色光晕形成了强烈的明暗对比

3. 连接器

85灯泡中的一个元素不由自主地显示了设计师的手笔，那就是顶部的电线连接器簇。连接器组成的小球大小正好和吊灯整体达到一种平衡，完成了一个和谐的视觉整体。这是一种纯粹的审美判断，和理论、概念无关

🕐 **设计师传略**

1968—1992 年

罗迪·格罗曼出生于荷兰。他曾先后就读于乌得勒支艺术学院和阿姆斯特丹皇家艺术学院。他在25岁时就设计出了经典之作：85灯泡吊灯。

1993—1999 年

1993年，芮妮·雷马克斯（1948年— ）和海斯·巴克（1942年— ）在阿姆斯特丹成立了楚格设计。它被确立为一个反现代主义、严肃的设计团体。在这里，包豪斯的理论被推翻，转向无政府主义、叙事性甚至有时是巴洛克风格的东西。工作室的创建原则之一是清醒的简单性，加上干涩的幽默感，或者，有人可能会说，一种特别的荷兰式机智。格罗曼的设计为热爱设计的阶层提供了不加掩饰的奢华的一种诙谐的新形式。20世纪90年代早期，楚格集团尽力提供实用且价格低廉的产品。一代荷兰设计师的设计生涯在这里展开，包括海拉·荣格里斯（1963年— ）、理查德·赫顿（1967年— ）和尤尔根·贝（1965年— ）。

2000 年至今

除了在阿姆斯特丹的旗舰店（楚格酒店）以及东京的展厅，楚格集团先后于2009年和2014年在曼哈顿和香港开设了新店。格罗曼设计的85灯泡吊灯仍在楚格商店和众多网络设计零售店中出售，但是设计师本人一直保持低调，从不接受任何采访。他之所以这么做，可能是因为这款吊灯商业利润巨大，它的组装成本很低，但售价十分昂贵。他仍旧生活在荷兰西部的豪达（Gouda）市，担任一名产品设计师，但他没有再为楚格集团设计过任何产品。

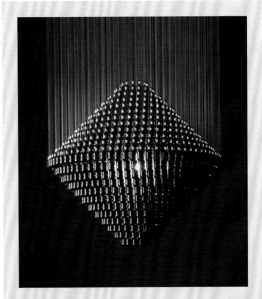

LED 版本

2012年，85灯泡吊灯推出新式的LED可调光版本。新版的LED版本（上图）相较于原来的白炽灯节省了83%的能耗，而且由于LED灯泡使用寿命长，降低了灯泡更换的频率，节省时间。正因如此，85灯泡吊灯以一种节能生态的方式展现了奢华气质，而且这样的升级改版完全没有偏离格罗曼最初的设计理念。

现成艺术品　473

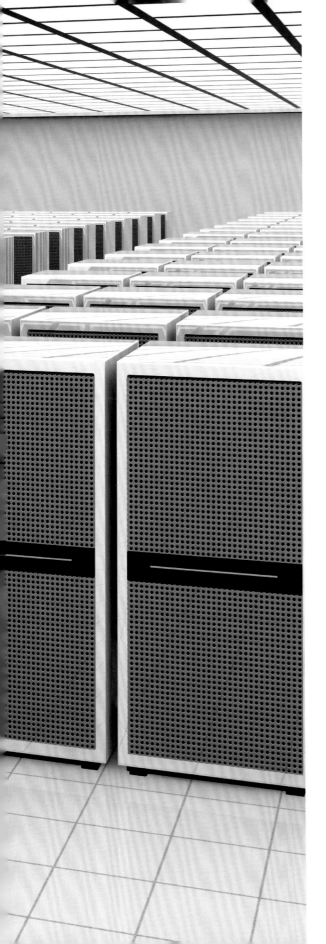

6 | 数字化时代

1995年至今

互联网革命

互联网的到来对现代社会产生了前所未有的重大影响。如果说互联网本身是一种无形的设计，那它反过来又创造了包括网站设计和电子游戏设计在内的新的设计学科。一些已经设立的设计领域，例如排版设计，也在根据网络通信的要求做出调整。

互联网从模拟通信系统以及抗核加固军事网络发展而来，是一种不同寻常的国际合作，它以一种独特的方式将数学、硬件与公开访问相融合。然而，对于现代消费者来说，它无处不在，总是以人们几乎没注意到的方式将信息传递给他们。

每一次网络交互都需要依靠一些了不起的大型设备完成。互联网在数百万台服务器（见图1）上运行，这些服务器外表简陋却很实用，一般埋藏在旧矿井、冷冻地堡或者市中心戒备森严的大院中。纯玻璃制成的巨型管道置于海底，管道旁边就是其技术前身——电报已断开连接的铜缆。环绕地球旋转的卫星群使每台电脑都知道自己所处的位置。移动电话塔迅速发展起来，点缀着风景。而且目前美国科技公司谷歌正在世界各地修建越来越多的服务器集群，价值数十亿美元，规模堪比一个小城镇。

相比之下，每个访问互联网的设备都可以说是一个微型的奇迹，虽然相

重要事件

1995 年	1996 年	1996 年	1998 年	1999 年	2001 年
亚马逊和易趣购物网站成立，然而几年之后，顾客才接受在网上输入银行卡的详细信息。	电子邮件提供商 Hotmail 公司成立。一年后，美国微软科技公司收购该公司并将其本地化以适应全球市场。	微软公司推出 Internet Explorer 3.0 浏览器，同时发布了适用于网站的字体 Verdana（详见第 478 页）。	谷歌搜索引擎推出。它继续使用谷歌广告关键字工具开发定向广告业务，并扩展到各种各样的网络软件。	纳普斯特软件推出，提供点对点文件共享服务。用户可在网上共享音频文件。2001 年，它由于侵权行为停止运营。	微软公司发布 Xbox（详见第 480 页）游戏机；第二年，它又推出了允许玩家进行在线多机游戏的 Xbox Live。

比于第一台计算机，它们的大小还比不上其中的一个晶体管，但它们强大的功能是晶体管无法比拟的。人们在世纪之交渴望的功能只是现在许多设备的一个标准配件，例如全球定位系统、扬声器、永远处于连接状态的移动数据连接、配有面部识别功能的多个摄像头、生物识别追踪、陀螺仪以及银行快捷支付链接。

对于顾客来说，这些功能都是无形的。点击苹果手机的屏幕会产生视觉及触觉反馈，就像轻敲一张纸一样，只不过手机的反馈是通过包含数百万个高密度开关和执行器的屏幕产生的，与在远程服务器上运行的软件交互的设备利用其处理能力和特征产生随后的动作。

使用电线在两个地点之间传输数据并不是新鲜事——在 19 世纪中叶，电报就是这样运行的。但是这种通常都是专用连接，也就是说一个节点每次只能和一个节点连接。第一个局域网（LANs）和广域网（WANs）也是使用这一原理构建，这就意味着用户可能无法切换信息源。1969 年，美国国防部高级研究计划署网络（ARPANET）是第一个实现数据包交换的网络，允许计算机同时连接到多台机器。

直到 1989 年，方便用户使用的网络才正式诞生。蒂姆·伯纳斯－李（Tim Berners-Lee，1955 年— ）是位于瑞士的欧洲核子研究组织（CERN）的一名研究员，他发明了所谓的"万维网"结构，也就是后来大家熟知的"互联网"。他的设计目的就是希望用户通过点击引用或者超链接就可以立即阅读文档，不论内容是图片、音频还是视频。为了保证引用始终有效，伯纳斯－李使用 NeXT 计算机创建了网络服务器，并编写了第一个网络浏览器程序。之后他又构建了第一个网页用于描述该项目本身，也就是一些简单的文本文档。为了确保用户总是能够找到正确的文档，伯纳斯－李开发了以下程序：全球唯一标识符系统——统一资源定位符（URLs）；用于发布和读取文档的编程语言——超文本标记语言（HTML）；可以使网络浏览器与服务器进行通信的超文本传输协议（HTTP）。至今几乎所有互联网通信仍以这些程序为基础。

进入 21 世纪后，互联网开始逐渐发挥其潜力，并且只有蜂窝移动数据技术出现后，互联网才开始普及到几乎全球各地。越来越多的用户有能力访问网络，这一切得益于互联网存储容量的迅速扩大和数据访问速度的快速提升，同时网络连接更加高速，越来越多人可以访问像 Facebook（2004 年；见图 2）这样的用户生成网站。随着时间的推移，伯纳斯－李的发明几乎彻底革新了全球经济的每一个领域。**DG**

1. 遍布世界各地的计算机服务器机架构成了互联网的命脉，使人们可以通过网络浏览器沟通交流

2. Facebook 网站围绕人际关系网进行商业运作，促进了社交网络的发展

2003 年	2005 年	2009 年	2009 年	2011 年	2015 年
Myspace 引领了社交媒体革命。它曾是世界最大的社交网站，直到 2008 年，Facebook 超过了它，跃居第一。	视频分享网站 YouTube 建立，用户可以在该网站上免费观看视频或上传自己的作品。	瑞典程序员马库斯·阿列克谢·佩尔森（1979 年— ）开始开发 Minecraft 电子游戏（详见 第 482 页），通过他的网站更新游戏进程。	匿名电子货币比特币正式发行。最初发行时，单个币值不到一美分，然而 2013 年，每个比特币相当于 1242 美元。	暗网"丝绸之路"（Silk Road）建立，进行非法物品交易，暗网是网络的一部分，无法通过搜索引擎查到。2013 年，该网站被关闭。	国际电信联盟数据显示，世界上大约43%的人口在使用互联网。

Verdana 字体 1996 年

马修·卡特 1937 年—

发明 Verdana 字体就是为了应
对屏幕显示问题

1996 年推出网络浏览器 Internet Explorer 3.0 后，微软公司需要推出一款能更好适应网页的新字体。之前的计算机专用字体很实用但并不吸引人，因为屏幕上用户界面的分辨率很低，这种字体又不能很好地放大。早期的打字机字体改编自文档字体，不能很好地缩小。但是英国排版师马修·卡特为微软公司设计的 Georgia 和 Verdana 这两款字体却是基于屏幕阅读的基础设计的。

尤其是 Verdana 字体，长时间以来一直被认为是最清晰的字体之一，非常适合在线交互。因为隔行扫描、低分辨率屏幕在水平衬线上的精细细节方面存在问题，所以 Verdana 字体主要属于无衬线字体，但一些更线性的字母还是保留了水平衬线。虽然这款字体没有衬线，但是卡特在设计过程中，在确保字体可读性的前提下，还是尽量保持了字体的美观性。这款字体还经过美国印刷工程师汤姆·瑞克纳（1966 年— ）手工微调，确保其在任何尺寸下都具有清晰的外观。Verdana 字体具备较高的 x 高度（小写字母的大小）、大字腔以及宽间距，这样它在计算机显示器上看起来就会更加清晰。

从 1996 年起，Verdana 字体已经在 Windows 操作系统的所有版本、微软办公软件以及微软网页浏览器上运行。而且自 2011 年起，苹果公司的 Mac 操作系统也使用了这一字体。Georgia 和 Verdana 字体迅速流行，几乎无处不在，卡特对此非常诧异，他此前曾预计将会有更多网页专用字体出现来取代上述两种字体。但是，为了保持企业品牌的一致性，这两种字体非但没有被取代，反而从网页专用扩展到印刷领域。**DG**

✪ 图像局部示意

🕐 设计师传略

1. 字腔

为了提高字体的可读性，卡特增加了字母所有细节的大小，提高了 x 高度，减小了大写字母的视觉冲击力，出于同样的原因，他还增加了字腔（字母围起来的空白区域）的大小

2. 无衬线字体

旧式计算机显示器的分辨率较低，使用阴极射线管生成图像，所以一些精美的细节，比如花边和衬线，在字体呈现小尺寸时会消失，从而失去一致性。卡特尽可能地删除了衬线，但是在某些字母上仍然保留了衬线，比如小写 j 和大写 I

1937—1957 年

1937 年，马修·卡特在伦敦出生。他曾在荷兰哈勒姆的恩斯赫德印刷公司实习，在那里他学习了冲孔切割技术——手工制作金属字体的技术。

1958—1979 年

卡特离开恩斯赫德印刷公司后回到了伦敦，成为自由职业者，1962 年，他为讽刺杂志《私家侦探》设计了标志，该标志至今仍在使用。1965 年，他加入纽约莱诺公司，并为其工作了 15 年，在此期间，他为 AT&T 设计了 Bell Centennial 字体。

1980—1990 年

1980 年，卡特被任命为皇家文书出版署的印刷顾问，任职四年。1981 年，他与别人合办了比特流数字字体铸造厂，该厂最终被蒙纳公司收购。

1991 年—

1991 年，卡特与他人共同创办了卡特科恩铸字工厂，他在该工厂创造了 Verdana、Georgia 和 Tahoma 字体。卡特还曾为《时代周刊》、《华盛顿邮报》、《连线》杂志以及《新闻周刊》设计字体。2015 年，他重新设计了《纽约时报》的杂志标志。他现在还从事着字体设计工作。

宜家手册字体

因为 Verdana 字体最初是为网页使用而设计的，所以当它用于印刷品时，有时会受到公开指责。2009 年，宜家决定统一品牌形象，并更改其印刷产品中使用的字体以匹配其在线形象。所以它用 Verdana 字体（上图）取代了 Ikea Sans Futura 字体，这一字体已经使用了 50 年之久。一些专家对此表示非常愤怒，以至于发起了一场要求宜家"摆脱 Verdana 字体"的网上请愿活动。

▲ 自从卡特科恩铸字工厂成立后，卡特便专注于设计更加个性化的字体，比如 Sophia 字体（1993 年；上图）。这种标题字体的设计取自拜占庭帝国末期盛行的混合字母表，它的设计混合了希腊字母、罗马古典大写字母以及线条分明的 Uncials 字体

微软 Xbox 游戏机 2001 年

款式多样

Xbox 配备了运行频率为 733MHz 的 Intel Pentium III 中央处理器、64MB 的随机存取存储器以及 10GB 的硬盘存储空间

微软 Xbox 游戏机的主机是一个由黑色和绿色构成的凹凸不平的塑料盒，盒子上方压印着一个巨大的 "X"。游戏机外观由蒂格（Teague）设计，内部构造设计由四个人完成，其中包括技术总监西莫斯·布拉克利（Seamus Blackley，1967 年— ）。其内部本质上是一款运行 Windows 2000 精简版操作系统、搭载 DirectX 8 图形引擎的笔记本电脑。选择这款硬件是为了让那些熟悉运行 Windows 系统的个人电脑的游戏开发者可以直接过渡到主机游戏开发。因为电脑组件更便宜，所以可以增加预算来增强软件性能，其搭载的处理器及内存速度是同期竞争对手索尼 PlayStation 2 的两倍。这款游戏机的独特之处在于它有一个硬盘驱动器，这样不需要单独的存储卡就可以直接在本地存储大量内容，包括音乐和已经保存的游戏。

值得注意的是设备后部配置了一个以太网网络端口。2002 年，也就是 Xbox 发行一年之后，微软公司推出 Xbox Live，允许付费用户下载内容并通过宽带连接与其他玩家联机。虽然早期的游戏机都有在线功能，但是 Xbox 是第一款将网络集成支持做得如此彻底的游戏机。这就意味着 Xbox 用户可以像电脑玩家一样一起玩游戏，第一周就有 15 万用户成为注册玩家。到 2004 年，Xbox Live 已经拥有了 100 万注册用户；到 2009 年，这一数字增长到 2000 万。微软公司也达成了自己的愿望——在家庭市场占据稳固的一席之地。**DG**

⚽ 图像局部示意

1. 控制手柄

最初与 Xbox 同时发布的游戏手柄又大又重，所以年轻人并不喜欢，但这些年轻人可是微软公司想要争取过来的用户。后来推出了日本版 Controller S 手柄，其拇指位置宽敞，把手小，更适合小手操作

2. 光碟托盘

Xbox 很适合作数字媒体设备。用户可以将标准音频 CD 中的音乐拷贝至硬盘驱动器中，一边玩游戏一边播放音乐。玩家在某些游戏中还可访问音频数据。Xbox 还能播放 DVD，不过用户需要有一个 DVD 电影播放软件包

3. 控制器端口

Xbox 有多人联机选项。控制台具有四个控制器端口，系统连接电缆最多允许四台游戏机连接在一起，供 16 个玩家同时游戏，Xbox Live 允许更多用户通过互联网连接同时游戏。Xbox 使在线玩电子游戏变得容易

Xbox 360

　　具有相同功能的两种设计完全不同。Xbox 之后推出的 Xbox 360 由灰白、灰色和银色构成，线条纯净，更容易让人想起陶瓷而非电子产品。它是由硬件设计师乔纳森·海斯（1968 年— ）带领的国际团队在 2005 年设计的，他们更注重的是设计本身而不是功能性。海斯说这个外形的设计灵感来自罗马尼亚艺术家康斯坦丁·布朗库西创作的雕塑作品《空中之鸟》（1923 年），"这个作品描绘了一只鸟的飞行状态，抓住了鸟儿向上冲刺的精髓"。

《我的世界》 2009 年

马库斯·佩尔森 1979 年—

《我的世界》是一款 3D 开放世界游戏，没有为玩家设定特定任务

图像局部示意

对于一款电子游戏来说，除了铁杆玩家，还能引起普通人的关注，实在是不常见。但是《我的世界》就是这么一款与众不同的游戏，它充满创意，可多人配合操作，很适合孩子玩。这款游戏没有设定特定任务，甚至也没有任何攻略，但是每一步操作都有相应的意义。《我的世界》游戏通过随机数种子程序生成，这就意味着，除非两个玩家使用相同的代码，否则他们绝不会有相同的游戏体验。这样做既节省了手写编码布局，同时创造了无限可能的游戏布局供玩家探索。《我的世界》玩家首先必须搞清楚在这个世界他们能做什么，尝试攻击生物和植物，之后再探索键盘。当他们找到制作菜单时，真正的游戏就开始了。当夜幕降临，怪物出现，游戏再次发生改变，从一种生存形式变为另一种生存形式。

游戏中出现的许多元素都来自瑞典程序员马库斯·阿列克谢·佩尔森钟爱的其他游戏。从 2009 年起，佩尔森便开始公开开发《我的世界》，这又是一次与众不同的举动，他每天更新自己的网站信息，与玩家交谈，一直持续到 2011 年该游戏完整版发行的时候。这种方式有助于在市场上推广该游戏，于是这款游戏很快就吸引了众人眼球。一年后，《我的世界》游戏就售出了 20 000 份；而在两年内，其销量达到 100 万份。这款游戏至今已经售出 7000 多万份。**DG**

👁 焦点

1. 手绘人物

块状人物形象体现了码农艺术——这些形象是佩尔森而不是游戏美术设计师设计的。最初，这些人物是为另一个项目僵尸小镇而设计的。它们的身体结构有限，节省了动画时间以及处理能力

2. 丁字镐工具

玩家可以整合从世界中收获的基础资源，从而解锁一些工具，例如丁字镐。玩家获得工具后，可以更安全快速地探索这个世界的地表、海洋以及地底

🕐 设计师传略

1979—2003 年

1979 年，马库斯·佩尔森在瑞典的斯德哥尔摩出生。他从 7 岁起就开始编写程序，8 岁时就开发了他的第一款游戏，是一种基于文本的冒险游戏。

2004—2009 年

2004 年，佩尔森在 Midasplayer 公司（后来的 King.com）工作，致力于开发《糖果传奇》游戏。2009 年，他进入照片共享服务公司 Jalbum 工作，并开始开发《我的世界》。

2010 年—

《我的世界》每天销量都很高，利润足以供佩尔森去创业了，于是他和别人共同开办了 Mojang 公司。2014 年，微软以 25 亿美元的价格收购了该公司。佩尔森离开了公司。

◀ 下界（The Nether）于 2010 年推出，在《我的世界》游戏中是一个类似地狱的空间。想要进入下界，玩家必须获得游戏中最坚硬的材料黑曜石，并将其打造成一个足够大、可以跨过的传送门，之后将其点燃。尽管下界听起来令人生畏，但是玩家一般都会去那里寻找稀有材料，因为它可是通向主世界各个区域的一个捷径

科技在进步

1. 从摩托罗拉 DynaTAC（最左边）到苹果 iPhone（最右边），手机的尺寸不断变小，而功能却越来越强大

2. 黑莓手机广受商务人士的青睐，他们中的很多人都喜欢这款手机的微型 QWERTY 键盘

3. 摩托罗拉 Razr 成为世界上最畅销的翻盖手机

2０ 世纪 90 年代初，手机科技成为科幻作家的主要创作领域，自从小说家罗伯特·海因莱茵（Robert Heinlein）在其著作《年轻的宇航员》（Space Cadet，1948 年）中首次描写了手机之后一直如此。即使到了 2000 年，伊恩·班克斯（Iain M. Banks）还在其《文明》系列丛书中描写"终端设备"或者一些小型语音控制多功能设备，用户可通过这些设备进行远程通话和数据访问。到 2005 年，班克斯的小说看起来似乎就已经过时了，这也可以看出，移动电话技术发展的速度何其快。

早期手机设计者面临着一系列艰巨的挑战，包括电池容量、键盘和用户界面设计、键盘锁、防水端口、耐用性、屏幕可读性。之后就是基础建设的问题了。早期的移动电话使用无线电或卫星技术，信号覆盖通常不均衡，所以用户需要不断追踪信号。天线塔很快成为解决方案，但其本身的设计也是个难题。现在生活在城市的人们总会在建筑物顶上看到一些白色的塑料塔尖，远高于建筑物本身，这是为了提高信号的覆盖程度。在其他地方，这些天线就被伪装成树枝和仙人掌的样子放置在教堂顶上，或者藏在广告牌的后面。

第一个移动电话系统是在一战结束时专为德国铁路网络设计的。然而这些

重要事件

1998 年	1999 年	2001 年	2003 年	2007 年	2008 年
诺基亚生产了首款可以更换外壳的手机——诺基亚 5110（详见第 488 页）。由此开始了手机定制潮流。	首款黑莓设备黑莓 850 推出，这是一款邮件寻呼机，也是第一款完全集成电子邮件的设备。	日本移动通信运营商 NTT DoCoMo 推出第一个 3G 网络，允许用户访问视频和下载应用程序。	诺基亚 1100 和 1110 虽然是低端非智能手机，每款依旧卖出超过 2500 万部，成为世界上最畅销的手机。	苹果发布了第一款 iPhone 手机。顾客纷纷抢购 4GB（499 美元）版和更诱人的 8GB（599 美元）版。	谷歌公司公开了第一款基于 Linux 操作系统的安卓手机 HTC Dream。

移动电话系统与后来基于卡车和汽车系统的移动方式相同；仅凭个人完全无法携带，而且价格昂贵，几乎没人负担得起。

相比之下，摩托罗拉公司在 20 世纪 40 年代推出的对讲机和步话机，虽然用起来有点费劲，但是方便携带。然而这些设备使用的是半双工传输，也就是说一次仅能一个人讲话，而且只能使用本地无线网络。摩托罗拉公司却从未停止创新，终于在 1973 年，创造了第一台手机原型机 DynaTAC（见图 1）。摩托罗拉首席设计师使用这款手机打给他们的主要竞争对手贝尔实验室的负责人，此举估计是在模仿亚历山大·格雷厄姆·贝尔，他当时也是使用座机打出了第一通电话。手机的外形依旧保留原来实用的"砖"形，用塑料制造，这一方面与过去的军用手机和对讲机相比，没有太大进步。但是，DynaTAC 电话也有了革命性的进步，那就是手机天线系统。这样，手机在天线塔之间移动时，就不会失去信号。而且，天线塔互不干扰，这样就大大增加了可以同时通话的手机数量。

直到 1998 年，手机，尤其是那些总出现在《华尔街》（1987 年）这类电影中的巨型"砖块"手机，仍然是大多数商务人士的青睐之物。但是，一切就在诺基亚公司推出一系列消费者手机的那一刻发生了改变，那一年，诺基亚推出了 5110 手机（详见第 488 页）以及可换式面板。很快，越来越多的手机企业进入了这一领域展开竞争，手机的价格也不断被压低。1992 年首次推出的低成本短信很快就风靡全球各地。

创新发展速度很快，但是领域却很分散。2000 年，携带 0.1MP 传感器的夏普 J-SH04 横空出世，这是首款带有拍照功能的手机，仅限日本地区使用。2001 年，3G 网络出现，但是在大多数国家，价格简直高得离谱。2003 年，RIM 推出了黑莓手机（见图 2），这是一款提供随时在线邮件服务以及私人短信加密服务的手机，它也凭借这款手机获得了业务支撑。2004 年，摩托罗拉推出的代表之作 Razr 手机（见图 3）预示着非智能手机的最后一次狂欢；而 2007 年，诺基亚公司推出的 N95 手机则预示着智能手机革命的到来。

然而，智能手机最主要的生产区域可不是诺基亚的老家芬兰，而是加利福尼亚北部的硅谷。从 21 世纪初开始，扎根在这个小地方的公司就已经开始创造一些日后将会统治我们日常生活方方面面的产品了。硅谷是微处理器的诞生之地，也是苹果和谷歌的家乡，这些公司总是宣称用了它们的产品和服务，我们将会变得更好：更聪明、更健康、消息更加灵通、办事更加高效、交际更加频繁、生活更加愉快。

苹果产品总是追求完美，公司设计总监乔纳森·伊夫（1967 年— ）所采用的设计方法更是如此，他领导的团队创造出了 iPhone 手机。2007 年，首款 iPhone 手机推出，之后在 2008 年，苹果迅速推出了 iPhone 3G 手机，iPhone

2008 年	2010 年	2011 年	2013 年	2014 年	2015 年
诺基亚销售的拍照功能手机数量超过了柯达出售的胶卷相机数量，同时诺基亚成为所有类型的相机最大的制造商。	苹果公司启动了一种新式手持计算机设备，也就是平板电脑，它结合了大屏幕与可触摸屏界面。	首批获得万事达卡的 PayPass 或 Visa 卡的 payWave 认证的手机出现，它们使用嵌入式安全元件或 SIM 卡进行支付。	Pebble 智能手表推出，它通过蓝牙与智能机连接，在手腕上显示数据。	尽管《像素鸟》成了应用商店中最受欢迎的免费游戏，但是考虑到它容易使人上瘾的性质，设计者还是将它撤出了应用商店。	蒂姆·库克发布了苹果手表，这是苹果公司首款可穿戴设备，旨在将用户从智能手机中解放出来。

4. 2010 年 1 月 27 日，史蒂夫·乔布斯推出了 iPad，他说："iPad 创造并定义了一种全新的设备类别，用户可以用比以往任何时候都更亲密、更直观和更有趣的方式访问应用程序的内容。"

5. Punkt MP 01 是一款仅供发短信和打电话的简单手机。瑞士 Punkt 公司与智能手机革命背道而驰，很乐意称这款产品为"非智能手机"，并将其向新型客户推广

手机逐渐成为用户日常生活的控制器，进一步模糊了现实和数字之间的界限。然而，这个想法并不新鲜。Psion Organiser（1984 年）可以说是第一款个人数字助理，内置日记本、通讯录以及计算器，而苹果公司也于 1993 年推出了配有触屏掌上数字助理的 Newton 平板。Palm 成为领先的个人数字助理公司，诺基亚和黑莓公司也开始在它们的智能手机中发展这种技术。2007 年，iPhone，这款更薄、更轻、更快、更直观的手机，确实震撼了整个领域。

除了苹果公司，没有哪一家公司可以如此全面地处理这么复杂的产品，需要使用多种技术——无线连接、麦克风、相机、触摸屏，与此同时却小巧轻便、结实耐用。手机必须具有强大的运算能力，而且充一次电至少可以保证运行一天。除此之外，它还必须有舒适的握感，用起来方便，在大规模生产的同时还能保持苹果产品的高质量。于是，这款在中国深圳的庞大工厂中制造的产品终于在物理设计与数字设计之间达到平衡。

iPhone 手机由伊夫及其设计师团队创造，他们所使用的玻璃和铝合金可以说是高质材料的典范。苹果手机的软件由斯科特·福斯特尔（Scott Forstall，1969 年— ）带领团队设计，是简单易用的典型。第一款 iPhone 手机的设计就舍弃了物理键盘，而选择了电容触摸屏，屏幕上会弹出基于自然扫动和手势制作的用户界面，通过触摸按键以及快速演示动画巧妙地教会用户它的工作方式。

随着苹果、HTC、谷歌这些智能手机公司的出现，全球出现了分歧。诺基亚 1100 和 1110 手机销量超过 50 万台，而且主要都卖给了发展中国家，在这些发展中国家，这些简单的手机也开始用于小额支付。与此同时，发达国家的智能手机技术日臻成熟，遥遥领先。iPhone 手机的出现也刺激着谷歌公司更新自己智能手机软件安卓系统的核心设计。很快，追踪位置的 GPS 系统、追踪健康情况的生物识别系统、永远在线的数据连接、虚拟现实耳机以及微型外围设备都纷纷出现。

移动科技当然不仅仅局限于手机，笔记本电脑、平板电脑、亚马逊 Kindle

（2004 年；详见第 490 页）等电子阅读器的用户们也可以在移动中交流或访问信息。这些设备在很短的时间内就对出版业和杂志印刷等传统媒体行业的结构产生了广泛影响。

苹果公司继续推销其 iPhone 的软件，也就是后来我们熟知的 iOS 操作系统，营销劲头堪比其硬件设备，每年苹果公司都会在推出新型号手机的同时更新操作系统。然而，直到 2009 年 App Store 推出后，iPhone 才真正活跃起来。任何开发人员都可以开发软件，既有《糖果传奇》（2012 年）和《像素鸟》（2013 年）这样的游戏软件，也有优步（2010 年；详见第 492 页）和 Tweetbot（2011 年）这类应用软件。苹果公司总体上保持坚定的立场，禁止任何不遵守其有关内容和竞争性商业服务规则的应用程序，这些规则有时也会引起争议。早在 2001 年，苹果就开设了第一家实体店，随后在 2002 年，又在纽约 SoHo 开设了旗舰店。苹果商店在全球的迅速扩张动摇着传统的零售观念，苹果天才吧的设计、热情洋溢的年轻销售人员、独特简洁的设计与苹果产品那高品质的白色配件和包装一样，有效地传达了品牌形象。

2010 年，苹果首席执行官史蒂夫·乔布斯使用"革命性的"和"魔力"这两个词来描述发布的 iPad（见图 4），这可以说是表达硅谷创新的标准语言。苹果公司追求完美的下一个重大飞跃要数 2015 年推出的苹果手表，它的推出标志着电子设备更进一步侵入私人领域。2015 年左右，硅谷已经快要到达物理极限了。有人声称硅谷的繁荣就是一个即将爆裂的泡沫，人们逐渐开始表达自己的担忧，一方面担心如此大批量的生产对环境会造成巨大压力，另一方面也担忧这种电子设备的即时联系会影响现实生活中的人际关系以及社会交往。拥有一台智能手机不再像从前一样是一件多么风光的事了，所以市场上逐渐出现其他象征身份的产品。贾斯珀·莫里森曾为瑞士品牌 Punkt 设计了一款移动 MP 01 产品（2015 年；见图 5），只注重打电话、发短信的功能。它主要是为那些忙于处理重要事务而无暇接电话或者处理其他任何事情的高管而设计的。

DG/AW

诺基亚 5110 1998 年

法兰克·诺佛 1961 年—

1. 外壳

诺基亚想将手机打造为一种个性化技术产品。诺基亚 5110 盖板可以通过按下顶部的锁扣（例如用硬币）轻松取下。手机配备有一个实时时钟，以及一个可以定时响起的闹钟

2. 按钮

诺基亚 5110 结构坚固，带有大号的半透明按钮，使键盘易于操控。显示屏下的导航键和图形菜单系统相结合，便于用户发送不超过 160 字符的短信息（SMS）

👁 焦点

诺 基亚是最早设计手机外壳的制造商之一。1992 年，诺基亚 101 1G 和 1011 2G
两款机型（首批大规模生产的使用 GPS 系统的手机）问世，这家芬兰公司通过
这两款手机展示自己有能力设计搭载现代科技的简约现代主义外壳，并且符合形式追随
功能的原则。这个项目的设计者正是法兰克·诺佛，他曾在设计咨询公司 Designworks
工作，后来成为诺基亚首席设计师。

　　诺基亚 101 机型是诺佛设计的第一款手机，他设计的键盘按键间距合适，布局方便
操作，按键的大小和颜色根据各自的重要性和功能分别设置。麦克风和听筒的距离设置
得刚刚好，而且屏幕也很大。诺基亚 6110（1998 年）商务机型和 5110 消费者机型也
遵循了以上设计理念，这两款机型可以说是诺基亚 101 机型向批量生产的 3310 标志机
型（2000 年）过渡的产品。6110 机型比诺基亚以往的所有手机都要更轻更小，它的彩
色外壳给人一种与其商务设计相悖的气质。这款手机还配备红外端口，可以连接到个人
计算机。但是，5110 机型可拆卸的外壳设计才使诺基亚真正成为时尚标志。每个 5110
手机的外壳都可拆卸下来，更换成诺基亚价格较高的设计，或者其他零配件设计。

　　近年来，诺基亚的光辉逐渐暗淡：它的策略并不一致，完全被安卓和 iOS 操作系统
的光芒掩盖，只留下一堆早已过时的产品。2014 年，微软公司收购诺基亚手机业务，之
后继续以 Lumia 的名义生产手机。**DG**

注塑 ABS 和聚碳酸酯
13.2cm × 4.75cm × 3.1cm

🕐 设计师传略

1961—1994 年
1986 年，法兰克·诺佛从加利福尼亚州帕萨迪纳艺术中心设
计学院的工业设计专业毕业。之后他进入 Designworks 工作，
在那里设计了包括消费电子产品和汽车在内的众多产品。自
1989 年起，他开始在诺基亚公司工作，担任顾问设计总监。

1995 年—
1995 年，诺佛进入诺基亚公司，担任设计主管。之后他组建
了内部设计团队，负责核心设计。在他的帮助下，诺基亚于
1997 年建立了旗下奢华品牌 Vertu。2006 年，诺佛全身心投
入到 Vertu 的工作中。2012 年，诺基亚出售 Vertu 品牌时，
诺佛也离开该公司，转而投身于诺佛设计工作室的建立，该
工作室为一些大型企业设计电子消费产品。

▲ 诺基亚 5110 配置的随心换彩壳给了消费者更多的选择，改变
了手机市场非灰即黑的现象，从此之后，手机也成了一种时尚
配饰

科幻小说

　　手机设计受到科幻小说的影
响。诺基亚滑盖手机 8110（1996
年；右图）在《黑客帝国》三部
曲（1999—2003 年）中被广泛使
用（装有弹簧，需要时可弹出）。而
三星公司也是因为受到《星际迷
航：第一次接触》（*Star Trek: First
Contact*）的影响，设计了翻盖手机
SGH-T100（2002 年）。星际迷航
官方通信器（2016 年）就是一个可
用于任何手机的蓝牙免提设备。

亚马逊 Kindle 电子书阅读器 2007 年
Lab126 开发部门 2004 年成立 亚马逊 1994 年成立

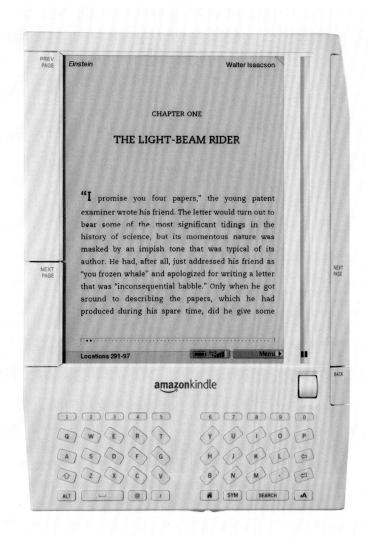

第一代 Kindle 重 289g，可以存储 200 本电子书

✿ 图像局部示意

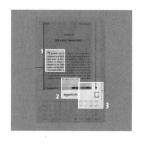

亚马逊创始人杰夫·贝索斯（Jeff Bezos，1964 年—　）于 2004 年创建了 Lab 126 开发部门，正是这个小组设计了 Kindle 电子书阅读器。该团队的目标就是创造一件足以反映公司在之后 20 年里的主攻方向的产品。最初，他们尝试将重点放在 MP3 播放器和机顶盒的设计上，后来贝索斯指导他们专注于他钟爱的阅读。贝索斯开始密切参与团队的工作，他要求这个产品既要简易，功能又必须可以不断扩展，虽然这两点看起来自相矛盾，但 Lab126 团队还是提出了相应的解决方案，那就是 Kindle 电子书阅读器：具有极低的能耗需求，简易屏幕在任何光线条件下都可运行，还可以存储电子书，连接 3G 网络，轻松下载电子书。

自从 2007 年推出 Kindle 电子书阅读器以来，亚马逊公司每年至少发布一款新设计，带来更加多样化的产品选择。没有任何一个电子阅读器更新换代的速度可与 Kindle 媲美。现在 Kindle 设备整体变得更薄更小，但是屏幕依旧保持原有尺寸，只是变得更明亮更清晰了，看起来越来越像一页刚切下来的纸。2010 年，亚马逊宣布，通过其活动，电子书销售额首次超过了平装书。**DG**

👁 焦点

1. 文本

Lab 126 开发部门想要打造一款低能耗的电子阅读器，最好的选择当数麻省理工学院媒体实验室所开发的电子墨水科技。它由一个类似打印纸的不发光屏幕组成，电源切断时，它会保留当前图像，只有用户翻至下一页时才需要电源

2. 电池寿命

为了延长电池使用时间，开发部门选择使用电子墨水技术以及快速闪存技术。原来的 Kindle 阅读器的电池大概能使用四天（打开 3G 网络时）。Kindle 阅读器在不使用的情况下完全不耗电，虽说会无限期显示单个图像

3. 网络连接

亚马逊与高通和 AT&T 达成协议，为用户提供免费的无限 3G 访问，以便浏览亚马逊商店和下载图书。Whispernet 功能可以跨设备存储用户的阅读进度，这样就不需要将数据同步至台式计算机了，那样既缓慢又不可靠

▲ 亚马逊于 2011 年推出了其电子阅读器的平板电脑版 Kindle Fire（上图），随后于 2012 年推出了 HD 版，并于 2013 年推出了 HDX 版。该设备具有彩色显示屏，可以访问亚马逊商店，观看流媒体电影和电视节目

亚马逊 Kindle 的发展

设计 Kindle 阅读器是一项任务，维护、销售它却是一项更大的任务，耗时三年多。最初使用的电子墨水显示屏的构造很差，才用一个月，质量就迅速下降，不过好在公司在发布 Kindle（右图）之前就已经解决了这个问题。与此同时，由于 Whispernet 的定制无线芯片是由亚马逊与美国半导体公司高通（Qualcomm）合作设计完成的，所以高通公司也将成为亚马逊的供应商。但是，高通公司当时被竞争对手博通（Broadcom）起诉，无法出售任何设备。纵使受到这些问题的困扰，Kindle 的发布依然取得了成功，因为它解决了当前电子阅读器的许多标准问题。即使如此，亚马逊还是低估了 Kindle 阅读器的销量，以至于刚发布就出现缺货。

优步 2010 年

加勒特·坎普 1978 年— 特拉维斯·卡兰尼克 1976 年—

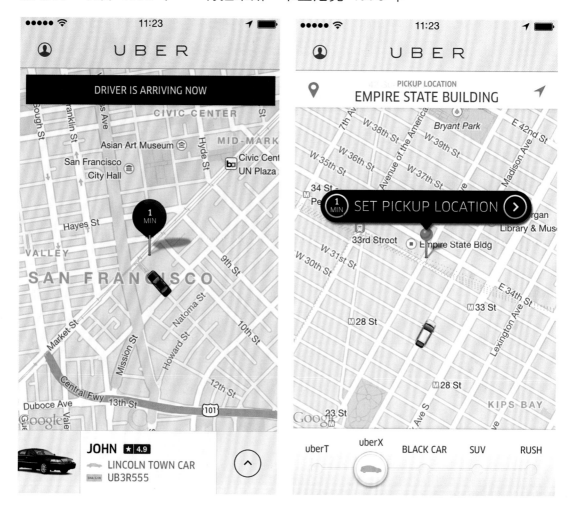

优步运行司机和乘客审查系统，以确保服务质量。星级评分界面就在司机姓名旁边

图像局部示意

智能手机硬件与网络通过设计结合在一起之后就形成了应用程序，一个细微的想法就会决定整个程序的成败。而且，有时应用程序非常成功，整个行业都会随之转型。事实上，优步对出租车行业带来的深远影响是其他的应用程序所难以比拟的。它的便捷性深深吸引了用户，而它的成功也向我们展示了智能手机和应用程序是如何通过设计得到普遍应用的。

简易性是优步取得成功的关键，只需短短几步操作就可以预订一辆出租车，解决了过去预订过程中的一系列麻烦，比如，出租车什么时候到达？到目的地要多长时间？需要多少钱？有没有足够的零钱？支撑优步简单界面的是一个极其复杂的网络基础设施，它不断监控 Uber 车队，司机手机上的应用程序 UberPartner 会上报他们的位置和状态。优步采用"动态提价"策略，订单多的区域要价更高，这样做是为了吸引更多的司机前往需求量较大的区域。优步为了保持低价，不雇用司机，也不购买车辆。每个司机都是个体经营者，但是仍然受到优步审查系统的监督以及票价竞争的牵制。**AW**

1. 简易性

优步的核心就是简易性。它的运行依赖 GPS 系统，打开程序，用户界面就会出现一张显示你目前位置的地图。点击"上车地点"按键并输入目的后，你的出租车就会上路了。使用优步，你能随时知道出租车将要行驶多久，到达目的地后收费多少

2. 地图视图

在优步的地图视图界面，你可以看到汽车在附近街道徘徊，这是实时图像，目的是让乘客放心，车只要几分钟就到了。一些研究人员声称这些影像并非实时画面，但很快就遭到了优步的反驳

3. 方便用户

优步的很多功能都很方便用户使用，比如说，用户能够轻松地与拥有 Uber 账户的其他乘客分摊费用。除此之外，用户还可以通过该程序了解车辆和司机的相关信息，包括优步审查系统评定的星级

🕐 **设计师传略**

1976—2000 年

特拉维斯·卡兰尼克生于洛杉矶，曾在加利福尼亚大学洛杉矶分校学习计算机工程。1998 年，他辍学后，与他人合作创立 Scour 公司，创建了一个搜索引擎以及提供点对点文件共享服务。然而 2000 年，公司因被告侵权而破产。

2001—2007 年

2001 年，卡兰尼克又与他人合作创立了 Red Swoosh 公司，这也是一家提供点对点文件共享服务的公司，允许用户传输大型媒体文件。2007 年，阿卡迈科技公司以 1900 万美元的价格收购了这家公司。

2008—2009 年

2008 年，卡兰尼克与他的合作创业者加勒特·坎普合作创立了 UberCab 公司，即优步的前身，并担任该公司的首席执行官。虽然之前的创业压力已经让卡兰尼克精疲力竭了，但是坎普还是说服了他推行这个手机应用程序。

2010 年—

2010 年，优步服务在旧金山推出。2011 年，它以每月一座新城市的速度在美国扩张。2011 年 12 月，该软件在巴黎推出，这也是优步进军的首个境外城市。这个软件旨在预测客户需求量高的地区，以及乘客可能要去的目的地，它有效地指导司机应该在哪些区域徘徊、提示司机有新的打车订单。2014 年，科学家收集数据测试，得出结论：在没有订单的情况下，司机应该停车，而不是徘徊，这样做可以减少油耗和尾气排放。2014 年，卡兰尼克在福布斯美国富豪 400 强榜单中位列第 290 位，据估计身家为 60 亿美元。

无人驾驶汽车

2015 年，卡兰尼克表示，他看到了公司在无人驾驶汽车方面的未来，从而在颠覆出租车行业的道路上又迈出了一步。他声称，无人驾驶汽车，就像谷歌公司设计的那辆（右图）一样，有利于减少城市拥堵，更好地保证道路安全，这是优步"拥抱未来"所需要关注的两点。卡兰尼克并没有着重关注优步的司机群体，即使这一群体到 2014 年年末已达到 16 万人之多。他解释道："优步之所以这么贵，是因为除了要支付车辆使用费，你还得给司机付钱。"

塑料制品的发展

尽管环境问题日益严重，但在 21 世纪，塑料依旧随处可见，家庭、工作场所、汽车、产品包装中都可以看见它的身影，甚至许多产品本身就是由塑料制成的。它之所以无处不在，一方面是因为便宜，另一方面则是因为用途非常广泛：只要你能想到的用途，塑料制品几乎都可以完成。根据不同的配方或类型，塑料既可以是柔软的、有延展性的，也可以是刚性和坚固的，还可以是纺织的、有色的、不透明的、半透明的或全透明的。它还可以回收再利用，但是从生态学角度来看，回收的塑料可能没有首次生产的塑料优势大，因为回收塑料再生产还需要再耗能，而且质量肯定会不如从前。

塑料在日常生活中非常常见，以至于大家都不拿它当回事，出现在垃圾填埋场和世界各大洋中的塑料正在迅速变成一个全球问题。人们通常不用过多思考，就可随意丢弃低成本的塑料产品，而其中，最便宜、人们随意丢弃最多的当数塑料袋，数以百万计的塑料袋正在污染着世界各大洋。虽然人们并没有对所谓的"大太平洋垃圾带"做出可靠的估量（估计的污染面积在得克萨斯州的面积到美国两倍大的面积之间），但塑料无疑对海洋生物构成了威胁。塑料无法生物降解，它会光降解并随着时间的推移与生产中使用的有毒化学物质一起分解，进入食物链。

尽管塑料对可持续发展造成的影响越来越大，设计师仍然希望使用这种

重要事件

1996 年	1997 年	2000 年	2002 年	2002 年	2002 年
继使用聚丙烯制作的 Lord Yo 座椅后，法国设计师菲利普·斯塔克又创造了 Dr No 座椅，两件作品都再现了现代塑料美学。	《京都议定书》缔约方在关于减少温室气体排放目标的大纲上达成一致意见。	贾斯珀·莫里森设计的具有开创意义的空气椅问世，这是使用气体注射法生产的一件简约一体化设计。	斯塔克设计的路易斯幽灵椅发布，这把座椅由注塑成型的聚碳酸酯制成，为塑料产品带来了智慧和魅力。	英国设计师迈克尔·杨设计了一组彩色户外家具——Yogi Family。	由于塑料在洪水期间堵塞了排水系统，孟加拉国成为世界首个禁止塑料袋的国家。

材料，因为塑料本身的特质允许设计师试验任意形式的作品，最终达成自己希望实现的功能。而且，塑料成本低，所以用它设计出来的产品将会有很大的市场。

塑料技术的最新发展意味着设计师不仅可以使用塑料设计产品，而且还可以设计塑料本身，这也是吸引设计师选择塑料的一个原因。德国设计师康斯坦丁·葛切奇（Konstantin Grcic，1965 年— ）在设计 Myto 座椅的原型时发现，可以通过改变所用塑料的成分来微调他的设计，这样做只会改变塑料的化学性质，但其几何结构并不会发生变化。计算机模拟技术使这一切成为可能。葛切奇早期的作品 Miura 酒吧凳（2005 年）也是通过计算机设计完成的，这是一个拥有复杂自由曲面的整体设计。

减少塑料的使用是降低塑料影响的一种办法。德国设计师贾斯珀·莫里森设计的空气椅（2000 年；详见第 496 页）则是一件展示了这种方法的开创性设计。与使用传统注塑成型方法制造生产的 Myto 椅不同，空气椅使用更加昂贵的气体注射法生产而成。注射的气体将塑料推到模具的边缘，这样就会产生中空，塑料截面会发生从厚到薄的变化。当椅子负重大时，椅腿可以加厚；当负重小时，椅背可以做薄。这种可堆叠的空气椅由聚丙烯制成，和英国设计师罗宾·戴设计的那件带有金属椅腿的 Polyprop 座椅（1963 年）所用材料相同，但是空气椅之所以能脱颖而出，是因为整把椅子仅由一片塑料制成。

1973 年石油危机爆发前，塑料制品享有辉煌成就，而让塑料制品重享荣耀的设计师恐怕就是菲利普·斯塔克。他早期设计的塑料椅 Lord Yo（1994 年）和 Dr No（1996 年）使用聚丙烯材料，是传统形式的变体，展现了自身的才华与智慧，迅速提升了塑料形象。但真正让塑料家具充满吸引力的是他设计的路易斯幽灵椅（2002 年；见图 2），这把座椅由注塑成型的聚碳酸酯制成，在它身上，看不到 18 世纪巴洛克风格的经典座椅路易十五的身影，带有讽刺意味。最震撼的要数纯透明的版本，既没有遮住视线，还创作了一种空间印象。除此之外，这把座椅还有其他颜色，也包括黑色。虽然标价很高，它仍然成为美国家具和照明公司卡特尔的畅销产品，在其生产的前十年里就卖出了 150 万件。

更加稀奇古怪的设计品当然要包括 Yogi Family（2002 年；见图 1）了，它是英国设计师迈克尔·杨（1966 年— ）为意大利公司 Magis 设计的户外家具。它并非一件严格意义上的家具，颜色鲜艳、椅腿短，还拥有弧形设计以及卡通形式的外观。**EW**

1. 设计师迈克尔·杨用塑料设计的产品有趣又充满活力，他设计的 Yogi 家庭户外家具就是一个例子

2. 路易斯幽灵椅所使用的原材料是一种可回收的塑料——注塑成型的聚碳酸酯

2005 年	2007 年	2012 年	2014 年	2014 年	2015 年
康斯坦丁·葛切奇在计算机的辅助下，按特定模型设计出具有复杂多面形式的 Miura 酒吧凳。	葛切奇使用德国化学公司巴斯夫的 Ultradur 产品完成了一体式悬臂椅 Myto 的设计。	斯塔克设计的路易斯幽灵椅自推出以来售出了 150 万件，成为卡特尔公司最畅销的产品。	欧洲议会通过一项指令，到 2019 年将减少 80% 塑料袋的使用。	加利福尼亚州通过了禁止使用一次性塑料袋的法律。	英格兰也加入英国其他地区行列，开始实行塑料袋收费政策，在大商场使用一次性塑料袋需支付 5 便士。

空气椅 2000 年
贾斯珀·莫里森 1959 年—

玻璃纤维，聚丙烯
77.5cm × 51cm × 49cm

空气椅是一把非常简单的椅子，由贾斯珀·莫里森设计、意大利 Magis 公司制造，使用的是气体注射法，将聚丙烯和玻璃纤维铸成一体。这是首批使用气体注射聚丙烯材料的设计作品之一，这种技术制作的家具的零售价格大大低于人们的心理预期。

Magis 公司的老板尤金尼奥·佩拉扎（Eugenio Perazza，1940 年— ）曾向莫里森展示了一截用气体注射法制成的光滑管子，这种加工方法在当时还处于萌芽阶段，受到这个管子的启发，莫里森设计出了空气椅。莫里森的设计想法是从椅腿开始的，他先构思了一把完美的木制座椅，之后想方设法把它变得更轻、更结实耐用，还可以堆叠。

早期的注塑工艺需要用塑料压紧模腔，但是这样做，压力就会进入模具，产品表面不平整，而且模具有时还会扭曲。通过使用惰性气体介质，压力被平稳均匀分散在整个模具中，这样就不需要过多的压力，也能降低模具发生扭曲的可能性，生产出来的产品更加结实，表面更加平整。因为中空设计，使用的塑料大大减少，生产成本足足减少 30%。除此之外，热性塑料凝固速度快，从而提高了生产效率。

莫里森的简单设计、使用光滑的塑料材料以及革命性的生产方式造就了现代设计的标志。随着时间的推移，莫里森逐渐开发了包括折叠椅、扶手椅和桌子在内的系列产品。**JW**

👁 焦点

1. 椅背

椅背的曲线支撑着脊柱和后腰，并且椅背通过后腿优雅地进一步向下和向外延伸。直线限定了椅子的宽度，深度体现在微妙的阿拉伯式花纹中，整个设计让人联想起亚洲和北欧风格

2. 座椅

座椅和椅背宽度相同，都很宽敞，与腿部的宽度齐平且呈正方形。尽管椅子所用材料本身并不昂贵，而且缺乏装饰，也没有搭配任何软垫，但是座椅足够宽敞，给人一种舒适敞亮的感觉

3. 颜色

最初生产的空气椅有 8 种颜色，而且店家会鼓励消费者购买各种颜色的产品。座椅颜色鲜艳明快，就像是在说明一件实用的物品也不能缺乏个性。后来，为了增强椅子的极简主义特质，推出了白色的版本

Glo-Ball 灯系列

1998 年，莫里森着手为意大利公司 Flos 设计 Glo-Ball 系列的第一盏灯，目标是使用简单有效的结构最大发散光源，避免炫目，这款灯第二年便对外发布。它的设计灵感来自晴朗夜晚的一轮满月。扩散器经过人工吹制，变成一个自然扁平的球体，外部是经过酸蚀的乳白色玻璃，内部是一个透明、注塑成型的聚碳酸酯散光器支架。随着时间的推移，Glo-Ball 灯已经发展成为一个系列，每种类型的产品——悬挂灯、吸顶灯、落地灯、壁灯、台灯（上图）都至少包含三个尺寸。它们发出的光干净柔和，聚集起来时宛如群星闪烁，展现出它们最美的一面。

Myto 座椅 2007 年
康斯坦丁 · 葛切奇 1965 年—

聚对苯二甲酸丁二醇酯（PBT）
82cm × 55cm × 51cm

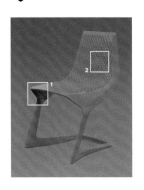

M yto 座椅由一块塑料制作，只使用了很少的聚对苯二甲酸丁二醇酯（PBT）材料，这把座椅由意大利公司 Plank 负责制造。设计师的初衷是打造一款轻巧、结实、舒适、可堆叠、紧凑且引人注目的座椅。当它出现在德国杜塞尔多夫的 K 2007 塑料展上时，整个设计界从这种悬臂式的设计中看到了设计师惊人的野心。

设计缺乏支撑座椅的后腿的悬臂式座椅是一项公认的极具挑战性的任务。其中一些最著名的作品极具传奇色彩，包括 20 世纪一些最著名的设计，例如路德维希·密斯·凡德罗设计的 MR 10（1927 年）、马歇·布劳耶设计的 B32（1928 年）以及潘顿椅（1960 年；详见第 352 页）。

2006 年，德国化学品制造商巴斯夫委托康斯坦丁·葛切奇使用其公司生产的 Ultradur 高速塑料（一种快速流动的 PBT）来设计一件产品。正是材料本身的特性促使葛切奇设计了悬臂式座椅，他的设想是整块塑料注塑成型。他认为传统的座椅过于笨重，于是想设计一把轻巧柔软的座椅，座椅和靠背都打孔。葛切奇仅用了一年时间就设计了 Myto 座椅，他认为座椅不应该仅仅是一件经济适用型家具，更需要拥有自己的个性。他曾构想将 Myto 座椅上的孔设计成动物皮肤的样子，整把椅子具有爬行动物的品质，轮廓清晰、弧形饱满、外表紧致。他曾说："有时动物在准备突袭时会摆出这个姿势。" **JW**

👁 焦点

1. 棱角外形

Myto 座椅结合了工业风格以及大胆的实验美学元素。一些人认为这把座椅看起来像是一个跪在地上的人，而另一些人则说这种有棱有角的外形展现了东欧美学特征。坚固而稳定的框架是座椅和靠背的支柱

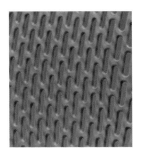

2. 孔眼

这种材料流动性好、韧性大，这一点令葛切奇十分兴奋，因为这样就可以"从厚截面优雅地过渡到薄截面"。座椅其实就是一个实心的支撑框架，框架中心是左右对称的网状孔眼

Clerici 长凳

2015 年，葛切奇为意大利家具制造商 Mattiazzi 设计的 Clerici 座椅系列在米兰移动沙龙家具展上发布，该系列包括一款经典的木制长凳以及配有软垫的同款长凳，后者由实心橡木或染色的白蜡木制成。这些座椅都是由扁平的木板组合制成，这些木板经过染色后，展现出一种自然纹理，其中红色的长凳（右图）尤其夺目。整张长凳的轮廓以及框架的消极空间感使人联想到皮特·蒙德里安以及荷兰风格派的画作。

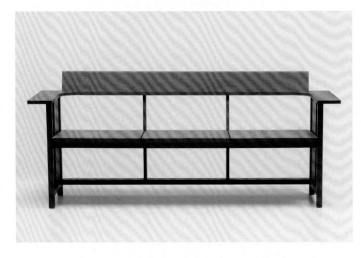

耸动视听术

1. 荷兰设计家海斯·巴克设计了一件外观看似一滴水的不锈钢水果碗（2000 年）

2. 提欧·雷米使用麻绳将现成的抽屉绑在一起，制作了一件多屉橱柜（1991 年）

3. 树干长凳（1999 年）由尤尔根·贝设计，其椅背由青铜铸造而成

新兴艺术家和设计师总是对前辈的美学理念和精神提出质疑，这是一种不断循环的年轻人的反叛：前一代的时尚先锋，传到下一代就过时了。设计师们总是采用耸动视听术来博人眼球、迅速收获名声，20 世纪 70 年代的朋克运动（详见第 410 页）以及 20 世纪 90 年代的英国年轻艺术家派（达米恩·赫斯特、特雷西·埃敏等）都惯于使用这种方法。与英国年轻艺术家派同时兴起的还有荷兰的激进设计团体楚格，它于 1993 年由文化评论家芮妮·雷马克斯和专注前卫设计（见图 1）的珠宝商海斯·巴克（1942 年— ）共同成立。楚格支持新兴设计师的作品，例如海拉·荣格里斯（1963 年— ）和尤尔根·贝（1965 年— ），他们挑战了主流设计中流行的正统观念和基本假设。20 世纪 80 年代，物质主义发展猖獗，这一时期设计主张风格优于实质。楚格团体认为这种方式过于肤浅、缺乏智慧，拒绝采用，它强调理念和探索创新的重要性胜于风格和最终的产品，在它的影响下，设计发生翻天覆地的变化，同时，概念设计（与概念艺术相近）应运而生。

虽说人们眼里美的标准不一，但是设计的主要目的之一是让世界变得更美这一观点得到了普遍接受。然而楚格设计团体拒绝这一看法，并为具有其

重要事件

1997 年	1997 年	1997 年	1998 年	1998 年	1999 年
埃因霍芬设计学院搬进了一栋叫作"白夫人"的新楼。	罗伯托·费奥（1964 年— ）和罗萨里奥·赫尔塔托（1966 年— ）在伦敦共同创立了日 Ultimo Grito 设计工作室，生产设计巧妙的概念作品。	伦敦百分之百设计展推出设计师区，作为附属展览，展示新兴设计师的实验作品。	米兰国际家具展推出了卫星沙龙展，为年轻设计师提供展示的平台。	罗恩·阿拉德成为伦敦皇家艺术学院新设计品部门的主管。	时尚权威艾德尔考特（Li Edelkoort）当选埃因霍芬设计学院的主席，任期长达十年之久，影响力很大。

他目的的设计师提供了一个创作平台，这些设计师觉得有必要创造一些在传统标准看来是粗糙、简陋甚至没有完成的作品。尤尔根·贝设计的树干长凳（见图3），其实就是在一根巨大的原木的顶部插入一排椅背，该作品成为这种粗糙哲学的典型代表。楚格团体的另一项经典之作就是荣格里斯设计的软壶（1993年），它的容器壁由硅胶制成，具有柔韧性，设计师并没有刻意掩饰材料的斑驳棕色，模具产生的结合线也保留了下来。虽然它看起来相当低调，却是一个不可或缺的点睛饰物，因其赤裸裸的简单美而更加引人注目。雷马克斯曾这样总结楚格的设计理念："楚格注重节省资源，常常循环利用材料和产品，故意缺乏风格，从而批判盛行的过度消费以及将设计等同于风格和完美技术的观点。"马塞尔·万德斯为人外向，对他来说，楚格提供了一个重要的起点和获得曝光的手段。他设计的反重力编结座椅由浸渍过环氧树脂的碳芯绳制成，于1996年在楚格的赞助下首次亮相，之后在2005年，意大利时尚领头Capellini公司开始生产该设计品。楚格团体通过设计令人震惊的作品系列来塑造设计的进程，例如提欧·雷米设计的被大量复刻的橱柜（见图2），以及罗迪·格罗曼设计的85灯泡吊灯（1993年；详见第472页），除此之外，楚格通过影响一些主流设计师的作品对设计界产生了一定影响，菲利普·斯塔克就是其中一位。斯塔克设计的Attila凳桌（1999年）是一个以巨大塑料侏儒为特色的作品，荒谬庸俗，如果没有楚格，这件作品绝不会问世。耸动视听术已经成为一些国际成功设计师的惯用手段，包括瑞典的弗龙特（Front）和巴西的坎帕纳兄弟。弗龙特首次亮相的作品——《动物的设计》（2003年）就包含一张木质餐桌，上面布满了仿照昆虫钻挖后留下的弯曲线条，还有一卷老鼠咬过后的墙纸。

　　荷兰继续为楚格提供肥沃的创作土壤，而埃因霍芬设计学院则继续充当温室。1998年至2009年，罗恩·阿拉德在皇家艺术学院担任产品设计教授，他的思想开明，鼓励支持着概念设计的发展，因此，自20世纪90年代中期以来，概念设计便牢牢扎根于皇家艺术学院。在英国，设计师通常发挥机智幽默化解这种耸动视听术，就像吉塔·盖斯温特娜（1972年— ）与卡尔·克勒肯（1973年— ）所创造的颠覆性幽默设计作品一样。2002年，神秘房间展览展出盖斯温特娜的作品《恐怖的窒息灯》（1998年），在这款灯中，陶瓷灯罩被电线紧紧缠绕。与此同时展出的还有克勒肯的作品《长长的爬行物》，这是一张蜈蚣样式的长凳，配有长条软垫以及大量弯的椅腿。**LJ**

飞泼的喷嚏花瓶：流感 2001 年

马塞尔·万德斯 1963 年—

聚酰胺
15cm × 15cm × 15cm

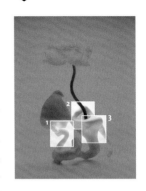

荷兰设计师马塞尔·万德斯的整个职业生涯都在取悦或是惹恼公众。虽然他开始的时候是个激进的门外汉，不过如今也取得了商业上的成功，领导着一个庞大且多产的设计工作室，吸引了来自世界各地的主要客户。万德斯故意挑战传统，这一点也使他背负了恶名。崇拜他的人赞扬那些创意大胆的顶级设计，而诋毁他的人则对他明显的自我放纵及全然不顾好品位的设计风格感到震惊。

自 20 世纪 90 年代中期以来，万德斯一直处在荷兰创意发展的中心地位，他为人风趣，顽皮不羁，故而喜欢进行纯粹不受约束的实验。他的某些作品会展现出一种幼稚、不成熟的气质，天真和复杂以一种令人不安的方式结合在一起。他采用快速原型制作方式创作了飞溅的喷嚏花瓶，这个受黏液启发而完成的设计拥有令人反感的外观。它奇异的形状是通过放大来自人类打喷嚏的 3D 扫描的微小颗粒图像而形成的。这还不是最特别的，该系列中的五种设计均以不同的鼻腔疾病命名：流感、鼻窦炎、流鼻涕、花粉过敏和恶臭的分泌物。万德斯将 3D 打印技术推向了极致，与此同时也不断挑战大多数人品位舒适区的极限。**LJ**

👁 焦点

1. 中空

扫描后的打喷嚏图像传输至计算机上形成 3D 数字图像，从中挑选 5 个微粒，并一一放大作为制作花瓶的基础。通过操控图像将这个容器做成空心的，用来插花

2. 弯曲状

通过 3D 扫描把人在打喷嚏时喷出的分散黏液颗粒记录下来，做成这种不规则的流体形状。一般精密工程或者医疗程序中才会用到扫描仪，但是万德斯却使用它们创作了这件实验性设计作品

3. 塑料

这个花瓶的原材料是聚酰胺塑料，采用了一种称为"快速原型制作"的数字控制工艺。这种技术有时也被称为"3D 打印"，已经发展成为生产精确的一次性原型产品的方法，但这一次，万德斯用该技术生产的模型就是最终产品

🕐 设计师传略

1963—1988 年

马塞尔·万德斯出生于荷兰的博克斯特尔。由于被埃因霍芬设计学院开除，他就读于阿纳姆的阿尔特兹艺术大学，并于 1988 年毕业。

1989 年—

万德斯最初与荷兰激进设计团体楚格合作，但是直到 1995 年，他在阿姆斯特丹建立自己的设计工作室——"万德斯的奇迹"后，才开始声名大振。2001 年，他与别人合作创立了 Moooi 品牌。

▲ 万德斯凭借结绳椅（1996 年）建立了自己的知名度。万德斯将绳子浸泡在环氧树脂中以增强其坚固性，绳子一旦硬化，承受一人的重量也不在话下

卡拉什尼科夫 AK47 冲锋枪台灯 2005 年

菲利普·斯塔克 1949 年—

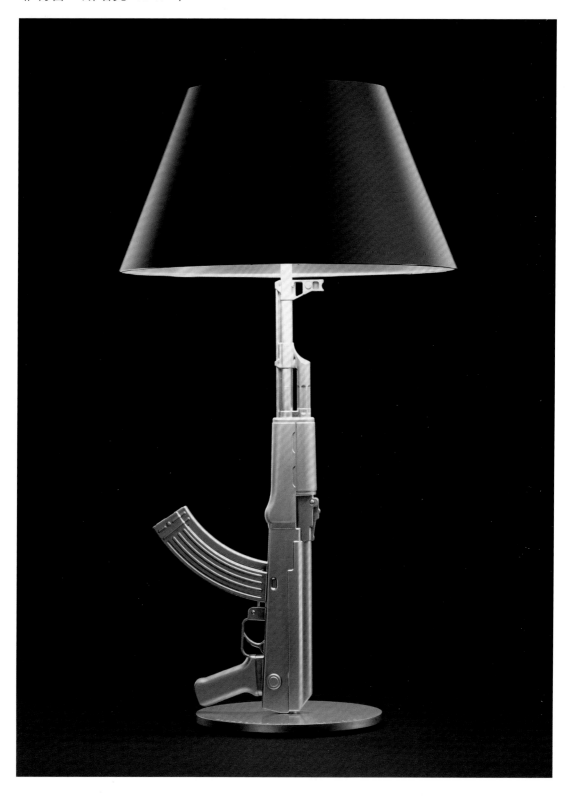

菲利普·斯塔克曾为意大利照明品牌 Flos 公司设计了仿照卡拉什尼科夫 AK47 半自动步枪制成的台灯，这是"枪"系列产品中的一件，该系列还包括一个基座仿照贝雷塔手枪制成的床头灯和仿 M16 步枪制成的落地灯。他可能并没有公开表示想要造成震惊效果，他声称这一系列"只不过是时代的标志"，但是除了非常昂贵的价格之外，镀金的外观也具有争议性。

在他的作品《致敬生命，致敬死亡》中，斯塔克指出"设计、生产、销售、向往、购买和使用武器已经成为我们的新标志……我们得到了应得的象征符号"。这些设计是对地缘政治、恐怖主义和军火贸易的评论，充满争议，而且会不可避免地引发品位差的指控，然而这些作品也突出了存在于设计师与行业之间的内在关系中更深层次的悖论，或者说是设计师在制作这些用来销售的商品时，发挥了艺术家的批判自由，而这一点对艺术家来说至关重要。正如领先的设计评论家兼伦敦设计博物馆馆长德扬·苏季奇（Deyan Sudjic，1952 年—　）在《事物的语言》（The Language of Things，2009 年）一书中写道："对于一个设计师来说，设计一件受到批判的作品就是忘恩负义。"如果卡拉什尼科夫冲锋枪台灯是一个讽刺，他继续写道，那么"它很可能不会引起车臣军阀或哥伦比亚教父的关注，因为他们会以为这不过是一件适合放到卧室的配饰而已"。**EW**

镀金压铸铝
92.4cm × 50.8cm

👁 焦点

1. 黑色灯罩

AK47 台灯的枪筒指向黑色灯罩，斯塔克将其描述为死亡的象征；装饰灯罩内部的十字架用来"提醒我们死去的人"。这款灯还有一款更便宜的版本，配有镀铬银饰面和白色灯罩

2. 金色枪体

灯体是卡拉什尼科夫 AK47 突击步枪的仿制品，由压铸铝制成，涂有注塑成型的聚合物，并镀有 18K 金。斯塔克解释说，昂贵的镀金旨在表明"金钱和战争之间的勾结"

混杂的信息

斯塔克曾说过："我是一名设计师，设计是我唯一的武器，我用它来讲述重要的事物。"

从表面上看，镀金武器形式的灯可能会被视为美化战争、暴力和流血，甚至构成一种雄武的"金光闪闪"，但是斯塔克和 Flos 公司一直在竭力使产品远离这些肤浅的阐释。Flos 公司声明将把公司该系列销售额的 20% 捐赠给旨在消除全球贫穷的慈善机构 Frères des Hommes。

斯塔克本人则更加含糊其词，他说过会将台灯销售额的一部分捐赠给国际医疗人道主义组织——无国界医生，剩下的会作为佣金支付给米哈伊尔·季莫费耶维奇·卡拉什尼科夫（Mikhail Kalashnikov，1919—2013 年），正是这位苏联设计师设计了这把全球销售量超过一亿的枪（右图），但他却从来没有收到任何版税。

新英式装饰

1 9 世纪末 20 世纪初，图案被认为是室内装饰的一个组成要素，不论是提花编织的丝绸锦缎挂毯还是雕版印刷的工艺美术墙纸。随着现代主义的到来，图案饰品引发更大的争议，极简主义者和繁复主义者之间的分歧也愈演愈烈，前者谴责装饰即犯罪，而后者则喜爱色彩与图案。这场战争一直持续至今。

20 世纪 90 年代，极简主义占据主导地位。墙纸毫无时尚可言，装饰布料也失去了往日的吸引力。浅色墙纸成为流行事物，装饰变成一种肮脏的词汇。千禧年之际，图案逐渐复兴，展现了对这种空虚状态的反抗，反映对视觉刺激的极大渴望。随着 21 世纪的到来，人们的态度也正在悄然改变。

格拉斯哥设计公司 Timorous Beasties 的两个合伙人在这场态度转变潮流中发挥了重要的作用。20 世纪 90 年代，两人凭借富有想象力、设计巧妙的丝网印刷面料，例如格拉斯哥亚麻布（2004 年；详见第 510 页），保持了图案装饰的活力。后来，两人的创作扩展至墙纸领域，这也推动了随后的墙纸复兴。墙纸设计奇迹般的复兴成为 21 世纪设计领域的轰动事件之一。年轻的设计师自由地接纳这种陌生的设计方式，并赋予其现代意义，开拓新的市

重要事件

1990 年	1997 年	1997 年	1999 年	1999 年	2000 年
织物设计师保罗·西蒙斯（1967 年—）与阿利斯泰尔·麦考利（1967 年—）合伙在苏格兰格拉斯哥创建了 Timorous Beasties 工作室。	多姆尼克·柯林森（1963 年—）开发了一项数字印刷瓷砖的技术，随后在 1998 年推出自己的第一个系列产品。	设计师特蕾西·肯德尔（1957 年—）推出 Graphic——一款大型落地式手工丝网印刷系列壁纸。	詹姆斯·布伦从英国皇家艺术学院毕业后，创作了错视图虚幻画系列作品。	英国皇家艺术学院纺织专业毕业生黛博拉·鲍内斯建立工作室设计装饰墙纸。	荷兰设计师海拉·荣格里斯开始在设计中引入刺绣元素，大陶瓷花瓶《巨人王子》就是一个例子。

场。19 世纪，一种落地样式的全景墙纸成为墙纸行业的珍品。黛博拉·鲍内斯（Deborah Bowness，1974 年— ）意识到这种装饰壁纸在改变内饰设计方面拥有巨大潜力，于是重振这种古老的设计想法。鲍内斯没有设计外部景观图像，而是创作了室内景观墙纸，墙上主要描绘了日常物品，例如挂在衣钩上的衣物（见图 1）。

计算机辅助设计为设计实验开辟了新的机会，数字印刷也在生产中发挥着重要作用。数字科技改变了当代设计的面貌，引发了图案装饰的美学革命，不仅局限于织物和墙纸领域，还包括层压板和瓷砖等其他领域。装饰图案设计师詹姆斯·布伦就充分发挥了计算机技术的创造性潜力，他创作的错视图虚幻画于 1999 年推出，其中包括一些引人注目的设计，例如软壁病房（1999 年；见图 2）。布伦从特写照片中扫描细节，拉伸图像，改变色调平衡，使用这种方法创造出来的虚拟纹理总表现出一种怪异的美。这些纹理通过数字印刷的方式印在织物上（例如丝绒），除此之外还应用于塑料层压板和垫子的制作中。

图案装饰已成为英国设计中一种根深蒂固的想法，所以荷兰设计师托德·布歇尔用花朵和叶子串联成的花环灯（详见第 508 页）受到英国人的热烈欢迎，成为 2002 年英国爱必居商店的畅销产品，这一点也不足为奇。几年之后，包括瑞典的弗龙特设计团队与荷兰的海拉·荣格里斯在内的设计师们接受了装饰艺术，乐于使用这曾经的设计禁忌，由此装饰时尚也逐渐传播开来。**LJ**

1. 黛博拉·鲍内斯设计的连衣裙壁纸（2000年）就像一幅错视图艺术品，颜色由手工混合，使用丝网印刷方法制成

2. 起初，詹姆斯·布伦（James Bullen）创作的错视图虚幻版画主要用于面料设计，随后他将这些设计应用到一系列墙壁艺术中

花环灯 2002 年
托德·布歇尔 1968 年—

2002 年，荷兰设计师托德·布歇尔为爱必居打造的花团锦簇的花环灯和为施华洛世奇打造的闪亮花朵枝形吊灯推出，装饰设计由此进入高潮。花环灯是布歇尔创作的星期三系列中的核心产品，这是一组融合了具有童话效果的树叶、花朵和动物的设计作品，除花环灯外，该系列还包括一张配有穿孔不锈钢桌面、使用计算机数控机器装饰的木质餐桌，以及一个底部装饰着类似刺绣的针刺图案的玻璃碗。这些设计品之所以如此引人注目，是因为它们与布歇尔以前的作品风格完全不同，布歇尔以前的设计追求简单、朴实、实用，没有一丝装饰。他设计的简陋家具（1998 年）由一些废木头和破毯子打造而成，主要为了表现生活在城市中的艰辛。而他在设计花环灯时，有意地放弃了节俭风格，开始采用过度奢华的装饰。而且，很浪漫的一点就是这款灯的设计灵感来自他刚出生的女儿，同时也反映了他对图案装饰越来越感兴趣。这款灯由细薄的光蚀刻金属制成，带有金色、银色或铜色饰面，反映了科技的创新与美学的突破，标志着经过一段时间的极简主义统治后，装饰艺术胜利回归。花环灯预示着布歇尔的事业迈向了一个激动人心的新阶段，而设计也步入了一个新时代。**LJ**

蚀刻金属
160cm

👁 焦点

1. 光影效果

精致优雅的光蚀刻图案使"灯罩"看起来像花边一样。这款灯就像一个装饰用的滤光器，在天花板和墙壁上投下漂亮的影子，营造出一种独特的气氛，与传统灯饰形成的效果完全不同

2. 光蚀刻金属

这款灯所用的材料来自极薄的金属片，精致的图案是通过光刻制作的，这是一种低成本工艺，一般用于制作医用过滤器和电脑零件。柔软的金属围绕灯泡弯曲成型

3. 花卉图案

这个灯最鲜明的特色就是奢华的花卉装饰。浓密的小树叶和花朵包裹着灯泡，或串联，或攀缘，或缠绕着电线。花环直接遮住灯泡，仿佛一株真正的植物正在灯上生长

布歇尔和施华洛世奇

施华洛世奇曾经邀请几位著名的设计师重新打造一款吊灯，作为水晶宫项目的一件产品在 2002 年的米兰家具展中展出，布歇尔就是其中一位受邀的设计师。他设计的花朵枝形吊灯（上图）也是一件非凡的作品，钢框架镶嵌着施华洛世奇水晶玻璃，通过程序设置闪烁的 LED 照明灯，让人一看就想到开满花朵的树枝。这件作品纯粹繁复的装饰营造出一种闪烁的童话般的氛围，加上繁茂的花卉图像以及奢华的材料，引起了媒体的关注。

格拉斯哥亚麻印花面料 2004 年

保罗·西蒙斯 1967 年— 阿利斯泰尔·麦考利 1967 年—

格拉斯哥亚麻印花面料是在亚麻布上手工印制图案制成的，有红色和蓝色两个版本

⚙ 图像局部示意

1990 年，保罗·西蒙斯和阿利斯泰尔·麦考利共同创立了 Timorous Beasties，那个时期，商业图案设计逐渐变得死板且枯燥乏味，Timorous Beasties 的成立为英国纺织品和墙纸设计注入一股新鲜的血液。起初，Timorous Beasties 为一些成熟的公司提供图案设计，但后来他们发现主流设计的限制过于严格，于是开始独立生产自己的产品。

Timorous Beasties 设计的作品展现出一种奔放的折中主义以及俏皮的颠覆精神。他们从电视机、互联网、历史样本书籍等不同资源中汲取灵感，将一些明显不相符、不协调的元素混搭，创造一些发人深省、造成视觉刺激的混合设计。他们最有效的设计策略之一是将历史和现代元素交织在一起，例如格拉斯哥亚麻印花面料，借鉴了 18 世纪亚麻面料的成分和颜色，以一种后工业化角度探索 21 世纪的社会问题。这件设计故意造成一种误解，乍一看，就像是一件传统的棉麻面料，只有经过仔细观察后，其真正的设计本质才会显露出来。这种初始印象和突然的认知反差形成的冲击提升了这件设计的影响力。**LJ**

1. 教堂

这件设计融合了众多格拉斯哥地标性建筑，例如查尔斯·雷尼·马金托什设计的位于玛丽丘的自由教堂和陵园墓地，此外设计中还出现了一些现代建筑，包括三座高层塔楼

2. 树

Timorous Beasties 采用了传统淡底亚麻织物的设计风格，但通过使用逼真的城市生活快照代替农村田园风情，赋予了壁纸 21 世纪的特色。从中可以看见一个拿着啤酒痛饮的流浪汉，一个在树边小便的年轻人以及在公园长凳上吸毒的瘾君子

🕐 设计师传略

1967—1989 年

保罗·西蒙斯和阿利斯泰尔·麦考利二人都出生于 1967 年。1984 年，他们在格拉斯哥艺术学校相识，他们都主修印花纺织品设计，并于 1988 年毕业。之后，西蒙斯进入伦敦皇家艺术学院继续攻读艺术硕士，麦考利进入时装和纺织工作室短暂工作，后来在格拉斯哥修读研究生课程。

1990—2003 年

1990 年，二人成立了 Timorous Beasties 公司，最初，公司主要小批量生产丝网印刷纺织品，不久之后，公司的生产领域扩展到壁纸行业，促进这种过时的媒介走向复兴。

2004 年—

2004 年，Timorous Beasties 在格拉斯哥开办了一间店铺，并在伦敦的设计师区推出了格拉斯哥亚麻印花面料。2005 年，二人被提名为设计博物馆的年度设计师。2007 年，他们在伦敦开办了一间展厅，并在邓迪当代艺术馆共同策划了"废墟中的孔雀"展览，探索内饰设计中使用自然之物的历史。他们的最新项目包括 2015 年为英国布莱顿的希尔顿大都会酒店定制的艺术品。

▲ 英国和法国从 18 世纪中期开始生产这种淡底印花亚麻织物，主要描绘了一些理想化的场景，比如农村景观中出现的侍女和牧羊女

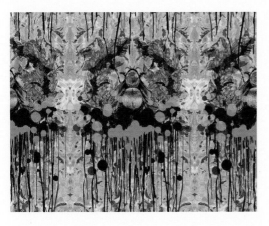

作为武器的壁纸

　　20 世纪 90 年代早期，Timorous Beasties 建立时，壁纸并不流行，就连艺术实验也很少会用它作为媒介。正是多亏了他们的创新能力，壁纸设计开始复兴并再一次广泛应用于室内装饰。Timorous Beasties 充分发掘壁纸的视觉效果潜力，不仅仅是把它们当作一件设计，更重要的是作为可以吸引人们注意力的装饰武器。他们先设计图纸，充分展现设计的活力和即时性，之后开始在电脑上操控创作生动的多层艺术作品，并使用一种惊艳的亚光和有光泽的色料混合印刷，有时还会出现一些金属色的高光。在一些极端的情况下，他们设计的壁纸是高压电艺术作品，《血腥帝国》（左图）就是个例子，在这幅作品中，蜜蜂身上溅满了油漆。

实践设计

1. 《另一种颜色》（2013 年）是特蕾西·肯德尔定制系列作品的其中一件，在这个设计中，壁纸的衬背上镶嵌着大量彩纸

2. 卡莱尔·诺克罗斯设计的 850 灯（1999年）受到评论界的一致好评。灯上的塑料尼龙绑带可以根据需要染色

3. 麦克斯·兰姆的作品阳极氧化椅（2015年）由螺栓固定的三块铝板制成，分为光滑和粗糙两个版本

自千禧年之后，装饰图案逐渐复兴，除此之外，当代设计中还有另一项更令人惊奇的发展，那就是工艺品的再度流行。考虑到 20 世纪 90 年代，手工艺和装饰都被边缘化了，这二者的复兴也不能说毫无关系。而且，自 20 世纪 70 年代工艺设计复兴以来，虽然手工艺人在工业设计领域取得了突破性的进展，但是主流设计界依然对这种工艺有些怀疑。20 世纪 80 年代，手工艺人的形象有所更新，已经被称为设计制造者，即使在这种情况下，"纯粹"的手工艺产品依然无法与依靠技术设计的工业设计师的作品相提并论，甚至在设计杂志中都很少被提及。当时的教育系统倾向于引导学生朝着一个方向发展，并不鼓励他们跨方向兼容发展，所以也进一步加剧了这种分歧。自从诸如伦敦皇家艺术学院和荷兰埃因霍芬设计学院等知名机构倡导更加自由的设计教育方式之后，人们对手工艺的态度开始发生变化，这一切并非巧合。

自千禧年来，工艺获得了新的生命，工艺本身成为一种创意媒介，并且在设计生产方面发挥了创造性作用，现在人们认识到动手实践可以成为设计生产过程中很有价值的一部分。在如今这个日益发展的自动化和数字化时代，手工产品，例如埃德蒙·德·瓦尔（Edmund de Waal，1964 年— ）设计的精致的陶瓷花瓶以及麦克斯·兰姆（Max Lamb，1980 年— ）设计的毛边家具（见图 3），开始被视为真实性的代名词。我们的日常生活开始更多依赖计算机和数字设备，而手工艺则使我们可以接触到真实的物体，这种感觉令人安心，

重要事件

1996 年	1997 年	1998 年	2001 年	2002 年	2002 年
荷兰设计师海拉·荣格里斯的作品在阿姆斯特丹市立博物馆举办的"自制设计"展览中展出。	翁贝托·坎帕纳和费尔南多·坎帕纳首次亮相米兰家具展，次年，他们与 Edra 合作参展。	荷兰设计师尤尔根·贝在鹿特丹成立了自己的设计工作室，结束了自 1990 起 与 Konings 建立的合作关系。	伦敦工艺委员会画廊举办的"一个行业"展览重点关注了自 20 世纪 80 年代以来出现的设计制造商。	菲登出版社出版了《勺子》杂志，概述了当代国际设计产品，手工艺人的作品也包括在内。	马腾·巴斯在荷兰埃因霍芬设计学院毕业展览中展出自己首个烟系列家具作品。

刺激我们的感官,帮我们从遥远的虚拟世界中解脱出来。21世纪,手工艺成为正当的设计,开始焕发生机,其中翁贝托·坎帕纳与费尔南多·坎帕纳设计的那件非凡的雕塑品(详见第516页)、马蒂诺·甘佩尔(Martino Gamper,1961年—)创作的有趣的混合家具(详见第518页)及托马斯·赫斯维克(Thomas Heatherwick,1970年—)所展现出的对材料的卓越的把握能力就是一些生动的实例。

　　还有其他一些因素也对手工设计的发展起到促进作用。过去,欧洲并不珍视橱柜制造和玻璃制造这种技术行业,但是随着手工生产逐渐大规模转移至远东地区,尤其是中国,英国等国家流失了大量的技术和专业工人。Ercol公司的产品和技艺之所以如此受欢迎,就是因为像它这样结合机器和娴熟的手工技艺精心制造高品质家具的公司已经不多了。虽然电器产品得益于标准化的生产,但在内饰设计的其他领域,例如家具设计,使用这种一刀切的方法只会使产品变得平淡无奇,而像埃莉诺·普里查德(Eleanor Pritchard,1971年—)和马戈·塞尔比(Margo Selby)这样的手工编制匠之所以能取得成功,就是因为他们将手工技艺与机器编织相结合,创造出色彩、质地和图案丰富的纺织品。同样,在壁纸领域,像特蕾西·肯德尔这样的独立设计制造商也激起了人们对能产生视觉刺激的那些定制艺术品的兴趣,比如说她手工缝制而成的3D纹理壁纸设计——《另一种颜色》(见图1)就受到了广泛的关注。

　　除了壁纸领域外,设计制造商们,例如克莱尔·诺克罗斯和莎伦·马斯顿,就通过改进产品改变了照明领域的媒介,其中,手工制作和装饰是设计过程中不可或缺的一部分。诺克罗斯曾在爱必居公司担任过几年的照明设计总监,其间她使用塑料扎带制作了一个巨大的塑料毛球灯——850灯(见图2),并由爱必居公司将其打造成吊灯投入生产。也就是在公司的这段时间,她意识到托德·布歇尔为爱必居设计的花环吊灯(2002年;详见第508页)市场潜力无限,因为这款数字设计的工业设计品成功地展示了剪纸工艺美学。

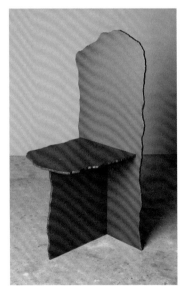

　　对手工艺的再一次肯定除了激活了大众市场外,也对前卫设计产生了重要的影响。楚格设计团体的发源地荷兰一直很推崇手工设计,楚格设计的第一代设计师们有意识地开发利用手工制作的瑕疵,使自己的作品从众多精致的商业设计品中脱颖而出。他们的这种做法也影响了年轻的设计师们,例如马腾·巴斯(Maarten Baas,1978年—)就将工艺生产的原则作为保持其作品生动自然性的一种方式。虽然巴斯的设计(详见第514页)并不属于传统意义上的手工艺制作,但作品本身都体现了很强的实践操作性。**LJ**

烟系列家具 2002—2004 年
马腾 · 巴斯 1978 年—

烧过的实木，使用环氧树脂固化，
防火泡沫皮革内饰
105cm × 72cm × 72cm

尽管马腾·巴斯的这件设计品具有很强的概念性，但它也涉及手工制造和还原的过程。巴斯致力于实践设计，所以他决定在荷兰南部的一座农场里成立工作室，而他的众多家具设计也诞生于此。具有讽刺意味的是，他最著名的烟系列家具是通过燃烧和部分毁坏现成物品制作而成的，这种任性可以说是巴斯精神的基础。

这种重新解读和挪用的想法并不新奇，早在一个世纪前，马塞尔·杜尚就将它付诸实践了。巴斯创作的烟系列产品主要在于彻底改变"现成"物品，并保留其残骸重新加以利用。针对这种设计方式，社会上出现了几种潜在的解读：这是一种对变幻无常的时尚做出的恶作剧式的反思；这是一种对社会浪费的批判或者是对资产阶级怀旧倾向的评论。烟系列产品从某些方面来看是对传统设计的一种挑战，它的创作肆无忌惮，并没有什么固定的解读，如何解读这些奇怪的物件，完全取决于我们自己。**LJ**

👁 焦点

1. 保留下来的遗迹
设计师使用环氧树脂将椅子完全摧毁的那部分（也就是烧焦后的残留物）小心翼翼地包裹住，保存下来。环氧树脂不仅可以硬化脆弱的木质结构以及容易脱落的表面，还可以作为防腐剂防止座椅进一步腐化

2. 哥特传统
从客观来看，如果从纯粹的美学层面欣赏的话，烟椅可以说是展现了具有几百年历史的哥特传统，这种巴洛克风格座椅自带的阴森的黑色皮革以及深凹的纽扣状软垫进一步加深了这种印象

🕐 设计师传略

1978—2004 年
马腾·巴斯出生于荷兰，在埃因霍芬设计学院学习，随后前往意大利米兰理工大学继续学习。2000 年，他重返埃因霍芬设计学院，并于 2002 年为他的毕业展创作了烟系列。2004 年，Moooi 生产了烟系列中的三件作品。

2005 年—
2005 年，巴斯与贝斯·登·赫德（Bas den Herder）合作成立了 Baas & den Herder 工作室。2011 年，他设计的黏土家具在米兰家具展上展出。2012 年，该工作室开始以 Den Herder Production House 公司的名义生产分销其他设计师的作品。

巴洛克座椅

在巴斯的设计中，燃烧家具（例如荷兰品牌 Moooi 再造的巴洛克座椅；上图）已经成为"制作"的一个过程，他故意以这种方式激怒人们，树立自己破坏分子的名声，招致即时的骂名。他拍摄了大火燃烧的场面，引起人们关注这种技术的极端特性，并且证明这不仅仅是一种直观的视觉效果，这种技巧也是设计的一部分。

法维拉椅 2003 年

翁贝托·坎帕纳 1953 年—   费尔南多·坎帕纳 1961 年—

👁 焦点

1. 无框架结构

与传统座椅不同，法维拉座椅没有内部框架。它完全由未经过处理的木条拼成，经过手工装订形成一个承力结构。座椅的雏形由回收的废弃材料组装而成，但是成品通常使用松木或者柚木制成

2. 混乱中的秩序

虽然这件设计看起来杂乱无章，但其中的每个部件都经过精心组装，以打造出一把结构合理的座椅。木条的形状和大小各不相同，因此每把座椅都独一无二。木材组成的随机图案是影响座椅美感的主要元素

1997 年，这件由坎帕纳兄弟设计的雕塑家具亮相米兰家具展，十分抢眼，一经推出便赢得广泛的赞誉。法维拉座椅是兄弟二人最具代表性的作品之一，最初的设计想法形成于 1991 年，自 2003 年开始由意大利 Edra 公司负责生产。它的设计灵感来自巴西圣保罗贫民窟的木制棚屋，生活在这里的居民利用任何能用的材料搭建房屋、装饰家园，为了向他们这种智慧和创作力致敬，兄弟二人设计了这件作品。法维拉座椅既体现了设计师对材料的精湛处理，又形成了一种令人赞叹不已的雕塑风格，可以说将坎帕纳兄弟无与伦比的手工设计方式展现得淋漓尽致。

因为他们的家具设计复杂，使用了非常规的制作技术和材料，所以生产起来非常费力，而且每件设计的制作都需要高度熟练的手工操作能力。虽然坎帕纳兄弟的许多设计品都是以回收材料为基础制作的，但他们还是充分利用了五花八门的原材料和产品，包括钢丝绳、椰棕垫和一堆堆的毛绒玩具。正如坎帕纳兄弟曾经所说："设计首先要考虑材料，其次是形式，最后我们可以通过研究产品的人体工程学、局限性和功能来阐述产品的功能。" **LJ**

✪ 图像局部示意

松木或柚木
74cm × 67cm × 62cm

⏱ 设计师传略

1953—1984 年
坎帕纳兄弟二人都出生在巴西圣保罗。1977 年，翁贝托从圣保罗大学毕业后，最初的职业是一名律师，后来才开始追求雕塑事业。费尔南多曾于 1979 年至 1984 年在圣保罗艺术学院学习建筑，毕业后也开始投身雕塑事业。

1985—1997 年
从 20 世纪 90 年代开始，坎帕纳兄弟开始在纽约和圣保罗一些商业画廊展出他们的实验性家具作品，例如 Vermelha 座椅，但是真正令他们声名大噪的还是 1997 年参加的米兰家具展。

1998—2004 年
1998 年，意大利 Edra 公司开始生产坎帕纳兄弟的设计，同年，他们成为第一批在纽约市现代艺术博物馆展出作品的巴西设计师。2004 年，伦敦设计博物馆为他们举办了主要作品回顾展。

2005 年—
自 2005 年起，坎帕纳工作室开始与包括施华洛世奇、路易威登、看步、阿莱西和韦尼尼在内的不同公司展开合作，不断创造突破性的设计。2011 年，他们完成了希腊雅典一间酒店的内饰设计，这是他们首次进行室内装饰设计，一些元素让人想起法维拉椅。

巧用材料

在困难时期，人们不得不使用边角料或者回收来的废弃物缝缝补补将就使用，由此创造出的一些物品不仅满足了实用目的，还提供了一个很好的施展创意的途径，抹布地毯和被子就是这么来的。逆境中产生的智慧是坎帕纳兄弟不竭的灵感来源，尽管设计师本身并没有被迫自食其力，但是圣保罗贫民窟的居民在他们面前展示的聪明才智促使他们用一些司空见惯的材料设计出新的实用作品，包括瓦楞纸板、气泡膜和软管等。Vermelha 座椅（1993年；右图）的设计灵感就来自他们从街边摊贩那里买到的一大堆绳子，他们将色彩艳丽的绳子手工打结后编织成坐垫的样子，这件作品已经不单单是一般的回收利用了，而是通过重新利用现有的材料，发掘材料本身的雕塑潜力，从而赋予材料新的生命和用途。

百日百椅 2005—2007 年

马蒂诺·甘佩尔 1971 年—

马蒂诺·甘佩尔与他的导师罗恩·阿拉德一样，都善于自由思考设计方法，但是他的作品却很难归类，因为他忽略了传统的学科界限，设计的作品通常跨越艺术、手工艺和设计多个学科。他经常反思："我是一个设计师，因为我的作品是实用的，我关心作品的实用性；但我还是一个艺术家，因为我喜欢思考我的作品在特定背景下体现的意义；我就像一个手工艺人一样，使用传统的工具用别的东西来进行创作。"

甘佩尔自发进行的一些项目总是以家具设计作为切入点。迄今为止，他最具野心的设计项目恐怕要数"百日百椅"了，他从大批古董家具中收集零件，并使用这些零部件创作了一百件新式混合座椅。每一件作品都包含两把或三把椅子的回收零部件，原来的椅背在他的设计中可能会重新用作椅腿或者坐垫。为了避免出现两把相同的座椅，甘佩尔故意使用一些明显不搭的材料，比如塑料和胶合板，并将来自不同时代或风格对比鲜明的组件摆放在一起。作为一位训练有素的家具木匠，甘佩尔早就熟练掌握将零部件组装在一起的技巧，但他的目的是达到一种自发的创造性而非技术方面的完美。"百日百椅"作品既有趣又富有想象力，再一次肯定了在数字时代，熟练的手工和敏锐的大脑仍具有非凡的价值。**LJ**

◉ 图像局部示意

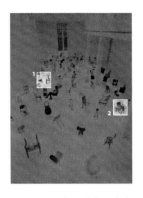

2009 年，这组设计作品在意大利米兰三年展设计博物馆中展出

👁 焦点

1. 回收的部件

甘佩尔从众多旧座椅中切割或者拆卸下来大量零部件，并将它们迅速重新组装在一起形成混合不同物理特性的原创作品

2. 混合设计

畸形的座椅既有趣又古怪，还带有些许邪恶。以传统审美角度来看，它们丑陋笨拙。虽然在混合装置中，不同的物体特性被混合在一起，但是这组作品中，每一个不和谐的元素都独立存在

🕐 设计师传略

1971—2000 年

马蒂诺·甘佩尔出生于意大利，曾是一名家具木匠学徒。他在维也纳美术学院学习雕塑，后来转向产品设计专业。1997 年，他搬到伦敦，并在皇家艺术学院继续攻读产品设计专业硕士，于 2000 年毕业。

2001—2008 年

甘佩尔成立自己的工作室后，开始参加各种设计活动。2008 年，"百日百椅"赢得英国生命保险设计年度大奖的家具奖。

2009 年—

2010 年，甘佩尔设计了多项家具作品，包括为 Magis 设计的 Vigna 座椅，以及为 Established & Sons（英国新锐设计师品牌）创作的 Sessel 座椅。2011 年，他赢得了莫罗索当代艺术奖。他最近的项目包括在英国艺术展展出的 Post Forma（2015 年）。

◀ 2014 年，伦敦蛇形画廊举办的"设计是一种精神状态"展览展出了甘佩尔设计的和平门书架（2009 年），这场展览由设计师策划，主要围绕"有趣的人从有趣的书架中收集的一些有趣事物"展开

良心设计

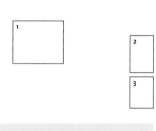

1. 这件获奖的盲文手套能协助手语用户与未经过手语训练的人轻松交流

2. 这款轻质的生命饮管仅有 31cm 长，直径为 3cm

3. 生态卫生厕所在南非制造，零部件运输到本地再组装

良心设计理念可能与可持续设计（详见第 524 页）在目标上有许多一致之处，但是这里描述的良心设计的定义却不尽相同：良心设计是指主动为一般意义上不构成经济市场的人们所进行的设计，包括为更广泛的市场提供更便宜的产品，例如"每个儿童一台笔记本电脑"（详见第 522 页），或者寻求以前由于缺乏明确需求而未被认识到的问题的解决方案。这个领域的设计师一般都已经了解到某个特定的问题，并且意识到如何寻求有效的解决方案。这些正是奥地利设计师维克多·帕帕奈克所传达的讯息，他曾在 1985 年《现实世界设计》（Design for the Real World）第二版的序言中写道："我们都是同一个地球村的公民，有义务帮助那些需要帮助的人。"

随着社会主义经济学家舒马赫对"中间技术"的见解加深，帕帕奈克的理念也得到了进一步发展。舒马赫认为我们需要"中间技术"，以确保战后世界现代化的发展不会排斥那些可能会崩溃死机或被抛弃的过于复杂的设备，因为战后，一些简单的替代产品就可以很好地完成工作。特雷弗·贝里斯（Trevor Baylis，1937 年—）设计的发条式收音机（1995 年）正是受到了这种思想的影响，他的这个设计就是为响应向非洲偏远地区传播医疗保健信息的需要而创建的，那些地区没有电力供应，并且买不起电池。

良心设计不一定是指产品。跳过化石燃料和重型基础设施阶段，直接步入

重要事件

1996 年	1998 年	1999 年	2002 年	2003 年	2004 年
特雷弗·贝里斯凭借 Freeplay 收音机赢得了 BBC 设计大奖的最佳产品和最佳设计奖。	斯德哥尔摩环境研究所出版《生态卫生》（Eco-logical Sanitation）一书，促进了安全回收人类排泄物方面的专业知识的传播。	弗伦德松公司推出 Per-maNet 蚊帐，这是一种长效杀虫蚊帐，有助于保护使用者免受疟疾侵害。	年仅 18 岁的瑞恩·帕特森发明了盲文手套，该手套可以将手部动作转化成文字显示在屏幕上。	北卡罗来纳州的威尔明顿推出填饱肚皮项目，目的是生产节省劳力的设备。	旺加里·马塔伊成为首位获得诺贝尔和平奖的环保主义者和非洲女性。

可再生能源与本地网络是可行的，例如使用太阳能代替生物燃料做饭。这样不仅解放了大量伐木捡柴工人，还减少了烟雾污染以及长期的森林砍伐现象。在曾经的肯尼亚，"绿带运动"的发起人兼诺贝尔和平奖获得者旺加里·马塔伊（Wangari Maathai）因其支持民主活动而受到政府的迫害，而如今的肯尼亚在安装小型太阳能发电系统和利用地热能方面处于世界领先地位。

供水系统和卫生设施对人们的生命会产生重要影响。目前有几种相对比较便宜的引水和钻井技术。除此之外，相较于发达地区使用的既昂贵又具有潜在污染的污水排水系统，干燥的堆肥厕所，例如生态卫生厕所（见图 3）是一种更加可靠的选择方案。这种堆肥厕所可以提取有用的化学物质，同时避免传统旱厕造成的地下水位污染问题。水污染通常发生在自然灾害之后，增加了本来就身处恶劣环境的幸存者和救援者患病的概率。瑞士弗伦德松公司生产的生命饮管（见图 2）是一种小型便携式塑料滤水器。当水被吸进管内时，滤芯内的微小净化孔会去除细菌和寄生虫。每根生命饮管可净化 1000 升水。这件获奖的设计品已在许多受灾地区使用，例如 2010 年经历大地震的海地以及经历洪水的巴基斯坦。较大型的版本可长期使用，也可用作家庭饮水管，同时还有供登山者和徒步者使用的消费者版本。

发达国家同样需要新鲜的设计方法。21 世纪早期，丹麦科灵设计学院便开始实施改革，注重将学生培养成可以重定义问题的调查者。在一个涉及现实生活的项目中，学生被要求设计一个能够从医院里焦虑的病人身上抽取血样的机器人，他们发现，如果机器人有一点类似于人的样子，患者对抽血的恐惧就会继续存在，于是他们想出了设计一个海豚形的座椅扶手的主意，在病人看不见的情况下抽血，这样就可以缓解病人的压力。

良心设计关注的一个主要方面是人类身体的缺陷，这种缺陷可能是终身的也可能是由于年龄增长或者事故所引起的，这一点与其他设计截然不同。2002 年，《时代周刊》提名瑞恩·帕特森（Ryan Patterson，1983 年—　）设计的盲文手套（见图 1）为年度最佳设计，该手套可以将手语转化成文字。帕特森高中时偶然看见了一位聋哑妇女在外卖餐厅点菜时遇到困难，于是产生了设计这个手套的想法。这个手套可以感知手部动作，并以无线方式传输到一个小型显示器上，最终以文字的方式显现。**AP**

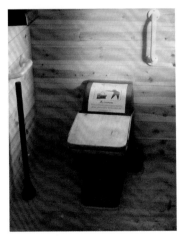

2005 年	2006 年	2008 年	2013 年	2013 年	2014 年
非营利组织 OLPC（每个儿童一台笔记本电脑）成立，旨在为发展中国家创造低成本、高效能的笔记本电脑。	丹麦科灵设计学院加入 Robocluster 项目，设计了一个可以从病人身上抽血的机器人。	意大利水泥集团（Italc-ementi Group）生产了自洁水泥 TX Active，可以分解城市空气中的污染物。	温饱项目推出"肥皂希望"计划，提议重新利用酒店或其他场所丢弃的肥皂。	WAM（可穿戴辅助材料）研究项目启动，旨在创造一种辅助行走的可穿戴式骨骼装置。	"净水书"项目推出，目的是制作含有银纳米颗粒、可净化水的过滤纸。

每个儿童一台笔记本电脑（OLPC）的 XO 手提电脑 2006 年

伊凡·贝哈尔 1967 年—

金属和塑料

24.2cm × 22.8cm × 3.2cm

2005 年，跨学科数字倡导者尼古拉斯·尼葛洛庞帝（Nicholas Negroponte）在突尼斯举办的世界信息技术峰会上发言，展示了为非营利组织 "每个儿童一台笔记本电脑"（OLPC）生产的价值 100 美元的手提电脑。OLPC 是他和来自麻省理工学院媒体实验室的前同事们设立的组织，其目的是通过一种新式、简单、低成本的模式在发展中国家推广网络的使用，这种模式足够强大，可以抵御任何事故。同年，瑞士设计师伊凡·贝哈尔与 OLPC 组织签约，他根据上述的基本要求为 OLPC 组织设计了 XO 手提电脑。选择亮绿色是为了减少这种为儿童设计的 XO 电脑在黑市的不正当交易。

　　设计师在设计 OLPC XO 电脑时，需要重新考虑所有组件，并做出调整以适应儿童用户的需求和操作能力。设计师选择用被动式散热代替风扇装置，减少驱动器和接口，只剩下 USB 接口。早期机型中还包括一个手摇发电机，但是现在使用一个简单的太阳能板代替为电池充电，这种电池的使用寿命很长。防震外壳上还配备一个提手，屏幕没有使用传统的冷阴极荧光灯而选择了低能耗的 LED 灯。电脑按照最初的想法配置 Windows 软件或者一个开放源代码的替代系统。维基百科提供其文章的离线文本作为预装软件的部分内容。虽然 XO 电脑具有以上优势，但是一些学生在一段时间后还是会停止使用，那么问题就暴露出来了：这种手提电脑能否更好地适应用户需求？ OLPC 组织有没有提供足够的 XO 电脑培训？ **AP**

✿ 图像局部示意

👁 焦点

1. 双天线

这两个无线天线可以向上旋转，便于连接网络和增强与邻近电脑的通信，从而进行交互式学习。这两个天线关闭时，就相当于闭锁装置，防止灰尘进入USB或者其他接口

2. 键盘

电子装置（包含闪存但不包括硬盘驱动）都设置于屏幕后方而非键盘下面。因为没有复杂的接线和电路板，所以键盘不容易受损

3. 可调屏幕

屏幕可以旋转180度，也可以平放，便于作为阅读器使用。许多发展中国家的孩子都是在光照强烈的户外学习，因此设计师必须确保在这种情况下屏幕内容可读

🕐 设计师传略

1967—1999 年

伊凡·贝哈尔出生于瑞士，曾先后在瑞士和美国加利福尼亚学习，之后进入硅谷工作。1999年他成立了自己的设计公司 Fuseproject。

2000 年—

自 2000 年开始，他投身于众多理想主义设计工作中，包括创建"从摇篮到摇篮"产品创新研究所（C2C），还担任可穿戴科技公司 Jawbone 的首席创意总监。2008 年，他为一个减少纽约市艾滋病毒、艾滋病和青少年怀孕的计划重新设计了纽约市避孕套的标志、包装以及自动贩卖机。他为国际活动"看得更清，才能学得更好"设计的低成本儿童定制眼镜已经在墨西哥和旧金山试点使用。2001 年，康泰纳仕创新与设计大奖将他评为年度设计师。

◀ 近年来，OLPC 组织一直受到公众的批判，大家认为学生使用 XO 电脑对提升测试分数几乎没有帮助，但是该组织回应说 XO 电脑已被证实是一种强大的自主学习工具

可持续性

1. 彪马公司设计的聪明环保鞋袋包装可供消费者重复使用，并且可以完全回收利用
2. 通过补充系统，水瓶可以直接连接到集中补充装置而且可以重复使用
3. 智能恒温器可感知用户家庭用暖需求，自行编程，从而节省能源

1987 年，世界环境与发展委员会发表《我们共同的未来》报告（又称《布伦特兰报告》），普及了"可持续发展"这个词。报告将之定义为"既能满足当代人的需要，又不对后代人满足其需要的能力构成危害的发展"。然而"可持续性"在明确定义前就一直存在。传统社会的人们已经发明了低技术的储水方法、在建筑内用隔热材料保存热量（冰屋原理），通过设计能够产生上升气流的形状来完成自然冷却，所有这些都以经验而非科学理论为指导。然而民间智慧也只能做到这种程度，许多利用自然过程的机会都被我们忽略了。

诸如生态和碳足迹等计量单位向我们解释了不可持续的生活方式会对某一地区、城市甚至全世界的承载能力所产生的问题。《布伦特兰报告》将"可持续"和"发展"这两个词联系起来，但是这也引起了许多争论，有人认为，以传统经济增长形式来看，无法做到可持续发展。"幸福星球指数"不是通过国内生产总值来衡量一个国家是否成功，而是根据幸福感、预期寿命和生态足迹的减少情况来衡量。这一指标表明西方社会以消费为基础的发展目标是不可持续的，因此建议设计在将来的可持续发展中转变自身角色，并对其潜在的有害影响进行了更广泛的概述。

有人认为，可持续性在很大程度上可以通过技术修复实现，从而允许经济和人口增长的基本假设能够像工业革命以来那样继续下去。可持续性活动家普遍承诺稳定的经济和人口，要实现这样的转型需要多种富有想象力的思维，所

重要事件

1995 年	1997 年	1998 年	2000 年	2002 年	2005 年
可持续设计中心在英国萨里郡的法纳姆建立，后来成为英国创作艺术大学。	提出通过减少温室气体排放来应对全球变暖的《京都议定书》通过。	位于德国弗莱堡的沃邦生态环保区开始建设，成为最著名的可持续发展模范地区之一。	英国建筑师比尔·邓斯特（Bill Dunster, 1960年— ）设计的位于伦敦南部的贝丁顿零能耗社区（BedZED）开始施工。	威廉·麦克唐纳和麦克·布朗嘉特合作出版了《"从摇篮到摇篮"：重塑我们的生产方式》（Cradle to Cradle: Remaking the Way We Make Things advocating upcycling）。	美国运动服装制造商耐克公司推出了 Nike Considered 可持续鞋子系列，其中包括由亚麻纤维制成的 Considered 靴子。

有这些思维都可以定义为更广泛意义上的设计——不仅仅指代产品设计，还包括分享资源的过程和方法，从而提供不仅仅能满足个人需求的东西。

　　尽管设计界的大部分人仍然基本上不关心可持续性，但是在某些领域有迹象表明设计师的环保意识有所增强。追求时尚的消费者逐渐掀起复古风潮，设计开始回归旧的制造形式和材料，进一步促进了可持续发展。美国建筑设计师威廉·麦克唐纳（William McDonough，1951 年— ）和德国化学家麦克·布朗嘉特（Michael Braungart，1958 年— ）倡导的"从摇篮到摇篮"的设计运动回收利用产品，赋予其二次生命，避免浪费和降解。日本设计工作室 Nendo 设计的卷心菜椅（2008 年；详见第 528 页）就是一个例子，向我们展示了生产褶皱面料过程中产生的废料是如何被改造成为一件家具而创造出新价值的。另外一个可持续的建议就是降低产品的修复难度从而限制"项目性报废"的产生。

　　一次性包装会产生很严重的环境问题，对海洋的危害尤为严重。瑞士设计师伊凡·贝哈尔（1967 年— ）为鞋子制造商彪马公司设计的聪明环保鞋袋包装（2010 年；见图 1）解决了纸箱盒和塑料袋造成的浪费现象。这种包装用无纺布聚酯袋包裹的纸板框架代替了传统的鞋盒或者塑料购物袋，可任意改造以作他用，而且材料都可以回收再利用。美国企业家杰森·福斯特（Jason Foster）构思的补充系统（2014 年）是专为家庭清洁产品设计的，这些产品大多都包含 90% 的水，只有 10% 的有效成分。福斯特彻底解决了这一问题，他设计的瓶子（见图 2）可直接连接到补充剂，而且可以重复使用，这样用户只需自己接水与之混合即可。

　　可持续能源涉及使用可再生能源以及能源效率问题。威尔士设计师洛斯·拉古路夫（1958 年— ）设计的太阳能树形路灯就是一个使用可再生能源的街头公共设施，同时作为一件公共艺术品，它也发挥了自身的作用，促进了可持续发展的传播。物联网有助于减少能源消耗。许多家用电器都会为消费者提供能源消耗评级信息，在这样的情况下，智能测量器就有用武之地了。美国家用电器公司鸟巢实验室（Nest Labs）发明了一款智能恒温器（2011 年；见图 3），可以感知用户供热需求，并据此自行编程设置，它还可以通过智能手机、平板电脑或笔记本电脑上的应用程序远程控制，因此无须为空房供暖。**AP**

树形太阳能路灯 2007 年

洛斯·拉古路夫 1958 年—

多年来，利用小型太阳能板发电的街道公共设施并不少见。2007年，威尔士设计师洛斯·拉古路夫为维也纳应用艺术博物馆设计了这款树形太阳能路灯，路灯由日本电器制造商夏普电子的子公司夏普太阳能集团提供技术支持，由意大利公司阿特米德生产制作。这并非第一款太阳能路灯，但相较之前，外观上有了很大的改善。树形太阳能路灯的顶部有一个朝上的花形头，可用来收集太阳能，向低能耗的LED灯供电。收集的能量储存在电池中，这样即使在冬天阴冷的天气中，路灯也可持续供电三天。天气晴朗的时候，能量进入电网。路灯可根据外部环境光线自动开关和调节亮度。

2012年的克勒肯维尔设计周期间，树形太阳能路灯在伦敦展出。拉古路夫谈到虽然对于一些人来说，街道公共设施只要默默待在不起眼的地方就足够了，但是他想把家用灯具设计体现的想象力在公共领域设计中展现出来，他问道："这些灯具或者这些街道公共设施展现的诗意在哪里？这些物件表现的柔美、宽恕又体现在何方？" **AP**

❖ 图像局部示意

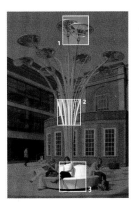

树形太阳能路灯的钢管外观涂着户外环氧树脂
浅绿色的外观会逐渐变成白色

◉ 焦点

1. 太阳能电池

拉古路夫认为应该将这些环保物件设计得更具美感，这样才不至于被现代社会排斥在外。树形太阳能路灯的设计仿照生物形态，就像树枝上挂满了花蕾。每个杆的顶端朝上的平面都装有收集太阳能的光伏电池

2. 弯曲的灯杆

树形太阳能路灯的设计样式和颜色让人联想到19世纪新艺术运动（详见第92页），这一时期，设计师们开始思考电力照明产品具备的美学表现潜力。这款树形太阳能路灯弯弯曲曲的灯杆犹如植物的茎一般

3. 户外坐凳

树形太阳能路灯的基座周围环绕着钢筋水泥制成的圆形坐凳，使其成为城市环境中的社交聚会场所。灯杆和顶部电池板就像树枝和树冠一样起到遮阴作用。灯杆最长可高于街面5.5米

离网型太阳能发电系统

目前全球能源价格持续上涨，经济实惠成为支持离网供电系统最明显的理由，但支持低环境负荷的小规模可再生能源的呼声同样强烈。随着气候变化引发更多极端天气，这种能从紧急情况中幸存下来的可能性还是很吸引人的。罗伯·霍普金斯（Rob Hopkins，1968年— ）是英国环境学家，同时也是"转型"网络慈善机构的创始人之一，根据他的说法，复原力是未来发展的一个关键概念，这就涉及开发当地资源，培养多项擅长的技能，比如种植食物、修理物品、维护能源系统、喂养家畜。

卷心菜椅 2008 年

Nendo 设计工作室 成立于 2002 年

👁 焦点

1. 层

设计师按层剥离材料，打造出座椅蓬松的外观。这把椅子是用一卷褶皱的无纺布制成的，设计师沿着半径从顶部到中间逐层切割，由此制成这把座椅。三宅一生将座椅命名为"卷心菜椅"，指的就是座椅的分层结构

2. 座位

座位的高度取决于将织物卷固定到位的胶带环的高度。剥离的布层形成一个稳固的结构，即使没有任何额外的支撑，人们也可以舒适地坐在上面。而褶皱的布料则增添了座椅的弹性和柔软度

2008 年，日本设计工作室 Nendo 为东京 XXIst Century Man 展览创作了卷心菜座椅。这场展览由日本时尚设计师三宅一生（Issey Miyake，1938 年— ）策划，他要求 Nendo 用褶皱纸制作家具，褶皱纸是在为织物制作褶皱的过程中产生的副产品，一般会被丢弃，但三宅一生广泛使用褶皱纸。这些褶皱纸被丢弃前都被滚成一个卷筒并用胶带缠绕起来。Nendo 最初的想法是把它们和其他材料结合起来，但他们并没有这么做，Nendo 创始人之一佐藤大（Oki Sato，1977 年— ）解释道："我们只是把滚成卷筒的纸扒下来，就像扒玉米皮一样。我们这不是真正的设计，只是发现了这件设计品而已。把这些褶皱纸卷起来，然后开始扒下来。"

设计师将褶皱纸卷成筒状，并在略高于一半的位置用胶带捆绑起来，然后把上边的部分切开，从外向内把"叶子"剥下来，这样一卷褶皱纸就变成一把座椅了。Nendo 设计的这把座椅的雏形是用纸做的，后来继续使用无纺布制作了和实物同样大小的版本。这把座椅有多种颜色可供选择：白色、蓝色、淡绿色、橙色以及樱桃红，每种颜色都有一定的色调变化。其实 Nendo 的设计初衷是可以仅运输一卷材料，剩下的就由买家自己组装，这样就节省了分销成本。**AP**

无纺布
64cm × 75cm × 75cm

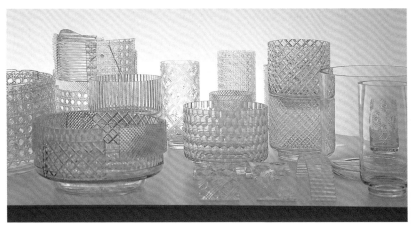

◀ 2013 年，Nendo 为英国玻璃制造商 Lasvit 设计了玻璃拼接系列产品。这套系列产品既使用了波希米亚玻璃的精细切割技术，同时也采用了平板玻璃的传统生产方法，即把吹进圆筒的玻璃切割、打开，之后压制成平板玻璃。Nendo 重新加热装饰有传统雕花玻璃图案的物体，然后切开，之后再接合在一起，形成一个更大的物体。这个制作过程就相当于将碎布片拼接在一起制成一床拼布被子

情感永续设计

2005 年，英国学者乔纳森·查普曼（Jonathan Chapman，1974 年— ）在《情感永续设计》一书中概述了"情感永续设计"这一概念。这一概念也加入了可持续设计的讨论中，它声明产品需要以一种不会过时的方式来满足消费者：产品被珍视、收藏而不会被丢弃。而这一点可能会导致设计追求复古的外观和感觉，就像德国零售商 Manufactum 出售的传统风格的产品，比如纸板手提箱（右图），就是以一种机智的方式重现标准，或者将产品固有的视觉触觉品质与新鲜的外观结合起来。

现代复古风

"**现**代复古"这两个词放在一起明显自相矛盾，毕竟"现代"的本质就是放弃过去。不过现代时期却出现了几波历史复兴潮。大多数人都不欣赏父母那一代的风格，而他们的父母也曾经看不上祖父辈的时尚。因此，人们通过重返奶奶那一辈的穿衣风格、学习爷爷的技术来表明自己的反叛精神，这么做并不出奇。

虽然有些人认为这种复兴的动机和效果都微不足道，但是对博物馆学、收藏以及大众品位的研究来说却意义非凡。1960 年，纽约现代艺术博物馆举办的"新艺术运动"展览引发了一场特殊的原始现代主义风格的复兴运动，美国女作家苏珊·桑塔格（Susan Sontag）将这种风格理解为对当下持怀疑态度的讽刺。这种模式在之后的复兴运动中一直存在。20 世纪 60 年代开启了文化多元主义和相对主义时期，这一时期也被称为后现代主义时期，在此期间，风格与支撑现代主义的社会政治道德之间单一僵化的联系被抛弃，近期以来更广泛的设计历史开始具有重要意义。20 世纪七八十年代，随着新艺术复兴运动的

重要事件

1997 年	1998 年	1999 年	1999 年	2004 年	2007 年
意大利斯迈格公司推出 FAB 系列五色复古冰箱，该系列随后扩展到其他电器种类。	1994 年，大众公司重新设计了经典甲壳虫系列，对外推出"Concept One"展示车，随后又于 1998 年推出新式甲壳虫汽车。	英国广播公司推出数字音频广播（DAB）。21世纪初期，罗伯茨收音机公司推出了复古风格的 RD60 Revival DAB（详见第 534 页）。	"潮人"或"仿波希米亚风"（fauxhemian）开始有"先别人一步知道独家事件"的意思。	维特拉的家庭系列重新推出了 20 世纪 30年代到 60 年代的"现代经典"座椅。	菲亚特也加入了由大众甲壳虫引领的"重新设计，更新经典"潮流，重新设计了其标志车型菲亚特 500（详见第 532 页）。

发展，装饰艺术复兴也随之展开，20 世纪 90 年代，该世纪中叶的现代风格重新流行起来，被冠以"复古"称谓，至今仍占主导地位。

这些复兴遵循一种可识别的模式，由风格领袖发起，他们在古董贸易、学术和博物馆以及复制品和大众媒体中引领潮流。保护建筑物也成为复兴周期的一部分，因为人们认为建筑完工后会比以往更快过时。早在 20 世纪 70 年代，人们保护历史文化遗产就不只是为了保护文物那么简单，这也是促进城市再生以及旅游业发展的一个有力措施，佛罗里达州迈阿密海滩的装饰艺术风格酒店就是一个实例。

复古风格更利于生意的进展。1964 年，意大利家具制造商卡西纳获得了复制勒·柯布西耶设计作品的权利，尽管当时柯布西耶仍在世，但他的作品除了几个专业人士熟悉外，早已被大众遗忘，而该做法也预示了一种更广泛的趋势。受其影响，家具行业开始出现"现代经典"这个概念。受到电影《雌雄大盗》（1967 年）的启发，劳拉·阿什利推出了轻盈的印花图案以及长裙，作为对玛丽·官造型的回应，男士长裤变得宽得离谱。唱片封面的图案设计也进一步促进了这种趋势的发展，例如大卫·克里斯汀为《披头士老歌集》（1966年）设计的图案以及彼得·布莱克和扬·海沃斯为《佩珀中士的孤独之心俱乐部乐队》（1967 年）设计的专辑封面。20 世纪 70 年代，复兴潮流开始博采众长，一派狂欢之景，当时不同的时尚风格的元素自由融合在一起，比如高雅艺术（在重制作品中通常指海报）以及广告和产品包装等世俗艺术交融起来，由此波普艺术运动的地位也有所提升。

伊丽莎白·古菲（Elizabeth Guffey）在《复古——复兴的文化》（Retro—The Culture of Revival，2006 年）一书中将现代复古定义为"艺术和文化时尚前沿为追求进一步发展而开始回顾过往的一种颠覆"。或许正是在千禧年之际，当"复古"这个词开始描述以前被称为"现代"的东西时，才是最具有讽刺意味的一点。在持续了 50 多年的这个周期里，很显然，复古并不是前进道路上一种短暂的反常现象，而是观察和理解世界的新方式中不可缺少的一部分。这种复古趋势目前越来越具有吸引力了，一方面是由于可通过网络获取的图片越来越多，另一方面则是因为抵制众多虚拟体验的大众希望体会真实的触觉感受，他们在阅读精装书的同时吃纸杯蛋糕，或者穿着皮鞋和羊毛衣服，在一条受保护或者重建的街道上骑一辆大块头的复古自行车（见图 1）。复古潮流也可能以一种生态保护的形式出现，消费主义不再快速转换，人们将重点放在那些技术效率高且提供"情感永续"的物品上，例如，复古风格的斯迈格冰箱系列（见图 2）就正好属于这一类。**AP**

1. 这是瑞典斯肯特（Skeppshult）公司生产的复古风自行车。从车篮和护链罩的设计可以看出这是一辆利伯缇印花限量款自行车

2. 这是意大利制造商斯迈格生产的 FAB 冰箱。该公司于 1997 年用一个简单的冰箱模型制作推出色彩缤纷、复古风格的 FAB 系列冰箱

菲亚特 500 2007 年

罗伯特 · 吉埃里托 1962 年一

与原来的菲亚特 500 车型相比，新款菲亚特 500 的空间更大、舒适度更好、性能更高，但最吸引消费者的要数它的复古外形

1957 年，意大利主要汽车制造商菲亚特公司生产了由但丁 · 杰尔科萨（1905—1996 年）设计的经典 500 车型（或称 "米老鼠"）。作为拥有后置发动机的四人座最小客车，它的出现比奥斯汀 Mini 还早两年，它本想成为一个国家标志，然而于 1975 年停产。50 年后，菲亚特重新推出了由罗伯特 · 吉埃里托（1962 年— ）和弗兰克 · 史蒂芬森（Frank Stephenson，1959 年— ）共同设计的拥有圆形车身的新式菲亚特 500，设计师故意以一种复古方式唤起人们对老版 500 的记忆。

老版 500 车的车厢内部狭窄，相比之下新版 500 车型则要宽敞很多，但是外观看起来仍然小巧灵便。2014 年，家具设计师罗恩 · 阿拉德设计了菲亚特 2014 特别款，老版 500 车型的白色轮廓叠加在新版 500 车型的黑色车身上，凸显了新旧版本之间的差异。设计师设计新版 500 车型时特意减少内饰厚度从而增加车厢空间。而且新版 500 乘客座椅前面的仪表盘在需要时可以缩进，这样前排座椅便可向前推进，以增加后排座椅的腿部空间。（驾驶员座椅不可如此操作，2004 年推出的 Fiat Trepiùno 以一种幽默的方式说明了这一问题，因为这个名字的意思是 "三加一"。）

老版 500 车型从没有特别关注过车辆的安全性，那些身体健壮的老派意大利司机当然也没有特别在意。在意大利，新版 500 车型要经过详细的安全测试，还要加装安全气囊，与老版大不相同，但是在一些安全标准不是很严格的国家，公众依然可以以较低的价格购买到 "裸车"。**AP**

✪ 图像局部示意

1. 镀铬细节

设计师重新使用铬合金来突出门把手、窗饰、保险杠和后视镜，凸显这些与老版 500 车型有关的特点。但是车辆后方侧面出现的铬合金装饰条却是一个新特点，老版 500 车上并没有这种装饰条

2. 窗户

新版 500 车型的设计者既希望保证乘坐人的安全，又想要打造一种透明感。车窗玻璃设置在较高的腰线上方，而高轮拱以及驾驶员的位置设计则取自SUV（运动型多功能车）

3. 车前灯

圆形的前灯设计使车看起来如动物一般，这一点正是 1950 年代推出的老版 500 车型受欢迎的地方。同样，发动机罩边缘在两个前灯之间展开，终端微微向上翘起，汽车看起来就像在笑一样

🕒 设计师传略

1962—1989 年

罗伯特·吉埃里托于 1989 年加入菲亚特公司，成为一名精通计算机的设计师；他还曾是一名爵士贝斯。

1990 年—

汽车设计是一项团队活动。吉埃里托参与了菲亚特 Zic 铝框架电动车（1994 年）与 Ecobasic（2000 年）的设计工作，后者是一款完全由可回收材料制成的柴油城市车。他设计的菲亚特多功能家庭汽车于 1998 年至 2010 年间投入生产，这款汽车车身小巧，内部却很宽敞。与新版 500 车型一样，多功能汽车最初也是菲亚特产品中广受欢迎的一款车型，自他设计的新版 500 车型取得成功后，吉埃里托一直留在菲亚特公司，被汽车界业内人士称为"闻所未闻的设计大师"。

重塑经典

20 世纪中叶，汽车公司开始重新设计一些著名的小型汽车，保留原有风格，提升车辆性能，从而加强品牌认同，增强技术创新。其中就包括大众的甲壳虫、British Mini-Minor 以及宝马的 Mini Hatch。甲壳虫（Typ 1）于 1938 年推出，持续生产到 2003 年。但是早在 1994年，公司就推出了模仿甲壳虫设计的怀旧版 "Concept One" 车型，并于 1998 年推出 "新版甲壳虫"（右图），模仿原版甲壳虫设计而成，但是该车使用的是前置引擎，与老版的后置引擎不同。

罗伯茨 RD60 Revival DAB 收音机 2008 年
罗伯茨收音机公司 成立于 1932 年

RD60 Revival 收音机沿用了
20 世纪 50 年代的风格，但使
用了 21 世纪的前沿科技

⚙ **图像局部示意**

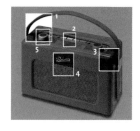

哈里·罗伯茨（Harry Roberts，1910—1959 年）于 1932 年创立罗伯茨收音机公司，该公司生产的产品结构坚固，有时使用令人放心的旧式木质板，在二战前后很受英国家庭欢迎。RD60 Revival DAB（数字音频广播）收音机基于 1956 年推出的罗伯茨 R66 设计而成，既可使用电源也可使用电池供电。R66 型号已经发展演变成 R200 型号，在 20 世纪 80 年代后期就出现在马提尼怀旧风格的电视广告中了。之后，这款收音机得到广泛关注，销量大增。

不过到了 20 世纪 90 年代早期，外国产品越来越便宜，消费者不再持续购买罗伯茨的产品，新技术在不断发展，这些都对公司的生存造成威胁。1994 年，私人集团 Glen Dimplex 收购了该公司，从那时起，公司在更新技术的同时开始重新定义产品的视觉外观。正如公司 2012 年发布的发展历程指出："尽管我们生活在日益数字化的时代，怀旧的趋势在英国和全球似乎仍然有增无减。"1993 年，第一款 Revival 系列收音机面世。1999 年，采用新技术生产的 DAB 收音机推出，仍然使用了 Revival 的外壳。**AP**

1. 提手

现在的人们一般都是通过一个小型装置或者耳机收听无线电，但是 RD60 Revival DAB 收音机却保留了 1956 年原版收音机那显眼的提手（灵感来自哈里·罗伯茨太太的手提包），体现了原始设计的幽默感，收音机再次成为一种可分享的聆听体验

2. 按钮控制键

罗伯茨赋予常规的按钮控制键新的功能，例如在收音机的 FM 和 DAB 功能之间切换。1999 年，罗伯茨推出数字音频广播（DAB）前，与英国广播电台（BBC）进行了测试，因此做好了在 2000 年推出首个 DAB 型号的准备

3. 外壳颜色

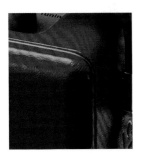

颜色在改变罗伯茨品牌的命运中发挥了至关重要的作用。虽然第一台 RD60 Revival DAB 收音机外壳是红色的，但是当时共有 14 种颜色供选择，而且大部分都是浅色。限量版还包括采用 Cath Kidston 流行的"肯普顿玫瑰"图案的复兴版

4. 镀金设计

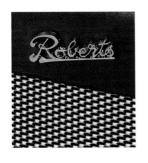

通过罗伯茨收音机，我们得以一窥复古产品是如何在当今市场甚至在电子产品领域占据优势的。手工打造的拥有高品质触感的外壳、镀金的徽标以及其他金属零件与以高质量著称的电子元件相得益彰

5. 复古风格的控制按钮

在当前通过触摸屏操控的科技时代，许多消费者还是喜欢自己转动光滑的旋钮来调台，感受这种触觉体验。而复兴版 DAB 收音机既支持自动调频也可手动预设，可谓提供了两全其美的体验

▲ 从顶部往下看，罗伯茨 RFM3 收音机具有最初复兴版及其 DAB 版本的所有旋钮和按钮，但显然缺乏复兴版那种明显的复古风格

罗伯茨收音机公司

　　1932 年，哈里·罗伯茨创立了罗伯茨收音机公司，提供了品牌名字，同时成为该公司商业经营的决策者；他的合作伙伴工程师莱斯利·彼得米德则负责监管产品的工作部件，可能也对外壳设计下了一番功夫。他们设计的收音机大多使用木质面板，有利于实现音调的共鸣。1956 年，公司推出 R66 模型机，经过多年发展，最终进化到 R200 型号（上图，特制版）。1994 年，罗伯茨公司被 Glen Dimplex 集团收购。在此之前的 1993 年，公司利用复古潮推出了罗伯茨复兴模型机。2000 年，公司推出罗伯茨首款 DAB 收音机，复兴版 DAB 收音机也随之面世。

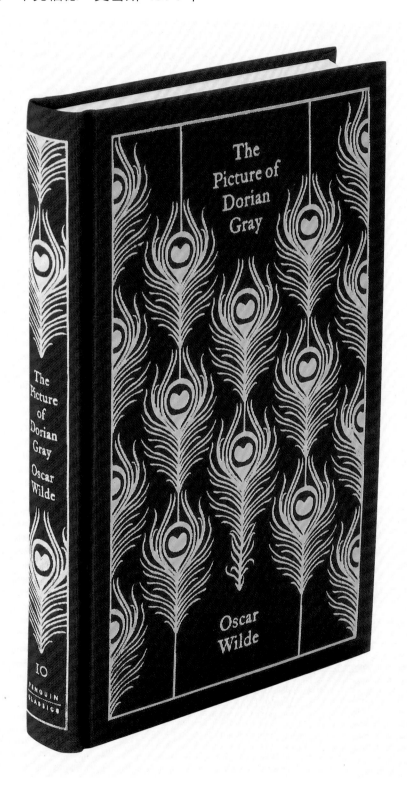

2008 年，企鹅出版社出版了企鹅精装经典读物，该系列共有 10 本书籍，自此之后，该出版社又出版了 44 本精装版读物。设计师科拉利娅·毕克福德 – 史密斯使用美观的、具有解释意义的图案以及华丽的物理设计将众多毫不相干的书籍联系起来。这些书籍在借鉴维多利亚时代装订传统的同时吸引了众多现代读者的目光。每本布艺封面的精装书籍已经不仅仅被视为一本经典读本了，更像是一件手感好的工艺品。设计师参考 19 世纪的书籍生产技艺来挑选材料，可以说这个系列的每一本书都值得收藏。

毕克福德 – 史密斯设计书封时，使用具有象征意义的元素来暗示书本内容。通过使用容易融入网格的视觉图案，她确保整个系列可以连贯地结合在一起。由于用色箔很难展现细节，所以毕克福德 – 史密斯选择了能很好复制的插图：《简·爱》封面上的七叶树象征着故事中的一个关键时刻；《德古拉》封面描绘的是女主角挂在脖子上用来抵挡吸血男主的大蒜花。

读者对平板电脑和电子书的青睐对印刷出版业造成了威胁，在这个时候，精装经典读物的出现就是一次有目的的尝试，意在唤起人们对经典和质感的追求。毕克福德 – 史密斯提出的解决方案是将每本书都作为一个实体认真对待，尽可能完美地展现它们的外部形式。**AP**

材料：布，纸板，纸张
13.6cm × 20.3cm × 2.8cm

👁 焦点

1. 颜色和图案

设计布艺封面时，毕克福德 – 史密斯倾向于使用可以展现主题元素的颜色。例如，她设计奥斯卡·王尔德的著作《道林·格雷的画像》的封面时使用了黑白色调，参照的是奥布里·比亚兹莱的插图，比亚兹莱和王尔德是同一时代的人物。延伸到书脊的孔雀羽毛图案暗指道林·格雷的双重人格和虚荣心

2. Caslon 字体

毕克福德 – 史密斯使用 Caslon 字体作为整个系列封面的主要印刷字体。Caslon 字体由威廉·卡斯隆于 1722 年设计，可以很好地融入色箔中，当用于布艺封面时，可给人一种手工印制的感觉。这种字体的优雅构造对于毕克福德 – 史密斯设计的视觉图案起到了补充作用。使用单一字体有助于构建整个系列的视觉一致性

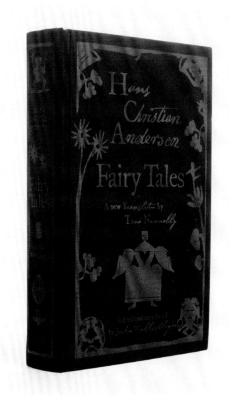

▲《安徒生童话》（2005 年）200 周年纪念版本封面是毕克福德 – 史密斯为企鹅出版社设计的首批封面之一，它的设计放弃了纸质包装书皮，为即将到来的精装经典读物打了头阵

公共领域设计

"公共领域"一词是指人们共同拥有的区域这一物理现实，也指信息和讨论自由的一种概念空间。二者对于良好社会的形成都十分重要。建筑师、工业设计师、交通设计师、交通工程师、景观设计师和艺术家已经警惕对公共物理空间的侵犯，无论是出于疏忽导致的侵犯还是用杂物填充它导致的混乱，或者是建造购物商场或者封闭式住宅将公共空间私有化。随着科技发展，标牌、有轨电车线路、电线、行人障碍物正在粗暴地改造城市空间，如不加以控制，城市空间很容易被科技接管。20世纪私家车数量的增长进一步恶化了这一问题，这种视觉上的混乱引发了支持整顿城市面貌的活动。

市中心步行街的建设始于20世纪60年代，事实证明，这种步行街既带来了社会效益也带来了商业利益。20世纪70年代空间句法学科得到发展，旨在帮助城市规划者通过收集行人运动数据模拟其设计产生的社会效应，例如揭示人行通道与零售店客流量之间的关系。荷兰道路交通工程师汉斯·蒙德曼（Hans Monderman，1945—2008年）率先推出的"共享空间"这一激进概念同样具有重要影响。共享空间是步行街的一种更微妙的替代方式，通过去除空间内障碍物和道路边缘、依靠司机智慧来提升道路安全。伦敦展览街（2011年；见图2）的设计便有效利用了这一概念，减少划定交通线路，鼓励驾驶人小心驾驶、坚持限速，充分考虑行人需要。交通系统（包括车辆、停车

重要事件

约1995年	1995年	1996年	2001年	2002年	2004—2008年
美国公共空间项目推出了协作式场所创造（Placemaking）流程，以塑造公共领域，达到共享价值最大化。	美国城市设计师阿兰·B.雅各布斯（Allan B. Jacobs，1928年— ）在其所著的《伟大的街道》一书中探讨了世界最佳街道的物理特征。	英国空间句法理论先驱比尔·希利尔（Bill Hillier，1937—2019年）出版《空间是机器》一书，谈论人们在建筑环境中与空间的关系问题。	托马斯·赫斯维克设计的蓝色地毯项目使用创新的瓷砖来划定英国纽卡斯尔的公共区域。	首届巴黎沙滩节将巴黎塞纳河畔一条未得到充分利用的道路改造成夏日人造沙滩。	汉斯·蒙德曼担任欧洲共享空间项目的领导，为带街道的公共空间设计制定新的政策和方法。

站、标牌和信息提示）的设计也为赋权公民和减少汽车的使用做出了很大的贡献。英国设计师托马斯·赫斯维克（Thomas Heatherwick，1970 年— ）重新设计的伦敦标志性双层巴士（2012 年；详见第 542 页）旨在通过方便用户上下车的设计鼓励人们使用公共交通工具。

公共领域设计还包括整顿街道来改变街景，所以需要一些良好的街道设备，许多制造商和设计师已经合作解决了这个问题。结实和简易性是街道设备成功的关键，结实的设备省去了修理和维护的麻烦，一些简易的设备有时也可发挥双重功效，例如座位的摆放也可用来引导行人流动，一些座位升高的部分也可用来种植植物，或者做水景设计。

户外改善计划经常包括公共艺术这一部分，干预比较强烈，这些计划通常有助于定义某个地方的身份，并将其打造为令人难忘的独特之地，安尼施·卡普尔（Anish Kapoor，1954 年— ）为芝加哥千禧公园设计的云门雕塑（2004 年；见图 1）就是这样一个例子。在某些情况下，对一些传统元素加以改进也可创造一件艺术品，例如马克·纽森（Marc Newson，1963 年— ）为佛罗里达州迈阿密的设计建筑高中设计的栅栏（2007 年；详见第 540 页）。

就公共领域的设计而言，鼓励城市生活、步行和骑自行车而不是开车，可以证明它对限制碳排放、减少犯罪和改善空气质量做出了积极贡献。良好的开放空间也有助于营造浓烈的社区氛围。**AP**

1. 安尼施·卡普尔设计的位于芝加哥的云门雕塑由不锈钢制成，可反映周边环境

2. 伦敦展览街是伦敦几家博物馆的坐落之处，其街道采用无路缘设计，使用视觉和触觉线条来区分行人的"舒适区"

2007 年	2007 年	2007 年	2009 年	2011 年	2016 年
世界城市人口首次超过乡村人口，超过半数的人居住在小镇和城市中。	《公共空间，公共生活》报告分析了悉尼的公共生活空间状况，制订计划以解决如何才能使市中心居民变得友善这一问题。	英国交通部出版《街道手册》，为参与街道设计的从业人员提供指导。	纽约市高线公园第一期工程竣工，该公园建在废弃铁路的高架路段上。	联合国人类住区规划署理事会通过了有史以来第一个公共空间国际政策的决议。	第三届世界人居大会（Habitat Ⅲ）是联合国举办的关于人类居住区的第三次大会，着眼于未来十年城市的可持续发展。

设计建筑高中栅栏（Dash 栅栏） 2007 年

马克·纽森 1963 年—

迈阿密设计建筑高中栅栏的长度为 30.5 米

2006 年，澳大利亚出生的设计师马克·纽森获得米兰年度设计师大奖，获奖之后，按照惯例，他需要设计一个可安装在特定场所的永久设施来进一步完善迈阿密设计区，于是他为设计建筑高中（英文首字母缩写为 Dash）设计了一个栅栏，即 Dash 栅栏。

迈阿密位于佛罗里达州，阳光明媚，水量充沛，纽森的设计正是利用了这一点。Dash 栅栏的设计灵感来自海面泛起的涟漪，观者的角度不同，它便呈现不同的外观：观者靠近栅栏时，还能透过栅栏看到里面的景象，但是距离较远时，整个栅栏就变得不透明，从而形成一堵有效的遮挡墙，观者走过它时，栅栏看起来就像波浪般上下起伏。

因为栅栏组件过多，并且需要找到有能力生产它的制造商，所以它并没有那么容易生产。纽森曾说过："最终的成品呈现出雕塑特性，效果很好。从正面看，就像百叶窗一样可以看穿；从侧面看，它又展现出条纹波浪效果。"

纽森设计的这个栅栏可以说是一件与众不同的公共艺术设计。该委员会认识到，采用传统元素（例如通常以低标准生产的安全围栏）的环境设计也具备潜力，可以改变外观，增加吸引力，这样也有助于对栅栏防护的学校起到宣传作用。**AP**

✿ 图像局部示意

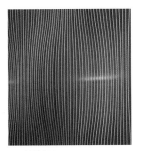

1. 涟漪效果

沿着栅栏形成的突出的水平立柱图案以及栅栏表面微弱的光影变化增强了这种涟漪的光学效果

2. 栏杆

Dash 栅栏由 400 个深度不同的垂直翅片薄金属框架组成。它们排列在一起形成一系列变化图案，营造出起伏的效果，就像海面泛起的涟漪

3. 水平杠

隐约显现的水平杠就像落潮时突出的沙脊，捕捉光线。观者靠近时，栅栏的透明度允许其看到学校内部的景色，了解栅栏背后的世界

◀ 这是纽森 2007 年为悉尼国际机场设计的澳大利亚航空公司头等舱休息室。雕塑样式的橡木隔板将空间分成多个符合空气动力学形状的隔间，就像飞机机翼的一部分

限量版

纽森既生产设计产品，也投身更加稀有的一次性产品和限量产品的设计工作，他的作品既是产品设计，也是精致的艺术，二者之间的界限变得模糊。限量版设计在制作过程中一般追求高度的完美。谈及在纽约举办的"交通"（2010 年）展览上首次亮相的出水丽娃休闲快艇（Aquariva；右图），纽森这样说道："22 艘船听起来不多，但是对于像丽娃这样的奢侈品公司而言，这就代表了它们作品的很大一部分，出水丽娃在高古轩画廊（Gagosian Gallery）展出，似乎又是符合逻辑的。这艘船完全是手工制作而成，生产更多也不会产生真正的规模效益。"

伦敦双层巴士 2012 年

托马斯·赫斯维克 1970 年—

双层巴士使用柴油电动混合动力技术。电池组为驱动车轮的电动马达提供动力

🏵 图像局部示意

　　伦敦运输局设计、联合设备公司推出的 Routemaster 巴士（1954—1968 年）是一款经典的伦敦双层巴士，配备开放式的车尾平台，兼具美感与功能性。但是，由于安全问题、残障人士通道不顺畅、上层售票员需要检查车票和通行证等一系列问题，大多原始的伦敦双层巴士于 2005 年停止正常的客运服务。后来有了一种新式双层巴士方案，客车制造商莱特巴士提出为巴士配置比老款长 3 米的底盘以容纳两个楼梯，并配置柴油电力混合动力发动机，莱特巴士凭此提议赢得了新式双层巴士的生产权，并委托托马斯·赫斯维克的设计工作室进行车辆设计。

　　设计要求还包括安全驾驶舱、低重心以及单人操作时可以关闭的车尾平台。赫斯维克工作室采用弧形角落设计以遮掩额外的体积，提供了独特的主题，即缠绕在每个楼梯上的连续玻璃区，因此比以前的型号更轻，并延伸到两侧的上层形成窗户带。新式巴士使用与老版双层巴士相同的长凳式座位。**AP**

焦点 👁

1. 车窗

上下两层窗户像丝带一样环绕车身，阳光透过玻璃照亮了两个楼梯。车头的大窗户向人行道倾斜，提高可见度，这样驾驶员就可以看到站在公交车旁的小孩

2. 车门

为了保证公交车乘客上下车的速度，这辆公交车除了配有一个开放平台的车门外，还配备了其他两个车门。中间的车门是倾斜的，方便使用轮椅的乘客和婴儿车上下

3. 车尾平台

老版双层巴士设置了随上随下的车尾开放平台，既方便乘客自由上下，也成为巴士的一个特点。新版双层巴士沿用了这一特点，设置了开放平台，但在高峰时段，平台外围会封闭

◀ 二战期间，伦敦交通局的工作人员从制造轰炸机中学到了加工铝的技能，并在战后运用此项技术开发轻型双层巴士。他们为伦敦建造了双层巴士 RM 1，1956 年 2 月第一辆双层巴士在水晶宫投入使用

奥林匹克圣火

　　伦敦是一个热门的旅游目的地，红色双层巴士可以说是其标志之一。新型双层巴士旨在提升巴士形象，它于 2012 年首次推出，那一年伦敦夏季奥运会举办，赫斯维克工作室设计的奥林匹克圣火（右图）在开幕式上冉冉升起。每个与会国家携带圣火的一部分（也就是花瓣样式的抛光铜）进入运动场。这些分散的部分被布置成花朵的样子，每一个都被点亮，之后花瓣部分就会上升聚合在一起——闭幕式上的过程正好相反。赫斯维克工作室证明了它有能力跨界至公共领域，设计出令人难忘的作品。

3D打印

1. 这些 3D 打印的分子鞋（2014 年）由弗朗西斯·毕通第（Francis Bitonti）设计，使用 Adobe 软件制作

2. 弗龙特设计的 Materialized Sketch 椅（2006 年）由层叠 ABS 树脂制成，并使用陶瓷填料硬化

3. 贾尼·凯泰宁设计的百合 MGX 台灯赢得 2005 年德国红点设计大奖

塑料的出现使设计师摆脱了材料的限制，扩大了他们可以制作的物体形式的范围，3D 打印的到来进一步解放了他们。内部结构复杂、无法进行模塑或铣削的物体只需触摸一个按钮，就可以完全复制，这一切都可以通过计算机屏幕来操控。这就是一个从车间地板上转移到了桌面上的制造过程。因此，3D 打印很快就被誉为生产设计界的一场革命。事实上，这种可以快速生产特殊物品的能力很快引起了广泛的变化。它不仅用于先进的医疗程序和工匠设计师的工作室，还引发了版权问题和如何控制易于复制的物品形式（如枪支）等问题。除此之外，3D 打印还有能力重塑现有的生产和分销行业，使这些行业更加环保。

"3D 打印" 这一术语用于描述逐层构建三维物体（见图 1）的一般生产方法，也称为快速成型制造，它包括使用多种材料的众多不同的工艺。例如，立体光刻技术（SLA）利用计算机控制的紫外光来硬化液态光聚物，而选择性激光烧结（SLS）则采用激光束来熔化金属或热塑性粉末。熔融沉积成型（FDM）这种工艺放置一层层热塑料、金属或黏土层，冷却时就会变硬。每个过程都有其特殊的用途——有些用来刻画细节，有些用来硬化物体，但是它们都能从无形中产生有形。

重要事件

2000 年	2005 年	2006 年	2007 年	2009 年	2010 年
荷兰艺术家贾尼·凯泰宁的毕业项目促成了基于 3D 打印的设计公司——自由创造公司的成立。	英国工程师阿德里安·鲍耶（Adrian Bowyer，1952 年— ）开始开发 RepRap（复制式快速成型机）项目，以创造一台可以复制自己零件的开源 3D 打印机。	斯约斯·伯格曼（Sjors Bergmans）和马克·范得桑德（Marc van der Zande）创造了世界上第一双可穿的 3D 打印鞋——情迷高跟鞋。	3D 打印服务提供商 Shapeways 在纽约市成立，允许用户在平台上上传并打印自己的 3D 模型。	美国公司 MakerBot 推出其第一台 3D 打印机 Cupcake CNC。由于需求量过高，公司要求用户自己打印零件生产机器。	Materialise 公司为国际地理展览创造了一个精确的图坦卡蒙木乃伊的全尺寸复制品。

查克·赫尔（Chuck Hull, 1939 年— ）于 1983 年发明的立体光刻技术可以说是 3D 打印的鼻祖，他当时发明这一技术是为了高效地给产品原型创造小零件。他使用该技术制造的第一个物品是一个黑色的洗眼杯。1986 年，他创立了第一家基于 3D 打印技术的公司——3D Systems 公司。最初，他的这项新技术应用于大型工业，作为传统制造的辅助，快速制作医疗设备、汽车和飞机的原型零件等。3D 打印出现之前，每一种新塑料或者金属制品都需要一个铸型或模具，生产它们成本高而且浪费时间。然而 3D 打印技术可以轻松创造定制物品，要实现这一步只需要用 3D CAD（计算机辅助设计）制图。这一过程具有广泛的用途，例如医疗研究者很快就发现这一技术可以用来生产高度复杂的物体，比如完全适合患者身体的植入物和假肢（详见第 550 页）。

3D 打印的潜在价值也吸引了家具产品设计师以及建筑师的注意，一些设计师尤其欣赏 3D 打印物品的材质。例如，贾尼·凯泰宁（Janne Kyttanen, 1974 年— ）与 3D 打印专家 Materialise 公司合作生产了百合（见图 3）、荷花和龙卷风（2002 年）等照明产品，探索了选择性激光烧结技术生产的产品纹理、发现了其透明以及易碎的性质。其他一些设计师，比如瑞典设计团队弗龙特，则推出了 Sketch 家具项目（见图 2），使用计算机软件将设计师在空中"绘制"家具时的动作转化成可以打印为实体产品的数据。

大众媒体紧抓 3D 打印技术的变革特性，一方面报道它带来的显著的医疗进步，另一方面却对诸如打印枪——"解放者"（2013 年）这类物体表示担忧。然而公众对打印枪的愤怒显然忽视了一个事实，那就是这把易碎的打印枪几乎没有任何用处，而且，这款产品的打印和固化通常需要花费很长时间，还需要进行铣削和抛光，所以规模生产的可能性也不是很大。此外，成功打印这款产品所需的纯粹知识水平很高，难以普及生产。幸运的是，3D 打印技术还在不断进步中，不仅打印速度不断提高，而且可以更有效地使用玻璃和金属等优质材料。这一技术还处在起步阶段，它的影响还没有得到充分的理解和体现。在当前世界，数字和物理越来越交织在一起，3D 打印技术还将进一步开发它的潜能。**AW**

2011 年	2012 年	2012 年	2013 年	2013 年	2015 年
在线 3D 打印服务商 i.materialise 提供黄金和白银作为打印材料以供用户选择。	迈克尔·伊登（Michael Eden, 1955 年— ）创造了 Prtlnd 花瓶（详见第 546 页），柔软的触感涂层使其拥有真实的触感。	一家荷兰医院将首个由激光熔化的钛粉制成的 3D 打印替代颌骨装在了一名 83 岁的患者身上。	奥拉夫·狄格尔（Olaf Diegel, 1964 年— ）将蒸汽朋克吉他（详见第 548 页）添加到他的公司 ODD 提供的 3D 打印吉他之列。	分散防御（Defense Distributed）的创始人科迪·威尔逊发布了一款名为"解放者"的 3D 打印枪。	福斯特和他的伙伴公布了一项提议，让机器人使用风化层快速成型制造技术在火星上 3D 打印可居住建筑物。

PrtInd 花瓶 2012 年
迈克尔·伊登 1955 年—

具有柔软触感矿物涂层的尼龙
高 30cm
直径 24cm

⚽ 图像局部示意

迈克尔·伊登的作品经常探索 3D 打印物品与其历史来源之间的关系。PrtInd 花瓶是波特兰花瓶（详见第 33 页）的复制品，波特兰花瓶制成于公元 5 年到公元 25 年，是一件罗马浮雕玻璃容器。据估计，原始版本的制造者至少花费了两年的时间才生产出这个花瓶，一步步削去上层的白色玻璃，逐渐显露出底层的紫蓝色玻璃。这个古老的花瓶已经被多次复制，复制者中包括乔赛亚·韦奇伍德，他尝试了四年之后，终于在 1790 年用陶瓷制作了一件精美的复制品。

伊登的复制品并没有过多地关注细节，因为这件复制品是基于搜索引擎找到的视觉信息创造而成的。他的灵感来自 Google 的一个项目，在这个项目中，用户可以通过自己的浏览器浏览博物馆，仔细查看所有物品，但是伊登对用户只通过屏幕查看作品的这一事实很感兴趣。PrtInd 花瓶是多面的，展现了计算机尝试在 3D 打印中替代椭圆体的多边形，因为伊登无法在参考资料中查看到花瓶装饰，所以这些装饰都会被简化，有时甚至会被去掉。**AW**

1. 尼龙

这个花瓶是使用选择性激光烧结工艺（SLS）在尼龙上面打印出来的，该工艺可以从数千层熔化和熔融的粉末中缓慢地制造出 3D 形状。花瓶首先使用相容的底漆涂层，然后涂上有色矿物涂层，最后涂上柔软的触感材料，赋予其质感

2. 装饰

伊登拍摄了原始花瓶的正面和背面图片并进行后期图片处理，推测出花瓶其他部分的样子。他将原有的颜色简化为黑白两色，使用 CAD 制图工具画出图像作为花瓶表面突出的 3D 形式

🕐 设计师传略

1955—1980 年

迈克尔·伊登曾在利兹理工学院学习工业设计，在那里他开始接触黏土设计，他喜欢这种材料，因为使用它很快就可以实现自己的设计想法。然而，他在毕业前并没有完成这项课程，而是加入妻子的公司，制作施釉瓷具。

1981—2007 年

伊登成为一名职业制陶工人，专门从事实用性施釉瓷具生产工作。他热衷于使用计算机制作物品，但是编程要求严格，不能满足他对黏土可塑性的热爱，这一问题直到他发现了 3D 打印之后得到解决。

2008 年—

2008 年，伊登在伦敦皇家艺术学院完成了一个哲学硕士研究项目，探索如何将数字技术与他作为制陶匠和陶艺家的工作经验相结合。他的首件 3D 打印作品 Wedgwoodn't tureen（2008 年）将这一项目推向了高潮。英国著名的陶瓷画廊 Adrian Sassoon 展示众多伊登的作品。2015 年至 2016 年间，他还在英国巴斯的霍尔本博物馆举办了个人展览。

▲ 伊登在 CAD 应用程序 Rhino 中手工模拟出了花瓶的多面形状，从 Google 搜索图像中复制了原始图形的 2D 轮廓，并将其旋转以产生完全 3D 的形状

3D 打印版的韦奇伍德陶器

为了制作 3D 打印 Wedgwoodn't tureen（上图），伊登不得不为每一方面制定新的工艺流程，其中就包括学习新软件制作它的形式，了解 3D 打印技术本身的公差。他想创造出一件使用 3D 打印技术重制后仍有重要意义的物品，所以他选择了韦奇伍德的一件作品，因为韦奇伍德在工业革命中的作用和地位都是有目共睹的。韦奇伍德的原版作品是 1817 年设计的米色陶器系列中的一件作品，虽然伊登制作的复制品与原版拥有相同的外形，但是伊登的作品只能通过 3D 打印技术生产出来。伊登拍摄 2D 图像，使用 CAD 软件制成 3D 的外形。他在加工表面时尽量不挑选传统的陶器颜色，而是选择亮色，这样就展现了韦奇伍德可能喜欢的样式与如今能够完成的样式之间的对比。

蒸汽朋克 3D 打印吉他 2013 年
奥拉夫·狄格尔 1964 年—

3D 打印尼龙外壳、枫木内芯、喷漆和透明缎面漆
重量：3.2kg

3D打印技术可以创造任意形式的产品，有能力质疑熟悉物品的惯常呈现形式。奥拉夫制作吉他时，虽然保留了 Telecaster 和 Les Paul 电吉他著名的外观样式，但是并没有采用传统的结构制作琴身。例如，Les Pauls 的琴头和背板都是由实心枫木制成，而狄格尔制作的复制品 Atom 的底盘则是由一个弯曲框架制成，让人联想到水上油滴的图案。电吉他 Telecaster 的琴身也是由实木制成，但是狄格尔制作的蒸汽朋克吉他的琴身却布满着活动的齿轮和活塞。蒸汽朋克吉他作为一个整体在尼龙上打印，所有的齿轮和活塞保持在原来的位置，处于正常运转状态。还有一个关于 3D 打印吉他的猜想，那就是打印出的吉他无法发出与"真正的吉他"同样优质的声音。狄格尔说二者发出的声音几乎没有任何差别，吉他的声音一般由琴弦和拾音器决定，与琴身没什么太大的关系。实际上，除了 3D 打印的琴身外，蒸汽朋克吉他还装了许多传统吉他部件，它配有 Warmoth Pro Telecaster 的枫木琴颈，镀铬的高多锁弦调音器以及镀铬的史加勒 475 式琴桥；狄格尔的制作理念是使用 3D 打印技术有优势的地方。**AW**

👁 焦点

1. 喷漆

狄格尔制作的大多数吉他都由他亲自喷漆，但是蒸汽朋克的漆面却是由新西兰喷绘专家罗恩·范·达姆（Ron van Dam）手工喷漆完成的。这把吉他由 3D Systems 公司的酷比化（Cubify）程序耗时 11 个小时在 sPro 230 机器上完成打印

2. 内部齿轮

制作蒸汽朋克吉他面临的主要挑战就是要确保内部齿轮间留有足够的间隙，这样齿轮便可以在原位打印，并在完成打印后自由旋转。3D 打印并非高度精密技术，所以要想达到打印公差和紧密度之间的平衡必须进行多次试验

🕐 设计师传略

1964—1992 年
奥拉夫·狄格尔生于新西兰，曾在南非德班的纳塔尔大学攻读电子学专业，之后开始在世界各地从事各种工作，还包括在日本教英语。

1993—2001 年
狄格尔搬回新西兰，进入一家照明公司工作，在这里，他开始使用 3D 软件对产品进行建模。20 世纪 90 年代中期，他听说了 3D 打印技术，并意识到这项技术在制造原型零件方面的潜力。因为当时新西兰并没有这种机器，所以他的第一个部件——一把手柄，是在澳大利亚制成的。

2002 年—
2002 年，狄格尔受聘成为新西兰梅西大学技术与工程研究所的副教授。2011 年，他制作了首把 3D 打印吉他"蜘蛛"，这把吉他的大小是他当时的 3D 打印机所能容纳的最大形式。他随后在博客中介绍这种产品的构造，人们纷纷开始要求购买复制品。受此影响，狄格尔成立了自己的公司 ODD，主要生产 3D 打印吉他。2014 年，他成为瑞典隆德大学的产品开发教授，同时继续运营 ODD 公司。

3D 打印小提琴

3Dvarius（2015 年；上图）是最著名的 3D 打印乐器之一，这把小提琴并不符合一般小提琴构造的标准元素，因为它是电动的，而且外观与普通小提琴完全不同。它的制造者洛朗·伯纳达克（Laurent Bernadac）声称它的形式是根据声音在其结构中传播的方式进行建模的，而且比标准的小提琴耐用得多。

3D 打印脊椎 2014 年

刘忠军 1958 年—

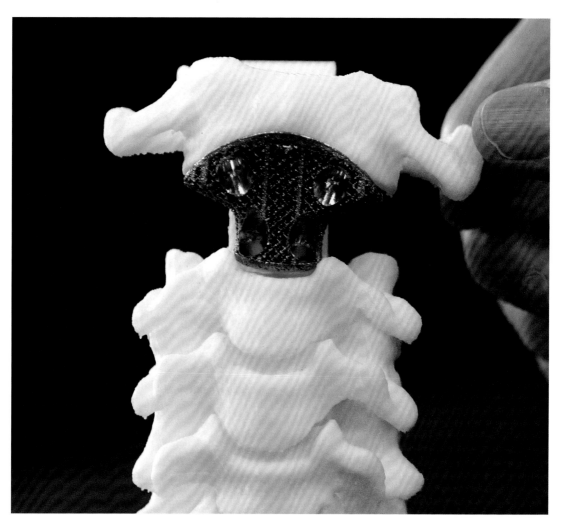

使用钛植入物是因为它们具有生物相容性，很少引起排异反应

🔷 图像局部示意

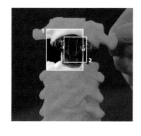

事实证明，3D 打印技术带来的可能性非常适合医学。2014 年 8 月，中国北京大学第三医院的刘忠军教授和他的团队率先使用 3D 打印技术打印钛金属脊椎替代了一个男孩颈部的第二节椎骨。这个 12 岁的小男孩名叫明浩，他需要进行五个小时的手术，才能切除脊柱、气管、颈内动脉和颈外动脉上的恶性肿瘤。第二节椎骨，也被称为轴脊椎，因为关系着头部的旋转，所以至关重要。通常情况下，医生会使用标准的空心钛管替代它，并且在至少需要三个月的愈合过程中，患者的头部要用框架和销钉固定在合适的位置。然而，3D 打印脊椎不仅能够精确贴合，而且更加坚固，通过使用这种脊椎，天然骨骼随着生长与新椎骨的蜂巢结构结合在一起，明浩的恢复更加有效，有望能完成之前的大部分动作。纽约康奈尔大学的研究人员一直在研究使用一种不同形状的打印脊柱植入物替代损坏的椎间盘。通常，医生通过将脊椎融合在一起治疗腰椎间盘疾病，这种方式会减少患者运动。他们的方法是，将干细胞打印成可以插入受损区域的结构组织，而当新脊柱细胞生长时，这个结构组织会随着时间的推移而溶解。**AW**

1. 复杂的形状

制作替代脊柱的 3D 打印工艺和钛材料以前就经常用于手术。不同之处在于 3D 打印制作的这种植入物拥有复杂的形状，能够更好地适应人体，从而减少安装固定设施

2. 蜂巢结构

3D 打印脊柱的成分复杂，很难在保持结构强度的情况下使用传统方法铸造。而打印脊椎的蜂巢结构允许骨骼在其内部生长，自然地将替换物与患者身体的其余部分结合起来

⏱ 设计师传略

1958—2008 年

1987 年，刘忠军毕业于北京医科大学（现为北京大学医学与健康科学中心）。他加入北京大学第三医院骨科，成为所在部门主任医师以及脊柱研究中心主任。在此期间，他因在脊柱外科领域的工作，特别是对脊柱肿瘤的研究，获得了数百万元的研究资助。在他的监督下，他的团队每年大约完成 2500 台手术。

2009 年—

刘医生和他的团队多年来一直在使用钛 3D 打印植入物。2009 年，他们开始该项计划并制造了第一个模型，于 2010 年在绵羊身上进行测试，2012 年开始对人类进行临床试验。刘医生和他的团队在 50 多名志愿者患者身上使用植入物并取得巨大成功后，中国国家食品药品监督管理总局开始批准 3D 打印植入物的更广泛应用，为 2014 年明浩的骨科脊柱手术做好准备。

▲ 儿童心脏之类的 3D 打印模型可为外科医生提供比核磁共振成像（MRI）或计算机断层扫描（CT）更多的信息，从而帮助他们更容易地诊断问题

3D 生物打印

众所周知，人工培养生物组织是一个非常困难的过程，保持组织中的营养物质一致流向所有细胞这一点尤其不好实现。然而，2014 年，材料科学家詹妮弗·刘易斯（Jennifer Lewis）率领马萨诸塞州哈佛大学的研究团队使用 3D 打印机打印出蛋白质基质和活细胞，其模式与在活体中发现的方式相似，包括提供营养的血管系统（右图）。刘易斯将此过程称为"3D 生物打印"，想要打印完整的器官还有很长的路要走，但这一过程可谓着这个方向迈出了关键一步。

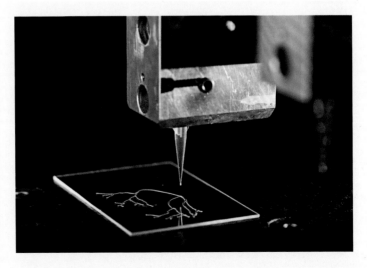

术语

ABS
丙烯腈－丁二烯－苯乙烯：一种非常耐用的油基塑料。

抽象表现主义
美国的一种抽象艺术运动，可追溯到20世纪40年代和50年代，由杰克逊·波洛克和马克·罗思科率先提出，强调自发制作符号。

空气动力学
对空气如何通过运动中的固体的研究。见"流线型"词条。

唯美主义
19世纪末英国的一场设计运动，提倡"为艺术而艺术"。

装饰艺术
一种20世纪20年代至40年代盛行的装饰风格，其特点是阶梯式的轮廓、流畅的曲线、富丽堂皇的材料和俄罗斯芭蕾舞团的鲜艳色彩。

艺术玻璃
雕塑性、装饰性的玻璃，由著名设计师限量生产，而不是为大规模生产设计。

新艺术
一场国际艺术和设计运动，其特点是蜿蜒、有机的形状和自然的形式。

艺术和工艺
19世纪中后期的设计和建筑运动，由威廉·莫里斯领衔，它回顾了工业化前的工艺传统，当时的艺术品都是单独手工制作的。

电木
第一种完全合成的材料，由列奥·贝克兰于1907年发明，只有棕色和黑色。电木是由苯酚和甲醛制成的。

巴洛克风格
17世纪和18世纪初的一种夸张的歌剧式建筑风格。

包豪斯
作为有史以来最具开创性的设计学校之一，包豪斯（1919—1933年）在广泛的学科领域催生了现代主义理想。

曲木
由迈克尔·索耐特首创的一种技术，通过使用金属夹子和蒸汽加热，将长条形的木材（通常是山毛榉）弯曲成弧形。

品牌
产品或制造商的总体形象，表现在视觉信息上，如标志、包装和广告，以及在市场上的认知价值。

兽足腿
一种椅子腿，在连接座位的地方向外弯曲，在到达地面的地方向内弯曲。

悬臂椅
一种椅子的形式，其座椅和框架由一个底座而不是四条腿支撑。

古典主义
一种最初在文艺复兴时期发展起来的建筑和设计风格，它可以回溯到古希腊和古罗马时期的"秩序"。古典主义在18世纪得到复兴，并成为对品位的主导影响。

拼贴
由各种其他来源的碎片拼凑而成的艺术品或设计，通常包括"捡来的"材料。

珂罗版
一种早期的用于大批量印刷的照相平版印刷工艺。

构成主义
十月革命后发生在俄国的运动，坚持认为艺术、设计和建筑应主要作为社会变革的媒介。

墀头
从墙壁或类似表面伸出的支撑结构。

企业标识
公司向其客户和员工展示自己的视觉手段，比如标牌、标语、印刷品等。

字怀
在印刷术中，字母或字符的封闭区域。

工匠风格
19世纪后期美国工艺美术运动的变体，以古斯塔夫·斯蒂克利（Gustav Stickley）的作品为代表。

立体主义
20世纪初的一场艺术运动，将同一物体的不同观察视角集中在同一画面中。毕加索和布拉克是其最具影响力的拥护者。

银版摄影法
19世纪初由路易·达盖尔（Louis Daguerre）发明的一种早期摄影工艺，能在银色铜板上成像。

风格派运动
20世纪初荷兰的一场艺术、设计和建筑运动，主张抽象的几何形状和原色。

漫射体
在照明设计中，灯罩或任何其他可以分散或柔化光源效果的屏幕。

动态报废
通用汽车公司极具影响力的汽车设计师哈雷·J.厄尔创造的术语，用来描述一种营销策略，即仅凭更新的造型就诱惑顾客购买新车型。

人体工程学
研究人的形态和能力与物体或系统之间的相互作用。

表现主义
20世纪初德国的一场艺术运动，注重传达主观情感或情绪。

彩陶器
锡釉陶器，起源于意大利。

野兽主义
早期的现代主义艺术运动，其典型特征是使用强烈的非典型色彩，通常用来表达艺术家的情感状态。

玻璃纤维/GRP
用玻璃纤维加固以获得额外强度的非金属材料。

字体
狭义的定义是指一套特定字型和尺寸的字体；通常作为"字型"（typeface）的同义词使用，用法比较宽泛。

未来主义
意大利早期的一场艺术运动，推崇现代

技术和产品，如汽车和飞机。

气体注射成型
一种塑料成型技术，包括将气体注入模具，从而产生空洞并允许改变截面。

古奇建筑
受汽车文化、喷气式飞机和太空时代影响的一种现代建筑形式。

哥特式建筑
一种可追溯到中世纪的建筑风格，随后在 19 世纪中后期复兴。常见的特征包括尖拱门、飞扶壁和肋拱顶。

网格
平面设计师用来排列页面上的字体和插图的一种几何布局。

高科技风格
一种持续时间短暂的设计和建筑风格，其特点是重新利用工业和商业空间及其固定装置和设备。

铸字排版
一种排版方法，把熔化的金属浇铸成字符块，再涂上墨水。

注塑成型
通过将熔化的塑料注入模具来大规模制造产品和零件的技术。

国际主义设计风格
战后在瑞士出现的一种严谨、纯粹、简约的图形风格。Helvetica 字体是著名的例子。

提花织机
一种可追溯到 19 世纪初的机械织机，使用穿孔卡片来制作复杂的图案。

日本主义
19 世纪末的一种装饰风格，深受进口日本印刷品和工艺品的影响。

碧玉细炻器
一种精细的无光瓷器或陶器，由乔赛亚·韦奇伍德在 18 世纪末首次设计。最著名的类型是韦奇伍德蓝瓷（Wedgwood Blue），至今仍在生产。

媚俗
一种有意识地拥抱造作、低级趣味或大规模生产的品位形式。

梯背椅
一种传统类型的椅子，椅背上有均匀分布的横条。

标识
始终以相同的风格呈现的图形符号或名称，代表产品或公司。

亚黑色美学
高科技产品，如高保真设备和计算器，在 20 世纪 70 年代经常使用亚光黑色的饰面或表面处理，以强调其严肃性和复杂性。

极简主义
现代主义的一个严格的分支，深受日本传统的"侘寂"美学概念影响，在 20 世纪末极具影响力。

现代主义
20 世纪初的主流设计风格，现代主义摒弃了装饰，转而采用以功能和纯形式为重点的精简机器美学。

模块化
由多个相同部件组成的家具或陈设系统，如模块化搁架或座椅。

单体
作为一个完整的物件而生产的设计，或作为一个单一的铸件。

硬壳式构造
一种外壳是结构性的设计，如飞机的受力机身或船体。

新古典主义
见"古典主义"词条。

尼龙
一种合成材料系列，于 1935 年首次生产，具有广泛的实际应用，包括织物。

胶版印刷术
可以追溯到 19 世纪末的一种批量印刷方法，将图像从金属板转移到滚筒上，然后再转移到纸张或其他媒介上。

帕拉第奥主义
一种古典主义或新古典主义的形式，受意大利建筑师安德烈亚·帕拉第奥（1508—1580 年）的作品启发。

有机玻璃
一种轻质、防碎的热塑性塑料的商品名称，用于替代玻璃。

照相排版
一种排版形式，用照相工艺在照相纸上设置内容。

项目性报废
20 世纪 50 年代和 60 年代常见的做法，即家庭用品有设计寿命（尤其是电器），使其使用期短，需要经常更换。

胶合板
薄木（通常是软木）的层压板，用胶水黏合在一起，表面通常贴有更昂贵或更好看的硬木板。胶合板可在蒸汽压力下形成曲线。

点
排版学中最小的单位。在数字字体中，一英寸有七十二个点。

聚碳酸酯
一种高强度热塑性塑料，在设计和工程中有许多不同的用途。

聚丙烯
一种多功能热塑性塑料，用于包装、纺织品、机械部件和家具。

聚乙烯
最常见的塑料，在包装方面有广泛的用途。

波普艺术
20 世纪 60 年代初的一场艺术、时尚和设计运动，从流行的青年文化、消费主义和世事无常中获得灵感。

后现代主义
20 世纪末的一场设计和建筑运动，背弃了现代主义的纯粹性，接受了风格上的引用。

生产线
一种由亨利·福特（Henry Ford）开创

的大规模生产的技术，将组装产品放在移动的皮带上，以加快生产。

生产主义
苏联的一种平面设计运动，将图形视为将艺术带入大众生活的手段。

朋克
朋克摇滚乐未经训练的原始声音的图形对应物就是 DIY 拼贴画和无政府主义图形。

质量控制
美国的一项制造纪律，据此对生产的所有方面进行严格监控以达到质量标准。1945 年后被日本企业广泛采用。

理性主义
现代主义的战后版本，流行于德国和瑞士，在某种程度上也流行于意大利，其中的产品反映了解决问题的方法。

现成艺术品
通过拼贴现成物品组成的艺术或设计作品，以形成全新的创作。

重复
在纺织品中，具象的或抽象的设计元素在织物上重复，形成一个图案。

基础设施建设（La Ricostruzione）
意大利人对该国战后经济重建的说法，以设计为主导。

洛可可风格
法国的一种装饰风格，可追溯到 18 世纪，比巴洛克风格更轻盈、更优雅、更俏皮。

皇家授权书
在英国，皇家授权书是颁发给为皇家提供产品的生产商和制造商的。因此，它被看作质量的标志。

斯堪的纳维亚现代设计
来自丹麦、瑞典、芬兰和挪威的战后设计，其特点是简洁的现代线条、自然的形式、明亮的色彩和明显的人性化吸引力。

丝网印刷
一种印刷技术，包括将摄影图像或图形设计从网筛上转移到纸张、织物或类似的东西上。

有衬线字体 / 无衬线字体
衬线是指字母主笔以外的装饰。无衬线字体没有这种装饰。

椅背靠板
椅子的一个支撑部件，可以是在椅背上的水平木板，也可以垂直在坐垫和扶手之间。

流线型
平滑的、水滴状的轮廓，在 20 世纪 30 年代被广泛应用于各种产品，与空气动力学原理相呼应。

造型设计
在产品设计中，着重于外观而不是功能或规格。

至上主义
20 世纪初俄国的一场艺术运动，崇尚纯粹的抽象或几何形式，而不是表现性的图像。

工作灯
一种通常可移动、重新定位的灯，其主要功能是为工作或阅读提供有针对性的照明。

商标
一种标志或符号，通常受法律保护，用于识别特定的产品或生产者。

管状钢
空心钢管，最初用于自行车制造，被早期现代主义家具设计师广泛采用，用于制造座椅和桌子最低限度的框架。

字型
一种字体设计，一般包括字母、数字、标点符号和其他特殊字符。

未调整的 / 调整的
未调整的文本没有固定的行长；调整的文本有固定的边距，可以是右边的，也可以是左边的，或者两者都有。

用户界面
计算机用户与计算机系统互动的方式，一般通过软件实现。

饰面
在橱柜制作中，在构成家具主要框架或结构的基础木材上贴上一层薄薄的装饰性木材。

虚拟现实
计算机生成的三维现实版本，用户可以与之互动。

漩涡主义
一场短暂的英国艺术和文学运动，可追溯至第一次世界大战，拒绝传统主题，倾向于对机器时代的抽象唤起。

和纸
用从灌木和树皮中提取的材料制作的坚固、高质量的日本纸，最常用的是桑树。

x- 高度
字体中字母 x 的高度。

动物形象化
在设计中使用动物的局部特征，特别是家具，例如羚羊腿、球形脚或爪形脚的椅子腿。

撰稿人团队

丹·格里利奥普洛斯（Dan Griliopoulos, DG）

　　一位获奖记者，自 2002 年以来还写过书和电子游戏相关的文章。作为一名自由撰稿人，他为数百家出版物供稿，从《星期日泰晤士报》到《连线》和《卫报》，但他更喜欢为专业出版物撰稿，例如 PC Gamer 和 Edge。尽管他是色盲，但他也是一名画家和摄影师。格里利奥普洛斯拥有牛津大学的政治、哲学和经济学硕士学位。他与伴侣和女儿住在伦敦东区。

苏西·霍奇（Susie Hodge, SH）

　　艺术史学家（英国皇家艺术学会会员）、作家和艺术家，出版了一百多本书，大部分关于艺术和设计史、实用艺术和历史。她还为博物馆和画廊撰写杂志文章和网站文章，并为世界各地的学校、博物馆、画廊、企业、庆典、协会和团体开办研讨会和讲座。她是广播电视新闻节目和纪录片的定期撰稿人，她的职业生涯是从广告文案开始的，最初就职于盛世广告，后来转到智威汤逊。她还曾在一些学校和学院担任教职。

莱斯利·杰克逊（Lesley Jackson, LJ）

　　独立作家、策展人和设计历史学家，专门研究 20 世纪的设计。作为 20 世纪 50 年代和 60 年代设计领域的权威，她撰写了大量关于纺织品、家具和玻璃的文章。她的作品包括《新风貌：50 年代的设计》（1991 年）、《当代：20 世纪 50 年代的建筑和室内设计》（1994 年）、《60 年代：设计革命的十年》（1998 年）、《罗宾·戴和卢西安娜·戴：当代设计先驱》（2001 年）、《20 世纪的图案设计》（2001 年）、《阿拉斯泰尔·莫顿和爱丁堡织工》（2012 年）、《Ercol：制作中的家具》（2013 年）和《现代英国家具：1945 年以来的设计》（2013 年）。

阿兰·鲍尔斯（Alan Powers, AP）

　　在 20 世纪的艺术、建筑和设计方面有大量著述。他最近的书包括《建筑 100 年》（2016 年）和《爱德华·阿迪宗》（2016 年）。他到处授课、演讲、策划展览，并为 ACE 文化之旅带领考察团。多年来，他一直参与"20 世纪协会"的工作，他是协会旗下杂志《20 世纪建筑》的联合编辑。

马克·辛克莱尔（Mark Sinclair, MS）

　　伦敦《创意评论》杂志的副总编。他写过关于叙事性插图的书，例如《图片与文字：新漫画艺术和叙事插图》（2005 年），以及标志设计的书籍《TM：29 个经典标志背后不为人知的故事》（2014 年）。他为 Unit Editions 出版社的三本书写过文章，包括《超级图形》（2010 年）和《仅限类型》（2013 年）。他的文章也发表在《印刷》杂志、《独立报》和《卫报》上。

彭妮·斯帕克（Penny Sparke, PS）

　　伦敦金斯顿大学设计史教授和现代室内设计研究中心主任。1967 年至 1971 年，她在苏塞克斯大学学习法国文学，并在 1975 年获得设计史博士学位。她曾在布莱顿理工学院和伦敦皇家艺术学院任教，并从 1999 年起在金斯顿大学工作。她的众多出版物包括《设计与文化介绍：1900 年至今》（1986 年）、《意大利的设计：1860 年至今》（1989 年）、《只要是粉红色的：品位的性政治》（1995 年）、《艾西·德·沃尔夫：现代室内装潢的诞生》（2005 年）和《现代室内装潢》（2008 年）。斯帕克目前正在写一本关于室内植物和花卉的书。

伊丽莎白·威海德（Elizabeth Wilhide, EW）

　　许多设计和室内设计书籍的作者，包括《威廉·莫里斯：装饰与设计》

（1991 年）、《麦金托什风格》（1995 年）、《埃德温·鲁迪恩斯爵士：英国传统设计》（2000 年）、《表面和装饰》（2007 年）和《斯堪的纳维亚家居：中世纪现代斯堪的纳维亚设计师综合指南》（2016 年）。作为合著者，她为泰伦斯·康兰的许多书籍供稿，包括《家装必备手册》（1994 年）、《康兰论设计》（1996 年）、《朴实简单实用》（2014 年）和《康兰论颜色》（2015 年）。她为设计博物馆的"如何设计……"系列写了一些书，包括《光》《椅子》《字体》《房子》（均为 2010 年）。她还写了两本小说，《阿申登》（2013 年）和《如果我能告诉你》（2016 年）。

珍妮·威海德（Jenny Wilhide, JW）

　　曾为《标准晚报》《旁观者》《罗博报告》《电讯杂志》《家庭与花园》《乡村与城镇住宅》和《生活方程式》撰写设计、艺术和生活方式主题的文章。她与塔马辛·戴·刘易斯一起在编辑莎拉·桑德斯的带领下，在英国《读者文摘》上撰写了一个每月专栏，并为考文特花园、皇家歌剧院项目中的购物页面撰文。她是《欧洲精英 1000》（2001 年版）的高级特约编辑。她还当过演员，在英国的国家剧院以及英美的电视剧和电影中扮演主角。

亚历克斯·威尔特希尔（Alex Wiltshire, AW）

　　技术和电子游戏方面的作家。他是设计杂志 Icon 的创始编辑之一，并编辑了领先的电子游戏杂志 Edge。他曾分别为网站 Dezeen 和 Rock, Paper, Shotgun 撰写技术和游戏设计专栏。他还写了畅销书 Minecraft: Blockopedia（2014 年），编辑了《Britsoft：口述历史》（2015 年），并为《吉尼斯世界纪录玩家版》供稿。他还协助伦敦维多利亚和阿尔伯特博物馆策划了一个关于电子游戏的大型展览。

索引

图片归属

本书出版商在此感谢以下博物馆、插画家、档案馆和摄影师，感谢他们允许我们在书中使用他们的作品。我们已尽一切努力追查所有的版权归属，但如果有任何人或机构在无意中被我们遗漏了，出版商会在第一时间安排处理。

（图片位置说明：上 =t；下 =b；左 =l；右 =r；中 =c；左上 =tl；右上 =tr；左中 =cl；右中 =cr；左下 =bl；右下 =br）

18 Mary Evans Picture Library **19t** Mary Evans Picture Library **19b** © 2016. Image copyright The Metropolitan Museum of Art/Art Resource/Scala, Florence **20** Getty Images **21r** Getty Images **22** Bridgeman Images **23c** TopFoto **23b** Wikipedia **24-25** © Victoria and Albert Museum, London. **26-27** Courtesy of Peter Harrington **28** Image copyright The Metropolitan Museum of Art/Art Resource/Scala, Florence **29** Image copyright The Metropolitan Museum of Art/Art Resource/Scala, Florence **30** Alamy **31** Wikipedia **32** © Victoria and Albert Museum, London. **33b** © The Trustees of the British Museum **34-35** © Victoria and Albert Museum, London. **36** Bridgeman Images **37** Getty Images **38-39** © 2016. The British Library Board/Scala, Florence **40** Division of Home and Community Life, National Museum of America History, Smithsonian Institute. **41** Bridgeman Images **42** Vitra Design Museum **43t** Getty Images **43b** AKG Images **44** © 2016. Digital image, The Museum of Modern Art, New York/Scala, Florence **45** Bridgeman Images **46** Getty Images **47t** Getty Images **47b** Wikipedia **48** Alamy p49b TopFotp **50, 51bl** Courtesy of Victorinox AG **51br** Alamy **52** Alamy **53** © Victoria and Albert Museum, London. **54** © Victoria and Albert Museum, London. **55c** Bridgeman Images **55b** Alamy **56** Bridgeman Images **57t** Carl Dahlstedt/Living Inside, Owner of the house, Emma Vom Bromsen www.emmavonbromssen.se **57b** Corbis **58-59** Getty Images **60-61** Getty Images **63bl** AKG Images **63br** Getty Images **64** Science & Society Picture Library **65l** SPL **65r** Wikipedia **66** Superstock **67bl** getty Images **67br** Advertising Archives **68** Alamy **69t** TopFoto **69b** Christie's Images, London/Scala, Florence **70** Advertising Archives **71b** Getty Images **72-73t** Campbell Soup Company **73b** Mary Evans Picture Library **74** © Victoria and Albert Museum, London. **75t/b** Bridgeman Images **76** Bridgeman Images **77b** Digital Image Museum Associates/LACMA/Art Resource NY/Scala, Florence **78** Bridgeman Imagesw**79b** Mary Evans Picture Library **80** Bridgeman Images **81br** © Victoria and Albert Museum, London. **82** © Victoria and Albert Museum, London. **83t/b** Bridgeman Images **84** © Victoria and Albert Museum, London. **85t** Bridgeman Images **85b** © 2016. Image copyright The Metropolitan Museum of Art/Art Resource/Scala, Florence **86** Alamy **87** © 2016. Digital Image Museum Associates/LACMA/Art Resource NY/Scala, Florence **88** Getty Images **89t** © Victoria and Albert Museum, London. **89b** Alamy **90** Mary Evans Picture Library **91** Getty Images **92-93** AKG Images **94t/b** © Victoria and Albert Museum, London. **95** 4Corners Images/Pietro Canali **96-97** Alamy **98** The Macklowe Gallery **99** Courtesy Sotheby's New York, Collection of Sandra van den Broek. **100** Getty Images **101t** Getty Images **101b** Alamy **102** Bridgeman Images **103t** © MAK, MAK – Austrian Museum of Applied Arts/Contemporary Art **103b** © Auktionshaus im Kinsky GmbH. **104** Ellen McDermott © Smithsonian Institution.© 2016. Cooper-Hewitt, Smithsonian Design Museum/Art Resource, NY/Scala, Florence **105b** TopFoto **106** © 2016. Digital image, The Museum of Modern Art, New York/Scala, Florence **107** AKG Images **110** Getty Images **111t/b** Getty Images **112** AKG Images **113bl** Alamy **113br** Magic Car Pics **114** © 2016. DeAgostini Picture Library/Scala, Florence **115** © Victoria and Albert Museum, London. **116, 117t** Images courtesy of Pallucco **117b** Getty images **118** Museum of Applied Arts and Sciences **119t** Museum of Applied Arts and Sciences **119b** © AEG **120** © 2016. Photo Scala, Florence, © Rodchenko & Stepanova Archive, DACS, RAO, 2016. **121t** © The Wyndham Lewis Memorial Trust/Bridgeman Images **121b** Digital image, The Museum of Modern Art, New York/Scala, Florence **122** © Christie's Images/Bridgeman Images **123** © 2016. Digital image, The Museum of Modern Art, New York/Scala, Florence **124** Photo: Brigitte Borrmann© 2016. Photo Scala, Florence/bpk, Bildagentur fuer Kunst, Kultur und Geschichte, Berlin, © DACS 2016. **125bl** Photo: Brigitte Borrmann© 2016. Photo Scala, Florence/bpk, Bildagentur fuer Kunst, Kultur und Geschichte, Berlin, © DACS 2016. **125br** © 2016. Digital image, The Museum of Modern Art, New York/Scala, Florence, © DACS 2016. **126** Alamy **127t** AKG Images **127b** Getty Images **128b** Getty Images **128t** © 2016. Digital image, The Museum of Modern Art, New York/Scala, Florence, © The Josef and Anni Albers Foundation/Artists Rights Society (ARS), New York and DACS, London 2016. **129** © Victoria and Albert Museum, London. **130** © 2016. Digital image, The Museum of Modern Art, New York/Scala, Florence, © DACS 2016. **131b** © 2016. Digital image, The Museum of Modern Art, New York/Scala, Florence, © DACS 2016. **132** © 2016. Neue Galerie New York/Art Resource/Scala, Florence, © DACS 2016. **133bl** © 2016. Digital image, The Museum of Modern Art, New York/Scala, Florence, © DACS 2016. **133br** © 2016. Digital image, The Museum of Modern Art, New York/Scala, Florence, © DACS 2016. **134** Bridgeman Images **135t** © Villa Tugendhat, David Zidlicky, © DACS 2016. **135b** Stockholms Auktionsverk **136** Bridgeman Images **137bl** Alamy **137br** © 2016. Digital image, The Museum of Modern Art, New York/Scala, Florence **138** © 2016. Digital image, The Museum of Modern Art, New York/Scala, Florence **139b** Getty Images **139t** Bonaparte chair by Eileen Gray, images supplied by Aram Designs Limited, holder of the worldwide licence for Eileen Gray Designs **140** © 2016. Digital image, The Museum of Modern Art, New York/Scala, Florence, © ADAGP, Paris and DACS, London 2016/© FLC/ADAGP, Paris and DACS, London 2016. **141** © ADAGP, Paris and DACS, London 2016/© FLC/ADAGP, Paris and DACS, London 2016. **142** AKG Images **143** Bridgeman Images **144** PA Photos, with permission by Chanel **145bl** Image courtesy of Chanel **145br** Alamy, with permission by Chanel **146** © DACS 2016 **147b** Wikipedia **148** Barcelona® Table, 1929 designed by Ludwig Mies van der Rohe and manufactured by Knoll, Inc. Image courtesy of Knoll, Inc., © DACS 2016. **149c** Alamy, © DACS 2016. **149b** Digital image, The Museum of Modern Art, New York/Scala, Florence **150** © 2016. Image copyright The Metropolitan Museum of Art/Art Resource/Scala, Florence **151** © Victoria and Albert Museum, London. **152** © Victoria and Albert Museum, London. **153** © 2016. Digital image, The Museum of Modern Art, New York/Scala, Florence **154** Blue Marine rug and E1027 side table by Eileen Gray, images supplied by Aram Designs Limited, holder of the worldwide licence for Eileen Gray Designs **155** © Christie's Images/Bridgeman Images **156** Bridgeman Images **157t** Bridgeman Images **157b** Getty Images **158** © 2016. Christie's Images, London/Scala, Florence **159** Bridgeman Images **160** Bridgeman Images **161** Alamy **162** © Victoria and Albert Museum, London. **163b** Collection Het Nieuwe Instituut, archive(code): OUDJ, inv.nr.: ph1705, Copyright Pictoright **163t** Getty Images **164** Getty Images **165** © Victoria and Albert Museum, London. **166** Alamy **167t** Image Courtesy of The Advertising Archives **167b** Cooper-Hewitt, Smithsonian Design, Museum/Art Resource, NY/Scala, Florence, 2297 **168** Alamy **169** Photo credits: Dorotheum Vienna, auction catalogue 4 November 2015 **170** Image courtesy of FontanaArte Spa **171** © 2016. DeAgostini Picture Library/Scala, Florence **172** Original patent application, 1935. This one relates to ex UK. **173b** Anglepoise® Type 1228™, 2008. Image copyright Anglepoise **174** © 2016. Digital image, The Museum of Modern Art, New York/Scala, Florence **175** Modernity Stockholm **176** © 2016. Digital image, The Museum of Modern Art, New York/Scala, Florence **177bl** © 2016. Digital image, The Museum of Modern Art, New York/Scala, Florence **177br** © Victoria and Albert Museum, London. **178** © Victoria and Albert Museum, London. **179t/b** Isokon Plus **180** Alamy **181** Getty Images **182** © Kameraprojekt Graz 2015/Wikimedia Commons/CC-BY-SA-4.0 **183bl, br** Getty Images **184, 185c** Greg Milneck **185b** Getty Images **186** © 2016. Digital image, The Museum of Modern Art, New York/Scala, Florence **187c** © 2016. Digital image, The Museum of Modern Art, New York/Scala, Florence **187b** Getty Images **188** Getty Images **189t** Getty Images **189b** Rex/Shutterstock **190** © Victoria and Albert Museum, London. **191** Getty Images **192** Getty Images **193t** Mary Evans Picture Library **193b** Wikipedia **194** Getty Images **195** Getty Images **196** © Victoria and Albert Museum, London. **197** Getty Images **198** Cooper-Hewitt, Smithsonian Design Museum/Art Resource,